过程设备与工业应用丛书

分离技术、设备与工业应用

廖传华　江晖　黄诚　著

化学工业出版社

·北京·

《分离技术、设备与工业应用》是"过程设备与工业应用丛书"的一个分册，本书在系统介绍传质分离过程机理的基础上，分别详细介绍了蒸馏和精馏、特殊精馏、吸收、气-液传质设备、液-液萃取、超临界流体萃取、干燥、过滤、膜分离技术、生物分离技术等传质分离过程的工作特性、设计原理、设备、工业应用及评价，并对结晶、吸附、离子交换等其他类型的传质分离过程及传统的过滤过程等进行了简要阐述。

　　《分离技术、设备与工业应用》不仅适用于石油、化工、生物、制药、食品、医药、环境、机械等专业的高等学校的教师、研究生及高年级本科生阅读，同时对分离科学与技术、分离过程、化学分离工程等相关行业的工程技术人员、研究设计人员也会有所帮助。

图书在版编目（CIP）数据

分离技术、设备与工业应用/廖传华，江晖，黄诚著.—北京：化学工业出版社，2017.9（2019.2重印）
（过程设备与工业应用丛书）
ISBN 978-7-122-30268-7

Ⅰ.①分…　Ⅱ.①廖…②江…③黄…　Ⅲ.①分离设备　Ⅳ.①TQ051.8

中国版本图书馆 CIP 数据核字（2017）第 173872 号

责任编辑：卢萌萌　仇志刚　　　　　　　装帧设计：王晓宇
责任校对：边　涛

出版发行：化学工业出版社（北京市东城区青年湖南街 13 号　邮政编码 100011）
印　　装：北京七彩京通数码快印有限公司
787mm×1092mm　1/16　印张 25½　字数 632 千字　2019 年 2 月北京第 1 版第 2 次印刷

购书咨询：010-64518888　　　　　　　售后服务：010-64518899
网　　址：http://www.cip.com.cn
凡购买本书，如有缺损质量问题，本社销售中心负责调换。

定　　价：148.00 元

前 言

FOREWORD

在现代过程工业生产中，分离工程一方面为反应提供符合质量要求的原料；另一方面对反应产物进行分离提纯，得到合格的产品，并且使未反应的物料可以循环利用，对生成的三废进行末端治理。因此，分离工程在提高过程工业生产过程的经济效益和社会效益中起着举足轻重的作用。目前，分离工程已广泛应用于医药、材料、冶金、食品、生化、原子能和环境治理等过程工业。可见，分离工程对于过程工业的技术进步和经济的持续发展起着至关重要的作用。为此，在江苏高校品牌专业建设工程资助项目（PPZY2015A022）的资助下，我们组织策划了这本《分离技术、设备与工业应用》，除理论阐述外，还针对各种分离设备列举了工业应用实例，具有很强的实践性，力求使读者能通过本书的学习，对目前过程工业中涉及的分离设备及其应用特性有一个概括性的了解。

全书共分 13 章。第 1 章根据过程工业所用原料和生产产品的特性，提出了对分离过程与设备的要求；第 2 章介绍了蒸馏和精馏过程；第 3 章介绍了特殊精馏；第 4 章介绍了吸收过程；第 5 章介绍了气-液传质设备及其工业应用；第 6 章介绍了液-液萃取设备及其工业应用；第 7 章介绍了超临界流体萃取设备及其应用；第 8 章介绍了吸附设备及其工业应用；第 9 章介绍了干燥设备及其工业应用；第 10 章介绍了过滤设备及其工业应用；第 11 章介绍了膜分离设备及其工业应用；第 12 章介绍了结晶设备及其工业应用；第 13 章介绍了几种生物分离技术。

全书由南京工业大学廖传华、江晖和南京三方化工设备监理有限公司黄诚著，其中第 1 章~第 3 章、第 5 章、第 7 章、第 12 章、第 13 章由廖传华著，第 4 章、第 6 章、第 9 章、第 11 章由江晖著，第 8 章、第 10 章由黄诚著，全书由廖传华统稿。

全书从选题到材料的收集整理、文稿的编写及修订等方面都得到了南京工业大学黄振仁教授的大力支持，在此深表感谢。南京三方化工设备监理有限公司赵清万、许开明、李志强，南京工业大学李政辉对本书的撰写工作提出了大量宝贵的建议，南京朗润机电进出口公司朱海舟提供了大量图片资料，研究生赵忠祥、闫正文、王太东、李洋、刘状、汪威、李亚丽、廖玮、宗建军等在资料收集与文字处理方面提供了大量的帮助，在此一并表示衷心的感谢。

本书的写作与修订工作历时三年，虽经多次审稿、修改，但由于作者水平有限，不妥及疏漏之处在所难免，敬请广大读者不吝赐教。在写作过程中参考了大量的相关资料，但书中没有一一列出，在此谨对原文作者致以衷心的感谢。

著者
2017 年 8 月于南京工业大学

目录

CONTENTS

第3章 特殊精馏

第4章　吸收

气-液传质设备

液-液萃取

第7章 超临界流体萃取

第8章 吸附

第9章 干燥

第10章 过滤

第11章 膜分离技术

第12章 结晶

第13章 生物分离技术

第**1**章

绪　论

1.1　分离技术的发展

在原始社会，人类完全靠大自然中"天生"的东西来解决生活中的一切需要。为了求得生存和改善生活条件，人类不断地与大自然进行斗争，在改造客观世界中形成了生产力，并使之不断发展。随着生产力自低级向高级发展，人类不断改善自己的物质生活，同时也创造了文化。

地球上的物质，绝大多数是与其他物质混在一起的（称为混合物）。天然存在的单纯物质少之又少。生产实践证明，将地球上的各种各样混合物进行分离和提纯是提高生产和改善生活水平的一种重要途径。由于发明了冶炼术，把金属从矿石中分离出来，使人类从石器时代进入铜器时代，大大提高了生活的质量，开始向文明社会进军。放射性铀的同位素的分离成功，迎来了原子能时代，原子能的和平利用使我们的生活水平又大大提高了一步。将水和空气中微量杂质除去的分离技术，大幅度提高了超大规模集成电器元件的成品合格率，使它得以实现商品化生产。深冷分离技术使我们从混合气体中分离出纯氧、纯氮和纯氢，获得了接近绝对零度的低温，为科学研究和生产技术提供了极为宽广的发展基础，为火箭提供了具有极大推力的高能燃料。从水中除去盐和有毒物质的蒸馏、吸附、萃取等分离技术，使我们能从取之不尽的大海中提取淡水，从工业、农业污水中回收干净水和其他有用的物质。

在工业生产中，很多生产过程处理的物料为流程性物料，如气体、液体、粉体等。从原材料到最后产品的生产过程中要进行一系列的化学、物理过程，以改变物质的状态、结构、性质。过程工业是以流程性物料为主要处理对象、完成上述各种过程或其中某些过程的工业生产的总称。过程工业中进行的各种过程往往在密闭状态下连续进行，它遍及几乎所有现代工业生产领域。化学工业是最传统、典型的过程工业，化肥、石油化工、生物化工、制药、农药、染料、食品、炼油、轻工、热电、核工业、公用工程、湿法冶金、环境保护等生产过程大都处理流程性物料，处理过程中几乎都包含改变物质的状态、结构、性质的生产过程。在这些过程中都需要使用各种类型的分离设备以完成生产过程中原料和产品的分离与提纯。

过程工业是国民经济的重要基础产业，其产品渗透到人们的衣、食、住、行等各个领域。过程工业的产值是衡量一个国家国民经济发展水平的重要标志之一。其显著的特点是所用原料广泛，生产工艺不同，产品品种繁杂，性质各异。但归纳起来，各个产品的生产工艺都遵循相同的规律：即原料预处理、加工精制、产品后处理。原料的预处理是过程工业生产前必要的准备工作，因为存在于自然界的原料多数是不纯的。例如，石油是由多种烃类化合物为主组成的混合液体；煤是组分复杂的固体混合物。其中有生产过程需要的物质，也有生产过程不需要的甚至是有害的物质。如果直接采用这样的原料进行化学反应，让那些与反应无关的多余组分一起通过反应器，轻则影响反应器的处理能力，使生成的产物组成复杂化；重则损坏催化剂和设备，使反应无法顺利进行，因此反应前的分离操作往往是必不可少的。当使用气体（或液体）原料时，预处理包括采用一定的分离手段，对原料气进行制备、净化和配制，要求制得的原料具有一定的组成、浓度和纯度，尽量少含杂质（特别是有害杂质）。当使用矿物原料时，预处理包括选矿、配矿、粉碎、筛分，有时还需要干燥或煅烧。原料矿粉应具备一定的组成（或品位）及一定的细度，以利于化学反应。产品的后加工，主要是指对从反应器出来的中间产物或粗产品进行分离和提纯以及对未反应物的回收利用。因为绝大多数有机化学反应都不可能百分之百地完成，而且除主反应外，尚有副反应发生，这样从反应器出来的产物往往是由目的产物、副产物以及未反应的原料组成的。要得到产品，必须进行分离。最常用的分离方法有冷冻冷凝、精馏分离和结晶分离。未反应物的回收利用常常采取循环作业。此外，固体产品的造粒成型、干燥和包装也是产品后加工不可缺少的内容。

通常所说的"三传一反"即概括了过程工业生产过程的全部特征。"三传"为动量传递、热量传递和质量传递（化工单元操作），"一反"为化学反应过程。质量传递过程是自然界和工程技术领域普遍存在的现象。敞口容器中的水向空气中蒸发；糖块在水中溶解；用吸收方法脱除烟气中的二氧化硫；从植物中提取药物；催化反应中反应物向催化剂迁移等都是常见的质量传递过程。在近代化学工业的发展中，传质分离过程起到了特别重要的作用。几乎没有一个过程工业的生产不包含对原料或反应产物的分离提纯操作，从原油中分离出各种燃料油、润滑油和石油化工原料到有机、无机、精细化学品的合成，都离不开对混合物的分离。

分离技术是随着化学工业的发展而逐渐形成和发展的。化学工业具有悠久的历史，而现代化学工业开始于18世纪产业革命以后的欧洲。当时，纯碱、硫酸等无机化学工业成为现代化学工业的开端。19世纪以煤为重要原料的有机化工在欧洲也发展起来。当时的煤化学工业规模还没有十分巨大，主要着眼于苯、甲苯、酚等各种化学产品的开发。在这些化工生产中应用了吸收、蒸馏、过滤、干燥等操作。19世纪末～20世纪初大规模的石油炼制业促进了化工分离技术的成熟与完善。到20世纪30年代在美国出版了第一部《化学工程原理》，50年代中期提出传递过程原理，把单元操作进一步解析成三种基本传递过程，即动量传递、热量传递和质量传递以及三者之间的联系。进入20世纪70年代以后，化工分离技术向更加高级化的方向发展，应用更加广泛。与此同时，分离技术与其他科学技术相互交叉渗透产生了一些更新的边缘分离技术，如生物分离技术、膜分离技术、环境化学分离技术、纳米分离技术、超临界流体萃取技术等。21世纪，分离技术将面临着一系列新的挑战，其中最主要的是来自能源、原料和环境保护三大方面。此外，分离技术还将对农业、食品和食品加工、城市交通和建设以及保健方面做出贡献。

中国是世界文明古国之一，古代劳动人民在长期的生产实践中，在科学技术和化学工艺等方面有不少发明创造，对于中国社会的发展和世界文明曾做出过卓越的贡献。如陶瓷、冶金、火药、燃料、酿酒、染色、造纸和无机盐等的生产技术，一直到西方出现资本主义以前，都走在世界前列。现代许多化工生产都是在古代化学工艺的基础上发展起来的。

近年来，科技人员在传质过程及设备的强化和提高效率、分离技术研究和过程模型、分离新技术开发几个主要方面做了大量的工作，取得了一批成果。对板式塔的研究已深入到板式塔内气、液两相流动的动量传递及质量传递的本质研究，开发了新型填料和复合塔；对萃取、蒸发、离子交换、吸附、膜分离等过程也做出了有意义的研究和开发工作。通过这些研究成果的工业应用，改进和强化了现有生产过程和设备，在降低能耗、提高效率、开发新技术和设备、实现生产控制和工业设计最优化等方面发挥了巨大的作用，同时也促进了过程工业的进一步发展。

当代工业的三大支柱是材料、能源和信息。这三大产业的发展都离不开新的分离技术。人类生活水平的进一步提高也有赖于新的分离技术。在 21 世纪，分离技术必将日新月异，再创辉煌。

1.2 分离技术的应用

过程工业涉及的范围非常广泛，以石油、天然气为原料的化学工业包括石油加工、基本有机化工、无机化工、高分子合成、精细化学品合成等，而任何一个工业生产过程都包含分离技术的应用。事实上，在实际过程工业生产中，无论在基础建设阶段，还是在正常生产过程中，尽管反应器是至关重要的设备，但分离设备在整个流程中的数量远远超过反应设备，在投资上也不在反应设备之下，而消耗于分离的能量和操作费用在产品成本中也占有很大的比例，因此，对分离过程必须予以应有的重视。

以石油化工为例。以地下原油为原料生产汽油、煤油、柴油、润滑油和基础化工产品。从原油的初馏、催化裂化、加氢催化、催化重整到润滑油的生产，所有工艺过程都离不开分离操作。如常压塔、减压塔、吸收塔、汽提塔、抽提塔、芳香烃蒸馏塔等都是典型的分离过程。以直馏汽油为原料，生产各种轻质芳香烃为目的的催化重整装置包括原油的预处理（预分馏和预加氢）、催化重整、溶剂油抽提和芳香烃精馏四个部分。此生产过程除催化重整属化学反应外，原油的预处理（预分馏和预加氢）、溶剂油抽提和芳香烃精馏均属于分离过程。实际上，现代炼油厂中的前、后处理工序占用着企业的大部分设备投资和操作费用。由此可见，分离技术对提高生产过程的经济效益和产品质量起着举足轻重的作用。大型石油工业和以化学反应为核心的化工生产过程，分离装置的费用占总投资的 $50\%\sim60\%$。

在某些化工生产装置中，分离操作就是整个过程的主体部分，如石油裂解气的深冷分离，碳四馏分分离生产丁二烯，和上述的芳烃分离等过程。在无机化工和有机化工中，虽然产品品种繁多，但是所有生产工艺过程仍然离不开"三传一反"，也就是离不开分离过程。

在冶金、食品、生化和原子能等工业也都广泛地应用到分离过程。例如，从矿产中提取和精选金属；食品的脱水、除去有毒或有害组分；抗生素的净制和病毒的分离；同位素的分离和重水的制备等都要采用分离技术。

随着现代工业趋向大型化生产，所产生的大量废气、废水、废渣更加集中排放，对它们的处理不但涉及物料的综合利用，而且还关系到环境污染和生态平衡。如原子能废水中微量同位素物质，很多工业废气中的硫化氢、二氧化硫、氧化氮等都需要妥善处理。近年来，由于能源紧张，石油提价，对分离过程的能耗要求越来越苛刻，随之对设备性能的要求也越来越高。分离技术的应用越来越得到人们的高度重视。

上述种种原因都促使对常规分离过程如精馏、吸收、吸附、萃取、结晶、蒸发等不断进行改进和发展；同时新的分离技术与方法，如超临界流体萃取、固膜与液膜分离、热扩散、色层分离等也不断出现和得到工业化应用。

1.3 分离过程的分类和特征

分离过程可分为机械分离和传质分离两大类。机械分离过程的分离对象是由两相以上所组成的混合物，其目的只是简单地将各相加以分离，如过滤、沉降、离心分离、旋风分离和静电除尘等。传质分离过程用于各种均相混合物的分离，其特点是有质量传递现象发生。按所依据的物理化学原理不同，工业上常用的传质分离过程又可分为两大类，即平衡分离过程和速率分离过程。

(1) 平衡分离过程

平衡分离过程系借助于分离媒介（如热能、溶剂、吸附剂等）使均相混合物系统变为两相体系，再以混合物中各组分在处于平衡的两相中分配关系的差为依据而实现分离。

分离媒介可以是能量媒介（ESA）或物质媒介（MSA），有时也可以两种同时应用。ESA 是指传入系统或传出系统的热；还有输入或输出的功。MSA 可以只与混合物中一个或几个组成部分互溶，此时，MSA 常是某一相中浓度最高的组分。例如，吸收过程中的吸收剂，萃取过程中的萃取剂等。MSA 也可以和混合物完全互溶。当 MSA 与 ESA 共同使用时，还可选择性地改变组分的相对挥发度，使某些组分彼此达到完全分离，如萃取精馏。

根据两相状态不同，平衡分离过程可分为如下几类。

① 气液传质过程：如吸收、气体的增湿和减湿，液体的蒸馏与精馏。

② 液液传质过程：如萃取。

③ 液固传质过程：如结晶、浸取、吸附、离子交换、色层分离、参数泵分离等。

④ 气固传质过程：如固体干燥、吸附等。

上述的固体干燥、气体的增湿与减湿、结晶等操作同时遵循热量传递和质量传递的规律，一般列入传质单元操作。表 1-1 列出了工业常用的基于平衡分离过程的分离单元操作。

表 1-1 工业常用的基于平衡分离过程的分离单元操作

序号	名称	原料相态	分离媒介	产生相态或 MSA 的相态	分离原理	工业应用实例
1	闪蒸	液体	减压	气体	挥发度（蒸汽压）有较大差别	由海水淡化生产纯水
2	部分冷凝	气体	热量（ESA）	液体	挥发度（蒸汽压）有较大差别	由氨中回收 H_2 和 N_2
3	精馏	气体、液体或气液混合物	热量,有时用机械做功	气体或液体	挥发度（蒸汽压）有差别	石油裂解气的深冷分离
4	萃取精馏	气体、液体或气液混合物	液体溶剂和塔釜加热	气体或液体	溶剂改变原溶液组分的相对挥发度	以苯酚作溶剂由沸点相近的非芳烃中分离甲苯
5	共沸精馏	气体、液体或气液混合物	液体共沸剂和热量	气体或液体	共沸剂改变原溶液组分的相对挥发度	以醋酸丁酯作共沸剂从稀溶液中分离醋酸
6	吸收	气体	液体吸收剂	液体	溶解度不同	用乙醇胺类吸收以除去天然气中的 CO_2 和 H_2S

序号	名称	原料相态	分离媒介	产生相态或MSA的相态	分离原理	工业应用实例
7	液液萃取	液体	液体萃取剂	液体	不同组分在两液相中溶解度不同	以丙烷作萃取剂从重渣油中脱出沥青
8	干燥	液体,更常见的是固体	气体;热量	气体	水分蒸发	用热空气脱除聚氯乙烯中的水分
9	蒸发	液体	热量	气体	蒸汽压不同	由NaOH水溶液中蒸出水分
10	结晶	液体	冷量或热量	固体	利用过饱和度	用于二甲苯混合物中结晶分离对二甲苯
11	吸附	气体或液体	固体吸附剂	固体	吸附作用的差别	通过分子筛吸附空气中的水分
12	离子交换	液体	固体树脂	固体	质量作用定义	水的软化
13	泡沫分离	液体	表面活性剂与鼓泡	液体(两种)	气泡的气液界面吸附	清除废水中的洗涤剂;矿石浮选
14	区域冶炼	固体	热量	液体	凝固趋势的差别	金属的超提纯

(2) 速率分离过程

速率分离过程是指借助于某种推动力,如浓度差、压力差、温度差、电位差等的作用,某些情况下在选择性透过膜的配合下,利用各组分扩散速率的差异而实现混合物的分离操作。这类过程的特点是所处理的物料和产品通常处于同一相态,仅有组成的差别。

速率分离可分为膜分离和场分离两大类。

① 膜分离　膜分离是利用流体中各组分对膜的渗透速率的差别而实现组分分离的单元操作。膜可以是固态或液态,所处理的流体可以是气体或液体,过程的推动力可以是压力差、浓度差或电位差。表1-2对几种主要的膜分离过程做了简单的描述。

表1-2　几种主要的膜分离过程

名称	分离原理	推动力	膜类型	应用
超滤	按粒径选择分离溶液中所含的微粒和大分子	压力差	非对称性膜	溶液过滤和澄清,以及大分子溶质的分级
反渗透	对膜一侧的料液施加压力,当压力超过它的渗透压时,溶剂就会逆着自然渗透的方向作反向渗透	压力差	非对称性膜或复合膜	海水和苦咸水淡化、废水处理、乳品和果汁的浓缩以及生化和生物制剂的分离和浓缩等
渗析	利用膜对溶质的选择透过性实现不同性质溶质的分离	浓度差	非对称性膜离子交换膜	人工肾、废酸回收、溶液脱酸和碱液精制等方面
电渗析	利用离子交换膜的选择透过性,从溶液中脱除或富集电解质	电位差	离子交换膜	海水经过电渗析,得到的淡化液是脱盐水,浓缩液是卤水
气体渗透分离	利用各组分渗透速率的差别分离气体混合物	分压差	均匀膜、复合膜非对称性膜	合成氨弛放气或从其他气体中回收氢气
液膜分离	以液膜为分离介质分割两个液相	浓度差	液膜	烃类分离、废水处理、金属离子的提取和回收等

此外,属于膜分离技术的尚有渗透蒸发、膜蒸馏等。

② 场分离　场分离包括电泳、热扩散、高梯度磁力分离等。

热扩散属场分离的一种,以温度梯度为推动力,在均匀的气体或液体混合物中出现分子量较小的分子(或离子)向热端漂移的现象,建立起浓度梯度,以达到组分分离的目的。该技术用于分离同位素、高黏度的润滑油,并预计在精细化工和药物生产中可得到应用。

传质分离过程的能量消耗是构成单位产品成本的主要因素之一，因此降低传质分离过程的能耗受到全球性的普遍重视。膜分离和场分离是一种新型的分离操作，由于其具有节约能耗，不破坏物料，不污染产品和环境等突出优点，在稀溶液、生化产品及其他热敏性物料分离方面有着广阔的应用前景。研究和开发新的分离方法和传质设备，优化传统传质分离设备的设计和操作，不同分离方法的集成化，化学反应和分离过程的有机结合，都是值得重视的发展方向。

1.4 分离过程的集成

过程集成是 20 世纪 80 年代发展起来的过程综合领域中一个最活跃的分支。在过程工业领域中，过程集成的基本目标是实施清洁工艺，使物料及能源消耗最小，达到最大的经济效益和社会效益。

1.4.1 反应过程与分离过程的耦合

为改善不利的热力学和动力学因素，减少设备投资和操作费用，节约资源和能源，分离过程与反应过程多种形式的耦合已经开发和应用。

化学吸收是反应和分离过程耦合的单元操作，当被溶解的组分与吸收剂中的活性组分发生反应时，增加了传质推动力和液相传质系数，因而提高了过程的吸收率，降低了设备的投资和能耗。

化学萃取是伴有化学反应的萃取过程。溶质与萃取剂之间的反应类型很多，例如络合反应，水解、聚合、离解及离子积聚等。萃取机理也多种多样，例如中性溶剂络合、螯合、离子交换、离子缔合、协同效应等。

反应和精馏结合成一个过程，形成了蒸馏技术中的一个特殊领域——反应（催化）精馏。它一方面成为提高分离效率而将反应和精馏相结合的一种分离操作；另一方面则成为提高反应收率而借助于精馏分离手段的一种反应过程。目前，已从单纯工艺开发向过程普遍性规律研究的方向发展。反应精馏在过程工业中的应用是很广泛的，例如酯化、酯交换、皂化、胺化、水解、异构化、烃化、卤化、脱水、乙酰化和硝化等过程。催化精馏的典型应用是甲基叔丁基醚的生产。

膜反应器是将合成膜的优良分离性能与催化反应相结合，在反应的同时，选择性地脱除产物，以移动化学反应平衡，或控制反应物的加入速率，提高反应的收率、转化率和选择性。如多孔陶瓷膜催化反应器进行丁烯脱氢制丁二烯，丙烯脱氢制丙二烯；对氧化反应，用膜控制氧的加入量，减少深度氧化。膜反应器还用于控制生化反应中产物对反应的抑制作用，用膜循环发酵器进行乙醇等发酵制品的连续生产和用膜反应器进行辅酶反应等都具有很好的开发前景。

控制释放是将药物或其他生物活性物质以一定形式与膜结构相结合，使这些活性物质只能以一定的速率通过扩散等方式释放到环境中。其优点是可将药物浓度控制在需要的浓度范围内，延长药效作用时间，减少服用量和服用次数。这在医药、农药、化肥的使用上都极有价值。

膜生物传感器是模仿生物膜对化学物质的识别能力制成的，它由生物催化剂酶或微生物与合成膜及电极转换装置组成为酶膜传感器或微生物传感器。这些传感器具有很高的识别专一性，已用于发酵过程中葡萄糖、乙醇等成分的在线检测。目前膜生物传感器已作为商品进入市场。

1.4.2 分离过程与分离过程的耦合

不同的分离过程耦合在一起构成复合分离过程，能够集中原分离过程之所长，避其所短，适用于特殊物系的分离。

萃取结晶亦称加合结晶，是分离沸点、挥发度等物性相近组分的有效方法及无机盐生产的节能方法。对于无机盐结晶，某些有机溶剂的加入使待结晶的无机盐水溶液中的一部分被水萃取出来，促进了无机盐的结晶过程。例如，以正丁醇为溶剂萃取结晶生产碳酸钠。对于有机物结晶，溶剂的加入使原物系中某有机组分形成加合物，而使另一组分结晶出来。例如，以 2-甲基丙烷为加合剂能从邻甲酚和酚的混合物中分离出酚。

吸附蒸馏是吸附和蒸馏在同一设备中进行的气-液-固三相分离过程。吸附分离具有分离因子高、产品纯度高和能耗低等优点，但吸附剂用量大，收率低。而传统的蒸馏过程处理能力大，设备比较简单，工艺成熟。由这两个分离过程耦合的复合蒸馏过程能充分发挥各自的优势，弥补了各自的不足。它特别适用于共沸物和沸点相近物系的分离及需要高纯度产品的情况。

不同蛋白质在一定 pH 值的缓冲溶液中，其溶解度不同，在电场作用下，这些带电的溶胶粒子在介质中的泳动速度不同，利用这种性质可以实现不同蛋白质的分离，该法称之为电泳分离。而电泳萃取是电泳与萃取耦合形成的新分离技术。电泳萃取体系由两个（或多个）不相混的连续相组成，其中一相含有待分离组分，另一相是用于接受被分离组分的溶剂，两相中分别装有电极，由于电场的作用，消除了对流的不利影响，提高了收率和生产能力。该分离技术在生物化工和环境工程中有较大的应用潜力。

1.4.3 过程的集成

(1) 传统分离过程的集成

精馏、吸收和萃取是最成熟和应用最广的传统分离过程，大多数过程工业产品的生产都离不开这些分离过程。在流程中合理组合这些过程，扬长避短，才能达到高效、低耗和减少污染。

共沸精馏往往与萃取集成。例如，从环己烷/苯二元共沸物生产纯环己烷和苯，选择丙酮为共沸剂，由于丙酮与环己烷形成二元最低共沸物，所以从共沸精馏塔底得到纯苯，丙酮/环己烷共沸物的分离则采用以水为萃取剂的萃取过程，环己烷产品为萃取塔的一股出料，另一股出料是丙酮水溶液，经精馏塔提纯后，丙酮返回共沸精馏塔进料，水返回萃取塔循环使用。由于此流程分别采用了丙酮和水两个循环系统，整个过程基本上没有废物产生，并且能耗较低，符合了清洁工艺的基本要求。

共沸精馏与萃取精馏的集成也是常见的，例如，使用极性和非极性溶剂从含丙酮、甲醇、四亚甲基氧和其他氧化物的混合物中分离丙酮和甲醇。

(2) 传统分离过程与膜分离的集成

传统分离过程工艺成熟，生产能力大，适应性强；膜分离过程不受平衡的限制，能耗低，适于特殊物系或特殊范围的分离。将膜技术应用到传统分离过程中，如吸收、蒸馏、萃取、结晶和吸附等过程，可以集各过程的优点于一体，具有广阔的应用前景。

渗透蒸发和蒸汽渗透可应用于有机溶剂脱水，水中少量有机物的脱除以及有机物之间的分离，特别适于恒沸、近沸点物系的分离。将它作为补充技术与精馏组合在一起，在过程工业生产中发挥了特殊的作用。例如，发酵液脱水制无水乙醇，在乙醇高浓区，精馏的分离效率极低，在共沸组成处无法分离。而恰恰在这一区域，渗透蒸发能达到很高的分离程度。所以渗透蒸发和精馏集成是降低设备费和操作费的最有效的方案。

类似的过程还有：蒸汽渗透、精馏的集成流程进行异丙醇脱水；渗透蒸发、吸附剂集成用于吸附剂再生过程；渗透蒸发、吸收集成用于回收溶剂；渗透蒸发、催化精馏组合方案生产甲基叔丁基醚等。

（3）膜过程的集成

膜分离过程的类型很多，各有不同的特点和应用，它们的集成无疑能取长补短，提高总体效益。例如，悬浮液原料的浓缩可采用一个膜过程的集成方案，将超滤、反渗透和渗透蒸馏组成在一起，能得到高固体含量的浓缩物产品，操作费用大大降低。

1.5 分离过程的选择

选择分离过程最基本的原则是经济性。然而经济性受到很多因素的制约，这些因素包括对市场的预测、过程的可靠性、技术改造带来的风险和资金情况等。在这方面，分离过程与任何其他过程没有区别。下面以两个极端情况为例说明这些因素的影响。

① 单位产品价值高和市场寿命短的产品。

② 大吨位产品，但生产厂家多，市场竞争激烈。

对于第一种情况，应选择成熟的分离方法。因为其经济效益取决于在出现竞争之前就占领市场，且应在仍然畅销时销售尽可能多的产品。然而，如果市场信息已证明该产品有持续的生命力，那么按原设计扩建生产装置是可取的。随着时间的推移和激烈竞争，该产品已属于第二种情况。

对于第二种情况，过程开发和设计受时间和投资的制约。然而，设计者应着眼于生产装置的经济效益，尽可能深入细致地开展工作，通过对多种方案的开发和评价，选择在经济上接近最优的方法，提高产品的竞争能力。

在选择分离过程中，首先要规定产品的纯度和回收率。产品的纯度取决于它的用途，回收率的规定应保证过程的经济性。回收率本应是过程设计最佳化的一个变量，但实际上由于受设计工作量的限制，常按经验确定。

影响选择分离过程的因素归纳如下。

▶ 1.5.1 可行性

分离过程在给定条件下的可行性分析能筛选掉一些显然不合适的分离方法。例如，若分离丙酮和乙醚二元混合物，由于它们是非离子型有机化合物，因此可以断定用离子交换、电渗析和电泳等方法是不合适的，因为这些分离过程所基于的性质差异，对该物系不存在。

过程的可行性分析应考察分离过程所使用的工艺条件。在常温、常压下操作的分离过程，相对于要求很高或很低的压力和温度等苛刻的过程，应优先考虑。

对大多数分离过程，分离因子反映了被分离物质可测的宏观性质的差异。对精馏而言，相应的宏观性质是蒸汽压。对吸收和萃取而言，是溶解度等。这些宏观性质的差异归根结底反映了分子本身性质的差异。表 1-3 表示了各种分离过程的分离因子对分子性质的依赖性。从表 1-3 可以看出，在确定不同分离过程的分离因子时，不同的分子性质的重要性基本上是不同的。例如，精馏过程中，分离因子反映为蒸汽压，最终反映了分子间力的强弱。而在结晶过程中，分离因子主要反映了各种分子会聚在一起的能力，这时分子的大小和形状等这些简单的几何因素就显得更重要了。

表 1-3　分离因子对分子性质差异的依赖性

分离过程	纯物质的性质					与质量分离剂或膜的相互作用		
	分子量	分子体积	分子形状	偶极矩、极化度	分子电荷	化学反应平衡	分子大小和形状	偶极矩、极化度
精馏	2	3	4	2	0	0	0	0
结晶	4	2	2	3	20	0	0	0
萃取和吸收	0	0	0	0	0	2	3	2
普通吸附	0	0	0	0	0	2	2	2
分子筛吸附	0	2	0	0	0	0	1	3
渗析	0	0	3	0	0	0	1	3
超滤	0	0	4	0	0	0	1	0
气体扩散	1	2	0	0	0	0	0	0
电泳	2	2	3	0	1	0	0	0
电渗析	0	0	0	0	1	0	2	0
离子交换	0	0	0	0	0	1	2	0

　　注：表中 1 代表决定性作用（必须具备差别）；2 代表重要作用；3 代表次要作用（也许还要通过其他性质）；4 代表作用小；0 代表无作用

　　对于任何给定的混合物，按分子性质及其宏观性质的差异选择可能的分离过程是十分有用的。例如，如果混合物中各组分的极性相差很大，就有可能采用精馏过程；如果各组分的挥发度相差不大，则可能采用极性溶剂进行萃取或萃取精馏。如果极性大的分子以很低的浓度存在于混合物中，那么采用极性吸附剂的吸附过程可能是合适的。

❖ 1.5.2　分离过程的类型

　　由各类分离过程在应用中的优缺点，可归纳出某些选择原则。

　　一般说来，采用能量分离剂的过程，其热力学效率较高。这是因为对采用质量分离剂的过程，由于向系统中加入了另一个组分，以后又要将它分离必定要花费能量。因此，选用有质量分离剂的过程，它一般应有比能量分离剂过程更大的分离因子。萃取精馏和（或）萃取选择的原则是，其分离因子按精馏＜萃取精馏＜萃取的次序增加。

　　不同分离过程采用多级操作的难易程度是不同的。膜分离过程和其他速率控制过程采用多级操作比较复杂，因为需要把分离剂加到每一级，还常常要把每一级放在彼此隔开的容器内。另一方面，精馏塔却可以把多级放在一个设备中；各种形式的色层分离可在一个装置中提供更多的分离级，适用于分离因子接近于 1 和纯度要求很高的分离情况。与此相反，膜分离过程最适用于分离因子较大的系统。

　　比较各类分离过程，精馏是应用能量分离剂的平衡过程，从能量消耗的观点看，它是合理的。精馏过程不必加入有污染作用的质量分离剂，并且易在一个设备内分为多级。因此在选择分离过程时，精馏应是首先考虑的对象。通常不采用精馏操作的因素是，产品因受热而损害（表现在产品的变质、变色、聚合等方面），分离因子接近于 1，以及需要苛刻的精馏条件。

由于能源价格上涨，有人对取代精馏的过程做了评价。其结论是，共沸精馏、萃取精馏、萃取和变压吸附的应用有明显的增长，结晶和离子交换有一定程度的增加。

1.5.3　生产规模

分离过程的生产规模与分离方法的选择密切相关。例如，很大规模的空气分离装置（空气处理量超过 $2832m^3/h$ ），采用低温精馏过程最经济，而小规格的空气分离装置往往采用变压吸附或中空纤维气体膜分离等方法更为经济。又如在选择海水淡化方案时，当进料量小于 $80 \times 10^6 L/d$ 时，选择反渗透比多级闪蒸或蒸发更经济，但对于很大的装置则情况正好相反。

任何所选择的分离过程必须适于工业生产规模。在工业装置中常见到两或三条生产线并行操作。若生产线再多，则整个装置显得庞大。对于高价值产品，最多可允许十条生产线并行操作。

很多分离过程的单机设备有一个极限的生产能力，它限制了采用该分离操作的生产规模。在某些情况下，最大生产能力表示了某些物理现象对过程的制约；在另外一些情况下则反映了制造工业装置的水平。

1.5.4　设计的可靠性

在影响分离过程选择的所有因素中，设计的可靠性是最重要的。然而设计的可靠性不能定量地确定，因为它与在工业装置设计之前的大量试验工作密切相关。有关几个分离过程可靠性的情况简述如下。

（1）精馏

经过多年工业规模设备的扩大试验和工业实践，已经建立了可靠的精馏设计方法。只要给出被分离混合物中有关组分的物性数据和各二元组分的气液平衡数据，就可以完成整个精馏过程的设计。偶尔也需要对某些小规模设备进行实验，但是精馏过程的放大方法是所有分离方法中最可靠的。

（2）吸收

与精馏相似，已建立了可靠的设计方法。对于工程上广泛遇到的物系，可根据物性数据、气液平衡数据和设备结构参数等进行设计，几乎不必做实验即可完成设计。对于不熟悉的新物系或新设备，一般只需测定气液平衡关系、必要的热力学和传递性质以及板效率数据即可。

（3）萃取

如果已知被分离组分和所选择的萃取溶剂之间的相平衡关系以及物系中有关的物性数据（如密度、表面张力、黏度等），即可完成萃取过程的初步设计。该法可用于溶剂的选择、确定操作条件和萃取设备选型等，有足够的可靠性。然而，并未达到精馏设计那样的准确程度。因此在同类装置中进行小规模试验是必要的，而设备的放大以借助于萃取设备的专利最为可靠。若使用公开发表的计算方法，则应评价放大方法的可靠性。

（4）结晶

结晶设备的设计是很困难的。仅有相平衡和物性数据尚不能预测结晶过程，因此台架实验总是需要的。在设计结晶过程之前，通常需要在小型工业装置上做中试。即使如此，在实际工业装置生产出合格产品之前仍需调整操作，而且不可避免会有失败的情况。然而，因为结晶过程往往能提供最纯净的产品，与其他分离方法相比，结晶所消耗的能量最少，所以应用前景十分广阔。随着广泛地使用和大规模地试验，设计的可靠性将增强。

(5) 吸附

如果在所选择的吸附床层上，有实测的吸附等温线数据和能够确定物料传质特性的一定数量的小试结果，那么能够对吸附设备和操作循环做可靠的设计。如果所处理的物料包含几个吸附组分，则通常必须用实际混合物进行试验，因为多组分等温线性能一般不能由单组分等温线来预测。

(6) 反渗透

反渗透设备的设计通常需先做实验。在单个膜组件或小型实验设备上，用实际物料进行小试。试验的目的不仅仅是为了确定膜的操作特性，而且也要确定原料的预处理方法，以防止膜件堵塞和受损。当小试提供了可靠的设计依据之后，反渗透设备的设计是有把握的，因为大规模的反渗透装置不过是由大量的膜组件并联构成的，应能重复小试结果。

(7) 气体膜分离

对反渗透过程的论述完全适用于气体膜分离。

(8) 超滤

超滤过程的设计必须以广泛的台架实验结果为基础，并且往往还需中间试验。通过试验不仅确定设备设计，而且确定适宜的操作条件（如操作循环比）。超滤设备有多种结构类型，若要选择最适宜结构，必须逐一进行试验，因为不可能通过其他数据预测特定超滤设备的结构特性。同时也必须通过试验确定超滤所透过或截留的组分，以及它们随时间和操作条件而变化的情况。因为膜的截留相对分子质量仅仅是标定值，与实际应用有较大的差别。

(9) 离子交换

虽然离子交换系统能借助少量小试结果进行设计。但一般推荐进行中试，因为在工业装置中出现的床层堵塞和交换能力降低的现象在小试中难以观察，同时只有在中试中才能模拟工业装置再生阶段所采用的大循环量操作工况。

(10) 渗析和电渗析

对反渗透的论述完全适用于选择性膜的渗析和电渗析。

(11) 电泳

电泳目前还仅使用于小批量分离过程。提高生产能力的唯一方法是在工业装置中对实际物料进行实验，确定其分离特性。因此，电泳过程可靠的放大方法也只是设计多条并联生产线，以便扩大生产能力。

▶ 1.5.5　分离过程的独立操作性能

一般来说，在单个分离设备中完成预期的分离要求是最经济的，然而在生产中将不同类型的分离过程组织在一起共同完成分离任务的情况是常见的。分离流程的繁简是影响产品经济性的重要因素。

(1) 精馏

如果被分离的组分间不形成共沸物，一个二元混合物在单个精馏塔中可分离成纯组分。在多元混合物情况下，采用侧线出料可得到多于两个纯组分的馏分。含 M 个组分的混合物在 $M-1$ 个塔中可得到完全的分离。

（2）吸收

吸收流程有两种类型。一类是吸收剂不需要再生的流程，吸收塔底直接得到产品或中间产品。对于脱除气体中微量杂质的吸收塔，吸收液可直接排放或送去废水处理。另一类是吸收剂需要再生的流程，吸收塔必须与解吸塔集成，溶质解吸后吸收剂循环使用。

（3）萃取

若萃取液本身就是产品，并且萃取溶剂不污染萃取液，那么仅用一个萃取设备即可完成分离任务，但这种情况是不多见的。实际上为得到要求纯度的产品，必须从萃取液中回收萃取物，并且通常也必须回收溶解在萃余相中的少量溶剂，以避免溶剂损失或污染萃余产品。为此最常采用的辅助分离过程是精馏。

（4）结晶

不形成共熔体的二元固体溶液通过逆流多级熔融结晶可分离为纯组分。但很多系统生成共熔体，所以结晶过程必须与破坏共熔的辅助分离过程相配合。

在溶液结晶情况下，通常一个产品是结晶，另一个是母液。固体产品继而进行洗涤和过滤，得到纯的结晶产品。

（5）吸附

吸附过程是选择性地附着一个或多个组分在固体吸附剂上。如果吸附剂需要再生或以被吸附质作为产品，则吸附必须与再生相结合。

（6）反渗透

反渗透的产品是纯溶剂和被浓缩溶液，所以它不是一个完整的分离过程。如果希望完全分离或使溶剂有高回收率，则必须附加其他过程。

（7）气体膜分离

通过采用高选择性的膜和降低膜的低压侧渗透组分的分压，或采用多级的完全级联操作，从理论上可实现二元气体混合物的完全分离。然而，只采用膜分离方法达到高纯度和高回收率是不经济的，应辅助以其他分离过程。

（8）超滤

如果不同的高分子溶质的分子尺寸有足够大的差别（如相差 10 倍），理论上超滤能将它们完全分离。当分子尺寸差别不十分大时，通过级联仍可能实现完全的分离。在任何情况下，超滤的两产品都是稀溶液，如果要求纯产品，尚需辅助分离过程。

（9）离子交换

离子交换类似于吸附，需要再生阶段，回收产品和使床层再生。此外，经离子交换的产物通常是水溶液。如果要求纯产品，尚需附加操作。对于水的净化，无离子水为离子交换产品，不需进一步加工。

（10）渗析和反渗析

这两个过程类似于萃取，是选择传质过程，不能达到混合物的完全分离。如果希望得到纯产品，需辅助过程。与萃取不同的是，溶剂不含污染产品，因膜两侧的溶剂是相同的。

1.6 分离设备

应用于平衡分离过程的设备，其功能是提供两相密切接触的条件，进行相际传质，从而达到组分分离的目的。性能优良的传质设备一般应满足以下要求。

① 单位体积中，两相的接触面积应尽可能大，两相分布均匀，避免或抑制短路及返混。

② 流体的通量大，单位设备体积的处理量大。

③ 流动阻力小，运转时动力消耗低。

④ 操作弹性大，对物料的适应性强。

⑤ 结构简单，造价低廉，操作调节方便，运行可靠安全。

传质设备种类繁多，而且不断有新型设备问世，可按照不同方法进行分类。

按所处理物系的相态可分为：气液传质设备（用于蒸馏及吸收等），液液传质设备（用于萃取等），气固传质设备（用于干燥、吸附），液固传质设备（用于吸附、浸取、离子交换等）。

按两相的接触方式可分为：分级接触设备（如各种板式塔，多级混合-澄清槽、多级流化床吸附等）和微分接触设备（如填料塔、膜式塔、喷淋塔、移动床吸附柱等）。在级式接触设备中，两相组成呈阶梯式变化，而在微分接触设备中，两相组成沿设备高度连续变化。

按促使两相混合和实现两相密切接触的动力可分为两类：一类是依靠流体自身所具有的能量分散到另一相中去的设备，如大多数的板式塔、填料塔、流化床、移动床等；另一类是依靠外加能量促使两相密切接触的设备，如搅拌式混合-澄清槽、转盘塔、脉冲填料塔、往复式筛板塔等。

此外，对于气固和液固传质设备，还可按固体的动动状态分为固定床、移动床、流化床和搅拌槽等。其中流化床传质设备采用流态化技术，将固体颗粒悬浮在流体中，使两相均匀接触，以实现强化传热、传质和化学反应的目的。

传质设备在石油、化工、轻工、冶金、食品、医药、环保等工业部门的整个生产设备中占很大比例。因此，合理选择设备，完善设备设计，优化设备操作，对于节省投资、减少能耗、降低成本、提高经济效益有着十分重要的意义。

第**2**章

蒸馏和精馏

在过程工业生产中，所使用的原料或粗产品多是由若干组分组成的液体混合物，经常需要将它们进行一定程度的分离，以达到提纯或回收有用组分的目的。互溶液体混合物的分离方法很多，蒸馏和精馏只是其中最常用的一种方法。

2.1 蒸馏的特点与分类

2.1.1 蒸馏的特点

蒸馏是分离液体均相混合物最早实现工业化的典型单元操作。它是通过加热造成气液两相体系，利用混合物中各组分挥发度的差别达到组分分离与提纯的目的。

众所周知，液体具有挥发而成为蒸汽的能力，但不同液体在一定温度下的挥发能力各不相同。例如：将一瓶酒精和一瓶水同时置于一定温度下，瓶子中的酒精比水挥发得快。如果在一定压力下，对酒精和水混合液进行加热，使之部分汽化，因酒精的沸点低易于汽化，故在产生的蒸汽中，酒精的含量将高于原始混合液中酒精的含量。若将汽化的蒸汽全部冷凝，便可获得酒精含量高于原始混合液的产品，使酒精和水得到某种程度的分离。习惯上，我们把混合物中挥发能力高的组分（如酒精）称为易挥发组分或轻组分，把挥发能力低的组分（如水）称为难挥发组分或重组分。

蒸馏是目前应用最广泛的一类液体均相混合物的分离方法。除了蒸馏应用的历史悠久、技术比较成熟外，蒸馏分离还具有以下特点。

① 通过蒸馏操作，可以直接获得所需要的产品，不像吸收、萃取等分离方法，还需要外加吸收剂或萃取剂，并需要进一步使所提取的组分与外加组分再进行分离，因而蒸馏操作流程通常较为简单。

② 蒸馏分离适用的范围广泛，它不仅可以分离液体混合物，而且可通过改变操作压力使常温常压下呈气态或固态的混合物在液化后得以分离。例如，将空气液化，再用精馏方法

获得氧、氮等产品；再如，脂肪酸的混合物，可用加热使其熔化，并在减压下建立气液两相系统，用蒸馏方法进行分离。对于挥发度相等或相近的混合物，可采用特殊精馏方法分离。

③ 蒸馏是通过对混合物加热建立气液两相体系的，气相还需要再冷凝液化，因此需要消耗大量的能量（包括加热介质和冷却介质）。另外，加压或减压将消耗额外的能量。蒸馏过程中的节能是个值得重视的问题。

2.1.2 蒸馏的分类

工业蒸馏过程有多种分类方法。

(1) 按蒸馏方式可分为平衡（闪蒸）蒸馏、简单蒸馏、精馏和特殊精馏

平衡蒸馏和简单蒸馏常用于混合物中各组分的挥发度相差较大，对分离要求又不高的场合；精馏是借助回流技术来实现高纯度和高回收率的分离操作，它是应用最广泛的蒸馏方式。如果混合物中各组分的挥发度相差很小（相对挥发度接近于1）或形成恒沸液时，则应采用特殊蒸馏。若精馏时混合物组分间发生化学反应，称反应精馏，这是将化学反应与分离操作耦合的新型操作过程。对于含有高沸点杂质的混合液，若它与水互不相溶，可采用水蒸气蒸馏，从而降低操作温度。对于热敏性混合液，则可采用高真空下操作的分子蒸馏。

(2) 按操作压力分为加压蒸馏、常压蒸馏和真空蒸馏

常压下为气态（如空气、石油气）或常压下泡点为室温的混合物，常采用加压蒸馏；常压下，泡点为室温至150℃左右的混合液，一般采用常压蒸馏；对于常压下泡点较高（一般高于150℃）或热敏性混合物（高温下易发生分解、聚合等变质现象），宜采用真空蒸馏，以降低操作温度。

(3) 按被分离混合物中组分的数目可分为两组分精馏和多组分精馏

工业生产中，绝大多数为多组分精馏，但两组分精馏的原理及计算原则同样适用于多组分精馏，只是在处理多组分精馏过程时更为复杂些，因此常以两组分精馏为基础。

(4) 按操作流程分为间歇精馏和连续精馏

间歇蒸馏主要应用于小规模、多品种或某些有特殊要求的场合，工业中以连续蒸馏为主。间歇蒸馏为非稳态操作，连续蒸馏一般为稳态操作。

2.1.3 精馏操作流程

精馏分离过程可连续操作，也可间歇操作。精馏装置系统一般应由精馏塔、塔顶冷凝器、塔底再沸器等相关设备组成，有时还要配原料预热器、产品冷却器、回流用泵等辅助设备。

图2-1所示为典型的连续精馏操作流程。通常，将原料加入的那层塔板称为加料板。在加料板以上的塔段，上升气相中难挥发组分向液相中传递，易挥发组分的含量逐渐增高，最终达到了上升气相的精制，因而称为精馏段。塔顶产品称为馏出液。加料板以下的塔段（包括加料板），完成了下降液体中易挥发组分的提出，从而提高塔顶易挥发组分的收率，同时获得高含量的难挥发组分塔底产品，因而将之称为提馏段。从塔釜排出的液体称为塔底产品或釜残液。

图2-2所示为间歇精馏操作流程。与连续精馏不同之处是：原料液一次加入釜中，因而间歇精馏塔只有精馏段而无提馏段；同时，间歇精馏釜组成不断变化，在塔底上升汽量和塔顶回流液量恒定的条件下，馏出液的组成也逐渐降低。当釜液达到规定组成后，精馏操作

即被停止，并排出釜残液。

应予指出，有时在塔底安装蛇管以代替再沸器，塔顶回流液也可依靠重力作用直接流入塔内而省去回流液泵。

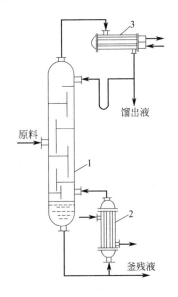

图 2-1　连续精馏操作流程

1—精馏塔；2—再沸器；3—冷凝器

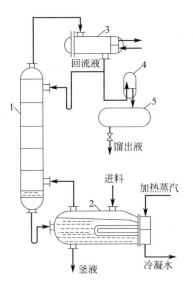

图 2-2　间歇精馏操作流程

1—精馏塔；2—再沸器；3—全凝器；4—观察罩；5—贮槽

2.2　简单蒸馏和平衡蒸馏

对于组分挥发度相差较大、分离要求不高的场合（如原料液的组分或多组分的初步分离），可采用简单蒸馏和平衡蒸馏。

▶ 2.2.1　装置流程

简单蒸馏又称微分蒸馏，是一种间歇、单级蒸馏操作，其装置如图 2-3 所示。原料液分批加到蒸馏釜 1 中，通过间接加热使之部分汽化，产生的蒸汽随即进入冷凝器 2 中冷凝，冷凝液作为馏出液产品排入接收器 3 中。随着蒸馏过程的进行，釜液中易挥发组分的含量不断降低，与之平衡的气相组成（即馏出物组成）也随之下降，釜中液体的泡点则逐渐升高。当馏出液平均组成或釜液组成降低至某规定值后，即停止蒸馏操作。通常，馏出液按组成分段收集，而釜残液一次排放。

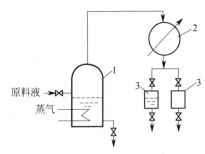

图 2-3　简单蒸馏装置

1—蒸馏釜；2—冷凝器；3—接收器

平衡蒸馏又称闪蒸，是一种连续、稳态的单级蒸馏操作。平衡蒸馏的装置如图 2-4 所示。被分离的混合液先经加热器升温，使之温度高于分离器压力下液料的泡点，然后通过节流阀降低压力至规定值，过热的液体混合物在分离器中部分汽化，平衡的气液两相及时被分离。通常分离器又称闪蒸塔（罐）。

2.2.2 简单蒸馏及平衡蒸馏的原理

理想物系的相平衡是相平衡关系中最简单的模型。所谓理想物系是指液相和气相应符合以下条件。

① 液相为理想溶液，遵循拉乌尔定律。

② 气相为理想气体，遵循道尔顿分压定律。当总压不太高时（一般不高于 10^4 kPa）时，气相可视为理想气体。

用相图来表示气液平衡关系比较清晰、直观，而且说明蒸馏原理及分析过程的影响因素也非常方便。

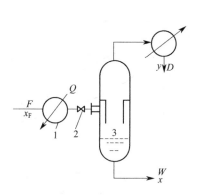

图 2-4　平衡蒸馏装置

1—加热器；2—节流阀；3—分离器

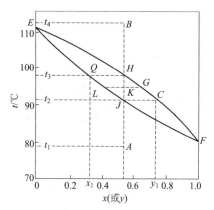

图 2-5　苯-甲苯混合液的 t-x-y 图

在恒定总压下，溶液的平衡温度随组成而变，温度与液（汽）相的组成关系可用温度组成图或 t-x-y 图表示。图 2-5 所示是在总压为 101.3kPa 下测得的苯-甲苯混合液的平衡温度-组成图。图中的上曲线为 t-y 线，称饱和蒸汽线（或露点线）。下曲线为 t-x 线，称饱和液体线（或泡点线）。上述的两条曲线将 t-x-y 图分为三个区域：饱和液体线以下为液相区，饱和蒸汽线以上为过热蒸气区，两曲线包围的区域为气液共存区。气液共存区内的自由度为1，即是说，若温度指定之后，则两个平衡相的组成也就随之而定。

图 2-6 是 101.3kPa 的总压下，苯-甲苯混合物系的 x-y 图，它表示不同温度下互成平衡的气液两相组成 y 与 x 的关系。图中对角线 $x=y$ 的直线供查图时参考用。对于理想物系，气相组成 y 恒大于液相组成 x，故平衡线位于对角线上方。平衡线偏离对角线越远，表示该溶液越易分离。x-y 图可通过 t-x-y 图做出。常见两组分物系常压下的平衡数据，可从物理化学或化工手册中查得。在双组分蒸馏的图解计算中，应用一定总压下的 x-y 图非常方便快捷。

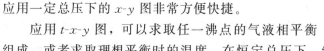

图 2-6　101.3kPa 的总压下，苯-甲苯
混合物系的 x-y 图

应用 t-x-y 图，可以求取任一沸点的气液相平衡组成，或者求取理想平衡时的温度。在恒定总压下，组成为 x，温度为 t_1（图 2-5 中的点 A）的混合液升温至 t_2（点 J）时达到该溶液的泡点，产生的第一个气泡组成为 y_1（点

C）。同样，组成为 y、温度为 t_4（点 B）的过热蒸汽冷却至温度 t_3（点 H）时达到混合气的露点，凝结出第一个液滴的组成为 x_1（点 Q）。当某混合物系的总组成与温度位于点 K 时，则此物系被分成互成平衡的气液两相，其液相和气相组成分别用 L、G 两点表示。两相的量由杠杆规则确定。

简单蒸馏过程的任何瞬间，气相与釜中液体处于相平衡状态。组成为 x_{F1} 的混合液在蒸馏釜中被加热至泡点温度 t_{F1} 而汽化，与之相平衡的蒸汽组成为 y_{F1}，且 $y_{F1} > x_{F1}$，将蒸汽全部冷凝，即得到易挥发组分含量高于原始溶液的馏出物。随着过程的进行，蒸汽不断的引出，釜中料液的易挥发组分含量不断减少，相应产生的蒸汽组成也随之降低，而釜内溶液的泡点则逐渐升高。则 $x_{F1} > x_{F2} > x_{F3} > \cdots$，与此相对应，$y_{F1} > y_{F2} > y_{F3} > \cdots$，而 $t_{F1} < t_{F2} < t_{F3} < \cdots$。这一过程表示在图 2-7 中。

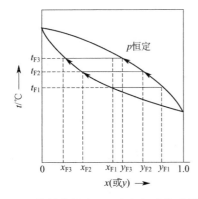 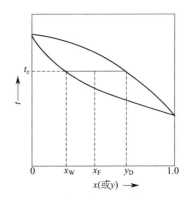

图 2-7　简单蒸馏过程温度与组成关系图示　　　　图 2-8　闪蒸过程温度与组成关系图示

在平衡蒸馏过程中，闪蒸器内压力及温度均保持恒定，蒸汽与液相处于平衡，即在闪蒸器内通过一次部分汽化使混合液得到一定程度的分离。图 2-8 中将闪蒸过程表示在 t-x-y 图中，原料液组成为 x_F，经过一次部分汽化，得到相互平衡的气相组成 y_D 和液相组成 x_W，并且 $x_W < x_F < y_D$，将气相组成为 y_D 的蒸汽全部冷凝下来，即得到易挥发组分含量较高的顶部产品，而塔底排出液中易挥发组分较低。

从以上的讨论可以看出，无论是简单蒸馏还是平衡蒸馏，在一定的汽化率下均不能得到纯度较高的产品，为了对混合物进行较高纯度的分离，应采用精馏操作。

2.3　双组分精馏

精馏是利用混合液中各组分间挥发度的差异以实现高纯度分离的一种操作。平衡蒸馏仅通过一次部分汽化和部分冷凝，只能部分地分离混合液中的组分，若进行多次的部分汽化和部分冷凝，便可使混合液中各组分几乎完全分离。

2.3.1　精馏的原理

设想如图 2-9 所示的多次部分汽化和多次部分冷凝流程。

组成为 x_F 的原料液经加热器加热至温度为 t_1 进入分离器 1 中，由于混合液体中各组分的沸点不同，当在一定温度下部分汽化时，低沸点物在气相中的浓度较液相高，而液相中高沸点物的浓度较气相高，于是通过一次部分汽化，产生气相流量为 V_1、组成为 y_1，与液相

流量为 L_1、组成为 x_1 的平衡两相，且必有 $y_1 > x_F > x_1$，参见图 2-10 的 t-x-y 图。

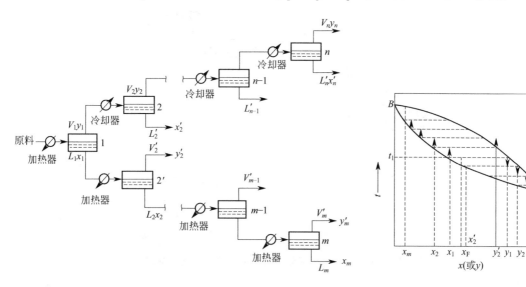

图 2-9　多次部分汽化和多次部分冷凝示意图　　　　图 2-10　多次部分汽化和
1,2,2′—分离器　　　　　　　　　　　　　冷凝的 t-x-y 图

组成为 y_1 的蒸汽经冷凝后送入分离器 2 中部分冷凝，此时产生气相组成为 y_2 与液相组成为 x_2' 的平衡两相，且 $y_2 > y_1$，但 $V_2 < V_1$，这样部分冷凝的次数（即级数）越多，所得气相中易挥发组分含量就越高，最后可得到几乎纯态的易挥发组分。$y_1 < y_2 < \cdots < y_n$，但 $V_1 > V_2 > \cdots > V_n$，即最终的组成 y_n 接近于纯态的易挥发组分，所得的气相量则越来越少。

同理，若将分离器 1 所得到的组成为 x_1 的液体加热，使之部分汽化，在分离器 2′ 中得到 y_2' 与 x_2 成平衡的气液两相，且 $x_2 < x_1$，但 $L_2 < L_1$，这样部分汽化的次数越多，所得到的液相中易挥发组分的含量就越低，最后可得到几乎纯态的难挥发组分。$x_1 > x_2 > \cdots > x_m$，但 $L_1 > L_2 > \cdots > L_m$。

由此可见，每一次部分汽化和部分冷凝，都使气液两相的组成发生了变化，而同时多次进行部分汽化和多次部分冷凝，就可将混合液分离为纯的或比较纯的组分。但是，图 2-9 所示过程设备过于庞杂，设备费用极高；部分汽化需要加入热量，而部分冷凝又需要取走热量，能量消耗也极大；同时，每经一次部分汽化和部分冷凝都会产生一部分中间产物，致使最终得到的纯产品量极少。为解决上述问题，可将中间产物（部分冷凝的液体及部分汽化的蒸汽）分别返回它们前一分离器中，如图 2-11 所示。为得到回流的液体，图 2-11 上半部最上一级需设置部分冷凝器；为得到上升的蒸汽，图 2-11 下半部最下一级需设置部分汽化器。这样就使整个流程改进成"精馏"流程。

工业上是将图 2-11 的每个分离器做成一块板，将许多板叠起来成为一个多块板的塔，或在一个圆形的塔内装有一定高度的填料。板上液层或填料表面是气液两相进行传热和传质的场所。如图 2-12 所示为一精馏塔。下面由加热釜（再沸器）供热，使釜中残液部分汽化后蒸汽逐板上升，塔中各板上液体处于沸腾状态。顶部冷凝后得到的馏出物部分作回流入塔，从塔顶引入后逐板下流，使各板上保持一定液层。上升蒸汽和下降液体呈逆流流动，在每块板上相互接触进行传热和传质。原料液于中部适宜位置处加入精馏塔，其液相部分也逐板向下流入加热釜，气相部分则上升经各板至塔顶。由于塔底部几乎是纯难挥发组分，因此

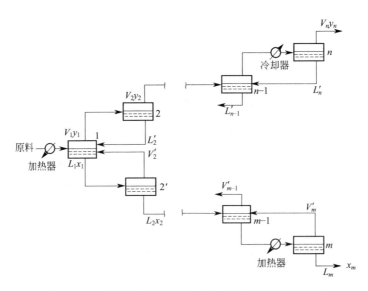

图 2-11　有回流的多次部分汽化和多次部分冷凝示意图
1,2,2′—分离器

塔底部温度最高，而顶部回流液几乎是纯易挥发组分，因此塔顶部温度最低，整个塔内的温度，由下向上逐渐降低。

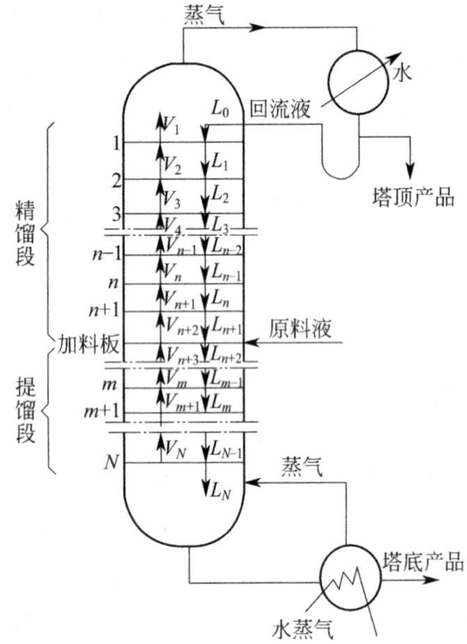

由塔内精馏操作分析可知，为实现精馏分离操作，除了具有足够层数塔板的精馏塔以外，还必须从塔底产生上升蒸汽流，以建立气液两相体系。因此，塔底上升蒸汽流和塔顶液体回流是建立过程连续进行的必要条件。回流是精馏与普通蒸馏的本质区别。

▶ 2.3.2　全塔物料衡算

图 2-12　精馏塔中物料流动示意图

为简化精馏计算，通常引入塔内恒摩尔流动的假定。

① 恒摩尔气流　在塔内没有中间加料（或出料）的条件下，各层板的上升蒸汽摩尔流量相等。

精馏段　$V_1=V_2=V_3=\cdots=V=$ 常数
提馏段　$V_1'=V_2'=V_3'=\cdots=V'=$ 常数

但两段的上升蒸汽摩尔流量不一定相等。

② 恒摩尔液流　在塔内没有中间加料（或出料）的条件下，各层板的下降液体摩尔流量相等。

精馏段　　　　　　　　$L_1=L_2=L_3=\cdots=L=$ 常数
提馏段　　　　　　　　$L_1'=L_2'=L_2'=\cdots=L'=$ 常数

但两段的下降液体摩尔流量不一定相等。

在精馏塔的塔板上气液两相接触时，若有 $n\,\mathrm{kmol/h}$ 的蒸汽冷凝，相应有 $n\,\mathrm{kmol/h}$ 的液体汽化，这样恒摩尔流动的假设才能成立。为此必须符合以下条件：a. 混合物中各组分的摩尔汽化潜热相等；b. 各板上液体显热的差异可忽略（即两组分的沸点差较小）；c. 塔设备保温良好，热损失可忽略。

（1）物料衡算

连续精馏过程的馏出液和釜残液的流量、组成与进料的流量和组成有关。通过全塔的物料衡算，可求得它们之间的定量关系。

现对图 2-13 所示的连续精馏塔（塔顶全凝器，塔釜间接蒸汽加热）作全塔物料衡算，并以单位时间为基础，具体如下。

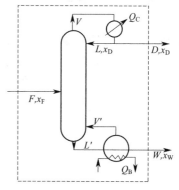

图 2-13　连续精馏塔的物料衡算

总物料衡算：
$$F = D + W \tag{2-1}$$

易挥发组分衡算：
$$F x_F = D x_D + W x_W \tag{2-2}$$

式中　F——原料液流量，kmol/h 或 kmol/s；

　　　D——塔顶馏出液流量，kmol/h 或 kmol/s；

　　　W——塔底釜残液流量，kmol/h 或 kmol/s；

　　　x_F——原料液中易挥发组分的摩尔分数；

　　　x_D——馏出物中易挥发组分的摩尔分数；

　　　x_W——釜残液中易挥发组分的摩尔分数。

从而可解得馏出物的采出率：
$$\frac{D}{F} = \frac{x_F - x_W}{x_D - x_W} \tag{2-3}$$

塔顶易挥发组分的回收率为：
$$\eta_A = \frac{D x_D}{F x_F} \times 100\% \tag{2-4}$$

或
$$\eta_A = \frac{F x_F - W x_W}{F x_F} \times 100\% \tag{2-5}$$

应予指出，通常原料液的流量与组成是给定的，在规定分离要求时，应满足全塔总物料衡算的约束条件，即 $D x_D \leqslant F x_F$ 或 $D/F \leqslant x_F/x_D$。

（2）操作线方程

表达由任意板下降液相组成 x_n 及由下一层板上升的蒸汽组成 y_{n+1} 之间关系的方程称为操作线方程。在连续精馏塔中，因原料液不断从塔的中部加入，致使精馏段和提馏段具有不同的操作关系，应分别予以讨论。

① 精馏段操作线方程。

对图 2-14 中虚线范围（包括精馏段的第 $n+1$ 层板以上塔段及冷凝器）作物料衡算，以单位时间为基准，具体如下。

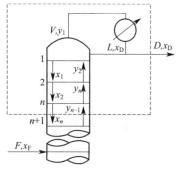

图 2-14　精馏段操作线
方程的推导

总物料衡算：
$$V = L + D \tag{2-6}$$

易挥发组分衡算：

$$Vy_{n+1} = Lx_n + Dx_D \tag{2-7}$$

式中 x_n——精馏段中第 n 层板下降液相中易挥发组分的摩尔分数；

  y_{n+1}——精馏段第 $n+1$ 层板上升蒸汽中易挥发组分的摩尔分数。

将式(2-6)代入式(2-7)，并整理得

$$y_{n+1} = \frac{L}{V}x_n + \frac{D}{V}x_D \tag{2-8}$$

或

$$y_{n+1} = \frac{L}{L+D}x_n + \frac{L}{L+D}x_D \tag{2-9}$$

令 $R = \dfrac{L}{D}$，代入上式得

$$y_{n+1} = \frac{R}{R+1}x_n + \frac{1}{R+1}x_D \tag{2-10}$$

式中 R——回流比。

  式(2-8)或式(2-9)与式(2-10)均称为精馏段操作线方程式。其表示在一定操作条件下，精馏段内自任意第 n 层板下降的液相组成 x_n 与其相邻的下一层板（第 $n+1$ 层板）上升气相组成 y_{n+1} 之间的关系。该式在 x-y 直角坐标图上为直线，其斜率为 $R/(R+1)$，截距为 $x_D/(R+1)$。由式(2-10)可知，当 $x_n = x_D$ 时，$y_{n+1} = x_D$，即该点位于 x-y 图的对角线上，如图 2-15 中的点 a；又当 $x_n = 0$ 时，$y_{n+1} = x_D/(R+1)$，即该点位于 y 轴上，如图中点 b，则直线 ab 即为精馏段操作线。

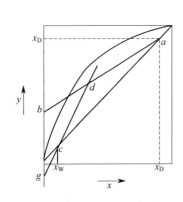

图 2-15 精馏塔的操作线

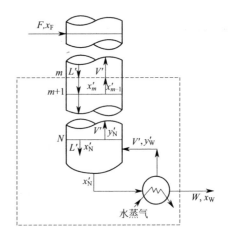

图 2-16 提馏段操作线方程的推导

② 提馏段操作线方程。

按图 2-16 虚线范围（包括提馏段第 m 层板以下塔板及再沸器）作物料衡算，以单位时间为基础，具体如下。

总物料衡算：

$$L' = V' + W \tag{2-11}$$

易挥发组分衡算：

$$L'x'_m = V'y'_{m+1} + Wx_W \tag{2-12}$$

式中　x'_m——提馏段第 m 层板下降液相中易挥发组分的摩尔分数；

y'_{m+1}——提馏段第 $m+1$ 层板上升蒸汽中易挥发组分的摩尔分数。

将式(2-11)代入式(2-12)中，经整理得

$$y'_{m+1} = \frac{L'}{V'}x'_m - \frac{W}{V'}x_W \qquad (2\text{-}13)$$

或

$$y'_{m+1} = \frac{L'}{L'-W}x'_m - \frac{W}{L'-W}x_W \qquad (2\text{-}14)$$

式(2-13)或式(2-14)称为提馏段操作线方程式，表示在一定操作条件下，提馏段内自第 m 层板下降液相组成 x'_m 与其相邻的下层板（第 $m+1$ 层）上升蒸汽组成 y'_{m+1} 之间的关系。此式在 x-y 相图上为直线，该线的斜率为 $L'/(L'-W)$，截距为 $-Wx_W/(L'-W)$。由式(2-14)可知，当 $x'_m = x_m$ 时，$y'_{m+1} = x_W$，即该点位于 x-y 图的对角线上，如图 2-15 中的点 c；当 $x'_m = 0$ 时，$y'_{m+1} = -Wx_W/(L'-W)$，该点位于 y 轴上，如图 2-15 中的点 g，则直线 cg 即为提馏段操作线。精馏段操作线和提馏段操作线相交于点 d。

应予指出，提馏段内液体摩尔流量 L' 不仅与精馏段液体摩尔流量 L 的大小有关，而且它还受进料量及进料热状况的影响。

(3) 进料热状况的影响

在生产中，加入精馏塔中的原料可能有以下五种热状态。

冷液体进料：原料液温度低于泡点的冷液体。

饱和液体进料：原料液温度为泡点的饱和液体，又称泡点进料。

气液混合物进料：原料温度介于泡点和露点之间的气液混合物。

饱和蒸汽进料：原料温度为露点的饱和蒸汽，又称露点进料。

过热蒸汽进料：原料温度高于露点的过热蒸汽。

进料热状态不同，影响精馏段和提馏段的液体流量 L 与 L' 间的关系以及上升蒸汽 V 与 V' 之间的关系。图 2-17 定性地表示了不同进料热状态对进料板上、下各股流量的影响。

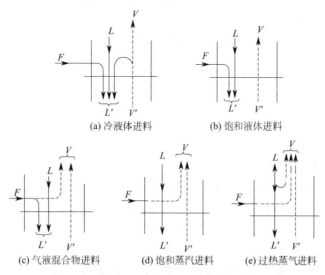

图 2-17　进料热状态对进料板上、下各股流量的影响

由此可见，精馏塔中两段的气液摩尔流量间的关系受到进料量及进料热状态的影响，通

用的定量关系可通过进料板上的物料衡算和热量衡算求得。精馏段与提馏段的液体摩尔流量与进料量及进料热状态参数的关系为：

$$L' = L + qF \qquad (2\text{-}15)$$

精馏段与提馏段的气体摩尔流量与进料量及进料热状态参数的关系为：

$$V = V' + (1+q)F \qquad (2\text{-}16)$$

式中　q——进料热状态参数，可由热量衡算决定。

令进料、饱和蒸汽、饱和液体的焓（摩尔焓）分别为 I_F、I_V、I_L（kJ/kmol，从 0℃ 的液体算起），因进料带入的总焓为其中气液两相各自带入的焓之和，而有：

$$FI_F = (qF)I_L + (1-q)FI_V \qquad (2\text{-}17)$$

对于 1kmol 进料，将上式除以 F：

$$I_F = qI_L + (1-q)I_V \qquad (2\text{-}18)$$

可解出：

$$q = \frac{I_V - I_F}{I_V - I_L} = \frac{1\text{kmol 原料变为饱和蒸汽所需热量}}{\text{原料液的千摩尔汽化潜热}} \qquad (2\text{-}19)$$

式中　I_F——原料液的焓，kJ/kmol；

　　　I_V——进料板上饱和蒸汽的焓，kJ/kmol；

　　　I_L——饱和液体的焓，kJ/kmol。

q 值的意义：以 1kmol/h 进料为基准时，q 值即提馏段中的液体流量较精馏段中增大的摩尔流量值。对于饱和液体、气液混合物进料而言，q 值即等于进料中的液体分率。

根据 q 的定义可得出如下结论。

① 冷液体进料（$q>1$）

原料液的温度低于泡点，入塔后由提馏段上升的蒸汽有部分冷凝，放出的潜热将料液加热到泡点。此时，提馏段下降液体流量 L' 由三部分组成：精馏段回流液流量 L、原料液流量 F、提馏段蒸汽冷凝液流量。

由于部分上升蒸汽的冷凝，致使上升到精馏段的蒸汽流量 V 比提馏段的 V' 要少，其差额即为蒸汽冷凝量。由此可见

$$L' > L + F \qquad (2\text{-}20)$$
$$V' > V \qquad (2\text{-}21)$$

② 饱和液体进料（$q=0$）

此时加入塔内的原料液全部作为提馏段的回流液，而两段上升的蒸汽流量相等，即

$$L' = L + F \qquad (2\text{-}22)$$
$$V' = V \qquad (2\text{-}23)$$

③ 气液混合物进料（$q=0\sim1$）

进料中液相部分成为 L' 的一部分，而其中蒸汽部分成为 V 的一部分，即

$$L < L' < L + F \qquad (2\text{-}24)$$
$$V' < V \qquad (2\text{-}25)$$

④ 饱和蒸汽进料（$q=0$）

整个进料变为 V 的一部分，而两段的回流液流量则相等，即

$$L' = L \qquad (2\text{-}26)$$
$$V = V' + F \qquad (2\text{-}27)$$

⑤ 过热蒸汽进料（$q<0$）

过热蒸汽入塔后放出显热成为饱和蒸汽，此显热使加料板的液体部分汽化。此情况下，进入精馏段的上升蒸汽流量包括三部分：提馏段上升蒸汽流量 V'、原料的流量 F、加料板上部分汽化的蒸汽流量。

由于这部分液体的汽化，下降到提馏段的液体流量将比精馏段的 L 要少，其差额即为汽化的液体量。由此可见：

$$L'<L \tag{2-28}$$

$$V>V'+F \tag{2-29}$$

若将式(2-15) 代入式(2-14)，则提馏段操作线方程可改写为：

$$y'_{m+1}=\frac{L+qF}{L+qF-W}x'_m-\frac{W}{L+qF-W}x_W \tag{2-30}$$

⑥ 进料方程（或 q 线方程）

将精馏段操作线方程与提馏段操作线方程联立，便可得到精馏段操作线与提馏段操作线交点的轨迹，此轨迹方程称为 q 线方程，也称作进料方程。当进料热状态参数及进料组成确定后，在 x-y 图上可以首先绘出 q 线，然后便可方便地绘出提馏段操作线，同时利用 q 线方程分析进料热状态对精馏塔设计及操作的影响。

由式(2-8) 和式(2-13) 并省略下标得：

$$y=\frac{L}{V}x+\frac{D}{V}x_D \tag{2-31}$$

$$y=\frac{L'}{V'}x-\frac{W}{V'}x_W \tag{2-32}$$

两线交点的轨迹应同时满足以上两式。

再将 $L'=L+qF$、$V=V'+(1-q)F$ 及 $Wx_W=Fx_F-Dx_D$ 代入式(2-31)，消去 L'、V' 及 Wx_W，并整理，得：

$$[V-(1-q)F]y=(L+qF)x-Fx_F+Dx_D \tag{2-33}$$

由式(2-8) 得：

$$Dx_D=Vy-Lx \tag{2-34}$$

将上式代入式(2-33) 中并整理，可得：

$$y=\frac{q}{q-1}x-\frac{x_F}{q-1} \tag{2-35}$$

式(2-35) 称为 q 线方程。在进料热状况及进料组成确定的条件下，q 及 x_F 为定值，则式(2-35) 为一直线方程。当 $x=x_F$ 时，由式(2-35) 计算出 $y=x_F$，则 q 线在 x-y 图上是过对角线上 e（x_F,x_F）点，以 $\frac{q}{q-1}$ 为斜率的直线。

表 2-1 q 线斜率值及在 x-y 图上的方位

进料热状况	q 值	q 线斜率 $q/(q-1)$	q 线在 y-x 图上的方位
冷进料	$q>1$	+	ef_1（↗）
饱和液体	$q=1$	∞	ef_2（↑）
气液混合物	$0<q<1$	−	ef_3（↖）
饱和蒸汽	$q=0$	0	ef_4（←）
过热蒸汽	$q<0$	+	ef_5（↙）

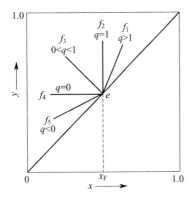

图 2-18　x-y 图上 q 线的位置

根据不同的 q 值，将 5 种不同进料热状况下的 q 线斜率值及其方位标绘在图 2-18，并列于表 2-1 中。

2.3.3　理论塔板数

2.3.3.1　理论板的概念

如前所述，精馏操作涉及气液两相的传质和传热。塔板上两相间的传热速率和传质速率不仅取决于物系的性质和操作条件，而且还与塔板结构有关，因此它们很难用简单方程加以描述。引入理论板的概念，可使问题简化。

所谓理论板，是指在塔板上气液两相都充分混合，且传热及传质阻力均为零的理想化塔板。因此不论进入理论板的气液两相组成如何，离开该板时气液两相组成达到平衡状态，即两相温度相等，组成互成平衡。

实际上，由于塔板上气液间的接触面积和接触时间是有限的，因而在通常的塔板上气液两相都难以达到平衡状况，也就是说难以达到理论板的传质分离效果。理论板仅作为衡量实际板分离效率的依据和标准。在工程设计中，先求得理论板层数，用塔板效率予以校正，即可求得实际塔板层数。引入理论板的概念，对精馏过程的分析和计算是十分有用的。

若已知某物系的气液平衡关系，即离开任意理论板（n 层）的气液两相组成 y_n 与 x_n 之间的关系已被确定。还已知精馏段、提馏段的操作关系，即任意理论板（n 层）的下降液体组成 x_n 与由下一层板（$n+1$ 层）上升的气相组成将可逐板予以确定，因此即可求得指定分离要求下的理论板数。

2.3.3.2　理论板数的求法

理论板数的求法仍以塔内恒摩尔流为前提。对两组分连续精馏，通常采用逐板计算法和图解法确定精馏塔理论板数。在计算理论板数时，一般需已知原料液组成、进料热状态、操作回流比及所要求的分离程度。并利用以下基本关系。

（1）气液平衡关系

除采用 t-x-y 图外，对理想双组分溶液还可利用拉乌尔定律计算。

拉乌尔定律表示：当气液呈平衡时，溶液上方组分的蒸汽压与溶液中组分的摩尔分数成正比，即：

$$p_A = p_A^\circ x_A \tag{2-36}$$

$$p_B = p_B^\circ x_B = p_B^\circ (1 - x_A) \tag{2-37}$$

式中　p_A，p_B——溶液上方组分 A、B 的平衡分压，Pa；

x_A，x_B——溶液中组分 A、B 的摩尔分数；

p_A°，p_B°——同温度下纯组分 A、B 的饱和蒸汽压，Pa。

纯组分的饱和蒸汽压是温度的函数，通常可用安托因方程求算，也可直接从理化手册中查得。

理想物系气相服从道尔顿分压定律，即：

$$p = p_A + p_B \tag{2-38}$$

式中　p——气相总压，Pa。

联立式(2-36)、式(2-37) 和式(2-38)，可得：

$$x_A = \frac{p - p_B^\circ}{p_A^\circ - p_B^\circ} \tag{2-39}$$

式(2-39) 又称为泡点方程。表示平衡物系的温度和液相组成的关系。

当物系的总压不太高（一般不高于 $10^4\,\mathrm{Pa}$）时，平衡的气相可视为理想气体。气相组成可表示为

$$y_A = \frac{p_A}{p} \tag{2-40}$$

$$y_B = \frac{p_B}{p} \tag{2-41}$$

将式(2-36)、式(2-37) 和式(2-39) 代入以上两式，可得：

$$y_A = \frac{p_A^\circ}{p} x_A = \frac{p_A^\circ}{p} \frac{p - p_B^\circ}{p_A^\circ - p_B^\circ} \tag{2-42}$$

$$y_B = \frac{p_B^\circ}{p} x_B \tag{2-43}$$

式(2-42) 又称露点方程。表示平衡物系的温度和气相组成的关系。

（2）塔内相邻两板气液相组成间的关系，即操作线方程

式(2-10) 为精馏段操作线方程：

$$y_{n+1} = \frac{R}{R+1} x_n + \frac{1}{R+1} x_D \tag{2-44}$$

式(2-30) 为提馏段操作线方程：

$$y'_{m+1} = \frac{L + qF}{L + qF - W} x'_m - \frac{W}{L + qF - W} x_W \tag{2-45}$$

式(2-35) 为进料方程或 q 线方程：

$$y = \frac{q}{q-1} x - \frac{x_F}{q-1} \tag{2-46}$$

① 逐板计算法。

逐板计算法通常是从塔顶（或塔底）开始逐板进行计算，即计算过程中依次使用平衡方程和操作线方程，直至满足分离程度为止。计算中通常假设：塔顶采用全凝器；塔顶回流液体在泡点温度下回流入塔；塔釜（再沸器）采用间接蒸汽加热，再沸器相当于一层理论板。

图 2-19 所示为一连续精馏塔，因塔顶采用全凝器，从塔顶第一板上升的蒸汽进入冷凝器后被全部冷凝，故塔顶馏出液组成及回流液组成均与第一层板的上升蒸汽相同，即

$$y_1 = x_D = 已知值 \tag{2-47}$$

由于离开每层理论板的气液组成互成平衡，故可由 y_1 利用气液平衡方程求得 x_1，即

$$y_1 = \frac{p_1^\circ}{p} x_1 \tag{2-48}$$

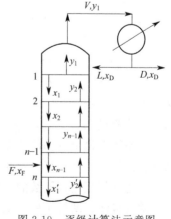

图 2-19 逐级计算法示意图

第 2 层塔板上升蒸汽的组成 y_2 与第 1 层塔板下降液体的组成 x_1 符合精馏段操作线关系，故利用精馏段操作线方程可由 x_1 求得 y_2，即

$$y_2 = \frac{R}{R+1}x_1 + \frac{x_D}{R+1} \qquad (2\text{-}49)$$

同理，x_2 与 y_2 互成平衡，可用平衡方程由 y_2 求得 x_2，再利用精馏段操作线方程由 x_2 求得 y_3，如此重复计算，直至计算到 $x_n \leqslant x_F$（仅指泡点进料的情况）时，表示第 n 层理论板是进料板（即提馏段第 1 层理论板），因此精馏段所需理论板数为（$n-1$）。对其他进料状态，应计算到 $x_n \leqslant x_q$ 为止（x_q 为两操作线交点坐标值）。

此后，使用提馏段操作线方程和平衡方程，继续采用上述方法进行逐板计算，直至计算到 $x'_m \leqslant x_W$ 为止，因再沸器相当于一块理论板，故提馏段所需理论板数为（$m-1$）。

在计算过程中，每使用一次平衡关系，表示需要一层理论板。

逐板计算法虽然计算过程烦琐，但是计算结果准确。若采用计算机进行逐板计算，则十分方便。因此该法是计算理论板的基本方法。

② 图解法。

以逐板计算法的基本原理为基础，在 x-y 相图上，用平衡曲线和操作线代替平衡方程和操作线方程，用简便的图解法求理论板层数，在两组分精馏计算中得到广泛应用。图解法的基本步骤如下。

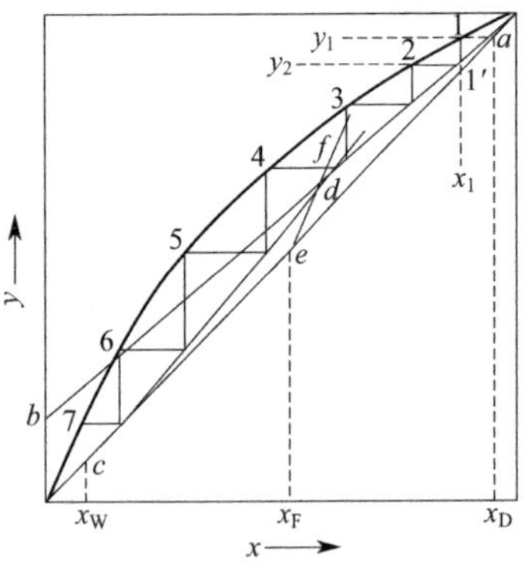

图 2-20　求理论板层数的图解法

a. 在 x-y 坐标上作出平衡曲线和对角线。如图 2-20 所示。

b. 在 x-y 图上作出操作线。

精馏段操作线作法：从 $x = x_D$ 处引垂线与对角线交于 a 点，再按精馏段操作线的截距 $\dfrac{x_D}{R+1}$ 在 y 轴上定出 b 点。联结 ab，得精馏段操作线。

提馏段操作线作法：从 $x = x_F$ 处引垂线与对角线交于 e 点。按进料热状况算出 q 线的斜率 $\dfrac{q}{q+1}$，从 e 点绘 q 线，与精馏段操作线 ab 交于 d 点。从 $x = x_W$ 处引垂线与对角线交于 c 点，联结 cd 便得提馏段操作线。

c. 图解法求理论板层数。

自对角线上的 a 点开始，在精馏段操作线与平衡线之间画水平线及垂直线组成的阶梯，即从 a 点作水平线与平衡线交于点 1，该点即代表离开第一层理论板的气液相平衡组成（x_1,y_1），故由点 1 可确定 x_1。由点 1 作垂线与精馏段操作线的交点 $1'$ 可确定 y_2。再由点 $1'$ 作水平线与平衡线交于点 2，由此点定出 x_2。如此重复在平衡线与精馏段操作线之间绘阶梯。当阶梯跨越两操作线交点 d 点时，则改在提馏段操作线与平衡线之间画阶梯，直至阶梯的垂线跨过点 c（x_W,x_W）为止。

平衡线上每个阶梯的顶点即代表一层理论板。跨过点 d 的阶梯为进料板，最后一个阶梯为再沸器。总理论板层数为阶梯数减 1。

上述图解理论板层数的方法称为麦卡布-蒂利（McCabe-Thiele）法，简称 M-T 法。

除逐板法、图解法外，也可应用简捷法确定冷流体板数，此法将在多组分精馏中进行介绍。

为达到一定的分离要求（x_F、x_D、x_W 一定），回流比相同（R 一定）而 q 值不同时，不影响精馏段操作线斜率，但影响提馏段操作线斜率，从而使理论板数及进料位置发生变化。q 值越大，提馏段操作线就越远离平衡线，每块塔板上的传质推动力增大，提浓程度增加，故所需的理论塔板数就越少，如图 2-21 所示为进料热状况对操作线的影响。

d. 确定最优进料位置。

最优的进料位置一般应在塔内液相或气相组成与进料组成相近或相同的塔板上。当采用图解法计算理论板层数时，适宜的进料位置应为跨越两操作线交点所对应的阶梯。对于一定的分离任务，如此作图所需理论板数为最少，跨过两操作线交点后继续在精馏段操作线与平衡线之间作阶梯，或没有跨过交点而过早更换操作线，都会使所需理论板层数增加。

对于已有的精馏装置，在适宜进料位置进料，可获得最佳分离效果。在实际操作中，如果进料位置不当，将会使馏出液和釜残液不能同时达到预期的组成。进料位置过高，使馏出液的组成偏低（难挥发组分含量偏高）；反之，进料位置偏低，使釜残液中易挥发组分含量增高，从而降低馏出液中易挥发组分的收率。

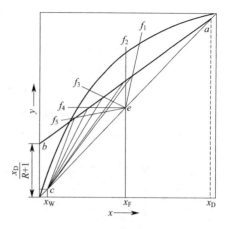

图 2-21 进料热状况对操作线的影响

有的精馏装置上，在塔顶安装分凝器，使从塔顶出来的蒸汽先在分凝器中部分冷凝，冷凝液作为回流，未冷凝的蒸汽作为塔顶产品。离开分凝器的气液两相可视为互相平衡，即分凝器起到一层理论板的作用，故精馏段的理论板层数应比相应的阶梯数减少一个。另外，对于某些水溶液的精馏分离，塔底采用直接水蒸气加热。此时，塔釜不能当作一层理论板看待。

2.3.4 塔高与塔径的计算

(1) 塔高的计算

以上讨论的为理论板，即离开各层塔板的气液两相达到平衡状态。但实际上，除再沸器相当于实际存在的一层塔板外，塔内其余各板由于气液两相接触时间有限，使得离开塔板的蒸汽与液体一般不能达到平衡状态，即每一层塔板实际上起不到一层理论板的作用。因此，在指定条件下进行精馏操作所需要的实际板数（N_P）较理论板数（N_T）为多。N_T 与 N_P 之比称为全塔效率 E_T。

$$E_T = \frac{N_T}{N_P} \times 100\% \qquad (2\text{-}50)$$

式中　E_T——全塔效率；

　　　N_T——理论板层数；

　　　N_P——实际塔板层数。

全塔板效率反映塔中各层塔板的平均效率，因此它是理论板层数的一个校正层数，其值恒小于 1。对一定结构的板式塔，若已知在某种操作条件下的全塔效率，便可由式（2-50）求得实际板层数。

此外尚有其他表示塔板效率的方法。例如单板效率 E_M，又称默弗里（Murphree）效率。它表示气相或液相经过一层实际塔板前后的组成变化与经过一层理论板前后的组成变化之比值，即：

$$E_{MV} = \frac{y_n - y_{n+1}}{y_n^* - y_{n+1}} \qquad (2-51)$$

$$E_{ML} = \frac{x_{n-1} - x_n}{x_{n-1} - x_n^*} \qquad (2-52)$$

式中　E_{MV}——气相单板效率；

　　　E_{ML}——液相单板效率；

　　　y_n^*——与 x_n 成平衡的气相组成；

　　　x_n^*——与 y_n 成平衡的液相组成。

应该指出，单板效率可直接反映该层塔板的传质效果，但各层塔板的单板效率通常不相等。即使塔内各板效率相等，全塔效率在数值上也不等于单板效率。这是因为两者定义的基准不同，全塔效率是基于所需理论板数的概念，而单板效率基于该板理论增浓程度的概念。

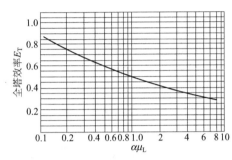

图 2-22　精馏塔效率关联曲线

由于影响板效率的因素很多而且复杂，如物系性质、塔板类型与结构和操作条件等。故目前对板效率还不易做出准确的计算。实际设计时一般采用来自生产及中间实验的数据或用经验公式估算。其中，比较典型、简易的方法是奥康奈尔（O'connell）的关联法。对于精馏塔，奥康奈尔将全塔效率对液相黏度的乘积进行关联，得到如图 2-22 所示的曲线，该曲线也可关联成如下形式，即

$$E_T = 0.49(\alpha \mu_L)^{-0.245} \qquad (2-53)$$

式中　α——塔顶与塔底平均温度下的相对挥发度（即两组分挥发度之比）；

　　　μ_L——塔顶与塔底平均温度下的液体黏度。

对于板式塔，通过板效率将理论板层数换算为实际板层数，再选择合适的板间距（指相邻两层实际板之间的距离），由实际塔板层数和板间距即可计算塔的有效高度。

$$Z = (N_P - 1)H_T \qquad (2-54)$$

式中　Z——板式塔的有效高度（安装塔板部分的高度），m；

　　　H_T——板间距，m。

当精馏分离过程在填料塔内进行时，上升蒸汽和回流液体在塔内填料表面上进行连续逆流接触，因此两相在塔内的组成是连续变化的。填料层高度可按下式计算，即

$$Z = N_T(HETP) \qquad (2-55)$$

理论板当量高度 $HETP$ 是指相当于一层理论板分离作用的填料层高度，即通过这一填料层高度后，上升蒸汽与下降液体互成平衡。与板效率一样，等板高度通常由实验测定，在缺乏实验数据时，可用经验公式估算。

（2）塔径的计算

精馏塔的直径，可由塔内上升蒸汽的体积流量及其通过塔横截面的空塔线速度求得，即

$$V_s = \frac{\pi}{4} D^2 u \qquad (2-56)$$

或
$$D=\sqrt{\frac{4V_s}{\pi u}}$$
(2-57)

式中　D——精馏塔内径，m；

　　　u——空塔速度，m/s；

　　　V_s——塔内上升蒸汽的体积流量，m³/s。

空塔速度是影响精馏操作的重要因素。

由于精馏段和提馏段内的上升蒸汽体积流量 V_s 可能不同，因此两段的 V_s 及直径应分别计算。若两段的塔径不同，当两段上升蒸汽体积流量或塔径相差不大时，为使塔的结构简化，两段宜采用相同的塔径，设计时通常选取两者中较大者，并经圆整后作为精馏塔的塔径。

▶2.3.5　回流比的影响及选择

前已指出，回流是保证精馏塔连续稳态操作的基本条件，因此回流比是精馏过程的重要变量，它的大小影响精馏的投资费用和操作费用；也影响精馏塔的分离程度。在精馏塔的设计中，对于一定的分离任务（α、F、x_F、q、x_D 及 x_W 一定），要选择适宜的回流比。

回流比有两个极限，上限为全回流时的回流比，下限为最小回流比。适宜的回流比介于两极限之间。

（1）全回流和最小理论板数

精馏塔塔顶上升蒸汽经冷凝器冷凝后，冷凝液全部回流至塔内，这种回流方式称为全回流。在全回流操作下，塔顶产品量 D 为零，通常进料量 F 和塔底产品量 W 均为零，即既不向塔内进料，也不从塔内取出产品。此时生产能力为零，因此，对正常生产无实际意义。但在精馏操作的开工阶段或在实验研究中，多采用全回流操作。有时操作过程异常时，也会临时改为全回流操作，这样便于过程的稳定控制和比较。

全回流时的回流比为：
$$R=\frac{L}{D}=\frac{L}{0}=\infty$$
(2-58)

因此精馏段操作线的截距为：
$$\frac{R}{R+1}=0$$
(2-59)

精馏段操作线的斜率为：
$$\frac{R}{R+1}=1$$
(2-60)

可见，在 x-y 图上，精馏段操作线及提馏段操作线与对角线重合，全塔无精馏段和提馏段之区分。全回流时的操作线方程可写为：
$$y_{n+1}=x_n$$
(2-61)

全回流时的操作线距平衡线为最远，表示塔内气液两相间的传质推动力最大，因此对于一定的分离任务，所需理论板数为最少，以 N_{min} 表示。可在 x-y 图上平衡线和对角线之间绘阶梯求得，如图 2-23 所示。

（2）最小回流比

如图 2-24 所示，对于一定的分离任务，若减小回流比，精馏段操作线的斜率变小，两操作线的位置向平衡线靠近，表示气液两相间的传质推动力减少，因此对特定分离任务所需的理论板数增多。当回流比减小到某一数值后，两操作线的交点 d 落在平衡曲线上时，图解时不论绘多少阶梯都不能跨越点 d，则所需的理论板数为无穷多，相应的回流比即为最小回流比，以 $R_{\min}$ 表示。

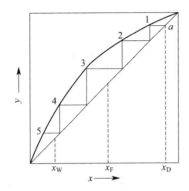

图 2-23　全回流最小理论板数的图解

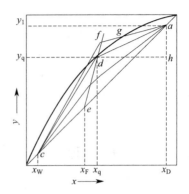

图 2-24　最小回流比的确定

在最小回流比下，两操作线和平衡线的交点 d 称为夹紧点，而在点 d 前后各板之间（通常在进料板附近）区域气液两相组成基本上没有变化，即无增浓作用，故此区域称恒浓区（又称夹紧区）。

依作图法可得最小回流比的计算式。对于正常的相平衡曲线，参照图 2-24 可知，当回流比为最小时精馏段操作线的斜率为：

$$\frac{R_{\min}}{R_{\min}+1}=\frac{ah}{dh}=\frac{y_1-y_q}{x_D-x_q}=\frac{x_D-y_q}{x_D-x_q} \tag{2-62}$$

整理上式可得：

$$R_{\min}=\frac{x_D-y_q}{y_q-x_q} \tag{2-63}$$

式中　x_q、y_q——q 线与平衡线的交点坐标，可由图 2-24 中读得。

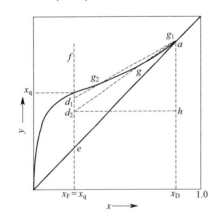

图 2-25　不正常平衡曲线的 $R_{\min}$ 的确定

对于有恒沸点的平衡曲线，如图 2-25 所示的乙醇-水物系的平衡曲线，具有下凹的部分。当操作线与 q 线的交点尚未落到平衡线上之前，操作线已与平衡线相切，如图 2-25 中点 g 所示。点 g 附近已出现恒浓区，相应的回流比便是最小回流比。对于这种情况下的 $R_{\min}$ 的求法是由点 $(x_D、x_D)$ 向平衡线作切线，再由切线的截距或斜率求之。如图 2-25 所示情况，可按下式计算：

$$\frac{R_{\min}}{R_{\min}+1}=\frac{ah}{d_2h} \tag{2-64}$$

应予指出，最小回流比 $R_{\min}$ 的值对于一定的原料液与规定的分离程度 $(x_D、x_W)$ 有关，同时还和物系的相平衡性质有关。对于指定的物系，$R_{\min}$ 只取决于分离要求，这是设计型计算中达到一定分离程度所需回流比的最小值。实际操作回流比应大于最小回流比。对于现有精馏塔的操作来说，因塔板数固定，不同回流比下将达到不同的分离程度，因此也就不存在 R_{min} 的问题了。

（3）适宜回流比的选择

适宜回流比是指操作费用和设备费用之和为最低时的回流比，需要经过衡算来决定。

精馏过程的操作费用主要取决于再沸器中加热介质（饱和蒸汽及其他加热介质）消耗量、塔顶冷凝器中冷却介质消耗量及动力消耗等费用，这些消耗又取决于塔内上升的蒸汽量，即

$$V=(R+1)D \tag{2-65}$$

$$及 V'=(R+1)D+(q-1)F \tag{2-66}$$

因而当 F、q 及 D 一定时，V 和 V' 均随 R 而变。当 R 加大时，加热介质及冷却介质用量均随之增加，即精馏操作费用和回流比的大致关系如图 2-26 中曲线 1 所示。

精馏装置的设备费用主要是指精馏塔、再沸器、冷凝器及其他辅助设备的购置费用。当设备类型和材料被选定后，此项费用主要取决于设备的尺寸。最小回流比对应无穷多层理论塔板，因此设备费用为无穷大。加大回流比，起初显著降低所需理论板层数，设备费用明显下降。再加大回流比，虽然塔板层数仍可继续减少，但下降的非常缓慢，如图 2-27 所示。与此同时，随着回流比的加大，塔内上升蒸汽量也随之增加，致使塔径、塔板面积、再沸器、冷凝器等尺寸相应增大。因此，回流比增至一数值后，设备费用和操作费用同时上升，如图 2-26 中的曲线 2 所示。

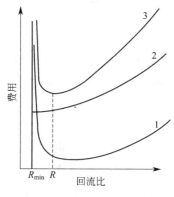

图 2-26 适宜回流比的确定

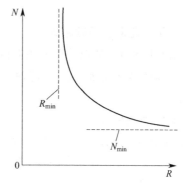

图 2-27 N 和 R 的关系

总费用（操作费用和设备费用之和）和回流比的关系如图 2-26 中曲线 3。总费用最低时所对应的回流比即为适宜回流比或最佳回流比。通常，适宜回流比的数值范围为

$$R=(1.1 \sim 2.0)R_{min} \tag{2-67}$$

在精馏计算中，实际回流比的选取还应考虑一些具体情况。例如对于难分离物系，宜选用较大的回流比，而在能源紧张地区，为减少加热蒸汽消耗量，就应采用较小的回流比。

▶2.3.6 间歇精馏

间歇精馏又称分批精馏。操作时原料液一次加入蒸馏釜中，并受热汽化，产生的蒸汽自塔底逐板上升，与回流的液体在塔板上进行热、质传递。自塔顶引出的蒸汽经冷凝器冷凝后，一部分作为塔顶产品，另一部分作为回流送回塔内。精馏过程一般进行到釜残液组成或馏出液的平均组成达到规定值为止，然后放出釜残液，重新加料进行下一批操作。

间歇精馏通常有如下两种典型的操作方式。

① 恒回流比操作。

当采用这种操作方式时，随精馏过程的进行，塔顶馏出液组成和釜残液组成均随时间不断地降低。

② 恒馏出液组成操作。

因在精馏过程中釜残液组成随时间不断地下降，所以为了保持馏出液组成恒定，必须不断地增大回流比，精馏终了时，回流比达到最大值。

在实际生产中，常将以上两种操作方式联合进行，即在精馏初期，采用逐步加大回流比，以保持馏出液组成近于恒定；在精馏后期，保持恒回流比的操作，将所得馏出液组成较低的产品作为次级产品，或将它加入下一批料液中再次精馏。操作方式不同，其计算方法也有区别。

与连续精馏相比，间歇精馏有以下特点。

① 间歇精馏为非定态操作。在精馏过程中，塔内各处的组成和温度等均随时间而变，从而使过程计算变得更为复杂。

② 间歇精馏塔只有精馏段。若要得到与连续精馏时相同的塔顶及塔底组成时，则需要更高的回流比和更多的理论板，需要消耗更多的能源。

③ 塔内存液量对精馏过程及产品的组成和产量都有影响。为减少塔的存液量，间歇精馏宜采用填料塔。

④ 间歇操作装置简单，操作灵活。

间歇操作适用于小批量、多品种的生产或实验场合；另外它也适用于多组分的初步分离。

(1) 恒回流比的间歇精馏

恒回流比下间歇精馏计算的主要内容是已知原料液量 F 和组成 x_F、釜残液的最终组成 x_{We} 和馏出物的平均组成 x_{Dm}，确定适宜的回流比和理论板数等。计算方法原则上与连续精馏的相同。

1) 确定理论板数

恒回流比下间歇操作时，馏出液组成与釜液组成具有对应的关系。一般按操作初始塔径计算 R_{min}，即釜液的组成为 x_F，最初馏出液组成为 x_{D1}（此值高于馏出液平均组成，由设计值假定），则：

$$R_{min} = \frac{x_{D1} - y_F}{y_F - x_F} \tag{2-68}$$

式中　y_F——与 x_F 成平衡的气相组成，摩尔分数。

操作回流比可取为最小回流比的某一倍数，即 $R = (1.1 \sim 2)R_{min}$。

在 $x-y$ 图上，由 x_{D1} 和 R 可绘出精馏段操作线，然后由点 a 开始绘阶梯，直至 $x_n \leqslant x_F$ 为止，如图 2-28 所示。图中表示需要 3 层理论板（包括再沸器）。

2) 确定操作参数

对具有一定理论板层数的精馏塔，用操作型计算确定如下操作参数。

① 确定操作过程中各瞬间的 x_D 和 x_W 的关系。

由于 R 恒定，因此各操作点瞬间的操作线的斜率 $R/(R+1)$ 都相同，各操作线彼此平行。若已知某瞬间的馏出液组成 x_{Di}，则通过点 $(x_{Di}、x_{Di})$ 作一系列斜率为 $R/(R+1)$ 的平行线，这些直线分别为对应某 x_{Di} 的瞬间操作线。然后在平行线和各操作线间绘阶梯，使其等于规定的理论板数，最后一个阶梯所达到的液相组成，即为与 x_{Di} 相对应的 x_{Wi} 值，如图 2-29 所示。

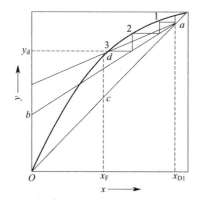

图 2-28　恒回流比间歇精馏理论板数的确定

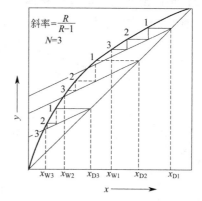

图 2-29　恒回流比间歇精馏时 x_D 和 x_W 的关系

② 确定操作过程中 x_D （或 x_W）与釜液量 W、馏出液量 D 间的关系。

恒回流比间歇精馏时，x_D （或 x_W）与 W、D 间的关系应通过微分物料衡算得到。公式推导结果如下：

$$\ln \frac{F}{W_e} = \int_{x_{We}}^{x_F} \frac{\mathrm{d}x_W}{x_D - x_W} \tag{2-69}$$

式中　W_e——与釜液组成 x_{We} 相对应的釜液量，kmol/h。

式(2-69)等号右边积分项中的 x_D 和 x_W 均为变量，它们间的关系可用上述的第二项作图法求出，积分值则可用图解积分法或数值积分法求得，从而由该式可求出与任一 x_W 相对应的釜液量 W。

③ 馏出液平均组成 x_{Dm} 的核算。

前面第一项计算中所假设的 x_{D1} 是否合适，应以整个精馏过程中所得的 x_{Dm} 是否满足分离要求为准。当按一批操作物料衡算求得的 x_{Dm} 等于或稍大于规定值时，则上述计算正确。

间歇精馏时一批操作的物料衡算与连续精馏的相似，具体如下。

总物料衡算：

$$D = F - W \tag{2-70}$$

易挥发组分衡算：

$$Dx_D = Fx_F - Wx_W \tag{2-71}$$

联立以上两式，可解得：

$$x_{Dm} = \frac{Fx_F - Wx_W}{F - W} \tag{2-72}$$

④ 每批精馏所需操作时间。

由于间歇精馏过程中回流比恒定，故一批操作的汽化量 V 可按下式计算，即

$$V = (R+1)D \tag{2-73}$$

则每批精馏所需操作时间为：

$$\tau = \frac{V}{V_h} \tag{2-74}$$

式中　V_h——汽化速率，kmol/h；

　　　τ——每批精馏所需操作时间，h。

汽化速率可通过塔釜的传热速率及混合液的潜热计算。

（2）恒馏出液组成的间歇精馏

恒馏出液组成间歇精馏的计算内容与恒回流比的相似，一般已知 F、x_F、x_D 和 x_W，计算 D、W、R 和 N_T。

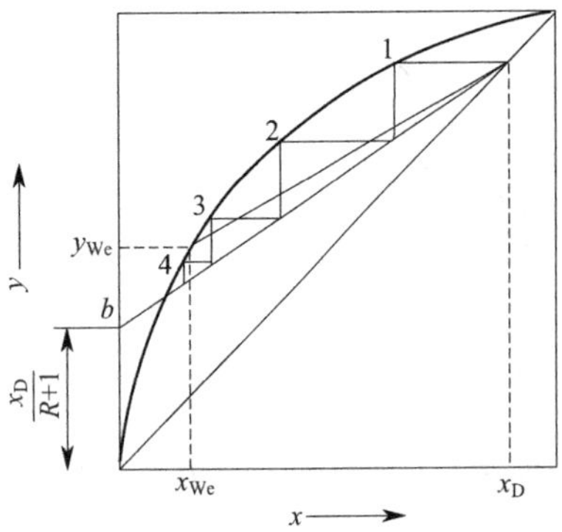

D 和 W 可由物料衡算式求得。对于恒 x_D 的间歇精馏，在操作过程中 x_W 不断降低，使分离变得困难，因此，R 和 N_T 应按精馏终了时的条件确定。首先根据 x_D 和 x_W 求出最小回流比，即

$$R_{min} = \frac{x_D - y_{We}}{y_{We} - x_{We}} \tag{2-75}$$

式中　y_{We}——与 x_{We} 成平衡的气相组成，摩尔分数。

然后确定适宜回流比，在 x-y 图上做出操作线，即可求出理论板数。图解方法如图 2-30 所示。图中表示需要 4 层理论板（包括再沸器）。

图 2-30　恒 x_D 间歇精馏时 N_T 的确定

▶ 2.3.7　精馏装置的热量衡算

精馏装置主要包括精馏塔、再沸器和冷凝器。通过精馏装置的热量衡算，可求得冷凝器和再沸器的热负荷以及冷却介质和加热介质的消耗量，并为设计这些换热设备提供基本数据。

（1）精馏塔的热平衡

对图 2-13 所示的精馏塔进行热量衡算，以单位时间为基准，并忽略热损失。进出精馏塔的热量有：原料带入的热量 Q_F，kJ/h；塔釜残液带出热量 Q_w，kJ/h；塔顶冷凝器冷却介质放出的热量 Q_C，kJ/h。故全塔热量衡算式为：

$$Q_F + Q_B = Q_D + Q_w + Q_C \tag{2-76}$$

（2）再沸器的热负荷

精馏的加热方式分为直接蒸汽加热与间接蒸汽加热两种方式。直接蒸汽加热时加热蒸汽的消耗量可通过精馏塔的物料衡算求得，而间接蒸汽加热时加热蒸汽消耗量可通过全塔或再沸器的热量衡算求得。

对图 2-13 所示的再沸器做热量衡算，以单位时间为基准，则：

$$Q_B = V'I_{VW} + WI_{LW} - L'I_{Lm} + Q_L \tag{2-77}$$

式中　Q_B——再沸器的热负荷，kJ/h；

　　　Q_L——再沸器的热损失，kJ/h；

　　　I_{VW}——再沸器中上升蒸汽的焓，kJ/kmol；

　　　I_{LW}——釜残液的焓，kJ/kmol；

　　　I_{Lm}——提馏段底层塔板下降液体的焓，kJ/kmol。

若取 $I_{LW} \approx I_{Lm}$，且因 $V' = L' - W$，则：

$$Q_B = V'(I_{VW} - I_{LW}) + Q_L \tag{2-78}$$

加热介质消耗量可用下式计算，即

$$W_h = \frac{Q_B}{I_{B1} - I_{B2}} \tag{2-79}$$

式中　W_h——加热介质消耗量，kg/h；

I_{B1}，I_{B2}——加热介质进出再沸器的焓，kJ/kg。

若用饱和蒸汽加热，且冷凝液在饱和温度下排出，则加热蒸汽消耗量可按下式计算，即：

$$W_h = \frac{Q_B}{r} \tag{2-80}$$

式中　r——加热蒸汽的汽化热，kJ/kg。

（3）冷凝器的热负荷

精馏塔的冷凝方式有全凝器冷凝和分凝器-全凝器冷凝两种。工业上采用前者为多。

对图 2-13 所示的全凝器做热量衡算，以单位时间为基准，并忽略热损失，则：

$$Q_C = VI_{VD} - (LI_{LD} + DI_{LD}) \tag{2-81}$$

因 $V = L + D = (R+1)D$，代入上式并整理得：

$$Q_C = (R+1)D(I_{VD} - I_{LD}) \tag{2-82}$$

式中　Q_C——全凝器的热负荷，kJ/h；

　　　I_{VD}——塔顶上升蒸汽的焓，kJ/kmol；

　　　I_{LD}——塔顶馏出液的焓，kJ/kmol。

冷却介质可按下式计算，即：

$$W_C = \frac{Q_C}{c_{pc}(t_2 - t_1)} \tag{2-83}$$

式中　W_C——冷却介质消耗量，kg/h；

　　　c_{pc}——冷却介质的比热容，kJ/(kg·℃)；

　　t_1，t_2——冷却介质在冷凝器的进、出口处的温度，℃。

2.4　多组分精馏

工业上常遇到的精馏操作是多组分精馏。虽然多组分精馏与双组分精馏在基本原理上是相同的，但因多组分精馏中溶液的组分数目增多，故影响精馏操作的因素也增多，计算过程就更为复杂。随着计算机技术的普及和发展，目前，对于多组分精馏计算大都有软件包可供使用。

本章重点讨论多组分精馏的流程、气液平衡关系及理论板层数的简化计算方法。

▶ 2.4.1　多组分精馏的特点及流程

2.4.1.1　多组分精馏的特点

（1）在气液平衡关系上

多组分溶液比双组分溶液更为复杂。根据相律，平衡物系的自由度为：

$$F = C - \Phi + 2 \tag{2-84}$$

式中　Φ——相数；

　　　F——自由度；

　　　C——组分数。

在双组分气液两相的平衡中，相数 Φ 为 2，因此自由度 F 为 2。任意选定两个变量后，物系状态的各参数也就确定了。例如在两组分溶液中，只知道一个组分的浓度，则另一个组分的浓度也就确定了,因而在一定压力下,与该溶液平衡的气相组成也就被确定了,因此可以用一定压力下的 x-y 曲线来表示气液平衡关系。但对于多组分溶液则不然,例如最简单的三组分溶液,根据相律,在气液两相平衡时有三个自由度,由于精馏操作通常是在恒压下进行,一个自由度已经被固定,所以必须给定三组分溶液中另外两个组分的浓度,才能确定它们的气相组成。对于几个组分物系的气液平衡,则有几个自由度,当压力确定后,尚需先将物系中 $n-1$ 个独立变量同时确定,才能确定物系的平衡状态。从相律就可以看出,物系中组分数目增加,自由度也相应增加,所以多组分溶液的相平衡计算要比双组分溶液复杂。

(2)多组分精馏操作所用的设备要比双组分精馏多

对于不形成恒沸混合物的二组分溶液,用一个精馏塔可以进行分离,但对多组分溶液精馏则不然。因受气液平衡的限制,所以要在一个普通精馏塔内同时得到几个相当纯的组分是不可能的。例如分离三组分溶液时需要 2 个塔,四组分溶液时需要 3 个塔,……,n 组分溶液时需要 $n-1$ 个塔。应当指出,塔数越多,导致流程组织方案也多,选择合理的方案就成为一个重要问题。

2.4.1.2 多组分溶液精馏方案的选择

(1)多组分精馏流程的方案类型

在化工生产中,多组分精馏流程方案的分类,主要是按照精馏塔中组分分离的顺序安排而区分的。第一种是按挥发度递减的顺序采出馏分的流程;第二种是按挥发度递增的顺序采出馏分的流程;第三种是按不同挥发度交错采出的流程。

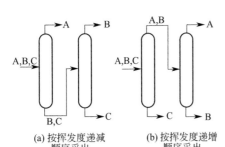

图 2-31 三组分精馏的两种方案

(2)多组分精馏流程的方案数

首先以 A、B、C 三组分物系为例,即有两种分离方案,如图 2-31 所示。图 2-31(a)是按挥发度递减的顺序采出,图 2-31(b)是按挥发度递增的顺序采出。

对于四组分 A、B、C、D 组成的溶液,若要通过精馏分离采出 4 种纯组分,需要 3 个塔,分离的流程方案有 5 种,如图 2-32 所示。

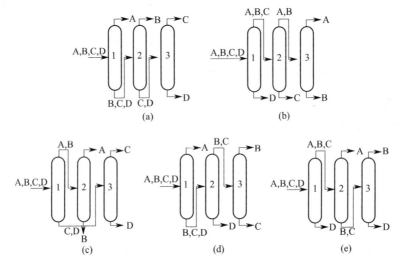

图 2-32 分离四组分溶液的五种方案

对五组分物系的分离，需要 4 个塔，流程方案就有 14 种。对于 n 个组分，分离流程的方案数可用计算公式表示为：

$$Z = \frac{[2(n-1)]!}{n!\,(n-1)!} \tag{2-85}$$

式中　Z——分离流程的方案数；

　　　n——被分离的组分数。

由此看出，供选择的分离流程的方案数随组分增加而急剧递增。

（3）多组分精馏方案的选择

如何确定最佳的分离方案是一个很关键的问题，分离方案的选择应尽量做到以下几点。

① 满足工艺要求。

多组分精馏分离的目的主要是为了得到质量高和成本低的产品。但对于某些热敏性物料（即在加热时易发生分解和聚合的物料）在精馏过程中因加热而聚合，不但影响产品质量、降低了产品的收率，而且还堵塞了管道和设备。对此，除了从操作条件和设备上加以改进外，还可以从分离顺序上进行改进。

为了避免成品塔之间的相互干扰，使操作稳定，保证产品质量，最好采用如图 2-32(c) 所示的并联流程（A 和 C 为所需产品）。

为了保证安全生产，进料中含有易燃、易爆等影响操作的组分，通常应尽早将它除去。

② 减少能量消耗。

一般进料过程所消耗的能量，主要是以再沸器加热釜液所需的热量和塔顶冷凝器所需的冷量为主。一般说来，按挥发度递减顺序从塔顶采出的流程，往往要比按挥发度递增的顺序从塔底采出的流程，节省更多的能量。若进料中有一组分的相对挥发度近似于 1 时，通常将这一组分的分离放在分离顺序的最后，这在能量消耗上也是合理的。因为此时为减少所需的理论板数，要采用较大的回流比进行操作，要消耗较多的蒸汽和冷却介质。

③节省设备投资。

由于塔径的大小与塔内的气液相流量大小有关，因此按挥发度递减顺序分离，塔内组分的汽化和冷凝次数少，塔径及再沸器、冷凝器的传热面积也相应减少，从而节省了设备投资。

若进料中有一个组分的含量占主要时，应先将它分离掉，以减少后续塔及再沸器的负荷；若进料中有一个组分具有强腐蚀性，则应尽早将它除去，以便后续塔无需采用耐腐蚀材料制造，相应减少设备投资费用。

显然，确定多组分精馏的最佳方案时，若要使前述三项要求均得到满足往往是不容易的。所以，通常先以满足工艺要求、保证产品质量和产量为主，然后再考虑降低生产成本等问题。

▶2.4.2　多组分精馏过程的计算

2.4.2.1　理想多组分物系的气液平衡

与两组分一样，气液平衡是多组分精馏计算的理论基础。多组分溶液的气液平衡关系，一般采用平衡常数法和相对挥发度法表示。

（1）平衡常数法

当系统的气液两相在恒定压力下达到平衡时，气相中某组分 i 的组成 y_i 与该组分在液

相中的平衡组成 x_i 之比，称为组分 i 在此温度、压力下的平衡常数，通常表示为：

$$K_i = \frac{y_i}{x_i} \tag{2-86}$$

式中 K_i——平衡常数。下标 i 表示溶液中任意组分。

式(2-86)是表示气液平衡关系的通式，它既适用于理想系统，也适用于非理想系统。对于理想物系，相平衡常数可表示为

$$K_i = \frac{y_i}{x_i} = \frac{p_i^\circ}{p} \tag{2-87}$$

由该式可以看出，理想物系中任意组分 i 的平衡常数 K_i 只与总压 p 及该组分的饱和蒸汽压 p_i° 有关，而 p_i° 又直接由物系的温度所决定，故 K_i 随组分性质、总压及温度而定。

对于烷烃、烯烃所构成的混合液，经实验测定和理论推算，得到了如图 2-33 所示的 p-T-K 列线图。该图左侧为压力标尺，右侧为温度标尺，中间各曲线为烃类的 K 值标尺。使用时只要在图上找出代表平衡压力和温度的点，然后连成直线，由此直线与某烃类曲线的交点，即可读出 K 值。应予指出，由于 p-T-K 列线图仅涉及压力和温度对 K 的影响，故由此求得的 K 值与实验值有一定的偏差。

(2) 相对挥发度法

前已指出，蒸馏的基本依据是混合液中各组分挥发度的差异。通常纯组分的挥发度是指液体在一定温度下的饱和蒸汽压，而溶液中各组分的挥发度可用它在蒸汽中的分压和与之平衡的液相中的摩尔分数来表示，即：

$$\upsilon_A = \frac{p_A}{x_A} \tag{2-88}$$

$$及 \upsilon_B = \frac{p_B}{x_B} \tag{2-89}$$

式中 υ_A，υ_B——溶液 A、B 两组分的挥发度。

对于理想溶液，因符合拉乌尔定律，则有：

$$\upsilon_A = p_A^\circ \tag{2-90}$$

$$及 \upsilon_B = p_B^\circ \tag{2-91}$$

习惯上将易挥发组分的挥发度与难挥发组分的挥发度之比称为相对挥发度，以 α 表示，即：

$$\alpha_{AB} = \frac{\upsilon_A}{\upsilon_B} = \frac{p_A/x_A}{p_B/x_B} = \frac{y_A x_B}{y_B x_A} \tag{2-92}$$

对双组分溶液：

$$y_B = 1 - y_A \tag{2-93}$$

$$或 x_B = 1 - x_A \tag{2-94}$$

略去下标，则：

$$y = \frac{\alpha x}{1 + (\alpha - 1)x} \tag{2-95}$$

对于理想溶液，则有

$$\alpha_{AB} = \frac{p_A^\circ}{p_B^\circ} \tag{2-96}$$

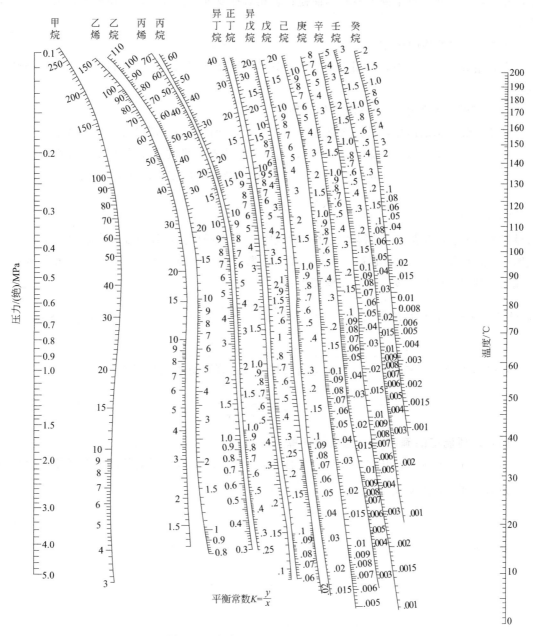

图 2-33　烃类的 p-T-K 图（0～200℃）

在精馏塔中，由于各层板上的温度不相等，因此平衡常数也是变量，利用平衡常数法表达多组分溶液的平衡关系就比较麻烦。而相对挥发度随温度变化较小，全塔可取定值或平均值，故采用相对挥发度法表示平衡关系可使计算大为简化。

用相对挥发度表示多组分溶液的平衡关系时，一般取较难挥发的组分 j 作为基准组分，根据相对挥发度的定义，可写出任一组分和基准组分的相对挥发度为

$$\alpha_{ij}=\frac{y_i/x_i}{y_j/x_j}=\frac{K_i}{K_j}=\frac{p_i^\circ}{p_j^\circ} \tag{2-97}$$

上述两种气液平衡表示法，没有本质的差别。一般，若精馏塔中相对挥发度变化不大，

则用相对挥发度法计算平衡关系较为简便；若相对挥发度变化较大，则用平衡常数法计算较为准确。

2.4.2.2 操作条件的确定

在多组分精馏计算中，用相平衡常数计算塔顶温度、塔底温度、进料汽化率及塔的操作压力。

(1) 塔釜温度的确定——泡点的计算

处于气液平衡的两相，若已知液相组成和总压，液体的泡点温度和气相组成已规定而不能任意取值。通常可按归一条件 $\sum y_i = 1$，用试差法求解。即先设泡点温度，再查取或算出各组分的 K_i 值，则气相组成为 $y_i = K_i x_i$。当计算结果满足如下归一条件时：

$$\sum_{i=1}^{n} y_i = \sum_{i=1}^{n} K_i x_i = 1 \tag{2-98}$$

所设温度即为泡点温度，已算得的气液平衡组成 y_i 得到确认。若按所设温度求得 $\sum K_i x_i > 1$，表明 K_i 值偏大，所设温度偏高。根据差值大小降低温度重算；若 $\sum K_i x_i < 1$，表明所设温度偏低，则重设较高温度。计算步骤如下：

$$设\ T \xrightarrow{给定\,p} 由\ p\text{-}T\text{-}K\ 图查\ K_i \rightarrow 计算 \sum_{i=1}^{n} K_i x_i \rightarrow \left| \sum_{i=1}^{n} y_i - 1 \right| \leqslant \varepsilon \xrightarrow{Y} T、y_i \rightarrow 结束$$

$$\uparrow\!\!\!\underline{\qquad\qquad N \qquad\qquad}$$

在已知相对挥发度的情况下，也可由液相组成计算平衡的气相组成：

$$\sum_{i=1}^{n} y_i = \sum_{i=1}^{n} \frac{\alpha_{ij} x_i}{\sum (\alpha_{ij} x_i)} = 1 \tag{2-99}$$

(2) 塔顶温度的确定——露点的计算

当已知气相组成和总压时，由归一条件 $\sum x_i = 1$ 可以求得相平衡条件下的液相组成和温度，该温度即为露点温度。

$$\sum_{i=1}^{n} x_i = \sum_{i=1}^{n} \frac{y_i}{K_i} = 1 \tag{2-100}$$

计算步骤如下

$$设\ T \xrightarrow{给定\,p} 由\ p\text{-}T\text{-}K\ 图查\ K_i \rightarrow \sum_{i=1}^{n} \frac{y_i}{K_i} \rightarrow \left| \sum_{i=1}^{n} x_i - 1 \right| \leqslant \varepsilon \xrightarrow{Y} T、x_i \rightarrow 结束$$

$$\uparrow\!\!\!\underline{\qquad\qquad N \qquad\qquad}$$

当塔顶采用全凝器时，$y_i = x_D$。

在已知相对挥发度的情况下，与式(2-99)类似，可导出：

$$\sum_{i=1}^{n} x_i = \sum_{i=1}^{n} \frac{y_i/\alpha_{ij}}{\sum y_i/\alpha_{ij}} = 1 \tag{2-101}$$

即可由相对挥发度 α_{ij} 算出液相组成。

(3) 进料状态的确定——汽化率的计算

多组分溶液在恒压下加热到某一温度 T（$T_露 > T > T_泡$）时，整个系统成为气液两相，它们的量和组成是随温度而变的。在此类计算中，通常是已知进料的组成、温度和压力，要求确定在部分汽化中达到平衡时，所产生的液体和蒸汽的量及组成，或者是已知进料组成和汽化率，要求确定进料温度。其计算过程类似于平衡蒸馏（闪蒸）。如图 2-34 所示，对此系统进行物料衡算。推导结果如下。

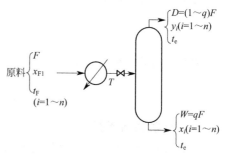

$$\sum_{i=1}^{n} x_i = \sum_{i=1}^{n} \frac{x_{Fi}}{K_i + q(1 - K_i)} = 1 \quad (i = 1 \sim n)$$

(2-102)

同上，可得：

$$\sum_{i=1}^{n} y_i = \sum_{i=1}^{n} K_i x_i = 1 \tag{2-103}$$

图 2-34　多组分物系平衡蒸馏

式中　x_{Fi}——料液中 i 组分的摩尔分数；

　　　x_i——平衡的液相中 i 组分摩尔分数；

　　　y_i——平衡的气相中 i 组分摩尔分数；

　　　q——液化率，液相产物 W 占总进料量 F 的分率。

计算时，需先假设两相的平衡温度 t_e，查取 K_i，使求出的 x_i 满足归一条件（$\sum x_i = 1$），然后用相平衡关系式求出 y_i。

（4）操作压力的确定

操作压力的确定，从经济上应具体考虑设备费用和操作费用。随压力升高，塔壁厚度增加，并且在压力升高到一定程度时，物系相对挥发度减小，所需理论板数增加，设备费用也相应增加。反之，随着压力降低，气相密度减少，塔径有所增加，塔顶冷凝器的温度也降低，必须使用较低温度的冷却介质，从而增加了操作费用。而从工艺上必须考虑被分离物料的稳定性。因为许多有机物，在低于沸点的某一温度下会分解、聚合、缩合或互相发生化学反应，为使塔釜低于这一温度，必须降低塔内操作压力。

塔操作压力的确定除遵循上述原则外，一般计算过程按以下步骤进行。

① 根据冷却介质温度 t，确定冷凝器出口的饱和液体温度（与冷却介质温差 $>$10K；全凝器 x_D 为已知），再按泡点方程计算回流罐压力。

已知 x_D、t，设 p → 查 K_i → 试差 $\sum_{i=1}^{n} y_i = \sum_{i=1}^{n} K_i x_i = 1$ → 满足，所设 p 为所求。

② 根据回流罐与塔顶的压力差，计算塔顶压力。

③ 根据全塔压力降（或精馏段压力降），计算塔底压力（或加料板压力）。

2.4.2.3　物料衡算

与双组分一样，为求精馏塔的理论塔板数，需要知道塔顶和塔底产品的组成。在多组分精馏中，对两产品的组成，一般只能规定馏出液中某组分的含量不能高于某一限值，釜液中另一组分不能高于另一限值，两产品中其他组分的含量不能任意规定。为简化计算，引入关键组分的概念。

（1）关键组分

在待分离的多组分溶液中，选取工艺中最关心的两个组分，规定它们在塔顶和塔底产品中的组成或回收率（即分离要求），那么在一定的分离条件下，所需的理论板层数和其他组分的组成也随之而定。由于所选定的两个组分对多组分溶液的分离起控制作用，故称它们为关键组分，其中挥发度高的那个组分称为轻关键组分（以下标 l 表示），挥发度低的称为重关键组分（以下标 h 表示）

轻关键组分的回收率为：

$$\eta_l = \frac{D x_{Dl}}{F x_{Fl}} \times 100\%$$ (2-104)

重关键组分的回收率为：

$$\eta_h = \frac{W x_{Wh}}{F x_{Fh}} \times 100\%$$ (2-105)

（2）全塔物料衡算

与双组分精馏类似，n 组分精馏的全塔物料衡算式有 n 个，具体如下。

总物料衡算：

$$F = D + W$$ (2-106)

任一组分（i）的物料衡算：

$$F x_{Fi} = D x_{Di} + W x_{Wi} \quad (i = 1 \sim n-1)$$ (2-107)

归一方程：

$$\sum x_{Di} = 1$$ (2-108)

$$\sum x_{Fi} = 1$$ (2-109)

$$\sum x_{Wi} = 1$$ (2-110)

通常，进料组成 $x_{Fi}[i=1 \sim n-1]$ 及进料量 F 是给定的。为确定非关键组分的组成 x_{Di}、x_{Wi} 及塔顶、塔釜产品量 D 和 W，一般采用两种方法确定。

① 清晰分割法。若两关键组分的挥发度相差较大，且两者为相邻组分，此时可认为比重关键组分还重的组分全部从塔釜排出，在塔顶产品中含量极小，可以忽略；比轻关键组分还轻的组分全部从塔顶蒸出，在塔釜中含量极小，可以忽略。这样就可以由式(2-107) 简明地确定塔顶、塔底产品中的各组分摩尔分数。

② 非清晰分割法。若两关键组分的挥发度相差不大，或两关键组分不是相邻组分，则比重关键组分还重的组分在塔顶有微量存在；比轻关键组分还轻的组分在塔釜有微量存在。

非清晰分割法不能用前述简单的物料衡算方法来求产品中各组分的组成，但可用芬斯克全回流公式进行估算。这种分配方法称为亨斯特别克（Hengstebeck）法，计算中需做以下假设。

a. 在任何回流比下操作时，各组分在塔顶和塔底产品中的分配情况与全回流操作时相同。

b. 非关键组分的分配情况与关键组分在精馏塔中的分配情况相同。

全回流时，双组分精馏计算最少理论板数可用芬斯克方程表示：

$$N_{min} + 1 = \frac{\lg\left[\left(\dfrac{x_1}{x_2}\right)_D \left(\dfrac{x_2}{x_1}\right)_W\right]}{\lg \alpha_{12}}$$ (2-111)

若将上式中的易挥发组分 x_1 和难挥发组分 x_2 分别换以轻关键组分 x_1 及重关键组分 x_h，则

$$N_{min} + 1 = \frac{\lg\left[\left(\dfrac{x_1}{x_h}\right)_D \left(\dfrac{x_h}{x_1}\right)_W\right]}{\lg \alpha_{lh}}$$ (2-112)

式中　l——轻关键组分；

h——重关键组分；

D——馏出液；

W——釜液；

$N_{\min}$——全回流时所需要的最少理论板数。

一个溶液中两组分的摩尔分数之比可以用其量之比代替，即：

$$\left(\frac{x_1}{x_h}\right)_D = \frac{D_1}{D_h} \tag{2-113}$$

$$及 \quad \left(\frac{x_h}{x_1}\right)_W = \frac{W_h}{W_1} \tag{2-114}$$

将上式代入式(2-112)得：

$$N_{\min}+1 = \frac{\lg\left[\left(\dfrac{D_1}{D_h}\right)\left(\dfrac{W_h}{W_1}\right)\right]}{\lg\alpha_{lh}} = \frac{\lg\left[\left(\dfrac{D}{W}\right)_1\left(\dfrac{W}{D}\right)_h\right]}{\lg\alpha_{lh}} \tag{2-115}$$

根据前述假设，式(2-115)也适用于任意组分 i 与重关键组分之间的分配关系，故式(2-115)也可以写成：

$$N_{\min}+1 = \frac{\lg\left[\left(\dfrac{D}{W}\right)_i\left(\dfrac{W}{D}\right)_h\right]}{\lg\alpha_{lh}} \tag{2-116}$$

或

$$\left(\frac{D}{W}\right)_i = \alpha^{N_{\min}+1}\left(\frac{D}{W}\right)_h \tag{2-117}$$

式(2-117)表示任意组分 i 与重关键组分在馏出液及釜液中的分配关系。

任意组分 i 在全塔范围内的总物料衡算式为：

$$F_i = D_i + W_i \tag{2-118}$$

将式(2-117)与式(2-118)联立，即可得到任意组分 i 在馏出液中的 D_i 和 W_i。

2.4.2.4 最小回流比

对于多组分物系，不能简单地用 x-y 求最小回流比，而精确计算又非常繁杂。通常采用一些简化公式进行计算，下面介绍常用的恩德伍德（Underwood）计算公式，恩德伍德公式由两个方程组成，即

$$\sum_{i=1}^{n}\frac{\alpha_{ij}x_{F_i}}{\alpha_{ij}-\theta} = 1-q \tag{2-119}$$

$$R_{\min} = \sum_{i=1}^{n}\frac{\alpha_{ij}x_{D_i}}{\alpha_{ij}-\theta} \tag{2-120}$$

式中　　x_{F_i}——组分 i 在进料中的摩尔分数；

α_{ij}——组分 i 对基准组分 j 的相对挥发度，可取塔顶、塔釜的几何平均值，或用进料泡点温度下的相对挥发度；

q——原料的液化分率；

θ——式(2-119)的根。且仅取介于轻关键组分与重关键组分相对挥发度之间的 θ 值，即 $\alpha_{lj}>\theta>\alpha_{hj}$。

第一步用式(2-119)采用试差法计算出 θ 值；第二步将 θ 值代入式(2-120)，即可求出最小回流比 $R_{\min}$。若轻、重关键组分为挥发度排序相邻的两个组分，则 θ 值有一个，$R_{\min}$

也只有一个。若轻重关键组分之间还有 m 个其他组分，则 θ 值有 $m+1$ 个，$R_{\min}$ 也有 $m+1$ 个，设计时可取平均值作最小回流比。

恩德伍德公式的应用条件为：a. 塔内气液相作恒摩尔流动；b. 各组分的相对挥发度为常数。

2.4.2.5　简捷法估算理论塔板数

计算多组分精馏的理论板数，已有许多方法，但归纳起来，不外乎简捷计算和逐板计算两大类。逐板计算甚繁，但可得到比较准确的结果。简捷法计算的误差较大，不适用于全塔内相对挥发度变化较大的系统，而且不能计算各塔板上的温度和组成。但是，由于简捷法计算迅速简便，对于一些分离要求不高的塔，在需要估算理论板数时，仍有现实意义，特别是当所讨论的物系缺少准确的平衡数据，不能满足多次严格计算的要求时，仍以采用简捷计算为宜。

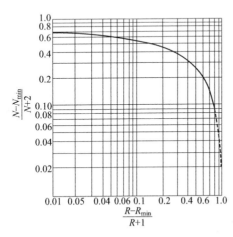

图 2-35　吉利兰图

简捷法计算理论板层数的具体步骤如下。

① 根据分离要求确定关键组分。

② 根据进料组成及分离要求进行物料衡算，初估各组分在塔顶产品和塔底产品中的组成，并计算塔顶、进料、塔釜温度及各组分的相对挥发度。

③ 用芬斯克方程计算最小理论板数 $N_{\min}$。

④ 用恩德伍德公式计算最小回流比 $R_{\min}$，并选定操作回流比 $R=(1.1\sim2)R_{\min}$。

⑤ 利用吉利兰图求取理论板数，如图 2-35 所示。为了便于计算机计算，图中的曲线在 $0.01<(R-R_{\min})/(R+1)<0.9$ 范围内，可用下式表达，即：

$$Y=0.545827-0.591422+0.002743/X \tag{2-121}$$

式中　$X=\dfrac{R-R_{\min}}{R+1}$；

$\qquad Y=\dfrac{N-N_{\min}}{N+2}$。

⑥ 用芬斯克方程和吉利兰图计算精馏段理论板数，确定加料位置。若为泡点进料，也可用下面的半经验公式计算，即：

$$\lg\frac{n}{m}=0.206\lg\left[\left(\frac{W}{D}\right)\left(\frac{x_{hF}}{x_{lF}}\right)\left(\frac{x_{lW}}{x_{hD}}\right)^2\right] \tag{2-122}$$

式中　n——精馏段理论板层数；

$\qquad m$——提馏段理论板层数（包括再沸器）。

2.4.3　复杂精馏简介

化工厂常见的精馏塔为一股进料，两股出料。基于节能和热能综合利用的考虑，在简单分离塔原有功能的基础上加上多段进料、侧线出料、预分馏、侧线提馏和热偶合等组合方式构成复杂塔及包括复杂塔在内的塔序，力求降低能耗。复杂精馏广泛应用于石油化工生产中，如炼油厂的常减压蒸馏装置中，常压塔、减压塔、气提塔等。

2.4.3.1 复杂精馏流程

(1) 多股进料

多股进料是指不同组成的物料进入不同的塔板位置，如裂解分离流程中的脱甲烷塔，如图 2-36 所示，四股不同组成的进料分别在自上而下数第 13、第 19、第 25 和第 33 块（实际塔板）处进入塔内。多股进料由于组成不同，表明它们已有一定程度的分离，因而会比单股进料分离容易，节省能量。

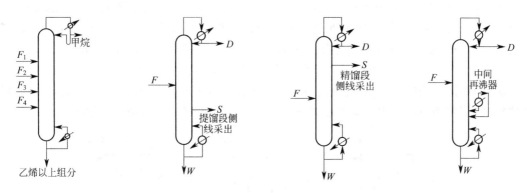

图 2-36　脱甲烷塔　　图 2-37　具有提馏段侧线　图 2-38　具有精馏段侧线　图 2-39　带中间再沸器
　　　　　　　　　　　采出的精馏塔　　　　　采出的精馏塔　　　　　　的精馏塔

(2) 侧线采出

若精馏塔除了塔顶和塔底采出馏出液和塔釜液外，在塔的中部还有一股或一股以上物料采出，则称该塔具有侧线采出。图 2-37 给出具有提馏段侧线采出的精馏塔。图 2-38 给出具有精馏段侧线采出的精馏塔。用普通精馏塔分离三组分体系时需要两个精馏塔。当采用侧线采出时可以少用一个精馏塔。当然，具有侧线采出的精馏塔操作时，要比普通精馏塔操作困难些。

(3) 中间再沸器

设有中间再沸器的精馏塔在提馏段某处抽出一股或多股液料，进入中间再沸器加热汽化后返回塔内，如图 2-39 所示。采用中间再沸器的流程会改善分离过程的不可逆性，可以利用比用于塔底再沸器的加热介质品位低的热源，从而可以节省能耗费用。

(4) 中间冷凝器

图 2-40 给出带有中间冷凝器的精馏塔。中间冷凝器没有提馏段，精馏段侧线采出气相物料，进入中间冷凝器被取走热量冷凝成液相，然后返回精馏塔。与中间再沸器一样，中间冷凝器可以改善分离的不可逆性，提高热力学效率，减少冷却介质的费用。

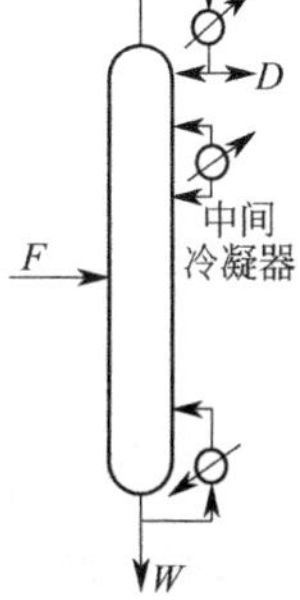

图 2-40　带中间
冷凝器的精馏塔

2.4.3.2 复杂精馏分离方案

图 2-41 表示用精馏法分离三元物系的各种方案。组分 A、B、C 不形成共沸物，其相对挥发度顺序为 $\alpha_A > \alpha_B > \alpha_C$。方案（a）和（b）为简单分离塔序，在第一塔中将一个组分（分别为 A 或 C）与其他两个组分分离，然后在后续塔中分离另外两个组分。图中收入这两个方案（a）、（b）的目的是便于与其他方案进行比较。方案（c）中第一塔的作用与方案（a）的相似，但再沸器被省掉了，釜液被送往后续塔作为进料，上升蒸汽由后续塔返回气提塔，该偶合方式可降低设备

费，但开工和控制比较困难。方案（d）为类似于方案（c）的偶合方式，是对方案（b）的修正。方案（e）为在主塔（即第一塔）的提馏段以侧线采出中间馏分（B+C），送入侧线精馏塔提纯，塔顶得到纯组分 B，塔釜液返回主塔。方案（f）与方案（c）的区别在于侧线采出口在精馏段，故中间馏分为 A 和 B 的混合物，侧线提馏塔的作用是从塔釜分离出纯组分 B。方案（g）为热偶合系统（亦称 Petyluk 塔），第一塔起预分馏作用。由于组分 A 和 C 的相对挥发度大，可实现完全分离。组分 B 在塔顶、塔釜均存在。该塔不设再沸器和冷凝器，而是以两端的蒸汽和液体物流与第二塔沟通起来。在第二塔的塔顶和塔釜分别得到纯组分 A 和 C。产品 B 可以按任何纯度要求从塔中侧线得到。如果 A-B 或 B-C 的分离较困难，则需要较多的塔板数。热偶合的能耗是最低的，但开工和控制比较困难。（h）与（g）的区别在于 A-C 组分间很容易分离，故用闪蒸罐代替第一塔即可，简化单塔流程。方案（i）与其他流程不同，采用单塔和提馏段侧线出料。采出口应开在组分 B 浓度分布最大处。该法虽能得到一定纯度的 B，却不能得到纯 B。（h）与（i）的区别为从精馏段侧线采出。

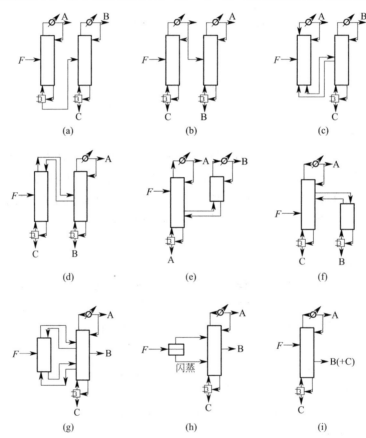

图 2-41　用精馏法分离三组分混合物的各种方案

根据研究和经验可推断，当 A 的含量最少，同时（或者）A 和 B 的纯度要求不是很严格时，方案（h）是有吸引力的。同理，当 C 的含量少，同时（或者）C 和 B 的纯度要求不是很严格时，则方案（i）是有吸引力的。当 B 的含量高，而 A 和 C 两者的含量相当时则热偶合方案（g）常是可取的。当 B 的含量少而 A 和 C 的含量较大时，侧线提馏和侧线精馏［（f）和（e）］可能是有利的。而当 A 的含量远低于 C 时，则方案（f）会更有吸引力；若是 A 的含量远大于 C，则方案（e）优先。这些方案还必须与方案（b）（C 的含量远大于 A

时）和方案（a）（C的含量比A少或相仿时）加以比较。

应该指出：上述分析不限于一个分离产品中只含有一个组分的情况，它也适用于将不论多少组分的混合物分离成三种不同产品的分离过程。此外，对于具有更多组分的系统，可能的分离方案数量将按几何级数增加，选择塔序的问题变得十分复杂。

2.5　蒸馏与精馏操作

▶2.5.1　双组分精馏的操作型计算

操作型计算的任务是在设备（精馏塔板数及全塔理论板数）已定条件下，由指定的操作条件预计精馏操作的结果，或由某些操作参数（如R、F、x_F、q）的改变预测其他操作参数的变化。

计算所用的方程与设计时相同，此时的已知量为全塔总板数N及加料板位置（第m块板）；相平衡曲线或相对挥发度；原料组成x_F与热状态q；回流比R；并规定塔顶馏出液的采出率D/F。待求的未知量为精馏操作的最终结果——产品组成x_D、x_W以及逐板的组成分布。

操作型计算的特点如下。

① 由于众多变量之间的非线性关系，使操作型计算一般均需通过试差（迭代），即先假设一个塔顶（或塔底）组成，再用物料衡算及逐板计算予以校核的方法来解决。有些情况下，利用吉利兰图可避免试差。

② 加料板位置（或其他操作条件）一般不满足最优化条件。

▶2.5.2　影响精馏操作的主要因素

对于现有的精馏装置和特定的物系，精馏操作的基本要求是使设备具有尽可能大的生产能力（即更多的原料处理量），达到预期的分离效果（规定的x_D、x_W或组分回收率），操作费用最低（在允许范围内，采用较小的回流比）。影响精馏装置稳态、高效操作的主要因素包括操作压力、进料组成和热状况、塔顶回流、全塔的物料平衡和稳定、冷凝器和再沸器的传热性能，设备散热情况等。

(1) 物料平衡的影响和制约

根据精馏塔的总物料衡算可知，对于一定的原料液流量F和组成x_F，只要确定了分离程度x_D和x_W，馏出液流量D和釜残液流量W也就确定了。而x_D和x_W决定了气液平衡关系、x_F、q、R和理论板数N_T（适宜的进料位置），因此D和W或采出率D/F与W/F只能根据x_D和x_W确定，而不能任意增减，否则进、出塔的两个组分的量不平衡，必然导致塔内组成变化，操作波动，使操作不能达到预期的分离要求。

保持精馏装置的物料平衡是精馏塔稳态操作的必要条件。

(2) 塔顶回流的影响

回流比和回流液的热状态均影响塔的操作。

回流比是影响精馏塔分离效果的主要因素，生产中经常用回流比来调节、控制产品的质量。例如当回流比增大时，精馏段操作线斜率L/V变大，该段内传质推动力增加，因此在一定的精馏段理论板数下馏出液组成变大。同时回流比增大，提馏段操作线斜率L'/V'变小，该段的传质推动力增加，因此在一定的提馏段理论板数下，釜残液组成变小。反之，当回流比减小时，x_D 减小而 x_W 增大，使分离效果变差。

回流液的温度变化会引起塔内蒸汽实际循环量的变化。例如，从泡点回流改为低于泡点的冷回流时，上升到塔顶第一板的蒸汽有一部分被冷凝，其冷凝潜热将回流液加热到该板上的泡点。这部分冷凝液成为塔内回流液的一部分，称之为内回流，这样使塔内第一板以下的实际回流液量较 $R \cdot D$ 要大一些。与此对应的，上升到塔顶第一层板的蒸汽量也要比按 $(R+1)D$ 计算的量要大一些。内回流增加了塔内实际的气液两相流量，使分离效果提高，同时，能量消耗加大。

回流比增加，使塔内上升蒸汽量及下降液体量均增加，若塔内气液负荷超过允许值，则可能引起塔板效率下降，此时应减小原料液流量。回流比变化时再沸器和冷凝器的传热量也应相应发生变化。

必须注意：在馏出液流率 D/F 规定的条件下，借增加回流比 R 以提高 x_D 的方法并非是有效的。

① x_D 的提高受精馏段塔板数即精馏塔分离能力的限制。对一定板数，即使回流比增至无穷大（全回流）时，x_D 也有确定的最高极限值；在实际操作的回流比下不可能超过此极限值。

② x_D 的提高受全塔物料衡算的限制。加大回流比可提高 x_D，但其极限值为 $x_D = Fx_F/D$。对一定塔板数，即使采用全回流，x_D 也只能以某种程度趋近于此极限值。如 $x_D = Fx_F/D$ 的数值大于 1，则 x_D 的极限值为 1。

此外，加大操作回流比意味着加大蒸发量与冷凝量，这些数值还将受到塔釜及冷凝器的传热面的限制。

(3) 进料组成和进料热状况的影响

进料组成的改变，直接影响到产品的质量。当进料中难挥发组分增加，使精馏段负荷增加，在塔板数不变时，则分离效果不好，结果重组分被带到塔顶，造成塔顶产品质量不合格；若是从塔釜得到产品，则塔顶损失增加。如果进料组分中易挥发组分增加，使提馏段的负荷增加，可能因分离不好而造成塔釜产品质量不合格，其中夹带的易挥发组分增多。由于进料组分的改变，直接影响着塔顶与塔釜产品的质量。加料中难挥发组分增加时，加料口往下移，反之，则向上移。同时，操作温度、回流量和操作压力等都需相应地调整，才能保证精馏操作的稳定性。

另外，加料量的变化直接影响蒸汽速度的改变。后者的增大，会产生夹带，甚至液泛。当然，在允许负荷的范围内，提高加料量对提高产量是有益的。如果超出了允许负荷，只有提高操作压力，才可维持生产，但也有一定的局限性。

加料量过低，塔的平衡操作不好维持，特别是浮阀塔、筛板塔、斜孔塔等，由于负荷减低，蒸汽速度减小，塔板容易漏液，精馏效率降低。在低负荷操作时，可适当的增大回流比，使塔在负荷下限之上操作，以维持塔的操作正常稳定。

当进料状况（x_F 和 q）发生变化时，应适当改变进料位置，并及时调节回流比 R。一般精馏塔常设几个进料位置，以适应生产中进料状况的变化，保证在精馏塔的适宜位置进料。如进料状况改变而进料位置不变，必然引起馏出液和釜残液组成的变化。

进料热状况对精馏操作有着重要意义。常见的进料热状况有五种（前已述及），不同的进料热状况都显著地直接影响提馏段的回流量和塔内的气液平衡。如果是冷液进料，且进料温度低于加料板上的温度，那么，加入的物料全部进入提馏段，这样，提馏段负荷增加，塔釜消耗蒸汽量增加，塔顶难挥发组分含量降低。若塔顶为产品，则会提高产品质量；如果是饱和蒸汽进料，则进料温度高于加料板上的温度，所进物料全部进入精馏段，提馏段的负荷减少，精馏段的负荷增加，会使塔顶产品质量降低，甚至不合格。精馏塔较为理想的进料热状况是泡点进料，它较为经济和最为常用。对特定的精馏塔，若 x_F 减小，则将使 x_D 和 x_W 均减小，欲保持 x_D 不变，则应增大回流比。

（4）操作温度和压力的影响

1）精馏塔的温度分布和灵敏板

溶液的泡点与总压及组成有关。精馏塔内各块塔板上物料的组成及总压并不相同，因而从塔顶至塔底形成某种温度分布。在加压或常压精馏中，各板的总压差别不大，形成全塔温度分布的主要原因是各板组成不同。图 2-42(a) 表示各板组成与温度的对应关系，于是可求出各板的温度并将它标绘在图 2-42(b) 中，即得全塔温度分布曲线。

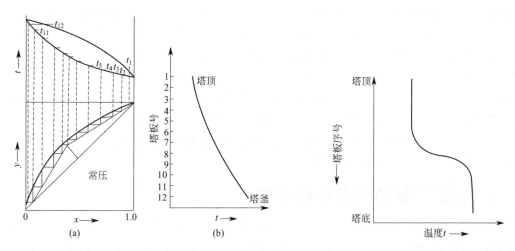

图 2-42　精馏塔的温度分布　　　　　　图 2-43　高纯度分离时全塔的温度分布

减压精馏中，蒸汽每经过一块塔板有一定的压降，如果塔板数较多，塔顶与塔底压力的差别与塔顶绝对压力相比，其数值相当可观，总压力可能是塔顶压力的几倍。因此，各板组成与总压的差别都是影响全塔温度分布的重要原因，且后一因素的影响往往更为显著。

一个正常操作的精馏塔当受到某一外界因素的干扰（如回流比、进料组成发生波动等），全塔各板的组成将发生变动，全塔的温度分布也将发生相应的变化。在一定总压下，塔顶温度是馏出液组成的直接反应。因此，有可能用测量温度的方法预示塔内组成尤其是塔顶馏出液组成的变化。但在高纯度分离时，在塔顶（或塔底）相当高的一个塔段中温度变化极小，典型的温度分布曲线如图 2-43 所示。这样，当塔顶温度有了可觉察的变化时，馏出液组成的波动早已超出允许的范围。以乙苯-苯乙烯在 8kPa 下减压精馏为例，当塔顶馏出液中含乙苯由 99.9％降至 90％时，泡点变化仅为 0.7℃。可见高纯度分离时一般不能用测量塔顶温度的方法来控制馏出液的质量。

仔细分析操作条件波动前后温度分布的变化，即可发现在精馏段或提馏段的某些塔板上，温度变化最为显著。也就是说，这些塔板的温度对外界干扰因素的反映最灵敏，故将这些塔板称之为灵敏板。将感温元件安置在灵敏板上可以较早觉察精馏操作所受的干扰；而且灵敏板比较靠近进料口，可在塔顶馏出液组成尚未产生变化之前先感受到进料参数的变动并及时采取调节手段，以稳定馏出液的组成。

2）塔釜温度

在操作压力不变的情况下，改变塔釜操作温度，对蒸汽流速、气液相组成的变化，都有一定的影响。提高塔釜温度时，则使塔内液相易挥发组分减少，同时使上升蒸汽的流速增大，有利于提高传质效率。如果由塔顶得到产品，则塔釜排出的难挥发物中，易挥发组分减少，损失减少；如果塔釜排出物为产品，则可提高产品质量，但塔顶排出的易挥发组分中夹带的难挥发组分增多，从而增大损失。因此，在提高温度的时候，既要考虑到产品的质量，又要考虑到工艺损失。一般情况下，操作习惯于用温度来提高产品质量，降低工艺损失。

在平稳操作中，釜温突然升高，来不及调节相应的压力和塔釜温度时，必然导致塔釜液被蒸空，压力升高。这时，塔顶气液相组成变化很大，重组分（难挥发组分）容易被蒸到塔顶，使塔顶产品不合格。

3）操作压力的影响

在操作温度一定的情况下，改变操作压力，对产品质量、工艺损失都有影响。提高操作压力，可以相应地提高塔的生产能力，操作稳定。但在塔釜难挥发产品中，易挥发组分含量增加。如果从塔顶得到产品，则可提高产品的质量和易挥发组分的浓度。

操作压力的改变或调节，应考虑产品的质量和工艺损失，以及安全生产等问题。因此，在精馏操作时，常常规定了操作压力的调节范围。当受到外界因素的影响而使操作压力受到破坏时，塔的正常操作就会完全破坏。例如真空精馏，当真空系统出了故障时，塔的操作压力（真空度）因发生变化而迫使操作完全停止。一般精馏也是如此，塔顶冷凝器的冷却介质突然停止时，塔的操作压力也就无法维持。

▶ 2.5.3 间歇精馏的新型操作方式

间歇精馏是化工生产中的重要单元操作，其主要特点为：能单塔分离多组分混合物；允许进料组分浓度在很大的范围内变化；可适用于不同分离要求的物料，如相对挥发度及产品纯度要求不同的物料。

此外，间歇精馏还比较适用于高沸点、高凝固点和热敏性等物料的分离。随着精细化工及医药等工业的发展，对间歇精馏技术的要求越来越高，陆续出现了一些新塔型，如反向间歇塔、中间罐间歇塔和多罐间歇塔等。这些新型操作方式往往是针对分离任务的特点而设计的，因而其流程和操作方式更符合实际情况，效率更高、更具灵活性，在化工生产中具有很好的应用前景。

（1）塔顶累积全回流操作

这种操作也叫循环操作，塔顶设置一定容量的积累槽，在一次加料后进行全回流操作，使轻组分在塔顶累积罐内快速浓缩。当累积罐内轻组分达到指定的浓度后，将累积罐内的液体全部放出作为塔顶产品，此过程可明显缩短操作时间。这种循环操作包括进料、全回流、出料3个阶段。塔顶累积全回流操作同传统的部分回流操作方式相比，具有分离效率高、控制准确、对振动不敏感、易于操作等优点。

通过对循环操作进行实验研究，并对回流槽的持液量和全回流时间进行优化，结果表明与传统方法相比，全回流操作可节省30%的操作时间。若用于轻组分含量较高的一般分离任务，可比传统的恒回流比操作缩短操作时间40%。

（2）反向间歇精馏操作

在分批精馏时，当某些重组分是被提取的主要对象，且该组分还有一定的热敏性，经不起长时间的高温煮沸，此种情况下采用反向间歇精馏比较合适。这种塔与常规间歇塔（见图 2-44）的不同之处在于：被处理物料存在于塔顶，产品从塔底馏出，称为反向间歇精馏塔（见图 2-45）。首先馏出的是重组分，相当于连续塔中的提馏段。开工过程所需时间短、操作周期短、能耗低。

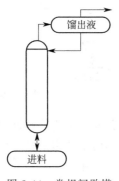

图 2-44 常规间歇塔

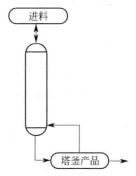

图 2-45 反向间歇精馏塔

通过对常规间歇精馏塔和反向精馏塔的动态特性及最优化操作进行比较，可以看出：当混合物料中轻组分含量较高时，常规间歇精馏塔优于反向精馏塔，且操作时间短；而当进料混合物中重组分含量较高时，使用反向间歇精馏塔，即显示出明显的优越性。主要原因是当低含量组分从塔内馏出时，为达到比较高的分离纯度，需要很大的回流比或再沸比，如进料组成 $x_F=0.1$、分离纯度 $x_D=0.98$ 时，为回收进料中的轻组分，就需要很高的回流比，而采用反向塔，由于大量重组分从塔底馏出，使得轻组分在塔中的冷凝器中不断累积而增浓，开始时再沸比很低，随着重组分的不断馏出而升高。而且当轻组分含量低时，使用反向塔比常规塔可节省一半的时间。处理量越大，相对挥发度越小，越节省时间。但当分离要求不高时，情况则相反。

虽然采用反向塔有利于轻组分含量低的情况，但是采用反向塔也存在两个难点：首先再沸器的持液量会影响操作时间，故应尽量减少再沸器的持液量，但这很难实现；其次，无法直接控制再沸器中的持液量，只能通过冷凝器中回流液间接控制。

（3）中间罐间歇精馏塔操作

中间罐间歇精馏塔也叫复合间歇精馏塔，这种塔同连续塔的相似之处是同时具有精馏段和提馏段，可以同时得到塔顶和塔底产品。中间罐相当于连续精馏塔中的进料板，如图 2-46 所示。这种塔比较适合于中间组分的提纯，当重组分杂质更易除去时，这种塔即显示出明显的优越性。轻重组分分别从塔顶和塔底馏出，当贮罐中中间组分达到指定浓度后即停止操作。

对于反应间歇精馏，使用这种结构的塔，由于能将产品不断移走，因而可提高产品的转化率。

在中间贮罐精馏塔中，由于易挥发组分在精馏段随时间减少，难挥发组分在提馏段也随时间而减少，同时采出塔顶和塔底产品，能够有效地缩短操作时间。

（4）多罐间歇精馏塔操作

多罐间歇精馏塔装置如图 2-47 所示。这种塔在构型上可看作是多个塔上下相连而成，中间设置多个贮罐，也叫多效间歇精馏塔。这种塔进行全回流操作，可以使相对挥发度不同的各个组分分别在塔的不同位置的贮罐内浓缩，将浓缩后的产品放出，可获得纯度很高的产品。建立足够多的中间罐即能同时分离多组分混合物，但它的设计不如一般间歇塔自由。

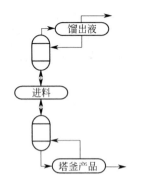

图 2-46　中间罐间歇精馏塔

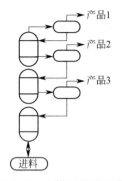

图 2-47　多罐间歇精馏塔

多罐间歇精馏塔同传统的间歇精馏塔相比有两个优点：首先，由于能够同时采出多个产品，操作过程无产品切换，因而操作简单；其次，由于该塔本质上的多效性，因而所需能量很低，对于多组分混合物的分离，此塔所需的能量同连续精馏塔相似。

多罐间歇精馏塔的操作控制有以下几种。

① 多罐间歇塔全回流操作的控制。首先通过物料衡算预先计算出每个贮罐的持液量，然后将确定的原料量加入各个贮罐中，保持持液量恒定，直到所有组分达到指定纯度。

② 多罐间歇塔全回流反馈控制。即安装在塔内不同部位的多个温度传感器来调节回流量，由于所控制的温度为各纯组分的沸点，从而可使贮罐中累积的产品达到指定纯度。

③ 多罐间歇塔优化持液量控制。它将原料液一次性加入再沸器中，其余贮罐中的持液量逐渐增加达到最终持液量。优化结果表明，多罐间歇塔优化持液量控制比传统的间歇塔优化操作可节省 47% 的操作时间，比恒持液量操作节省 17% 的操作时间。

由于间歇精馏的过程控制复杂，以往优化操作的研究大多停留在理论阶段，生产实际难以应用。为了克服间歇精馏控制复杂及能耗高等缺点，近年来人们侧重于一些新型操作方式的开发研究，它们具有以下特点。

① 这些新型操作方式往往是针对分离任务的特点而设计的，因而在流程和操作方式上更符合实际情况，从而效率更高，如反向间歇精馏方式。

② 新的操作方式大多以合理利用间歇精馏的动态特性为基础，如"飞轮效应"，塔顶累积全回流操作即属于此类。

③ 由于间歇精馏是典型的动态过程，具有很强的不确定性，特别是多组分间歇精馏过程，存在多个产品和过渡馏分的切换，操作复杂，难以实现自动控制，所以如何从工艺角度进行简化，是重要的研究方向。多罐间歇塔属于此类。

近年来，计算机技术和智能化仪表的迅速发展为实现间歇精馏真正意义上的自动控制提供了有利条件，现代计算机控制技术与新型操作方式的结合，将会大大提高间歇精馏的技术水平。

（5）蒸馏过程的强化

对于具有恒沸点或沸点相近的物系，仅仅利用蒸馏一般难以达到有效分离的目的。为此，结合萃取、反应（包括均相和非均相）、吸附等其他化工操作单元的优势，提出或已实现工业化的有萃取蒸馏、反应蒸馏、催化蒸馏、吸附蒸馏、结晶蒸馏和膜蒸馏等。在体系中引入某些添加剂以利用溶液的非理想性质，完成改变组分间相对挥发度，而实现高效和节能的气液分离，如共沸蒸馏、加盐精馏和加盐萃取精馏等的添加物精馏。

从现在的研究工作看，强化蒸馏和传质过程的主要途径有：一是通过改进设备结构，如从改善两相流动和接触发展出的新型规整填料和喷射式并流填料塔板；二是引入质量分离剂（包括催化剂、反应组、吸附剂、有机活性组分、无机电解质等）提出的各种耦合蒸馏技术；三是引入第二能量分离剂（如磁场、电场和激光）。其中脉冲激光由于不在原有物系中引入添加物，且组分之间的物理化学性质变化很容易被人为控制，所以，随着超导材料和激光器制备技术的提高和生产成本的降低，脉冲激光在蒸馏分离中的应用将会取得巨大效益。

（6）蒸馏技术的研究方向

根据蒸馏学科的特点和研究现状，深化蒸馏研究必须突破传统研究方法，在研究思维、分析问题方式上开辟新思路，寻求新理论，吸收其他学科的最新研究成果；在应用开发上除满足传统工艺的要求外，应致力于各种新型工业领域的过程开发和设备设计。因此进行蒸馏过程基础研究，促进蒸馏技术和学科发展的关键包括以下几个方面。

1）研究深度由宏观平均向微观、由整体平均向局部瞬时发展

仅仅对宏观现象的研究，已不能满足目前要求。由于多相流的复杂结构，对整体平均量的研究并不能从根本上揭示过程机理和描述过程动态变化规律，因此局部和瞬时结构参数及其变化规律的研究逐步引起了人们的重视。

2）研究目标由现象描述向过程机理转移

表观现象的描述不足以分析过程的本质特征，因此蒸馏过程的研究目标已经逐渐由现象描述转向对过程机理的认识，由此通过认识过程机理实现有预见的新设备开发，并应用于新的工程领域。

3）研究手段逐步高技术化

计算技术、光纤技术、激光、超声波、电子等新技术的发展，为蒸馏研究提供了先进的测试手段和分析方法，使深入理解蒸馏过程中的传递动态属性和界面的非平衡特征成为可能。

4）研究方法由传统理论向多学科交叉方面开拓

近年来，统计理论、分形理论、耗散结构理论、表面物理化学等均在各自的领域中取得了重大的成就，同时学科之间的交叉更加频繁，交叉力度越加提高。所以，如果我们对蒸馏过程的传质动力学实质进行深入了解，就可以根据以上所提及的各种新理论的特点将其引入蒸馏学科的研究之中。

参 考 文 献

[1] 廖传华，米展，周玲，等．物理法水处理过程与设备［M］．北京：化学工业出版社，2016．

[2] 刘艳杰，栾国颜，高维平．进料组成对双效精馏节能效果的影响［J］．计算机与应用化学，2015，32（7）：783～786．

[3] 朱玉琴，张海瑞．热泵精馏气体分馏装置的用能分析［J］．石油与天然气化工，2015，44（5）：116～120．

[4] 张小双，李肇宇，李春利．溶媒废酸水的精馏工艺改造及应用［J］．现代化工，2015，35（11）：152～155．

[5] 李若溪．MTBE反应精馏塔的建模和应用［D］．广州：华南理工大学，2015．

[6] 李晓雪．氯乙烯精馏过程的模型化与仿真［D］．北京：北京化工大学，2015．

[7] 罗皓涛．二异丙醚/异丙醇分离之萃取精馏与变压精馏的设计与控制［D］．天津：天津大学，2015．

[8] 宁建国，黄玉鑫，孙玉玉，等．多效反应精馏过程生产氯化苄的能量集成［J］．化工学报，2015，66（8）：3161～3168．

[9] 唐超，胡存，陈亚中，等．热泵精馏应用于异丁烷精馏过程的节能改造［J］．化工进展，2015，34（2）：581～585．

[10] 王绍云, 向阳, 初广文, 等. 甲醇精馏系统的模拟与优化研究 [J]. 计算机与应用化学, 2015, 32 (4): 403~407.

[11] 程华农, 邢晓红, 郑世清. 二硝甲苯精馏装置的节能优化 [J]. 计算机与应用化学, 2015, 32 (4): 503~506.

[12] 黄玉鑫, 汤吉海, 陈献, 等. 不同温度反应与精馏集成生成乙酸叔丁酯的过程模拟 [J]. 化工学报, 2015, 66 (10): 4016~4039.

[13] 宋子彬, 栗秀萍, 刘有智, 等. 超重力精馏回收果胶沉淀溶剂的应用 [J]. 化工进展, 2015, 34 (4): 1165~1170.

[14] 吴海波, 张玉姣, 方岩雄, 等. 分子蒸馏、薄膜蒸发与精馏耦合技术分离肉桂油组分 [J]. 化工学报, 2015, 66 (9): 3542~3548.

[15] 张芳霞. BDO 项目精馏车间节能改造研究 [D]. 西安: 西北大学, 2015.

[16] 赵朔, 白鹏. 带有内部热集成的多储罐间歇精馏全回流操作 [J]. 化工学报, 2015, 66 (11): 4476~4484.

[17] 王为国, 罗旌崧, 曾真, 等. 二元提馏式间歇精馏的优化操作与最小汽化总量 [J]. 化工学报, 2015, 66 (10): 4047~4060.

[18] 刘绪江, 张雷. 醋酸-水萃取精馏萃取剂的选择及过程模拟和优化 [J]. 现代化工, 2015, 35 (8): 165~168.

[19] 周龙坤, 沈舒苏, 李妍, 等. 减压间歇精馏回收实验室废液中甲苯的研究 [J]. 现代化工, 2015, 35 (3): 143~146.

[20] 黄前程, 姜奕. 均匀设计法优化乙腈-水共沸精馏工艺 [J]. 化学工程, 2015, 43 (10): 26~29.

[21] 高凌云, 齐鸣斋. 分壁式精馏塔模拟及节能研究 [J]. 现代化工, 2015, 35 (7): 135~138.

[22] 胡帅, 杨卫胜. 双效精馏在 MTP 装置废水处理中的应用 [J]. 计算机与应用化学, 2015, 32 (6): 717~722.

[23] 张海洋. 双反应段反应隔壁精馏塔的模拟研究 [J]. 现代化工, 2015, 35 (7): 151~153.

[24] 谢谐, 严兵, 尹代冬. 多组分高温精馏数学模型及回流比特性研究 [J]. 中南大学学报 (自然科学版), 2015, 46 (7): 2721~2726.

[25] 李玥, 李群生, 李春江, 等. 氯乙烯精馏过程模拟优化与节能降耗的研究 [J]. 北京化工大学学报 (自然科学版), 2015, 5: 19~23.

[26] 段健海, 任晓晗, 王伟文. 双效精馏精制甲缩醛的过程模拟 [J]. 化学工程, 2014, 42 (6): 69~73.

[27] 李红海, 姜奕. 精馏塔设备的设计与节能研究进展 [J]. 化工进展, 2014, 33 (A1): 14~18.

[28] 李春利, 任武辉, 王志彦, 等. 环丁砜苯的精馏工艺模拟及优化 [J]. 现代化工, 2014, 34 (4): 147~151.

[29] 陈立钢, 廖立霞. 分离科学与技术 [M]. 北京: 科学出版社, 2014.

[30] 于莉, 程学礼, 王二强. 硝基苯精馏过程的模拟优化 [J]. 计算机与应用化学, 2014, 31 (3): 357~360.

[31] 黄国强, 靳权. 隔壁精馏塔的设计、模拟与优化 [J]. 天津大学学报, 2014, 47 (12): 1057~1064.

[32] 胡敏斐, 林文胜, 张林, 等. 合成天然气液化精馏脱氢流程及其性能优化 [J]. 工程热物理学报, 2014, 10: 1906~1909.

[33] 罗雄麟, 赵晓鹰, 吴博, 等. 乙烯精馏塔异常工况在线侦测与控制 [J]. 化工学报, 2014, 65 (1): 4517~4523.

[34] 沈本强. 分离难度指数对分壁精馏塔精馏过程的影响 [D]. 上海: 华东理工大学, 2014.

[35] 高晓新, 马正飞, 杨德明. 顺流多效精馏回收 DMAC [J]. 现代化工, 2013, 33 (3): 103~105.

[36] 安维中, 林子昕, 江月, 等. 考虑内部热集成的乙二醇反应精馏系统设计与优化 [J]. 化工学报, 2013, 64 (12): 4630~4640.

[37] 张吕鸿, 刘建宾, 李鑫钢, 等. 一种改进的差压热耦合精馏流程 [J]. 石油学报 (石油加工), 2013, 29 (2): 312~317.

[38] 许良华, 陈大国, 罗炜青, 等. 带有中间热集成的精馏塔序列及其性能 [J]. 化工学报, 2013, 64 (7): 3442~3446.

[39] 吕文祥, 张金柱, 江奔奔, 等. 面向热集成耦合的精馏过程集成控制与优化 [J]. 化工学报, 2013, 64 (12): 4319~4324.

[40] 陈立峰, 熊晓明, 李文秀, 等. 半连续精馏操作的研究 [J]. 现代化工, 2013, 33 (8): 94~96.

[41] 徐东彦, 叶庆国, 陶旭梅. Separation Engineering [M]. 北京: 化学工业出版社, 2012.

[42] 中国石油和化学工业联合会, 中国化工经济技术发展中心编. 石油和化工设备选型指南 [M]. 北京: 中国财富出版社, 2012.

[43] 罗川南. 分离科学基础 [M]. 北京: 科学出版社, 2012.

[44] 龚超, 余爱平, 罗炜青, 等. 完全能量耦合精馏塔的设计、模拟与优化 [J]. 化工学报, 2012, 63 (1): 177~184.

[45] 赵德明. 分离工程 [M]. 杭州: 浙江大学出版社, 2011.

[46] 张顺泽, 刘丽华. 分离工程 [M]. 徐州: 中国石业大学出版社, 2011.

［47］ 廖传华，柴本银，黄振仁．分离过程与设备［M］．北京：中国石化出版社，2008.

［48］ 袁惠新．分离过程与设备［M］．北京：化学工业出版社，2008.

［49］ ［美］D. Seader，［美］Ernest J. Henley．分离过程原理［M］．上海：华东理工大学出版社，2007.

［50］ 宋业林，宋襄翎．水处理设备实用手册［M］．北京：中国石化出版社，2004.

［51］ 杨春晖，郭亚军主编．精细化工过程与设备［M］．哈尔滨：哈尔滨工业大学出版社，2002.

［52］ 周立雪，周波主编．传质与分离技术［M］．北京：化学工业出版社，2002.

［53］ 贾绍义，柴诚敬．化工传质与分离过程［M］．北京：化学工业出版社，2001.

［54］ 赵汝傅，管国锋．化工原理［M］．南京：东南大学出版社，2001.

［55］ 陈常贵，柴诚敬，姚玉英．化工原理（下册）［M］．天津：天津大学出版社，1999.

第**3**章

特殊精馏

一般的蒸馏或精馏操作是以液体混合物中各组分的相对挥发度差异为依据的，组分间挥发度差别越大越容易分离。但对某些液体混合物，组分间的相对挥发度接近于 1 或形成恒沸物，不宜或不能用一般精馏方法进行分离，而从技术上、经济上又不适用其他方法分离时，则需要采用特殊精馏方法。截至目前所开发的特殊精馏方法有膜精馏、催化精馏、吸收精馏、恒沸精馏、萃取精馏、盐效应精馏等。对热敏性物料可采用真空下的分子精馏。对于常压下沸点较高或在其沸点时易于分离的物质，或者含有不挥发杂质高沸点物质的提纯，可采用水蒸气蒸馏方法。在外磁场作用下分离恒沸物的工业装置也已问世。

3.1 非理想溶液的性质

特殊精馏，大都适用于具有恒沸点的物系。理想溶液是不存在恒沸点的，只有非理想溶液在一定的条件下形成恒沸物。所以了解非理想溶液的性质对选择特殊精馏具有重要意义。

❖ 3.1.1 非理想物系的恒沸物

溶液非理想性的根源在于不同种类分子之间的作用力不同于同分子之间的作用力，其表现是溶液中各组分的平衡分压与拉乌尔定律发生偏差，此偏差有正有负，分别称为正偏差溶液和负偏差溶液。实际溶液中以正偏差居多。

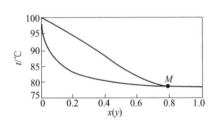

图 3-1 常压下乙醇-水的 t-x-y 图

各种实际溶液与理想溶液的偏差程度各不相同，例如乙醇-水、苯-乙醇等物系是具有很大偏差的例子，其表现为溶液在某一组成时其两组分的饱和蒸汽压之和出现最大值。与此相对应的溶液泡点比两纯组分的沸点都低，为其最低恒沸点的溶液。图 3-1 和图 3-2 分别为乙醇-水物系的 t-x-y 及 x-y 图。图中 M 代表气液两相组成相等。常压下恒沸组成为 0.894，最低恒沸点为 78.15℃，在该点溶液的

相对挥发度 $\alpha=1$。与之相反，氯仿-丙酮溶液和硝酸-水物系为具有很大偏差的例子。图 3-3 和图 3-4 分别为硝酸-水混合液的 t-x-y 和 x-y 图，常压下其最高恒沸点为 121.9℃，对应的恒沸组成为 0.383，在图中的点 N 对应溶液的相对挥发度 $\alpha=1$。

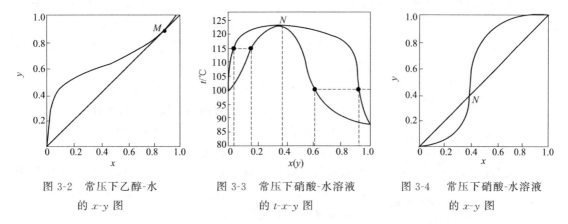

<table>
<tr><td>图 3-2　常压下乙醇-水
的 x-y 图</td><td>图 3-3　常压下硝酸-水溶液
的 t-x-y 图</td><td>图 3-4　常压下硝酸-水溶液
的 x-y 图</td></tr>
</table>

　　同一种溶液的恒沸组成随总压而变化。表 3-1 列举了乙醇-水溶液的恒沸组成随压力的变化情况。由表中数据可见，理论上可以用改变压力的方法来分离恒沸液，但在实际应用时，要做技术分析。

表 3-1　乙醇-水溶液的恒沸组成随压力的变化情况

压力/kPa	13.33	20.0	26.66	53.32	101.33	146.6	193.3
恒沸点/℃	34.2	42.0	47.8	62.8	78.15	87.5	95.3
恒沸液中乙醇的摩尔分数	0.992	0.962	0.938	0.914	0.894	0.893	0.890

　　实际生产中所遇到的大多数物系为非理想物系，蒸馏时，最高恒沸物留在塔釜，最低恒沸物由塔顶蒸出，在恒沸点气液两相分不清，没有分离效果。

　　对非理想物系，当气液两相达到平衡时，任一组分 i 在气相中的分压与液相中的蒸汽压不相等。而用逸度来表示压力，即任一组分 i 在汽相中的逸度与液相中的逸度必然相等。

$$f_{iL}=f_{iV} \tag{3-1}$$

式中　f_{iL}——组分 i 在液相中的逸度；

　　　f_{iV}——组分 i 在气相中的逸度。

　　气相逸度 f_{iV} 与气相组成 y_i 和压力 p 之间的关系为：

$$f_{iV}=\varphi_i p y_i \tag{3-2}$$

式中　φ_i——组分 i 的逸度系数，它表示真实气体与理想气体之间的偏差程度。

　　对于气相逸度同样还可以写成：

$$f_{iV}=f^\circ_{iV}\gamma_{iV}y_i \tag{3-3}$$

式中　f°_{iV}——纯组分 i 在指定温度和压力时的气相逸度；

　　　γ_{iV}——i 组分在气相的活度系数。

　　液相逸度 f_{iL} 与液相组成 x_i 在一定压力和温度下的关系为：

$$f_{iL}=f^\circ_{iL}\gamma_{iL}x_i \tag{3-4}$$

式中　f°_{iL}——纯组分 i 的液相逸度；

　　　γ_{iL}——组分 i 在液相的活度系数。

根据平衡条件，气液平衡的通式为：

$$\varphi_i p y_i = f_{iV}^\circ \gamma_{iV} y_i = f_{iL}^\circ \gamma_{iL} x_i \tag{3-5}$$

▶ 3.1.2 三组分系统的相图

多组分系统经过适当简化后，能看作是一个三组分系统，从而在一定程度上可简化精馏计算，所以对三组分系统的讨论具有重要的意义。

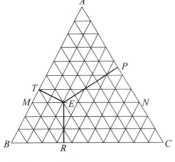

图 3-5 表示三组分系统组成
的等边三角形

三组分系统的气液平衡关系可用正三角形或直角三角形相图表示，如图 3-5 所示。

正三角形相图的三个顶点 A、B、C 分别代表三个纯组分（即 $x_i = 1.0$），顶点对面的底线代表该组分的浓度为零。三条边分别代表三个二组分系统 AB、BC 和 AC 的组成。三角形内任一点 E，都表示一个三组分系统的组成，常用摩尔分数或质量分数来表示。故常将三角形的每条边分为 100 等份，通过这些等份点作边的平行线。用等边三角形表示组成具有以下几个特点。

① 从几何定理可知，等边三角形内任意一点到三边的垂线之和等于 1，各组分含量可用一边的垂线距离来表示。例如 E 点所代表的三组分系统的组成，可用由 E 点作三边的垂线 EP、ER 和 ET 来表示。EP 表示系统中组分 B 的含量（50%），ER 表示组分 A 的含量（30%），ET 表示组分 C 的含量（20%）。

② 根据正三角形的特点，与 BC 边相平行的直线 MN 上任一点所表示的系统中组分 A 的含量均相等。同理平行于 AC（或 AB）边的直线上任一点所表示的系统中组分 B（或 C）的含量也均相等。

③ 杠杆规则在此仍然适用，如图 3-6 所示，R 和 E 分别表示两个不同组成的三组分系统，则由一定量的 R 和一定量的 E 混合而成的新系统 M 的组成一定位于 R 与 E 的连线上，并且线段长度 RM 和 ME 之比表示系统中 E 和 R 的量之比：

$$\frac{E}{R} = \frac{\overline{RM}}{\overline{EM}} \tag{3-6}$$

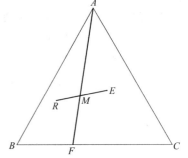

图 3-6 杠杆规则在正三角形
相图上的应用

根据图 3-6 的特点，将组成为 M 的三组分系统作为精馏塔的进料，在塔顶得到纯组分 A 时，则在塔底得到的二组分（B、C）混合物的组成，必然在 AM 的延长线上，而且馏出物 A 的量与釜残液量 F 之比，必然等于线段长度 $\overline{FM}$ 与 $\overline{AM}$ 之比。

$$\frac{\text{馏出物 } A \text{ 量}}{\text{釜残液 } F \text{ 量}} = \frac{\overline{FM}}{\overline{AM}} \tag{3-7}$$

④ 通过正三角形顶点 A 的一条直线 AF 上任意一点所表示的三组分系统中，组分 B 的含量与组分 C 的含量之比均相等，即 B 与 C 的组成之比均为线段长度 $\overline{CF}$ 和 $\overline{BF}$ 之比。

3.2 恒沸精馏

若在两组分恒沸液中加入第三组分（称为夹带剂），该组分能与原料液中的一个或两个组分形成新的恒沸液（该恒沸物可以是两组分的，也可以是三组分的；可以是最低恒沸点的塔顶产品，也可以是难挥发的塔底产品），从而使原料液能用普通精馏方法予以分离，这种精馏操作称为恒沸精馏。恒沸精馏可分为具有最低恒沸点的溶液、具有最高恒沸点的溶液以及挥发度相近的物系。恒沸精馏的流程取决于夹带剂与原有组分所形成的恒沸液的性质。

▶3.2.1　恒沸精馏的原理

出现恒沸物是由于溶液对拉乌尔定律产生偏差的结果。但非理想溶液不一定有恒沸组成，出现恒沸组成是非理想溶液的特殊情况。显然，不仅要与拉乌尔定律有偏差，而且两个组分的沸点也必须接近，并且化学结构不相似，这才容易形成恒沸物。实践证明，沸点相差大于30K的两个组分很难形成恒沸物。

前已讨论，当非理想溶液与拉乌尔定律偏差程度很大，并且组分之间沸点差又不大时，就会形成恒沸物，分离就变得很困难。但是，我们如能恰当地利用非理想溶液的特性，则可使本来不好分离的系统成为容易分离的系统。例如，组分 A 与 B 形成的溶液，其相对挥发度等于1，用一般精馏方法难以分离。然而我们向系统中加入一个合适的组分 C，C 与 A 形成的溶液对理想溶液偏差很大，而 C 与 B 所形成的溶液对理想溶液偏差很小。由于 C 的加入便能增大 A 与 B 的相对挥发度，使难分离的系统变得容易分离了。倘若加到被分离溶液中去的组分，其沸点与原有组分沸点相差很小，则在改变要分离组分间的相对挥发度的同时，将与原有组分形成恒沸物，使原有组分得到分离。新加入的组分被称为夹带剂。例如，向苯（沸点353.2K）和环己烷（沸点352K）溶液中加入丙酮后，丙酮与环己烷形成恒沸物（沸点326.1K），这样苯与环己烷便容易分开了。

根据被分离物系的性质不同，大致能形成下面几种情况。

(1) 分离沸点相近的组分或最高恒沸物

① 夹带剂只与原来系统中一个组分形成二组分最低恒沸物。

② 夹带剂与原来两个组分分别形成二组分最低恒沸物，但两组分恒沸物的沸点相差较大。

③ 夹带剂与原来两个组分形成三组分最低恒沸物，其恒沸点低于任何一个二组分恒沸物，并且其中所含欲分离的二组分的比例与原混合物（或恒沸物）的比例不同。

(2) 分离最低恒沸物

① 夹带剂与原来组分之一形成一组新的二组分最低恒沸物，其沸点低于原来恒沸物的沸点，一般应相差10K以上。

② 夹带剂与原来的两个组分形成三组分最低恒沸物，其沸点比任何一个二组分恒沸物的沸点都低，而要分离的两组分在三组分恒沸物中的比例有很大的差异。

▶3.2.2　夹带剂的选择

进行恒沸精馏的一项重要工作是选择夹带剂。夹带剂选择得是否适宜，对恒沸精馏过程的有效性和经济性都有密切的关系。通常对夹带剂的选择可以从下面几个方面考虑。

① 夹带剂应能与被分离组分形成新的恒沸物，恒沸物的恒沸点最好比纯组分的沸点低，一般两者沸点差不小于10K。

② 新恒沸物所含夹带剂的量越少越好，以便减少夹带剂用量及汽化、回收时所需的能量。这对节约能量和降低设备投资都很有利。

③ 新恒沸物最好为非均相混合物，便于用分层方法分离，使夹带剂易于回收。

④ 无毒性、无腐蚀性，热稳定性好。

⑤ 来源容易，价格低廉。

但是能完全满足上述要求的夹带剂是很少的。在具体选择时，要抓住生产过程的主要矛盾，如首先满足生产工艺的要求，然后再考虑其他问题。

▶ 3.2.3 恒沸精馏流程

根据夹带剂与原有组分所形成的恒沸物的互溶情况不同，恒沸精馏的流程也有不同。

（1）双组分非均相恒沸物的分离

某些双组分恒沸物（如苯-水、丁醇-水）在温度降低时可分为两个具有一定互溶度的液层。此类恒沸物的分离不必加入第三组分，采用两个塔联合操作便可获得两个纯产品。

图 3-7 是丁醇脱水的流程示意图。组成为 x_F 的液料加入塔 1 以后，塔底得到纯丁醇，塔顶得到组成为 x_D 的恒沸物。恒沸物冷凝冷却后得到两个液相，一为富水液相，另一为富丁醇相，前者进入塔 2，后者进入塔 1，从塔顶部出来的都是组成为 x_D 的恒沸物，从塔 2 底部则获得纯水。

如果原料液的组成 x_F 低于分层器中富醇相的组成，则应加入到分层器 3 中进行分层。

当夹带剂只与双组分恒沸物中的轻组分形成新的非均相恒沸物时，则恒沸精馏装置流程与图 3-7 所示流程大同小异。

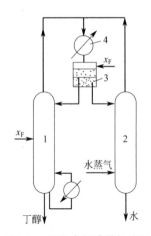

图 3-7　丁醇-水恒沸精馏流程

1,2—恒沸精馏塔；3—分层器；
4—冷凝器

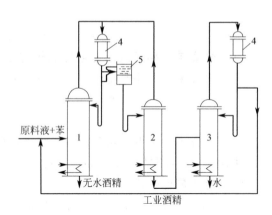

图 3-8　分离乙醇-水混合液的恒沸精馏流程

1—恒沸精馏塔；2—苯回收塔；3—乙醇回收塔；
4—冷凝器；5—分层器

（2）塔顶产品为三组分非均相恒沸物的分离

图 3-8 为分离乙醇-水混合液的恒沸精馏流程示意图。在原料液中加入适量的夹带剂苯，苯与原料液形成新的三元非均相恒沸物（相应的恒沸点为 64.85℃，恒沸摩尔分数组成为苯 0.539、乙醇 0.228、水 0.233）。苯的加入量要使原料液中的水全部转入到三组分恒沸物中。

由于常压下此三组分恒沸物的恒沸点为 64.85℃，故其由塔顶蒸出，塔底产品为近于纯态的乙醇。塔顶蒸汽进入冷凝器 4 中冷凝后，部分液相回流到塔 1，其余的进入分层器 5，在器内分为轻重两层液体。轻相返回塔 1 作为补充回流。重相送入苯回收塔 2，以回收其中的苯。塔 2 的蒸汽由塔顶引出也引入冷凝器 4 中，塔 2 底部的产品为稀乙醇，被送到乙醇回收塔 3 中。塔 3 中塔顶产品为乙醇-水恒沸液，送回塔 1 作为原料，塔底产品几乎为纯水。在操作中苯是循环使用的，但因有损耗，因此隔一段时间后需补充一定量的苯。

（3）塔顶产品为均相恒沸物

如图 3-9 所示，被分离的物料与夹带剂一起加入恒沸精馏塔 1，从塔顶蒸出恒沸物，从塔釜引出含少量夹带剂的重组分（此重组分系指在夹带剂存在的情况下，相对挥发度较小的组分，它不一定是无夹带剂存在时相对挥发度较小的组分）。恒沸物的蒸汽从塔 1 进入冷凝器冷凝，部分返回塔 1 作回流，其余则送到萃取塔 2 以分离夹带剂与轻组分。在多数情况下，是用水作萃取剂。洗涤后的轻组分从萃取塔 2 上部引出，含有夹带剂的水溶液送到萃取剂分离塔 3 进行精馏，在此处将夹带剂蒸出，冷凝后再返回恒沸精馏塔 1 的顶部。塔 3 釜残液主要是萃取剂，送至塔 2 循环使用。重组分从塔 1

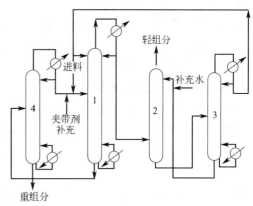

图 3-9 塔顶产品为均相恒沸物的流程
1—恒沸精馏塔；2—萃取塔；
3—萃取剂分离塔；4—夹带剂分离塔

的底部引出，进入夹带剂分离塔 4，在此处将所含少量的夹带剂蒸出，蒸出的夹带剂冷凝后与被分离物料混合后再返回精馏塔 1，纯组分由塔 4 的釜底引出。

由于夹带剂是在系统内循环的，它的损失一般很小，少量的损失可由加料处或塔顶回流中添加新的夹带剂来补充。如以丙酮为夹带剂，用恒沸精馏分离苯和环己烷时，就应用这一流程。水可作为萃取剂，因为丙酮溶于水，而环己烷则几乎不溶。

3.2.4 恒沸精馏过程的计算

恒沸精馏计算的基本方法和一般精馏方法大致是相同的。但是，恒沸精馏比一般精馏多了夹带剂的加入量以及夹带剂的加入位置，各板的溢流量及蒸汽上升量也有所不同，因此计算步骤相当复杂。但在一般计算时，仍假设为恒摩尔流，以便简化计算。

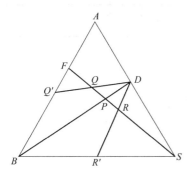

图 3-10 夹带剂的适宜加入位置

（1）夹带剂加入量

若恒沸精馏系统为图 3-10 所示的三组分系统，A 及 B 为欲分离的溶液组分，S 为加入的夹带剂。S 与 A 能形成最低恒沸物 D。若欲分离的二组分溶液的初始浓度为 F，则由图 3-10 可知，适宜的夹带剂用量，应添加至直线 BD 与 SF 的交点 P，即溶液 F 与夹带剂 S 量之比为 $\overline{PS}/\overline{FP}$。此时，如连续精馏，并有足够的理论塔板时，则塔釜可得到几乎纯的组分 B，塔顶可得到接近 D 的恒沸组成。若夹带剂量过少，添加至 Q 点，则塔顶及塔釜所得到的产品分别为 D 及 Q'，若夹带剂量过多，添加至 R 点，则塔顶及塔釜所得到的产品分别为 D 及 R'。

（2）夹带剂加入塔的位置

若恒沸物的沸点是最低的，则在恒沸精馏塔内塔板上的组成总是越往上越趋向于恒沸组成。倘若在夹带剂的加入板上，其液相中的夹带剂浓度小于它在恒沸物中的浓度，而在夹带剂加入板以下的各塔板上的夹带剂浓度，越往下越小，在夹带剂加入板以上的各板上夹带剂浓度，越往上越大，且趋于恒沸组成。反之，若夹带剂加入板上的液相中，夹带剂的浓度大于它在恒沸物中的浓度，则夹带剂就是一个高沸点组成，加入板以下各塔板上的夹带剂浓度相应就会加大。夹带剂的适宜加入位置，应使精馏塔内有尽量少的塔板。其液相中夹带剂的浓度接近它在恒沸组成时的浓度，以充分发挥夹带剂的作用，但在釜液中又尽可能使夹带剂的含量少。因此，一般夹带剂是随原料一起从加料板加入，或随回流液一起从塔顶加入塔内。

（3）进料板位置的确定

恒沸精馏塔理论板数的计算，常用的是逐板法。适宜的进料板位置可按下列不等式的条件来确定，即提馏段由下往上计算塔板序号时，若符合以下公式，则第 m 块塔板即进料板。

$$\frac{(x_m)_h}{(x_m)_l} \geqslant \frac{(x_F)_h}{(x_F)_l} \geqslant \frac{(x_{m-1})_h}{(x_{m-1})_l} \tag{3-8}$$

式中　$(x_m)_h$，$(x_{m-1})_h$——重组分的浓度；

　　　$(x_m)_l$，$(x_{m-1})_l$——轻组分的浓度；

　　　$(x_F)_h$，$(x_F)_l$——进料浓度。

3.3　萃取精馏

萃取精馏和恒沸精馏相似，也是向原料液中加入第三组分（称为萃取剂或溶剂），以改变原有组分间的相对挥发度而达到分离要求的特殊精馏方法。但不同的是要求萃取剂的沸点较原料液中各组分的沸点高得多，且不与组分形成恒沸液，容易回收。萃取精馏常用于分离各组分挥发度差别很小的溶液。

例如，在常压下苯的沸点为80.1℃，环己烷的沸点为80.73℃，若在苯-环己烷溶液中加入萃取剂糠醛，则溶液的相对挥发度发生显著的变化，且相对挥发度随萃取剂量加大而增高，如表3-2所列。

表3-2　苯-环己烷溶液加入糠醛后 α 的变化

溶液中糠醛的摩尔分数	0	0.2	0.4	0.5	0.6	0.7
相对挥发度 α	0.98	1.38	1.86	2.07	2.36	2.7

▶ 3.3.1　萃取精馏的基本原理

萃取剂的加入，改变了原有组分间的相对挥发度，而在这种情况下，往往改变了原有组分的相互作用，因为溶液为非理想溶液，故组分的活度系数将会发生改变。这可从组分1、2间的相对挥发度看出。

$$\alpha_{12} = \frac{p_1^\circ \gamma_1}{p_2^\circ \gamma_2} \tag{3-9}$$

当两组分沸点间的差值较大时，反映在 p_1° 及 p_2° 数值上的差值亦较大，但由于还有活度系数的影响，也有可能使相对挥发度的数值接近于1。如醋酸甲酯（以组分1代之）和甲醇（以组分2代之）溶液，在54℃时 $x_1 = 0.649$，$p_1^\circ = 0.889 \times 10^5 \mathrm{Pa}$，虽然在常压下组分1的沸点 $t_1 = 57$℃，组分2的沸点 $t_2 = 64.5$℃，沸点差为7.5℃，$p_2^\circ = 0.659 \times 10^5 \mathrm{Pa}$，但由于活度系数不同，$\gamma_1 = 1.12$，$\gamma_2 = 1.53$，当在54℃时，其相对挥发度为：

$$\alpha_{12} = \frac{0.889 \times 10^5}{0.659 \times 10^5} \times \frac{1.12}{1.53} = 1$$

表明该溶液是恒沸物，不能分离。由此看出，相对挥发度不仅与物系的存在条件有关，而且与物系的性质即活度系数有关。

3.3.2 萃取剂的选择

采用萃取精馏时，分离效果的好坏与萃取剂的选择有很大关系。萃取剂的选择性，指的是改变原有组分间相对挥发度数值的能力，即 $\alpha_{12,S}$ 与 α_{12} 的比值越大，选择性越好，此外，还需考虑如下问题。

① 萃取剂不与原组分发生化学反应，不形成恒沸液，与原组分容易分离。

② 萃取剂的挥发度应低些，即其沸点应较原混合液中纯组分的为高，在塔内呈液相。

③ 萃取剂对被分离组分的溶解度要大，避免发生分层现象。

④ 无毒性、无腐蚀性，热稳定性要好。来源方便，价格低廉。

目前，萃取剂主要通过实验来进行选择，基本方法有以下几种。

(1) 实验方法

通过测定有萃取剂存在下的气液平衡数据是最准确的选择方法，但实验次数多，操作繁复。常以等摩尔的被分离组分混合液中加入等质量的萃取剂（如混合液及萃取剂各 100g）相混合后，通过测定气液两相的平衡组成，并计算其相对挥发度 $\alpha_{12,S}$。相对挥发度越大，萃取剂选择性越强。

(2) 按溶剂溶解度的大小

溶剂溶解度的大小直接影响萃取剂的用量、动力和热量的消耗，以 C_4 为例，不同溶剂的溶解度见表 3-3。

表 3-3 不同溶剂对 C_4 的溶解度

溶剂	沸点/℃	溶解度(以质量计)/%				选择性		
		丁烷	正丁烯	异丁烯	丁二烯	2/1	4/2	4/3
二甲基甲酰胺	154	16.5	35.5	24.6	83.4	2.2	2.4	3.4
N-甲基吡咯烷	208	16	33.9	23.1	83	2.1	2.5	3.6
酮	161.6	12	25.5	21.8	45.8	2.1	1.8	2.1
糠醛	81.6	13.3	30	27.7	70.2	1.5	1.6	1.9

(3) 从同系物中选择

按萃取剂的萃取原理，通常希望所选的萃取剂应与塔釜产品形成理想溶液或具有负偏差的非理想溶液。与塔釜产品形成理想溶液的萃取剂容易选择，一般可由同系物或性质接近的物料中选取。对萃取精馏希望 α_{1S} 值越大越好，所以希望萃取剂与塔顶组分 1 形成具有正偏差的非理想溶液，且正偏差越大越好。例如甲醇-丙酮（甲醇沸点 64.7℃，丙酮沸点 56.4℃）溶液具有最低恒沸点，$t_{恒} = 55.7℃$，$x(\text{CH}_3\text{OH}) = 0.2$ 的非理想溶液，如用萃取精馏分离时，萃取剂可有两种类型，如表 3-4 所列。

表 3-4 两种类型的萃取剂

醇类同系物	乙醇	丙醇	丁醇	戊醇	乙二醇
沸点/℃	78.3	97.2	117.8	137.8	197.2
酮类同系物	甲基正丙基丙酮	甲基异丁基丙酮	甲基正戊基丙酮	—	—
沸点/℃	102	115.9	150.6	—	—

一种是由甲醇同系物中选取，此时，塔顶蒸出丙酮，塔釜排出甲醇及萃取剂（甲醇同系物）；另一种可从丙酮的同系物中选取，此时，塔顶蒸出甲醇，塔釜排出丙酮及萃取剂（丙酮同系物），如用丙酮的同系物作萃取剂时，该萃取剂要克服原溶液中沸点差异，使低沸点物质与萃取剂一起由塔釜排出。

3.3.3　萃取精馏流程

萃取精馏中萃取剂的加入量一般较多，以保证各层塔板上足够的添加剂浓度，而且萃取精馏塔往往采用饱和蒸汽加料，以使加料段和提馏段的添加剂浓度基本相同。

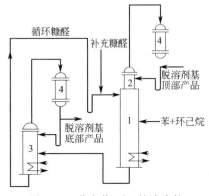

图 3-11　分离苯-环己烷溶液的
萃取精馏流程

1—萃取精馏塔；2—萃取剂回收段；
3—苯回收塔；4—冷凝器

图 3-11 为分离苯-环己烷溶液的萃取精馏流程示意。原料液进入萃取精馏塔中，萃取剂（糠醛）由塔 1 顶部加入，以便在每层板上都与苯相结合。塔顶蒸出的为环己烷蒸气。为回收微量的糠醛蒸气，在塔 1 上部设置回收段 2（若萃取剂沸点很高，也可以不设回收段）。塔底釜液为苯-糠醛混合液，再将其送入苯回收塔 3 中。由于常压下苯沸点为 80.1℃，糠醛的沸点为 161.7℃，故两者很容易分离。塔 3 中釜液为糠醛，可循环使用。在精馏过程中，萃取剂基本上不被汽化，也不与原料液形成恒沸液，这些都是有异于恒沸精馏的。

萃取精馏主要应用于以下三种情况。

（1）组分沸点相近的混合溶液分离

如庚烷（沸点 98.5℃）与甲基环己烷（沸点 100.8℃）在常压下的相对挥发度为 1.07，用普通精馏方法分离较困难。当加入 70%（质量分数）苯胺作溶剂进行萃取精馏时，相对挥发度增大至 1.3，理论板数可减少 75%。

（2）非理想溶液的分离

由于溶液的非理想性，随着组成的改变，相对挥发度也有较大的变化，因而在某一组成范围内可能相对挥发度接近于 1，而使分离困难。如甲基环己烷（沸点 100.8℃）与甲苯（沸点 110.6℃）的混合溶液，当甲基环己烷浓度增大时，相对挥发度随之降低，当甲基环己烷为 90%（摩尔分数）时，相对挥发度只有 1.07，使分离发生困难，但可以苯胺为溶剂用萃取精馏方法分离。

（3）有恒沸点混合溶液的分离

恒沸溶液是非理想溶液的一种特殊形式，如乙醇-水溶液，用普通精馏方法只能得到一个纯组分和一个恒沸物。在恒沸组成时相对挥发度为 1，在理论上要分离一个恒沸溶液得到两个纯组分所需理论塔板数应是无穷多，实际上不可能办到。

3.3.4　萃取精馏过程的计算

（1）萃取剂用量的计算

在萃取精馏塔内，萃取剂的挥发度比所处理物料的挥发度低得多，为了使萃取剂在每块塔板上都能起作用，萃取剂就必须从精馏段顶部加入，又因为萃取剂的用量较之欲分离的各组分大得多，故在各塔板的溢流中基本上维护了一个固定的浓度值，一般称为恒定浓度，记为 x_S。x_S 可根据所用萃取剂的技术经济等因素来决定。由选定的 x_S 值，进一步作物料衡算便可求出萃取剂的用量。

假设塔内为恒摩尔流，塔顶蒸出的萃取剂量忽略不计，萃取剂在塔内各层板上维持恒定浓度，如图 3-12 所示，对精馏段进行物料衡算，则由萃取剂的衡算可得出：

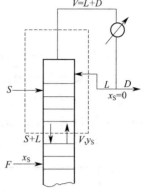

$$S+(L+D)y_S=(S+L)x_S \qquad (3\text{-}10)$$

式中　S——萃取剂量，mol/h；

　　　V——精馏段上升蒸汽量（不包括萃取剂），$V=L+D$，mol/h；

　　　L——精馏段回流量（不包括萃取剂），mol/h；

　　　x_S——液相中萃取剂的恒定摩尔分数；

　　　y_S——气相中萃取剂的摩尔分数。

图 3-12　萃取精馏塔内物料衡算

萃取剂对被分离组分的相对挥发度 β 为：

$$\beta=\frac{y_S}{1-y_S}\cdot\frac{1-x_S}{x_S} \qquad (3\text{-}11)$$

式中　β——萃取剂与待分离组分（组分 1 和组分 2）相对挥发度。一般可按下式计算：

$$\beta\approx\sqrt{\alpha_{S1}\cdot\alpha_{S2}} \qquad (3\text{-}12)$$

由式(3-10) 及式(3-11) 两式联解可得出：

$$x_S=\frac{S}{(1-\beta)(L+S)-\dfrac{\beta D}{1-x_S}} \qquad (3\text{-}13)$$

由式(3-13) 可根据规定的 x_S 值，计算出萃取剂用量 S。因为 β 的数值一般很小，故在近似计算中，也可以把它当成零。

实际上，由于萃取剂的相对量较大，塔内温度越往下越高，因此，越往下蒸汽量也越大，即塔内并非恒摩尔流，而 x_S 值是越往下，其值逐渐减小。所以要作精确计算时，必须结合物料衡算和热量衡算逐板确定。

用推导式(3-13) 相似的方法，同理对提馏段可得出：

$$\bar{x}_S=\frac{S}{(1-\beta)(\bar{L}+S)-\dfrac{\beta W}{1-\bar{x}_S}} \qquad (3\text{-}14)$$

式中　$\bar{x}_S$——提馏段萃取剂恒定摩尔分数；

　　　$\bar{L}$——提馏段的液相流量，kmol/h。

当加料为饱和蒸汽时，$L=\bar{L}$，故 $x_S=\bar{x}_S$；若加料低于露点温度时，$L>\bar{L}$，则 $x_S>\bar{x}_S$。这样提馏段的相对挥发度 $\alpha_{12,S}$ 小于精馏段的值。如果要想使整个塔上下有同样的萃取剂的恒定浓度，则可在进料中加入适量的萃取剂。一般萃取精馏多采用饱和蒸汽进料。

（2）回流比的确定

应用解析法先计算出最小回流比，然后根据生产经验，增加某一百分数作为实际操作回流比。由于每块塔板萃取剂浓度很大，并在全塔可以视为恒定浓度，在这种条件下，若要分离的溶液是一个二组分溶液，则在饱和液体进料时，可按下式计算出最小回流比：

$$R_{\min} = \frac{1}{\alpha_{12,S}-1}\left[\frac{x'_D}{x'_F} - \frac{\alpha_{12,S}(1-x'_D)}{1-x'_F}\right] \qquad (3-15)$$

在饱和蒸汽进料时，可按下式计算最小回流比：

$$R_{\min} = \frac{1}{\alpha_{12,S}-1}\left[\frac{\alpha_{12,S} \cdot x'_D}{y'_F} - \frac{1-x'_D}{1-y'_D}\right] - 1 \qquad (3-16)$$

若加料为多组分溶液时，可按恩德伍德公式进行计算。

（3）萃取精馏塔理论板的确定

根据萃取剂沸点高、挥发度小的特点，由塔顶引入萃取剂后，几乎全部流入釜底，因而萃取剂在塔内各板上的浓度恒定不变，可将萃取过程作为双组分物系处理（以脱溶剂为基准），其理论塔板数的确定可用简捷法。简捷法又分为图解法和简捷计算法。

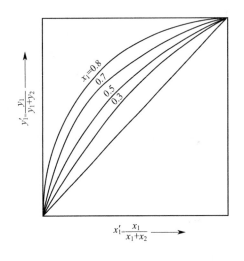

图 3-13　按二组分系统处理的 y-x 图

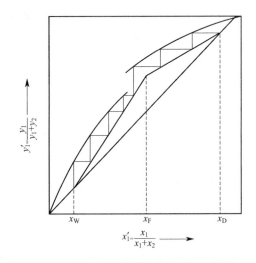

图 3-14　确定萃取精馏塔理论板数的图解法

图解法，即先根据一定的 x_S 画出图 3-13 所示的 y-x 图，然后同双组分用作图法求出理论塔板数。应注意的是，因萃取剂浓度对 $\alpha_{12,S}$ 的影响很大，故根据加料情况不同，若精馏段与提馏段的 x_S 不是同一数值时，就必须用两段不连续的 y-x 曲线来表示（见图 3-14），在改用操作线的同时，也要改用平衡线。在操作线和平衡线之间画阶梯，这样就能确定精馏段和提馏段的理论塔板数。

简捷法计算理论塔板数较快，但准确性欠缺。当物系缺少准确的平衡数据，不能采用逐板法计算时，仍以此法为宜，并且一般可以满足工程上估算的需要。计算程序与二组分精馏相似，在计算出最小回流比和最小理论塔板数之后，可用吉利兰关联图同时确定出实际回流比 R 及所需要的理论板数 N。

3.3.5　萃取精馏的注意事项

萃取精馏与一般精馏虽然都是利用液体的部分汽化、蒸汽的部分冷凝产生的富集作用，从而将物料加以分离的过程，但由于萃取精馏中加入了大量的萃取剂，因此与一般精馏相比有如下几点需要注意。

① 由于加入的萃取剂是大量的（一般要求 $x_S > 0.6$），因此，塔内下降液量远远大于上升蒸汽量，从而造成气液接触不佳，故萃取精馏塔的塔板效率低，大约为普通精馏的一半左

右（回收段不包括在内）。在设计时应注意塔板结构及流动动力情况，以免效率过低。

② 由于组分间相对挥发度是借助萃取剂的加入量来调节的，$\alpha_{12,S}$ 随萃取剂在液相中的浓度 x_S 的增加而增大。当塔顶产品不合格时，不能采用加大回流的办法来调节，因这样做会使萃取剂在塔内浓度降低，反而使情况更加恶化。一般调节方法有：加大萃取剂用量；减少进料量，同时减少塔顶产品的采出量。这也就是在不改变下降液量的前提下加大了回流比。

③ 通常萃取剂用量较大，塔内液体的显热在全塔的热负荷中占较大比例，所以，在萃取剂加入时，温度微小的变化，直接影响上升蒸汽量，从而波及全塔。应该以萃取剂恒定浓度与萃取剂温度作为主要被调参数，以保持塔的稳定，当操作条件接近液相分层区时，更要特别注意。

④ 在决定塔径及设计塔板结构时，除了按照蒸汽量（包括溶剂蒸气在内）计算外，还应注意液流中有较大量的萃取剂。

⑤ 在萃取精馏塔内，液相中萃取剂的浓度一般为 $x_S > 0.6$，此时，塔中组分1、组分2的浓度变化范围仅在 $x_1 + x_2 < 0.4$ 以内，因此，塔内温度有些变化，由塔顶向下温度会升高，但变化不显著。

在回收段内，由于萃取剂含量迅速下降，仅几块板，即可使 x_S 由 $0.6 \sim 0.8$ 变为 $x_S \approx 0$，这样会引起温度的陡降。塔釜处，由于基本上是萃取剂，因此塔釜温度也可能会急剧上升。

3.4 其他特殊精馏操作及应用

3.4.1 盐效应精馏及应用

用可溶性盐代替萃取剂作为萃取精馏的分离剂，可得到比普通萃取精馏更好的分离效果，此种精馏方法称为盐效应精馏，又称溶盐萃取精馏。早在 13 世纪，此种精馏方法在硝酸工业及发酵液中制备乙醇方面得到有效应用。

盐效应精馏的首要条件是盐应溶于待分离混合液，除低级醇和酸外，盐在有机液体中的溶解度往往不大，所以目前的研究开发工作大多以醇-水物系为重点。作为应用例子，在乙醇-水体系中加入 $CaCl_2$ 或 $CuCl_2$，均能使乙醇对水的相对挥发度提高。实测的乙醇-水-氯化铜气液平衡关系示于图 3-15 中的实线部分。

目前，用于工业生产的盐效应精馏装置流程之一如图 3-16 所示。与溶剂萃取精馏相似，将固体盐从塔顶加入（或将盐溶于回流液中），塔内每层塔板的液相都是含盐的三组分体系，因而都能起到盐效应精馏的效果。由于盐的不挥发性，塔顶可以得到高纯度的产品，塔底则为盐溶液。盐的回收大多采用蒸发或干燥方法除去液体组分来完成。

若将塔底溶液部分除去液体组分后和回流液混合加入塔顶，虽可减少溶液的蒸发量，节约能耗，且使盐的输送方便；但由于盐溶液是塔顶产品，致使塔顶产品纯度下降。在对塔顶产品要求不高，或以此作为跨越恒沸点的初步精馏时，可用此流程。

在萃取精馏溶剂中加入溶盐，既可提高溶剂的选择性，也克服了固体盐循环、回收的困难，是一种高效的萃取精馏方法。据报道，在乙二醇溶剂中加入氯化钙或乙酸钾等盐类形成混合萃取剂制备无水乙醇，取得了非常可喜的工业效果。

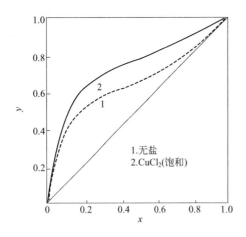

图 3-15 乙醇-水-氯化铜气液平衡关系

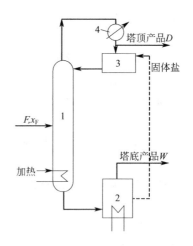

图 3-16 盐效应精馏装置流程示意
1—精馏塔；2—蒸发器；
3—固盐溶化器；4—冷凝器

▶3.4.2 分子蒸馏及应用

分子蒸馏是一种特殊的液-液分离技术，能在极高真空环境下操作，它依据分子运动平

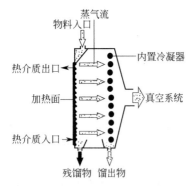

图 3-17 分子蒸馏原理示意

均自由程的差别，能使液体在远低于其沸点的温度下将其分离，特别适用于高沸点、热敏性及易氧化物系的分离。由于其具有蒸馏温度低于物料的沸点、蒸馏压力低、受热时间短、分离程度高等特点，因而能大大降低高沸点物料的分离成本，极好地保护了热敏性物质的品质，该项技术用于纯天然保健品的提取，可摆脱化学处理方法的束缚，真正保持了纯天然的特性，使保健品的质量迈上一个新台阶。

（1）分子蒸馏过程

图 3-17 所示为分子蒸馏原理示意，其蒸馏过程分为五个步骤。

① 物料在加热面上形成液膜。通过机械方式在蒸馏器加热面上产生快速移动、厚度均匀的薄膜。

② 分子在液膜表面上的自由蒸发。分子在高真空环境中，在远低于沸点的温度下进行蒸发。

③ 分子从加热面向冷凝面运动。只要分子蒸馏器保证足够高的真空度，使蒸发分子的平均自由程大于或等于加热面和冷凝面之间的距离，则分子向冷凝面的运动和蒸发过程就可以迅速进行。

④ 分子在冷凝面上的捕获。只要加热面和冷凝面之间达到足够的温度差，冷凝面的形状合理且光滑，轻组分就会在冷凝面上进行冷凝，该过程可以在瞬间完成。

⑤ 馏出物和残留物的收集。由于重力作用，馏出物在冷凝器底部收集。没有蒸发的重组分和返回到加热面上的极少轻组分残留物由于重力或离心作用，滑落到加热器底部或转盘外缘。

（2）分子蒸馏技术的特点

① 分子蒸馏的操作温度远低于常压下物料的沸点。由分子蒸馏原理可知，混合物的分离是由于不同种类的分子溢出液面后的平均自由程不同的性质来实现的，并不需要沸腾，所以分子蒸馏是在远低于沸点的温度下进行操作的，只要冷热两面之间达到足够的温度差，就可以在任何温度下进行分离。这一点与常规蒸馏有本质的区别。

② 蒸馏压力低。由于分子蒸馏装置独特的结构形式，其内部压力极小，可以获得很高的真空度，因此分子蒸馏是在很低的压力下进行操作，一般为 0.1Pa。

③ 受热时间短。由分子蒸馏原理可知，加热面与冷凝面间的距离要求小于轻组分的平均自由程，而由液面溢出的轻分子几乎未经碰撞就到达冷凝面，所以受热时间很短。另外，混合液体呈薄膜状，使液面与加热面的面积几乎相等，这样物料在蒸馏过程中受热时间就变得更短。对真空蒸馏而言，受热时间为 1h，而分子蒸馏仅为十几秒。

④ 分子蒸馏为不可逆过程。普通蒸馏的蒸发和冷凝是可逆过程，液相和气相达到了动态平衡；而分子蒸馏过程中，从加热面逸出的分子直接飞射到冷凝面上，理论上没有返回到加热面的可能性，所以分子蒸馏是不可逆过程。

⑤ 分子蒸馏比常规蒸馏分离程度更高。分子蒸馏能分离常规蒸馏不易分开的物质。分子蒸馏的相对挥发度为：

$$\alpha_x = \left(\frac{p_1}{p_2}\right) \cdot \left(\frac{M_2}{M_1}\right)^{\frac{1}{2}} \tag{3-17}$$

式中　M_1——轻组分的摩尔质量，kg/kmol；

　　　M_2——重组分的摩尔质量，kg/kmol；

而常规蒸馏的相对挥发度 $\alpha = p_1/p_2$。在 p_1/p_2 相同的情况下，难挥发组分的 M_2 比易挥发组分的 M_1 大，所以 $\alpha_x > \alpha$。摩尔质量差异越大，馏出物就会越纯。同时分子蒸馏还可以分离蒸汽压十分相近而相对分子质量有所差异的混合物。

（3）分子蒸馏在实际应用中的技术优势

① 由于分子蒸馏真空度高，操作温度低和受热时间短，对于高沸点和热敏性及易氧化物料的分离，有常规方法不可比拟的特点，能极好地保证物料的天然品质。可被广泛应用于天然物质的提取中。

② 分子蒸馏不仅能有效地去除液体中的低分子物质，如：有机溶剂、臭味等，而且可以有选择地蒸出目的产物，去除其他杂质，因此被视为天然品质的保护者和回归者。

③ 分子蒸馏能实现传统分离方法无法实现的物理过程，因此，在一些高价值物料的分离上被广泛用作脱臭、脱色及提纯的手段。

（4）分子蒸馏技术的应用

分子蒸馏可广泛应用于国民经济的各个方面，特别适用于高沸点和热敏性及易氧化物料的分离。目前可应用分子蒸馏技术生产的产品在数百种以上。今后，随着现代人们崇尚天然、回归自然的潮流兴起，分子蒸馏技术生产的产品必将有更广阔的市场前景。

① 石油化工。烃类化合物的分离、原油的渣油及其类似物质的分离、表面活性剂的提纯及化工中间体的精制等，如高碳醇及烷基多酯、乙烯基吡咯烷酮等的纯化、羊毛酸酯、羊毛醇酯的制取等。

② 塑料工业。增塑剂的提纯、高分子物质的脱臭、树脂类物质的精制等。

③ 食品工业。分离混合油脂，可获纯度达 90% 以上的单甘油酯，如硬脂酸单甘酯、月

桂酸单甘酯、丙二醇酯等；提取脂肪酸及其衍生物、生产二聚脂肪酸等；从动植物中提取天然产物如鱼油、米糠油、小麦胚芽油等。

④ 医药工业。提取及合成天然维生素 A、维生素 E；制取氨基酸及葡萄糖衍生物等。

⑤ 香料工业。处理天然精油，脱臭、脱色、提高纯度，使天然香料的品位大大提高。如桂皮油、玫瑰油、香根油、香茅油、山苍子油等。

（5）分子蒸馏技术在国内外的发展

分子蒸馏技术作为一种对高沸点、热敏性物料进行分离的有效手段，自 20 世纪 30 年代出现以来，得到了世界各国的重视。到 20 世纪 60 年代，为适应浓缩鱼肝油中维生素 A 的需要，分子蒸馏技术得到了规模化的工业应用。在日、美、英、德、苏相继设计制造了多套分子蒸馏装置，用于浓缩维生素 A，但当时由于各种原因，应用面太窄，发展速度很慢。但是，人们一直在不断研究这项技术的发展，对分离装置不断改进、完善，对应用领域不断探索、扩展，因而一直有新的专利和新的应用出现。特别是从 20 世纪 80 年代末以来，随着人们对天然物质的青睐，回归自然潮流的兴起，分子蒸馏技术得到了迅速的发展。

对分子蒸馏的设备，各国研制的形式多种多样，发展至今，大部分已被淘汰。目前应用较广的为离心薄膜式和转子刮膜式。这两种形式的分离装置也一直在不断改进和完善，特别是针对不同的产品，其装置结构与配套设备要有不同的特点，因此，就分子蒸馏装置本身来说，其开发研究的内容尚十分丰富。

在应用领域方面，国外已在数种产品中进行了工业化生产，特别是近几年来在天然物质的提取方面应用较为突出，如：从鱼油中提取 EPA 和 DHA、从植物油中提取天然维生素 E 等。另外，精细化工中间体应用分子蒸馏技术进行提取和分离的品种也越来越多。

中国对分子蒸馏技术的研究起步较晚，20 世纪 80 年代末期，国内引进了几套分子蒸馏生产线，用于硬脂酸单甘酯的生产。国内的科研人员也做了大量研究，开发的分子蒸馏成套工业化装置具有设计新颖、结构独特、工艺先进，可显著提高分离效率。在从小试到工业化生产又到小试的反复循环实验探索中，解决了工业化生产中容易出现的物料返混问题，显著地提高了产品质量，创造性地设计了有补偿功能的动静密封方式；实现了工业装置高真空下的长期稳定运行。

到目前为止，已经开发的产品有 20 余种，如：硬脂酸单甘酯、丙二醇酯、玫瑰油、小麦胚芽油、米糠油、谷维素等，并已确定了应用分子蒸馏技术的有关工艺条件，为进行工业化生产奠定了基础。

▶ 3.4.3 几种特殊精馏方法的比较

恒沸精馏、萃取精馏、盐效应精馏都是通过添加某种分离剂以提高组分间的相对挥发度，这是它们的共性。但是，又各有其特点，应根据具体情况做出科学合理的选择。

萃取精馏与恒沸精馏的特点比较如下。

（1）外加组分的选择

恒沸精馏的夹带剂较难选择，回收工艺过程复杂。而萃取剂种类较多，比夹带剂易于选择，回收也较容易。

（2）能量消耗

恒沸精馏中的夹带剂与被分离组分形成恒沸物，由塔顶蒸出，消耗了蒸发潜热，故所需热量较多，一般只用于分离含量较少的杂质。而萃取剂在精馏过程中基本上不汽化，主要消耗显热，故萃取精馏的耗能量较恒沸精馏的为少，宜于分离含量较大的混合物。

（3）操作条件

恒沸精馏受到形成恒沸物组成的限制，因此要求夹带剂的浓度和恒沸物温度等不能改变；而萃取精馏中，萃取剂加入量的变动范围较大，并且容易改变入塔液体量或塔釜的加热强度，便于操作，易于控制。

（4）操作方式

萃取精馏必须将萃取剂连续地由塔的上部加入，这样才能保证塔内各层板的良好传质条件，因此适应大规模连续化生产，不宜采用间歇操作。而恒沸精馏塔的操作，连续或间歇操作方式均可，适宜于小规模生产。

综上所述，无论是从能量消耗，外加组分的选择以及操作条件范围等任一方面来考虑，萃取精馏优于恒沸精馏。但是，恒沸精馏操作温度较萃取精馏要低，当分离热敏性溶液，或希望得到的产品是混合物中高沸点组分而不是低沸点组分，或需要以间歇方式进行精馏，或恒沸物可用分层方法分离时，采用恒沸精馏是有利的。

盐效应精馏可以看作是萃取精馏的特殊方法，选择合适的溶盐，可用少量盐取得较大的效果。盐的不挥发性使得气相中不夹带盐组分，可得到高纯度的塔顶产品。盐效应精馏改进了普通萃取精馏溶剂用量大、液相负荷大、塔板效率低等特点。盐效应精馏和溶剂萃取精馏相组合的综合方法，是一种很值得重视的分离技术。

分子蒸馏（也称短程蒸馏）是在高真空和远低于沸点的温度下进行的，蒸馏时间很短，所以该过程已成为分离目的产物最温和的蒸馏方法，特别适用于浓缩、纯化或分离高分子量、高沸点、高黏度的物质及热稳定性极差的有机混合物。目前，分子蒸馏已成功地应用于食品、医药、精细化工和化妆品等诸多行业。

3.5　精馏操作的节能优化技术

分离过程是过程工业中耗能很大的操作，所有分离过程都需要以热和（或）功的形式加入能量，其能量费用与设备折旧费相比，前者占首要地位。由于世界能源日趋紧张，过程节能问题显得越来越重要，因此，确定完成一个所需的理论最小能量，寻求接近此极限的实际过程或减少使用昂贵能量的实际过程是很有意义的。

▶3.5.1　精馏过程的热力学不可逆性

分离过程所需最小功是由原料和产物的组成、温度、压力所决定的。要提高热力学效率只能采取措施降低过程的净功消耗，使过程尽量接近可逆过程。精馏过程热力学不可逆性主要由以下原因引起：a. 通过一定压力梯度的动量传递；b. 通过一定温度梯度的热量传递或不同温度物流的直接混合；c. 通过一定浓度梯度的质量传递或者不同化学位物流的直接混合。可见，如果降低流体流动过程产生的压力降，减少传热过程的温度差，减少传质过程的两相浓度与平衡浓度的差别，都将使精馏过程的净功消耗降低。

在精馏塔中上升蒸汽通过塔板产生压力降，塔板数较多时，压力降也较大。对板式塔而言，减低气速、降低每块塔板上的液层高度都可减小压力降。然而，降低气速意味着在同等生产能力下需增大塔径，即增加投资。降低塔板上的液层高度会使塔板效率降低。所以，必须根据各种影响因素选择合适的塔径和液层高度。此外，改变板式塔为高效填料塔也是提高生产能力、降低压力降的主要途径。例如，30×10^4t/a 乙烯装置的脱甲烷塔由浮阀塔改成 Intalox 填料塔，压降由 42kPa 降至 12kPa。负荷提高 10% 后塔的压降仅为 12.3kPa。

在精馏过程中，再沸器和冷凝器分别以一定的温差加入和移走热量。若使传热温差减小，则传热面积需增大，而这又会使投资费用增大，因此，要选用高效换热器及改进操作方式，例如采用降膜式再沸器、热虹吸式再沸器或强制循环式换热器等。另外，如果冷凝器冷却水温度过低，净功消耗必定增加，故从冷凝器中释放热量的回收利用也是精馏过程降低净功消耗的一个重要方面。

进出每块塔板的气液相在组成与温度上的相互不平衡是使精馏过程热力学效率下降的重要因素。由下一块塔板上升的蒸汽与上一块塔板下降的液体相比较，温度要高些，易挥发组分的含量小于与下降液体成平衡时之数值。要降低净功消耗就必须减小各板传热和传质的推动力。这可以归结为应尽量使操作线与平衡线相接近。可用图 3-18 来讨论这个情况。

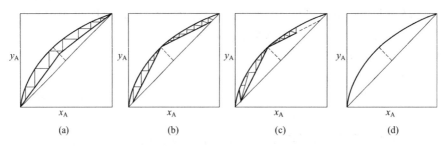

图 3-18　提高双组分精馏过程的可逆性

图 3-18(a) 代表在大于最小回流比下操作的一般二元精馏。进入任一板上的液体与蒸汽间的传热推动力和传质推动力将因操作线向平衡线靠拢而减小。图 3-18(b) 代表最小回流比时的情况。此时，精馏段操作线和提馏段操作线都已经和平衡线相交。最小回流比下操作所需的净功当然小于较大回流比下的数值。但由图 3-18(b) 可以看出，即使在最小回流比下操作，除了在进料板附近处，其他各板仍有较大的传热和传质推动力。如果将操作线分成不同的几段，就可以减小这些板上的热力学不可逆性。

图 3-18(c) 是将精馏段操作线和提馏段操作线各分为两段时的情况。此时在精馏段用了两个不同的回流比，上一段的回流比小于下一段的回流比。这相当于在精馏段中间加了一个冷凝器，在提馏段中间加了一个再沸器。在加料板处的气液流率，图 3-18(c) 和图 3-18(b) 的情况是一样的，故图 3-18(b) 所示的塔顶冷凝器负荷必为图 3-18(c) 所示的即两个冷凝器负荷之总和。再沸器负荷的情况也类似。所以，图 3-18(c) 与图 3-18(b) 相比，其热力学效率得以增大并不是由于总热量消耗减少，而是由于所用热量的品质不同。中间再沸器所加入的热量，其温度低于塔底再沸器所加入热量的温度；由中间冷凝器引出的热量，其温度高于由塔顶冷凝器所引出热量的温度。

图 3-18(d) 是图 3-18(c) 的进一步延伸，操作线与平衡线已完全重合，即所谓"可逆精馏"。要达到图 3-18(d) 这样的情况，就要有无限多个平衡级，无限多个中间再沸器和中间冷凝器。此时，精馏段的回流量是越往下越大，提馏段的蒸汽上升量是越往上越大，塔径应是两头大、中间小。当然，实际上不可能使用"可逆精馏"，它只代表一种极限情况。

3.5.2　多效精馏

采用双效或多效精馏是充分利用能级的一个办法。其原理如同多效蒸发，即采用压力依次降低的若干个精馏塔串联流程，前一精馏塔塔顶蒸汽用作后一精馏塔再沸器的加热介质。这样，除两端精馏塔外，中间精馏装置可不必从外界引入加热介质和冷却介质。多效精馏操作的基本方式如图 3-19 所示。不论采用哪种方式，其精馏操作所需的热量与单塔精馏相比较，都可以减少 30%～40%。而塔压、液体及蒸汽流动组合方式的确定与分离物系的相对挥发度、进料中低沸点组分和高沸点组分的相对比例、进料状态以及热源蒸汽压力和冷却介质的温度等有关。

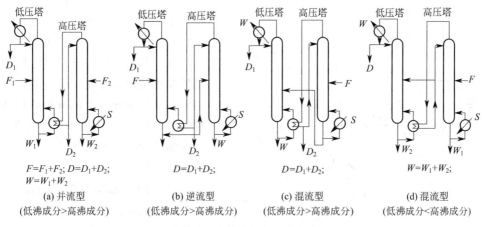

图 3-19　多效精馏的基本方式

甲醇-水体系的逆流双效精馏法如图 3-20 所示。在该流程中，只向低压塔进料，把低压塔釜液作为高压塔的进料，高压塔釜排放废水。采用蒸汽和液体逆流方式的双效精馏工艺，根据物料衡算，低压塔塔釜约含 50% 甲醇，因此低压塔塔釜温度比纯水时低。所以，作为低压塔加热源的高压塔蒸汽温度就可以降低，高压塔可以在比较低的压力下操作。

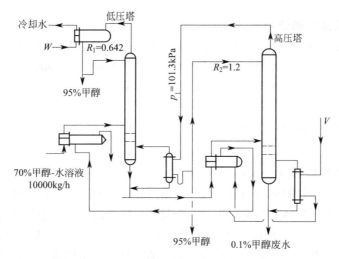

图 3-20　甲醇-水体系逆流双效精馏法

3.5.3　低温精馏的热源

对于组分沸点差较小的低温精馏系统，热泵流程是一种有效的提高热力学效率的手段。

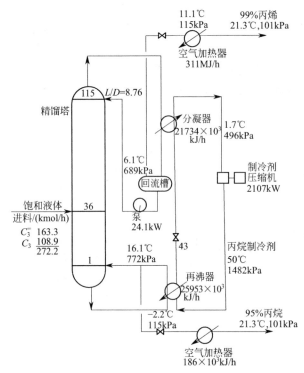

图 3-21　用外部丙烷制冷剂的热泵循环
低温精馏分离丙烯-丙烷的流程

它的原理是使用膨胀阀和压缩机来改变冷凝（或沸腾）温度，将塔顶蒸汽绝热压缩后升温，重新作为再沸器的热源，把再沸器中的液体部分汽化。而压缩气体本身冷凝成液体，经节流阀后一部分作为塔顶产品抽出，另一部分作为塔顶回流液，使冷凝器中放出的热量用作再沸器中加热所需的热量。这样，除开工阶段外，可基本上不向再沸器提供另外的热源，节能效果十分显著。应用此法虽然要增加热泵系统的设备费，但一般两年内可用节能省下的费用收回增加的投资。当冷凝器和再沸器不相匹配时，可用辅助冷凝器和再沸器。常用的热泵流程有三种。

（1）用外部制冷剂的热泵

将外部制冷剂用于塔顶冷凝器和再沸器所构成的封闭循环中，冷凝器作为制冷剂的蒸发器，再沸器作为制冷剂的冷凝器。图 3-21 为该热泵循环用于分离丙烯-丙烷系统的流程。用丙烷作为外部制冷剂，使它在 1.67℃下蒸发，并在 43.33℃下冷凝，可使冷凝器和再沸器所需的热负荷完全匹配。因此不用冷却水和加热蒸汽，只耗电 1173kW（假定制冷剂的压缩过程是等熵的）。

（2）压缩塔顶蒸汽的热泵

当馏出物是一种好的制冷剂时，塔顶蒸汽被压缩，使它的冷凝温度（35℃）高于塔底产物沸点（16℃），冷凝放出的热量用于再沸器。离开再沸器的冷凝液通过一个膨胀阀，闪蒸到塔顶压力，以提供回流和馏出产品。过剩的蒸汽再循环进入压缩机。此方案常被称为蒸汽再压缩。图 3-22 给出此类热泵在丙烯-丙烷分离中的应用。由于压缩到 1482kPa 的塔顶蒸汽不足以提供再沸器所需的全部热量，所以标出了一个辅助的蒸汽加热再沸器。

（3）用再沸器液体闪蒸的热泵

当塔底产品是一种好的制冷剂时，塔釜液通过膨胀阀闪蒸到相应于馏出物饱和温度的压力。塔顶分凝器又起再沸器的双重作用，在分凝器中生成的蒸汽在进塔前被再压缩到塔底压力。图 3-23 为该热泵系统在丙烯-丙烷分离中的应用。将釜液闪蒸到 496kPa 压力，用它来除去冷凝器中所需的热量。在等熵压缩中，加入的额外热不足以弥补再沸器和冷凝器负荷上的差别，故需要一个辅助的蒸汽加热再沸器。

以上三种丙烯-丙烷分离流程的热力学效率比较列于表 3-5。分析表中数据可见，三种热泵系统的热力学效率均高于普通低温精馏，其中用再沸器液体闪蒸的热泵具有最高的热力学效率。

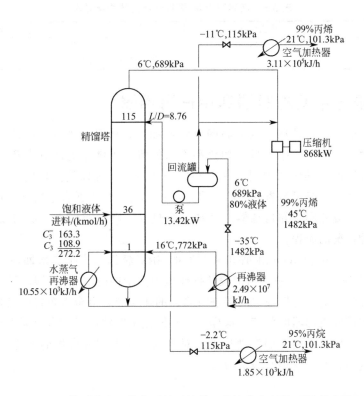

图 3-22　用塔顶蒸汽压缩热泵循环的低温精馏分离丙烯-丙烷的流程

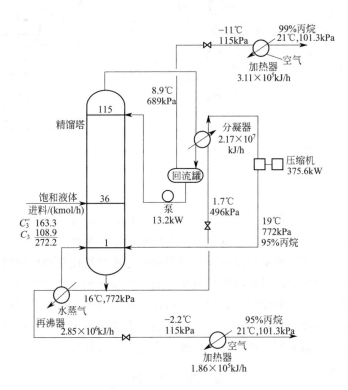

图 3-23　用再沸器液体闪蒸热泵循环的低温精馏分离丙烯-丙烷的流程

表 3-5　低温下丙烯-丙烷分离的热力学效率

项　目	热力学效率	项　目	热力学效率
普通低温精馏	2.87%	压缩塔顶蒸汽的热泵	6.21%
用外部制冷剂的热泵	5.46%	用再沸器液体闪蒸的热泵	8.10%

3.5.4　设置中间冷凝器和中间再沸器

在普通精馏塔中，热量从温度最高的再沸器加入，从温度最低的塔顶冷凝器移出。因此，净功消耗大，热力学效率很低。加热和冷却的费用也随釜温的升高和顶温的降低而升高。若采用中等温度下操作的中间再沸器和中间冷凝器，可以使操作向可逆精馏的方向趋近，减少净功消耗。同时可节省和回收较高品位的热能，特别适合于塔顶、塔釜有较大温差的情况。若中间冷凝器和中间再沸器之间加一个热泵，则可获得进一步的改进。图 3-24 表示出了上述两种情况的流程。

由 Mah，Nicholas 和 Wodnik 评价和开发的 SRV 精馏是产生二次回流和再沸的另一种方法。在图 3-25 所示的方案中，精馏段的操作压力高于提馏段，此压差可导致足够的温差，致使精馏段和提馏段的一对塔板之间能进行希望的热交换。沿全塔布置的换热元件能大大降低塔顶冷凝器和塔底再沸器的负荷。这样，液相回流量在精馏段中自上而下稳定地增加，而蒸汽流率在提馏段中自下而上稳定地增加。对于沸点相近的混合物的冷冻分离，SRV 精馏可以减少公用费用，所以它很有吸引力。

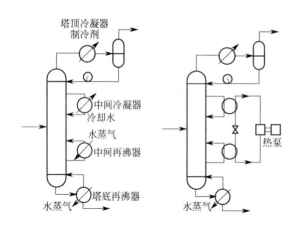

图 3-24　使用中间冷凝器和中间再沸器

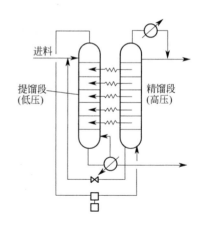

图 3-25　SRV 精馏

降低精馏过程能耗的途径是多种多样的，无论采用哪一种措施，均能获得一定程度的节能效果，但最终评价的准则是经济效益。在大多数情况下，精馏过程采取节能措施可使操作费用减少，但需要的节能装置将使设备投资费用增加，而且往往使操作变得更复杂，并要求提高控制水平。因此降低精馏过程的能耗与相应的最大经济效益之间有一最佳节能点。应该说，最大限度节能不一定是最经济的，应寻求最优条件。实际生产中精馏过程是整个生产过程的一个组成部分，因此要对整个生产过程的节能状态进行分析，对精馏过程而言可能不是最佳点，但对全过程节能有利，因此，必须就整个过程加以权衡。

参　考　文　献

[1]　廖传华，米展，周玲，等. 物理法水处理过程与设备 [M]. 北京：化学工业出版社，2016.

[2]　田鹏．特殊精馏分离乙腈-正丙醇共沸物系的工艺设计与控制研究 [D]．青岛：青岛科技大学，2016.

[3]　石志华．特殊精馏分离恒沸体系概述 [J]．商情，2016，31：42～43.

[4]　连峰，蒋大卫，李永辉，等．异丙醇脱水工艺技术进展 [J]．现代化工，2015，35（6）：39～43.

[5]　李志卓，姜占坤，张善鹏．共沸精馏技术研究及应用进展 [J]．山东化工，2015，44（3）：37～39.

[6]　杨小波，冯勇，马宝财，等．高纯氯化氢气体的制备方法综述 [J]．广东化工，2015，42（15）：145～146.

[7]　王堃．多反应段反应精馏塔的综合与设计 [D]．北京：北京化工大学，2015.

[8]　宋子彬．超重力减压精馏分离乙醇：水的实验研究 [D]．太原：中北大学，2015.

[9]　张双．离子液体对两种共沸物系汽液相平衡的研究及其模型化 [D]．北京：北京化工大学，2015.

[10]　孙加伟．正丙醇-水共沸物系分离研究 [D]．天津：天津大学，2014.

[11]　陈立钢，廖立霞．分离科学与技术 [M]．北京：科学出版社，2014.

[12]　辛燕平．特殊精馏分离吡啶-水的过程设计、优化与控制 [D]．天津：天津大学，2014.

[13]　曹松．特殊精馏分离丙酮-三氯甲烷共沸物的设计与控制 [D]．上海：华东理工大学，2014.

[14]　孟庆信．特殊精馏分离甲苯-乙醇共沸物系的优化与控制 [D]．青岛：青岛科技大学，2014.

[15]　王一君．萃取精馏法精制工业萘的研究 [D]．上海：同济大学，2014.

[16]　毕欣欣．反应精馏隔壁塔的简捷设计研究 [D]．东营：中国石油大学（华东），2013.

[17]　李宏熙．乙二醇单丁醚反应精馏塔控制方案设计及分析 [D]．青岛：中国海洋大学，2013.

[18]　张慧．基于渗流型催化剂填装内构件的催化精馏过程研究 [D]．天津：天津大学，2013.

[19]　马晨皓，曾爱武．隔壁塔流程模拟及节能效益的研究 [J]．化学工程，2013，41（3）：1～5.

[20]　范永梅．共沸精馏塔内汽液液三相精馏的研究 [D]．天津：天津大学，2013.

[21]　吴宁．隔离型精馏塔的双温差控制 [D]．北京：北京化工大学，2013.

[22]　栾淑君．隔离型精馏塔的简化温度控制 [D]．北京：北京化工大学，2013.

[23]　马和旭．隔壁塔在过程强化中的应用研究 [D]．天津：天津大学，2012.

[24]　李俊妮．特殊精馏用填料研究进展 [J]．化工中间体，2012，1：1～5.

[25]　徐东彦，叶庆国，陶旭梅．Separation Engineering [M]．北京：化学工业出版社，2012.

[26]　中国石油和化学工业联合会，中国化工经济技术发展中心编．石油和化工设备选型指南 [M]．北京：中国财富出版社，2012.

[27]　罗川南．分离科学基础 [M]．北京：科学出版社，2012.

[28]　赵德明．分离工程 [M]．杭州：浙江大学出版社，2011.

[29]　张顺泽，刘丽华．分离工程 [M]．徐州：中国石业大学出版社，2011.

[30]　白鹏．特殊的精馏耦合过程及其应用技术 [C]．第三届全国精馏技术交流与展示大会，南京，2010.

[31]　廖传华，柴本银，黄振仁．分离过程与设备 [M]．北京：中国石化出版社，2008.

[32]　袁惠新．分离过程与设备 [M]．北京：化学工业出版社，2008.

[33]　[美] D. Seader，[美] Ernest J. Henley．分离过程原理 [M]．上海：华东理工大学出版社，2007.

[34]　杨春晖，郭亚军主编．精细化工过程与设备 [M]．哈尔滨：哈尔滨工业大学出版社，2002.

[35]　周立雪，周波主编．传质与分离技术 [M]．北京：化学工业出版社，2002.

[36]　李伟娜．浅谈化工特殊精馏操作分析 [J]．民营科技，2002，4：33～34.

[37]　傅吉全．特殊体系的相平衡和精馏模拟计算 [M]．北京：中国石化出版社，2002.

[38]　唐受印，戴友芝．水处理工程师手册 [M]．北京：化学工业出版社，2001.

[39]　贾绍义，柴诚敬．化工传质与分离过程 [M]．北京：化学工业出版社，2001.

[40]　赵汝傅，管国锋．化工原理 [M]．南京：东南大学出版社，2001.

[41]　陈常贵，柴诚敬，姚玉英．化工原理（下册）[M]．天津：天津大学出版社，1999.

[42]　许金生，段五华，汪陈藩，等．应用特殊精馏技术从制药废液中回收四氢呋喃 [J]．化工环保，1999，19（1）：7～12.

[43]　吴卫生．特殊精馏的溶剂选择与相平衡研究 [D]．杭州：浙江大学，1998.

第**4**章

吸 收

工业生产中为了分离混合气体中的各组分，将混合气体与适当的液体接触，气体中的一个或几个组分便溶解于该液体内而形成溶液，不能溶解的组分则保留在气相中，然后分别将气、液两相移去而达到分离的目的。这种利用各组分溶解度不同而分离气体混合物的操作称为吸收。

4.1 吸收过程

吸收过程是溶质由气相转移至液相的相际传质过程，通常在吸收塔中进行，图 4-1 所示为洗油脱除煤气中粗苯的吸收、解吸联合操作的流程图。在炼焦及制取城市煤气的生产过程

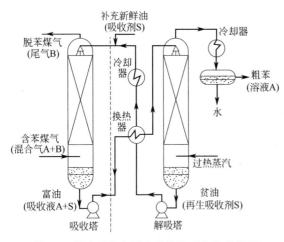

图 4-1 具有吸收和再生的连续吸收流程简图

中，焦炉煤气内含有少量的苯、甲苯类低烃类化合物蒸气约 $35g/m^3$，应予以分离回收。回收苯系物质的流程包括吸收和解吸两大部分。含苯煤气在常温下由底部进入吸收塔，洗油从塔顶淋入，塔内装有木栅填充物。在煤气与洗油逆流接触中，煤气中的苯蒸气溶解于洗油，使塔顶离去的煤气苯含量降至某允许值（$<2g/m^3$），而溶有较多苯系溶质的洗油（称富油）由吸收塔底排出。为取出富油中的苯并使洗油能够再次使用（称溶剂再生），在另一个称为解吸塔的设备中进行与吸收相反的操作——解吸。解吸是将富油（吸收中的完成液）预热至 170℃由解吸塔淋下，塔底通入过热水蒸气。洗油中的苯在高温下逸出而被水蒸气带走达到解吸的目的。吸收剂可循环使用。

由此可见，采用吸收操作实现气体混合物的分离必须解决下列问题。

① 选择合适的溶剂，使其能选择性地溶解某个（或某些）被分离组分。

② 选择适当的传质设备以实现气液两相接触，使被分离组分得以自气相转移到液相（吸收）或相反（解吸）。

③ 溶剂的再生，即脱除溶解于其中的被分离组分（吸收质）以循环使用。

吸收操作中，原料气中可溶解于液体的组分叫吸收质（B），用于溶解气体的液体叫吸收剂（S），吸收剂溶解了吸收质离开吸收塔叫吸收液，也叫完成液。

▶4.1.1　吸收剂的选择

吸收过程是气体中的溶质溶解于吸收剂中，即两相之间的接触传质实现的。吸收操作的成功与否很大程度上取决于吸收剂性能的优劣。评价吸收剂优劣主要依据以下几点。

(1) 溶解度

吸收剂应对混合气中被分离组分（吸收质）有很大的溶解度，或者说在一定的温度与浓度下，吸收剂的平衡分压要低。这样从平衡角度来说，处理一定量混合气体所需的溶剂量较少，气体中吸收质的极限残余亦可降低。

(2) 选择性

混合气体中其他组分在吸收剂中的溶解度要小，即吸收剂具有较高的选择性。

(3) 挥发性

在操作温度下吸收剂的蒸气压要低，因为吸收尾气往往为吸收剂蒸气所饱和，吸收剂挥发度越高，其损失量越大。

(4) 黏度

吸收剂在操作温度下黏度越低，其在塔内的流动性越好，有利于传质和传热。

(5) 再生性

吸收质在吸收剂中的溶解度应对温度的变化比较敏感，即不仅在低温下溶解度要大，平衡分压要小，而且随温度升高，溶解度应迅速下降，平衡分压迅速上升。

(6) 稳定性

化学稳定性好，以免在使用过程中发生变质。

(7) 经济性

价廉、易得、无毒、不易燃烧、冰点低。

▶4.1.2　物理吸收和化学吸收

在吸收过程中，如果气体中的溶质与吸收剂之间不发生显著的化学反应，可以看作是气体单纯地溶解于液相的物理过程，称为物理吸收。上述煤气脱苯即为一例。在物理吸收中溶质与溶剂的结合力较弱，解吸比较方便。物理吸收操作的极限主要取决于当时条件下吸收质在吸收剂中的溶解度。吸收速率则决定于气、液两相中吸收质的浓度差，以及吸收质从气相传递到液相中的扩散速率，加压和降温可以增大吸收质的溶解度，有利于吸收。物理吸收是可逆的，热效应小。

但是，一般气体在溶剂中的溶解度不高。利用适当的反应，可大幅度地提高吸收剂对气体的吸收能力。例如，CO_2 在水中溶解度甚低，但若以 K_2CO_3 水溶液吸收 CO_2 时，则在液相中发生下列反应：

$$K_2CO_3 + CO_2 + H_2O \Longrightarrow 2KHCO_3 \tag{4-1}$$

又如用硫酸吸收氨：

$$H_2SO_4 + NH_3 \Longrightarrow NH_4HSO_4 \tag{4-2}$$

用酸或碱吸收气体中的溶质而实现的吸收操作称为化学吸收。化学吸收提高了吸收质的溶解能力和吸收操作的高度选择性。化学吸收的化学反应应满足以下条件。

（1）可逆性

如果该反应不可逆，溶剂将难以再生和循环使用，例如，用 NaOH 吸收 CO_2 时，因为生成 Na_2CO_3 而不易再生，势必消耗大量的 NaOH。因此，只有当气体中 CO_2 含量甚低，而又必须彻底加以清除或 Na_2CO_3 为目标产品时才使用。

（2）较高的反应速率

若吸收采用的化学反应速率较慢，则应考虑加入适当的催化剂，加快反应速率。

化学吸收操作的极限主要决定于当时条件下反应的平衡常数。吸收速率则决定于吸收质的扩散速率或化学反应速率。化学吸收常伴有热效应，需要及时移走反应热。

4.1.3 气体吸收的工业应用

吸收操作广泛地应用于混合气体的分离，具体应用有以下几种。

（1）净化或精制气体

混合气中去除杂质，常采用吸收方法，如用水吸收黄铁矿焙烧产物，除去炉气中的 HF 等气体；用丙酮脱除石油裂解气中的乙炔等。

（2）制取某种气体的液态产品

如用水吸收二氧化氮制取硝酸；用水吸收氯化氢气体制取盐酸；用水吸收甲醛以制取福尔马林等。

（3）分离混合气体以回收所需组分

如用硫酸处理焦炉气以回收其中的氨；从烟道气中回收二氧化硫等。

（4）工业废气的治理

在工业废气中常含有 SO_2、NO、NO_2、HF 等有害气体，直接排入大气对环境危害很大，可通过吸收净化排空气体。

4.1.4 吸收操作的经济性

吸收的操作费用主要包括以下几方面。

① 气、液两相流经吸收设备的能量消耗。

② 溶剂的挥发损失和变质损失。

③ 溶剂的再生费用。

吸收的操作费用主要是吸收剂的再生。常用吸收剂再生方法有升温、减压、吹气，其中升温与吹气，特别是升温与吹气同时使用最为常见。溶剂在吸收与解吸设备之间循环，其间的加热与冷却、减压与加压，必须消耗较多的能量。如果溶解能力差，则吸收剂循环量大，再生能耗也大；同样若吸收剂的溶解能力对温度变化不敏感，所需解吸温度高，再生能耗也大。最好是吸收液（完成液）可作为产品，不需要吸收剂再生，这种吸收流程的经济性最好。

4.1.5　吸收与蒸馏操作的区别

吸收与蒸馏操作同样是涉及两个相（气相和液相）间的质量传递，但吸收与蒸馏的传递不同。蒸馏不仅有气相中重组分进入液相，而且同时有液相中轻组分转入气相的传质，属双向传质；吸收则只进行气相中溶质向液相中传质，为单向传质过程。

蒸馏操作中有恒摩尔流假设，而吸收操作中也有恒摩尔流假设，当气体混合物中只有一个组分溶于吸收剂，其余组分在吸收剂中的溶解度极低而可忽略不计时，可视为一个惰性组分，惰性组分的流量在吸收塔中是恒定的。

由于吸收在较低的温度下进行，吸收剂的蒸汽压很低，其挥发损失不计，视吸收剂流量是恒定的。

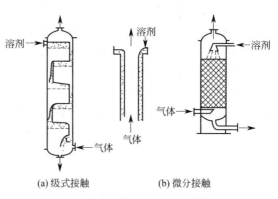

(a) 级式接触　　　　　(b) 微分接触

图 4-2　吸收塔

4.1.6　吸收塔设备类型

吸收设备有多种形式，但以塔式最为常用。图 4-2 为吸收塔示意。

在图 4-2(a)所示的板式吸收塔中，气体与液体逆流接触。气体自下而上通过板上的小孔而逐板上升，在每一板上与吸收剂接触而进行吸收质溶解过程，随着塔内气体上升，溶质浓度下降，吸收剂中自上而下吸收质浓度逐渐上升。

在图 4-2(b)所示设备中，液体呈膜状沿壁流下，此为湿壁塔或降膜塔。更常见的是在塔内充以如瓷环之类的填料，液体自塔顶均匀淋下并沿填料表面流下，气体通过填料间的空隙上升与液体作连续的逆流接触，气体中的可溶组分不断地被吸收。工业生产中常用填料塔来完成吸收操作。

4.2　吸收平衡及吸收推动力

4.2.1　吸收平衡

吸收操作中，气相中溶质向吸收剂中扩散，开始时，气相中溶质向液相中的溶解速率最大，随着吸收剂中吸收质浓度上升，吸收质向气相中的挥发速率上升，当溶解和挥发速率相等时，气、液两相中溶质浓度不再随时间而改变，此时吸收达到了平衡。这时吸收剂中吸收质的浓度可以用溶解度来表示，也可称之为吸收平衡浓度。

在低浓度吸收操作中，对应的气相中溶质浓度与液相中吸收质浓度之间的关系可用亨利定律来描述：

$$p_i = E x_i \tag{4-3}$$

或

$$y_i = m x_i \tag{4-4}$$

式中　E、m——可根据吸收质、吸收剂、温度、压力查手册获取。欲改变平衡关系，改变影响 E 或 m 的任一因素均可。

▶ 4.2.2　相平衡与吸收过程的关系

（1）判别过程的方向

设在 101.3kPa、20℃下，稀氨水的相平衡方程为 $y=0.94x$，现将含氨摩尔分数 10% 的混合气体与 $x=0.05$ 的氨水接触，如图 4-3（a）所示。因实际气相摩尔分数 $y=10\%$，大于与实际溶液摩尔分数 $x=0.05$ 成平衡的气相摩尔分数，即 $y_e=0.94\times0.05=0.047$，故两相接触时将有部分氨自气相转入液相，即发生吸收过程。

同样，此吸收过程也可理解为实际液相摩尔分数 $x=0.05$ 小于与实际气相摩尔分数 $y=0.1$ 成平衡的液相摩尔分数 $x_e=y/m=0.106$，故两相接触时部分氨自气相转入液相。

反之，若以含氨 $y=0.05$ 的气相与 $x=0.1$ 的氨水接触，则因 $y<y_e$ 或 $x>x_e$，部分氨将由液相转入气相，即发生解吸。如图 4-3(b)所示。

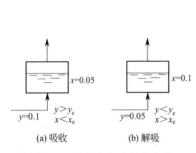

图 4-3　判别吸收过程的方向

(a) 吸收　　(b) 解吸

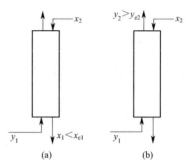

图 4-4　判别过程的极限

（2）指明过程的极限

将溶质摩尔分数为 y_1 的混合气体送入某吸收塔的底部，溶剂向塔顶淋入做逆流吸收，如图 4-4(a)所示。在气、液两相流量和温度、压力一定的情况下，塔高无限增大（即接触时间无限延长），最终完成液中极限浓度也只是气相摩尔分数 y_1 的平衡组成 x_{e1}，即：

$$x_{1,\max}=x_{e1}=y_1/m \tag{4-5}$$

同理，混合气体尾气中溶质含量也不会低于某一平衡含量 y_{e2}，即：

$$y_{2,\min}=y_{e2}=mx_2 \tag{4-6}$$

由此可见，相平衡关系限制了吸收剂离塔时的最高含量和气体混合物离塔时最低含量。

（3）计算过程的推动力

平衡是过程的极限，只有不平衡的两相相互接触才会发生气体的吸收或解吸。吸收推动力可用气相推动力或液相推动力表示。气相推动力表示为塔内任何一个截面上气相实际浓度 y 和该截面上液相实际浓度 x 成平衡的 y_e 之差，即：

$$y_e=mx \tag{4-7}$$

也可以用 x_e-x 液相摩尔分数差表示吸收推动力，即：

$$x_e=y/m \tag{4-8}$$

4.3　吸收传质机理

在分析任一化工过程时都需要解决两个基本问题：过程的极限和过程的速率。吸收过程的极限决定于吸收的相平衡关系，而研究吸收速率，首先要搞清楚吸收过程两相间的物质是如何传递的，它包括以下三个步骤。

① 溶质由气相主体传递到两相界面，即气相内的物质传递。

② 溶质在相界面上溶解，由气相转入液相，即界面上发生的溶解过程。

③ 溶质自界面被传递至液相主体，即液相内的物质传递。

一般来说，界面上发生的溶解过程很容易进行，其阻力极小。因此，通常都认为界面上气、液两相的溶质浓度 y 和 x 满足亨利定律，即认为界面上保持两相平衡。这样，总过程速率将由气相与液相内的传质速率所决定的。

研究气相或液相中物质传递是十分必要的。无论在气相还是液相中，物质传递机理分为两种类型，即分子扩散和对流扩散。

4.3.1 质量传递机理

(1) 分子扩散

分子扩散类似于传热中的热传导，是分子微观运动的宏观统计结果。混合物中存在的温度梯度、压力梯度及浓度梯度都会产生分子扩散。物质以分子运动的方式通过静止流体或层流流体的转移称为分子扩散。分子扩散速率主要决定于扩散物质和流体的某些物理性质。分子扩散速率与流体在什么介质中扩散有关，在不同介质中的扩散系数不同，并与扩散质的浓度梯度、扩散系数成正比。

几种物质在不同介质中的扩散系数见表 4-1 和表 4-2。

表 4-1　几种物质在空气中的扩散系数（101.3kPa）

物系	温度/K	扩散系数/(m²/s)	物系	温度/K	扩散系数/(m²/s)
空气-氨	273	0.198	空气-水	298	0.0962
空气-氧	273	0.175	氢-氨	293	0.849
空气-二氧化碳	298	0.136	氢-氧	273	0.697
	273	0.124	氢-氢	288	0.743
空气-氢	273	0.122	氧-氨	293	0.253
空气-二氧化硫	273	0.0883	氮-氨	293	0.241
	298	0.0896	氮-氧	273	0.181
空气-二硫化碳	298	0.260	氧-乙烯	293	0.182
	273	0.162	氧-苯	293	0.0939
空气-乙醚	298	0.132			

表 4-2　气体在液体中的扩散系数 D_{AB}

物系(A-B)	温度/K	c_A/(mol/m³)	$D_{AB} \times 10^5$ /(cm²/s)	物系(A-B)	温度/K	c_A/(mol/m³)	$D_{AB} \times 10^5$ /(cm²/s)
二氧化碳-乙醇	290	0	3.2	氯化氢-水	289	0.12	1.26
	283	0	1.46	氯-水	278	3.5	1.27
二氧化碳-水	293	0	1.77	氨-水	288	1.0	1.77
	273	9	2.7	氨-水	283	3.75	0.50
二氧化碳-水	273	2	1.8	乙醇-水	283	0.05	0.83

从表 4-1 和表 4-2 中可以看出：温度升高，压力降低，扩散系数增加。

(2) 对流扩散

物质通过湍流流体的转移称对流扩散。对流扩散时，扩散物质不仅靠分子本身的扩散作用，并且借助湍流流体的携带作用而转移，而且后一种作用是主要的。对流扩散速率比分子扩散速率大得多。对流扩散速率主要决定于流体的湍流程度。

4.3.2 对流传质理论

为了对对流传质过程进行研究，研究者通常将对流传质简化为物理图像——物理模型。对物理模型进行适当的数学描述，即得数学模型。几种常用理论的物理模型如下。

(1) 有效膜理论

早期研究者将复杂的对流传质作如下简化：气、液界面两侧各存在一层静止的气膜和液膜，其厚度为 δ_G 和 δ_L，全部传质阻力集中在两层静止膜中，膜中是以分子扩散。这一简化的物理图像如图 4-5 所示。

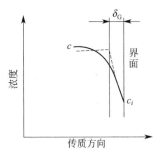

图 4-5 有效膜理论示意

图 4-5 中实线是真实的浓度变化，即实验所测出，而虚线是根据有效膜理论假设的。如果这两曲线完全吻合，说明有效膜理论具有指导实际意义。有效膜理论的缺陷在于：把膜的厚度视为仅与流动状态有关而与溶质组分扩散系数无关。而实验证明膜厚度与扩散系数和流体流动状态均有关系，因而出现图 4-5 中虚线和实线情况。由于膜厚度不准确，导致传质阻力不准确。

(2) 溶质渗透理论

Higbie 将液相中的对流传质过程简化如下：液体在向下流动过程中每隔一定时间 t_0 发生一次完全混合，使液体浓度均匀化，在发生混合以后的最初瞬间，只有界面处的浓度处于平衡浓度，而界面以外的其他地方浓度均与液相主体浓度相同；此时界面处浓度最大，传质速率最快；随着接触时间的延续，浓度分布趋于均匀化，传质速率下降。该设想是依据填料塔中液体的实际流动。流体自一个填料转移至 n 个填料，液体必定发生混合，不可能保持原有的浓度分布。渗透理论描述的比较真实，故分析阻力也比较可靠。

(3) 表面更新理论

Danckwerts 将液相中的对流传质简化如下：流体在向下流动过程中表面不断更新，即不断地有液体从主体转为界面而暴露于气相中，这种界面的不断更新使传质过程大大强化。原来需要通过缓慢的扩散过程才能将溶质传至液体深处，现在通过表面更新，深处的液体就有机会直接与气体接触以接受溶质。

溶质渗透理论与表面更新理论的基本区别：前者假定表面更新是每隔 t_0 时间周期性的发生一次；而后者则认为，更新是随时进行的过程。表面更新理论指明了传质强化的途径。

4.4 传质速率方程

由传质机理知，吸收过程的相际传质是由气相与界面的对流传质、界面上溶质组分的溶解、液相与界面的对流传质三个过程构成。仿照间壁两侧对流加热构成传热速率的思路，现分析对流传质过程的传质速率 N_A 的表达式。

4.4.1 对流传质速率方程

(1) 气相与界面的传质速率

$$N_A = k_G(p - p_i) \tag{4-9}$$

或

$$N_A = k_y(y - y_i) \qquad (4\text{-}10)$$

式中　N_A——单位时间内组分 A 扩散通过单位面积的物质的量，即传质速率，$\text{kmol}/(\text{m}^2 \cdot \text{s})$；

　　　p——溶质 A 在气相主体的分压，kPa；

　　　p_i——溶质 A 在界面处的分压，kPa；

　　　y——溶质 A 在气相主体的摩尔分数；

　　　y_i——溶质 A 在界面处的摩尔分数；

　　　k_G——以分压差表示推动力的气相传质系数，$\text{kmol}/(\text{s} \cdot \text{m}^2 \cdot \text{kPa})$；

　　　k_y——以摩尔分数差表示推动力的气相传质系数，$\text{kmol}/(\text{s} \cdot \text{m}^2)$。

（2）液相与界面的速率

$$N_A = k_L(c_i - c) \qquad (4\text{-}11)$$

或

$$N_A = k_x(x_i - x) \qquad (4\text{-}12)$$

式中　c——溶质 A 在液相主体中的浓度，kmol/m^3；

　　　c_i——溶质 A 在界面处的浓度，kmol/m^3；

　　　x——溶质 A 在液相主体的摩尔分数；

　　　x_i——溶质 A 在界面处的摩尔分数；

　　　k_L——以浓度差表示推动力的液相传质系数，m/s；

　　　k_x——以摩尔分数差表示推动力的液相传质系数，$\text{kmol}/(\text{s} \cdot \text{m}^2)$。

界面上的 y_i、x_i 浓度根据双膜理论成平衡关系，如图 4-6 所示。但是，无法测取。

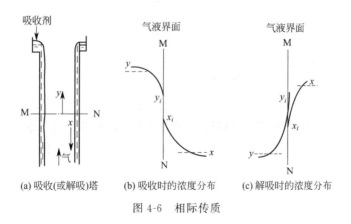

(a) 吸收(或解吸)塔　　(b) 吸收时的浓度分布　　(c) 解吸时的浓度分布

图 4-6　相际传质

以上传质速率用不同的推动力表达同一个传质速率，类似于传热中的牛顿冷却定律的形式，即传质速率正比于界面浓度与流体主体浓度之差，而将其他所有影响对流传质的因素均包括在气相（或液相）传质系数之中。传质系数 k_G、k_y、k_L、k_x 的数据只有根据具体操作条件由实验测取，它与流体流动状态和流体物性、扩散系数、密度、黏度、传质界面形状等因素有关。类似于传热中对流、传热系数的研究方法，对流传热系数也有经验关联式，读者可查阅有关手册得到。

（3）相际传质速率方程——吸收总传质速率方程

气相和液相传质速率方程中均涉及界面上的浓度（p_i、c_i、x_i、y_i），这个浓度就好比传热中界面温度一样。由于界面是变化的，该参数很难获取。工程上常利用相际传质速率

方程来表示。即

$$N_A = K_X(X_e - X) \tag{4-13}$$

$$N_A = K_x(x_e - x) \tag{4-14}$$

或

$$N_A = K_Y(Y - Y_e) \tag{4-15}$$

$$N_A = K_y(y - y_e) \tag{4-16}$$

式中　x_e——与气相主体组成平衡关系的液相摩尔分数，$x_e = y/m$；

　　　y_e——与液相主体组成平衡关系的气相摩尔分数，$y_e = mx$；

　　　X——用摩尔分数表示的液相浓度；

　　　Y——用摩尔分数表示的气相浓度；

　　　X_e——与气相主体组成平衡关系的液相摩尔浓度，$kmol/m^3$；

　　　Y_e——与液相主体组成平衡关系的气相摩尔浓度，$kmol/m^3$；

　　　y——气相主体的摩尔分数；

　　　x——液相主体的摩尔分数；

　　　K_x——以液相浓度差为推动力的总传质系数，$kmol/(s \cdot m^2)$；

　　　K_y——以气相浓度差为推动力的总传质系数，$kmol/(s \cdot m^2)$；

　　　K_X——以液相摩尔浓度差为推动力的总传质系数，$kmol/(s \cdot m^2)$；

　　　K_Y——以气相摩尔浓度差为推动力的总传质系数，$kmol/(s \cdot m^2)$；

传质速率还可以写成下列形式：

$$N_A = \frac{y - y_i}{\dfrac{1}{k_y}} \tag{4-17}$$

或

$$N_A = \frac{y - y_e}{\dfrac{1}{k_y}} = \frac{x_e - x}{\dfrac{1}{k_y}} \tag{4-18}$$

式(4-17)、式(4-18)表示为推动力与阻力之比。根据对流传热总阻力等于各层阻力之和的原则，气、液两相的相际传质总阻力等于分阻力之和，总推动力等于各层推动力之和，即：

$$K_y = \frac{1}{\dfrac{1}{k_y} + \dfrac{m}{k_y}} \quad 或 \quad \frac{1}{K_y} = \frac{1}{k_y} + \frac{m}{k_y} \tag{4-19}$$

$$K_x = \frac{1}{\dfrac{1}{k_y m} + \dfrac{1}{k_x}} \quad 或 \quad \frac{1}{K_x} = \frac{1}{k_y m} + \frac{1}{k_x} \tag{4-20}$$

式(4-19)、式(4-20)推导如下：

$$N_A = K_y(y - y_e) = K_y[(y - y_i) + (y_i - y_e)] = K_y[(y - y_i) + (y_i - mx)]$$

$$= K_y[(y - y_i) + m(\frac{y_i}{m} - x)] = K_y[(y - y_i) + m(x_i - x)] \tag{4-21}$$

$$= K_y\left(\frac{N_{A,G}}{k_y} + m\frac{N_{A,L}}{k_x}\right)$$

因为总传质速率等于气膜传质速率等于液膜传质速率，所以：

$$\frac{1}{K_y} = \frac{1}{k_y} = \frac{m}{k_x} \tag{4-22}$$

$$N_A = K_x(x_e - x) = K_x[(x_e - x_i) + (x_i - x)] \tag{4-23}$$

$$K_y = \left[\left(\frac{y}{m} - x_i\right) + (x_i - x)\right] = K_x\left[\frac{1}{m}(y - m_i x) + (x_i - x)\right] \tag{4-24}$$

$$= K_x\left[\frac{1}{m}(y - y_i) + (x_i - x)\right] = K_x\left(\frac{N_{A,G}}{mk_y} + \frac{N_{A,L}}{k_x}\right)$$

同上得出式(4-20)结论。

总阻力和分阻力之间的关系式(4-19)、式(4-20)对强化吸收传质分析将有重要的作用。

以上速率方程均为单位传质面积上的速率，N_A 的单位是 $kmol/(m^2 \cdot s)$。

▶ 4.4.2 传质阻力的控制

根据式(4-18)、式(4-20)可知，吸收过程的总阻力为两相阻力之和。

对溶解度大的易溶气体，相平衡常数 m 很小。在 k_y 和 k_x 值数量级相近的情况下，必然有 $1/k_y$ 远大于 m/k_x，m/k_x 项相应很小，可以忽略，则式(4-19)简化为：

$$\frac{1}{K_y} \approx \frac{1}{k_y} \tag{4-25}$$

或

$$K_y = k_y \tag{4-26}$$

式(4-26)表明：易溶气体的液相阻力很小，吸收过程总阻力集中在气相中。气相阻力控制着整个吸收过程的速率，通称气相阻力控制。欲提高吸收传质速率，只要降低气相阻力即可获得经济效益。例如用水吸收 NH_3、HCl 等气体属于此类情况。

对溶解度小的难溶气体，m 值很大，在 k_y 和 k_x 值数量级相近的情况下，必然有 $1/k_x$ 远大于 $1/mk_y$，$1/mk_y$ 很小，可以忽略，则式(4-20)简化为：

$$\frac{1}{K_x} \approx \frac{1}{k_x} \tag{4-27}$$

或

$$K_x = k_x \tag{4-28}$$

或

$$K_y \approx \frac{m}{k_x} \tag{4-29}$$

式(4-29)表明：难溶气体的总阻力集中在液相内，液相阻力控制整个吸收过程的速率，通称液相阻力控制。例如用水吸收 CO_2、Cl_2 等气体属于此类情况。

实际吸收过程的阻力在气相和液相中各占一定的比例。但是，当遇到气相阻力控制的吸收操作，可以增加气体流速，降低气相阻力而有效地加快吸收过程；而增加液体流速则不会对吸收速率有明显的影响。反之，当实验发现吸收过程的总传质系数主要受气相流速的影响，则该过程必为气相阻力控制。如果吸收过程受液相阻力控制，降低液膜阻力的方法有增大液相流速或降低操作温度（m 变小）。

表 4-3　吸收过程中控制因素举例

气相控制	液相控制	气相与液相同时控制
NH_3 的吸收→水或氨水	CO_2 的吸收→水或弱酸	SO_2 的吸收→水
NH_3 的解吸←氨水	O_2 的吸收→水	丙酮的吸收→水

气相控制	液相控制	气相与液相同时控制
SO_3 的吸收→浓 H_2SO_4	H_2 的吸收→水	NO_2 的吸收→浓硝酸
HCl 的吸收→水或稀盐酸	Cl_2 的吸收→水	
5%NH_3 的吸收→酸	CO_2 的吸收→二乙醇胺水溶液	
SO_2 的吸收→碱液或氨水		
H_2S 的吸收→NaOH 溶液液体蒸发或冷凝		

由上可知，分析吸收操作，首先要明确吸收过程属于何种类型控制。表 4-3 列出了吸收过程的控制因素，仅供参考。

表 4-4 列出了以不同推动力表达的吸收速率方程式。

表 4-4 以不同推动力表达的吸收速率方程式

吸收速率方程式 N_A/[kmol/(m² · s)]	推动力		吸收系数	
	表达式	计量单位	符号	计量单位
$N_A = k_G(p - p_i)$	$(p - p_i)$	kPa	k_G	kmol/(m² · s · kPa)
$N_A = k_L(c_i - c)$	$(c_i - c)$	kmol/m³	k_L	kmol/[m² · s · (kmol/m³)]
$N_A = k_x(x_i - x)$	$(x_i - x)$		k_x	kmol/(m² · s)
$N_A = k_y(y - y_i)$	$(y - y_i)$		k_y	kmol/(m² · s)
$N_A = K_L(c_e - c)$	$C_e - C$	kmol/m³	K_L	kmol/[m² · s · (kmol/m³)]
$N_A = K_G(p - p_e)$	$(p - p_e)$	kPa	K_G	kmol/(m² · s · kPa)
$N_A = K_x(x_e - x)$	$(x_e - x)$		K_x	kmol/(m² · s)
$N_A = K_y(y - y_e)$	$(y - y_e)$		K_y	kmol/(m² · s)
$N_A = K_X(X_e - X)$	$(X_e - X)$		K_X	kmol/(m² · s)
$N_A = K_Y(Y - Y_e)$	$(Y - Y_e)$		K_Y	kmol/(m² · s)

4.5 吸收(解吸)过程的计算

吸收过程既可采用板式塔又可采用填料塔。为了叙述方便，吸收将以连续接触的填料塔进行分析。

在填料塔内，气液两相可作逆流也可作并流流动。在两相进出口组成相同的情况下，逆流的平均推动力大于并流（结论来自逆流传热温差）。逆流时下降至塔底的液体与刚进塔的混合气体接触，有利于提高出塔液体的组成，可以减少吸收剂的用量；上升至塔顶的气体与刚进塔的新鲜吸收剂接触，有利于降低出塔气体的含量，可提高溶质的吸收率。不过，逆流操作时向下流的液体受到上升气体的作用力（又称曳力）。这种曳力过大时会阻碍液体的顺利流下，因而限制了吸收塔所允许的气、液流量，这是逆流吸收的缺点。

在许多工业吸收中，当进塔混合气中溶质含量不高，如小于 3%～10% 时，通常称低组成气体吸收。因被吸收的溶质量很少，所以，流经全塔的混合气体量与液体量变化不大。同时，由溶质的溶解热而引起的塔内液体温度升高不显著，吸收可认为是在等温下进行，因而可以不作热量衡算。因气、液两相在塔内的流量变化不大，全塔流动状态基本相同，传质分系数 k_G、k_L 在全塔为常数。若在操作范围内，亨利系数、相平衡常数变化不大，平衡线的斜率变化不大，传质总系数 K_y、K_x 也认为是常数。这些特点使低组成全塔吸收计算大为简化。

吸收塔计算的主要内容是确定吸收剂的用量和塔设备的尺寸（塔高、塔径）。

4.5.1 物料衡算与操作线方程

（1）物料衡算

图 4-7 所示为一个稳态操作下的逆流接触吸收塔。塔底截面用 1-1 表示，塔顶截面用 2-2 表示，塔中任一截面用 m-m 表示。图 4-7 中各符号意义如下。

① V——单位时间通过吸收塔的惰性气体量，kmol（B）/s；

② L——单位时间通过吸收塔的溶剂量，kmol（S）/s；

③ Y_1——进塔气体中溶质组分的摩尔比，kmol（A）/kmol（B），B 为惰性气体；

④ Y_2——出塔气体中溶质组分的摩尔比，kmol（A）/kmol（B），B 为惰性气体；

⑤ X_1——出塔液体中溶质组分的摩尔比，kmol（A）/kmol（S），S 为吸收剂；

⑥ X_2——进塔液体中溶质组分的摩尔比，kmol（A）/kmol（S），S 为吸收剂。

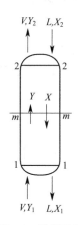

图 4-7　逆流吸收塔物料衡算图

衡算原则：在稳定操作条件下，进塔溶质 A 的量等于出塔物料中 A 的量，或气相中溶质 A 减少的量等于液相中溶质增加的量，即

$$VY_1 + LX_2 = VY_2 + LX_1 \tag{4-30}$$

或

$$V(Y_1 - Y_2) = L(X_1 - X_2) \tag{4-31}$$

一般工程上，在吸收操作中进塔混合气的组成 Y_1 和惰性气体流量 V 是由吸收任务（即上工段工艺条件）给定的。吸收剂初始组成 X_2 和流量往往根据生产工艺确定，如果溶质回收率 η_A 也确定，则气体离开塔的组成 Y_2 也是定值。

$$Y_2 = Y_1(1 - \eta_A) \tag{4-32}$$

式中　η_A——混合气体中溶质 A 被吸收的百分率。

由此，用式(4-31)便可求得塔底排出吸收液的组成 X_1。

（2）吸收塔的操作线方程与操作线

操作线方程，即描述塔内任一截面上气相组成 Y 和液相组成 X 之间关系的方程。

现对吸收塔中任一截面 n-m 和塔底 1-1 截面或塔顶 2-2 截面之间衡算得：

$$VY_1 + XL = LX_1 + VY \tag{4-33}$$

化简得

$$Y = \frac{L}{V}X + \left(Y_1 - \frac{L}{V}X_1\right) \tag{4-34}$$

或

$$VY + LX_2 = LX + VY_2 \tag{4-35}$$

化简得

$$Y = \frac{L}{V}X + \left(Y_2 - \frac{L}{V}X_2\right) \tag{4-36}$$

式(4-34)、式(4-36)均表明塔内任一截面上气、液两相组成之间关系是一直线关系，其

斜率是 L/V，且直线通过塔底 $B(X_1, Y_1)$ 及塔顶 $T(X_2, Y_2)$ 两点。如图 4-8 所示。

图 4-8 为逆流吸收塔操作线和平衡线示意图。曲线 OE 为平衡线，根据 $Y = mX$ 作图，或实验数据作图，在低浓度吸收时，近似为直线。BT 为操作线，根据操作线方程作图。

▶ 4.5.2　吸收剂用量的确定

根据物料衡算式可知吸收剂用量 L 的变化对 X_1、Y_2 有影响，对操作线方程斜率 L/V 有影响，从而影响吸收推动力、影响塔高。吸收剂用量是吸收塔设计的重要参数。

(1) 适宜液气比

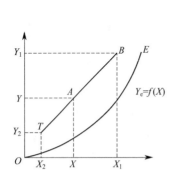
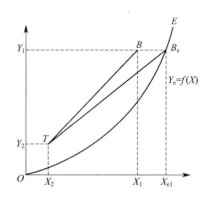

图 4-8　逆流吸收塔操作线示意　　　　　图 4-9　操作线变化图

如图 4-9 所示，当混合气体 V、Y_1、Y_2 及 X_2 一定的情况下，操作线 T 端一定，若 L 减少，操作线斜率变小，点 B 便沿水平线 $Y = Y_1$ 向右移动，其结果是使出塔吸收液组成增大，但此时吸收推动力 $(Y_1 - Y'_{e1})$ 或 $(X_{e1} - X'_1)$ 变小。当吸收剂用量减少到 B 移至与平衡线 OE 相交（或相切）时，交点 B_e，$X_1 = X_{e1}$，即塔底流出液组成与刚进塔的混合气组成达到平衡。这是理论上吸收液所能达到的最高含量，但此时吸收过程推动力为零，因而需要无限大相际接触面积，需要无限高的塔。这实际上是办不到的，只能用来表示吸收达到一个极限的情况，此种状况下吸收操作线 $B_e T$ 的斜率称为最小液气比，以 $(L/V)_{\min}$ 表示；相应的吸收剂用量即为最小吸收剂用量，以 $L_{\min}$ 表示。

反之，若增大吸收剂用量，则点 B 将沿水平线向左移动，使操作线远离平衡线，吸收过程推动力增大，有利于吸收操作。但超过一定限度后，这方面效果不明显，反而增加了操作费用，是不经济的。

由以上分析可见，吸收剂用量的大小，从设备费用与操作费用两方面影响到吸收过程的经济性，应综合考虑，选择适宜的液气比，使两种费用之和最小。根据生产实践经验，一般情况下取吸收剂用量为最小用量的 $1.1\sim2.0$ 倍是比较适宜的，即

$$\frac{L}{V} = (1.1\sim2.0)\left(\frac{L}{V}\right)_{\min} \tag{4-37}$$

或

$$L = (1.1\sim2.0)L_{\min} \tag{4-38}$$

（2）最小液气比

求取适宜的液气比，关键是求取最小液气比。其一是根据平衡曲线和塔顶操作要求，作图或解析求取最小吸收剂用量 $L_{\min}$；其二，根据传质有效面积，即填料表面最小润湿率求得最小吸收剂用量 $L'_{\min}$。最终从 $L_{\min}$、$L'_{\min}$ 中选择最大的。

1）$L_{\min}$ 求取

最小液气比可用图解法求得。

对于平衡曲线符合如图 4-9 所示的情况，则需找到水平线 $Y=Y_1$ 与平衡线的交点 B_e，从而读出 X_{e1} 的数值，然后用下式计算最小液气比，即

$$\left(\frac{L}{V}\right)_{\min}=\frac{Y_1-Y_2}{X_{e1}-X_2} \tag{4-39}$$

如果平衡曲线如图 4-10 所示，最小液气比的求取则应通过 T 作 OE 曲线的切线交 $Y=Y_1$ 直线于 B'，读出 B' 的横坐标 X'_1 的数值，用下式计算 $(L/V)_{\min}$。

$$\left(\frac{L}{V}\right)_{\min}=\frac{Y_1-Y_2}{X'_1-X_2} \tag{4-40}$$

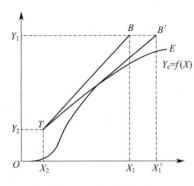

图 4-10　最小液气比

若平衡关系符合亨利定律，平衡曲线 OE 是直线，可用 $Y=mX$ 表示，则不用图解，直接用下式计算最小液气比，即

$$\left(\frac{L}{V}\right)_{\min}=\frac{Y_1-Y_2}{\dfrac{Y_1}{m}-X_2} \tag{4-41}$$

必须指出：为了保证填料表面能被液体充分润湿，还应考虑到单位塔截面上单位时间流下的液体量不得小于某一最低允许值。吸收剂最低用量要确保传质所需的填料层表面全部润湿。

2）$L'_{\min}$ 求取

填料塔中气、液两相间的传质主要是在填料表面流动的液膜上进行的。要形成液膜，填料表面必须被液体充分润湿，而填料表面的润湿状况取决于塔内的液体喷淋密度及填料的表面润湿性能。

工业填料有各种各样。通过填料的公共物性及性能评价，可以确定喷淋密度和最小吸收剂用量。

填料的几何物性主要有比表面积、空隙率、填料因子等。几种填料的物性数据见表 4-5。

① 比表面积。以 a_t 表示，单位为 m^2/m^3。填料的比表面积越大，所通过的气、液传质面积越大，因此比表面积是评价填料性能优劣的一个重要指标。

② 空隙率。单位体积填料层的空隙体积称为空隙率，以 ε 表示，单位为 m^3/m^3，或以百分数表示。填料的空隙率越大，气体通过的能力大且压降低。

③ 填料因子。填料的比表面积与空隙率三次方的比值，即 a_t/ε^3，称为填料因子，以 φ 表示，其单位为 m^{-1}。填料因子有干填料因子与湿填料因子之分，填料未被液体润湿时的 a_t/ε^3 称为干填料因子，它反映填料几何物性；填料被液体润湿时，填料表面被覆盖了一层液膜，a_t 和 ε 均发生了相应的变化，此时的 a_t/ε^3 称为湿填料因子，它表示填料的流体力学性能；φ 值越小，其流体流动阻力越小。

表 4-5 几种常用填料的物性数据

填料名称	规格(mm×mm×mm)	材料及堆积方式	比表面积 a_t /(m²/m³)	空隙率 ε /(m³/m³)	1m³填料个数 /×10³	堆积密度 /(kg/m³)	干填料因子 /m⁻¹	填料因子 φ /m⁻¹	备注
拉西环	10×10×0.5	瓷质乱堆	440	070	720	700	1280	1500	直径×高×厚度
	10×10×0.5	钢质乱堆	500	0.88	800	960	740	1000	
	25×25×2.5	瓷质乱堆	190	0.78	49	505	400	450	
	25×25×0.8	钢质乱堆	220	0.92	55	640	290	260	
	50×50×4.5	瓷质乱堆	83	0.81	6	457	177	205	
	50×50×4.5	瓷质整砌	124	0.72	8.83	673	339		
	50×50×1.0	钢质乱堆	110	0.95	7	430	130	175	
	80×80×9.5	瓷质乱堆	76	0.68	1.91	714	243	280	
	76×76×1.5	钢质乱堆	68	0.95	1.87	400	80	105	
鲍尔环	25×25×0.5	瓷质乱堆	220	0.76	48	505		300	直径×高×厚度
	25×25×0.6	钢质乱堆	209	0.94	61.1	480		160	
	25	塑料乱堆	209	0.90	51.1	72.6		170	
	50×50×4.5	瓷质乱堆	110	0.81	6	457		130	
	50×50×4.9	钢质乱堆	103	0.95	6.2	355		66	
阶梯环	25×12.5×1.4	塑料乱堆	223	0.90	81.5	97.8		115	直径×高×厚度
	33.5×19×1.0	塑料乱堆	132.5	0.91	27.2	57.5		172	
金属英特洛克斯	25	钢质	228	0.96		301.1			名义尺寸)
	40	钢质	169	0.971		232.3	110	140	
	50	钢质	110	0.971	11.1	225			
矩形环	25×3.3	瓷质	258	0.775	84.6	548		130	(名义尺寸)
	50×7	瓷质	120	0.79	9.4	532		320	
θ网环	8×8	镀锌铁	1030	0.936	2.12	490			40目,丝径0.23～0.25mm
鞍形环		丝网	1100	0.91	4.56	340			60目,丝径0.152mm

液体的喷淋密度是指单位塔截面积上，单位时间内喷淋的液体体积量，以 U 表示，单位为 $m^3/(m^2 \cdot h)$。为保证填料层充分润湿，必须保证液体喷淋密度大于某一极限，该极限值称为最小喷淋密度，以 U_{min} 表示。最小喷淋密度通常采用下式计算，即

$$U_{min} = (L_W)_{min} a_t \tag{4-42}$$

式中 U_{min}——最小喷淋密度，$m^3/(m^2 \cdot s)$；

$(L_W)_{min}$——最小润湿速率，$m^3/(m \cdot s)$；

a_t——填料比表面积，m^2/m^3。

最小润湿速率是指在塔的截面上，单位长度的填料周边的最小液体体积流量。填料层的周边长度在数值上等于单位体积填料层的表面积，即干填料的比表面积。

求取 U_{min}，首先要获取$(L_W)_{min}$，其数值可由经验公式计算（见有关填料手册），也可采用一些经验值。对于直径不超过 75mm 的散装填料；可取最小润湿速率$(L_W)_{min}$ 为 $2.2 \times 10^{-5} m^3/(m \cdot s)$；对于直径大于 75mm 的散装填料，取$(L_W)_{min}$ 为 $3.3 \times 10^{-5} m^3/(m \cdot s)$。

计算得到 U_{min} 后，即可按下式计算最小吸收剂用量 L'_{min}

$$L'_{min} = U_{min} \cdot \pi D^2 / 4 \tag{4-43}$$

式中 D——填料塔塔径，m；

L'_{min}——保证填料润湿的最小吸收剂用量，kmol/s。

工程上，常常在确定最小吸收剂用量时，取 L_{min} 和 L'_{min} 中较大的一个。

填料表面润湿性能除与填料的尺寸、堆放形式（整砌、乱堆）有关外，还与材料有关，就常用的陶瓷、金属、塑料三种材料而言，以陶瓷填料的润湿性能最好，塑料最差。

4.5.3　解吸

（1）解吸方法

解吸方法有气提解吸、减压解吸、加热解吸、加热-减压解吸。工程上很少采用单一的解吸方法，往往是先升温再减压至常温，最后采用气提法解吸。

气提解吸：也称为载气解吸法。气提解吸采用的载气是不含溶质的惰性气体或溶剂蒸气，提供与吸收液相成平衡的气相，将溶质从吸收液中吹出。常以空气、氮气、二氧化碳、水蒸气、吸收剂蒸气作为载气。

减压解吸：当采用加压吸收时，解吸可采用一次或多次减压的方法，使溶质从吸收液中解吸出来。溶质被解吸的程度取决于解吸操作的最终压力和温度。

加热解吸：当气体溶质的溶解度随温度的升高而降低变化较大时，可采用此方法。如采用"热力脱氧"法处理锅炉用水，就是通过加热使溶解氧从水中逸出。

加热-减压解吸：将吸收液加热升温之后再减压，加热和减压的结合，能显著提高解吸推动力和溶质被解吸的程度。

（2）气提法解吸的计算

解吸的有关计算方法类同于吸收。只是在解吸中传质方向与吸收相反，即两者的推动力互为负值。从 X-Y 图上看，吸收过程的操作线在平衡线上方，而解吸的操作线在平衡线下方。气液比计算、塔高计算方法见吸收计算。

4.5.4　吸收塔径的计算

吸收塔直径可根据圆形管道内的流量公式计算，即：

$$\frac{\pi}{4}D^2 u = V_s \tag{4-44}$$

或

$$D = \sqrt{\frac{4V_s}{\pi u}} \tag{4-45}$$

式中　D——吸收塔直径，m；

$\quad$ V_s——操作条件下混合气体的体积流量，m^3/s；

$\quad$ u——空塔气速，即按空塔截面计算的混合气体的线速度，m/s。

在吸收过程中，由于吸收质不断进入液相，故混合气体流量由塔底到塔顶逐渐减少。计算塔径时，取塔底气量为依据。

计算塔径的关键在于确定适宜的空塔气速 u。确定 u 值的方法一般有以下几种。

（1）泛点气速法

泛点气速 u_F 是填料塔操作气速 u 的上限，实际操作气速 u 必须小于泛点气速，操作空塔气速 u 与泛点气速 u_F 之比，叫泛点率。泛点率有一个经验范围。

对于散装填料：$u/u_F = 0.5 \sim 0.85$。

对于规整填料：$u/u_F = 0.6 \sim 0.95$。

只要已知泛点气速 u_F，通过泛点率经验关系即可求出空塔气速 u。

泛点气速 u_F 可用经验方程式计算，也可用关联图求解。通常使用较多的有贝恩（Bain）-霍根（Hougen）关联式和埃克特（Eckert）通用关联图。

泛点率的选择主要考虑两个方面的因素：一是物系的发泡情况，对易起泡沫的物系，泛点率取低值，反之取高值；二是塔的操作压力，加压操作时，应取较高的泛点率，反之取较低的泛点率。

（2）气相动能因子（F 因子）法

气相动能因子的定义为：

$$F = u\sqrt{\rho_G} \tag{4-46}$$

式中 ρ_G——气体密度，kg/m^3。

计算时需先从手册或图表中查出填料塔操作条件下的 F 因子，然后代入式(4-46)求出 u。

（3）气相负荷因子（C_s 因子）法

气相负荷因子的定义为：

$$C_s = u\sqrt{\frac{\rho_G}{\rho_L - \rho_G}} \tag{4-47}$$

$$C_s = 0.8C_{s,max} \tag{4-48}$$

计算时需先查手册求出 $C_{s,max}$

根据上述方法计算出的塔径，还应按塔径公称标准进行圆整，圆整后再对空塔气速 u 及液体喷淋密度进行校正。

▶ 4.5.5　吸收塔高的计算

吸收塔有板式塔和填料塔两大类型，板式塔塔高计算在精馏操作中已介绍，由理论塔板确定实际塔板，再根据板间距设计而确定塔高。本节重点讨论填料塔塔高的计算方法。

（1）填料层高度的基本计算式

计算填料塔的塔高，首先必须计算填料层的高度。填料层高度可用下式计算，即：

$$Z = \frac{V}{\Omega} = \frac{A}{a\Omega} \tag{4-49}$$

式中　Z——填料层高度，m；

　　　V——填料层体积，m^3；

　　　A——吸收所需的两相接触面积，m^2；

　　　Ω——塔的截面积，m^2；

　　　a——单位体积填料层所提供的有效比表面积，m^2/m^3。

有效吸收比表面积的数值总小于填料的比表面积，应根据有关经验式进行校正，只有在缺乏数据的情况下，才近似取填料比表面积计算。

应用式(4-49)，首先要求出吸收过程所需的传质面积 A。而传质面积 A 的求取必须通过传质速率方程，见表 4-4。

在吸收塔计算中，各塔不同截面上传质速率不同，因而各截面上推动力不同。设全塔的总吸收速率为 G_A，单位是 $kmol/s$，则：

$$G_A = \int N_A \, dA \tag{4-50}$$

$$dA = a\Omega \, dZ \tag{4-51}$$

式中 dA ——塔中任一截面上取微元填料层的传质面积，m^2；

dZ ——微元填料层高度，m。

在此微元填料层内对组分（溶质）作物料衡算可知，单位时间内由气相转入液相的溶质的量为：

$$dG_A = -V \, dY = -L \, dX \tag{4-52}$$

式中的负号表示，随填料层高度增加，气液相组成均不断降低。

在微元填料中吸收速率 N_A 视为定值，则

$$dG_A = N_A \, dA = N_A a\Omega \, dZ \tag{4-53}$$

将 $N_A = K_Y(Y - Y_e) = K_x(X_e - X)$ 代入式(4-53)中，可得：

$$dG_A = K_Y(Y - Y_e) a\Omega \, dZ \tag{4-54}$$

及

$$dG_A = K_X(X_e - X) a\Omega \, dZ \tag{4-55}$$

再将式(4-52)分别代入以上两式得：

$$-V \, dY = K_Y(Y - Y_e) a\Omega \, dZ \tag{4-56}$$

及

$$-L \, dY = K_X(X_e - X) a\Omega \, dZ \tag{4-57}$$

整理以上两式，分别得：

$$\frac{-dY}{Y - Y_e} = \frac{K_Y a\Omega}{V} \, dZ \tag{4-58}$$

及

$$\frac{-dX}{X_e - X} = \frac{K_X a\Omega}{L} \, dZ \tag{4-59}$$

对于稳定操作的吸收塔，当溶质溶解度处于中等以下，平衡关系曲线为直线时，K_Y 及 K_X 可视为常数，L、V、a 以及 Ω 均不随时间和塔截面而变化，于是对式(4-58)和式(4-59)在全塔范围内积分

$$\int_{Y_1}^{Y_2} \frac{-dY}{Y - Y_e} = \frac{K_Y a\Omega}{V} \int_0^Z dZ \tag{4-60}$$

及

$$\int_{X_1}^{X_2} \frac{-dX}{X_e - X} = \frac{K_X a\Omega}{L} \int_0^Z dZ \tag{4-61}$$

由此得到低组成气体吸收时计算填料层高度的基本式为

$$Z = \frac{V}{K_Y a\Omega} \int_{Y_2}^{Y_1} \frac{dY}{Y - Y_e} \tag{4-62}$$

及

$$Z = \frac{V}{K_X a\Omega} \int_{X_2}^{X_1} \frac{dX}{X_e - X} \tag{4-63}$$

式中，$K_X a$ 和 $K_Y a$ 分别为气相总体积吸收系数和液相总体积吸收系数，$kmol/(m^3 \cdot s)$；其物理意义为：在推动力为一个单位的情况下，单位时间单位体积填料层内所吸收溶质

的量。体积吸收系数可通过实验测取，也可查有关手册，或根据经验公式或关联式求取。

（2）传质单元数与传质单元高度

若令：

$$N_{OG} = \int_{Y_2}^{Y_1} \frac{\mathrm{d}Y}{Y - Y_e} \tag{4-64}$$

$$H_{OG} = \frac{V}{K_Y a\Omega} \tag{4-65}$$

则式（4-62）可写成：

$$Z = H_{OG} N_{OG} \tag{4-66}$$

式中　N_{OG}——以（$Y - Y_e$）为推动力的传质单元数；

　　　H_{OG}——传质单元高度，m。

把塔高写成 N_{OG} 和 H_{OG} 的乘积，这样处理的真实意义是：传质单元数 N_{OG} 中所含的变量只与物质的相平衡以及进料的含量条件有关，与设备的型式和操作条件（流速）等无关。这样，在做出设备型式的选择之前即可求出传质单元数，它反映了分离任务的难易。N_{OG} 越大，则表明吸收性能差，或表明分离要求过高。传质单元高度 H_{OG} 则与设备的类型、设备中的操作条件有关，H_{OG} 是完成一个传质单元所需的填料高度，是吸收设备效能高低的反映。

传质单元高度与传质单元数见表 4-6。

表 4-6　传质单元高度与传质单元数

塔高计算	传质单元高度	传质单元数	塔高计算	传质单元高度	传质单元数
$Z = H_{OG} N_{OG}$	$H_{OG} = \dfrac{V}{K_Y a\Omega}$ $H_{OG} = \dfrac{V}{K_y a\Omega}$	$N_{OG} = \displaystyle\int_{Y_2}^{Y_1} \dfrac{\mathrm{d}Y}{Y - Y_e}$ $N_{OG} = \displaystyle\int_{y_2}^{y_1} \dfrac{\mathrm{d}y}{y - y_e}$	$Z = H_G N_G$	$H_G = \dfrac{V}{k_y a\Omega}$ $H_G = \dfrac{V}{k_Y a\Omega}$	$N_G = \displaystyle\int_{y_2}^{y_1} \dfrac{\mathrm{d}y}{y - y_i}$ $N_G = \displaystyle\int_{Y_2}^{Y_1} \dfrac{\mathrm{d}Y}{Y - Y_i}$
$Z = H_{OL} N_{OL}$	$H_{OL} = \dfrac{V}{K_X a\Omega}$ $H_{OL} = \dfrac{V}{K_x a\Omega}$	$N_{OL} = \displaystyle\int_{X_2}^{X_1} \dfrac{\mathrm{d}X}{X_e - X}$ $N_{OL} = \displaystyle\int_{x_2}^{x_1} \dfrac{\mathrm{d}x}{x_e - x}$	$Z = H_L N_L$	$H_L = \dfrac{L}{k_x a\Omega}$ $H_L = \dfrac{V}{k_X a\Omega}$	$N_L = \displaystyle\int_{x_2}^{x_1} \dfrac{\mathrm{d}x}{x_i - x}$ $N_L = \displaystyle\int_{X_2}^{X_1} \dfrac{\mathrm{d}X}{X_i - X}$

计算塔高的关键问题是传质单元数。传质单元数的求取有解析法，如对数平均推动力法；脱吸因素法；梯级图解法；数值积分法。本节只介绍对数平均推动力法，其他方法读者可查阅《化学工程手册》。

对数平均推动力法适用于平衡线为直线的场合，有：

$$N_{OG} = \int_{Y_2}^{Y_1} \frac{\mathrm{d}Y}{Y - Y_e} = \frac{Y_1 - Y_2}{\Delta Y_m} \tag{4-67}$$

及

$$N_{OL} = \frac{\mathrm{d}X}{X_e - X} = \frac{X_1 - X_2}{\Delta X_m} \tag{4-68}$$

式（4-67）和式（4-68）中 ΔY_m 和 ΔX_m 是吸收塔顶（下标 2 表示）和塔底（下标 1 表示）气相推动力的对数平均值，或液相推动力的对数平均值。

$$\Delta Y_m = \frac{(Y_1 - Y_{e1}) - (Y_2 - Y_{e2})}{\ln \dfrac{Y_1 - Y_{e1}}{Y_2 - Y_{e2}}} \tag{4-69}$$

及

$$\Delta X_m = \frac{(X_{e1} - X_1) - (X_{e2} - X_2)}{\ln \dfrac{X_{e1} - X_1}{X_{e2} - X_2}} \tag{4-70}$$

塔高的计算方法除了传质单元数法，还有等板高度法，请查阅有关书籍。

4.6 其他吸收工艺

4.6.1 多组分吸收

对于多组分吸收，由于其他组分的存在使得溶质各组分的气液平衡关系有所改变，所以多组分吸收的计算比单组分复杂，但对于多组分低组成吸收仍可作某些简化处理。当用大量的吸收剂来吸收组成不高的溶质时，所得的稀溶液其平衡关系可认为服从亨利定律，即：

$$Y_{eA} = m_A X_A \tag{4-71}$$

或

$$Y_{ei} = m_i x_i \tag{4-72}$$

在同一条件下，溶质的种类不同，其相平衡常数 m_i 也不同，即在多组分吸收中，每一种溶质都有自己的平衡曲线。同时，各溶质组分在进出两相中的组成也不相同，因此每一种溶质组分又都有自己的操作线和操作线方程。各组操作线方程类似于单组分吸收，对组分 i 进行物料衡算，即有：

$$Y_i = \frac{L}{V} X_i + \left(Y_{i2} - \frac{L}{V} X_{i2} \right) \tag{4-73}$$

上式表明，不同溶质组分的操作线斜率均为液气比 (L/V)，亦即各溶质组分的操作线互相平行。

在多组分吸收计算时，需要首先确定"关键组分"，即在吸收操作中必须首先保证其吸收率达到预定指标的组分，然后根据关键组分确定操作液气比或回流比，进而可计算吸收所需填料层高度或理论板数，最后再由理论板数或填料高度核算其他组分的吸收率及出塔组成等。

图 4-11 所示由 H、K 和 L 三个组分构成的某低组成气体吸收过程的操作线和平衡线。直线 OE_H、OE_K 和 OE_L 分别为 H、K 和 L 组分的平衡线，平衡线段 $B_H T_H$、$B_K T_K$ 及 $B_L T_L$ 分别为三个组分的操作线（各组分在进塔液相中的含量均为零）。从图中可看出：三个组分的相平衡常数的关系为：$m_L > m_K > m_H$。在相同条件下，组分 H 的溶解度最大，称为重组分；组分 L 的溶解度最小，称为轻组分。若 K 组分是关键组分，采用传质单元数法或梯级图解法求出填料高度或理论级数。

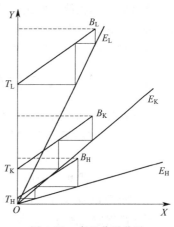

图 4-11 多组分吸收过程的平衡线和操作线

梯级图解法求理论级数的步骤为：根据 K 组分的平衡关系和进出塔的组成确定最小液气比，再确定操作液气比，然后根据 K 组分在塔顶的组成及操作液气比做出 K 组分的操作

线 $B_K T_K$。由操作线的一端开始在组分 K 的平衡线 OE_K 和 K 的操作线 $B_K T_K$ 之间画梯线，便可求出达到 K 组分的分离指标所需的理论板数 N_T（图中所得 $N_T = 2$）。然后根据 N_T 推算其他溶质组分的吸收率及出塔气、液组成。各组分的操作线需经试差法确定。试差法的依据有以下三条。

① 这些溶质组分（H、L）的操作线皆与关键组分（K）的操作线平行。

② 因各组分在进塔气、液中的组成（Y_{i1} 及 X_{i2}）都是已知的，故知其操作线的一端（T_i）应在竖直线上，而另一端（B_i）必在水平线 $Y = Y_{i1}$ 上。

③ 在这些组分的平衡线与操作线之间画出的梯级数恰等于关键组分的 $N_T = 2$。

按以上三个条件，经试差作图法确定了非关键组分的操作线；也就确定了它的吸收率及其出口气、液的组成。

4.6.2 化学吸收

对于化学吸收，溶质从气相主体到气液界面的传质机理与物理吸收完全相同，其复杂程度在于液相内的传质。溶质在由界面向液相主体扩散的过程中，将与吸收剂或液相中的其他活泼组分发生化学反应。因此，溶质的组成沿扩散途径的变化不仅与其自身的扩散速率有关，而且与液相中活泼组分的反向扩散速率、化学反应速率以及反应产物的扩散速率等有关。由于溶质在液相内发生化学反应，溶质在液相中呈现物理溶解态和化合态两种方式存在，而溶质的平衡分压仅与液相中物理溶解态的溶质有关。因此，化学反应将使溶质气体的有效溶解度显著地增加，从而增大了吸收过程的推动力；同时，由于部分溶质在液膜内扩散的途中即被化学反应所消耗，从而使传质阻力减小，吸收速率增大。所以，发生化学吸收总会使吸收速率得到不同程度的提高。

当液相中活泼组分的组成足够大，而且发生的是快速不可逆反应时，若溶质组分进入液相后立即发生反应而消耗掉，则液面上的分压为零，此时吸收过程为气膜中的扩散阻力控制，可按气膜控制的物理吸收计算。如硫酸吸收氨的过程即属此情况。

当反应速率较低致使化学反应主要在液相主体中进行时，吸收过程中气液两相的扩散阻力均未有变化，仅在液相主体中因化学反应而使溶液组成降低，过程的总推动力较单纯物理吸收大。用碳酸钠水溶液吸收二氧化碳的过程即属此种情况。

4.6.3 高组成气体的吸收

对于高组成气体的吸收，有下列特点。

（1）吸收过程有显著的热效应

对于物理吸收，当溶质与吸收剂形成理想溶液时，吸收热即为溶质的汽化潜热；当溶质与吸收剂形成非理想溶液时，吸收热等于溶质的汽化潜热及溶质与吸收剂的混合热之和。对于有化学反应的吸收过程，吸收热还包括化学反应热。

对于高组成气体吸收，由于溶质被吸收的量较大，产生的热量也较多。若吸收过程的液气比较小或者吸收塔的散热效果不好，将会使吸收液温度明显升高，这时气体吸收为非等温吸收。

温度升高对气液平衡关系有较大的影响。若系统温度升高，则平衡分压也将升高，从而导致吸收过程的推动力减小。当平衡分压等于或大于气相溶质的分压时，吸收过程将停止，或转为解吸过程。因此对溶解热较大的过程，如用水吸收氯化氢时，就必须采取措施移出热量以控制系统温度。

（2）吸收系数沿塔高不再为常数

高组成气体吸收过程中的气膜吸收系数由塔底至塔顶是逐渐减小，而液膜吸收系数一般可视为常数。至于总吸收系数不但不为常数，且变化更为复杂。因此，在高组成气体吸收计算时，往往以液膜吸收系数计算吸收速率。

由于高组成吸收的温度效应，对气膜和液膜吸收系数影响的程度是不同的。一般而言，温度升高使气膜吸收系数下降，对于某些由气膜控制的吸收过程，应尽可能在较低温度下操作。而对于液膜控制的吸收过程，温度的升高将有利于吸收过程的进行。因为温度升高使液膜吸收系数增大，增大溶质组分在液相中的扩散速率，一般说来，温度对液膜吸收系数的影响要比气膜吸收系数大得多。

4.7 吸收操作实例分析

4.7.1 逆流与并流操作的比较

例 1 逆流与并流操作的液气比计算

在总压为 $3.039 \times 10^5 \, Pa$（绝压），温度为 20℃下用纯水吸收混合气体中的 SO_2，SO_2 的初始含量为 0.05（摩尔分数），要求在处理后的气体中 SO_2 含量不超过 1%（体积分数）。已知在常压下 20℃时的平衡关系为 $y = 13.9x$，分别采用逆流与并流（图 4-12）操作时的最小液气比 $(L/V)_{\min}$ 各为多少？

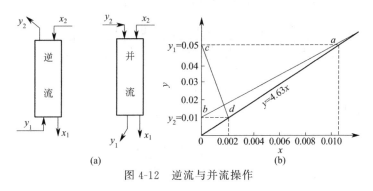

图 4-12 逆流与并流操作

解 由常压下 20℃时的平衡关系 $y = 13.9x$，可求得（$p = 3.039 \times 10^5 \, Pa$，$t = 20$℃时）相平衡常数为

$$m = \frac{13.9 \times 10^5}{3.039 \times 10^5} = 4.57$$

① 逆流操作时，气体出口与吸收剂入口皆位于塔顶，故操作线的一端（y_2，x_2）的位置已经确定［如图 4-12（b）中点 b］，当吸收剂用量为最小时，操作线将在塔底与平衡线相交于点 a，即 $x_{e1} = y_1/m$。于是，由物料衡算式可求得最小液气比为：

$$\left(\frac{L}{V}\right)_{\min} = \frac{Y_1 - Y_2}{X_{e1} - X_2} = \frac{\dfrac{y_1}{1 - y_1} - \dfrac{y_2}{1 - y_2}}{\dfrac{x_{e1}}{1 - x_{e1}} - 0} = \frac{\dfrac{0.05}{0.95} - \dfrac{0.01}{0.99}}{\dfrac{\dfrac{0.05}{4.57}}{1 - \dfrac{0.05}{4.57}}} = 3.86$$

② 并流操作时气体与液体进口皆位于塔顶，故操作线一端（y_1，y_2）的位置已确定[如图 4-12（b）中点 c]。当吸收剂用量最小时，此时 $x'_{e1}=\dfrac{y_2}{m}$。由物料衡算求得最小液气比为

$$\left(\frac{L}{V}\right)_{\min}=\frac{Y_1-Y_2}{X'_{e1}-X_2}=\frac{\dfrac{0.05}{0.95}-\dfrac{0.01}{0.99}}{\dfrac{\dfrac{0.01}{4.57}}{1-\dfrac{0.01}{4.57}}}=19.3$$

从以上计算结果可以看出：在同样的操作条件下完成同样的分离任务，逆流操作所需要的最小液气比远小于并流。因此，从平衡观点看，逆流操作优于并流操作。

例 2 并流与逆流操作吸收效果比较

用吸收操作除去某气体混合物中的可溶有害组分，在操作条件下的相平衡关系 $y=1.5x$，混合气体的残余含量 $y_1=0.1$（摩尔分数，下同），循环吸收剂的入塔含量 $x_2=0.001$；液气比 $L/V=2.0$。已知逆流操作时，气体出口的残余含量 $y_2=0.005$，试计算在操作条件不变的情况下改为并流操作，气体的出口含量为多少？吸收塔逆流操作时所吸收的可溶组分是并流操作的多少倍？（计算时可近似认为体积传质系数 $k_y a$ 与流动方式无关）

解 逆流操作时，由物料衡算求得液体出口浓度为

$$X_1=\frac{L}{V}(Y_1-Y_2)+X_2$$

$$=\frac{1}{2}\left(\frac{0.1}{1-0.1}-\frac{0.005}{1-0.005}\right)+\frac{0.001}{1-0.001}=0.054$$

$$x_1=\frac{X_1}{1+X_1}=\frac{0.054}{1+0.054}=0.051$$

平均传质推动力

$$\Delta y_m=\frac{(y_1-mx_1)-(y_2-mx_2)}{\ln\dfrac{y_1-mx_1}{y_2-mx_2}}$$

$$=\frac{(0.1-1.5\times0.051)-(0.005-1.5\times0.001)}{\ln\dfrac{0.1-1.5\times0.051}{0.005-1.5\times0.001}}$$

$$=0.0105$$

吸收过程传质单元数

$$N_{OG}=\frac{y_1-y_2}{\Delta y_m}=\frac{0.1-0.005}{0.0105}=9.05$$

改为并流操作时，因 $k_y a$ 可近似认为不变，传质单元高度 $H_{OG}=\dfrac{V}{k_y a\Omega}$ 不变，N_{OG} 不变。于是，并流操作的气、液两相出口组成为 y'_2，x'_1，设 $y\approx Y$、$x'=X$。根据物料衡算和传质单元数计算得：

$$x'_1=1/2(y_1-y'_2)+x_2$$
$$x'_1=1/2(0.1-y'_2)+0.001 \tag{4-74}$$

$$N_{\text{OG}} = \dfrac{y_1 - y_2'}{\dfrac{(y_1 - mx_2) - (y_2' - mx_1')}{\ln \dfrac{y_1 - y_2'}{y_2' - mx_1'}}} = \dfrac{1}{1 + \dfrac{mL}{V}} \ln \dfrac{y_1 - mx_2}{y_2' - mx_1'} \qquad (4\text{-}75)$$

$$9.05 = \dfrac{1}{1 + 1.5 \times \dfrac{1}{2}} \ln \dfrac{0.1 - 1.5 \times 0.001}{y_2' - 1.5x_1'}$$

化简式(4-75)得

$$7.55 \times 10^6 y_2' - 11.33 \times 10^6 x_1' = 0.0985 \qquad (4\text{-}76)$$

联立求解式(4-73)和式(4-76)得

$$y_2' = 0.0437$$
$$x_1' = 0.0292$$

逆流和并流操作吸收的溶质量之比为：

$$\dfrac{G_{\text{逆}}}{G_{\text{并}}} = \dfrac{V(y_1 - y_2)}{V(y_1 - y_2')} = \dfrac{0.1 - 0.005}{0.1 - 0.0437} = 1.687$$

从计算结果可以看出：在同一吸收塔内，当操作条件完全相同时，逆流操作可以得到更好的分离效果，其原因是逆流操作具有更大的平均传质推动力。因此，从速率观点来看，逆流操作同样优于并流操作。

▶4.7.2　吸收剂用量对吸收过程的影响

例 3　吸收剂用量对气体极限残余浓度的影响

用纯水逆流吸收气体混合物中的 SO_2（其余组分可视为惰性成分），混合物中的 SO_2 的初始含量为 5%（体积分数），在操作条件下相平衡关系是 $y = 5.0x$，试分别计算液气比为 4 与 6 时气体的极限出口含量。

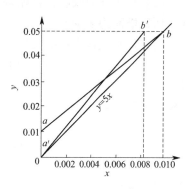

图 4-13　例 3 附图

解　当吸收塔为无限高，气体出口含量达到极限值，此时操作线与平衡线相交。对于逆流操作，操作线与平衡线交点位置取决于液气比 L/V 与相平衡常数 m 的相对大小。当 $L/V < m$ 时，操作线与平衡线只能相交于塔底，如图 4-13 所示；当 $L/V > m$ 时，操作线与平衡线只能相交于塔顶。

所以本题中 $L/V = 4$ 时，操作线 ab 与平衡线只能相交于塔底（见图 4-13 中 b 点）。由相平衡关系计算液体出口的最大含量为：

$$x_{\text{e1}} = \frac{y_1}{m} = \frac{0.05}{5} = 0.01$$

$$X_{\text{e1}} = \frac{0.01}{0.99} \approx 0.01$$

由物料衡算关系可求得气体的极限出口含量为

$$Y_{2\min} = Y_1 - \frac{L}{V}(X_{\text{e1}} - X_2)$$

$$=\frac{0.05}{0.95}-4\times0.01=0.0126$$

或

$$Y_{2\min}=\frac{0.0126}{1+0.0126}=0.0124$$

当 $L/V=6$ 时，操作线 $a'b'$ 与平衡线只能相交于塔顶（见图 4-13 中 a' 点），由相平衡关系计算气体出口含量为

$$y_{e2}=mx_2=0$$
$$Y_{e2}=mx_2=0$$

由相平衡关系可求得液体出口含量为

$$X_1=X_2=\frac{L}{V}(Y_1-Y_{e2})=\frac{0.05}{6}=0.00833$$

从以上结果可知，当 $L/V<m$ 时，气体的极限残余含量随 L/V 增大而减小；当 $L/V>m$ 时，气体的极限含量只取决于吸收剂的初始含量，而与吸收剂的用量无关。这对在吸收操作中确定吸收剂用量时，有效地把握经济权衡，提高吸收效率提供了理论依据。

例 4 吸收剂再循环对塔高影响

用纯水吸收空气-氨混合气体中的氨，氨的初始含量为 0.05（摩尔分数），要求氨的回收率不低于 95%，塔底得到的氨水含量不低于 0.05。已知在操作条件下气液平衡关系 $y_e=0.95x$，试计算：

（1）采用逆流操作，气体流速取 $0.02\text{kmol}/(\text{m}^2\cdot\text{s})$，体积传质系数 $K_ya=2\times10^{-2}\text{kmol}/(\text{m}^3\cdot\text{s})$，所需塔高为多少米？

（2）采用部分吸收剂再循环流程，新鲜吸收剂与循环量之比 $L/L_R=20$，气体流速不变，所需塔高为多少？

解：（1）气体出口组成为
$$y_2=(1-\eta)y_1=(1-0.95)\times0.05=0.0025$$

设 $$Y\approx y,X\approx x$$

故物料衡算为：
$$L(x_1-x_2)=V(y_1-y_2)$$
$$\frac{L}{V}=\frac{y_1-y_2}{x_1-x_2}=\frac{0.05-0.0025}{0.05-0}=0.95$$

因 $L/V=m=0.95$

$$\Delta y_1=y_1-mx_1=y_2$$
$$\Delta y_2=y_2-mx_2=y_2$$
$$\Delta y_m=\Delta y_1=\Delta y_2=y_2=0.0025$$

所需塔高为
$$H=\frac{V}{\Omega K_ya}\times\frac{y_1-y_2}{\Delta y_m}=\frac{0.02}{2\times10^{-2}}\times\frac{0.05-0.0025}{0.0025}=19\text{m}$$

（2）吸收剂入塔浓度
$$x_2'=\frac{L_Rx'}{L+L_R}=\frac{0.05}{20+1}=0.00238$$

平均传质推动力为

$$\Delta Y_m = \frac{(Y_1 - mx_1) - (Y_2 - mx'_2)}{\ln \dfrac{Y_1 - mx_1}{Y_2 - mx'_2}}$$

$$= \frac{(0.05 - 0.95 \times 0.05) - (0.0025 - 0.95 \times 0.00238)}{\ln \dfrac{0.05 - 0.95 \times 0.05}{0.0025 - 0.95 \times 0.00238}}$$

$$= 0.000963$$

所需塔高为

$$H = \frac{V}{\Omega K_y a} \times \frac{y_1 - y_2}{\Delta y_m} = \frac{0.02}{2 \times 10^{-2}} \times \frac{0.05 - 0.0025}{0.000963} = 49.3 \text{m}$$

从计算结果可以看出：吸收剂再循环可使吸收剂入口含量提高，平均传质推动力减小，如果传质系数 $K_y a$ 不变，则所需塔高增加。当循环量大到一定程度时，塔高再大也不可能达到分离要求。

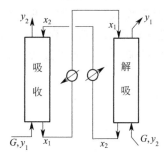

图 4-14　例 5 附图

若在逆流操作中，由于喷淋量不够，填料未能得到充分润湿，会导致体积吸收系数降低，当碰到相平衡常数很小的物系，吸收剂再循环可提高填料的润湿率，也不会较大降低传质推动力，反而对吸收过程是有利的。

例 5　循环吸收剂用量对吸收操作的影响

如图 4-14 所示，在吸收塔内用洗油吸收煤气中所含的苯蒸气，苯的初始含量为 0.02（摩尔分数），在吸收塔操作条件下，气液平衡关系 $Y_e = 0.125X$，两相洗油含量为 0.0075 时，煤气中苯的残余含量可降至 0.001；由吸收塔底排出的吸收液升温后，在解吸塔内用过热蒸汽进行解吸，解吸塔内的气液比为 0.365，相平衡关系为 $Y_e = 3.16X$。当解吸塔内的 m 很小时，过程可认为是气相阻力控制，当解吸塔内的 m 很大时，$K_x a \propto L^{0.06}$。现欲进一步降低煤气中苯的残余含量，将吸收剂的循环用量增加一倍，其他条件均维持不变，问能否达到预期的目的？

解　原工况下吸收塔液体出口含量为

$$X_1 = \frac{V}{L}(Y_1 - Y_2) + X_2$$

$$= \frac{0.02 - 0.001}{0.16} + 0.0075 = 0.126$$

吸收塔的平均推动力为

$$\Delta Y_m = \frac{(Y_1 - Y_{e1}) - (Y_2 - Y_{e2})}{\ln \dfrac{Y_1 - Y_{e1}}{Y_2 - Y_{e2}}}$$

$$= \frac{(0.02 - 0.125 \times 0.126) - (0.001 - 0.125 \times 0.0075)}{\ln \dfrac{0.02 - 0.125 \times 0.126}{0.001 - 0.125 \times 0.0075}}$$

$$= 9.924 \times 10^{-4}$$

原工况下吸收传质的单元数为

$$N_{OG} = \frac{Y_1 - Y_2}{\Delta Y_m} = \frac{0.02 - 0.001}{9.924 \times 10^{-4}} = 19.1$$

在原工况下解吸塔气体出口含量为

$$Y_1 = \frac{L(X_1 - X_2)}{V} + Y_2 = \frac{0.126 - 0.0075}{0.365} = 0.325$$

解吸塔的平均推动力为

$$\Delta Y_m = \frac{(Y_{e1} - Y_1) - (Y_{e2} - Y_2)}{\ln \dfrac{Y_{e1} - Y_1}{Y_{e2} - Y_2}}$$

$$= \frac{(3.16 \times 0.126 - 0.325) - 3.16 \times 0.0075}{\ln \dfrac{3.16 \times 0.126 - 0.325}{3.16 \times 0.0075}} = 0.0439$$

解吸塔的传质单元数

$$N_{OG} = \frac{Y_1 - Y_2}{\Delta Y_m} = \frac{0.325}{0.0439} = 7.403$$

在新工况，吸收塔的液气比 $(L/V)' = 2 \times 0.16 = 0.32$，解吸塔液气比 $(V/L)' = 0.365/2 = 0.1825$。因吸收过程为气相阻力控制，增大气速可降低吸收阻力，本题气相流量没有变化，吸收传质单元数 $N_{OG} = N'_{OG}$ 不变。但吸收中液相流量加倍后对解吸过程有影响，因为解吸过程是液相控制，在填料塔内 $k_x a \propto L^{0.66}$，故循环液相量加倍后，解吸过程的传质单元高度 H'_{OG} 及传质单元数 N'_{OG} 分别为

$$H'_{OG} = \frac{V}{K_Y a \Omega} \approx \frac{mV}{k'_x a \Omega} = \frac{mV}{2^{0.66} k_x a \Omega} = \frac{H_{OG}}{2^{0.66}}$$

又因为解吸塔填料高度 Z 不变，所以

$$N'_{OG} H'_{OG} = N_{OG} H_{OG}$$

即

$$N'_{OG} = \frac{N_{OG} H_{OG}}{H_{OG}} = 7.043 \times 2^{0.66} = 11.1$$

设循环量加倍后，吸收塔两相出口含量为 Y_2，X'_1，解吸塔两相出口浓度为 X'_2，Y'_1，则对吸收过程可写出：

$$X'_1 - X'_2 = \left(\frac{V}{L}\right)'(Y_1 - Y_2) = \frac{0.02 - Y'_2}{0.32} \tag{1}$$

$$N'_{OG} = N_{OG} = \frac{1}{1 - m\left(\dfrac{V}{L}\right)'} \ln \frac{Y_1 - m X'_1}{Y'_2 - m X'_2} \tag{2}$$

$$19.3 = \frac{1}{1 - \dfrac{0.125}{0.32}} \ln \frac{0.02 - 0.125 X'_1}{Y'_2 - 0.125 X'_2}$$

$$1.281 \times 10^5 (Y'_2 - 0.125 X'_2) = 0.02 - 0.125 X'_1$$

对解吸过程可写出

$$Y'_1 = \left(\frac{L}{V}\right)'(X'_1 - X'_2) + Y_2 = \frac{X'_1 - X'_2}{0.1825} \tag{3}$$

$$N'_{OG} = \frac{Y'_1 - Y_2}{\Delta Y_m} = \frac{Y'_1 - Y_2}{\dfrac{(m X'_1 - Y'_1) - (m X'_2 - Y'_2)}{\ln \dfrac{m X'_1 - Y'_1}{m X'_2 - Y_2}}}$$

$$= \frac{Y_1' - Y_2}{(mX_1' - Y_1') - (mX_2' - Y_2')} \ln \frac{mX_1' - Y_1'}{mX_2' - Y_2}$$

$$= \frac{1}{m\left(\dfrac{L}{V}\right) - 1} \ln \frac{mX_1' - Y_1'}{mX_2' - Y_2}$$

$$11.1 = \frac{1}{3.16 \cdot 0.1825 - 1} \ln \frac{3.16 X_1' - Y_1'}{3.16 Y_2'}$$

$$0.0287 X_2' = 3.16 X_1' - Y_1' \tag{4}$$

联立求解式(1)~式(4) 得

$$Y_2' = 0.00448 \qquad\qquad X_2' = 0.0359$$
$$X_1' = 0.0844 \qquad\qquad Y_1' = 0.266$$

从以上计算结果可以看出：循环液量增加以后，解吸塔出口（即吸收塔进口）液体含量 X_2' 增大，使气体残余含量增加。单从吸收过程来看，增加吸收剂用量似乎总是有利的，但对于循环吸收剂，循环量增大，解吸塔负荷过重，解吸不完全，增大了吸收液浓度，使尾气中残余气体浓度反而增加。

▶ 4.7.3 温度等对吸收过程的影响

例6 吸收剂入口温度对吸收过程的影响

在一填料塔内，用纯水吸收含有 SO_2 的混合气体。可溶组分 SO_2 的初始含量为 0.01（摩尔比），液气比 L/V 为 10，两相气液接触，操作压力 3.039×10^5 Pa（绝压）。在冬季，水温为 10℃，亨利系数 E 为 2.453MPa，气体的残余浓度可达到 0.001。在夏季，水温升至 30℃，亨利系数 $E' = 4.852$MPa，若此吸收过程可视为液膜控制，问气体的残余浓度将为多少？

解 在冬季，相平衡常数为

$$m = \frac{E}{p} = \frac{2.453 \times 10^6}{3.039 \times 10^5} = 8.07$$

液体出口浓度为

$$X_1 = \frac{V(Y_1 - Y_2)}{L} = \frac{0.01 - 0.001}{10} = 0.0009$$

吸收过程的平均传质推动力与传质单元数各为

$$\Delta Y_m = \frac{(Y_1 - mX_1) - (Y_2 - mX_2)}{\ln \dfrac{Y_1 - mX_1}{Y_2 - mX_2}} = \frac{(0.01 - 8.07 \times 0.009) - 0.001}{\ln \dfrac{0.01 - 8.07 \times 0.0009}{0.001}} = 0.001725$$

$$N_{OG} = \frac{Y_1 - Y_2}{\Delta Y_m} = \frac{0.01 - 0.001}{0.001725} = 5.21$$

在夏季，相平衡常数为

$$m' = \frac{E'}{p} = \frac{4.852 \times 10^6}{3.039 \times 10^5} = 16.0$$

因吸收过程为液膜控制，$\dfrac{1}{K_Y} \approx \dfrac{m}{k_x}$，若忽略温度对传质分数 k_x 的影响，则夏季与冬季传质单元高度的乘积不变（因塔高不变），故

$$\frac{N'_{OG}}{N_{OG}} = \frac{H_{OG}}{H'_{OG}} = \frac{\dfrac{V}{K_y a\Omega}}{\dfrac{V}{K'_y a\Omega}} = \frac{\dfrac{1}{K_Y}}{\dfrac{1}{K'_Y}} = \frac{\dfrac{m}{k_x}}{\dfrac{m'}{k'_x}} = \frac{m}{m'}$$

即

$$N'_{OG} = N_{OG} \cdot \frac{m}{m'} = 5.21 \times \frac{8.27}{16.0} = 2.69$$

设夏季气体残余浓度为 Y'_2，液体出口浓度为 X'_1，则以下两式成立。

$$X'_1 = \frac{L}{V}(Y_1 - Y'_2) = \frac{0.01 - Y'_2}{10} \tag{1}$$

$$N_{OG} = \frac{1}{1 - m\dfrac{V}{L}} \ln \frac{Y_1 - m'X'_1}{Y'_2} = 2.63 = \frac{1}{1 - \dfrac{16}{10}} \ln \frac{0.01 - 16X'_1}{Y'_2}$$

简化得

$$0.2064Y'_2 = 0.01 - 16X'_1 \tag{2}$$

联立解式（1）、式（2）得

$$Y'_2 = 0.0043$$

$$X'_1 = 0.00057$$

从以上计算结果可看出：在夏季由于吸收温度上升，相平衡常数上升，残余气体浓度由 0.001 上升到 0.0043，完成液浓度由 0.0009 下降到 0.00057，对吸收不利。

参 考 文 献

[1] 廖传华，米展，周玲，等．物理法水处理过程与设备［M］．北京：化学工业出版社，2016．

[2] 伍世新，孔凡滔，杨访，等．市售0号柴油对甲苯气体的吸收特性研究［J］．环境工程，2015，33（7）：85～89．

[3] 王丽浩，刘颖，李晓倩．焚烧气体的吸收净化［J］．中国科技博览，2015，21：214～215．

[4] 季冬，叶枫，王成．煤制气低温甲醇洗酸性气体吸收模拟与优化［J］．当代化工，2014，43（5）：756～758．

[5] 陈立钢，廖立霞．分离科学与技术［M］．北京：科学出版社，2014．

[6] 王亚亚，梁生荣，王智杰．低温甲醇洗酸性气体吸收塔模拟分析［J］．现代化工，2014，34（10）：157～161．

[7] 吴一．膜气体吸收—减压膜蒸馏组合工艺处理含苯废气的研究［D］．南京：南京理工大学，2013．

[8] 肖大福，闵度升，杨峰，等．氯化氢气体吸收装置的设计及研究制［J］．山东化工，2013，42（12）：35～37．

[9] 梅飞，江勇，陈世国，等．一种气体吸收的逐线计算模型及其实验验证［J］．光学学报，2012，32（3）：314～321．

[10] 徐东彦，叶庆国，陶旭梅．Separation Engineering［M］．北京：化学工业出版社，2012．

[11] 中国石油和化学工业联合会，中国化工经济技术发展中心编．石油和化工设备选型指南［M］．北京：中国财富出版社，2012．

[12] 罗川南．分离科学基础［M］．北京：科学出版社，2012．

[13] 商莹．功能化离子液合成、物性测定及应用于酸性气体吸收［D］．郑州：郑州大学，2012．

[14] 王冠楠．离子液体酸性气体吸收剂的合成、表征及吸收性能研究［D］．南京：南京大学，2011．

[15] 赵德明．分离工程［M］．杭州：浙江大学出版社，2011．

[16] 张顺泽，刘丽华．分离工程［M］．徐州：中国石业大学出版社，2011．

[17] 彭海媛，洪凡．膜气体吸收技术脱除电厂烟气二氧化碳的研究进展［J］．膜科学与技术，2011，31（1）：113～117．

[18] 李文秀，陈凯，张志刚，等．分散液相强化微溶气体吸收的研究［J］．化学工程，2010，38（2）：8～12．

[19] 张增志，陈志纯，晋蕾．十二烷基硫酸钠复合胶束液对甲烷的吸收作用及其吸收机理［J］．煤炭学报，2010，35

（6）：942～945.

[20] 陈威，李文秀，王晓兰，等．第二液相强化气体吸收传质［J］．化工进展，2009，28（A2）：399～401.

[21] 廖传华，柴本银，黄振仁．分离过程与设备［M］．北京：中国石化出版社，2008.

[22] 袁惠新．分离过程与设备［M］．北京：化学工业出版社，2008.

[23] 陈凯，李文秀，张志刚，等．有机分散相强化气体吸收的研究［J］．现代化工，2008，28（A1）：89～92.

[24] 李睿，徐军，许志良，等．膜气体吸收技术分离 VOCs N_2 混合气性能的研究［J］．环境工程学报，2008，2（9）：1194～1198.

[25] ［美］D. Seader，［美］Ernest J. Henley．分离过程原理［M］．上海：华东理工大学出版社，2007.

[26] 陆建刚，郑有飞，陈敬东，等．膜基气体吸收过程中活化剂的活化性能比较［J］．过程工程学报，2007，7（1）：39～43.

[27] 宋业林，宋襄翎．水处理设备实用手册［M］．北京：中国石化出版社，2004.

[28] 杨春晖，郭亚军主编．精细化工过程与设备［M］．哈尔滨：哈尔滨工业大学出版社，2002.

[29] 周立雪，周波主编．传质与分离技术［M］．北京：化学工业出版社，2002.

[30] 唐受印，戴友芝．水处理工程师手册［M］．北京：化学工业出版社，2001.

[31] 贾绍义，柴诚敬．化工传质与分离过程［M］．北京：化学工业出版社，2001.

[32] 赵汝傅，管国锋．化工原理［M］．南京：东南大学出版社，2001.

[33] 陈常贵，柴诚敬，姚玉英．化工原理（下册）［M］．天津：天津大学出版社，1999.

第**5**章

气-液传质设备

前已述及，蒸馏和吸收是两种典型的传质单元操作过程，它们所基于的原理虽然不同，但均属于气液间的相际传质过程。从对相际传质过程的要求来讲，它们具有共同的特点，即气液两相要密切接触，且接触后的两相又要及时得以分离。为此，蒸馏和吸收可在同样的设备中进行。

严格地讲，实现蒸馏过程的设备称为气液传质设备，而实现吸收过程的设备称为气液传质设备，气液传质设备的形式多样，其中用得最多的为塔设备。在塔设备内，液相靠重力作用自上而下流动，气相则靠压差作用自下而上，与液相呈逆流流动。两相之间要有良好的接触界面，这种界面由塔内装填的塔板或填料所提供，前者称为板式塔，后者称为填料塔。

5.1 板式塔

▶ 5.1.1 板式塔的结构

板式塔早在 1813 年已应用于工业生产，是使用量最大、应用范围最广的气液传质设备。板式塔为逐级接触式的气液传质设备，其结构如图 5-1 所示。它是由圆柱形壳体、塔板、溢流堰、降液管及受液盘等部件组成的。操作时，塔内液体依靠重力作用，由上层塔板的降液管流到下层塔板的受液盘，然后横向流过塔板，从另一侧的降液管流至下一层塔板。溢流堰的作用是使塔板上保持一定厚度的流动液层。气体则在压力差的推动下，自下而上穿过各层塔板的升气道（泡罩、筛孔或浮阀等），分散成小股气流，鼓泡通过各层塔板的液层。在塔板上，气液两相必须保持密切而充分的接触，为传质过程提供足够大而且不断更新的相际接触表面，减小传质阻力。在板式塔中，应尽量使两相呈逆流流动，以提供最大的传质推动力。气液两相逐级接触，两相的组成沿塔高呈阶梯式变化，在正常操作下，液相为连续相，气相为分散相。

塔板的结构是设计人员必须认真研究的重要课题。

▶ 5.1.2 塔板的类型及性能

5.1.2.1 塔板的类型

塔板可分为有降液管式塔板和无降液管式塔板（也称为穿流式或逆流式）两类，如图5-2所示。

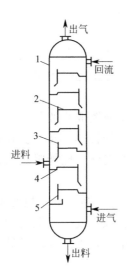

图 5-1 板式塔结构示意图
1—塔壳体；2—塔板；3—溢流堰；
4—受液盘；5—降液管

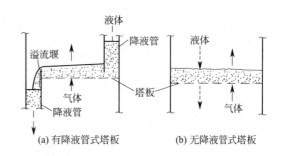

(a) 有降液管式塔板　　(b) 无降液管式塔板

图 5-2 塔板分类

在有降液管式塔板上，气液两相呈错流方式接触，这种塔板效率较高，具有较大的操作弹性，使用广泛。在无降液管式塔板上，气液两相呈逆流接触，塔板板面利用率较高，生产能力大，结构简单，但效率低，操作弹性较小，工业使用较少。

有降液管式塔板分为泡罩塔板、筛孔塔板、浮阀塔板、喷射型塔板。

（1）泡罩塔板

泡罩塔板的结构如图5-3所示。它的主要元件为升气管及泡罩。泡罩安装在升气管的顶部，分圆形和条形两种，其中圆形泡罩使用较广。泡罩的下部周边有很多齿缝，齿缝一般为三角形、矩形或梯形。泡罩在塔板上按一定规律排列。

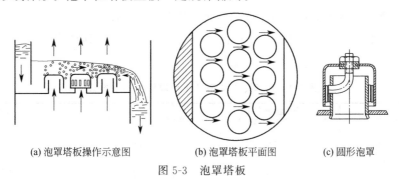

(a) 泡罩塔板操作示意图　　(b) 泡罩塔板平面图　　(c) 圆形泡罩

图 5-3 泡罩塔板

操作时，板上有一定厚度的液层，齿缝浸没于液层中而形成液封。升气管的顶部应高于泡罩齿缝的上沿，以防止液体从升气管中漏下。上升气体通过齿缝进入板上液层时，被分散成许多细小的气泡或流股，在板上形成鼓泡层，为气液两相的传热和传质提供大量的接触界面。

泡罩塔板的优点为：由于有升气管，即使在很低的气速下操作时，也不会产生严重的漏液现象，即操作弹性较大，塔板不易堵塞，适于处理各种物料。其缺点是结构复杂，造价高；板上液层厚，气体流径曲折，塔板压降大，生产能力及板效率较低。近年来，泡罩塔板已逐渐被筛板、浮阀塔板所取代，在新建塔设备中已很少采用。

（2）筛孔塔板

筛孔塔板简称筛板，其结构如图 5-4 所示。塔板上开有许多均匀的小孔，孔径一般为3～8mm，筛孔直径大于 10mm 的筛板称为大孔径筛板。筛孔在塔板上作正三角形排列。塔板上设置溢流堰，使板上能保持一定厚度的液层。

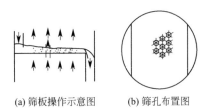

(a) 筛板操作示意图　(b) 筛孔布置图

图 5-4　筛板

操作时，气体经筛孔分散成小股气流，鼓泡通过液层，气液间密切接触而进行传热和传质。在正常的操作条件下，通过筛孔上升的气流，应能阻止液体经筛孔向下泄漏。

筛板的优点是结构简单，造价低；板上液面落差小，气体压降低，生产能力较大；气体分散均匀，传质效率较高。其缺点是筛孔易堵塞，不宜处理易结焦、黏度大的物料。

应予指出，尽管筛板传质效率高，但若设计和操作不当，易产生漏液，使得操作弹性减小，传质效率下降，故过去工业上应用较为谨慎。近年来，由于设计和控制水平的不断提高，可使筛板的操作非常精确，弥补了上述不足，故应用日趋广泛。

（3）浮阀塔板

浮阀塔板是在泡罩塔板和筛孔塔板的基础上发展起来的，它吸收了两种塔板的优点。其结构特点是在塔板上开有若干个阀孔，每个阀孔装一个可以上下浮动的阀片。阀片本身连有几个阀腿，插入阀孔后将阀腿底脚拨转 90°，用以限制操作时阀片在板上升起的最大高度，并限制阀片不被气体吹走。阀片周边冲出几个略向下弯的定距片，当气速很低时，靠定距片与塔板呈点接触而坐落在网孔上，阀片与塔板的点接触也可防止停工后阀片与板面黏结。

操作时，由阀孔上升的气流经阀片与塔板间隙沿水平方向进入液层，增加了气液接触时间，浮阀开度随气体负荷而变，在低气量时，开度较小，气体仍能以足够的气速通过缝隙，避免过多的漏液；在高气量时，阀片自动浮起，开度增大，使气速不致过大。

浮阀的类型很多，国内常用的有 F1 型、V-4 型及 T 型等，其结构如图 5-5 所示，基本参数见表 5-1。

表 5-1　F1 型、V-4 型及 T 型浮阀的基本参数

型式	F1 型(重阀)	V-4 型	T 型
阀孔直径/mm	39	39	39
阀片直径/mm	48	48	50
阀片厚度/mm	2	1.5	2
最大开度/mm	8.5	8.5	8
静止开度/mm	2.5	2.5	1.0～2.0
阀质量/g	32～34	25～26	30～32

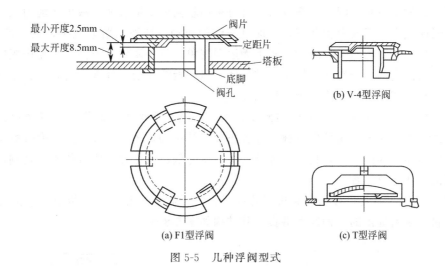

图 5-5 几种浮阀型式

浮阀塔板的优点是结构简单、制造方便、造价低；塔板开孔率大，生产能力大，由于阀片可随气量变化自由升降，故操作弹性大；因上升气流水平吹入液层，气液接触时间较长，故塔板效率较高。其缺点是处理易结焦、高黏度的物料时，阀片易与塔板黏结；在操作过程中有时会发生阀片脱落或卡死等现象，使塔板效率和操作弹性下降。

应予指出，以上介绍的仅是几种较为典型的浮阀形式。由于浮阀具有生产能力大、操作弹性大及塔板效率高等优点，且加工方便，故有关浮阀塔板的研究开发远较其他型式的塔板广泛，是目前新型塔板研究开发的主要方向。近年来研究开发出的新型浮阀有船形浮阀、管形浮阀、梯形浮阀、双层浮阀、V-V浮阀、混合浮阀等，其共同的特点是加强了流体的导向作用和气体的分散作用，使气液两相的流动更趋于合理，操作弹性和塔板效率得到进一步的提高。

（4）喷射型塔板

上述几种塔板，气体是以鼓泡或泡沫状态和液体接触，当气体垂直向上穿过液层时，使分散形成的液滴或泡沫具有一定的向上初速度。若气速过高，会造成较为严重的液沫夹带现象，使得塔板效率下降，因而这些塔板的生产能力受到一定的限制。为克服这一缺点，近年来研究开发出了喷射型塔板。在喷射型塔板上，气体沿水平方向喷出，不再通过较厚的液层而鼓

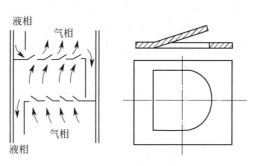

图 5-6 舌型塔板示意图

泡，因而塔板压降降低，液沫夹带量减少，可采用较大的操作气速，提高了生产能力。

① 舌型塔板。舌型塔板是喷射型塔板的一种，其结构如图 5-6 所示。在塔板上冲出许多舌型孔，向塔板液流出口侧张开。舌片与板面成一定的角度，有 18°、20°、25° 三种，常用的为 20°，舌片尺寸有 50mm×50mm 和 25mm×25mm 两种。舌孔按正三角形排列，塔板的液流出口侧不设溢流堰，只保留降液管，降液管截面积要比一般塔板设计得大些。

操作时，上升的气流沿舌片喷出，其喷出速度可达 20～30m/s。从上层塔板降液管流出的液体，流过每排舌孔时，即被喷出的气流强烈扰动而形成液沫，被斜向喷射到液层上方，喷射的液流冲至降液管上方的塔壁后流入降液管中，流到下一层塔板。

舌型塔板的优点是，因开孔率较大，且可采用较高的空塔气速，故生产能力大；因气体通过舌孔斜向喷出，气液两相并流，可促进液体的流动，使液面落差减少，板上液层较薄，故塔板压降低；又因液沫夹带减少，板上无返混现象，故传质效率较高。舌型塔板的缺点是气流截面积是固定的，操作弹性较小；被气体喷射的液流在通过降液管时，会夹带气泡到下层塔板，这种气相夹带现象使塔板效率明显下降。

② 浮舌塔板。为提高舌型塔板的操作弹性，可吸取浮阀塔板的优点，将固定舌片用可上下浮动的舌片来代替，这种塔板称为浮舌塔板，其结构如图5-7所示。浮舌塔板兼有浮阀塔板和固定舌型塔板的特点，具有处理能力大、压降低、操作弹性大等优点，特别适宜于热敏性物系的减压分离过程。

③ 斜孔塔板。斜孔塔板是在分析了筛孔塔板、浮阀塔板和舌型塔板上气液流动和液沫夹带产生机理之后提出的一种新型塔板，其结构如图5-8所示。

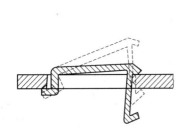

图 5-7　浮舌塔板示意图

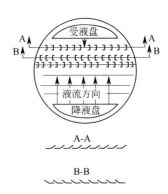

图 5-8　斜孔塔板示意图

筛孔塔板的气流垂直向上喷射及浮阀塔板的阀与阀之间喷出气流的相互冲击，都易造成较大的液沫夹带，影响传质效果。而舌型塔板的气液并流，虽减少了液沫夹带量，但气流对液体有加速作用，往往不能保证气液的良好接触，使传质效率下降。斜孔塔板克服了上述的缺点，在板上开有斜孔，孔口与板面成一定角度。斜孔的开口方向与液流方向垂直，同一排孔的孔口方向一致，相邻两排开孔方向相反，使相邻两排孔的气体反方向喷出。这样，气流不会对喷，既可得到水平方向较大的气速，又阻止了液沫夹带，使板面上液层低而均匀，气体和液体不断分散和聚集，其表面不断更新，气液接触良好，传质效率提高。

斜孔塔板的生产能力比浮阀塔板大30%左右，效率与之相当，且结构简单，加工制造方便，是一种性能优良的塔板。

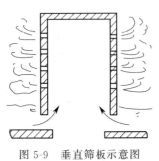

图 5-9　垂直筛板示意图

④ 垂直筛板。垂直筛板也是一种喷射型塔板，其结构如图5-9所示。它由直径为 $100\sim200mm$ 的大筛孔和侧壁开有许多小筛孔的圆形泡罩组成。塔板上液体被大筛孔上升的气体拉成膜状沿泡罩内壁向上流动，并与气体一起由筛孔水平喷出。这种喷射型塔板要求一定的液层高度，以维持泡罩底部的液封，故必须设置溢流堰。垂直筛板集中了泡罩塔板、筛孔塔板及喷射型塔板的特点，具有液沫夹带量小、生产能力大、传质效率高等优点，其综合性能优于斜孔塔板。

以上所介绍的几种塔板为工业上应用较为广泛的塔板，它们均属于有降液管式塔板。此外还有无降液管式塔板（包括穿流式塔板、旋流式塔板）等其他类型塔板，这些塔板的详细介绍可参考有关书籍。

5.1.2.2 塔板的性能

对各式塔板进行比较，做出正确的评价，对于了解每种塔板的特点，合理选择板型，具有重要的指导意义。对各种塔板性能进行比较是一个相当复杂的问题，因为塔板的性能不仅与塔型有关，还与塔的结构尺寸、处理物系的性质及操作状况等因素有关。塔板的性能评价指标有以下几个方面。

① 生产能力大，即单位塔截面上气体和液体的通量大。

② 塔板效率高，即完成一定的分离任务所需的板数少。

③ 压降低，即气体通过单板的压降低，能耗低。对于精馏系统则可降低釜温，这对于热敏性物料的分离尤其重要。

④ 操作弹性大，当操作的气液负荷波动时仍能维持板效率的稳定。

⑤ 结构简单，制造维修方便，造价低廉。

应予指出，对于现有的任何一种塔板，都不可能完全满足上述的所有要求，它们大多各具特色，而且各种生产过程对塔板的要求也有所侧重。譬如减压精馏塔则对塔板的压力降要求较高，其他方面相对来说可降低要求。上述塔板性能评价指标是塔板研究开发的方向，正是人们对于高效率、大通量、高操作弹性和低压力降的追求，推动着塔板新结构型式的不断出现和发展。

基于上述评价指标，对工业上常用的几种塔板的性能进行比较，比较结果列于表5-2。

表 5-2 常见塔板的性能比较

塔板类型	相对生产能力	相对塔板效率	操作弹性	压力降	结构	成本
泡罩塔板	1.0	1.0	中	高	复杂	1.0
筛板	1.2~1.4	1.1	低	低	简单	0.4~0.5
浮阀塔板	1.2~1.3	1.1~1.2	大	中	一般	0.7~0.8
舌型塔板	1.3~1.5	1.1	小	低	简单	0.5~0.6
斜孔塔板	1.5~1.8	1.1	中	低	简单	0.5~0.6

▶5.1.3 板式塔的操作特性

前已述及，塔板为气液两相进行传热和传质的场所。板式塔能否正常操作，与气液两相在塔板上的流动状况有关，塔内气液两相的流动状况即为板式塔的流体力学性能。由此可见，板式塔的操作特性与其流体力学性能是密切相关的。

5.1.3.1 板式塔的流体力学性能

(1) 塔板上气液两相的接触状态

塔板上气液两相的接触状态是决定板上两相流流体力学及传质和传热规律的重要因素。研究表明，当液体流量一定时，随着气速的增加，可以出现四种不同的接触状态，如图5-10所示。

(a) 鼓泡接触状态　　(b) 蜂窝接触状态　　(c) 泡沫接触状态　　(d) 喷射接触状态

图 5-10 塔板上的气液接触状态

① 鼓泡接触状态。当气速较低时，气体以鼓泡形式通过液层。由于气泡的数量不多，形成的气液混合物基本上以液体为主，此时塔板上存在着大量的清液。因气泡占的比例较小，气液两相接触的表面积不大，传质效率很低。

② 蜂窝状接触状态。随着气速的增加，气泡的数量不断增加。当气泡的形成速度大于气泡的浮升速度时，气泡在液层中累积。气泡之间相互碰撞，形成各种多面体的大气泡，这就是蜂窝发泡状态的特征。在这种接触状态下，板上清液层基本消失而形成以气体为主的气液混合物。由于气泡不易破裂，表面得不到更新，所以此种状态不利于传热和传质。

③ 泡沫接触状态。当气速继继增加，气泡数量急剧增加，气泡不断发生碰撞和破裂，此时板上液体大部分以液膜的形式存在于气泡之间，形成一些直径较小、扰动十分剧烈的动态泡沫，在板上只能看到较薄的一层液体。由于泡沫接触状态的表面积大，并不断更新，为两相传热与传质提供了良好的条件，是一种较好的塔板工作状态。

④ 喷射接触状态。当气速继续增加，由于气体动能很大，把板上的液体向上喷成大小不等的液滴，直径较大的液滴受重力作用又落回到板上，直径较小的液滴被气体带走，形成液沫夹带。前述的三种状态都是以液体为连续相，气体为分散相，而此状态恰好相反，气体为连续相，液体为分散相。两相传质的面积是液滴的外表面。由于液滴回到板上又被分散，这种液滴的反复形成和聚集，使传质面积大大增加，而且表面不断更新，有利于传热和传质，也是一种较好的工作状态。

如上所述，泡沫接触状态和喷射状态均是良好的塔板工作状态。因喷射接触状态的气速高于泡沫状态，故喷射接触状态下塔的生产能力较大，但带来液沫夹带较多，会影响传热传质。所以多数塔控制在泡沫接触状态下工作。

（2）气体通过塔板的压降

上升气流通过塔板时需要克服一定的阻力，该阻力形成塔板的压降。它包括：塔板本身的干板阻力（即各部件造成的）；板上气液层的静压力及液体的表面张力，此三项阻力之和，即为塔板的总压降。

塔板压降是影响板式塔操作特性的重要因素。塔板压降增大，一方面塔板上气液两相的接触时间随之增长，板效率增大，完成同样的分离任务所需实际塔板数减少，设备费用降低；另一方面，压降增大，塔釜压力必须增大，釜温就会升高，能耗增加，操作费用增大，若分离热敏性物料是不允许的。因此，在塔板设计时应综合考虑，在保证较高效率的前提下，力求降低压降。

（3）塔板上的液面落差

当液体横向流过塔板时，为克服板上的摩擦阻力和板上部件（泡罩、浮阀等）的局部阻力需要一定的液位差。液面落差将导致气流分布不均，从而造成漏液现象，使塔板效率下降。液面落差大小与板结构有关，板上结构复杂，阻力就大，落差就大；另一方面，液面落差还与塔径、液体流量有关。当塔径、流量较大时，也会形成较大液面落差。设计中常采用双溢流或阶梯溢流等形式减小液面落差。

5.1.3.2 板式塔的操作特性

（1）塔板上的异常操作现象

塔板上的异常操作现象包括漏液、液泛和液沫夹带、泡沫夹带等。这些异常操作现象是使塔板效率降低甚至使操作无法进行的重要因素，因此，应尽量避免这些异常操作现象的出现。

① 漏液。在正常操作的塔板上，液体横向流过塔板，然后经降液管流下。当气体通过塔板的速度较小时，气体通过升气孔道的动力不足以阻止板上液体经孔道流下时，便会出现漏液现象。漏液的发生导致气液两相在塔板上的接触时间减少，使得塔板效率下降，严重的漏液会使塔板不能积液而无法正常操作。通常，为保证塔的正常操作，漏液量应不大于液体流量的 10%，漏液量达到 10% 的气体速度称为漏液速度，它是板式塔操作气速的下限。

造成漏液的主要原因是气速太小和板面上液面落差所引起的气流分布不均匀，在塔板液体入口处，液层较厚，往往出现漏液，为此常在塔板液体入口处留出一条不开孔的区域，称为安定区。

② 液沫夹带。上升气流穿过塔板上液层时，必然将部分液体分散成微小液滴，气体夹带着这些液滴在板间的空间上升，如液滴来不及沉降分离，则将随气体进入上层塔板，这种现象称为液沫夹带。

液滴的生成虽然可增大气液两相的接触面积，有利于传质和传热，但过量的液沫夹带常造成液相在塔板间的返混，进而导致板效率严重下降。为维持正常操作，需将液沫夹带限制在一定范围，一般允许的液沫夹带量不超过 0.1kg（液）/kg（气）。

影响液沫夹带量的因素很多，最主要的是空塔气速和塔板间距。空塔气速减小及塔板间距增大，可使液沫夹带量减小。

③ 液泛。塔板正常操作时，需在板上维持一定厚度的液层，以和气体进行接触传质。如果由于某种原因，导致液体充满塔板之间的空间，使塔的正常操作受到破坏，这种现象称为液泛。液泛的产生有以下两种情况：a. 当塔板上液体流量很大，上升气体的速度很高时，液体被气体夹带到上一层塔板上的量剧增，使塔板间充满气液混合物，最终使整个塔内都充满液体，这种由于液沫夹带量过大引起的液泛称为夹带液泛；b. 当降液管内液体不能顺利下流，管内液体必然积累，当管内液位增高而越过溢流堰顶部时，两板间液体相连，塔板产生积液，并依次上升，最终导致塔内充满液体，这种由于降液管内充满液体而引起的液泛称为降液管液泛。

液泛的形成与气液两相的流量相关。对一定的液体流量，气速过大会形成液泛；反之，对一定的气体流量，液量过大也可能发生液泛。液泛时的气速称为泛点气速，正常操作气速应控制在泛点气速之下。

影响液泛的因素除气液流量外，还与塔板的结构，特别是塔板间距等参数有关，设计中采用较大的板间距，可提高液泛速度。

（2）塔板的负荷性能图

前已述及，影响板式塔操作状况和分离效果的主要因素为物料性质、塔板结构及气液负荷。对一定的分离物系，当设计选定塔板类型后，其操作状况和分离效果便只与气液负荷有关。要维持塔板正常操作和塔板效率的基本稳定，必须将塔内的气液负荷限制在一定的范围内，该范围即为塔板的负荷性能。将此范围在直角坐标系中，以液相负荷 L 为横坐标，气相负荷 V 为纵坐标进行绘制，所得图形称为塔板的负荷性能图，如图 5-11 所示。

负荷性能图由以下五条线组成。

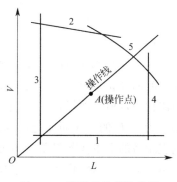

图 5-11　塔板的负荷性能图

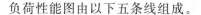

① 漏液线。图 5-11 中线 1 为漏液线，又称气相负荷下限线。当操作的气相负荷低于此线时，将发生严重的漏液现象。漏液量等于液体流量的 10%时的气速称为漏液点气速，它是塔板气速操作的下限，以 $u_{o,min}$ 表示，即：

$$u_{o,min} = \frac{F_0}{\sqrt{\rho_V}} \tag{5-1}$$

式中　F_0——气相动能因子，$kg^{0.5}/(m^{0.5} \cdot s)$；

　　　ρ_V——气相密度，kg/m^3。

按此可做出水平漏液线 1。塔板的适宜操作区应在该线以上。

② 液沫夹带线。图 5-11 中线 2 为液沫夹带线，又称气相负荷上限线。如操作的气液相负荷超过此线时，表明液沫夹带现象严重，此时液沫夹带量 $e_v > 0.1kg$(液)$/kg$(气)。塔板的适宜操作区应在该线以下。该线可近似运用下式作图，即：

$$e_v = \frac{5.7 \times 10^{-6}}{\sigma_L} \left(\frac{u_a}{H_T - h_f}\right)^{3.2} \tag{5-2}$$

式中　e_v——液沫夹带量，kg 液体/kg 气体；

　　　H_T——板间距，m；

　　　h_f——塔板上鼓泡层高度，m；

　　　u_a——通过有效传质区的气速，m/s；

　　　σ_L——液相表面张力，mN/m。

利用式（5-2）作图时应将 $e_v = 0.1$ 代入，把式中其他参数写成 V_S 或 L_S 的函数，然后写成 V_S-L_S 的函数方程式，列表作图即可。

③ 液相负荷下限线。图 5-11 中线 3 为液相负荷下限线。若操作的液相负荷低于此线时，表明液体流量过低，板上液流不能均匀分布，气液接触不良，易产生干吹、偏流等现象，导致塔板效率下降。塔板的适宜操作区应在该线以右。

④ 液相负荷上限线。图 5-11 中线 4 为液相负荷上限线。若操作的液相负荷高于此线时，表明液体流量过大，此时液体在降液管内停留时间过短，进入降液管内的气泡来不及与液相分离而被带入下层塔板，造成气相返混，使塔板效率下降。塔板的适宜操作区应在该线以左。

⑤ 液泛线。图 5-11 中线 5 为液泛线。若操作的气液负荷超过此线时将发生液泛现象，使塔不能正常操作。塔板的适宜操作区在该线以下。

（3）板式塔的操作分析

在图 5-11 所示的塔板负荷性能图中，由五条线所包围的区域称为塔板的适宜操作区。操作时的气相负荷 V 与液相负荷 L 在负荷性能图上的坐标点称为操作点。在连续精馏塔中，回流比为定值，故操作的气液比 V/L 也为定值。因此，每层塔板上的操作点沿通过原点、斜率为 V/L 的直线而变化，该直线称为操作线。操作线与负荷性能图上曲线的两个交点分别表示塔的上下操作极限，两极限的气体流量之比称为塔板的操作弹性。设计时，应使操作点尽可能位于适宜操作区的中央，若操作点紧靠某一条边界线，则负荷稍有波动时，塔的正常操作即被破坏。

应予指出，当分离物系和分离任务确定后，操作点的位置即固定，但负荷性能图中各条线的相应位置随着塔板的结构尺寸而变。因此，在设计塔板时，根据操作点在负荷性能图中的位置，适当调整塔板结构参数，可改进负荷性能图，以满足所需的操作弹性。例如：加大板间距可使液泛线上移，减小塔板开孔率可使漏液线下移，增加降液管面积可使液相负荷上限线右移等。

还应指出，图5-11所示为塔板负荷性能图的一般形式。实际上，塔板的负荷性能图与塔板的类型密切相关，如筛板塔与浮阀塔的负荷性能图的形状有一定的差异，对于同一个塔，各层塔板的负荷性能图也不尽相同。

塔板负荷性能图在板式塔的设计及操作中具有重要的意义。通常，当塔板设计后均要做出塔板负荷性能图，以检验设计的合理性。对于操作中的板式塔，也需做出负荷性能图，以分析操作状况是否合理。当板式塔操作出现问题时，通过塔板负荷性能图可分析问题所在，为问题的解决提供依据。

5.1.3.3　提高塔板效率的措施

为提高塔板效率，设计者应当根据物系的性质选择合理的结构参数和操作参数，力图增加相际传质，减少非理想流动。

（1）结构参数

影响塔板效率的结构参数很多，塔径、板间距、堰高、堰长以及降液管尺寸等对效率皆有影响，必须按某些经验规则恰当地选择。此外，有两点值得特别指出。

1）合理选择塔板的开孔率和孔径，造成适合物系性质的气液接触状态。前已述及，塔板上存在着四种气液接触状态。不同的孔速下将出现不同的气液接触状态，不同性质的物系适宜于不同的接触状态。

实践证明，轻组分表面张力小于重组分的物系宜采用泡沫接触状态；轻组分表面张力大于重组分的物系，宜采用喷射接触状态。原因是在泡沫接触状态下，气泡密集，板上液体呈液膜状态而介于气泡之间，液膜稳定，有利于传质。对于表面张力较小的重组分物系，局部传质处的表面张力将小于液膜表面张力，液体被拉向四周，导致液膜破裂气泡合并，相界面将减少不利于传质，故不宜采用泡沫接触状态。若表面张力较大的重组分物系，局部传质处的表面张力将大于液膜表面张力，可吸引周围的液体，使液膜得以恢复，又形成新的相界面。因此，表面张力较大的重组分物系，宜采用泡沫接触状态。

在喷射状态中，液相被分散成液滴而形成界面，此时，液滴的稳定性越差，液滴越容易分裂，相界面越大，有利于传质。

对于表面张力较小的重组分物系，液滴局部传质处的表面张力小于液滴其他处的表面张力，会导致液滴分裂，相界面变大，有利于传质，这种物系宜采用喷射接触状态。反之表面张力较大的重组分物系，液滴稳定性好，宜采用泡沫接触状态。

2）设置倾斜的进气装置，使全部或部分气流斜向进入液层。斜向进气时，气体将给液体以部分动量，并推动液体沿塔板流动，可以消除液面落差，促进气流的均布，也降低液沫夹带量。

（2）操作参数

对于特定物系和一定的塔结构，提高板效率，必须控制好适宜的气液流量范围。

① 气体流量与板效率的关系

图5-12所示为一定的液体流量下板效率随气体流量变化规律。图中V_1为操作气量的下限，V_2为上限。

在V_1以下的操作，主要是漏液导致板效率下降；当超过V_2操作时，主要是液泛和夹带导致板效率下降。

② 液气比不同，操作的上、下限负荷不同，控制的操作参数不同。如图 5-13 所示。

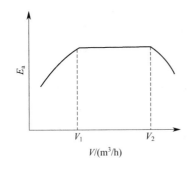

图 5-12 湿板效率 E_a 与气体流量的关系

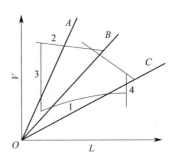

图 5-13 操作线与负荷变化示意图

当液气比 L/V 很大时，操作线为 OC 线，塔的生产能力则是由气泡夹带控制；在高液气比（OB 线）下，塔的生产能力是由溢流液泛控制；在低液气比（OA 线）时，塔的生产能力是由过量液沫夹带控制的。只有当塔设备的操作点和设计点都位于塔负荷性能图围成的区域内，气液两相流量的变化对板效率的影响才是被允许的。

▶ 5.1.4 板式塔的设计

板式塔的类型很多，但其设计原则与步骤却大同小异。一般来说，板式塔的设计步骤如下。

① 根据生产任务和分离要求，确定塔径、塔高等工艺尺寸。

② 进行塔板的设计，包括溢流装置的设计、塔板的布置、升气道（泡罩、筛孔或浮阀等）的设计及排列。

③ 进行流体力学验算。

④ 绘制塔板的负荷性能图。

⑤ 根据负荷性能图，对设计进行分析，若设计不够理想，可对某些参数进行调整，重复上述设计过程，直至满意。

现以筛板塔的设计为例，介绍板式塔的设计过程。

5.1.4.1 筛板塔工艺尺寸的计算

（1）塔的有效高度计算

板式塔的有效高度是指安装塔板部分的高度。根据给定的分离任务，求出理论板层数后，可按下式计算塔的有效高度，即

$$Z = \left(\frac{N_T}{E_T} - 1\right) H_T \tag{5-3}$$

式中　Z——板式塔的有效高度，m；

　　　N_T——塔内所需的理论板层数；

　　　E_T——总板效率；

　　　H_T——塔板间距，m。

由式（5-3）可见，塔板间距 H_T 直接影响塔的有效高度。在一定的生产任务下，采用较大的板间距可使塔的操作气速提高，塔径减小，但塔高要增加。反之，采用较小的板间距，塔的操作气速降低，塔径变大，但塔高可降低。因此，应依据实际情况，并结合经济权

衡，选择板间距。表 5-3 列出板间距的经验数值，可供设计时参考。板间距的数值应按系列标准选取，常用的塔板间距有 300mm、350mm、450mm、500mm、600mm、800mm 等几种系列标准。应予指出，板间距的确定除考虑上述因素外，还应考虑安装、检修的需要。例如在塔体的人孔处，应采用较大的板间距，一般不低于 600mm。

表 5-3　板式塔的塔板间距参考数值

塔径 D/m	0.3～0.5	0.5～0.8	0.8～1.6	1.6～2.0	2.0～2.4	>2.4
板间距 H_T/mm	200～300	300～350	350～450	450～600	500～800	≥600

（2）塔径

板式塔的塔径可依据流量公式进行计算，即：

$$D = \sqrt{\frac{4V_s}{\pi u}} \tag{5-4}$$

式中　D——塔径，m；

　　　V_s——气体体积流量，m^3/s；

　　　u——空塔气速，即按空塔计算的气体线速度，m/s。

空塔气速的确定用下式计算，即：

$$u = (0.6 \sim 0.8) u_{max} = (0.6 \sim 0.8) C \sqrt{\frac{\rho_L - \rho_V}{\rho_V}} \tag{5-5}$$

式中　u_{max}——极限空塔气速，m/s；

　　　C——负荷因子，[查史密斯关联（图 5-14）获取]；

　　　ρ_L——液相密度，kg/m^3；

　　　ρ_V——气相密度，kg/m^3；

　　0.6～0.8——安全系数。

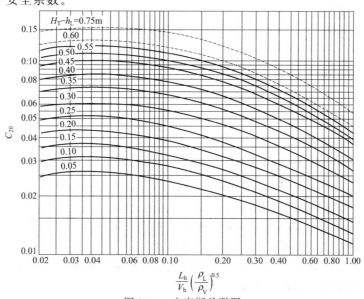

图 5-14　史密斯关联图

C_{20}——物系表面张力为 20mN/m 的负荷系数；V_h、L_h——塔内气、液两相的体积流量，m^3/h；

ρ_V、ρ_L——塔内气、液两相的密度，kg/m^3；H_T——塔板间距，m；h_L——塔上液层高度，m

横坐标 $\dfrac{L_{\mathrm{h}}}{V_{\mathrm{h}}}\left(\dfrac{\rho_{\mathrm{L}}}{\rho_{\mathrm{V}}}\right)^{0.5}$ 是一个无因次的比值，可称为液气动能参数，它反映液气两相的流量与密度的影响，而 $(H_{\mathrm{T}}-h_{\mathrm{L}})$ 反映液滴沉降空间高度对负荷系数的影响。

板上液层高度 h_{L} 应由设计者首先选定。对常压塔一般取为 $0.05\sim0.1\mathrm{m}$（通常取 $0.05\sim0.08\mathrm{m}$），对减压塔应取低些，可低至 $0.025\sim0.03\mathrm{m}$。

图 5-14 是按液体表面张力 $\sigma=20\mathrm{N/m}$ 的物系绘制的，若处理的物系表面张力为其他值，则需按下式校正查出的负荷系数，即：

$$C=C_{20}\left(\frac{\sigma}{20}\right)^{0.2} \tag{5-6}$$

式中　C_{20}——由图 5-14 查得的 C 值；

　　　σ——操作物系的液体表面张力，$\mathrm{mN/m}$；

　　　C——操作物系的负荷系数。

考虑到降液管占去了一部分塔截面积，使塔板上方气体流通面积小于塔截面积，因此，应再乘以安全系数，便得适宜的空塔气速。安全系数的选取与分离物系的发泡程度密切相关。对于直径较大、板距较大及加压或常压操作的塔以及不易起泡的物系，可取较高的安全系数，而对直径较小、板距较小及减压操作的塔以及严重起泡的物系，应取较低的安全系数。

选定空塔气速后，由式(5-4)即可计算出塔径 D。按设计要求，估算出塔径 D 后还应按塔径系列标准进行圆整。常用的标准塔径（单位为 mm）为：400、500、600、700、800、1000、1200、1400、1600、2000、2200、……。

应予指出，以上算出的塔径只是初估值，还要根据流体力学原则进行验算。另外，对精馏过程，精馏段和提馏段的气液负荷及物性是不同的，故设计时两段的塔径应分别计算，若两者相差不大，应取较大者作为塔径；若两者相差较大，应采用变径塔。

5.1.4.2　溢流装置设计

板式塔的溢流装置包括降液管、溢流堰和受液盘等几部分，其结构尺寸对塔的性能有着重要的影响。

（1）降液管的布置与溢流方式

降液管有圆形和弓形之分。圆形降液管的流通截面小，没有足够的空间分离液体中的气泡，气相夹带（气泡被液体带到下层塔板的现象）较严重，降低塔板效率。同时，溢流周边的利用也不充分，影响塔的生产能力。所以，除小塔外，一般不采用圆形降液管。弓形降液管具有较大的容积，又能充分利用塔板面积，应用较为普遍。

降液管的布置，规定了板上液体流动的途径。一般有如图 5-15 所示的几种型式，即 U 形流、单溢流、双溢流及阶梯式双溢流。

U 形流亦称回转流，降液和受液装置都安排在塔的同一侧。弓形的一半作受液盘，另一半作降液管。沿直径以挡板将板面隔成 U 形流道。图 5-15(a)中正视图 1 表示板上液体进口侧，2 表示液体出口侧。U 形流的液体流径最长，塔板面积利用率也最高，但液面落差大，仅用于小塔及液体流量小的情况下。

单溢流又称直径流，液体横过整个塔板，自受液盘流向溢流堰。液体流径长，塔板效率较高。塔板结构简单，广泛应用于直径 2.2m 以下的塔中。

双溢流又称半径流，来自上一塔板的液体分别从左、右两侧的降液管进入塔板，横过半

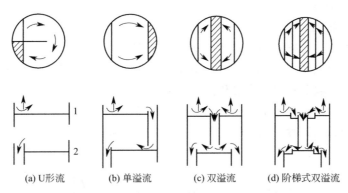

| (a) U形流 | (b) 单溢流 | (c) 双溢流 | (d) 阶梯式双溢流 |

图 5-15　塔板溢流类型

个塔板进入中间的降液管，在下一塔板上液体则分别流向两侧的降液管。这种溢流型式可减小液面落差，但塔板结构复杂，且降液管所占塔板面积较多。一般用于直径 2m 以上的大塔中。

阶梯式双溢流，塔板做成阶梯型式，目的在于减少液面落差而不缩短液体流径。每一阶梯均有溢流堰。这种塔板结构最复杂，只宜用于塔径很大，液量很大的特殊场合。

总之，液体在塔板上的流径越长，气液接触时间就越长，有利于提高分离效果；但是液面落差也随之加大，不利于气体均匀分布，使分离效果降低。由此可见流径的长短与液面落差的大小对效率的影响是相互矛盾的。选择溢流型式时，应根据塔径大小及液体流量等条件，作全面的考虑。表 5-4 列出溢流类型与液体流量及塔径的关系，可供设计时参考。

表 5-4　溢流类型与液体流量及塔径的关系

塔径 D/mm	液体流量 L_h/(m³/h)			
	U 形流	单溢流	双溢流	阶梯式双溢流
1000	<7	<45		
1400	<9	<70		
2000	<11	<90	90～160	
3000	<11	<110	110～200	200～300
4000	<11	<110	110～220	230～350
5000	<11	<110	110～250	250～400
6000	<11	<110	110～250	250～450

（2）溢流装置的设计计算

现以弓形降液管为例，介绍溢流装置的设计方法。溢流装置的设计参数包括溢流堰的堰长 l_w、堰高 h_w；弓形降液管的宽度 W_d、截面积 A_f；降液管底隙高度 h_o；进口堰的高度 h'_w、与降液管间的水平距离 h_1 等，如图 5-16 所示。

1）溢流堰（出口堰）

溢流堰设置在塔板的液体出口处，是维持板上有一定高度的液层并使液体在板上均匀流动的装置。将降液管的上端高出塔板板面，即形成溢流堰。降液管端面高出塔板板面的距离，称为堰高，以 h_w 表示，弓形溢流管的弦长称为堰长，以 l_w 表示。溢流堰板的形状有平直形与齿形两种。

堰长 l_w 一般根据经验确定。对常用的弓形降液管：

单溢流　$l_w=(0.6\sim0.8)D$

双溢流 $l_w = (0.5 \sim 0.6)D$

式中 D——塔内径，m。

堰高 h_w 需根据工艺条件与操作要求确定。设计时，一般应保持塔板上清液层高度在50～100mm。板上液层高度为堰高与堰上液层高度之和，即

$$h_L = h_w + h_{ow} \tag{5-7}$$

式中 h_L——板上液层高度，m；

h_w——堰高，m；

h_{ow}——堰上液层高度，m。

于是，堰高 h_w 可由板上液层高度及堰上液层高度而定。堰上液层高度对塔板的操作性能有很大的影响。堰上液层高度太小，会造成液体在堰上分布不均，影响传质效果，设计时应使堰上液层高度大于 60mm，若小于此值须采用齿形堰；堰上液层高度太大，会增大塔板压降及液沫夹带量。一般设计时 h_{ow} 不宜大于60～70mm，超过此值时可改用双溢流型式。

对于平直堰，堰上液层高度 h_{ow} 可用弗兰西斯（Francis）公式计算，即

$$h_{ow} = \frac{2.84}{1000} E \left(\frac{L_h}{l_w} \right)^{2/3} \tag{5-8}$$

式中 L_h——塔内液体流量，m^3/h；

E——液流收缩系数，由图 5-17 查得。

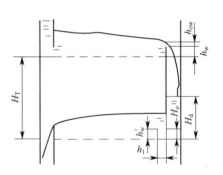

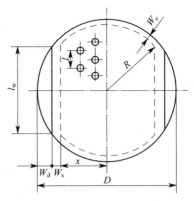

图 5-16   塔板的结构参数

根据设计经验，取 $E=1$ 时所引起的误差能满足工程设计要求。当 $E=1$ 时，由式(5-8)可看出，h_{ow} 仅与 L_h 及 l_w 有关，于是可用图 5-18 所示的列线图求出 h_{ow}。设计时 h_{ow} 一般不应小于 60mm，以免液体在堰上分布不均。如果达不到，则可改用齿形堰。h_{ow} 值也不宜过大，以免导致过大的塔板压降及雾沫夹带量。

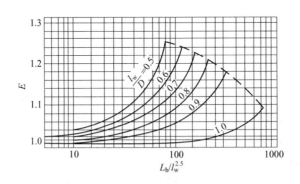

图 5-17   液流收缩系数计算图

对于齿形堰，堰上液层高度 h_{ow} 的计算公式可参考有关设计手册。

前已述及，板上清液层高度变化可在 0.05～0.1m 范围内选取。因此，求出 h_{ow} 后即可按下式范围确定 h_w：

$$0.1 - h_{ow} \geqslant h_w \geqslant 0.05 - h_{ow} \tag{5-9}$$

堰高 h_w 一般在 $0.03\sim0.05\text{m}$ 范围内,减压塔的 h_w 值应当较低,以降低塔板的压降。

2) 弓形降液管

弓形降液管的设计参数有降液管的宽度 W_d 及截面积 A_f。W_d 及 A_f 可根据堰长与塔径之比 l_w/D 由图 5-19 查得或与该图相应的数表求出。

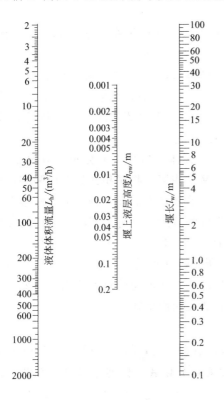

图 5-18 求 h_{ow} 的列线图

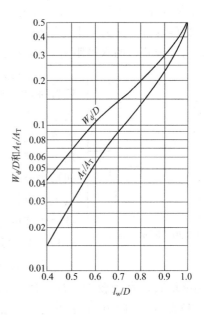

图 5-19 弓形降液管的宽度与面积

前已述及,液体在降液管内应有足够的停留时间,使液体中夹带的气泡得以分离。由实践经验可知,液体在降液管内的停留时间不应小于 $3\sim5\text{s}$,对于高压下操作的塔及易起泡的物系,停留时间应更长一些。为此,在确定降液管尺寸后,应按下式验算降液管内液体的停留时间 θ,即

$$\theta=\frac{3600A_fH_T}{L_h}\geqslant3\sim5\text{s} \tag{5-10}$$

若不能满足式(5-10)要求,应调整降液管尺寸或板间距,直至满足要求。

3) 降液管底隙高度

确定降液管底隙高度 h_o 的原则是:保证液体流经此处时的阻力不太大,同时要有良好的液封。一般按下式计算 h_o,即:

$$h_o=\frac{L_h}{l_w u'_O} \tag{5-11}$$

式中 L_h——塔内液体流量,m^3/h;

u'_O——液体通过降液管底隙时的流速,m/s。根据经验,一般可取 $u'_O=0.07\sim0.025\text{m/s}$。

为简便起见,有时运用下式确定,即:

$$h_\circ = h_w - 0.006 \tag{5-12}$$

降液管底隙高度一般不宜小于 20～25mm，否则易于堵塞，或因安装偏差而使液流不畅，造成液泛。在设计中，塔径较小时可取 $h_\circ$ 为 25～30mm，塔径较大时可以取 $h_\circ$ 为 40mm 左右，最大时 $h_\circ$ 可达 150mm。

4）进口堰及受液盘

在较大的塔中，有时在液体进入塔板处设有进口堰，以保证降液管的液封，并使液体在塔板上分布均匀。

若设进口堰，其高度 h'_w 可按下述原则考虑。若出口堰高 h_w 大于降液管底隙高度 $h_\circ$（一般都是这样），则取 h'_w 与 h_w 相等，在个别情况下 $h_w < h_\circ$ 时，则应取 $h'_w > h_\circ$，避免气体走短路经降液管而升至上层塔板上方。为了保证液体由降液管流出时不致受到很大阻力，进口堰与降液管间的水平距离 h_1 应不小于 $h_\circ$，即 $h_1 \geqslant h_\circ$。

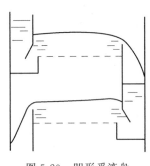

图 5-20　凹形受液盘

对于弓形降液管而言，液体在塔板上的分布一般比较均匀，设置进口堰既占用板面，又易使沉淀物淤积此处造成阻塞，故多数不采用进口堰。采用凹形受液盘不需设置进口堰。凹形受液盘既可在低液量时能形成良好的液封，且有改变液体流向的缓冲作用，并便于液体从侧线的抽出。对于 $\phi800mm$ 以上的塔，多采用凹形受液盘，如图 5-20 所示。凹形受液盘的深度一般在 50mm 以上，有侧线采出时宜取深些。凹形受液盘不适用于易聚合及有悬浮固体的情况，因易造成死角而堵塞。

5.1.4.3　塔板布置

塔板有整块式与分块式两种。直径较小（$D \leqslant 800mm$）的塔宜采用整块式，直径较大（$D \geqslant 1200mm$）的塔宜采用分块式，以便于通过人孔装、拆塔板。塔径为 800～1200mm 的塔，可根据制造与安装的具体情况，任意选取一种结构。

塔板板面根据所起作用不同，分为四个区域，如图 5-16 所示。

（1）鼓泡区

鼓泡区为图 5-16 中虚线以内的区域，是板面上开孔区域，为塔板上气液接触的有效区域。

（2）溢流区

溢流区为降液管及受液盘所占的区域。

（3）安定区

鼓泡区与溢流区之间的区域称为安定区，也称为破沫区。此区域不开气道，其作用有两方面：一方面是在液体进入降液管之前，有一段不鼓泡的安定地带，以免液体大量夹带气泡进入降液管；另一方面是在液体入口处，由于板上液面落差，液层较厚，有一段不开孔的安全地带，可减少漏液量。安定区的宽度以 W_s 表示，可按下述范围选取，即

当 $D < 1.5m$，$W_s = 60～75mm$

当 $D \geqslant 1.5m$，$W_s = 80～110mm$

对小直径的塔（$D < 1m$），因塔板面积小，安定区要相应减少。

（4）无效区

无效区即靠近塔壁的一圈边缘区域，这个区域供支持塔板的边梁之用，也称边缘区。其

宽度 W_c 视塔板的支承需要而定，小塔一般为 30～50mm，大塔一般为 50～70mm。为防止液体经无效区流过而产生短路现象，可在塔板上沿塔壁设置挡板。

应予指出，为便于设计及加工，塔板的结构参数已逐渐系列化。

5.1.4.4 筛孔的计算及其排列

(1) 筛孔直径

筛孔的直径是影响气相分散和气液接触的重要工艺尺寸。工业筛板的筛孔直径为 3～8mm，一般推荐用 4～5mm。筛孔直径太小，加工制造困难，且易堵塞。随着设计水平的提高和操作经验的积累，有采用大孔径（$\phi 10～25mm$）筛板的趋势，因大孔径筛板加工简单、造价低，且不易堵塞，只要设计合理，操作得当，仍可获得满意的分离效果。

筛孔加工一般采用冲压法，故确定筛孔直径时应根据塔板材料及厚度 δ 考虑加工的可能性。对于碳钢塔板，板厚 δ 为 3～4mm，孔径 d_o 应不小于板厚 δ；对于不锈钢塔板，板厚 δ 为 2～2.5mm，孔径 d_o 应不小于 1.5～2mm。

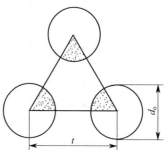

图 5-21　筛孔的正三角形排列

(2) 孔中心距

相邻两筛孔中心的距离称为孔中心距，以 t 表示。孔中心距 t 一般为 $(2.5～5)d_o$，t/d_o 过小易使气流相互干扰，过大则鼓泡不均匀，都会影响传质效率。设计推荐值为 $t/d_o = 3～4$。

(3) 筛孔的排列与筛孔数

设计时，筛孔按正三角形排列，如图 5-21 所示。

当采用正三角形排列时，筛孔的数目 n 可按下式计算，即：

$$n = \frac{1.155 A_s}{t^2} \tag{5-13}$$

式中　A_s——鼓泡区面积，m^2。

对单溢流型塔板，鼓泡区面积可用下式计算，即：

$$A_s = 2\left(x\sqrt{r^2 - x^2} + \frac{\pi r^2}{180}\sin^{-1}\frac{x}{r}\right) \tag{5-14}$$

式中　$x = \frac{D}{2} - (W_d + W_s)$，m；

$r = \frac{D}{2} - W_c$，m；

$\sin^{-1}\frac{x}{r}$——以角度表示的反正弦函数。

(4) 开孔率 ϕ

指一层塔板上筛孔总面积 A_o 与鼓泡区面积 A_s 的比值，即：

$$\phi = \frac{A_o}{A_s} \times 100\% \tag{5-15}$$

筛孔按正三角形排列时，可以导出：

$$\phi = \frac{A_o}{A_s} = 0.907\left(\frac{d_o}{t}\right)^2 \tag{5-16}$$

应予指出，按上述方法求出筛孔直径 d_o、筛孔数目 n 后，还需通过流体力学验算，检验是否合理，若不合理需进行调整。

5.1.4.5　塔板的流体力学验算

塔板流体力学验算的目的在于检验初步设计的塔板能否在较高的效率下正常操作，验算中若发现有不合适的地方，应对有关工艺尺寸进行调整，直到符合要求为止。流体力学验算内容有以下几项：塔板压力降、液泛、液沫夹带、漏液、液相负荷上限及下限、液面落差等。

（1）气体通过塔板的压强降

气体通过塔板时的压强降大小是影响板式塔操作特性的重要因素，也往往是设计任务规定的指标之一。在保证较高效率的前提下，应力求减小塔板压降，以降低能耗及改善塔的操作性能。

经塔板上升的气流需要克服以下几种阻力：塔板本身的干板阻力；板上充气液层的静压力及液体的表面张力。因此，按照目前广泛采用的加合计算方法，气体通过一层塔板时的压强降应力：

$$\Delta p_p = \Delta p_c + \Delta p_1 + \Delta p_\sigma \tag{5-17}$$

式中　Δp_p——气体通过一层塔板时的压强降，Pa；

　　　Δp_c——气体克服干板阻力所产生的压强降，Pa；

　　　Δp_1——气流克服板上充气液层的静压力所产生的压强降，Pa；

　　　Δp_σ——气流克服液体表面张力所产生的压强降，Pa。

习惯上，常把这些压强降全部折合成塔内液体的液柱高度来表示，故用 $\rho_L g$ 除以上式中各项，即：

$$\frac{\Delta p_p}{\rho_L g} = \frac{\Delta p_c}{\rho_L g} + \frac{\Delta p_1}{\rho_L g} + \frac{\Delta p_\sigma}{\rho_L g} \tag{5-18}$$

从而写成

$$h_p = h_c + h_1 + h_\sigma \tag{5-19}$$

式中　h_p——与 Δp_p 相当的液柱高度，$h_p = \dfrac{\Delta p_p}{\rho_L g}$，m；

　　　h_c——与 Δp_c 相当的液柱高度，$h_c = \dfrac{\Delta p_c}{\rho_L g}$，m；

　　　h_1——与 Δp_1 相当的液柱高度，$h_1 = \dfrac{\Delta p_1}{\rho_L g}$，m；

　　　h_σ——与 Δp_σ 相当的液柱高度，$h_\sigma = \dfrac{\Delta p_\sigma}{\rho_L g}$，m。

上述计算塔板压强降的加合模型，其物理意义并不是很确切的。但因这种计算方法简单易行，且无其他更为确切的模型可以取代，故仍被广泛采用。

1）干板阻力

干板压降可由下式计算，即

$$h_c = 0.051 \left(\frac{u_o}{C_o}\right)^2 \left(\frac{\rho_V}{\rho_L}\right) \tag{5-20}$$

式中　C_o——干筛板的流量系数，如图 5-22 中的曲线所示。

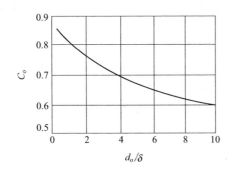

图 5-22　干筛板的流量系数

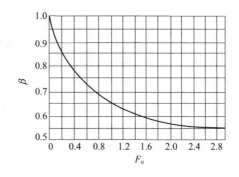

图 5-23　充气系数关联图

2）板上充气液层阻力

板上充气液层阻力受堰高、气速及溢流强度（单位溢流堰周边长度上的液体流量）等因素的影响，关系甚为复杂。一般用下面的经验公式计算，即：

$$h_1 = \beta h_L \tag{5-21}$$

式中　h_L——板上液层高度，m；

　　　β——反映板上液层充气程度的因素，可称为充气系数，无因次，如图 5-23 所示。液相为水时，$\beta = 0.5$；液相为油时，$\beta = 0.2 \sim 0.25$；液相为烃类化合物时，$\beta = 0.4 \sim 0.5$。

$$F_o = u_a \sqrt{\rho_V} \tag{5-22}$$

$$u_a = \frac{V_s}{A_T - A_f} \tag{5-23}$$

式中　F_o——气相动能因子，$kg^{0.5}/(m^{0.5} \cdot s)$；

　　　u_a——通过有效传质区的气速，m/s；

　　　ρ_V——气相密度，kg/m^3；

　　　A_T——塔截面积，m^2。

3）液体表面张力所产生的压降

气体克服液体表面张力所产生的压降由下式估算：

$$h_\sigma = \frac{4\sigma_L}{\rho_L g d_o} \tag{5-24}$$

式中　σ_L——液体的表面张力，N/m。

一般 h_σ 的值很小，计算时可忽略不计

（2）液面落差

筛板上没有突起的气液接触元件，液体流动的阻力小，故液面落差小，通常可忽略不计。只有当液体流量很大及液体流程很长时，才需要考虑液面落差的影响。

（3）液泛

前已述及，液泛分为降液管液泛和液沫夹带液泛两种情况。在筛板的流体力学验算中通常对降液管液泛进行验算。为使液体能由上层塔板稳定地流入下层塔板，降液管内需维持一定的液层高度 H_d。降液管内液层高度用来克服相邻两层塔板间的压降、板上清液层阻力和液体流过降液管的阻力，因此，可用下式计算 H_d，即

$$H_d = h_p + h_L + h_d \tag{5-25}$$

式中　H_d——降液管中清液层高度，m；

　　　　h_p——与上升气体通过一层塔板的压降所相当的液柱高度，m；

　　　　h_L——板上液层高度（此处忽略了板上液面落差，并认为降液管中不含气泡），m；

　　　　h_d——与液体流过降液管的压降相当的液柱高度，m。

式(5-25)中的h_p可由式(5-19)计算，h_L为已知，而h_d主要是由降液管底隙处的局部阻力造成，可按下面经验公式估算。

对于塔板上不设置进口堰的：

$$h_d = 0.153 \left(\frac{L_s}{l_w h_o} \right)^2 = 0.153 \, (u_o')^2 \tag{5-26}$$

对于塔板上设置进口堰的：

$$h_d = 0.2 \left(\frac{L_s}{l_w h_o} \right)^2 = 0.2 \, (u_o')^2 \tag{5-27}$$

式中　u_o'——流体流过降液管底隙时的流速，m/s。

按式(5-25)可算出降液管中清液层高度H_d，而降液管中液体和泡沫的实际高度大于此值。为了防止液泛，应保证降液管中泡沫液体总高度不能超过上层塔板的出口堰，即

$$H_d \leqslant \varphi (H_T + h_w) \tag{5-28}$$

式中　φ——安全系数。对易发泡物系，$\varphi = 0.3 \sim 0.5$；不易发泡物系，$\varphi = 0.6 \sim 0.7$。

（4）漏液

如前所述，当气体通过筛孔的流速较小，气体的动能不足以阻止液体向下流动时，便会发生漏液现象。根据经验，当相对漏液量（漏液量/液流量）小于10%时对塔板效率影响不大。相对漏液量为10%时的气速称为漏液点气速，它是塔板操作气速的下限，以$u_{o,\min}$表

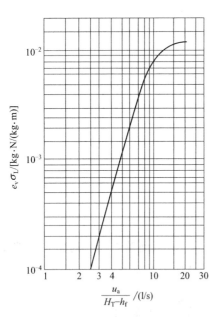

示。漏液量与气体通过筛孔的动能因子有关，根据实验观察，筛板塔相对漏液量为10%的动能因子为$F_o = 8 \sim 10$。

应予指出，计算筛板塔漏液点气速有不同的方法，但用动能因子计算漏液点气速，方法简单，有足够的准确性。

气体通过筛孔的实际速度u_o与漏液点气速$u_{o,\min}$之比，称为稳定系数，即：

$$K = \frac{u_o}{u_{o,\min}} \tag{5-29}$$

式中　K——稳定系数，无因次。K值的适宜范围为1.5～2。

（5）液沫夹带

液沫夹带造成液相在塔板间的返混，为保证板效率基本稳定，通常将液沫夹带量限制在一定范围内，设计中规定液沫夹带量$e_v < 0.1$kg 液体/kg 气体。

计算液沫夹带量有不同的方法，设计中常采用亨

图 5-24　亨特的液沫夹带关联图

特关联图，如图 5-24 所示。图中直线部分可回归成下式

$$e_v = \frac{5.7 \times 10^{-6}}{\sigma_L} \left(\frac{u_a}{H_T - h_f} \right)^{3.2} \tag{5-30}$$

式中 e_v——液沫夹带量，kg 液体/kg 气体；

　　　h_f——塔板上鼓泡层高度，m。

根据设计经验，一般取 $h_f = 2.5 h_L$。

5.2　填料塔

▶5.2.1　填料塔的结构

(1) 填料塔的结构

填料塔是以塔内装填大量的填料为相间接触构件的气液传质设备。填料塔于 19 世纪中期已应用于工业生产，此后，它与板式塔竞相发展，构成了两类不同的气液传质设备。填料塔的结构较简单，如图 5-25 所示。填料塔的塔身是一直立式圆筒，底部装有填料支承板，填料以乱堆或整砌的方式放置在支承板上。在填料的上方安装填料压板，以限制填料随上升气流的运动。液体从塔顶加入，经液体分布器喷淋到填料上，并沿填料表面流下。气体从塔底送入，经气体分布装置（小直径塔一般不设气体分布装置）分布后，与液体呈逆流连续通过填料层的空隙。在填料表面气液两相密切接触进行传质。填料塔属于连续接触式的气液传质设备，两相组成沿塔高连续变化，在正常操作状态下，气相为连续相，液相为分散相。

当液体沿填料层下流时，有逐渐向塔壁集中的趋势，使得塔壁附近的液流量逐渐增大，这种现象称为壁流。壁流效应造成气液两相在填料层分布不均匀，从而使传质效率下降。为此，当填料层较高时，需要进行分段，中间设置再分布装置。液体再分布装置包括液体收集器和液体再分布器两部分，上层填料流下的液体经液体收集器收集后，送到液体再分布器，经重新分布后喷淋到下层填料的上方。

(2) 填料塔的特点

与板式塔相比，填料塔具有如下特点。

① 生产能力大。板式塔与填料塔的液体流动和传质机理不同，如图 5-26 所示。板式塔的传质是通过上升气体穿过板上的液层来实现，塔板的开孔率一般占塔截面积的 7%～10%，而填料塔的传质是通过上升气体和靠重力沿填料表面下降的液流接触实现。填料塔内件的开孔率均在 50% 以上，而填料层的空隙率则超过 90%，一般液泛点较高。故单位塔截面积上，填料塔的生产能力一般均高于板式塔。

② 分离效率高。一般情况下，填料塔具有较高的分离效率。工业填料塔每米理论级大多在 2 级以上，最多可达 10 级以上。而常用的板式塔，每米理论级最多不超过 2 级。研究表明，在减压和常压操作下，填料塔的分离效率明显优于板式塔，在高压下操作，板式塔的分离效率略优于填料塔。但大多数分离操作是处于减压及常压的状态下。

③ 压力降小。填料塔由于空隙率高，故其压降远远小于板式塔。一般情况下，板式塔的每个理论级压降约在 0.4～1.1kPa，填料塔约为 0.01～0.27kPa，通常，板式塔的压降高于填料塔 5 倍左右。压降低不仅能降低操作费用，节约能耗，对于精馏过程，可使塔釜温度降低，有利于热敏性物系的分离。

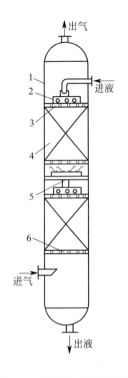

图 5-25 填料塔的结构示意
1—塔壳体；2—液体分布器；3—填
料压板；4—填料；5—液体再分布
装置；6—填料支承板

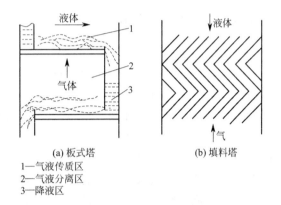

(a) 板式塔
1—气液传质区
2—气液分离区
3—降液区

图 5-26 板式塔与填料
塔传质机理的比较

④ 持液量小。持液量是指塔在正常操作时填料表面、内件或塔板上所持有的液量。对于填料塔，持液量一般小于 6％，而板式塔则高达 8％～12％。持液量大，可使塔的操作平稳，不易引起产品的迅速变化，但大的持液量使开工时间增长，增加操作周期及操作费用，对于热敏性物系分离及间歇精馏过程是不利的。

⑤ 操作弹性大。操作弹性是指塔对负荷的适应性。由于填料本身对负荷变化的适应性很大，故填料塔的操作弹性决定于塔内件的设计，特别是液体分布器的设计，因而可根据实际需要确定填料塔的操作弹性。而板式塔的操作弹性则受到塔板液泛、液沫夹带及降液管能力的限制，一般操作弹性较小。

填料塔也有一些不足之处，如填料造价高；当液体负荷较小时不能有效地润湿填料表面，使传质效率降低；不能直接用于有悬浮物或容易聚合的物料，对侧线进料和出料等复杂精馏不太适合等。因此，在选择塔的类型时，应根据分离物系的具体情况和操作所追求的目标综合考虑上述各因素。

5.2.2 填料的类型及性能

填料是填料塔的核心构件，它提供了气液两相接触传质的相界面，是决定填料塔性能的主要因素。

5.2.2.1 填料的类型

填料的种类很多，根据装填方式的不同，可分为散装填料和规整填料两大类。

（1）散装填料

散装填料是一粒粒具有一定几何形状和尺寸的颗粒体，一般以散装方式堆积在塔内，又称为乱堆填料或颗粒填料。散装填料根据结构特点不同，又可分为环形填料、鞍形填料、环鞍形填料及球形填料等。图 5-27 为几种较为典型的散装填料。

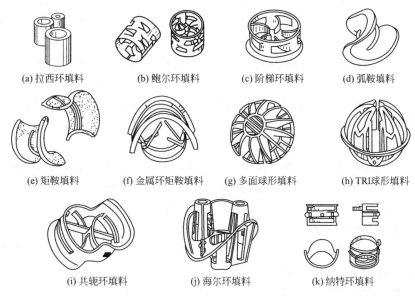

(a) 拉西环填料　　(b) 鲍尔环填料　　(c) 阶梯环填料　　(d) 弧鞍填料

(e) 矩鞍填料　　(f) 金属环矩鞍填料　　(g) 多面球形填料　　(h) TRI球形填料

(i) 共轭环填料　　(j) 海尔环填料　　(k) 纳特环填料

图 5-27　几种典型的散装填料

① 拉西环填料

拉西环填料于 1914 年由拉西（F. Rashching）发明，是使用最早的一种填料，为外径与高度相等的圆环，如图 5-27(a)所示。由于拉西环在装填时容易产生架桥、空穴等现象，圆环的内部液体不易流入，所以极易产生液体的偏流、沟流和壁流，气液分布较差，传质效率低。又由于填料层持液量大，气体通过填料层折返的路径长，所以气体通过填料层的阻力大，通量小。目前拉西环工业应用较少，已逐渐被其他新型填料所取代。

② 鲍尔环填料

鲍尔环填料是在拉西环填料的基础上改进而得的。在拉西环的侧壁上开出两排长方形的窗孔，被切开的环壁的一侧仍与壁面相连，另一侧向环内弯曲，形成内伸的舌叶，诸舌叶的侧边在环中心相搭，如图 5-27(b)所示。鲍尔环填料的比表面积和空隙率与拉西环基本相当，但由于环壁开孔，大大提高了环内空间及环内表面的利用率，气体流动阻力降低，液体分布比较均匀。同种材质、同种规格的两种填料相比，鲍尔环的气体通量较拉西环增大50％以上，传质效率增加 30％左右。鲍尔环填料以其优良的性能得到了广泛的应用。

③ 阶梯环填料

阶梯环填料是在鲍尔环基础上加以改造而得出的一种新型填料，如图 5-27(c)所示。阶梯环与鲍尔环的相似之处是环壁上也开有窗孔，但其高度减少了一半。由于高径比减少，使得气体绕填料外壁的平均路径大为缩短，减少了气体通过填料层的阻力。阶梯环填料的一端增加了一个锥形翻边，不仅增加了填料的机械强度，而且使填料之间由线接触为主变成以点接触为主，这样不但增加了填料间的空隙，同时成为液体沿填料表面流动的汇集分散点，可以促进液膜的表面更新，有利于传质效率的提高。阶梯环的综合性能优于鲍尔环，成为目前所使用的环形填料中最为优良的一种。

④ 弧鞍填料

弧鞍填料属鞍形填料的一种，其形状如同马鞍，一般采用瓷质材料制成，如图5-27(d)所示。弧鞍填料的特点是表面全部敞开，不分内外，液体在表面两侧均匀流动，表面利用率高，流道呈弧形，流动阻力小。其缺点是易发生套叠，致使一部分填料表面被重合，不能被液体润湿，使传质效率降低。弧鞍填料强度较差，容易破碎，工业生产中应用不多。

⑤ 矩鞍填料

为克服弧鞍填料容易套叠的缺点，将弧鞍填料两端的弧形面改为矩形面，且两面大小不等，即成为矩鞍填料，如图5-27(e)所示。矩鞍填料堆积时不会套叠，液体分布较均匀，矩鞍填料一般采用瓷质材料制成，其性能优于拉西环，目前国内绝大多数应用瓷拉西环的场合，均已被瓷矩鞍填料所取代。

⑥ 金属环矩鞍填料

将环形填料和鞍形填料两者的优点集中于一体，而设计出的一种兼有环形和鞍形结构特点的新型填料称为环矩鞍填料（国外称为Intalox），该填料一般以金属材料制成，故又称之为金属环矩鞍填料，如图5-27(f)所示。这种填料既有类似开孔环形填料的圆孔、开孔和内伸的舌叶，也有类似矩鞍形填料的侧面。敞开的侧壁有利于气体和液体通过，减少了填料层内滞液死区。填料层内流通孔道增多，使气液分布更加均匀，传质效率得以提高。金属环矩鞍的综合性能优于鲍尔环和阶梯环。因其结构特点，可采用极薄的金属板轧制，仍能保持良好的机械强度。故该填料是散装填料中应用较多、性能优良的一种填料。

⑦ 球形填料

球形填料是散装填料的另一种形式，一般采用塑料注塑而成，其结构有多种，如图5-27(g)所示的由许多板片构成的多面球形填料；图5-27(h)所示的由许多枝条的格栅组成的TRI球形填料等。所有这些填料的特点是球体为空心，可以允许气体、液体从其内部通过。由于球体结构的对称性，填料装填密度均匀，不易产生空穴和架桥，所以气液分散性能好。球形填料一般只适用于某些特定的场合，工程上应用较少。

随着现代过程工业及相关技术的发展，近年来不断有新型填料开发出来，这些填料构型独特，均有各自的特点。如图5-27(i)所示的共轭环填料；图5-27(j)所示的海尔环填料及图5-27(k)所示的纳特环填料等。

（2）规整填料

规整填料是一种在塔内按均匀几何图形排列，整齐堆砌的填料，该填料的特点规定了气液流径，改善了填料层内气液分布状况，可以在很低的压降下提供更多的比表面积，使得处理能力和传质性能均得到较大程度的提高。

规整填料种类很多，根据其几何结构可以分为格栅填料、波纹填料、脉冲填料等。图5-28所示为几种较为典型的规整填料。

① 格栅填料

格栅填料是以条状单元体经一定规则组合而成的，其结构随条状单元体的形式和组合规则而变，因而具有多种结构形式。工业上应用最早的格栅填料为木格栅填料，如图5-28(a)所示。目前应用较为普遍的有格里奇格栅填料、网孔格栅填料、蜂窝格栅填料等，其中以格里奇格栅填料最具代表性，如图5-28(b)所示。

格栅填料的比表面积较低，主要用于要求低压降、大负荷及防堵等场合。

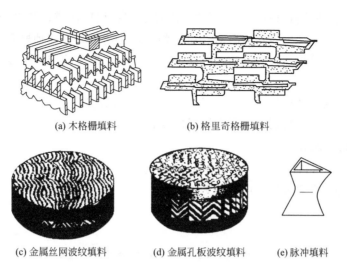

(a) 木格栅填料　　　　(b) 格里奇格栅填料

(c) 金属丝网波纹填料　　(d) 金属孔板波纹填料　　(e) 脉冲填料

图 5-28　几种典型的规整填料

② 波纹填料

波纹填料是一种通用型规整填料，目前工业上应用的规整填料绝大部分属于此类。波纹填料是由许多波纹薄板组成的圆盘状填料，波纹与塔轴的倾角有 30°和 45°两种，组装时相邻两波纹板反向靠叠。各盘填料垂直装于塔内，相邻的两盘填料间交错 90°排列。

波纹填料的优点是结构紧凑，具有很大的比表面积，其比表面积可由波纹结构形状而调整，常用的有 125、150、250、350、500、700 等几种。相邻两盘填料相互垂直，使上升气流不断改变方向，下降的液体也不断重新分布，故传质效率高。填料的规则排列使流动阻力减小，从而处理能力得以提高。波纹填料的缺点是不适于处理黏度大、易聚合或有悬浮物的物料，此外，填料装卸、清理较困难，造价也较高。波纹填料按材料结构可分为网波纹填料和板波纹填料两类，其材料又有金属、塑料和陶瓷等之分。

金属丝网波纹填料是网波纹填料的主要形式，它是由金属网制成的，如图 5-28(c)所示。因丝网细密，故其空隙率较高，填料层压降低。由于丝网独具的毛细作用，使表面具有很好的润湿性能，故分离效率很高。该填料特别适用于精密精馏及真空精馏装置，为难分离物系、热敏性物系的精馏提供了有效的手段。尽管其造价高，但因其性能优良，仍得到了广泛的应用。

金属孔板波纹填料是板波纹填料的一种主要形式，如图 5-28(d)所示。该填料的波纹板片上钻有许多 $\phi 5mm$ 左右的小孔，可起到粗分配板片上的液体、加强横向混合的作用。波纹板片上轧成细小沟纹，可起到细分配板片上的液体、增强表面润湿性能的作用。金属孔板波纹填料强度高，耐腐蚀性强，特别适用于大直径塔及气液负荷较大的场合。

另一种有代表性的板波纹填料为金属压延孔板波纹填料。它与金属孔板波纹填料的主要区别在于板片表面不是钻孔，而是刺孔，用辗轧方式在板片上辗出密度很大的孔径为 0.4～0.5mm 小刺孔。其分离能力类似于网波纹填料，但抗堵能力比网波纹填料强，并且价格便宜，应用较为广泛。

③ 脉冲填料

脉冲填料是由带缩颈的中空棱柱形单体按一定方式拼装而成的一种规整填料，如

第 **5** 章　气-液传质设备　135

图 5-28(e)所示。脉冲填料组装后，会形成带缩颈的多孔棱形通道，其纵面流道交替收缩和扩大，气液两相通过时产生强烈的湍动。在缩颈段，气速最高，湍动剧烈，从而强化传质。在扩大段，气速减到最小，实现两相的分离。流道收缩、扩大的交替重复，实现了"脉冲"传质过程。

脉冲填料的特点是处理量大，压力降小，是真空精馏的理想填料。因其优良的液体分布性能使放大效应减少，故特别适用于大塔径的场合。

5.2.2.2 填料的性能评价

(1) 填料的几何特性

填料的几何特性是评价填料性能的基本参数，填料的几何特性数据主要包括比表面积、空隙率、填料因子等。

① 比表面积

单位体积填料层的填料表面积称为比表面积，以 α 表示，其单位为 m^2/m^3。填料的比表面积越大，所提供的气液传质面积越大，因此，比表面积是评价填料性能优劣的一个重要指标。

② 空隙率

单位体积填料层的空隙体积称为空隙率，以 ε 表示，其单位为 m^3/m^3，或以百分数表示。填料的空隙率越大，气体通过的能力大且压降低。因此，空隙率是评价填料性能优劣的又一个重要指标。

③ 填料因子

填料的比表面积与空隙率三次方的比值，即 α/ε^3，称为填料因子，以 Φ 表示，其单位为 $1/m$。填料因子有干填料因子与湿填料因子之分，填料未被液体润湿时的 α/ε^3 称为干填料因子，它反映填料的几何特性；填料被液体润湿时，填料表面覆盖了一层液膜，α 和 ε 均发生相应的变化，此时的 α/ε^3 称为湿填料因子，它表示填料的流体力学性能，ϕ 值越小，表明流动阻力越小。

(2) 填料的性能评价

填料性能的优劣通常根据效率、通量及压降三要素衡量。在相同的操作条件下，填料的比表面积越大，气液分布越均匀，表面的润湿性能越优良，则传质效率越高；填料的空隙率越大，结构越开敞，则通量越大，压降亦越低。国内学者对九种常用填料的性能进行了评价，用模糊数学方法得出了各种填料的评估值，得出如表 5-5 所列的结论。从表 5-5 可以看出，丝网波纹填料综合性能最好，拉西环最差。

表 5-5　9 种填料的综合性能评价

填料名称	评估值	评价	排序
丝网波纹填料	0.86	很好	1
孔板波纹填料	0.61	相当好	2
金属 Intalox	0.59	相当好	3
金属鞍形环	0.57	相当好	4
金属阶梯环	0.53	一般好	5
金属鲍尔环	0.51	一般好	6
瓷 Intalox	0.41	较好	7
瓷鞍形环	0.38	略好	8
瓷拉西环	0.36	略好	9

▶ 5.2.3 填料塔的操作性能

填料塔的流体力学性能主要包括填料层的持液量、填料层的压力降、液泛、填料表面的润湿及返混等。

(1) 液体成膜的条件

液体能否在填料表面铺展成膜与填料的润湿性有关。严格地说，液体自动成膜的条件是：

$$\delta_{LS} + \delta_{GL} < \delta_{GS} \tag{5-31}$$

式中　δ_{LS}——液固间的界面张力；

　　　δ_{GL}——气液间的界面张力；

　　　δ_{GS}——气固间的界面张力。

式(5-31)中两端的差值越大，表明填料表面越容易被该种液体所润湿，即液体在填料表面上的铺展能力越强。当物系和操作温度、压力一定时，气液界面张力 δ_{GL} 为一定值。因此，适当选择填料的材料和表面性质，液体将具有较大的铺展能力，可使用较少的液体获得较大的润湿表面。如填料的材料选用不当，液体将不呈膜而呈细流下降，使气液传质面积大为减少。

(2) 填料塔内液膜表面的更新

在填料塔内液膜所流经的填料表面是许多填料堆积而成的，形状极不规则。这种不规则的填料表面有助于液膜的湍动。特别是当液体自一个填料通过接触点流至下一个填料时，原来在液膜内层的液体可能转而处于表层，而原来处于表层的液体可能转入内层，由此产生所谓表面更新现象。这种表面更新现象有力地加快了液相内部的物质传递，是填料塔内气液传质中的有利因素。

但是，也应该看到，在乱堆填料层中可能存在某些液流所不及的死角。这些死角虽然是润湿的，但液体基本上处于静止状态，对两相传质贡献不大。

(3) 填料塔内的液体分布

液体在乱堆填料层内所经历的路径是随机的。当液体集中在某点进入填料层并沿填料流下，液体将呈锥形逐渐散开，这表明乱堆填料是具有一定的分散液体的能力。因此，乱堆填料对液体预分布没有过于苛刻的要求。

另一方面，在填料表面流动的液体会部分地汇集形成沟流，使部分填料表面未能润湿。

综合上述两方面的因素，液体在流经足够高的一段填料层之后，将形成一个发展了的液体分布，称为填料的特征分布。特征分布是填料的特性，规整填料的特征分布优于散装填料。在同一填料塔中，喷液量越大，特征分布越均匀。

液体在填料塔中流下时，由于以下原因造成较大尺度上的分布不均匀性，在设计时应采取适当的改进措施。

1) 初始分布不均匀性

对于小塔，液体在乱堆填料层中虽有一定的自分布能力，但若液体初始分布不良，总体上填料的润湿表面积减少。对于大塔，初始分布不良很难利用填料的自分布能力达到全塔截面液体的分布均匀。因此，大塔的液体初始分布应予充分注意。

2) 填料层内液流的不均匀性

沿填料流下的液流可能向内，也可能向外流向塔壁，导致较多液体沿壁流下形成壁流，减少了填料层的润湿率。这种现象叫做填料层内液流的不均匀性。尤其当填料较大时（塔径与填料之比 $D/\delta < 8$），壁流现象显著。工业大型填料塔以取 D/δ 在 30 以上为宜。此外，由于塔体倾斜、填充不均匀及局部填料破损等均会造成填料层内的液体分布不均匀。液流不均匀性是大型填料塔传质性能下降（即放大效应）的主要原因。

（4）填料塔中的持液量

在填料塔中流动的液体占有一定的体积，操作时单位填充体积所具有的液体量称为持液量（m^3/m^3）。定态操作中的精馏塔若持液量小，则系统对干扰的反应灵敏度高，液体在塔内的停留时间短，有利于热敏物质的分离；在间歇精馏中若持液量大，则每批获得的馏出液量减少，停止操作时塔内持液流入塔釜，使釜液中轻组分的含量增加，对生产能力和产品质量不利。因此，通常希望保证液体在填料表面呈薄膜流动，具有尽可能大的传质表面而持液量较小。

持液量与填料表面的液膜厚度有关。液体喷淋量大，液膜增厚，持液量也加大。在一般填料塔操作的气速范围内，由于气体上升对液膜流下造成的阻力可以忽略，气体流量对液膜厚度及持液量的影响不大。一般说来，适当的持液量对填料塔操作的稳定性和传热传质是有益的，但持液量过大，将减少填料层的空隙与气相流通截面，使压降增大，处理能力下降。

（5）填料层的压降

在逆流操作的填料塔内，液体从塔顶喷淋下来，依靠重力作用在填料表面膜状流下，液膜与填料表面的摩擦及液膜与上升气体的摩擦构成了液膜流动阻力，形成了填料层的压降。很显然，填料层压降与液体喷淋量及气速有关，在一定的气速下，液体喷淋量越大，压降越大；一定的液体喷淋量下气速越大，压降也越大。不同液体喷淋量下的单位填料层的压降 $\Delta p/Z$ 与空塔气速 u 的关系标绘在对数坐标纸上，可得到如图 5-29 所示的曲线。

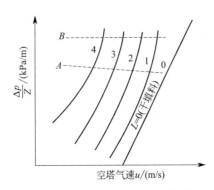

图 5-29　填料层的 $\Delta p/Z$-u 关系

图 5-29 中，直线 0 表示无液体喷淋（$L=0$）时干填料的 $\Delta p/Z$-u 关系，称为干填料压降线。曲线 1、2、3 表示不同液体喷淋量下填料层的 $\Delta p/Z$-u 关系，称为填料操作压降线。从图 5-29 中可看出，在一定的喷淋量下，压降随空塔气速的变化曲线大致可分为三段：当气速低于 A 点时，气体流动对液膜的曳力很小，液体流动不受气流的影响，填料表面上覆盖的液膜厚度基本不变，因而填料层的持液量不变，该区域称为恒持液量区。此时的 $\Delta p/Z$-u 为一直线，位于干填料压降线的左侧，且基本上与干填料压降线平行。当气速超过 A 点时，气体对液膜的曳力较大，对液膜流动产生阻滞作用，使液膜增厚，填料层的持液量随气速的增加而增大，此现象称拦液。开始发生拦液现象时的空塔气速称为载点气速，曲线上的转折点 A，称为载点。若气速继续增大，到达图中 B 点时，由于液体不能顺利下流，使填料层的持液量不断增大，填料层内几乎充满液体。气速增加很小时会引起压降的剧增，此现象称为液泛，开始发生液泛现象时的气速称为泛点气速，以 u_F 表示，曲线上的点 B，称为泛点。从载点到泛点的区域称为载液区，泛点以上的区域称为液泛区。

应予指出，在同样的气液负荷下，不同填料的 $\Delta p/Z$-u 关系曲线有所差异，但其基本形状相近。对于某些填料，载点与泛点并不明显，故上述三个区域间无截然的界限。

（6）液泛

在泛点气速下，持液量的增多使液相由分散相变为连续相，而气相则由连续相变为分散相，此时气体呈气泡形式通过液层，气流出现脉动，液体被大量带出塔顶，塔的操作极不稳定，甚至会被破坏，此种情况称为淹塔或液泛。影响液泛的因素很多，如填料的特性、流体的物性及操作的液气比等。

填料特性的影响集中体现在填料因子上。填料因子 ϕ 值在某种程度上能反映填料流体力学性能的优劣。实践表明，ϕ 值越小，液泛速度越高，也即越不易发生液泛现象。

流体物性的影响体现在气体密度 ρ_V、液体的密度 ρ_L 和黏度 μ_L 上。液体的密度越大，因液体靠重力下流，则泛点气速越大，气体密度越大，相同气速下对液体的阻力也越大，液体黏度越大，流动阻力增大，均使泛点气速下降。

操作的液气比越大，则在一定气速下液体喷淋量越大，填料层的持液量增加而空隙率减小，故泛点气速越小。

（7）液体喷淋密度和填料表面的润湿

填料塔中气液两相间的传质主要是在填料表面流动的液膜上进行的。要形成液膜，填料表面必须被液体充分润湿，而填料表面的润湿状况取决于塔内的液体喷淋密度及填料材质的表面润湿性能。

液体喷淋密度是指单位塔截面积上，单位时间内喷淋的液体体积量，以 U 表示，单位为 $m^3/(m^2 \cdot h)$。为保证填料层的充分润湿，必须保证液体喷淋密度大于某一极限值，该极限值称为最小喷淋密度，以 U_{min} 表示。最小喷淋密度通常采用下式计算，即

$$U_{min} = (Lw)_{min}\alpha \tag{5-32}$$

式中 U_{min}——最小喷淋密度，$m^3/(m^2 \cdot h)$；

$(Lw)_{min}$——最小润湿速率，$m^3/(m \cdot h)$；

α——填料的比表面积，m^2/m^3。

最小润湿速率是指在塔的截面上，单位长度的填料周边的最小液体体积流量。其值可由经验公式计算（见有关填料手册），也可采用一些经验值。对于直径不超过75mm的散装填料，可取最小润湿速率 $(Lw)_{min}$ 为 $0.08m^3/(m \cdot h)$，对于直径大于75mm的散装填料，取 $(Lw)_{min} = 0.12m^3/(m \cdot h)$。

填料表面润湿性能与填料的材质有关，就常用的陶瓷、金属、塑料三种材料而言，以陶瓷填料的润湿性能最好，塑料填料的润湿性能最差。

实际操作时采用的液体喷淋密度应大于最小喷淋密度。若喷淋密度过小，可采用增大回流比或采用液体再循环的方法加大液体流量，以保证填料表面的充分润湿；也可采用减小塔径予以补偿；对于金属、塑料材质的填料，可采用表面处理方法，改善其表面的润湿性能。

（8）返混

在填料塔内，气液两相的逆流并不呈理想的活塞流状态，而是存在着不同程度的返混。造成返混现象的原因很多，如：填料层内的气液分布不均；气体和液体在填料层内的沟流；液体喷淋密度过大时所造成的气体局部向下运动；塔内气液的湍流脉动使气液微团停留时间不一致等。填料塔内流体的返混使得传质平均推动力变小，传质效率降低。因此，按理想的活塞流设计的填料层高度，因返混的影响需适当加高，以保证预期的分离效果。

▶5.2.4 填料塔的内件

填料塔的内件主要有填料支承装置、填料压紧装置、液体分布装置、液体收集再分布装

置等。合理地选择和设计塔内件，对保证填料塔的正常操作及优良的传质性能十分重要。

（1）填料支承装置

填料支承装置的作用是支承塔内填料床层。对填料支承装置的要求是：第一应具有足够的强度和刚度，能承受填料的质量、填料层的持液量以及操作中附加的压力等；第二应具有大于填料层空隙率的开孔率，防止在此首先发生液泛，进而导致整个填料层的液泛；第三结构要合理，利于气液两相均匀分布，阻力小，便于拆装。

常用的填料支承装置有栅板型、孔管型、驼峰型等，如图 5-30 所示。选择哪种支承装置，主要根据塔径，使用的填料种类及型号、塔体及填料的材料、气液流率等而定。

(a) 栅板型   (b) 孔管型   (c) 驼峰型

图 5-30　填料支承装置

（2）填料压紧装置

为保持操作中填料床层为一高度恒定的固定床，从而保持均匀一致的空隙结构，使操作正常、稳定，在填料装填后于其上方要安装填料压紧装置。这样，可以防止在高压降、瞬时负荷波动等情况下填料床层发生松动和跳动。

(a) 填料压紧栅板   (b) 填料压紧网板   (c) 905型金属压板

图 5-31　填料压紧装置

填料压紧装置分为填料压板和床层限制板两大类，每类又有不同的类型。图 5-31 中列出了几种常用的填料压紧装置。填料压板自由放置于填料层上端，靠自身重量将填料压紧，它适用于陶瓷、石墨制的散装填料。因其易碎，当填料层发生破碎时，填料层空隙率下降，此时填料压板可随填料层一起下落，紧紧压住填料而不会形成填料的松动。床层限制板用于金属散装填料、塑料散装填料及所有规整填料。因金属及塑料填料不易破碎，且有弹性，在装填正确时不会使填料下沉。床层限制板要固定在塔壁上，为不影响液体分布器的安装和使用，不能采用连续的塔圈固定。对于小塔可用螺钉固定于塔壁，而大塔则用支耳固定。

（3）液体分布装置

填料塔的传质过程要求塔内任一截面上气液两相流体能均匀分布，从而实现密切接触、高效传质，其中液体的初始分布至关重要。理想的液体分布器应具备以下条件。

① 与填料相匹配的分液点密度和均匀的分布质量。填料比表面积越大，分离要求越精密，则液体分布器分布点密度应越大。

② 操作弹性较大，适应性好。

③ 为气体提供尽可能大的自由截面率，实现气体的均匀分布，且阻力小。

④ 结构合理，便于制造、安装、调整和检修。

液体分布装置的种类多样，有喷头式、盘式、管式、槽式及槽盘式等，分别如图 5-32 所示。

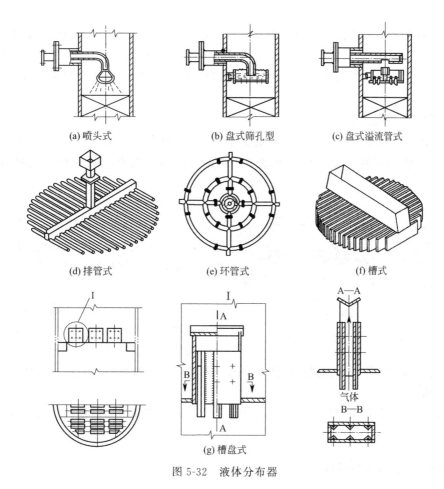

(a) 喷头式　　　　　(b) 盘式筛孔型　　　　(c) 盘式溢流管式

(d) 排管式　　　　　(e) 环管式　　　　　　(f) 槽式

(g) 槽盘式

图 5-32　液体分布器

喷头式分布器如图 5-32(a) 所示。液体由半球形喷头的小孔喷出，小孔直径为 3～10mm，作同心圆排列，喷洒角≤80°，直径为 $1/5D$～$1/3D$。这种分布器结构简单，只适用于直径小于 600mm 的塔中。因小孔容易堵塞，一般应用较少。

盘式分布器有盘式筛孔型分布器、盘式溢流管式分布器等形式。如图 5-32(b) 和图 5-32(c) 所示。液体加至分布盘上，经筛孔或溢流管流下。分布盘直径为塔径的 0.6～0.8 倍，此种分布器用于 $D<800$mm 的塔中。

管式分布器由不同结构形式的开孔管制成。其突出的特点是结构简单，供气体流过的自由截面大，阻力小。但小孔易堵塞，弹性一般较小。管式液体分布器使用十分广泛，多用于中等以下液体负荷的填料塔。在减压精馏及丝网波纹填料塔中，由于液体负荷较小，故常用之。管式分布器有排管式、环管式等不同形状，如图 5-32(d) 和图 5-32(e) 所示。根据液体负荷情况，可做成单排或双排。

槽式液体分布器通常是由分流槽（又称主槽或一级槽）、分布槽（又称副槽或二级槽）构成的。一级槽通过槽底开孔将液体初分成若干流股，分别加入其下方的液体分布槽。分布槽的槽底（或槽壁）上设有孔道（或导管），将液体均匀分布于填料层上。如图 5-32(f) 所示。

槽式液体分布器具有较大的操作弹性和极好的抗污堵性，特别适合于大气液负荷及含有固体悬浮物、黏度大的液体的分离场合。由于槽式分布器具有优良的分布性能和抗污堵性能，应用范围非常广泛。

槽盘式分布器是一种新开发的液体分布器，它将槽式及盘式分布器的优点有机地结合一体，兼有集液、分液及分气三种作用，结构紧凑，操作弹性高达 10∶1。气液分布均匀，阻力较小，特别适用于易发生夹带、易堵塞的场合。槽盘式液体分布器的结构如图 5-32(g) 所示。

（4）液体收集及再分布装置

液体沿填料层向下流动时，有偏向塔壁流动的壁流现象。壁流将导致填料层内气液分布不均，使传质效率下降。为减小壁流现象，可间隔一定高度在填料层内设置液体再分布装置。

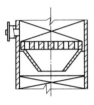 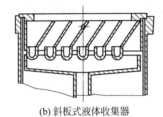

(a) 截锥式再分布器　　　(b) 斜板式液体收集器

图 5-33　液体收集及再分布装置

最简单的液体再分布装置为截锥式再分布器。如图 5-33(a) 所示。截锥式再分布器结构简单，安装方便，但它只起到将壁流向中心汇集的作用，无液体再分布的功能，一般用于直径小于 0.6m 的塔中。

在通常情况下，一般将液体收集器及液体分布器同时使用，构成液体收集及再分布装置。液体收集器的作用是将上层填料流下的液体收集，然后送至液体分布器进行液体再分布。常用的液体收集器为斜板式液体收集器，如图 5-33(b) 所示。

槽盘式液体分布器兼有集液和分液的功能，故槽盘式液体分布器是优良的液体收集及再分布装置。

▶ 5.2.5　填料塔的设计

填料塔的种类繁多，其设计的原则大体相同，一般来说，填料塔的设计程序如下。

① 根据给定的设计条件，合理地选择填料。

② 根据给定的设计任务，计算塔径、填料层高度等工艺尺寸。

③ 计算填料层的压降。

④ 进行填料塔的结构设计，包括塔体设计及塔内件设计两部分。

5.2.5.1　填料的选择

前已述及，填料是填料塔的核心，其性能优劣是影响填料塔能否正常操作的主要因素。填料应根据分离工艺要求进行选择，对填料的品种、规格和材料进行综合考虑。应尽量选用技术资料齐备，适用性能成熟的新型填料。对性能相近的填料，应根据它的特点进行技术经济评价，使所选用的填料既能满足生产要求，又能使设备的投资和操作费最低。

填料的选择包括填料种类的选择、填料规格的选择及填料材质的选择等内容。

（1）填料种类的选择

填料种类的选择要考虑分离工艺的要求，通常从以下几个方面进行考虑。

1）填料的传质效率要高

传质效率即分离效率，它有两种表示方法：一种是以理论级进行计算的表示方法，以每个理论级当量填料层高度表示，即 $HETP$ 值；另一种是以传质速率进行计算的表示方法，以每个传质单元相当的填料层高度表示，即 HTU 值。对于大多数填料，其 $HETP$ 值或 HTU 值可由有关手册中查到，也可通过一些经验公式来估算。

一般而言，规整填料的传质效率高于散装填料。

2）填料的通量要大

在同样的液体负荷下，填料的泛点气速越高或气相动能因子越大，则通量越大，塔的处理能力也越大。因此，选择填料种类时，在保证具有较高传质效率的前提下，应选择具有较高泛点气速或气相动能因子的填料。填料的泛点气速或气相动能因子可由经验公式计算，也可由有关图表中查出。

3）填料层的压降要低

填料层压降越低，塔的动力消耗越低，操作费用越小。选择低压降的填料对热敏性物系的分离尤为重要，填料层压降低，可以降低塔釜温度，防止物料的分解或结焦。比较填料层压降的方法有两种：一种是比较填料层单位高度的压降 $\Delta p/z$；另一种是比较填料层单位理论级的比压降 $\Delta p/N_T$。填料层的压降可由经验公式计算，也可从有关图表中查出。

4）填料抗污垢堵塞性能强，拆装、检修方便

选择填料种类时，除考虑上述各因素外，还应考虑填料的使用性能，即填料的抗污垢堵塞性及拆装与检修，填料层的堵塞是个值得注意的问题。

（2）填料规格的选择

填料规格是指填料的公称尺寸或比表面积。

1）散装填料规格的选择

工业塔常用的散装填料主要有 $DN16$、$DN25$、$DN38$、$DN50$、$DN76$ 等几种规格。同类填料，尺寸越大，分离效率越高，但阻力增加，通量减少，填料费用也增加很多。而大尺寸的填料应用于小直径塔中，又会产生液体分布不良及严重的壁流，使塔的分离效率降低。因此，对塔径与填料尺寸的比值要有一规定，一般塔径与填料公称直径的比值 D/d 应大于8。

2）规整填料规格的选择

工业上常用规整填料的型号和规格的表示方法很多，有用峰高值或波距值表示的，也有用比表面积值表示的。国内习惯用比表面积值表示，主要有 125、150、250、350、500、700 等几种规格，同种类型的规整填料，其比表面积越大，传质效率越高，但阻力增加，通量减少，填料费用也明显增加。选用时应从分离要求、通量要求、场地条件、物料性质及设备投资、操作费用等方面综合考虑，使所选填料既能满足技术要求，又具有经济合理性。

应予指出：一座填料塔可以选用同种类型、同一规格的填料，也可选用同种类型不同规格的填料；可以选用同种类型的填料，也可以选用不同类型的填料；有的塔段可选用规整填料，而有的塔段可选用散装填料。设计时应灵活掌握，根据技术经济统一的原则来选择填料的规格。

3）填料材料的选择

填料的材料分为陶瓷、金属和塑料三大类。

① 陶瓷填料。陶瓷填料具有很好的耐腐蚀性，一般能耐氢氟酸以外的常见的无机酸、有机酸及各种有机溶剂的腐蚀。陶瓷填料可在低压、高温下工作，具有一定的抗冲击强度，质脆、易碎是陶瓷填料的最大缺点。陶瓷填料价格便宜，具有很好的表面润湿性能，在气体吸收、气体洗涤、液体萃取等过程中应用较为普遍。

② 金属填料。金属填料可用多种材料制成，金属材料的选择主要根据物系的腐蚀性及金属材料耐腐蚀性来综合考虑。碳钢填料造价低，且具有良好的表面润湿性能，对于无腐蚀或低腐蚀性物系应优先考虑使用；不锈钢填料耐腐蚀性强，但其造价较高，且表面润湿性能较差，在某些特殊场合（如极低喷淋密度下的减压精馏过程），需对其表面进行处理，才能取得良好的使用效果；钛材、特种合金钢等材料制成的填料造价很高，一般只在某些腐蚀性极强的物系下使用。

一般来说，金属填料可制成薄壁结构，它的通量大、气体阻力小，且具有很高的抗冲击性能，能在高温、高压、高冲击强度下使用，应用范围最为广泛。

③ 塑料填料。塑料填料主要包括聚丙烯（PP）、聚乙烯（PE）及聚氯乙烯（PVC）等，国内一般多采用聚丙烯。塑料填料的耐腐蚀性能较好，可耐一般的无机酸、碱和有机溶剂的腐蚀。其耐温性良好，可长期在 100℃ 以下使用。

塑料填料质轻、价廉，具有良好的韧性，耐冲击、不易碎，可以制成薄壁结构。它的通量大、压降低，多用于吸收、解吸、萃取、除尘等装置中。塑料填料的缺点是表面润湿性能差，为改善塑料表面润湿性能，可进行表面处理，一般能取得明显的效果。

5.2.5.2 填料塔工艺尺寸的计算

填料塔的直径可按式（5-33）进行计算，即：

$$D = \sqrt{\frac{4V_S}{\pi u}} \tag{5-33}$$

式中 V_S——气体体积流量，由设计任务给定。

由式(5-33)可以看出，计算填料塔塔径的核心问题是确定空塔气速 u。空塔气速 u 的确定有以下几种方法。

（1）泛点气速法

泛点气速是填料塔操作气速的上限，填料塔的操作空塔气速必须小于泛点气速，操作空塔气速与泛点气速之比称为泛点率。

对于散装填料：$u/u_F = 0.5 \sim 0.85$

对于规整填料：$u/u_F = 0.6 \sim 0.95$

泛点率的选择主要考虑以下两方面的因素，一是物系的发泡情况，对易起泡沫的物系，泛点率应取低限值，而无泡沫的物系，可取较高的泛点率；二是填料塔的操作压力，对于加压操作的塔，应取较高的泛点率，对于减压操作的塔，应取较低的泛点率。

泛点气速可用经验方程式计算，亦可用关联图求取。

① 贝恩（Bain）-霍根（Hougen）关联式。填料的泛点气速可由贝恩—霍根关联式计算，即：

$$\lg\left[\frac{u_F^2}{g}\left(\frac{a}{\varepsilon^3}\right)\left(\frac{\rho_V}{\rho_L}\right)\mu_L^{0.2}\right] = A - K\left(\frac{W_L}{W_V}\right)^{1/4}\left(\frac{\rho_V}{\rho_L}\right)^{1/8} \tag{5-34}$$

式中 u_F——泛点气速，m/s；

g——重力加速度，9.81m/s^2；

a——填料比表面积，m^2/m^3；

ε——填料层空隙率，m^3/m^3；

ρ_V，ρ_L——气相密度、液相密度，kg/m^3；

μ_L——液体黏度，$mPa \cdot s$；

W_L，W_V——液相、气相的质量流量，kg/h；

A，K——关联常数。

式(5-34)中，常数 A 和 K 与填料的形状及材料有关，不同类型填料的 A、K 值列于表 5-6 中。由式(5-34)计算所得的泛点气速，误差在 15% 以内。

表 5-6 式 (5-34) 中的 A、K 值

填料类型	A	K	填料类型	A	K
塑料鲍尔环	0.0942	1.75	金属丝网波纹填料	0.30	1.75
金属鲍尔环	0.1	1.75	塑料丝网波纹填料	0.4201	1.75
塑料阶梯环	0.204	1.75	金属网孔板波纹填料	0.155	1.47
金属阶梯环	0.106	1.75	金属孔板波纹填料	0.291	1.75
瓷矩鞍	0.176	1.75	塑料孔板波纹填料	0.291	1.563
金属环矩鞍	0.06225	1.75			

② 埃克特（Eckert）通用关联图。散装填料的泛点气速还可用埃克特关联图计算，如图 5-34 所示。

图 5-34 中，最上方的三条线分别为弦栅、整砌拉西环及散装填料的泛点线，泛点线下方的线簇为散装填料的等压线。计算泛点气速时，先由气液相负荷及有关物性数据，求出横坐标 $\dfrac{W_L}{W_V}\left(\dfrac{\rho_V}{\rho_L}\right)^{0.5}$ 的值，然后作垂线与相应的泛点线相交，再通过交点作水平线与纵坐标相交，求出纵坐标 $\dfrac{u^2 \phi \phi}{g}\left(\dfrac{\rho_V}{\rho_L}\right)\mu_L^{0.2}$ 值。此时所对应的 u 即为泛点气速 u_F。该计算方法方便、实用，而且物理概念清晰，计算精度能够满足工程设计要求。

应予指出，用埃克特通用关联图计算泛点气速时，所需的填料因子为液泛时的湿填料因子，称为泛点填料因子，以 Φ_F 表示。泛点填料因子 Φ_F 可由以下关联式计算，即

$$lg\Phi_F = a + blgU \tag{5-35}$$

式中 Φ_F——泛点填料因子，m^{-1}；

U——液体喷淋密度，$m^3/(m^2 \cdot h)$；

a，b——关联式常数。

常用散装填料的关联式常数值可由填料手册中查得。利用上式计算泛点填料因子虽较精确，但因需要试差，计算较烦琐。为了工程计算的方便，将散装填料的泛点填料因子进行归纳整理，得到与液体喷淋密度无关的泛点填料因子平均值。

（2）气相动能因子（F 因子）法

气相动能因子的定义为：

$$F = u\sqrt{\rho_G} \tag{5-36}$$

式中 ρ_G——气体密度，kg/m^3。

计算时需先从手册或有关图表中查出填料塔操作条件下的 F 因子，然后代入式（5-36）即可计算出操作空塔气速 u。

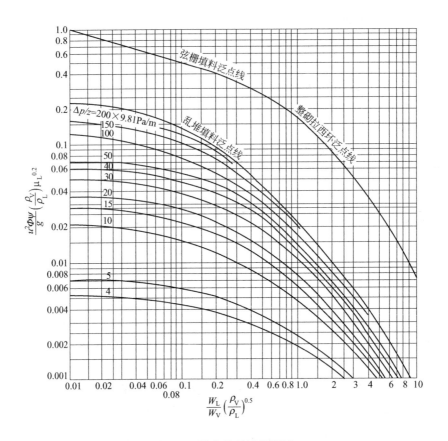

图 5-34　埃克特通用关联图

u—空塔气速，m/s；g—重力加速度，9.81m/s^2；Φ—填料因子，m^{-1}；

ψ—液体密度校正系数，$\psi=\rho_{水}/\rho_L$；ρ_L、ρ_V—液体、气体的密度，kg/m^3；

μ_L—液体黏度，MPa·s；W_L、W_V—液体、气体的质量流量，kg/s

（3）气相负荷因子（C_s因子）法

气相负荷因子的定义为：

$$C_s = u \sqrt{\frac{\rho_G}{\rho_L - \rho_G}} \tag{5-37}$$

$$C_s = 0.8 C_{s,max} \tag{5-38}$$

计算时需先查手册求出 $C_{s,max}$。根据上述方法计算出的塔径，还应按塔径公称标准进行圆整，圆整后再对空塔气速 u 及液体喷淋密度进行校正。

5.3　气-液传质设备应用分析

▶ 5.3.1　处理能力

气-液传质设备种类繁多，但基本上分为两大类：板式塔和填料塔，无论哪一类设备，其传质性能的优劣、负荷的大小及操作是否稳定，在很大程度上决定于设计。关于这方面的分析，前已述及。本节仅就影响设备处理能力的主要因素简要定性分析。

任何逆流流动的分离设备的处理能力都受到液泛、雾沫夹带、压力降、停留时间等因素的影响。在气液接触的板式塔中，液泛气速随 L/V 的减小和板间距的加大而增大。对于气液接触的填料塔，规整填料塔的处理能力比具有相同形式和空隙率的乱堆填料塔要大。这是由于规整填料的流道具有更大连续性的结果。此外，随着 L/V 的减小，液体黏度、膜的厚度的减小，填料空隙率的增大和其比表面积的减小，液泛气速是增加的。液泛气速越大，生产能力越大。

在分离设备中雾沫夹带也常常影响设备的处理能力。在低 L/V 或低压下操作，雾沫夹带是限制设备处理能力的更主要的因素。提高设备的处理能力，从设计角度，应设法增大雾沫夹带时的液气比。

与处理能力密切相关的另一个因素是塔设备的压力降。对真空操作的设备，压力降存在某个上限，往往成为限制处理能力的主要原因。此外，在板式塔中，板与板之间的压力降是构成降液管内液位高度的主要因素。压力降大，降液管内液位高度上升，引起液泛的可能性大，因而限制了处理能力。

对给定尺寸的设备，限制其处理能力的另一个因素就是获得适宜的效率所需的流体的停留时间。流体在设备中的停留时间越长，则板效率越高，但处理能力越低。工程上评价设备的生产能力，是指在不影响分离效率的前提下所允许的流速的上限，也就是前面所述的在塔的负荷性能图区域之内的流量的最大值。

5.3.2 效率及其影响因素

(1) 板效率存在的原因

实际板和理论板存在着诸多差异。a. 理论板上相互接触的气、液两相均完全混合，板上液相浓度均一；这与塔径较小的实际板上混合情况比较接近。但当塔径较大时，板上混合不完全；b. 实际板上由于液层分布不均，液面落差存在，死角存在，气液两相存在不均匀流动，造成不均匀的停留时间；c. 实际板上存在雾沫夹带、漏液和液沫夹带等返混现象。这些原因的存在，导致实际板分离效果比理论板差距太大。

(2) 影响效率的因素

操作因素的影响，如塔板上各点的浓度不均匀；气液接触时间不均匀；板间返混等现象；使板效率下降。

气液两相的物性对板效率的影响也较大。如液体的黏度、气液两相密度、扩散系数、相对挥发度和表面张力等。液体黏度高，两相接触差，同时使液相扩散系数变小，导致传质速率降低，故效率降低。精馏是在较高温度下进行传质，效率较高，而吸收是在较低温度下传质，因此效率较低。

密度差对传质效果的影响，表现在传质界面上是否形成混合旋涡，若形成混合旋涡，传质效率就提高。例如，密度小的易挥发物质（水）从密度大而挥发度较小的溶剂（乙二醇）中解吸，水进入气相中去。由于水的气化，在靠近界面处形成一个密度较大的区域；其结果为一个高密度区域在低密度液体之上，构成了不稳定系统，于是在密度差的推动下产生的较重的界面液体向下流和较轻液体的主体向上流的环流，更新扩散界面，提高了液相传质系数。

表面张力对传质效率也有较大的影响。当易挥发组分表面张力较小时，采用泡沫接触有利于提高效率。当易挥发组分具有较高的表面张力时，宜采用喷射接触状态，提高传质效率。

▶ 5.3.3 气-液传质设备的发展

板式塔和填料塔是气-液传质设备的典型代表。塔设备的技术改进，多年来一直围绕高效率、大通量、宽弹性、低压降的宗旨，开发新型的各类型塔板和填料。

（1）板式塔技术进展

板式塔技术进展，主要集中在对气液接触元件和降液管的结构以及塔内空间的利用等方面进行改进。

板式塔已有100多年的发展历史。20世纪50年代以来，工业上一直广泛使用圆盘型浮阀塔，国内有F-1型，美国推出的V-4型浮阀均存在阀片易卡死或脱落的问题。20世纪80年代德国Stahl公司推出了一种高弹性浮阀塔板，简称VV塔板，操作弹性可达12∶1，又确保阀片不会卡死或脱落。继而在中国又开发出条形浮阀，由于条形浮阀的气体从两侧喷出，不同于圆形浮阀气体从四周喷出引起返混严重，由此出现了喷射型塔板。如舌型塔板、浮舌塔板、网孔塔板、斜孔塔板、新型垂直筛板、并流喷射塔板、旋流塔板，塔板性能不断改进。特别是旋流塔板，每块塔板压降$150\sim300Pa$，由于离心力除雾及破泡而处理能力大[空塔动力因子$3kg^{1/2}/(m^{1/2}\cdot s)$以上，喷淋密度达$160m^3/(m^2\cdot h)$]，它具有负荷高、压降低、宽弹性、不易堵塞等特点。旋流塔板经实验室及工业试验，很快在小氮肥生产中推广。进入20世纪90年代，人们借助于激光测速彩色频闪摄影、双探针液滴分布仪等先进手段对塔板上气液运动状态进行科学研究，建立了塔板效率模型，使设计方法得到改进，使塔板效率不再因直径放大而下降。

后来又出现了复合塔板。该板是从研究改进塔板上泡沫层传质效率入手，设法把塔板之间的部分气相空间有效地利用于传质，达到提高板式塔效率的目的。如常见的穿流筛板与规整填料相结合的复合塔板，在两块筛板之间一半空间是鼓泡区，鼓泡区上方是填料层。填料层起到消除雾沫夹带，填料层里是液膜区。减少了原来筛板之间的大部分淋降空间，提高了传质效率。复合塔板之间没有降液管，气液分布均匀，塔板利用率提高。如年产1万吨的甲醇主精馏塔，一般需要80块浮阀塔板，采用复合塔板只需60块，而且板间距较小，塔高从41m下降到24m。

（2）填料塔改进方向

填料塔技术改进，一方面从填料的结构、性能，特别是降低压降和提高有效比表面积上进行改进；另一方面对填料中气液分布器，填料充填方式进行研究。波纹规整填料、矩鞍环填料均是性能较佳的填料，其有效传质面积大，压降低，通量大。

（3）板式塔与填料塔的选择

从通量、效率、压降三方面比较板式塔和填料塔。

① 通量。在真空、常压操作的条件下，一般来说，新型填料塔的通量大于传统的板式塔；但高气通量的旋流塔通量大于填料塔。在高压操作的条件下，填料塔会出现提前液泛或效率明显下降的现象，经合理设计的板式塔通量大于填料塔。

② 效率。填料塔的效率一般高于板式塔，但也有新型塔板如复合塔板、并流喷射塔板的效率与波纹填料相当。

③ 压降。填料塔压降远小于板式塔。所以填料塔在真空或对塔压降有较高要求的场合有明显优势。

此外，板式塔还具有投资低，较易防堵，易检修，侧线出料方便等优点。

中国气-液传质设备技术经过几十年，特别是近 20 年的发展，达到了国际先进水平，走过了一条根据文献报道进行研究开发和自主创新相结合的道路，开发了许多性能优良的板式塔和填料塔，并在生产中得到了广泛的应用。塔设备技术一直是决定企业扩大产量、节能环保、提高效益的关键所在，塔设备技术的开发和研究仍需要技术人员继续努力。

参 考 文 献

[1] 廖传华，米展，周玲，等．物理法水处理过程与设备 [M]．北京：化学工业出版社，2016.

[2] 陈立钢，廖立霞．分离科学与技术 [M]．北京：科学出版社，2014.

[3] 徐东彦，叶庆国，陶旭梅．Separation Engineering [M]．北京：化学工业出版社，2012.

[4] 中国石油和化学工业联合会，中国化工经济技术发展中心编．石油和化工设备选型指南 [M]．北京：中国财富出版社，2012.

[5] 罗川南．分离科学基础 [M]．北京：科学出版社，2012.

[6] 赵德明．分离工程 [M]．杭州：浙江大学出版社，2011.

[7] 张顺泽，刘丽华．分离工程 [M]．徐州：中国石业大学出版社，2011.

[8] 廖传华，柴本银，黄振仁．分离过程与设备 [M]．北京：中国石化出版社，2008.

[9] 袁惠新．分离过程与设备 [M]．北京：化学工业出版社，2008.

[10] ［美］D. Seader，［美］Ernest J. Henley．分离过程原理 [M]．上海：华东理工大学出版社，2007.

[11] 宋业林，宋襄翎．水处理设备实用手册 [M]．北京：中国石化出版社，2004.

[12] 杨春晖，郭亚军主编．精细化工过程与设备 [M]．哈尔滨：哈尔滨工业大学出版社，2002.

[13] 周立雪，周波主编．传质与分离技术 [M]．北京：化学工业出版社，2002.

[14] 唐受印，戴友芝．水处理工程师手册 [M]．北京：化学工业出版社，2001.

[15] 贾绍义，柴诚敬．化工传质与分离过程 [M]．北京：化学工业出版社，2001.

[16] 赵汝傅，管国锋．化工原理 [M]．南京：东南大学出版社，2001.

[17] 陈常贵，柴诚敬，姚玉英．化工原理（下册）[M]．天津：天津大学出版社，1999.

[18] 牛伟建．高耸板式塔的风振响应分析 [D]．秦皇岛：燕山大学，2015.

[19] 江山，胡大鹏，金鑫，等．大通量板式塔研究进展 [J]．化工装备技术，2015，36（5）：31～34.

[20] 黄蕾．典型板式塔的管口方位研究 [J]．石油化工设备，2015，44（3）：29～31.

[21] 刘莉．浅析板式塔管口方位 [J]．上海化工，2014，39（9）：34～36.

[22] 李志玉，宋启祥，朱世飞，等．多流程板式塔设计计算基础 [J]．甘肃科技，2014，30（18）：64～66.

[23] 郭祎平．板式塔的动态特性与疲劳失效分析 [D]．上海：上海交通大学，2013.

[24] 郭祎平，张雪萍．板式塔动态特性分析与振动预测 [J]．石油化工设备，2013，42（2）：10～13.

[25] 张宁，李慧，吴剑华．板式塔工作状态下自振周期的计算 [J]．化学工程，2012，40（9）：24～28.

[26] 张平，秦然，吴剑华．风载作用下板式塔塔顶挠度的计算 [J]．压力容器，2012，29（5）：42～45.

[27] 张平，王翠华，吴剑华．板式塔工作状态下塔顶挠度的计算 [J]．化学工程，2011，39（8）：37～39.

[28] 李晓华，任福伟．浅谈板式塔发生液泛的原因及处理方法 [J]．内蒙古石油化工，2011，37（2）：65～66.

[29] 方钢．板式塔管口方位设计技巧 [J]．化肥设计，2010，48（1）：24～27.

[30] 张兵，王柱祥，高恩霞．天然气脱水塔扩产改造过程中板式塔和填料塔的选型比较 [J]．现代化工，2010，30（A1）：43～47.

[31] 黄雪雷，李育敏．板式塔弓形降液管液相流场 CFD 数值模拟 [J]．浙江工业大学学报，2010，38（5）：77～79.

[32] 李育敏，刘炳炎，俞晓梅，等．板式塔降液管的机械消泡研究 [J]．化学工程，2008，36（8）：5～8.

[33] 汪厚新，高红莲．基于遗传算法的板式塔负荷性能图优化设计 [J]．化工技术与开发，2008，37（9）：50～52.

[34] 奚安，刘时贤，张成芳．带受液槽板式塔中降液管底端结构参数对局部阻力的影响 [J]．华东理工大学学报（自然科学版），2007，33（3）：306～308.

[35] 刘艳升．板式塔负荷性能图方法的若干拓展 [J]．化工学报，2005，56（6）：150～155.

[36] 熊楚安，孙晓楠．影响板式塔操作的因素分析 [J]．煤矿机械，2003，24（11）：51～53.

[37] 王树楹, 高长宝, 兰仁水. 板式塔研究进展 [J]. 化学工程, 2003, 31 (3): 20～27.

[38] 隋红, 李春利, 李鑫钢. 板式塔降液管操作能力研究 [J]. 化工进展, 2003, 22 (5): 21～24.

[39] 黄雪雷. 板式塔降液管扼流现象的研究 [D]. 杭州: 浙江工业大学, 2003.

[40] 唐薰, 朱爱梅, 张旭东, 等. 板式塔气液传质三维与二维塔板的比较分析 [J]. 现代化工, 2001, 21 (8): 42～44.

[41] 赵龙涛, 钟思青, 余美娟, 等. 板式塔液体不均匀流动及其改善 [J]. 石油化工, 2000, 29 (5): 347～353.

[42] 王忠诚, 姜斌, 黄洁, 等. 多种塔板组合的板式塔改造技术 [J]. 化学工程, 1998, 26 (5): 56～58.

[43] 周宏仓, 石屹峰, 王镇乾, 等. 喷雾填料塔 DBM 溶液吸收 CO_2 的研究 [J]. 环境科学与技术, 2015, 38 (3): 86～90.

[44] 代成娜, 项银, 雷志刚. 规整填料塔中离子液体吸收 CO_2 的传质与流体力学性能 [J]. 化工学报, 2015, 66 (8): 2953～2961.

[45] 张军, 谢文霞, 龚勋. θ环填料塔中灰颗粒对 K_2CO_3 溶液吸收 CO_2 性能的影响 [J]. 东南大学学报 (自然科学版), 2015, 45 (3): 509～514.

[46] 李文龙, 王玮涵, 李振花, 等. 填料塔中亚硝酸甲酯再生过程模拟 [J]. 化工学报, 2015, 66 (3): 979～986.

[47] 樊轩. 立装填料塔的热模实验研究 [D]. 西安: 西北大学, 2015.

[48] 陈键, 童川, 彭勇, 等. 多尺寸填料塔中 CO_2 吸收过程的实验和模拟 [J]. 清华大学学报 (自然科学版), 2015, 55 (12): 1348～1353.

[49] 张悦, 袁希钢. 低表面张力物系在规整填料塔中的传质性能 [J]. 化工进展, 2015, 34 (10): 3595～3600.

[50] 岳强, 于开录, 罗太刚, 等. 倾斜状态下的填料塔液体分布性能研究 [J]. 化学工程师, 2015, 29 (2): 43～46.

[51] 李彩玲. 船舶废气洗涤脱硫填料塔设计及研究 [D]. 哈尔滨: 哈尔滨工程大学, 2014.

[52] 何丽娟, 杨之龙, 钟金山, 等. 新型旋转填料塔传质特性的实验研究 [J]. 工业安全与环保, 2014, 1: 1～2.

[53] 郭少海, 刘瑞新, 罗凡, 等. 填料塔和板式塔在油茶籽脱臭过程中的对比研究 [J]. 现代食品科技, 2014, 30 (2): 216～222.

[54] 罗洋, 盛宇生, 曹宏斌. 填料塔中 Na_2CO_3 吸收高浓度 H_2S 的传质特性 [J]. 环境工程学报, 2014, 4: 1561～1566.

[55] 马双忱, 吕玉坤, 路通畅, 等. 填料塔中氨水脱除模拟烟气中 CO_2 的实验研究 [J]. 中国电机工程学报, 2013, 26: 27～32.

[56] 靳亚斌. 基于 CFD 的均流填料塔数值模拟 [D]. 西安: 西安石油大学, 2013.

[57] 赵汝文, 成洁, 田桂林. 大型填料塔槽式液体分布器的非等液位法设计 [J]. 化学工程, 2013, 41 (2): 56～59.

[58] 王闯, 张客厅, 刘孟杰, 等. 填料塔发展与现状 [J]. 河南科技, 10: 92～93.

[59] 汪海涛, 周康根, 彭佳乐, 等. 多面球填料塔的氨吹脱传质速率的影响因素 [J]. 中南大学学报 (自然科学版), 2012, 43 (4): 1211～1216.

[60] 金伟娅, 陈峰, 陈冰冰, 等. 丝网波纹填料塔液泛水力学特性 [J]. 化工学报, 2012, 63 (10): 3125～3130.

[61] 唐忠利, 赵行健, 刘伯谭, 等. 远东填料塔中氨水吸收 CO_2 的体积总传质系数 [J]. 化工学报, 2012, 63 (4): 1102～1107.

[62] 贾宝莹, 杜凤光, 孙沛勇, 等. 等几率异螺旋填料塔的研究 [J]. 现代化工, 2012, 32 (12): 44～47.

[63] 刘伯谭, 朱学军, 余国琮. 大型波纹规整填料塔二维返混特性实验测量与模拟 [J]. 天津大学学报, 2012, 45 (9): 775～778.

[64] 赵行健. 规整填料塔中氨水吸收二氧化碳的研究 [D]. 天津: 天津大学, 2012.

[65] 唐营. 填料塔设计及核算软件开发 [D]. 青岛: 青岛科技大学, 2012.

[66] 高梅彬, 王小明, 王世和, 等. 海水脱硫散堆填料塔流体流动及传热研究 [J]. 热能动力工程, 2012, 27 (1): 101～106.

[67] 曾庆, 郭印诚, 牛振祺, 等. 填料塔中氨水吸收二氧化碳的传质性能 [J]. 化工学报, 2011, 62 (A1): 146～150.

第**6**章

液-液萃取

萃取是分离液体混合物的重要单元操作之一。根据萃取操作过程所使用萃取剂及操作条件的不同，可将萃取分为液液萃取和超临界流体萃取。

液-液萃取也称溶剂萃取，是利用液体各组分在溶剂中溶解度的不同，以达到分离目的的一种操作。例如，选择一适宜的溶剂加入到待分离的液体混合物中，因为溶剂对混合液中欲分离出的组分有显著的溶解能力，而与余下的组分完全不互溶或部分互溶，这样就使欲分离的组分溶解在溶剂中，从而达到使混合液体中不同组分分离的目的。所选用的溶剂称为萃取剂，混合液中易溶于萃取剂的组分称为溶质，不溶或部分互溶的组分称为稀释剂。

超临界流体萃取是指所使用的萃取剂为超临界流体（常用作萃取剂的超临界流体有二氧化碳、水、丙烷等），过程操作在萃取剂的超临界条件下进行。工业上常用的是超临界二氧化碳流体萃取。

6.1 液-液萃取过程的选择

液-液萃取是指采用液相的萃取剂对液相的混合物进行分离。在精馏过程中，各组分是靠相互间挥发度的不同而达到分离的目的的，液体部分气化产生的气相，与液相之间的化学性质是相似的；萃取操作中原料液和溶剂所形成的两个液相的化学性质有很大的差别。与精馏相比，整个萃取过程的流程比较复杂，如图 6-1 所示。

▶ 6.1.1 液-液萃取的选择

什么情况下分离混合液体中的组分应采用萃取操作更为相宜，这主要取决于技术上的可能性与经济上的合理性。例如从稀醋酸水溶液中移除水，除可以采用精馏操作外，还可采用有机溶剂进行萃取。虽然采用萃取方法最后所得到的有机溶剂与醋酸混

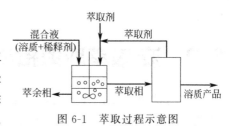

图 6-1 萃取过程示意图

合液尚需用精馏方法处理才能获得纯度高的无水醋酸，但基于成本核算，一般仍以采用萃取方法较为经济。又如：可用液态丙烷作萃取剂从菜籽油中分离油酸的萃取过程，也可在高真空条件下通过精馏从事以上的分离，但因后者处理费用很高，故也以采用萃取方法较为经济合理。总之，在分离混合液体的工业操作中，当精馏与萃取方法均可应用时，其选择的依据主要由成本核算而定。

在萃取相中萃取剂的回收往往还需要应用精馏操作，但由于萃取过程本身具有常温操作、无相变化以及选择适当溶剂可以获得较高分离系数等优点，在很多情况下，仍显示出技术经济上的优势。通常在下列情况下选用萃取分离方法较为有利。

① 溶液中各组分的沸点非常接近，或者说组分之间的相对挥发度接近1。

② 混合液中的组分能形成恒沸物，用一般精馏不能得到所需的纯度。

③ 溶液中要回收的组分是热敏性物质，受热易于分解、聚合或发生其他化学变化。

④ 需分离的组分浓度很低且沸点比稀释剂高，用精馏方法需蒸出大量稀释剂，耗能量较大。

在某些情况下，萃取已成为一种有效的分离手段，如石油化学工业中脂族链烃与芳烃的分离、己内酰胺的精制、异丁烯与丁烯的分离、磷酸萃取以及从废水中脱除苯酚等，均是溶剂萃取过程工业化应用的典型。

▶ 6.1.2　液-液萃取操作的特点

应用萃取操作必须掌握其特点才能充分发挥其优越性并取得较好的经济效果。其主要特点可概括为以下几个方面。

① 液-液萃取过程之所以能达到预期的组分分离的目的，是靠原料液中各组分在萃取剂中的溶解度不同。故进行萃取操作所选用的溶剂必须对混合液中欲萃取出来的溶质有显著的溶解能力，而对其他组分则可以完全不互溶或仅有部分互溶能力。由此可见，在萃取操作中选择适宜的溶剂是一个关键问题。

② 在精馏和吸收操作中，是在气-液相间进行物质传递，而在液-液萃取操作中，相互接触的两相均为液相。因此所加入的溶剂必须在操作条件下能与原料液分成两个液相层，如是则两个液相应有一定的密度差。这样才能促使两相在经过充分混合后，靠重力或离心力的作用有效地分层。在萃取设备的结构方面，必须适应萃取操作的此项特点。

③ 在萃取操作中必须使用相当数量的溶剂。为了得到溶质和回收溶剂并将溶剂循环使用以降低成本，所选用的溶剂应易于回收且价格低廉。一般可用蒸发或蒸馏等方法回收溶剂。如是则溶质与萃取剂的沸点差大是有利的。

④ 液-液萃取是用溶剂处理另外一种混合液体的过程，溶质由原料液通过两相的界面向萃取剂中传递。故液-液萃取过程也与其他传质过程一样，是以相际平衡作为过程的极限。

6.2　液-液萃取的相平衡与物料衡算

萃取与精馏一样，其分离液体混合物的基础是相平衡关系。在萃取过程中至少涉及三个组分，即待分离混合液中的两个组分和加入的溶剂。三元组成相图的表示法有如下几种。

▶6.2.1 三角形相图

溶剂与原料液混合时，若无化学反应，则三组分系统的物料量及平衡关系常在等边三角形或等腰三角形坐标图上表达。

如图 6-2 所示，等边三角形的三个顶点 A、B、S 各代表一种纯物质。习惯上以顶点 A 表示纯溶质，顶点 B 表示纯稀释剂，顶点 S 表示纯溶剂。三角形任何一个边上的任一点均代表一个二元混合物。三角形内的任一点代表一个三元混合物。例如图 6-2(a)中点 M 表示混合液中组分 A、B、S 的质量分率分别为 x_A、x_B 和 x_S（为点 M 分别到点 A、B、S 对边的垂直距离），其数值为 $X_A = 0.2$，$x_B = 0.5$，$x_S = 0.3$。三组分的质量分率之和为 1.0。

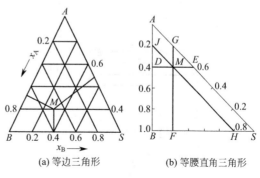

(a) 等边三角形 (b) 等腰直角三角形

图 6-2　三角形坐标图

如图 6-2(b)所示，等腰直角三角形的表示方法与等边三角形的表示方法基本相同，三角形内任一点 M 的组成，可以由点 M 作各边的平行线：FG、DE 和 JH。由 $x_A = \overline{ES} = 0.6$，$x_B = \overline{AJ} = 0.2$，$x_S = \overline{BF} = 0.2$。用等腰直角三角形表示物料的浓度，在其上进行图解计算，读取数据均较等边三角形方便，故目前多采用直角三角形坐标图。

▶6.2.2 三角形相图中的相平衡关系

（1）溶解度曲线与连接线

在含组分 A 和 B 的原料液中加入适量的萃取剂 S，使其形成两个分开的液层 R 和 E。达到平衡时的两个液层称为共轭液层或共轭相。若改变萃取剂的用量，则得到新的共轭液层。在三角形坐标图上，把代表诸平衡液层组成的坐标点连接起来的曲线称为溶解度曲线，如图 6-3 所示。曲线以下为两相区，曲线以外为单相区。图中点 R 及点 E 表示两平衡液层 R 及 E 的组成坐标。两点连线 RE 称为连接线。图中 P 点称为临界混溶点，在该点处 R 及 E 两相组成完全相同，溶液变为均一相。

不同物系有不同形状的溶解度曲线，如图 6-3 所示为有一对组分部分互溶时的情况，图 6-4 所示为两对组分均为部分互溶时的情况。

同一物系在不同温度下，由于物质在溶剂中的溶解度不同，使溶解度曲线形状发生变化。一般情况下，温度升高时溶质在溶剂中的溶解度增加，溶解度曲线的面积缩小。温度降低时溶质的溶解度减少，溶解度曲线的面积增加。如图 6-5 为甲基环戊烷（A）-正己烷（B）-苯胺（S）物系在温度 $t_1 = 25℃$、$t_2 = 35℃$、$t_3 = 45℃$ 条件时的溶解度曲线。

（2）辅助曲线

如图 6-6 所示，已知三对相互平衡液层的坐标位置，即 R_1、E_1；R_2、E_2；R_3、E_3。从点 E_1 作边 AB 的平行线，从点 R_1 作边 BS 的平行线，两线相交于点 H，同理从另两组的坐标点作平行线得交点 K 及 J，BS 边上的分层点 L 及临界混溶点 P 是极限条件下的两个特殊交点，连诸交点所得的曲线 $LJKHP$，即为辅助曲线，又称共轭曲线。根据辅助曲线即可从已知某一液相的组成，用图解内插法求出与此液相平衡的另一液相的组成。不同物系有不同形状的辅助曲线，同一物系的辅助曲线又随温度而变化。

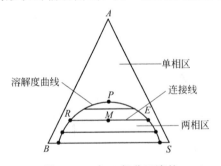

图 6-3　B 与 S 部分互溶的
溶解度曲线与连接线

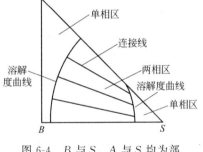

图 6-4　B 与 S、A 与 S 均为部
分互溶的溶解度曲线及连接线

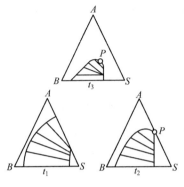

图 6-5　溶解度曲线形状
随温度的变化情况

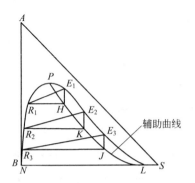

图 6-6　三元物系的辅助曲线

(3) 分配曲线与分配系数

将三角形相图 6-7(a) 中各对应的平衡液层中溶质 A 的浓度转移到直角坐标图上，所得的曲线称为分配曲线，图 6-7(b) 中的曲线 ONP 为有一对组分部分互溶时的分配曲线。分配曲线上任一点 N 的坐标 y_{AE} 和 x_{AR} 为对应的溶解度曲线上 E 和 R 距 BS 边上的长度。

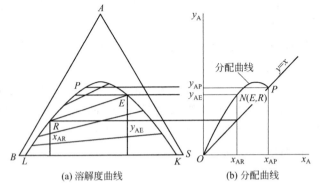

图 6-7　有一对组分部分互溶时的溶解度曲线与分配曲线的关系图

图 6-8 中的曲线 ON 为有两对组分部分互溶时的溶解度曲线与分配曲线。

分配曲线表达了溶质 A 在相互平衡的 R 相与 E 相中的分配关系。若已知某液相组成，可用分配曲线查出与此液相相平衡的另一液相组成。此外，由实验直接测得组分 A 在两平衡液相中的

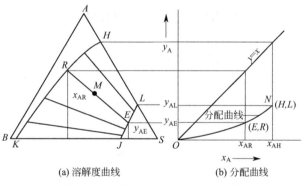

(a) 溶解度曲线   (b) 分配曲线

图 6-8　有两对组分部分互溶时的溶
解度曲线与分配曲线的关系图

组成也可获得分配曲线。不同物系的分配曲线形状不同，同一物系的分配曲线随温度而变化。

通常用分配系数来表示组分 A 在两个平衡液层中的分配关系。例如对组分 A 来说，分配系数指达到平衡时，组分 A 在富萃取剂层 E 相（萃取相）中的组成与在富稀释剂层 R 相（萃余相）中的组成之比。可表示为

$$K_A = \frac{溶质\ A\ 在\ E\ 相中的组成}{溶质\ A\ 在\ R\ 相中的组成} = \frac{y_{AE}}{x_{AR}} \tag{6-1}$$

式(6-1)表达了在平衡时两液层中溶质 A 的分配关系。从图上看，其数值是分配曲线上任意一点与原点连线的斜率。由于分配曲线不是直线，故在一定温度下，同一物系的数值随温度而变。

6.2.3　三角形相图中的杠杆定律

图 6-9 中点 D 代表含有组分 B 与组分 S 的二元混合物。若向 D 中逐渐加入组分 A，则其组成点沿 DA 线向上移，加入的组分越多，新混合液的组成点越接近点 A。在 AD 线上任意一点所代表的混合液中，B 与 S 两组分的组成之比为常数。

同样，若图中点 R 代表三元混合物的组成点，其质量为 R kg。向 R 中加入三元混合物 E，其质量为 E kg，则新形成的混合物的组成点 M 必在 RE 连线上。设新三元混合物的质量为 M kg，则杠杆定律可表示为：

$$\frac{R}{E} = \frac{\overline{ME}}{\overline{RM}} = \frac{x_{AE} - x_{AM}}{x_{AM} - x_{AR}} \tag{6-2}$$

式中　R——R 相的质量，kg；

　　　E——E 相的质量，kg；

　x_{AM}——溶质 A 在混合液 M 中的质量分率；

　x_{AE}——溶质 A 在 E 相中的质量分率；

　x_{AR}——溶质 A 在 R 相中的质量分率。

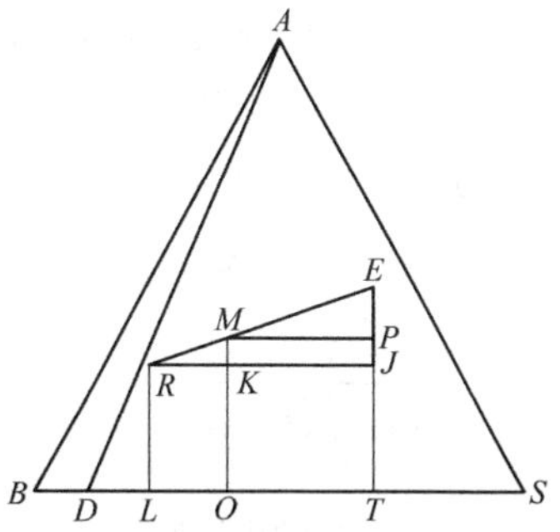

图 6-9　杠杆定律的证明

杠杆定律又称比例定律，根据杠杆定律可确定点 M 的具体位置。杠杆定律可通过物料衡算得以证明。由总物料衡算得：

$$R + E = M \tag{6-3}$$

对溶质 A 进行物料衡算得：

$$R(\overline{RL}) + E(\overline{ET}) = M(\overline{MO}) \tag{6-4}$$

或

$$Rx_{AR} + Ex_{AE} = Mx_{AM}$$

将式(6-3)代入式(6-4)，并整理得：

$$\frac{E}{M} = \frac{x_{AM} - x_{AR}}{x_{AE} - x_{AR}} \tag{6-5}$$

由图可知

$$x_{AM} - x_{AR} = \overline{EP} \tag{6-6}$$

$$x_{AE} - x_{AR} = \overline{MK} \tag{6-7}$$

因此

$$\frac{E}{M} = \frac{\overline{EP}}{\overline{MK}} = \frac{\overline{ME}}{\overline{RM}} \tag{6-8}$$

同理可以证明，当从混合液 M 中移出 E kg 的三元混合物 E，余下部分 R kg 三元混合物的组成点位于 EM 的延长线上，引申杠杆定律得

$$\frac{R}{E} = \frac{\overline{MR}}{\overline{ER}} = \frac{x_{AE} - x_{AM}}{x_{AM} - x_{AR}} \tag{6-9}$$

图 6-9 中点 M 称为和点，点 R、E 称为差点。

6.3　液-液萃取的操作流程和计算

6.3.1　液-液萃取的操作流程

液-液萃取过程分为三类，即单级萃取、多级单效萃取和多级多效萃取。

单级萃取是指萃取过程一次完成，萃取剂只使用一次，所以又叫做单效萃取（料液被萃取的次数叫级数，萃取剂使用的次数叫效数）；多级单效萃取是指料液被多次萃取，而萃取剂只使用一次的萃取过程；多级多效萃取指料液被多次萃取，萃取剂也被重复使用的萃取过程，并且级数等于效数，因此多级多效萃取常简称为多效萃取。单效萃取常指单级萃取。图6-10 为这三种萃取方法的流程图。

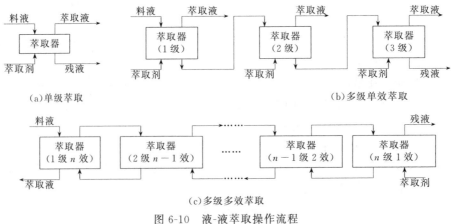

(a)单级萃取　　　　　　　　　　　　　　　　(b)多级单效萃取

(c)多级多效萃取

图 6-10　液-液萃取操作流程

液-液萃取操作可分为混合、分离和回收三个主要步骤。如果按萃取剂与原料液接触的方式分类，萃取操作可分为间歇式萃取和连续式萃取两种流程。

（1）间歇式萃取

首先，将原料液与将近饱和的溶剂混合，而新鲜溶剂则与经过几段萃取后的稀浓度原料液相接触，这样既增大了传质过程的推动力，又节约了溶剂用量，提高了处理效率。图6-11所示为多段间歇式萃取操作流程，图中A1、A2、A3分别为各段混合器，B1、B2、B3分别为各段萃取器。

（2）连续式萃取

连续式萃取多采用塔式逆流操作方式。塔式装置种类很多，有填料塔、筛板塔，还有外加能量的脉冲筛板塔、脉冲填料塔、转盘塔以及离心萃取机等。塔式逆流方式是让原料液和萃取剂在萃取塔中充分混合发生萃取过程，大密度溶液从塔顶流入，连续向下流动，充满全塔并由塔底排出；小密度溶液从塔底流入，从塔顶流出，萃取剂与原料液在塔内逆流相对流动，完成萃取过程。这种操作效率高，在有机废水处理中被广泛应用。

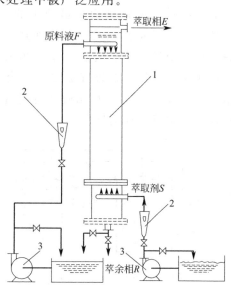

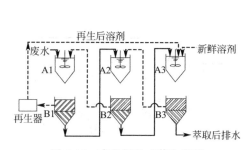

图 6-11　多段间歇式萃取流程

图 6-12　塔式萃取设备两相流路
1—萃取塔；2—流量计；3—泵

进行液-液萃取操作的设备有多种类型，按操作进行方式可分为分级接触萃取设备和连续微分萃取设备两大类，前者多为槽式设备，后者多为塔式设备。在分级接触操作中，两相的组成在各级之间均呈阶跃式的变化。在连续微分萃取设备中，两相的组成是沿着其流动方向连续变化的。在分级接触萃取过程中，两相液体在每一级均应有充分的混合与充分的分离。连续接触萃取过程大多在塔式设备中进行，两相在塔内呈连续逆向流动，一相应能很好地分散在另一相之中，而当两相分别离开设备之前，也应使两相较完善地分离开。

1）塔式萃取设备两相流路

图6-12所示为塔式萃取设备两相流路图，原料液 F 由塔的上部进入塔内，萃取剂 S 由塔的下部进入塔内。这种安排是由于原料液的密度较萃取剂的密度大。反之，若原料液的密度比萃取剂的密度小，则原料液应由塔的下部进入塔内。两液相由于密度不同，以及萃取剂与原料液有不互溶或仅部分互溶的性质，故两个液相在塔内呈逆向流动并充分混合，萃取剂

沿塔向上流至塔的顶部，原料液沿塔向下流至塔的底部。在两相接触的过程中，溶质从原料液向萃取剂中扩散。当萃取剂由塔顶排出时，其中所含溶质的量已大为增加，此排出的液体即称为萃取相（在此为轻液相），以 E 表示之，而原料液 F 由塔的顶部向下流动的过程中溶质含量逐渐减少，当其由塔底排出时，所含溶质的量已降低（应达到生产所要求的指标），此排出的液体即称为萃余相（在此为重液相），以 R 表示之。

2）混合-沉淀槽式萃取设备两相流路

图 6-13 所示为三级混合-沉淀槽萃取两相流路图。每一级均有一个混合槽和一个澄清槽。原料液由第一级混合槽加入，而萃取剂由第三级混合槽加入。各流股在每级之间可用泵输送，或利用位差使混合液流入下一级设备中。

萃取过程的计算方法与精馏相似，所应用的基本关联式是相平衡关系和物料衡算关系。基本方法是逐级计算，多用图解法进行。

▶ 6.3.2 单级萃取流程和计算

单级萃取是液-液萃取中最简单的，也是最基本的操作方式，其流程如图 6-14 所示。首先将原料液 F 和萃取剂 S 加到萃取器中，搅拌使两相充分混合，然后将混合液静置分层，即得到萃取相 E 和萃余相 R。最后再经过溶剂回收设备回收萃取相中的溶剂，以供循环使用，如果有必要，萃余相中的溶剂也可回收。E 相脱除溶剂后的残液为萃取液，以 E' 表示。R 相脱除溶剂后的残液称为萃余相，以 R' 表示。单级萃取可以间歇操作，也可以连续操作。

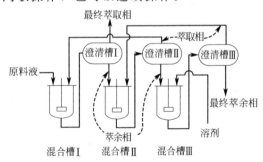

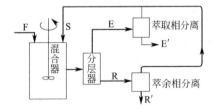

图 6-13　三级逆流混合-沉淀槽萃取两相流路图　　　　图 6-14　单级萃取流程示意

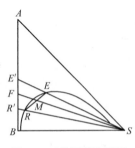

图 6-15　单级萃取图解

无论间歇操作还是连续操作，两液相在混合器和分层器中的停留时间总是有限的，萃取相与萃余相不可能达到平衡，只能接近平衡，也就是说单级萃取不可能是一个理论级。但是，单级萃取的计算通常按一个理论级考虑。单级萃取过程的计算中，一般已知条件是：原料液的量和组成、溶剂的组成、体系的相平衡数据、萃余相的组成。要求计算所需萃取剂的用量、萃取相和萃余相的量与萃取相的组成。

用解析法计算萃取问题需要将溶解度曲线和分配曲线拟合成数学表达式，并且所得的数学表达式皆为非线性，联立求解时必须通过试差逐步逼近。但在三角形相图上，采用图解的方法可以很方便地完成计算。其方法如下。

① 根据已知平衡数据在直角三角形坐标图中绘出溶解度曲线与辅助曲线，如图 6-15 所示。

② 根据原料液 F 的组成 x_{AF}，在直角三角形 AB 边上确定点 F 位置。原料液中加入一

定量萃取剂 S 的混合液的组成点 M 必在 SF 线上。

③ 由给定的原料液量 F 和加入的萃取剂量 S，可由杠杆规则 $\dfrac{S}{F}=\dfrac{\overline{MF}}{\overline{MS}}$ 求出点 M 的位置。

④ 依总物料衡算得：

$$F+S=R+E=M \tag{6-10}$$

对溶质 A 作物料衡算得：

$$Fx_{AF}+Sy_{AS}=Rx_{AR}+Ey_{AE}=Mx_{AM} \tag{6-11}$$

依杠杆定律求 E 与 R 的量，即：

$$\frac{E}{M}=\frac{\overline{MR}}{\overline{ER}} \tag{6-12}$$

及

$$R=M-E \tag{6-13}$$

联立以上三式解得：

$$E=M-R=M-\frac{Mx_{AM}-Ey_{AE}}{x_{AE}} \tag{6-14}$$

再整理得

$$E=\frac{M(x_{AF}-x_{AR})}{y_{AE}-x_{AR}} \tag{6-15}$$

同时，可求得萃取液 E' 与萃余液 R' 的量为

$$E'=\frac{F(x_{AF}-x_{AR'})}{y_{AE'}-x_{AR'}} \tag{6-16}$$

$$F=R'+E' \tag{6-17}$$

▶ 6.3.3 多级错流萃取流程和计算

单级萃取所得到的萃余相中往往还含有较多的溶质，要萃取出更多的溶质，需要较大量的溶剂。为了用较少溶剂萃取出较多溶质，可用多级错流萃取。图 6-16 所示为多级错流萃取的流程示意。原料液从第一级加入，每一级均加入新鲜的萃取剂。在第一级中，原料液与萃取剂接触、传质，最后两相达到平衡。分相后，所得萃余相 R_1 送入第二级中作为第二级的原料液，在第二级中被新鲜萃取剂再次进行萃取，如此以往，萃余相多次被萃取，一直到第 n 级，排出最终的萃余相，各级所得的萃取相 E_1，E_2，…，E_n 排出后回收溶剂。

从多级错流萃取流程图 6-16 可以看出，多级错流萃取对萃余相来说可以认为是单级萃取器的串联操作，而对萃取剂来说是并联的，因此单级萃取计算方法同样适用于多级错流萃取的计算。

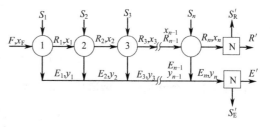

图 6-16　多级错流萃取的流程示意

（1）萃取剂和稀释剂部分互溶体系

已知物系的相平衡数据、原料液的量 F 及其组成 x_F、最终萃余相组成 x_R 和萃取剂的组成 y_0，选择萃取剂的用量 S（每一级萃取剂的用量可相等，亦可以不相等），求所需理论级数。

参见图 6-17，设萃取剂中含有少量溶质 A 和稀释剂，其状态点 S_0 如图 6-17 所示。在第一级中用萃取剂量 S_1 与原料液接触得混合液 M_1，点 M_1 必须位于 S_0F 连线上，由 $F/M_1 = \overline{S_0M_1}/\overline{FS_0}$ 定出点 M_1。萃取过程达到平衡分层后，得到萃取相 E_1 和萃余相 R_1。点 E_1 与 R_1 在溶解度曲线上，且在通过点 M_1 的一条连接线的两端，这条连接线可利用辅助线通过试差法找出。在第二级中用新鲜溶剂来萃取第一级流出的萃余相 R_1，两者的混合液为 M_2，同样点 M_2 也必位于 S_0R_1 连线上，萃取结果得到的萃取相 E_2 与萃余相 R_2，由过 M_2 的连线求出。如此类推，直到萃余相中溶质的组成等于或小于要求的组成 x_R 为止，则萃取级数即为所求的理论级数。

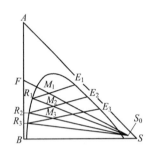

图 6-17　图解法计算多级错流的理论级数（B 与 S 部分互溶）

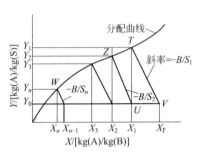

图 6-18　图解法求多级错流理论板级数（B 与 S 不互溶）

上面的计算方法适合稀释剂 B 与溶剂 S 部分互溶时的情况，而当稀释剂 B 与溶剂 S 不互溶或互溶度很小时，应用直角坐标图解法比较方便。

（2）萃取剂和稀释剂不互溶体系

当稀释剂 B 与溶剂 S 不互溶或互溶度很小时，可以认为 B 不进入萃取相 E 而存留在萃余相 R 中，这样萃取相中只有组分 A 与 S，萃余相中只有组分 A 与 B。萃取相和萃余相中溶质的含量可分别用质量比浓度 $Y[kg(A)/kg(S)]$ 和 $X[kg(A)/kg(B)]$ 表示，并在 X-Y 直角坐标图上求解理论级数。参见图 6-18，对第一级做溶质 A 的物料衡算，得：

$$BX_F + S_1Y_0 = BX_1 + S_1Y_1 \tag{6-18}$$

或写成：

$$(Y_1 - Y_0) = -\frac{B}{S_1}(X_1 - X_F) \tag{6-19}$$

对第二级做溶质 A 的物料衡算，得：

$$BX_1 + S_2Y_0 = BX_2 + S_2Y_2 \tag{6-20}$$

或写成：

$$(Y_2 - Y_0) = -\frac{B}{S_2}(X_2 - X_1) \tag{6-21}$$

同理，对任意一个萃取级 n 做溶质 A 的物料衡算，得：

$$(Y_n - Y_0) = -\frac{B}{S_n}(X_n - X_{n-1}) \tag{6-22}$$

式中　B——原料液中稀释剂的量，kg 或 kg/h；

　　　S_1——加入第一级的溶剂量，kg 或 kg/h；

　　　Y_0——溶剂中溶质 A 的质量比浓度，kg(A)/kg(S)；

X_F——原料液中溶质 A 的质量比浓度，kg(A)/kg(B)；

Y_1——第一级萃余相中溶质 A 的质量比浓度，kg(A)/kg(S)；

X_1——第一级萃取相中溶质 A 的质量比浓度，kg(A)/kg(B)。

式(6-21)即为多级错流萃取操作线方程，它表示任一级萃取过程中萃取相组成 Y_n 与萃余相组成 X_n 之间的关系，在直角坐标图上是一直线。此直线通过点(X_{n-1},Y_0)，斜率为 $-B/S_n$。当此级达到一个理论级时，X_n 与 Y_n 为一对平衡值，即为此直线与平衡线的交点 (X_n,Y_n)。

在 X-Y 直角坐标上图解多级错流萃取的理论级数，其方法如下。

在直角坐标上依系统的液-液平衡数据绘出分配曲线。按原料液组成 X_F 及溶剂组成 Y_0 定出 V 点。从 V 点作斜率为 $-B/S_1$ 的直线与平衡线相交于 T (X_1,Y_1)，为第一级流出的萃余相和萃取相的组成。第二级进料液组成为 X_1，萃取剂加入量为 S_2，其组成亦为 Y_0。根据组成 X_1 和 Y_0 可以在图上定出点 U，自 U 点作斜率为 $-B/S_2$ 的直线与平衡线相交于 Z，得 X_2 和 Y_2。如此继续作图，直到 n 级的操作线与平衡线交点的横坐标 X_n 等于或小于要求的 X_R 为止，则 n 即为所需理论级的数目。

▶ 6.3.4 多级逆流萃取流程和计算

多级逆流萃取是指萃取剂 S 和原料液 F 以相反的流向流过各级，其流程如图 6-19 所示。

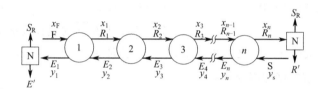

图 6-19 多级逆流萃取流程示意

原料液从第一级进入，逐级流过系统，最终萃余相从第 n 级流出，新鲜萃取剂从第 n 级进入，与原料液逆流，逐级与料液接触，在每一级中两液相充分接触，进行传质，当两相平衡后，两相分离，各进入其随后的级中，最终的萃取相从第一级流出。在流程的第一级中，萃取相与含溶质最多的原料液接触，故第一级出来的最终萃取相中溶质的含量高，可达接近与原料液呈平衡的程度，而在第 n 级中萃余相与含溶质最少的新鲜萃取剂接触，故第 n 级出来的最终萃余相中溶质的含量低，可达接近与原料液呈平衡的浓度。因此，可以用较少的萃取剂达到较高的萃取率。通过多级逆流萃取过程得到的最终萃余相 R_n 和最终萃取相 E_1 还含有少量的溶剂 S，可分别送入溶剂回收设备 N 中，经过回收溶剂 S 后，得到萃取液 E' 和萃余液 R'。

多级逆流萃取的计算主要应用相平衡与物料衡算两个基本关系，方法也是逐级计算。

(1) 萃取剂与稀释剂部分互溶的体系

1) 在三角形坐标图上图解理论级数

首先求出多级逆流萃取的操作线方程和操作点，F、S、E_1 和 R_n 的量均以单位时间流过的质量计算，kg/s。

对第一级做物料衡算，得 $F+E_2=R_1+E_1$，即 $F-E_1=R_1-E_2$ （6-23）

对第二级做物料衡算，得 $F+E_3=R_2+E_1$，即 $F-E_1=R_2-E_3$ (6-24)

对第三级做物料衡算，得 $F+E_4=R_3+E_1$，即 $F-E_1=R_3-E_4$ (6-25)

对第一级到第 n 级做物料衡算，得 $F+S=R_n+E_1$，即 $F-E_1=R_n-S$ (6-26)

由以上各式可得：

$$F-E_1=R_1-E_2=R_2-E_3=R_3-E_4=R_n-S=\Delta=常数 \qquad (6-27)$$

式(6-27)表示离开任一级的萃余相 R_n 与进入该级的萃取相 E_{n+1} 的流量差为一常数，以 Δ 表示。因此，在三角形相图上，连接 R_n 和 E_{n+1} 两点的直线均通过 Δ 点，式(6-27)称为操作线方程，Δ 点称为操作点。根据连接线与操作线的关系，应用图解法，在三组分相图上可求出当料液组成为 x_{AF}、最终萃余相组成为 x_{AR} 时的所需理论级数。步骤如下。

① 根据平衡数据在三角形坐标图上做出溶解度曲线和辅助曲线，如图 6-20 所示。

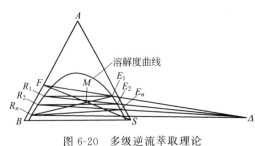

图 6-20 多级逆流萃取理论
级数的逐级图解法

② 由已知组成 x_F 与 x_R 在图上定出原料液和最终萃余相的状态点 F 和 R_n。由萃取剂的组成定出其状态点 S 的位置，连 $\overline{FS}$ 线。

③ 根据杠杆定律确定混合点 M，连 $\overline{R_nM}$ 线，并延长与溶解度曲线交于 E_1 点，该点即为最终萃取相 E_1 的状态点。

④ 由于 $E_1=F-\Delta$，$S=R_n-\Delta$，故点 E_1 位于 $\overline{F\Delta}$ 线上，S 点位于 $\overline{R_n\Delta}$ 线上，由此可知，FE_1 和 $\overline{R_nS}$ 的延长线必交于 Δ 点。

⑤ 由点 E_1 作连接线交溶解度曲线于点 R_1。由于 $R_1=E_2+\Delta$ 或 $E_2=R_1-\Delta$，故点 E_2 必位于 $\overline{R_1\Delta}$ 线上并与溶解度曲线交于点 E_2。

⑥ 由点 E_2 作连接线交溶解度曲线于点 R_2，连 $\overline{R_2\Delta}$ 得 E_3，即由连接线可找到萃余相 R_3，由操作线可找到萃取相 E_4。

重复上述步骤，交错地引操作线和连接线直到 x_{AR_n} 小于或等于所要求的值为止，引出的连接线的数目即为所求的理论级数。图 6-20 所示为 3 个理论级。

根据原料液组成的不同以及系统连接线的斜率不同，操作点的位置可能在三角形相图的左侧，也可能在右侧。

2）在直角坐标上图解理论级数

当多级逆流萃取所需的理论级数较多时，用三角形图解法求解，线条密集不清晰，准确度较差，此时可用直角坐标图上的分配曲线进行图解计算，其步骤如下。

① 在直角坐标图上，根据已知平衡数据绘出分配曲线。

② 在三角形坐标图上，按前述多级逆流图解法，根据料液组成、溶剂组成、规定的最终萃取相和最终萃余相的组成，定出点 F、S'、E_1 和 R_n 点，并由 $\overline{E_1F}$ 线和 $\overline{S'R_n}$ 线相交求得操作点，如图 6-21(a)所示。

③ 在三角形坐标图上，从 Δ 点出发作若干条 $\overline{\Delta RE}$ 操作线，分别与溶解度曲线交于两点 R_m 和 E_{m+1}，其组成为 x_{R_m} 和 $y_{E_{m+a}}$。因为 x_{R_m} 和 $y_{E_{m+a}}$ 具有操作线关系，因此，将三角形相图上一组操作线所得的对应组成绘于 X—Y 图，就可得到操作线，如图 6-21(b)所示。

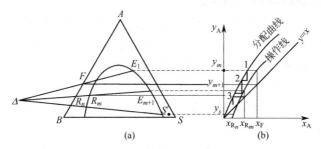

图 6-21　平衡分配图解法求理论级数

④ 在分配曲线与操作线之间，根据 x_F、y_{E_1}、x_{R_n} 和 $y_{E_s'}$（萃取剂中含有的溶质 A 的浓度），就可以求出理论级数。

（2）萃取剂与稀释剂不互溶时的多级逆流萃取的理论级数

当萃取剂与稀释剂不互溶时，如图 6-22 所示，萃取相中只含有萃取剂 S 和溶质 A，萃余相中只含有稀释剂 B 和溶质 A，因此，在萃取过程中，萃取相中萃取剂的量和萃余相中稀释剂的量均保持不变。为方便起见，萃取相和萃余相中溶质的含量可分别用质量比浓度 $Y\mathrm{kg}(A)/\mathrm{Kg}(S)$ 和 $X(\mathrm{kg}(A)/\mathrm{kg}(B))$ 表示，并在 X-Y 直角坐标图上求解理论级数。步骤如下。

首先，根据平衡数据，在 X-Y 坐标图上，绘制平衡线，如图 6-23 所示。

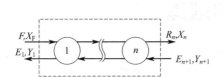

图 6-22　两相完全不互溶时逆流萃取流程

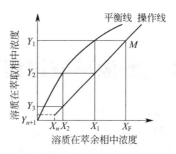

图 6-23　两相完全不互溶时逆流萃取平衡级数的图解法

然后，根据物料衡算找出逆流萃取的操作线方程，在流程中第一级至第 n 级间做溶质 A 的物料衡算，得：

$$BX_F + SY_{n+1} = BX_n + SY_1 \tag{6-28}$$

式中　X_F——料液中溶质 A 的质量比浓度，$\mathrm{kg}(A)/\mathrm{kg}(B)$；

　　　Y_1——最终萃取相 E_1 中溶质 A 的质量比浓度，$\mathrm{kg}(A)/\mathrm{kg}(S)$；

　　　X_n——最终萃余相 R_n 中溶质 A 的质量比浓度，$\mathrm{kg}(A)/\mathrm{kg}(B)$；

　　　Y_{n+1}——进入 n 级萃取相的溶质 A 的质量比浓度，$\mathrm{kg}(A)/\mathrm{kg}(S)$。

由式（6-28）得

$$Y_{n+1} = \frac{B}{S}X_n + \left(Y_1 - \frac{B}{S}X_F\right) \tag{6-29}$$

式（6-29）就是操作线，式中 B 与 S 均为常数，故操作线为一直线，其斜率为 B/S。在 X_F 和 X_n 范围内，在操作线和平衡线间绘梯级，直到规定的萃余相浓度为止，所得梯级数就是所求的理论级数。图 6-23 所示理论级数为 3。

（3） 多级逆流萃取的最小溶剂用量

在多级逆流萃取操作中，对于一定的萃取要求存在一个最小溶剂（萃取剂）用量 S_{min}。操作时如果所用的萃取剂量小于 S_{min}，则无论多少个理论级也达不到规定的萃取要求。实际所用的萃取剂用量必须大于 S_{min}，一般取为最小萃取剂的 $1.5\sim 2$ 倍，即 $S_{适宜}=(1.5\sim 2.0)S_{min}$。溶剂用量少，所需理论数多，设备费用大；反之，溶剂用量过大，所需理论级数少，萃取设备费用低，但溶剂回收设备大，回收溶剂所消耗的热量多，所需费用高，因此，确定适宜的萃取剂用量非常重要。

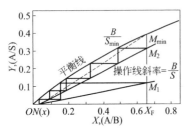

图 6-24 最小萃取剂用量图解

最小萃取剂用量的求法，如图 6-24 所示为两组分 A 和 S 基本不互溶的 A、B、S 三元物系。若用 $k=\dfrac{B}{S}$ 代表操作线的斜率，其操作线与分配曲线关系可依质量比浓度 X 及 Y 绘于 X-Y 直角坐标上。图上 NM_1、NM_2、NM_{min} 为使用不同量萃取剂 S_1、S_2 和 S_{min} 时的操作线，其对应操作线斜率分别为 k_1、k_2 和 k_{min}。由图 6-24 可知，当 S 用量越小，则操作线斜率越大，并向分配曲线靠近，即 $k_1<k_2<k_{min}$，对应萃取剂用量 $S_1>S_2>S_{min}$，当操作线与分配曲线出现交点，即出现夹紧区，这时在两线间作梯级，则会出现无穷多的理论级数，相应的萃取剂用量称为此条件下的最小溶剂用量。可由下式确定：

$$S_{min}=\frac{B}{k_{min}} \tag{6-30}$$

6.4 液-液萃取过程萃取剂的选择

萃取操作中，萃取过程的分离效果主要表现为被分离物质的萃取率和分离产物的纯度。萃取率为萃取液中被提取的溶质量与原料液中的溶质量之比。萃取率越高，分离产物的纯度越高，表示萃取过程的分离效果越好。在萃取操作中，所选用的萃取剂是影响分离效果的首要因素，能否选定一种性能优良而且价格低廉的萃取剂，这是取得较好的萃取效果的主要因素之一。一般情况下，可从以下几个方面出发考虑萃取剂的选择。

（1） 溶剂的选择性与选择性系数

溶剂的选择性好坏，是指萃取剂 S 对被萃取的组分 A（溶质）的溶解能力与萃取剂对其他组分（如 B）的溶解能力之间差异的大小。若萃取剂对溶质 A 的溶解能力较大，而对稀释剂 B 的溶解能力很小，这种萃取剂即谓之选择性好。选用选择性好的萃取剂，则可以减少溶剂的用量，萃取产品质量也可以提高。

萃取剂的选择性通常以下述比值衡量，此比值称为选择性系数，以 β 表示之。β 也称为分离因数。当 E 相和 R 相已达到平衡时，β 的定义可用下式表示：

$$\beta=\frac{A \text{ 在 } E \text{ 相中的质量分率}/B \text{ 在 } E \text{ 相中的质量分率}}{A \text{ 在 } R \text{ 相中的质量分率}/B \text{ 在 } R \text{ 相中的质量分率}}$$

$$=\frac{y_{AE}/y_{BE}}{x_{AR}/x_{BR}}=\frac{y_{AE}}{x_{AR}}\cdot\frac{x_{BR}}{y_{BE}} \tag{6-31}$$

式中 y_{AE}——溶质 A 在萃取相中的浓度（质量分率）；

y_{BE}——稀释剂 B 在萃取相中的浓度（质量分率）；

x_{AR}——溶质 A 在萃余相中的浓度（质量分率）；

x_{BR}——稀释剂 B 在萃余相中的浓度（质量分率）。

定义分配系数：

$$k_A = \frac{y_{AE}}{x_{AR}} \tag{6-32}$$

代入式(6-31)中，得：

$$\beta = k_A \frac{x_{BE}}{y_{BE}} \tag{6-33}$$

一般情况下，萃余相中的稀释剂 B 含量总是比萃取相中为高，也即 $x_{BE}/y_{BE} > 1$。又由式(6-33)可以看出，β 值的大小直接与 k_A 值有关，因此，凡影响 k_A 的因素也均影响选择系数 β。在所有的工业萃取操作物系中，β 值均大于1。β 值越大，越有利于组分的分离，若 β 值等于1，由式(6-31)可知，$y_{AE}/y_{BE} = x_{AR}/x_{BR}$，即组分 A 与 B 在两平衡液相 E 及 R 中的比例相等，则说明所选的萃取剂是不适宜的。

（2）萃取剂与稀释剂的互溶度

从图 6-25 可以看出，萃取剂 S 与稀释剂 B 的互溶度不同将有何影响。图 6-25(a)表明 B 与 S 是部分互溶的，但其互溶度小，而图 6-25(b)中 B 与另一种萃取剂 S' 的互溶度大。由图 (a) 可明显看出，B 与 S 互溶度小，分层区的面积大，萃取液中含溶质的最高限 E_{max} 比图 6-25(b)中 E'_{max} 的含溶质量高，这说明萃取剂 S 与稀释剂 B 的互溶度越小越有利于萃取。也即对图 6-25 的（$A+B$）物系而言，选用溶剂 S 比用溶剂 S' 更有利于达到组分分离的目的。

（3）萃取剂的物性

萃取剂的物理性质与化学性质均会影响到萃取操作是否可以顺利安全地进行。以下分别予以讨论。

① 密度差。不论是分级萃取还是连续逆流萃取，萃取相与萃余相之间应有一定的密度差，以利于两个液相在充分接触以后可以较快地靠密度差而分层，从而提高设备的生产能力。尤其对于某些没有外加能量的萃

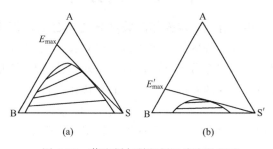

图 6-25 萃取剂与稀释剂互溶度的影响

取设备（例如筛板塔、填料塔等），密度差大一些可明显提高萃取设备的生产能力。

② 界面张力（即两个液相层之间的张力）。萃取体系的界面张力较大时，细小的液滴比较容易聚集，有利于两相分层，但也由于界面张力过大，使一相液体分散到另一相液体中的程度较差，难以使两相混合良好，这样就需要提供较多的外加能量使一相较好地分散到另一相中。界面张力过小，易产生乳化现象，使两相较难分层。由于考虑到液滴若易于聚集而分层快，设备的生产能力可有所提高，故一般不宜选界面张力过小的萃取剂。在实际操作中，综合考虑上述因素，一般多选用界面张力较大的萃取剂。

③ 黏度、凝固点及其他。所选萃取剂的黏度与凝固点均应较低，以便于操作、输送和贮存。对于没有搅拌器的萃取塔，物料黏度更不宜大。此外，萃取剂还应具有不易燃、毒性小等优点。

④ 化学性质。萃取剂应具有化学稳定性、热稳定性及抗氧化稳定性。此外，对设备的

腐蚀性应较小。

（4）萃取剂的回收难易

在萃取操作中，通常所选定的萃取剂需要回收后重复使用，以减少溶剂的消耗量。一般来说，溶剂的回收过程是萃取操作中消耗费用最多的部分，所以溶剂回收的难易会直接影响到萃取过程的操作费用。有的溶剂虽然具有以上很多良好的性能，但往往由于回收困难而不被采用。

最常用的回收萃取剂的方法是蒸馏，若被萃取的溶质是不挥发的或挥发度很低的，则可用蒸发或闪蒸法回收溶剂。当用蒸馏或蒸发方法均不适宜时，也有通过降低物料的温度，使溶质结晶析出而与溶剂分离。也有采用化学方法处理以达到使溶剂与溶质分离的目的。

（5）其他因素

萃取剂的价格、来源、毒性以及是否易燃、易爆等，均为选择溶剂时需要考虑的问题。所选用的萃取剂还应来源充分，价格低廉，否则尽管萃取剂具有上述其他良好性能，也往往不能在工业生产中应用。在实际生产过程中，常采用几种溶剂组成的混合萃取剂以获得较好的性能。

6.5 液-液萃取设备

液-液萃取过程中，两个液相的密度差较小，而黏度和界面张力比较大，两相的混合和分离比气液传质过程困难得多。为了使萃取过程进行得比较充分，就要使一相在另一相中分散成细小的液滴，以增大相际接触面积，通常采用机械搅拌、脉冲等手段来实现液体的分散。

6.5.1 萃取设备的分类

进行有效萃取操作的关键是选择合适的溶剂和适当类型的设备。在液-液萃取过程中，要求萃取设备内能使两相达到密切接触并伴有较高程度的湍动，以便实现两相间的传质过程。当两相充分混合后，尚需使两相达到较完善的分离。由于液-液萃取中两相间的密度差较小，实现两相间的密切接触和快速分离要比气-液系统困难得多。目前，已被工业采用的液-液萃取设备形式很多，已超过 30 余种。根据两相的接触方式，萃取设备可分为逐级接触式和微分式两大类。在逐级接触萃取操作中，各相组成是逐级变化的。在微分接触萃取操作中，相的组成沿着流动方向连续变化。逐级接触萃取设备可以用单级设备进行操作，也可由许多单级设备组合而成为多级接触萃取设备。微分接触萃取设备大多为塔式设备。工业上常用萃取设备的分类情况如表 6-1 所列。

表 6-1　萃取设备的分类

流体分散的动力	逐级接触式	微分接触式
重力差	筛板塔	喷洒塔 填料塔
脉冲	脉冲混合 澄清器	脉冲填料塔 液体脉冲筛板塔
旋转搅拌	混合-澄清器 夏贝尔塔	转盘塔 偏心转盘塔 库尼塔
往复搅拌		往复筛板塔
离心力	逐级接触 离心器	POD 式离心萃取器 芦葳式离心萃取器

在选择萃取设备时，通常要考虑以下几个因素：a. 体系的特性，如稳定性、流动特性、分相的难易等；b. 完成特定分离任务的要求，如所需的理论级数；c. 处理量的大小；d. 厂房条件，如面积和高度等；e. 设备投资和维修的难易；f. 设计和操作经验等。

表 6-2 介绍了几种萃取设备的主要优缺点和应用领域。

表 6-2　几种萃取设备的主要优缺点和应用领域

设备分类		优点	缺点	应用领域
混合-澄清器		相接触好，效率高；处理能力大，操作弹性好； 在很宽的流比范围内均可稳定操作；放大设计方法比较可靠	滞留量大，需要的厂房面积大；投资较大； 级间可能需要用泵输送流体	核化工；湿法冶金；化肥工业
无机械搅拌的萃取塔		结构简单，设备费用低；操作和维修费用低； 容易处理腐蚀性物料	传质效率低，需要厂房高；对密度差小的体系处理能力低；不能处理流比很高的情况	石油化工； 化学工业
机械搅拌萃取塔	脉冲筛板塔	理论级当量高度低；处理能力大，塔内无运动部件，工作可靠	对密度差较小的体系处理能力比较低；不能处理流比很高的情况；处理易乳化的体系有困难；放大设计方法比较复杂	核化工；湿法冶金；石油化工
	转盘塔	处理量较大，效率较高，结构较简单，操作和维修费用较低		石油化工；湿法冶金；制药工业
	振动筛板塔	理论级当量高度低，处理能力大，结构简单，操作弹性好		石油化工；湿法冶金；制药工业
离心萃取器		能处理两相密度差小的体系；设备体积小，接触时间短，传质效率高，滞留量小，溶剂积压量小	设备费用大；操作费用高；维修费用大	石油化工；核化工；制药工业

萃取设备的选择既是一门科学，也是一种技巧。它在很大程度上取决于人们的经验，往往进行中间试验以前，就必须对设备性能、放大设计方法、投资和维修、当事者的经验和操作的可靠性等进行全面的考虑和评价。虽然经济效益是十分重要的，但在很多情况下，经验往往是决定性的因素。

（1）混合-澄清槽

混合-澄清槽是最早使用并且目前仍广泛应用于工业生产的一种典型逐级接触式萃取设备。它可单级操作，也可多级组合操作。每个萃取级均包括混合槽和澄清器两部分，故一般称为混合-澄清萃取槽。操作时，萃取剂与被处理的原料液先在混合器中经过充分混合后，再进入澄清器中澄清分层，密度较小的液相在上层，较大的在下层，实现两相分离。为了加大相际接触面积及强化传质过程，提高传质速率，混合槽中通常安装有搅拌装置或采用脉冲喷射器来实现两相的充分混合。图 6-26(a)和图 6-26(b)分别为机械搅拌混合槽和喷射混合槽示意。

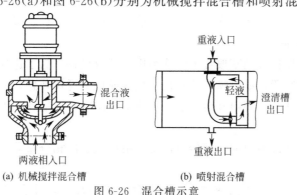

(a) 机械搅拌混合槽　　　　(b) 喷射混合槽

图 6-26　混合槽示意

澄清器可以是重力式的，也可以是离心式的。对于易于澄清的混合液，可以依靠两相间的密度差在贮槽内进行重力沉降（或升浮），对于难分离的混合液，可采用离心式澄清器（如旋液分离器、离心分离机），加速两相的分离过程。

典型的单级混合-澄清槽如图6-27(a)所示。混合槽有机械搅拌，可以使一相形成小液滴分散于另一相中，以增大接触面积。为了达到萃取工艺的要求，也需要有足够的两相接触时间。但是，液滴不宜分散得过细，否则将给澄清分层带来困难，或者使澄清槽体积增大。图6-27(b)是将混合槽和澄清器合并成为一个装置。

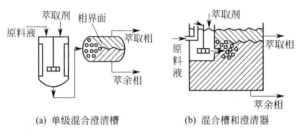

图 6-27　典型的单级混合-澄清槽

多级混合-澄清槽是由许多个单级设备串联而成的，典型的多级混合-澄清槽结构如图6-28所示的箱式和立式混合-澄清萃取设备。

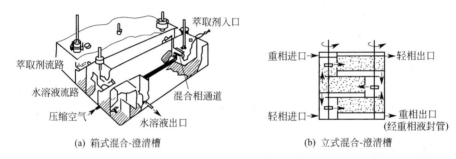

图 6-28　典型的多级混合-澄清槽

混合-澄清槽由于有外加搅拌，液体湍流程度高，每一级均可达到较理想的混合条件，使各级最大可能地趋于平衡，因此级效率高，工业规模混合澄清槽的级效率可达 90% ~ 95%。混合澄清槽中的分散相和连续相可以互相转变，有较大的操作弹性，适用于大的流量变化，而且可以处理含固体悬浮物的物系及高黏度液体，处理量大（可达 $0.4m^3/s$），设备制造简单、放大容易、可靠，但其缺点是设备尺寸大、占地面积大、溶剂存留量大、每级内都设有搅拌装置、液体在级间流动需泵输送、能量消耗较多、设备费用及操作费用都较高。

（2）塔式萃取设备

习惯上，将高径比很大的萃取装置统称为塔式萃取设备。为了达到萃取的工艺要求，塔设备首先应具有分散装置，如喷嘴、筛孔板、填料或机械搅拌装置。此外，塔顶塔底均应有足够的分离段，以保证两相间很好地分层。工业上常用的萃取塔有如下几种。

1）喷淋萃取塔

喷淋萃取塔是结构最简单的液液传质设备，由塔壳、两相分布器及导出装置构成，如图6-29所示。

喷淋塔在操作时，轻、重两液体分别由塔底和塔顶加入，并在密度差作用下呈逆流流动。轻、重两液体中，一液体作为连续相充满塔内主要空间，而另一液体以液滴形式分散于连续相中，从而使两相接触传质。塔体两端各有一个澄清室，以供两相分离。在分散相出口端，液滴凝聚分层。为提供足够的停留时间，有时将该出口端塔径局部扩大。

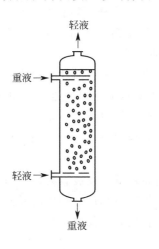

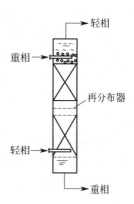

图 6-29 喷淋萃取塔   图 6-30 填料萃取塔

由于喷淋萃取塔内没有内部构件，两相接触时间短，传质系数比较小，而且连续相轴向混合严重，因此效率较低，一般不会超过 1～2 个理论级。但由于结构简单，设备费用和维修费用低，在一些要求不高的洗涤和溶剂处理过程中有所应用，也可用于易结焦和堵塞以及含固体悬浮颗粒的场合。

2) 填料萃取塔

用于萃取的填料塔与用于精馏或吸收的填料塔类似，即在塔内支承板上充填一定高度的填料层，如图 6-30 所示。在气液系统中所用的各种典型填料，如鲍尔环、拉西环、鞍形填料及其他各种新型填料对液液系统仍然适用。填料层通常用栅板或多孔板支撑。为防止沟流现象，填料尺寸不应大于塔径的 1/8。

重相由塔顶进入，轻相由塔底进入。萃取操作时，连续相充满整个塔中，分散相呈液滴或薄膜状分散在连续相中。分散相液体必须直接引入填料层内，否则，液滴容易在填料层入口处凝聚，使该处成为填料塔生产能力的薄弱环节。为避免分散相液体在填料表面大量黏附而凝聚，所用填料应优先被连续相液体所润湿。因此，填料塔内液液两相传质的表面积与填料表面积基本无关，传质表面是液滴的外表面。为防止液滴在填料入口处聚结和过早出现液泛，轻相入口管应在支承板之上 25～50mm。

塔中填料的作用除可以使分散相的液滴不断破裂与再生，促进液滴的表面不断更新外，还可以减少连续相的纵向返混。在选择填料时，除应考虑料液的腐蚀性外，还应使填料只能被连续相润湿而不被分散相润湿，以利于液滴的生成和稳定。一般陶瓷易被水相润湿，塑料和石墨易被有机相润湿，金属材料则需通过实验而确定。

填料层的存在减小了两相流动的自由截面，使塔的通过能力下降。但是，和喷淋塔相比，填料层使连续相速度分布较为均匀，使液滴之间多次凝聚与分散的机会增多，并减少了两相的轴向混合。这样，填料塔的传质效果比喷淋塔有所提高，所需塔高则可相应降低。

填料塔结构简单，操作方便，特别适用于腐蚀性料液。为了强化萃取过程，要选择合适形状的填料，并使液体流速采用液泛速度的 50%～60%。

3）脉冲填料萃取塔

在普通填料萃取塔内，两相间依靠密度差而逆向流动，相对速率较小，界面湍动程度低，限制了传质速率的进一步提高，因此填料塔的效率仍然是比较低的。为了强化生产，可以在填料塔外装脉动装置，使液体在塔内产生脉动运动，这样可以扩大湍流，有利于传质，这种填料塔称为脉冲填料塔。脉动的产生，通常采用往复泵，有时也采用压缩空气来实现。图 6-31 所示为借助活塞往复运动使塔内液体产生脉动运动。

脉动的加入，使塔内物料处于周期性的变速运动之中，重液惯性大加速困难，轻液惯性小加速容易，从而使两相液体获得较大的相对速度。两相的相对速度大，可使液滴尺寸减小，湍动加剧，两相传质速率提高。对于某些体系，脉冲填料塔的传质单元高度可以降低至 1/3～1/2。但是，由于液滴变小而降低了通量，而且在填料塔内加入脉动，乱堆填料将定向重排导致沟流产生。

脉冲填料萃取塔结构简单，没有转动部件，设备费用低，安装容易，轴向混合较低，塔截面上分散相分布比较均匀。通过改变脉冲强度便于控制液滴尺寸和传质界面以及两相停留时间，使其有较好的操作特性，在较宽的流量变化内传质效率保持不变。

4）筛板萃取塔

用于液-液传质过程的筛板塔的结构及两相流动情况与气-液系统中的筛板塔颇为相似，即在圆柱形塔内装有若干层筛板，轻、重两相在塔内做逆流流动，而在每块塔板上两相呈错流接触，如图 6-32 所示。如果轻液相为分散相，操作时轻相穿过各层塔板自下而上流动，而作为连续相的重液则沿每块塔板横向流动，由降液管流至下层塔板。轻液通过塔板上的筛孔而被分散成细滴，与塔板上横向流动的连续相密切接触和传质。液滴在两相密度差的作用下，聚结于上层筛板的下面，然后借助压强差的推动，再经筛孔而分散。可见，每一块筛板及板上空间的作用相当于一级混合澄清槽。为产生较小的液滴，液液筛板塔的孔径一般较小，通常为 3～6mm。

若以重液相为分散相，则需将塔板上的降液管改为升液管。此时，轻液在塔板上部空间横向流动，经升液管流至上层塔板，而重液相的液滴聚结于筛板上面，然后穿过板上小孔分散成液滴，穿过每块筛板自上而下流动，如图 6-33 所示。

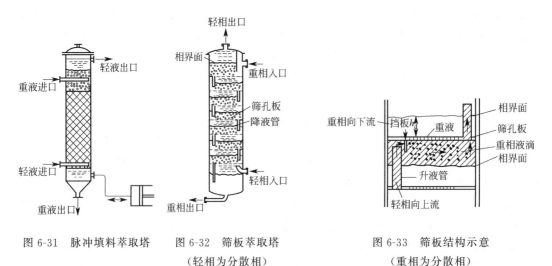

图 6-31 脉冲填料萃取塔　　图 6-32 筛板萃取塔　　图 6-33 筛板结构示意
　　　　　　　　　　　　　　（轻相为分散相）　　　　（重相为分散相）

在筛板塔内一般也应选取不易润湿塔板的一相作为分散相。筛板孔的直径一般为3～9mm，筛孔一般按正三角形排列，孔间距常取为孔径的3～4倍，板间距在150～600mm之间。

在筛板萃取塔内分散相液体的分散和凝聚多次发生，而且筛板的存在又抑制了塔内的轴向返混，因此传质效率较高。筛板萃取塔结构简单，造价低廉，所需理论级数少，生产能力大，对于界面张力较低和具有腐蚀性的物料效率较高，在石油工业中获得了较为广泛的应用。

5）脉冲筛板萃取塔

也称液体脉动筛板塔，是指由于外力作用使液体在塔内产生脉冲运动的塔，其结构与气-液系统中无溢流管的筛板塔类似，如图6-34所示。操作时，轻、重液体皆穿过筛板而逆向流动，分散相在筛板之间不凝聚分层。在脉冲筛板塔内两相的逆流是通过脉冲运动来实现的，而周期性的脉动在塔底由往复泵造成。筛板塔内加入脉动，同样可以增加相际接触面积及其湍动程度而没有填料重排问题，因此传质效率可大幅度提高。

脉冲强度即输入能量的强度，由脉冲的振幅 A 与频率 f 的乘积 Af 表示，称为脉冲速度。脉冲速度是脉冲筛板塔操作的主要条件：脉冲速度小，液体通过筛板小孔的速度小，液滴大，湍动弱，传质效率低；脉冲速度增大，形成的液滴小，湍动强，传质效率高。但是脉冲速度过大，液滴过小，液体轴向返混严重，传质效率反而降低，且易液泛。通常脉冲频率为 $30\sim200\mathrm{min}^{-1}$，振幅为9～50mm。脉冲发生器有多种，如往复泵、隔膜泵，也可用压缩气驱动。

脉冲筛板萃取塔的优点是：结构简单，传质效率高，可以处理含有固体粒子的料液，由于塔内不设机械搅拌或往复运动的构件，而脉冲的发生可以离开塔身，这样就易解决防腐和防放射性问题，因此在原子能工业中获得了较广泛的应用。近年来在有色金属提取和石油化工中也日益受到重视。脉冲塔的缺点是：允许的液体通过能力小，塔径大时产生脉冲运动比较困难。

6）往复筛板萃取塔

也称振动筛板萃取塔，其结构与脉冲筛板塔类似，也由一系列筛板构成，不同的是将若干筛板（一般是2～20块）按一定间距（150～600mm）固定在中心轴上，由塔顶的传动机构驱动做往复运动，筛板与塔体内壁之间保持一定间隙（5～10mm），其结构如图6-35所示。当筛板向下运动时，筛板下侧的液体经筛孔向上喷射；反之，筛板上侧的液体向下喷射。如此随着筛板的上下往复运动，使塔内液体做类似于脉冲筛板塔的往复运动。为防止液体沿筛板与塔壁间的缝隙流动形成短路，应每隔若干块筛板，在塔内壁设置一块环形挡板。

往复筛板的孔径比脉动筛板的要大，一般为7～16mm，开孔率20%～25%。往复筛板塔的传质效率主要与往复频率和振幅有关。当振幅一定时，频率加大，效率提高，但频率加大，流体的通量变小，因此需综合考虑通量和效率两个因素。一般往复振动的振幅为4～8mm，频率为125～500次/min，这样可获得3000～5000mm/min的脉冲强度。强度太小，两相混合不良；强度太大，易造成乳化和液泛。

有效塔高由筛板数和板间距推算；塔径决定于空塔流速（塔面负荷），当用重苯萃取酚时，空塔流速取14～18m/h为宜。

往复筛板萃取塔的特点是通量大、传质效率高；由于筛孔大且处于振动状态，易于处理含固体的物料；振动频率和振幅可调，易于处理易乳化物系；操作方便，结构简单、流体阻力小，目前已广泛应用于石油化工、食品、制药和湿法冶金工业。但由于机械方面的原因，这种塔的直径受到一定的限制，目前还不能适应大型化生产的需要。

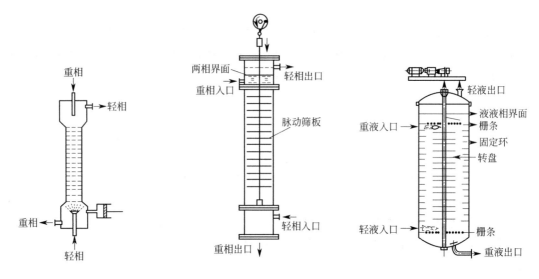

图 6-34　脉冲筛板萃取塔　　　　图 6-35　往复筛板萃取塔　　　　图 6-36　转盘萃取塔（RDC）

7）转盘萃取塔

转盘萃取塔的结构如图 6-36 所示，其主要特点是在塔内从上而下安装一组等距离的固定环，塔的轴线上装设中心转轴，轴上固定着一组水平圆盘，每个转盘都位于两相邻固定环的正中间。固定环将塔内分隔成许多区间，在每一区间有一转盘对液体进行搅拌，从而增大了相际接触面积及其湍动程度，固定环起到抑制塔内轴向混合的作用。为了便于安装制造，转盘的直径要小于固定环的内径。圆形转盘是水平安装的，旋转时不产生轴向力，两相在垂直方向中的流动仍靠密度差推动。

操作时，转轴由电动机驱动，连带转盘旋转，使两液相也随着转动。在两相液流中产生相当大的速度梯度和剪切应力，一方面使连续相产生旋涡运动；另一方面也促使分散相的液滴变形、破裂及合并，故能提高传质系数，更新及增大相界面积。固定环则起到抑制轴向返混的作用，因而转盘塔的传质效率较高。由于转盘能分散液体，故塔内无需另设喷洒器，只是对于大直径的塔，液体宜顺着旋转方向从切向进口切入，以免冲击塔内已建立起来的流动状态。

转盘塔采用平盘作为搅拌器，其目的是不让分散相液滴尺寸过小而限制塔的通过能力。转盘塔的转速是转盘萃取塔的主要操作参数。转速低，输入的机械能少，不足以克服界面张力使液体分散。转速过高，液体分散得过细，使塔的通量减小，所以需根据物系的性质和塔径与盘、环等构件的尺寸等具体情况适当选择转速。根据中型转盘萃取塔的研究结果，对于一般物系，转盘边缘的线速度以 1.8m/s 左右为宜。

转盘萃取塔的主要设计参数为：塔径与盘径之比为 1.3～1.6，塔径与环形固定板内径之比为 1.3～1.6，塔径与盘间距之比为 2～8。

转盘塔结构简单、操作方便、生产能力强、传质效率高、操作弹性大，特别是能够放大到很大的规模，因而在石油和化工生产中应用比较广泛，可用于所有的液液萃取工艺，特别是两相必须逆流或并流的工艺过程。其最重要的工业应用有：石油化工中的煤油、润滑油的精制，有机化工中的己内酰胺萃取等，湿法冶金中的稀土分离、萃取金属元素等，环境工程中废水中萃取除酚等，轻工业中的食用油精制、合成洗涤剂萃取等，固液萃取用于结晶的净化等，矿浆萃取等。

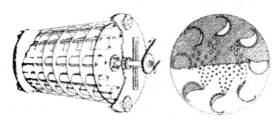

图 6-37　卧式提升搅拌萃取器示意

（3）卧式提升搅拌萃取器

卧式提升搅拌萃取器，如图 6-37 所示，中心为水平轴，由电机驱动缓慢旋转。轴上垂直装有若干圆盘，相邻两圆盘间装有多个圆弧形提升桶，开口朝向旋转方向，整个多重圆盘转件与设备外壁形成环形间隙。两相通过环隙逆流流动，界面位于设备中心线附近的水平面。圆盘转动时，提升桶舀起重相倒入轻相，同时也舀起轻相倒入重相，从而实现两相混合。

卧式提升搅拌萃取器主要用于两相密度差很小、界面张力低、非常容易乳化的特殊萃取体系。与立式的机械搅拌萃取塔相比，其主要优点为：可以处理易乳化的体系；由于搅拌轴水平放置，萃取过程中两相密度差的变化不致产生轴向环流，可以降低返混；运行过程如果突然停车，不会破坏级间浓度分布，再开工时比较容易恢复稳态操作。

（4）离心萃取器

离心萃取器是一种快速、高效的液液萃取设备。在工作原理上，离心萃取器与混合澄清槽、萃取塔的差别是前者在离心力场中使密度不同而又互不混溶的两种液体的混合液实现分相，而后者都是在重力场中进行分相。

离心萃取器可分为逐级接触式和微分逆流接触式两类。逐级接触式萃取器中两相的作用过程与混合澄清器类似。萃取器内两相并流，既可以单级使用，也可以将若干台萃取器串联起来进行多级操作。微分接触式离心萃取器中，两相的接触方式和微分逆流萃取塔类似。

1）波德式（Podbielniak）离心萃取器

也称离心薄膜萃取器，简称 POD 离心萃取器，是卧式微分接触离心萃取器的一种，其结构如图 6-38所示，主要由一固定在水平转轴上的圆筒形转鼓以及固定外壳组成。转鼓由一多孔的长带绕制而成，其转速很高，一般为 2000～5000r/min，操作时轻液从转鼓外缘引入，重液由转鼓的中心引入。由于转鼓旋转时产生的离心力场的作用，重液从中心向外流动，轻液相则从外缘向中心流动，同时液体通过螺旋带上的小孔被分散，两相在螺旋通道内逆流流动，密切接触，进行传质，最后重液从转鼓外缘的出口通道流出，轻液则由萃取器的中心经出口通道流出。

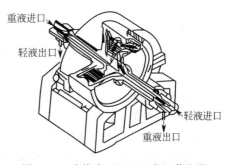

图 6-38　波德式（POD）离心萃取器

2）芦葳式（Luwesta）离心萃取器

芦葳式离心萃取器是立式逐级接触离心萃取器的一种，其结构如图 6-39 所示，主体是固定在外壳上的环形盘，此盘随壳体做高速旋转。在壳体中央有固定不动的垂直空心轴，轴上装有圆形盘，且开有数个液体喷出口。

图 6-39 所示为三级离心萃取器，被处理的原料液和萃取剂均由空心轴的顶部加入。重液沿空心轴的通道下流至萃取器的底部而进入第三级的外壳内，轻液由空心轴的通道流入第一级。在空心轴内，轻液与来自下一级的重液混合，再经空心轴上的喷嘴沿转盘与上方固定盘之间的通道被甩到外壳的四周，靠离心力的作用使两相分开，重液由外部沿着转盘与下方固定盘之间的通道进入轴的中心（如图 6-39 中实线所示），并由顶部排出，其流向为由第三级经第二级再到第一级，然后进入空心轴的排出通道。轻液则沿图中虚线所示的方向，由第一级经第二级再到第三级，然后由第三级进入空心轴的排出管道。两相均由萃取器的顶部排出。此种萃取器也可以由更多的级组成。

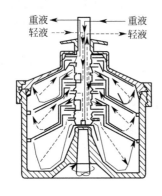

图 6-39 芦葳式离心萃取器

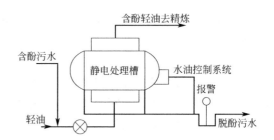

图 6-40 高压静电萃取槽处理炼油废水的流程

离心萃取器的特点在于高速旋转时，能产生 500～5000 倍于重力的离心力来完成两相的分离，所以即使密度差很小、容易乳化的液体，都可以在离心萃取器内进行高效率的萃取。此外，离心萃取器的结构紧凑，可以节省空间，降低机内储液量，再加上流速高，使得料液在机内的停留时间缩短，特别适用于要求接触时间短、物料存留量少以及难于分相的体系。但离心萃取器的结构复杂、制造困难、操作费用高，使其应用受到了一定的限制。

（5）高压静电萃取澄清槽

高压静电萃取槽处理炼油废水的流程如图 6-40 所示。原废水与萃取剂通过蝶形阀进行充分混合，并进行相间传质，然后流入萃取槽底，在槽内从下向上流动通过高压电场。电场是由导管接通（2～4）×10^4V 高压电极产生的。在高压电场作用下，水质点做剧烈的周期反复运动，从而强化了水中污染物对萃取剂的传质过程。当含油废水通过电场向上运动时，水质点附聚结合起来，沉于槽的下部，而为污染物饱和的萃取剂则位于槽的上部，并由此排入萃取剂处理装置。

这种装置的萃取效果好，当含酚量为 300～400mg/L 时，用高压静电萃取澄清槽，即使是一级萃取操作，也可获得 90% 的脱酚效果。这种装置已在美国的炼油厂广泛使用。

▶ 6.5.2 液-液萃取设备的设计

萃取塔的设计计算主要是确定塔径和塔高。在液-液萃取操作中，依靠两相的密度差，在重力或离心力作用下，分散相和连续相产生相对运动并密切接触而进行传质。两相之间的传质与流动状况有关，而流动状况和传质速率又决定了萃取设备的尺寸，如塔式设备的直径和高度。

6.5.2.1 液-液萃取设备的流动特性和液泛

萃取塔的液泛现象是由于单位时间内流过萃取塔的原料液与萃取剂的流量超过一定限度时，造成两种液体相互夹带的现象，液泛现象是萃取操作中流量达到了负荷的最大极限的标志。由于连续相和分散相的相互干扰等原因，目前只能靠经验的方法得出一些有关萃取塔的"液泛"点的关联式，图 6-41 为填料塔的液泛速率的关联图。

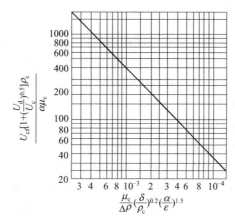

图 6-41　填料萃取塔的液泛速率关联图

U_{cf}—连续相泛点表观速率，m/s；U_d—分散相的表观速率，m/s；

U_c—连续相的表观速率，m/s；ρ_c—连续相的密度，kg/m³；

μ_c—连续相的黏度，Pa·s；$\Delta\rho$—两相密度差，kg/m³；

δ—界面张力，N/m；α—填料的比表面积，m²/m³；

ε—填料层的空隙率

由所选用的填料查出该填料的空隙率 ε 及比表面积 α，再依已知物系的有关物性常数算出图中横坐标 $\dfrac{\mu_c}{\Delta\rho}\left(\dfrac{\delta}{\rho_c}\right)^{0.2}\left(\dfrac{\alpha}{\varepsilon}\right)^{1.5}$ 的数值。按此值从图上确定纵坐标 $\dfrac{U_{cf}\left[1+\left(\dfrac{U_d}{U_c}\right)^{0.5}\right]\rho_c}{\alpha\mu_c}$ 的数值，可得到填料塔的液泛速率 U_{cf}。

实际设计时，空塔速率可取液泛速度的 50%～80%。根据适宜空塔速率便可计算塔径，即：

$$D=\sqrt{\frac{4V_c}{\pi U_c}}=\sqrt{\frac{4V_d}{\pi U_d}} \tag{6-34}$$

式中　D——塔径，m；

V_c、V_d——连续相和分散相的体积流量，m³/s；

U_c、U_d——连续相和分散相的空塔速率，m/s。

6.5.2.2 萃取效率

多级萃取设备的传质速率问题可用效率来考虑。如同气-液传质设备一样，效率也有三种表示方法，即级（单板）效率、总效率、点效率。当两相逆流，级内连续相完全混合时，以分散相为基准的级效率为：

$$E_{ME} = \frac{y_n - y_{n+1}}{y_n^* - y_{n+1}} \tag{6-35}$$

式中　y_n，y_{n+1}——进出 n 级的分散相浓度；

　　　　y_n^*——与流出 n 级的连续相浓度成平衡的分散相浓度。

多级逆流萃取设备大多采用总效率 E_0，即：

$$E_0 = \frac{N_T}{N_P} \tag{6-36}$$

式中　N_P——塔内的实际板数；

　　　N_T——与整个塔相当的平衡级数。

目前，有关效率的资料报道较少，在设计新设备时，往往要依靠中试取得的数据。对于混合-澄清器，总效率在 0.75～1.0 范围内。筛板萃取塔的效率变化较大，大部分数据在 0.25～0.5 之间。至于其他萃取设备的效率可查阅有关化工资料。

6.5.2.3　萃取塔塔高的计算

塔高的计算有以下两种方法。

第一种是根据处理要求，从平衡关系和操作条件求出平衡级数；根据塔内流体力学状况和操作条件，从传质角度定出总效率；两者相除得到实际级数，再乘以板间距就可以得到塔高。筛板萃取塔分级萃取设备按此法计算。对于填料塔、转盘塔和往复筛板塔等视为浓度连续变化的微分萃取设备，此时往往不能求或不求效率，而是确定相当一个平衡级的当量高度，乘以理论板数就得到了塔高。

第二种是对于微分萃取设备，从操作条件、传质系数和比表面积确定严格逆流时的传质单元高度，再考虑轴向混合的校正，求得设计用的传质单元高度或直接测定；从处理要求和操作条件求出单元数；两者相乘得到塔高。

(1) 当量高度法

对于填料塔、转盘塔和往复筛板塔等，可以用相当于一个平衡级的当量高度法计算，即

$$Z = N_T \times HETS \tag{6-37}$$

式中　Z——萃取塔的有效高度，m；

　　　N_T——平衡级数；

　　$HETS$——相当于一个平衡级的当量高度，m。

(2) 等效高度法

对于板式萃取塔可采用下式求算实际板数：

$$N_P = \frac{N_T}{\eta} \tag{6-38}$$

式中　N_P——实际板数；

　　　N_T——理论板数；

　　　η——全塔平均效率。

(3) 传质单元法

此法应用较广，图 6-42 为一逆流萃取塔。萃取相的流量为 $E \text{kg/h}$，萃余相的流量为 $R \text{kg/h}$。设 x_1、x_2 分别为萃余相入口端和出口端所含溶质的质量分率，y_2、y_1 为萃取相入口端和出口端所含溶质的质量分率。一般说来，由于在萃取塔中溶质的传递将引起浓度的

改变，于是稀释剂与萃取剂的溶解度也要改变，因而伴随着其余各组分也发生传递，情况比较复杂。限于目前对传质问题的认识，通常只考虑溶质的传递（这对于原溶剂与溶质互不相溶或溶解度甚微的体系是正确的），这样可简化传质的计算。

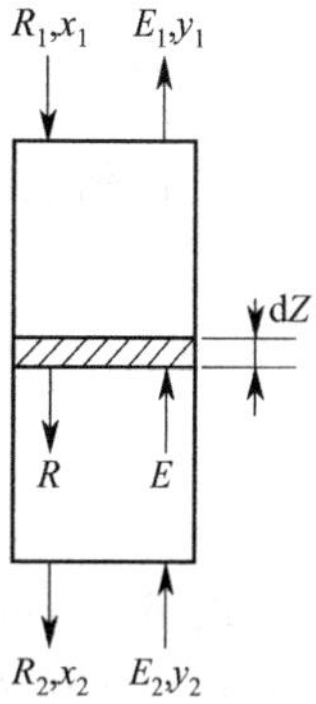

当两相逆流通过 dZ 高度时，产生的溶质传递量为 dG_A，萃取浓度变化为 dy，对组分作物料衡算，得：

$$dG_A = dE_y \tag{6-39}$$

上式中 E 随塔高不断变化，如除去溶质 A 后的萃取相量 E' 将在全塔保持不变，则：

$$E = \frac{E'}{1-y} \tag{6-40}$$

代入式(6-41)，得

$$dG_A = E'd\left(\frac{y}{1-y}\right) = E'\frac{dy}{(1-y)^2} = E\frac{dy}{1-y} \tag{6-41}$$

又知传质速率：

$$dG_A = K_{Ea}(y^* - y)SdZ \tag{6-42}$$

式中　K_{Ea}——萃取相体积总传质系数，$L/(m^3 \cdot h)$；

　　　y^*——与萃余相浓度 x 成平衡的萃取相中溶质的质量分率；

　　　S——塔截面积，m^2。

由式(6-41)、式(6-42)恒等，得

$$E\frac{dy}{1-y} = K_{Ea}(y^* - y)SdZ \tag{6-43}$$

或

$$dZ = \frac{E}{K_{Ea}S}\frac{dy}{(1-y)(y^* - y)} \tag{6-44}$$

积分，得：

$$Z = \int_{y_2}^{y_1} \frac{E}{K_{Ea}S} \cdot \frac{dy}{(1-y)(y^* - y)} \tag{6-45}$$

试验发现 $\dfrac{E}{K_{Ea}(1-y)_{ln}}$ 将在全塔基本保持常数，这里：

$$(1-y)_{ln} = \frac{(1-y)-(1-y^*)}{\ln\dfrac{(1-y)}{(1-y^*)}} = \frac{y^* - y}{\ln\dfrac{(1-y)}{(1-y^*)}} \tag{6-46}$$

在式(6-45)右端分子分母均乘上 $\ln(1-y)$，得：

$$Z = \int_{y_2}^{y_1} \frac{E}{K_{Ea}S\ln(1-y)} \cdot \frac{\ln(1-y)dy}{(1-y)(y^* - y)} \tag{6-47}$$

定义：

$$H_{OE} = \frac{E}{K_{Ea}S\ln(1-y)} \tag{6-48}$$

$$N_{OE} = \int_{y_2}^{y_1} \frac{\ln(1-y)dy}{(1-y)(y^* - y)} \tag{6-49}$$

图 6-42　逆流萃取塔

式中　H_{OE}——萃取相总传质单元高度，m；

　　　N_{OE}——萃取相总传质单元数。

对于稀溶液系统，y 很小，$\dfrac{\ln(1-y)}{(1-y)}\approx 1$，故有：

$$H_{OE}=\frac{E}{K_{Ea}S} \tag{6-50}$$

$$N_{OE}=\int_{y_2}^{y_1}\frac{\mathrm{d}y}{(y^*-y)} \tag{6-51}$$

式(6-51)可按图解积分法求解。对于萃余相，也可按同样的原理和步骤推导出萃余相传质单元高度和传质单元数。

需要指出的是，上述推导过程中，没有考虑两相的返混问题，所以求出的塔高需要进行校正。

参 考 文 献

[1] 廖传华，米展，周玲，等．物理法水处理过程与设备 [M]．北京：化学工业出版社，2016．

[2] 金丽珠，许伟，邵荣，等．微波法辅助提取碱蓬籽油的工艺研究 [J]．食品工业科技，2016，37（5）：232～237．

[3] 朱亚松，许伟，邵荣，等．响应面法优化白背三七多糖的提取工艺 [J]．中国药科大学学报，2016，47（3）：359～362．

[4] 赵瑞玉，张超，鲍严旭，等．新疆油砂溶剂萃取研究 [J]．油田化学，2015，32（2）：282～286．

[5] 杨志成，叶建晨，叶沁，等．溶剂萃取耦合 FITR 技术快速分析食用油中微量水分的研究 [J]．中国粮油学报，2015，30（10）：107～111．

[6] 杜莹．切换溶剂萃取微藻油脂研究 [D]．徐州：中国矿业大学，2015．

[7] 李硕，李宗祥，刘一哲，等．多级错流溶剂萃取分离正丁醇-水混合物 [J]．北京化工大学学报（自然科学版），2015，2：25～29．

[8] 孙晓凯．铂的溶剂萃取回收工艺研究 [D]．北京：北京工业大学，2015．

[9] 陈吉鲁．煤液化残渣溶剂萃取分离及利用研究 [D]．上海：上海应用技术学院，2015．

[10] 刘叶，李华，郑亚蕾，等．快速溶剂萃取仪提取葡萄籽中多酚物质的工艺优化 [J]．食品工业科技，2015，36（8）：244～247．

[11] 陈立钢，廖立霞．分离科学与技术 [M]．北京：科学出版社，2014．

[12] 徐志刚，邹潜，汤启明，等．溶剂萃取系统中的常见问题 [J]．湿法冶金，2014，33（1）：1～3．

[13] 李璐璐，赵勇胜，王贺飞，等．溶剂萃取分离地下强化抽出处理液中的污染物和表面活性剂 [J]．中国环境科学，2014，34（4）：912～916．

[14] 张露，秦志宏，赵翠翠，等．新峪焦煤的快速溶剂萃取研究 [J]．中国矿业大学学报，2014，43（4）：684～688．

[15] 申君辉，刘晓荣，李慧，等．铜溶剂萃取余液夹带行业 [J]．中南大学学报（自然科学版），2014，45（6）：1772～1777．

[16] 张坚强，李鑫钢，隋红．离子液体促进溶剂萃取油砂沥青 [J]．化工进展，2014，8：1986～1991．

[17] 牛改改，邓建朝，李来好，等．加速溶剂萃取及其在食品分析中的应用 [J]．食品工业科技，2014，35（1）：375～380．

[18] 耿占杰，王芳，薛慧峰，等．溶剂萃取中多次萃取的最大效力问题的讨论 [J]．化学教育，2014，35（4）：59～60．

[19] 李忠媛，隋红，李洪，等．石油污染土壤溶剂萃取过程的实验研究 [J]．现代化工，2014，34（2）：68～70．

[20] 李程，曾中贤．溶剂萃取工艺中水相除油方法 [J]．湿法冶金，2014，33（3）：161～164．

[21] 严小平．超声波与溶剂萃取西瓜籽油的对比研究 [J]．中国粮油学报，2013，28（2）：60～62．

[22] 王朝华，徐志刚，邹潜，等．溶剂萃取铜过程中减少相夹带的措施 [J]．湿法冶金，2013，32（5）：277～280．

[23] 黄秀丽，郎春燕，马玉刚，等．油页岩溶剂萃取研究现状与展望 [J]．现代化工，2012，32（9）：5～12．

［24］　徐东彦，叶庆国，陶旭梅 . Separation Engineering ［M］. 北京：化学工业出版社，2012.

［25］　中国石油和化学工业联合会，中国化工经济技术发展中心编 . 石油和化工设备选型指南 ［M］. 北京：中国财富出版社，2012.

［26］　罗川南 . 分离科学基础 ［M］. 北京：科学出版社，2012.

［27］　赵德明 . 分离工程 ［M］. 杭州：浙江大学出版社，2011.

［28］　张顺泽，刘丽华 . 分离工程 ［M］. 徐州：中国石业大学出版社，2011.

［29］　邢晓平，戴勇 . 两相溶剂萃取黄连木籽油制备生物柴油 ［J］. 燃料化学学报，2011，39（12）：907～911.

［30］　廖传华，柴本银，黄振仁 . 分离过程与设备 ［M］. 北京：中国石化出版社，2008.

［31］　袁惠新 . 分离过程与设备 ［M］. 北京：化学工业出版社，2008.

［32］　［美］D. Seader，［美］Ernest J. Henley. 分离过程原理 ［M］. 上海：华东理工大学出版社，2007.

［33］　宋业林，宋襄翎 . 水处理设备实用手册 ［M］. 北京：中国石化出版社，2004.

［34］　杨春晖，郭亚军主编 . 精细化工过程与设备 ［M］. 哈尔滨：哈尔滨工业大学出版社，2002.

［35］　周立雪，周波主编 . 传质与分离技术 ［M］. 北京：化学工业出版社，2002.

［36］　唐受印，戴友芝 . 水处理工程师手册 ［M］. 北京：化学工业出版社，2001.

［37］　贾绍义，柴诚敬 . 化工传质与分离过程 ［M］. 北京：化学工业出版社，2001.

［38］　赵汝傅，管国锋 . 化工原理 ［M］. 南京：东南大学出版社，2001.

［39］　陈常贵，柴诚敬，姚玉英 . 化工原理（下册）［M］. 天津：天津大学出版社，1999.

第**7**章

超临界流体萃取

7.1 超临界流体

当流体的温度和压力处于它的临界温度和临界压力以上时，称该流体处于超临界状态。图 7-1 是纯流体的典型压力-温度图，图中的 AT 线表示气-固平衡的升华曲线，BT 线表示液-固平衡的熔融曲线，CT 线表示气-液平衡的饱和液体的蒸汽压曲线，点 T 是气-液-固三相共存的三相点。按照相律，当纯物质的气-液-固三相共存时，确定系统状态的自由度为零，即每个纯物质都有它自己确定的三相点。将纯物质沿气-液饱和线升温，当达到图中 C 点时，气-液的分界面消失，体系的性质变得均一，不再分为气体和液体，C 点称为临界点。与该点相对应的温度和压力分别称为临界温度和临界压力。图中高于临界温度和临界压力的有阴影线的区域属于超临界流体状态。此时，向该状态气体稍稍加压，气体不会液化，只是超临界流体的密度显著增大，几乎可与液体相比拟，具有类似液体的性质，同时还保留气体的性能，但表现出若干特殊性质，这种超临界状态也称为物质的第四态。

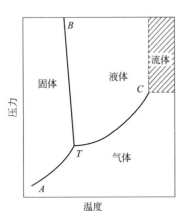

图 7-1 纯流体的压力-温度图

◆ 7.1.1 超临界流体的特性

超临界流体的特性表现为以下几个方面。

（1）密度

超临界流体具有可压缩性，其密度随着压力的增大而加大，在适当的压力下，相当于液体的密度。在临界点以上的流体都有其临界密度。

（2）黏度

超临界流体的黏度极小，相当于气体的黏度，具有良好的传递性和快速的移动能力，因此它能快速扩散进入溶质内部。

180　分离技术、设备与工业应用

（3）扩散力

超临界流体具有较大的自扩散能力，是液体自扩散能力的 100 倍以上，因此比液体的传质好，并具有良好的渗透力和平衡力。

（4）溶解性

超临界流体相对于不同的溶质，在不同的温度和压力条件下，其溶解性不同。一般采用接近于液体密度状态下的超临界温度和压力条件，其溶解性最高，是常温常压条件下溶解性的 100 倍以上。此外，极性溶剂与非极性溶剂的超临界状态溶解性对溶质具有选择性，如超临界 CO_2 溶剂单独使用时为非极性，一般对于分子量较小的脂溶性物质具有良好的溶解性。超临界流体的性质可以通过添加其他溶剂，即夹带剂加以改进，如大分子的极性溶质，可在 CO_2 流体打入的同时夹带乙醇等极性溶剂，就可将溶质溶解。

（5）选择性

超临界流体具有选择提取不同物质的特性。在同一种植物中往往有两种以上不同的化合物组分，一般要单独提取某种组分，需要选择性提取，超临界流体可在不同的温度、压力、夹带剂等条件下，完成不同成分的单独提取。不同种类的溶剂，对不同性质的溶质具有选择性，酯类、醚类、酮类溶质适合于用非极性溶剂提取，而苷、碱、糖等溶质适合于用极性溶剂提取。超临界 CO_2 在常温下不能提取水，在升高温度时，溶解度增大，水可被提出。当溶质在分子量、蒸汽压和极性上有明显差异时，可进行分步萃取。

（6）导热性

在临界点附近，物质的热导率对温度和压力的变化十分敏感。在超临界条件下，若压力恒定，随温度升高，热导率先减小至一个最小值，然后增大；若温度恒定，热导率随着压力的升高而增大。对于对流传热，包括强制对流和自然对流，温度和压力较高时，自然对流容易产生。如超临界 CO_2 在 38℃时，只需 3℃ 的温度就可引起自然对流。

7.1.2 超临界流体的传递性质

超临界流体的传递性质是根据相际平衡理论所决定的。根据相际平衡的参数来确定反应和萃取过程中所使用的溶剂用量，并计算出所需的理论级数和估计所需的理论能耗。

过程的速率与系统的不平衡度、系统的传递性质、流体流动的条件和操作条件等因素有关。传递性质包括黏度、热导率和扩散三个方面，这三个方面的系数决定了流体传递的性质。超临界流体的黏度、热导率和扩散系数与常态下差别较大。

表 7-1 列出了超临界流体的密度、扩散系数和黏度与一般气体和液体的对比。

表 7-1 气体、液体和超临界流体的性质

性　质	气体	超临界流体		液体
	101. 325kPa, 15~30℃	T_c, p_c	T_c, $4p_c$	15~30℃
密度/(g/mL)	$(0.6\sim2)\times10^{-3}$	0.2~0.5	0.4~0.9	0.6~1.6
黏度/[g/(cm·s)]	$(1\sim3)\times10^{-4}$	$(1\sim3)\times10^{-4}$	$(3\sim9)\times10^{-4}$	$(0.2\sim3)\times10^{-2}$
扩散系数/(cm²/s)	0.1~0.4	0.7×10^{-3}	0.2×10^{-3}	$(0.2\sim3)\times10^{-5}$

从表 7-1 的数据可以看出，超临界流体的密度比气体的密度要大数百倍，具体数值与液体相当；其黏度仍接近气体，但与液体相比要小 2 个数量级；扩散系数介于气体和液体之间，大约是气体的 1/100，比液体的要大数百倍，因此超临界流体既具有液体对溶质有比较大溶解度的特点，又具有气体易于扩散和运动的特性，因此其传质速率大大高于液相过程，

也就是说超临界流体兼具气体和液体的性质。更重要的是，在临界点附近，压力和温度的微小变化都可以引起流体密度很大的变化，并相应地表现为溶解度的变化，因此可利用压力、温度的变化来实现萃取和分离的过程。由于超临界流体具有上述优越性，因此超临界流体的萃取效率理应优于液-液萃取。表7-2列出了超临界流体萃取和液-液萃取的比较。

表 7-2　超临界流体萃取和液-液萃取的比较

超临界流体萃取	液-液萃取
(1)即便是挥发性小的物质也能在流体中选择性溶解而被萃出，从而形成超临界流体相	(1)溶剂加到要分离的混合物中，形成一个液相
(2)超临界流体的萃取能力主要与其密度有关，选用适当压力、温度对其进行控制	(2)溶剂的萃取能力取决于温度和混合溶剂的组成，与压力的关系不大
(3)在高压(5～30MPa)下操作，一般可在室温下进行，对处理热敏性物质有利，因此可望在制药、食品和生物工程制品中得到应用	(3)常温、常压下操作
(4)萃取后的溶质和超临界流体间的分离，可用等温下减压，也可用等压下升温两种方法	(4)萃取后的液体混合物，通常用蒸馏方法把溶剂和溶质分开，这对热敏性物质的处理不利
(5)由于物性的优越性，提高了溶质的传质能力	(5)传质条件往往不同超临界流体萃取
(6)在大多数情况下，溶质在超临界流体相中的浓度很小，超临界相组成接近于纯的超临界流体	(6)萃出相为液相，溶质浓度可以相当大

7.1.3　超临界流体的选择

作为萃取溶剂和反应流体合适的超临界流体，必须根据流体各自的特点和适应性来进行选择。能够作为超临界流体的物质种类很多，目前可以确定1000多种物质的临界参数。虽然超临界流体的溶剂效应普遍存在，但实际上由于某种原因需要考虑溶解度、选择性、临界点数据及化学反应的可能性等一系列因素，因此可用作超临界萃取溶剂的流体虽然很多，但适合于实际应用的只有十几种，主要有二氧化碳、水、四氟乙烷、丙烷等。表7-3列出了常用作超临界萃取溶剂的一些物质及其临界性质。

表 7-3　常用作超临界萃取溶剂的一些物质及其临界性质

物　质	沸点/℃	临界点数据			物　质	沸点/℃	临界点数据		
		临界温度 T_c/℃	临界压力 p_c/MPa	临界密度 ρ/(g/cm³)			临界温度 T_c/℃	临界压力 p_c/MPa	临界密度 ρ/(g/cm³)
二氧化碳	−78.5	31.06	7.39	0.448	n-己烷	69.0	234.2	2.97	0.234
甲烷	−164.0	−83.0	4.6	0.16	甲醇	64.7	240.5	7.99	0.272
乙烷	−88.0	32.4	4.89	0.203	乙醇	78.2	243.4	6.38	0.276
乙烯	−103.7	9.5	5.07	0.20	异丙醇	82.5	235.3	4.76	0.27
丙烷	−44.5	97	4.26	0.220	苯	80.1	288.9	4.89	0.302
丙烯	−47.7	92	4.67	0.23	甲苯	110.6	318	4.11	0.29
n-丁烷	−0.5	152.0	3.80	0.228	氨	−33.4	132.3	11.28	0.24
n-戊烷	36.5	196.6	3.37	0.232	水	100	374.2	22.00	0.344

由表7-3中数据可知，多数烃类的临界压力在4MPa左右，同系物的临界温度随摩尔质量增大而升高。在表7-3所列各物质中以CO_2最受注意，是超临界流体技术中最常用的溶剂，这是因为二氧化碳的临界温度为31.06℃，可在室温附近实现超临界流体技术操作，以节省能耗；临界温度不算高，对设备的要求相对较低；超临界CO_2流体的密度较大，对大多数溶质具有较强的溶解能力，传质速率较高，而水在二氧化碳相中的溶解度却很小，这有利于用近临界或超临界CO_2来萃取分离有机水溶液；二氧化碳还具有不可燃，便宜易得，

无毒，化学安定性好以及极易从萃取产物中分离出来等一系列优点。另外，轻质烷烃和水用作超临界溶剂也各具特色，在超临界流体萃取技术方面也有报导。

① 二氧化碳由于无毒、价廉易得、不易燃易爆等特性，是用于替代有机溶剂的环境友好溶剂。超临界二氧化碳具有一般流体不可比拟的优点，如反应温度和压力适中，而且还能够很容易地实现回收循环使用，且无溶剂残留，因此，在超临界流体的选择中，专家们最早选中了它，而且是研究最多，应用最广的一种超临界流体。

② 水是自然环境中最易得、最廉价、最广泛存在的流体。超临界水具有超临界流体的一般特性，又具有与普通水和一般流体显著不同的性能。在超临界状态下，它既是一种极性溶剂，又是一种非极性溶剂，可以溶解除无机盐以外的所有物质，也可以将金属溶解分离，可将 O_2、N_2 和其他有机物一同互溶。鉴于它的这些优良特性，水是在工业应用中最有发展前景和价值的超临界流体。

Broll 等研究了水用作超临界流体，它主要是用作一种反应介质。过热水（指水被减压并加热至温度超过 100℃，但低于临界温度 374℃）已被用于萃取中医药的有效成分。尽管过热水对萃取极性组分有一定的优越性，但是它不适合萃取热敏性物质。

③ 四氟乙烷是近年来被选择发展起来的超临界流体。它无毒、不易燃，蒸汽压比二氧化碳低，因为不含氯，所以不会破坏臭氧层。它可以在亚临界状态下萃取，萃取压力小于1MPa，也能得到较好的萃取效果。主要用于挥发性的香精香料的提取，适于大规模工业化应用。

④ 极性的超临界流体一般用于萃取极性的化合物组分。目前，已有两种极性溶剂成功地用于萃取植物原料中的极性组分，分别是氟利昂22和氧化亚氮，其中氟利昂22用来萃取自由羧酸和甾族化合物。

⑤ 氨的萃取温度范围最宽（133～150℃），但极性较强，适合于萃取极性化合物，如碱性氮化物等。虽然氨的溶解力很强，但使用高压泵压缩氨较危险，因此应用不广。

⑥ 据研究，超临界丙烷在很多情况下对有机物的溶解度要大于超临界二氧化碳。尽管超临界丙烷的运行压力较低（10MPa 左右），但其温度较高（100℃ 左右）。在某些条件下，超临界丙烷与超临界二氧化碳相比是一种有竞争力的超临界溶剂，如用于石油类物质的提取则是一种较好的超临界流体萃取剂。

⑦ 选择作萃取剂的超临界流体应具备如下条件。

a. 化学性质稳定，对设备没有腐蚀性，不与萃取物发生反应。

b. 临界温度接近常温或操作温度，不宜太高或太低。

c. 操作温度应低于被萃取溶质的分解变质温度。

d. 临界压力低，以节省动力费用。

e. 选择性高，可具有选择性萃取目标物质的能力。

f. 对被萃取溶质溶解能力强，传质性能好。

g. 溶剂的临界点比被萃取物的临界点低，容易分离。

h. 货源充足，价格便宜。

7.2 超临界二氧化碳的性质

超临界二氧化碳萃取技术是自超临界流体技术研究开发以来应用最成熟的技术，也是各领域中实验研究最广泛的技术。二氧化碳是最适合于超临界萃取的流体之一，已应用于食品、医药、石油、环保等行业。

7.2.1 超临界二氧化碳的性质

二氧化碳的临界温度是文献上介绍过的超临界溶剂中临界温度（31.06℃）最接近室温的，临界压力（7.39MPa）也比较适中，但其临界密度（0.448g/cm³）是常用超临界溶剂中最高的。由于超临界流体的溶解能力一般随流体密度的增加而增加，因此可知二氧化碳是最适合作超临界溶剂用的。

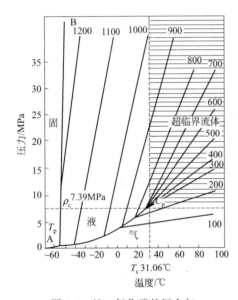

图 7-2　纯二氧化碳的压力与
温度和密度的关系
各直线上数值为 CO_2 密度，g/L

溶质在超临界流体中的溶解度与超临界流体的密度有关，而超临界流体的密度又决定于它所在的温度和压力。超临界二氧化碳流体密度的变化规律是二氧化碳作为溶剂最受关注的参数。图 7-2 表示了纯二氧化碳的压力与温度和密度的关系，二氧化碳流体的密度是压力和温度的函数，其变化规律有两个特点：a. 在超临界区域内，二氧化碳流体的密度可以在很宽的范围内变化（从 150g/L 增加到 900g/L 之间），也就是说适当控制流体的压力和温度可使溶剂密度变化达 3 倍以上；b. 在临界点附近，压力或温度的微小变化可引起流体密度的大幅度改变。由于二氧化碳溶剂的溶解能力取决于流体密度，使得上述两个特点成为超临界二氧化碳流体萃取过程的最基本关系，这也是超临界二氧化碳流体萃取过程参数选择的重要依据。

和传统加工方法相比，使用二氧化碳作为溶剂的超临界流体萃取具有许多独特的优点。

① 萃取能力强，提取率高。采用超临界二氧化碳流体萃取，在最佳工艺条件下，能将要提取的成分几乎完全提取，从而大大提高产品收率和资源的利用率。

② 萃取能力的大小取决于流体的密度，最终取决于温度和压力，改变其中之一或同时改变，都可改变溶解度，可有选择地进行多种物质的分离，从而减少杂质，使有效成分高度富集，便于质量控制。

③ 超临界二氧化碳流体的临界温度低，操作温度低，能较完好地保存有效成分不被破坏，不发生次生化，因此特别适用于那些对热敏感性强、容易氧化分解破坏的成分的提取。

④ 提取时间快，生产周期短，同时它不需浓缩等步骤，即使加入夹带剂，也可通过分离功能除去或只需要简单浓缩。

⑤ 超临界二氧化碳流体还具有抗氧化、灭菌等作用，有利于保证和提高产品质量。

⑥ 超临界二氧化碳流体萃取过程的操作参数容易控制，因此，有效成分及产品质量稳定，而且工艺流程简单，操作方便，节省劳动力和大量有机溶剂，减少三废污染。

⑦ 二氧化碳便宜易得，与有机溶剂相比有较低的运行费用。

▶7.2.2 超临界二氧化碳溶解性能的影响因素

在超临界状态下，流体具有溶剂的性质，称为溶剂化效应。赖以作为分离依据的超临界二氧化碳流体的重要特性是它对溶质的溶解度，而溶质在超临界二氧化碳流体中的溶解度又与超临界二氧化碳流体的密度有关，正是由于超临界二氧化碳流体的压力降低或温度升高所引起的密度明显降低而使溶质从超临界二氧化碳流体中重新析出以实现超临界二氧化碳流体萃取的。超临界流体的溶解能力将受到溶质性质、溶剂性质、流体压力和温度等因素的影响。

(1) 压力的影响

压力大小是影响超临界二氧化碳流体萃取过程的关键因素之一。不同化合物在不同超临界二氧化碳流体压力下的溶解度曲线表明，尽管不同化合物在超临界二氧化碳流体中的溶解度存在着差异，但随着超临界二氧化碳流体压力的增加，化合物在超临界二氧化碳流体中的溶解度一般都呈现急剧上升的现象。特别是在二氧化碳流体的临界压力（7.0～10.0MPa）附近，各化合物在超临界二氧化碳流体中溶解度参数的增加值可达到2个数量级以上。这种溶解度与压力的关系构成超临界二氧化碳流体过程的基础。

超临界二氧化碳流体的溶解能力与其压力的关系可用超临界二氧化碳流体的密度来表示。超临界二氧化碳流体的溶解能力一般随密度的增加而增加，Stahl等指出，当超临界二氧化碳流体的压力在80～200MPa之间时，压缩流体中溶解物质的浓度与超临界二氧化碳流体的密度成比例关系。至于超临界二氧化碳流体的密度则取决于压力和温度。一般在临界点附近，压力对密度的影响特别明显，超过此范围，压力对密度增加的影响较小。增加压力将提高超临界二氧化碳流体的密度，因而具有增加其溶解能力的效应，并以二氧化碳流体临界点附近的效果最为明显。超过这一范围，二氧化碳流体压力对密度增加的影响变缓，相应溶解度增加效应也变得缓慢。

(2) 温度的影响

与压力相比，温度对超临界二氧化碳流体萃取过程的影响要复杂得多。一般温度增加，物质在二氧化碳流体中的溶解度变化往往出现最低值。温度对物质在超临界二氧化碳流体中的溶解度有两方面的影响：一个是温度对超临界二氧化碳流体密度的影响，随着温度的升高，二氧化碳流体的密度降低，导致二氧化碳流体的溶剂化效应下降，使物质在其中的溶解度下降；另一个是温度对物质蒸汽压的影响，随温度升高，物质的蒸汽压增大，使物质在超临界二氧化碳流体中的溶解度增大，这两种相反的影响导致一定压力下，溶解度等压线出现最低点，在最低点温度以下，前者占主导地位，导致溶解度曲线呈下降趋势，在最低点温度以上，后者占主要地位，溶解度曲线呈上升趋势。

(3) 夹带剂的影响

超临界二氧化碳流体对极性较强的溶质溶解能力明显不足，这将限制该分离技术的实际应用。为了增加超临界二氧化碳流体的溶解性能，人们发现如果在超临界二氧化碳流体中加入少量的第二溶剂，可大大增加其溶解能力，特别是原来溶解度很小的溶质。加入的这种第二组分溶剂称为夹带剂，也称提携剂、共溶剂或修饰剂。夹带剂的加入可以大幅度提高难溶化合物在超临界二氧化碳流体中的溶解度，例如：氢醌在超临界二氧化碳流体中的溶解度很低，但加入2%磷酸三丁酯（TBP）后，氢醌的溶解度可以增加2个数量级以上，并且溶解度将随磷酸三丁酯加入量的增加而增加。

加入夹带剂对超临界二氧化碳流体萃取的影响可概括为：a. 增加溶解度，相应也可能降低萃取过程的操作压力；b. 通过适当选择夹带剂，有可能增加萃取过程的分离因数；c. 加入夹带剂后，有可能单独通过改变温度达到分离解析的目的，而不必用一般的降压流程。例如，采用乙醇作为夹带剂之后，棕榈油在超临界二氧化碳流体中的溶解度受温度影响变化很明显，因此对变温分离流程有利。

夹带剂一般选用挥发度介于超临界溶剂和被萃取溶质之间的溶剂，以液体的形式少量[1%～5%（质量）]加入到超临界溶剂之中。其作用可对被分离物质的一个组分有较强的影响，提高其在超临界二氧化碳流体中的溶解度，增加抽出率或改善选择性。通常具有很好溶解性能的溶剂，往往就是好的夹带剂，如甲醇、乙醇、丙酮、乙酸乙酯、乙腈等。

夹带剂的作用机制至今尚不清楚，从经验规律上看，加入极性夹带剂对于提高极性成分的溶解度有帮助。Dobbs 从极性基础上讨论了夹带剂的作用，认为夹带剂的作用主要是化学缔合。实验表明，极性夹带剂可明显增加极性溶质在超临界二氧化碳流体中的溶解度，但对非极性溶质的作用不大；相反，非极性夹带剂如果分子量相近的话，对极性和非极性溶质都有增加溶解度的效能。G. Brunner 认为夹带剂与溶质之间存在氢键，使用夹带剂可以增加低挥发度液体的溶解度达数倍以上，溶质的分离因数也明显增大。到目前为止，国内夹带剂的研究报道很少。

虽然在超临界流体技术的各研究方向上，应用最多、最广泛的溶剂是二氧化碳，但是超临界溶剂还有多种选择，如轻质烷烃、氟氯烃、N_2O 等各类化合物，其中以乙烷、丙烷、丁烷等轻质烷烃类最受注目。如 Kerr-McGee 公司的渣油萃取 ROSE 过程（Residual Oil Supercritical Extraction）就是采用丙烷作为超临界溶剂的，目前已取得了大规模工业应用并广为推广，是最成功的超临界流体萃取技术之一。目前文献上都以丙烷为轻质烃的代表进行超临界流体萃取技术的研究，尽管有关超临界丙烷流体萃取技术的实际应用的报道远比超临界二氧化碳流体萃取的少，但丙烷的确是一种极有竞争力的超临界溶剂：丙烷的临界压力为4.2MPa，比二氧化碳的临界压力低得多，相应的超临界萃取压力也比采用二氧化碳时要低，因此，可显著降低高压萃取过程的设备投资。丙烷的临界温度较高，达 96.8℃，因此会对热敏性很强的生物活性物质的分离带来一定的影响，但能满足绝大多数情况下的应用。

超临界丙烷流体的溶解度数据比超临界二氧化碳流体的要少得多，但从已知数据来看，超临界丙烷流体的溶解度比超临界二氧化碳流体的溶解度要大得多。由于丙烷的溶解度较大，因此可采用较低的超临界压力，有利于在萃取过程中减少溶剂的循环量，从而提高设备的处理能力和降低过程的操作费用。但丙烷易燃，采用丙烷的超临界萃取装置必须进行防爆处理。

7.3 超临界二氧化碳萃取

超临界二氧化碳萃取工艺流程是根据超临界流体技术原理来设计的，一般根据物料和溶质性质的不同来设计不同的工艺。对各种工艺过程必须加以比较，以便选择一种最优方法。

7.3.1 超临界二氧化碳萃取工艺

超临界二氧化碳萃取工艺可分为常规萃取、夹带剂萃取、液体萃取和喷射萃取；一般根据压缩和解析方式的不同，可分为等温变压、等压变温、恒温恒压、萃取精馏和多级分离等五种工艺。

(1) 常规萃取

超临界二氧化碳对物质的常规萃取是最早普遍采用的工艺流程。该工艺一般适合于萃取非极性的脂溶性物质，如各种油脂油及含精油的物质，天然香料及含醇、醛等的植物等。该种萃取工艺所使用的溶剂只有二氧化碳，且无任何其他辅助提取手段，萃取过程只通过调整压力和温度即可实现有效萃取。一般适合于对固体物料的萃取过程。

(2) 含夹带剂

该类萃取工艺就是以二氧化碳为主溶剂，同时加入部分其他溶剂，以提高对目标物质的溶解度来实现有效萃取。二氧化碳是非极性溶剂，一般只对极性较小的物质具有溶解能力，而对于极性较大的物质如内酯、黄酮、碱类、苷类等的溶解性较低，通过添加极性较大的溶剂可以改变超临界二氧化碳的极性，使超临界二氧化碳对极性物质的溶解度很高，以致能够实现对原不适于超临界二氧化碳萃取的物质，甚至分子量较大的物质的有效提取。有时还可夹带多种溶剂，对难提取物质进行萃取，该方法也称多元萃取。

夹带剂一般选择挥发度介于超临界二氧化碳和溶质之间的溶剂，以液体的形式少量加入到超临界溶剂中。常用的夹带剂有：甲醇、乙醇、丙酮、乙醚、乙酯和乙腈等。

(3) 液体物料的萃取

液体物料的萃取与固体物料的萃取不同，其主要区别在于固体物料萃取为间歇式，不能连续进料，而液体物料的萃取能够连续进料，因此，液体萃取比固体萃取的容器体积小，但萃取效率高。适合于液体萃取的物料有渣油、润滑油、食用油和中草药水溶液等。可以从石油炼制后的渣油中脱沥青；从动植物油脂中提取特殊高价值的成分；从鱼油中提取 EPA 和DHA；从月见草油或紫苏油中浓缩亚麻酸；以及液体中草药中有效成分的提取分离。由于萃取原料和产品均为液态，不存在固体物料加料和排渣等问题，萃取过程可连续操作，大幅度提高装置的处理能力，减少能耗，降低生产成本，可实现萃取过程和精馏过程的一体化，连续获得高纯度和高附加值产品。

(4) 超临界喷射萃取流程

该类萃取工艺一般应用于黏稠物料，如从卵磷脂原料中除去中性油的萃取，用高压喷射萃取工艺，如图 7-3 所示。该工艺的核心部分为混合部分和萃取部分，由同圆心的两根套管组成，卵磷脂原料走内管，超临界二氧化碳通入大管与小管的环状空间。卵磷脂与超临界二氧化碳于同方向并行流动。由于超临界二氧化碳是在细小的环状空间流动，故流速极快，当原料液体从小管中喷出时，会产生极大的喷射湍流，原料液体与超临界二氧化碳产生强烈混合，以致创造了适于萃取中性油的条件。在离原料液体喷出不远处，中性油已被完全萃取，得到细粒的卵磷脂固体产品沉淀于釜 I 内，溶解了油的超临界二氧化碳继续进入分离釜 II 中，在此经减压后，中性油沉淀下来，二氧化碳经冷凝、压缩后循环使用。

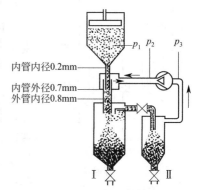

图 7-3　超临界 CO_2 高压喷射萃取工艺

该工艺的特点是适合于液体物料：萃取容积较小，不需打开釜盖装料，可连续进料，并且效率高，萃取效果好，运行费用低。

▶ 7.3.2 超临界二氧化碳萃取的工艺流程

超临界二氧化碳流体萃取工艺过程主要由萃取阶段和分离阶段组成，并适当配备压缩与热交换等设备。萃取阶段常在一个萃取釜中进行，分离阶段可能有一个分离器，也可能有两个，以实现二级分离。超临界二氧化碳萃取的工艺流程，就是通过温度和压力的调节，利用二氧化碳在超临界状态下的特殊能力有选择地溶解和分离可溶物质的过程。其整个工艺过程分二氧化碳的运动路线和溶质的运动路线。两条路线结合形成了超临界二氧化碳萃取工艺流程，如图 7-4 所示。

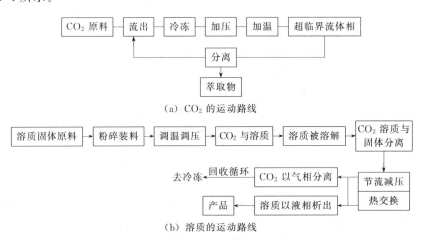

（a）CO_2 的运动路线

（b）溶质的运动路线

图 7-4　超临界 CO_2 萃取工艺流程

由图 7-4 可以清楚地看出超临界二氧化碳的萃取运动路线和相变过程，可通过调温调压，有选择性地溶解溶质，并经减压后，二氧化碳与溶质分离。超临界二氧化碳萃取过程的实现可以具体描述为：利用二氧化碳在超临界状态下对溶质有较高溶解能力，而在非超临界状态下对溶质溶解能力又很低的这一特性，来实现对相变成分的提取和分离的过程。

在萃取过程中，可将超临界二氧化碳的温度和压力调节到超临界状态以上，使超临界二氧化碳对原料中的溶质自行扩散渗透，以致将特定溶质互溶，在分离阶段，通过节流减压，并在换热器中调节温度而使液体二氧化碳全部变为气体，同时溶质成为液相析出，二氧化碳对溶质的溶解度已很小，经两次解析后，二氧化碳所溶解的溶质基本都脱离出来，沉淀于分离器底部，而二氧化碳气体则循环向上流动，通过管道进入冷冻程序回收利用。

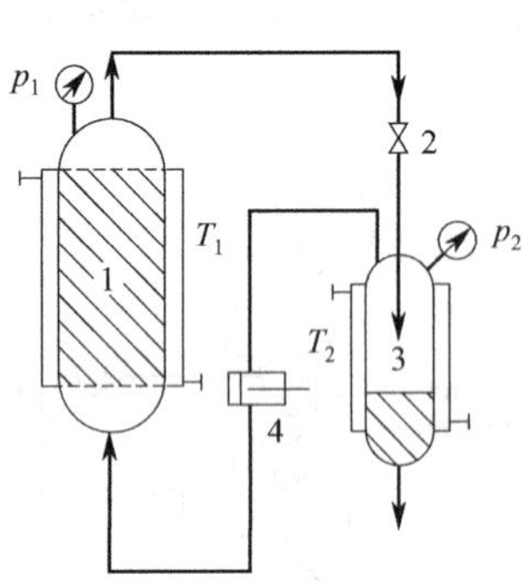

按照所采用操作方法不同，有变压萃取分离（等温法）、变温萃取分离（等压法）和吸附萃取分离（吸附法）、惰气法和洗涤法 5 种。

（1）变压萃取分离（等温法）流程

变压萃取分离（等温法）流程是使超临界二氧化碳流体在萃取釜中与萃取原料充分接触，使溶解了产品组分的流体混合物在分离釜中析出产品，见图 7-5 所示。其特点是在高压下萃取，在低压下实现溶剂、溶质的分离，萃取釜和分离釜等温，萃取釜压力高于分离釜压力，利用高压下二氧化碳流体对溶质

$T_1 = T_2$；$p_1 > p_2$

图 7-5　等温法

1—萃取釜；2—减压阀；
3—分离釜；4—压缩机

的溶解度大大高于低压下的溶解度这一特性，通过简单的压力变化，将萃取釜中二氧化碳流体选择性溶解的目标组分在分离釜中析出成为产品。降压过程采用减压阀，降压后的二氧化碳流体（一般处于临界压力以下）通过压缩机或高压泵再将压力提升到萃取釜压力循环使用。此流程易于操作，应用最为广泛，而且适于对温度有严格限制的物质的萃取过程，但因萃取过程有不断的加减压步骤，能耗较高。

按压缩工艺的不同，等温变压工艺又可分为萃取流体无相变流程（见图7-6）和萃取流体有相变流程（见图7-7）。

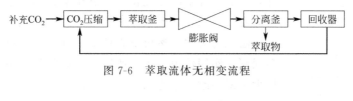

图 7-6　萃取流体无相变流程

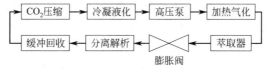

图 7-7　萃取流体有相变流程

（2）变温萃取分离（等压法）流程

变温萃取分离（等压法）流程是利用超临界二氧化碳流体在临界压力以上一定范围内溶解度随温度升高而降低的性质，在分离釜中将超临界二氧化碳流体中所含有的萃取混合物加热升温而分离溶质，如图7-8和图7-9所示。其特点是在低温下萃取，在高温下实现溶剂、溶质的分离，萃取釜和分离釜处于相同压力，利用二者温度不同时二氧化碳流体溶解度的差别来达到分离目的。由于操作过程中体系压力基本维持不变，溶剂充入体系达到指定压力后只需用循环泵进行循环即可，气体压缩功耗较少，但需要加热蒸汽和冷却水。因萃取物品种的不同，分离效果也有较大差异。

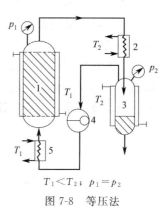

$T_1 < T_2$；$p_1 = p_2$
图 7-8　等压法
1—萃取釜；2—加热器；3—分离釜；
4—送气机；5—冷却器

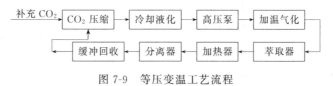

图 7-9　等压变温工艺流程

（3）吸附萃取分离（吸附法）流程

吸附萃取分离（吸附法）流程不需变温、变压，它是利用活性炭等吸附剂，在分离釜中吸附溶解于超临界二氧化碳中的溶质分子，如图7-10所示。因为操作过程中萃取釜和分离釜处于相同温度和压力下，利用分离釜中填充的特定吸附剂将超临界二氧化碳流体中的分离目标组分选择性地吸附除去，然后定期再生吸附剂即达到分离的目的。由于体系的压力、温度都不发生变化，萃取时既不需要换热又不需压缩，省热省功，因此能耗较小，但需要后续处理，将所用吸附剂进行解吸再生以得到产品，而后续处理往往使流程复杂化，同时要消耗热量，不利于连续生产。

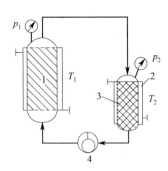

$T_1 = T_2$；$p_1 = p_2$

图 7-10　吸附法

1—萃取釜；2—吸附剂；

3—分离釜；4—送气机

通过对等温法、等压法和吸附法 3 种基本流程的能耗进行对比分析可知，吸附法在理论上不需要压缩能耗和热交换能耗，应是最省能的过程，但该法只适用于可使用选择性吸附方法分离目标组分的体系，由于绝大多数天然产物的分离过程很难通过吸附剂来收集产品，所以吸附法只能用于少量杂质的脱除过程，如咖啡豆中脱除咖啡因的过程是最成功的例子。另外，一般条件下温度变化对二氧化碳流体的溶解度影响远小于压力变化对二氧化碳流体溶解度的影响，因此通过改变温度的等压法工艺过程虽然可节省压缩能耗，但实际分离性能受到很多限制，实用价值较小，所以通常超临界二氧化碳流体萃取过程大多采用改变压力的等温法流程。

除上述 3 种基本流程外，固相物料的超临界二氧化碳流体萃取过程还可采用惰性气体法流程和洗涤法流程。

（4）惰性气体法流程

惰性气体法流程是指携带溶质的二氧化碳出萃取釜后和某种惰性气体（N_2 或 Ar）在混合器中混合，一起进入分离釜。由于惰性气体的作用，降低超临界二氧化碳的分压，从而使溶解度降低，在分离器中析出溶质。释放出溶质的二氧化碳和惰性气体一起经压缩机压缩后送入膜分离器，分离出的二氧化碳送回萃取釜进行萃取，惰性气体则送回混合器中循环使用，整个系统的温度压力基本不变，如图 7-11 所示。惰性气体法吸取了等温法、等压法和吸附法三种方法的优点，过程消耗的能量可能较少，且无需后续的处理步骤，如果配以高效的膜分离设备，是比较有前途的。

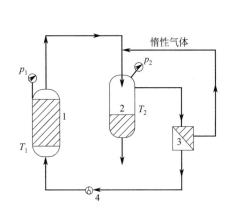

$T_1 = T_2$；$p_1 = p_2$

图 7-11　惰性气体法

1—萃取釜；2—分离釜；3—再生器；4—送气机

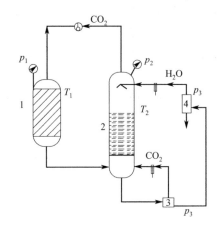

$T_1 = T_2$；$p_1 = p_2 > p_3$

图 7-12　洗涤法

1—萃取釜；2—分离釜；3—闪蒸釜；4—精馏装置

（5）洗涤法流程

洗涤法流程是利用水等介质在分离釜中对溶解了萃取物组分的超临界二氧化碳流体进行喷淋洗涤，再从水中精馏出溶质，如图 7-12 所示。此流程工艺上比较成熟，但流程复杂，操作费用较高。

由此可见，对于给定的系统，可能存在几种可实现超临界二氧化碳流体萃取的方案，而且根据操作方式的不同，超临界二氧化碳流体萃取技术可采用多种生产工艺：连续式生产、间歇式生产和半间歇半连续生产（如多个萃取釜切换使用）。根据被萃取物质的形态不同也可分为液态物料的萃取工艺和固态物料的萃取工艺。因此，在选定方案之前，应该考虑到各种影响因素，如萃取物质与其他杂质之间的选择性，溶剂的萃取容量，能耗的大小，操作温度对产物是否存在热敏，溶质的析出回收是否方便，溶剂的回收方案等，并还应与经典的分离方法相比较，以确定是否值得采用高压下的超临界二氧化碳流体萃取技术。

7.3.3 固态物料超临界二氧化碳萃取的工艺过程

固态物料的超临界二氧化碳流体萃取多在间歇装置中进行：萃取前一次性装料，直至萃取结束后再打开萃取釜排除残渣并进行第二次装料。

植物中的挥发性芳香成分又称作精油，它是香料工业的重要原料。精油主要由萜烯烃类及高醇类、醛类、酮类、酯类等含氧化合物组成，其中萜烯烃类对精油香气贡献很小并且易氧化变质，从而严重影响精油的品质，因此常需脱萜浓缩。图 7-13 是一个连续脱除精油中萜烯的超临界流体萃取装置。该装置由于可连续运行，故设备处理能力较之釜式萃取获得了极大的提高。

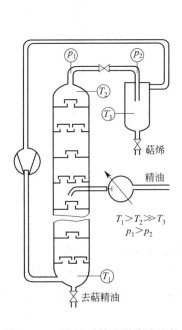

图 7-13　可连续对精油脱萜浓缩的
超临界 CO_2 流体萃取装置

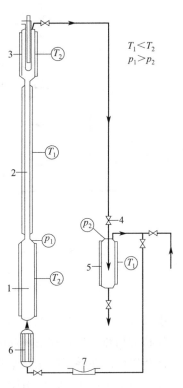

图 7-14　变温回流的超临界流体萃取系统示意
1—萃取器；2—分馏柱；3—直接热交换器；4—截流阀；
5—分离器；6—热交换器；7—压缩机

Eisenbach 报道了如图 7-14 的装置，该装置的核心部分是一个带热回流的精馏柱，用于萃取鱼油中的多不饱和脂肪酸，通过控制精馏柱顶部回流头的温度调整柱上部二氧化碳流体的密度。二氧化碳流体经泵加压后送入换热器加热到所需温度，然后进入萃取器。萃取器底部盛放溶质，顶部是回流段，中部则为精馏段。二氧化碳流体从底部携带溶质后，沿精馏柱段上升，直至与回流头接触。热回流头的温度比萃取温度要高，二氧化碳流体被加热后，溶解能力下降，一部分溶质析出，但易溶组分溶解度下降少，难溶组分溶解度下降多。析出的溶质沿着柱壁向下流动，形成内回流，与上升的二氧化碳流体接触，又会进行新的传热、传质。这样一来，柱内就产生了一个温度梯度，而且气液两相在柱内多次反复接触，形成类似精馏过程的"多次平衡"，从而大大改善了二氧化碳流体的萃取选择性。

Nilsson 采用如图 7-15 所示的带有轴向温度控制的超临界二氧化碳流体萃取柱进行鱼油乙酯的分离。萃取塔的详细结构如图 7-16 所示。该萃取塔高 6 英尺，分成 n 个温度区，除塔底温度为室温外，其余部分皆以相互独立的条状元件加热。此外，加热区还可以装上填料。利用高压下超临界二氧化碳流体溶解能力强而选择性差；低压下溶解能力差但选择性好的特点，采用程序升压技术，先低压萃取出碳数小的鱼油乙酯，然后再逐步升压萃取出碳数渐大的乙酯组分。采用尿素包合物法处理后的鱼油乙酯作原料，得到的产品中 EPA、DHA 的纯度可达 90%。Nilsson 得到与 Eisenbach 相同的结论，即超临界二氧化碳流体能较好地分离不同碳原子数的鱼油脂肪酸酯，但难于分离碳数相同双键数不同的酯。

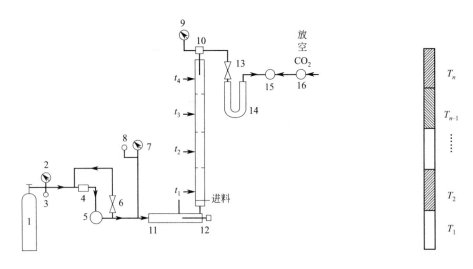

图 7-15　轴向温控的超临界 CO_2 流体萃取柱示意　　　图 7-16　图 7-15 中萃取塔详细结构
1—CO_2 钢瓶；4—过滤器；5—压缩机；11—预热器；
14—样品收集器；其他序号—仪表、阀门等

铃木康夫等使用了一个带余弦状温度梯度的超临界流体萃取塔，如图 7-17 所示。塔的周围贴上片状的加热元件，在沿塔高的方向控制温度成余弦状分布。塔内或保持中空，或填以填料。该装置塔的两端温度变化平缓，据称在分离同碳原子数脂肪酸甲酯方面具有较大的优越性，能将鱼油中的 EPA 或 DHA 提纯到 90% 以上。

图 7-18 是一个能自动升压的超临界精密分离装置。装置运转时，首先用计量泵将要分离的物质打入分馏塔内，然后将溶剂抽入加热器加热、注入塔内。溶剂进入塔内是恒流的，且在整个运行过程中保持不变。塔内压力的控制和产品的流出都依靠压力调节器来完成。操作人员利用给定压力控制阀，定时调节调节器的压力给定值，从而控制塔内压力。塔内压力

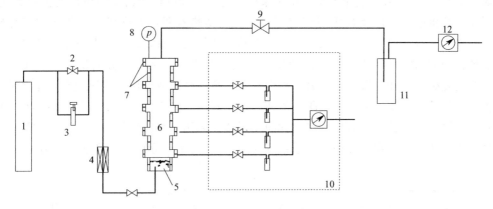

图 7-17　余弦状温度梯度萃取塔装置流程

1—二氧化碳钢瓶；2—背压调节阀；3—高压泵；4—预热器；5—塔底蓄液釜；6—精馏塔；7—片状加热元件；
8—压力表；9—减压阀；10—取样系统；11—气液分离器；12—干式气量计

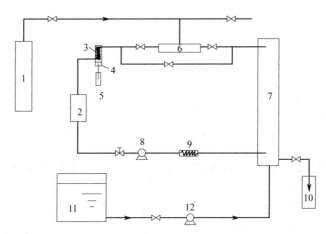

图 7-18　能自动升压的超临界精密分离装置

1—CO_2 钢瓶；2—溶剂罐；3—冷却器；4—分离器；5—馏出物瓶；
6—压力调节器；7—分馏塔；8—溶剂泵；9—加热器；
10—残物瓶；11—待分离物罐；12—计量泵

随着溶剂的不断注入而增加，每当达到给定压力时，压力调节器阀门打开，即可得到该压力条件下的产品。为精细抽提不同组分的产品，在某恒温下从起始的最小压力 p_{min} 至最高压力 p_{max} 控制塔内压力，在一定时间内以某一压力步 Δp 均匀上升，压力步 Δp 越小，所得产品的分子量间隔就越窄。程健采用该装置分离成分十分复杂的石油残油（渣油），研究结果表明，这种方法可以获得接近色谱的分离效果，而且样品量大，不涉及有毒溶剂（使用 C4 烃为溶剂）。该超临界流体精密分离装置评价渣油已通过专家鉴定，并已投入批量生产。进一步的研究证明，用该装置再生润滑油质量好，收率高，工艺灵活，适应面广，具有竞争力。

由于进口试验装置价格昂贵，朱恩俊等对我国有关单位从瑞士、美国和日本等国进口的超临界二氧化碳流体萃取试验装置的结构与性能进行了充分的调研、分析和比较，然后集其优点并结合国产高压元器件的实际状况，研制了一种超临界二氧化碳流体萃取试验装备，其流程如图 7-19 所示。从二氧化碳钢瓶中出来的气态二氧化碳经滤清器的作用变得较为纯净，后由隔膜压缩机增压，再经减压阀调定压力，并经换热器调定温度成为超临界二氧化碳流体，然后流入装有萃取原料的萃取器。携带有萃取产物的二氧化碳流体与萃取产物的分离有两种途径：一种途径是经节流阀节流使压力直接降为常压，在常压分离试管中收集萃取产物，对二氧化碳实行计量后排空；另一种途径是经节流阀节流使压力降至仍有几个兆帕，在分离器中收集萃取产物，再经节流阀节流使二氧化碳压力降为常压，实行计量后排空。该实验装置的主要特点是具有二氧化碳气源滤净子系统，采用隔膜压缩机对二氧化碳增压；具有装置洗净子系统（可兼作夹带剂注入子系统使用）；既可带压分离，又可常压分离等。

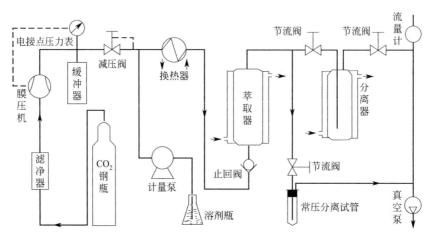

图 7-19 超临界 CO_2 流体萃取试验装备流程

根据上述各实验流程的操作特点并综合各装置的优点，廖传华等设计了图 7-20 所示固态物料的超临界流体萃取实验的装置流程。在操作过程中，将固态的被萃取物料先放入萃取釜中密封，设定好萃取釜的温度和压力。二氧化碳增压后进入萃取器，与其中的原料接触、传质，节流膨胀后进入分离器。整个过程以改变压力为主要分离手段，从萃取釜到分离釜的

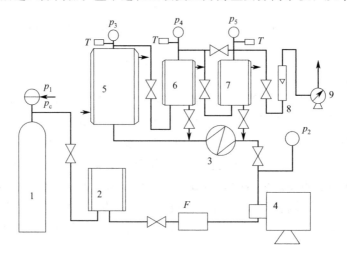

图 7-20 超临界 CO_2 萃取工艺流程简图

1—CO_2 贮罐；2—冷凝器；3—换热器；4—高压柱塞泵；5—萃取器；
6,7—分离器；8—转子流量计；9—湿式气体流量计

二氧化碳流体既降压又降温，从而使二氧化碳流体中溶解的目标组分在分离釜中析出，二氧化碳流体则从分离器顶端引出，循环使用。考虑到萃取对象的多样性与复杂性，实验装置中所有与二氧化碳直接接触的金属元器件均采用不锈钢材质，高压管道采用国内小口径高压管道，管道的连接采用具有密封可靠且可反复装拆的卡套式密封连接结构（GB 3733～3758）。

根据功能特点，整个实验装置可分为加压系统、萃取系统、分离系统、清洗系统。

加压系统的作用是对二氧化碳流体进行增压，使其达到操作所需的压力。在超临界二氧化碳流体萃取实验中，压力是最主要的工艺参数之一，必须加以调节和控制，使压力稳定在某个数值上。因此需选用适当的稳压阀。分离器的压力则可以通过分离器前的节流阀调节。

萃取系统即为超临界二氧化碳流体在萃取釜内与被萃取对象接触而将其中的溶质萃取出来。萃取系统中最主要是要考虑萃取釜的密封结构。

分离系统是通过对高压超临界二氧化碳流体进行节流减压，使超临界二氧化碳流体中带有的已被萃取出来的组分解析出来。根据不同的实验目的，可分别采用相同的分离系统：开式操作时采用常压分离，即将压力直接降为常压，可采用试管、玻璃瓶等作为萃取产物收集器，具有结构简单、分离过程直观可见、采样方便等优点，特别适用于实验室从事一次装料频繁采样的工艺试验研究；闭式操作（即循环操作）时采用带压分离，高压的超临界二氧化碳流体经节流减压后，分离器内的压力一般仍有几个兆帕，因此，即使二氧化碳的流量相对较大，分离器内的二氧化碳的流速仍很缓慢，从而使得萃取产物在分离器内有较长的沉降时间，故允许萃取过程中有较大的二氧化碳流量以加快萃取进程。

清洗系统的作用是对整套装置进行清洗。由于萃取对象多为天然产物，其中往往会含有蜡质成分，容易堵塞管道、阀门，故需经常对管道、阀门等进行清净。清洗系统可通过简单的阀门操作而实现对管道、接头、阀门及萃取器和分离器等实现不拆卸清洗。另外，清洗系统还可作为夹带剂注入系统使用。

▶ 7.3.4 超临界二氧化碳萃取与其他分离方法的耦合

超临界二氧化碳流体萃取是超临界流体技术中发展最为成熟、应用领域十分广阔的一种，大多数被萃取的目标化合物在超临界二氧化碳流体中的溶解度有限，因此需要提高萃取压力和增大超临界二氧化碳流体的流量。二氧化碳的循环利用成为超临界二氧化碳流体萃取流程的主要组成部分，它主要取决于超临界二氧化碳流体与萃取物的分离方法。另外，对于复杂组分，虽然可通过在超临界二氧化碳流体萃取工艺流程中设置多级分离釜将产品分成若干部分，但传统分离釜只是一个空的高压容器，利用不同分离压力分步解析得到的产品往往是不同馏分的混合物。由于天然产物的组成复杂，近似化合组分多，因此单独采用超临界二氧化碳流体萃取技术往往满足不了对产品纯度的要求，如果将超临界二氧化碳流体萃取技术与某些化工过程相耦合，可形成一些更为先进、高效、节能的复合过程。为此，人们开发了超临界二氧化碳流体萃取与其他分离手段联用的工艺技术。

（1）超临界二氧化碳流体萃取与膜过程的耦合

超临界二氧化碳流体技术与膜过程相耦合，可以形成许多先进的复合过程。将超临界二氧化碳流体萃取与纳滤过程相耦合，可以不经历压力、温度和热力学相态的循环变化而使超临界二氧化碳流体循环利用，从而降低过程的能耗，减小操作费用；将纳滤过程与超临界二氧化碳流体萃取过程耦合，可以对萃取收率和选择性独立调控，使它们分别达到最佳值，解决超临界二氧化碳流体萃取中萃取收率和选择性的最佳热力学不一致的难题，从而达到对萃取物在高收率条件下实现精细分离的目的。将超临界二氧化碳流体引入高黏性超滤过程，会在不提高操作温度和无需引入化学剂的情况下，大大降低液体黏度、增大透过流率、提高过滤效率、减小过程能耗，同时也有利于环境保护、提高产品质量。

① 超临界二氧化碳流体萃取与纳滤过程的耦合

在目前最常采用的降压分离流程中，循环使用的二氧化碳经历了"加压→降压→加压""加热→冷却→加热"和"液态→超临界流体→气态→液态"的压力、温度和相变循环，如图 7-21 所示。为了提高萃取率和分离效果，一般需将液态二氧化碳加至较高的压力（例如 20～35MPa）和较高温度（例如 323～423K），之后降至较低压力（例如 5MPa 以下）和较低温度（例如 288K 以下）。这种压力、温度和热力学相态的循环变化要消耗大量的能量，从而使超临界二氧化碳流体萃取的操作费用大为增加。

纳滤是一种压力驱动的膜分离过程，它可以在压力变化不大、恒温和不改变分离物的热力学相态的情况下达到理想的分离效果。用纳滤代替降压分离，使二氧化碳流体与萃取物分离后循环利用的可行性及其效果，已受到许多研究者的关注。李志义等提出了一种基于纳滤过程的超临界二氧化碳流体萃取基本流程，如图 7-22 所示。该流程中循环使用的二氧化碳流体，除了在纳滤过程和管路流动中造成一定压降外，无需经历图 7-21 中的压力、温度和相态的循环变化。这会大大减小过程的能量消耗，降低操作费用。

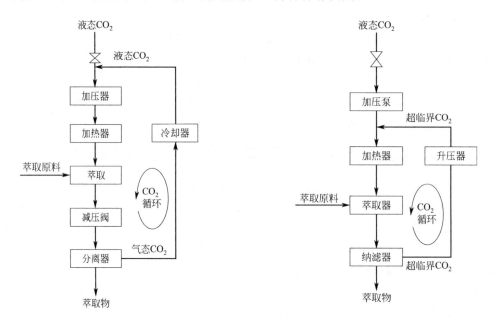

图 7-21　基于降压分离的　　　　　图 7-22　基于纳滤过程的
超临界 CO_2 流体萃取基本流程　　　超临界 CO_2 流体萃取基本流程

在超临界二氧化碳流体与萃取物的分离效果研究方面，Sarrade 等使用多层复合纳滤膜来分离超临界二氧化碳流体与聚乙二醇（PEG200），实验表明，该纳滤膜对 PEG200 的截留率为 24%。Fujii 等使用二氧化硅纳滤膜对超临界二氧化碳流体和咖啡因的分离实验表明，咖啡因的截留率为 65%，超临界二氧化碳流体的透过流率为 0.0233mol/(m² · s)。Tokunage 等使用平均孔径为 1.1nm 的沸石纳滤膜来分离超临界二氧化碳流体与咖啡因。由于平均孔径减小，咖啡因的截留率提高至 98%，但超临界二氧化碳流体的透过率降至

0.01mol/(m² · s)。他们发现，在这种情况下无法达到稳定的纳滤过程。Chiu 等使用平均孔径为 3nm 的 ZrO_2-TiO_2 纳滤膜，在二氧化碳流体的临界点附近（7.95MPa、308K）使咖啡因的截留率达到了 100%，超临界二氧化碳流体的透过流率达到了 0.024mol/(m² · s)。这种分离效果的获得，主要是由于在此压力和温度下形成了较大的咖啡因分子簇。Tan 等使用平均孔径为 2.5nm 的二氧化硅纳滤膜，在 13.79MPa、308K 下，使咖啡因的截留率和超临界二氧化碳流体的透过流率在前 6 小时分别达到了 98% 和 0.074mol/(m² · s)。然而，由于吸附作用，咖啡因的截留率随时间不断下降，直至达到吸附平衡时的最低值。

上述研究表明，用纳滤代替降压分离过程，在较小的跨膜压降（一般小于 1MPa）的情况下，超临界二氧化碳流体无需经历压力、温度和相态的循环变化（从而避免使用大型压缩和制冷系统），就能实现超临界二氧化碳流体与萃取物的分离。其关键点在于，选择一种与萃取系统相匹配的纳滤膜。该纳滤膜要在接近于超临界二氧化碳流体萃取操作压力和温度下，对萃取物形成基于分子筛机理的过滤作用。这种过滤作用主要取决于膜孔尺寸、萃取物特性以及萃取物与膜材料的亲和力等。应该说，纳滤膜制备技术的进步与发展为其在超临界二氧化碳流体萃取分离中的应用提供了技术保障，但目前对其分离机理的研究尚不充分，特别是与超临界流体萃取技术相耦合后所涉及的一些基本问题，例如形成分子筛过滤、吸附过滤以及形成分子簇的机理与条件等，尚需深入研究，从而形成工艺设备和工业应用的基础。

在超临界二氧化碳流体萃取中，达到高萃取收率和高选择性热力学条件往往不相一致，为了提高萃取收率，需要使超临界二氧化碳流体对萃取物的溶解能力达到最大，此时萃取的选择性往往会很差。在工艺设计时，往往需要对二者权衡后取一个折中值。由于超临界二氧化碳流体萃取和纳滤分离的目标物同为低分子量组分，而纳滤过程可将不同组分按分子量和空间构型进行精细分离，因此，将超临界流体萃取与纳滤过程相耦合，利用纳滤膜的精细分离来提高超临界流体萃取的选择性，可使萃取收率和选择性分别达到最佳值。图 7-23 是将超临界二氧化碳流体萃取与纳滤膜过程耦合，对萃取物进行精细分离的一种典型流程。

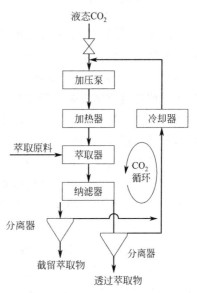

图 7-23 用纳滤过程对超临界
CO_2 流体萃取物进行精
细分离的典型流程

用超临界二氧化碳流体萃取鱼油，萃取物中主要成分为甘油三酯，而甘油三酯中最有价值的是长链 ω-3 多烯不饱和脂肪酸，特别是二十碳五烯酸（EPA）和二十二碳六烯酸（DHA）。采用纳滤过程可将甘油三酯中的长链不饱和脂肪酸和短链脂肪酸相分离。Sarrade 等采用多层有机——无机复合纳滤膜（平均孔径为 1nm），进行了甘油三酯的精细分离实验，实验条件如图 7-24 所示。结果表明，甘油三酯中短链脂肪酸（C36～C52）和长链未饱和脂肪酸（EPA 和 DHA）分别在透过萃取物和截留萃取物中显著增浓（最高可达 1.6 倍）。

② 超临界二氧化碳流体萃取与超滤过程的耦合

对黏性较大的液体进行超滤操作，能量消耗大且透过率小，为了降低液体的黏度，传统的方法是提高过滤温度（例如达到 623K）或添加化学剂（例如表面活性剂）。提高过滤温度，无论是设备投资还是操作费用都会增加；添加化学剂后，为达到环保要求需增加相应的分离环节。二者均导致较大的附加费用。另外，提高过滤温度或添加化学剂，由于组分的热敏性和化学剂对组分的直接污染，还可能影响产品的质量。超临界二氧化碳流体具有独特的溶解能力和黏性，它能与许多非极性化合物完全互溶，对其产生"稀释"作用。将其应用于黏性液体的超滤过程，是解决上述问题的一条有效途径。图 7-25 是利用超临界流体强化超滤过程的基本流程。

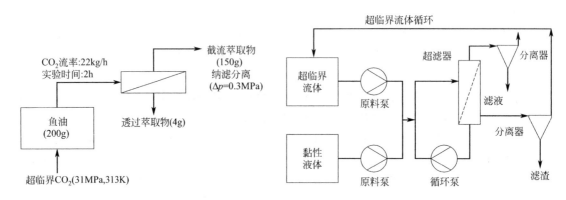

图 7-24　利用纳滤进行鱼油精细分离的实验条件　　图 7-25　利用超临界流体强化超滤过程的流程

Sarrade 等使用 ZrO_2 无机超滤膜，对超临界二氧化碳流体对废机油超滤回收的强化效果的研究结果表明，对于中等黏性（313K、85MPa/s）和高黏性（313K、565MPa/s）的石蜡基油以及废机油，在 12MPa、353K 下溶入超临界二氧化碳流体后，可使其黏度降低约 75%，使透过流率提高 4 倍左右。对于废油中的锌、铁、铬等金属几乎可达到完全分离，且滤渣中的油含量很少。考虑到过滤压差（$\Delta p = 2$MPa）及管路流动压头损失、二氧化碳流体压缩与循环过程中的能耗及熵损失等，估计该系统每吨透过滤液的能耗为 100kW，这比利用负压精馏进行废油回收要经济得多。

实验表明，超临界二氧化碳对过滤液体的黏性影响有如下特点：二氧化碳的压力越高，对黏性的降低作用越明显；操作温度越低，对黏性的降低作用越明显；滤液的分子量越大，对黏性的降低作用也越明显。

（2）超临界二氧化碳流体萃取和精馏过程的联用

大量研究表明，超临界流体的溶解能力主要取决于流体的密度，一般较大的密度对应较高的溶解能力。通过改变流体的密度可以改变流体的溶解能力。在类似精馏塔的高压萃取塔中，可以通过沿塔高方向施加某种温度梯度，在萃取塔内实现"内回流"，甚至在塔内充以填料或构筑塔板以实现多级接触。必要时，随着萃取过程的进行还可以对体系进行程序升温。这些都充分利用了改变超临界流体密度可以改变超临界流体溶解能力的特点。基于上述把超临界流体与精馏结合的想法，出现了许多精馏式的超临界流体萃取装置。图 7-26 是在萃取的同时将产物按其性质和沸程分成若干不同的产品，具体工艺流程是用填有多孔不锈钢填料的高压精馏塔代替分离釜，沿精馏塔高度有不同控温段，萃取产物在分离解析的同时，利用塔中的温度梯度改变二氧化碳流体的溶解度，使较重组分凝析而形成内回流，产品各馏分沿塔高进行气-液平衡交换，分馏成不同性质和沸程的化合物。通过这种联用技术，可大大提高分离效率。

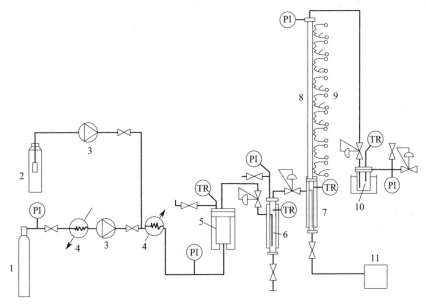

图 7-26　超临界 CO_2 流体萃取与精密分馏相联用

1—CO_2罐；2—夹带剂罐；3—加压泵；4—热交换器；5—萃取釜；6—第一分离器；
7—第二分离器；8—精馏塔；9—分段电热器；10—塔顶分离器；11—塔底罐

(3) 超临界二氧化碳流体萃取与色谱分离联用

超临界流体技术作为样品分离和预处理手段已被世界各国越来越多的实验室所接受，如超临界流体（SF）核磁共振（NMR）时，一是因其低黏度可使测定信号显著变窄，提高分析精度；二是可用 NMR 测定以前在常规的 NMR 溶剂中无法测定的非常活泼的化合物。此外，利用超临界流体萃取技术还可制成超临界流体色谱仪（SFC）。超临界流体色谱是介于气相色谱（GC）和液相色谱（LC）之间的一种色谱技术，其操作原理与普通的气相色谱和液相色谱相同，都是利用溶解能力的不同将混合物分离，不同点在于超临界流体色谱的流动相是超临界流体。根据超临界流体的特性，可以通过调节温度和压力改变超临界流体密度的方法来改变超临界流体的溶解能力。这样，与普通色谱技术相比，大大提高了分离能力。由于超临界流体色谱兼有气相色谱（GC）和液相色谱（LC）的特长，因此不但可配备 GC、LC 法的各种检测器外，而且还可与质谱（MS）、傅里叶变换红外光谱（FTIR）等联用，这样就大大提高了监测仪器的灵敏度和分辨率，提高分析效果和准确度。如 SFC-8000 型超临界色谱仪的研制成功，使我国的环境监测技术水平上了一个新台阶。

由于超临界流体色谱兼具气相色谱的高速度、高效率和液相色谱的选择性强、分离能力强等优点，从而为分析有机化合物开辟了新途径，日益受到人们的重视。目前，超临界流体色谱在环境保护方面的应用也越来越广泛，主要应用于对热不稳定性、高分子质量、强极性和非挥发性化合物的分析。黄威冬等采用超临界流体色谱与傅里叶变换红外光谱联用技术分析了萘等 5 种多环芳烃混合物。结果表明，超临界流体色谱与傅里叶变换红外光谱联用系统是分析鉴定多环芳烃的一种有效手段，且具有实验条件温和、分析时间短及分离效率高等特点。另有文献报道，采用超临界流体萃取与超临界流体色谱联用技术分析鉴定高分子质量的芳香族化合物也取得了令人满意的效果。Bertsch 和 France 采用超临界流体色谱技术分别成功地分离、测定了杀虫剂、除草剂和氯苯胺灵 4 种氨基甲酸酯类农药。

游静等采用超临界流体萃取与气相色谱/质谱联用的方法，在 20.6MPa、80℃下，用甲醇作改性剂，用二氧化碳作为超临界萃取介质，对兰州市大气飘尘中的有机污染物进行了静态萃取，10min 后再以 0.5mL/min 的流动速度动态萃取 30min，对实际样品进行定性定量的分析，共检测出 69 种有机污染物，其中包括 15 种 PAHs 类强致癌性污染物。结果证实，将超临界流体萃取技术与气相色谱/质谱联用检测飘尘中污染物的方法是可行的，且方法简便、快速，数据准确率高。

超临界流体色谱按固定相的形态可分为毛细管超临界流体色谱和填充柱式超临界流体色谱，但真正发展成为制备超临界流体色谱的只能是填充柱型。制备型色谱与分析型色谱最大的区别在于：分析型色谱追求得到漂亮的峰形，而制备型色谱为提高制备效率，峰形是可牺牲的特性之一。

制备型超临界流体色谱一般由流体输送、色谱柱、检测、馏分收集、流动相循环及信号采集与控制等组成。超临界流体色谱在发展中从高效液相色谱继承了不少东西，如检测器、色谱柱、流动相输送系统等。国际上制备型超临界色谱的发展已经基本解决了所有的技术问题，工业项目的发展有了更大的进步，如目前最大的柱径已经到了 500mm，制备规模已达1t/a。

（4）超临界二氧化碳流体萃取与尿素包合技术联用

尿素可与脂肪酸化合物形成包合物，而且分子结构和不饱和度不同的化合物与尿素的包合程度不同这一特性可用来实现组分的分离。斋滕正三郎在处理鱼油时，曾使用吸附法流程，以粉末状尿素为吸收剂，实现了超临界二氧化碳萃取与尿素包合物法的有机结合。铃木康夫对其进行了改造，如图 7-27 所示，将萃取釜与尿素包合物形成的容器合二为一，并增设了一个气相循环泵。待改进的鱼油脂肪酸酯装入萃取釜底部，釜上部设置尿素填充床。萃取时，阀 7 先关闭，由泵 6 进行循环。这样，饱和脂肪酸酯以及低不饱和度的脂肪酸被尿素包合，留在填充床内。气相循环一段时间后，打开阀 9 出料，富集的多不饱和脂肪酸组分在分离器中进行收集。

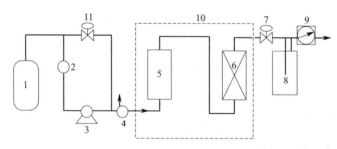

图 7-27 超临界流体萃取与尿素包合法相结合的流程

1—钢瓶；2—冷却器；3—高压泵；4—加热器；5—萃取器；6—包合物形成的容器；
7—减压阀；8—收集器；9—累加器；10—水浴；11—背压调节器

▶ 7.3.5 液态物料超临界二氧化碳流体萃取的工艺过程

受固态物料装卸的限制，固态物料的超临界二氧化碳流体萃取过程只能采用间歇式操作，即萃取过程中萃取釜需要不断重复装料—充气、升压—运转—降压、放气—卸料—再装料等操作，因此，装置处理量小，萃取过程中的能耗和二氧化碳气耗较大，以至于产品成本较高，影响该技术的推广应用。但大量液态混合物的分离较适合采用超临界二氧化碳流体连续萃取工艺，如化学工业中润滑油的精制，油品的脱蜡、渣油的脱沥青、脱树脂，从水溶液中分离有机物等；食品工业中从植物性或动物性油脂中提取特殊高价值的成分，鱼油中提取EPA 和 DHA，月见草油的浓缩分离；天然色素的分离精制及天然香料工业中精油的脱萜精制；高分子分级等。

相对于固态物料，液态物料的超临界二氧化碳流体萃取具有以下特点。

① 萃取过程可以连续操作。由于萃取原料和产品均为液态，不存在固体物料的加料和排渣等问题，萃取过程可连续操作，从而大幅度提高装置的时空利用率，增大装置的处理量，相应减少过程的能耗和气耗，进而降低生产成本。

② 实现萃取过程和精馏过程的一体化，可连续获得高纯度和高附加值的产品。液相混合物萃取分离基本上都可以采用连续逆流式超临界二氧化碳流体萃取装置进行加工，技术特点为超临界二氧化碳流体萃取分离和精馏相耦合，有效发挥两者的分离作用，从而提高产品的纯度。

液态物料的超临界二氧化碳流体萃取过程以液态混合物与超临界二氧化碳流体所组成的相图为依据。在萃取操作中，通常使超临界二氧化碳流体与待分离液体混合物在萃取塔内相接触，在两者之间发生质量传递，使液体混合物中的组分有选择性地溶解于超临界二氧化碳流体相中。溶解时，对有些系统还可能产生多相。萃取完成后，将萃取相和萃余相分别自塔内取出，所得萃取相需做进一步分离，以析出萃取物质并回收萃取剂。处理萃取相的方法因不同对象而异，可采用降压、升温、降温等方法以析出溶质，也可用液体溶剂吸收、固体吸附剂吸附等方法以回收溶质和再生溶剂。因此，超临界二氧化碳流体萃取液相物料的流程各式各样，应用最多的是逆流塔式分离，流程如图 7-28 所示。

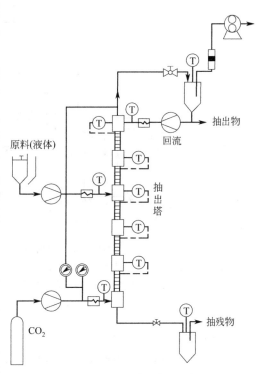

图 7-28　液相物料连续逆流萃取塔

对于液体物料的萃取，较多采用连续操作的工艺流程，因为连续操作工艺具有操作简单、生产效率高、生产过程容易控制等优点。液体原料经泵连续进入分离塔中间进料口，二氧化碳流体经加压、调温后连续从分离塔底部进入。分离塔由多段组成，内部装有高效填料，为了提高回流效果，控制各塔段温度以塔顶高、底部低的温度分布为依据。高压二氧化碳流体与被分离原料在塔内逆流接触，被溶解组分随二氧化碳流体上升，由于塔温升高形成内回流，可提高回流液的效率。已萃取溶质的二氧化碳流体在塔顶流出，经降压解析出萃取物，萃取残液从塔底排出。该装置将超临界二氧化碳流体萃取和精馏分离过程有效耦合，充分利用了两者的优势，达到进一步分离、纯化的目的。

图 7-29 是由北京化工大学化工系搭建并操作的超临界流体萃取连续逆流实验装置。该

装置中的超临界流体萃取釜耐压能力为 20MPa，耐温能力为 100℃，釜内径为 25mm，高 1500mm。釜身两侧对称地装有 6 对圆形和 2 对长条形石英玻璃视镜，用来观察釜内两相流动状况和两相界面状况。该装置流程的主要操作过程为：气体首先经过过滤器，然后被冷却加压，再升温至超临界萃取状态，从萃取釜的底部进入。液态物料同样经过另一过滤器，再加压升温，从萃取釜的顶部进入。超临界流体与物料经过充分接触，萃残液从萃取釜底部流出，超临界流体携带大量溶质从萃取釜的顶部出来，再经减压阀降压进入分离器。该连续逆流操作的超临界流体萃取装置可用于研究逆流萃取的流体力学特性和超临界流体与物料间的传质效率。

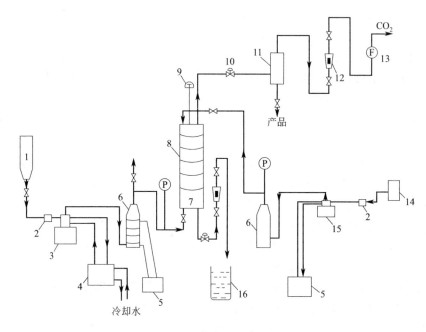

图 7-29　超临界流体萃取连续逆流实验装置

1—二氧化碳钢瓶；2—过滤器；3—冷却计量泵；4—低温浴槽；5—温控器；6—缓冲器；7—电加热带；
8—萃取釜；9—测温仪表；10—减压阀；11—分离器；12—转子流量计；13—湿式气体流量计；
14—液相贮槽；15—加温计量泵；16—萃取残液贮槽

清华大学化学工程系建立了一套容积为 235mL 的超临界流体萃取乙醇水溶液的装置流程，如图 7-30 所示。采用的是单级萃取流动法，最高萃取温度为 70℃，最高萃取压力可达 30MPa，温度测量使用精度为 0.5℃的水银温度计，压力测量使用精度为 0.4 级、量程为 40MPa 的精密压力表。装置设备主要分为如下四部分。

（1）升压部分

由二氧化碳气体过滤器、低温浴槽和高压计量泵组成，压力波动不得大于 0.2MPa。主要作用是对原料进行处理，使进入萃取釜中的流体达到超临界状态且纯度高。

（2）萃取部分

由加热缓冲器、萃取釜和分离釜组成，萃取釜内径为 25mm，容积为 235mL。为了使气液充分接触，萃取釜内填充 180mL 的高效填料。该部分为整个装置流程的核心部分。

（3）恒温部分

由恒温箱和控温仪组成，主要控制萃取装置的温度，保证萃取过程正常进行。

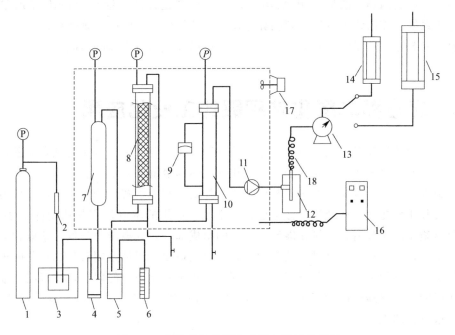

图 7-30　超临界流体萃取乙醇水溶液的流程

1—二氧化碳钢瓶；2—过滤器；3—低温浴槽；4,5—高压计量泵；6—料液计量筒；7—加热缓冲器；
8—萃取柱；9—温度调节器；10—分离釜；11—加热节流阀；12—旋风分离器；13—湿式流量计；
14,15—转子流量计；16—温度控制仪；17—风扇；18—蛇管水冷器

（4）分离计量部分

由加热节流阀、旋风分离器、蛇管水冷器、湿式气体流量计和转子流量计组成。该部分的主要作用为分离被萃取物质，测量超临界流体的流量。

该装置可用来研究压力、温度、流速及进料浓度对超临界流体萃取行为的影响。

间歇操作的装置流程在液态物料的萃取过程中也较为常见，如食品工业中大豆营养成分的萃取，医药工业中的维生素、草药等的萃取，生物工程中的生物活性物质的萃取等。图7-31为超临界流体萃取柑橘香精油中萜烯化合物的装置。

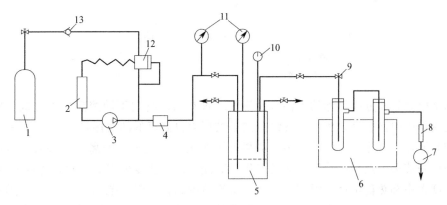

图 7-31　间歇操作的超临界流体萃取系统

1—CO_2 钢瓶；2—冷凝器；3—泵；4—预热器；5—萃取釜；6—分离釜；7—流量加和器；
8—流量计；9—微量计量阀；10—温度表；11—压力表；12—调压器；13—控制阀

该装置是由美国宾夕法尼亚州 Autoclave 工程公司设计的，带有 300mL 萃取釜的超临界萃取过滤系统。该系统可以获得超临界流体与冷榨柑橘油之间的平衡数据，可以分析操作压力和温度对柑橘油萃取效率的影响，它可以在操作过程中随时取样分析，获得溶解度数据。

7.4　超临界二氧化碳萃取的工业化应用

天然产物的超临界二氧化碳流体萃取工艺一般采用等温法和等压法的混合流程，并且以改变压力为主要分离手段，以充分利用二氧化碳流体的溶解度差值为主要控制指标。在固态物料的超临界二氧化碳流体过程中，萃取釜压力提高有利于溶解度增加，但过高压力将增加设备的投资和压缩能耗，从经济指标考虑，通常工业应用的萃取过程都选用低于 32MPa 的压力。分离釜是产品分离和二氧化碳流体循环的组成部分，分离压力越低，萃取和解析的溶解度差值越大，越有利于分离过程效率的提高，但工业化流程都采用液化二氧化碳再经高压柱塞泵加压与循环的工艺，因此分离压力受到二氧化碳液化压力的限制，不可能选取过低的压力，实用的二氧化碳解析循环压力在 5.0～6.0MPa 之间。图 7-32 所示为典型的固体物料超临界萃取过程的工艺流程。

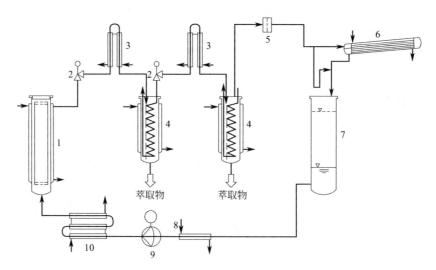

图 7-32　固体物料超临界 CO_2 流体萃取的工艺流程
1—萃取釜；2—减压阀；3—热交换器；4—分离釜；5—过滤器；6—冷凝器；
7—CO_2 贮罐；8—预冷器；9—加压泵；10—预热器

根据萃取原料和分离目标的不同，如果要求将萃取产物按不同溶解性能分成不同产品，可在工艺流程中串接多个分离釜，各级分离釜按压力自高至低的次序排列，最后一级分离釜的压力应是循环二氧化碳流体的压力。如果采用液化二氧化碳再经高压柱塞泵加压的工艺，需在流程中安装多个热交换装置以满足二氧化碳流体多次相变的需要。萃取釜温度的选择受溶质溶解度大小和热稳定性的限制，与压力选择范围相比，温度范围要窄得多，常用温度范围在其临界温度附近。一般文献上选择工艺条件时，也可按超临界溶剂的对比压力、对比温度和对比密度的关系图（见图 7-33）选用萃取温度和压力的范围。普遍推荐的萃取条件介于对比压力和（或）对比温度之间，如图的虚点部分（包括超临界流体区域 SCF 和近临界区域 NCL)。

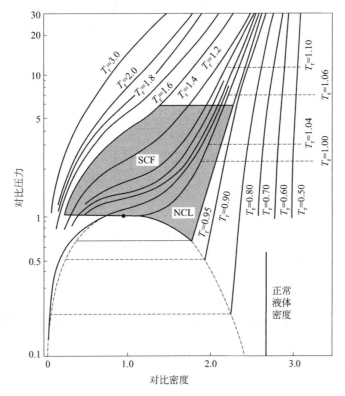

图 7-33 超临界 CO_2 流体对比压力、对比温度和对比密度的关系

SCF—超临界 CO_2 流体；NCL—近临界流体

目前，超临界流体萃取已在大规模生产装置中获得应用的有三项：①从石油残渣中回收各种油品；②从咖啡中脱除咖啡因；③从啤酒花中提取有效成分。

(1) 从石油残油中回收各种油品

美国 Kerr-McGee 炼制公司于 1954 年采用新型的渣油脱沥青技术，建成日处理量为 $120m^3$ 的工业装置，此技术称为渣油的超临界萃取（Residuum Oil Supercritical Extraction），简称 ROSE 过程。利用超临界流体的特性回收循环使用的溶剂，省略了常规的汽化和液化工序，从而降低能耗 40%～50%。图 7-34 为其工艺流程。从 ROSE 流程可以看出，超临界流体萃取主要用于溶剂再生部分，它利用超临界流体的特点以实现溶剂的再生，从而不存在常规的溶剂汽化和液化，达到节能的效果。

20 世纪 70 年代石油价格上涨，ROSE 法日益受到重视。1979 年以来美国又有 9 家炼油厂采用这一工艺，其中最大的一套日处理能力达 $1908m^3$ 渣油。

同时，Kerr-McGee 公司又成功开发了用于从煤液化油中分离矿物质和未反应的煤以及从页岩油和焦油沙中除去固体物质的超临界脱灰分过程。

(2) 从咖啡豆中脱除咖啡因

咖啡因又称咖啡碱，是一种含氮杂环化合物，存在于咖啡、茶叶和柯拉果中，对人体健康有害。以往工业上用二氯乙烷等有机溶剂提取，这有两个缺点：残存的有机溶剂不易除尽，影响产品质量；而且有机溶剂不仅萃取咖啡因，也萃取咖啡中的芳香化合物，使咖啡失

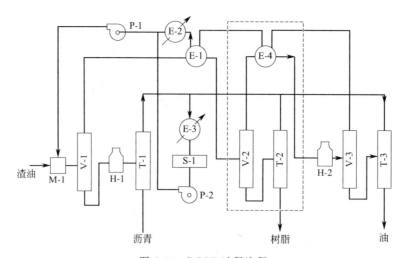

图 7-34　ROSE 过程流程

M— 混合器；V—分离器；H—加热器；E—换热器；T—塔；P—泵；S—储罐

去本来的香味。现在，工业上已广泛应用超临界二氧化碳流体来萃取，效果极佳，不仅工艺简单，而且选择性好，不影响咖啡质量。

用超临界二氧化碳流体从咖啡豆中脱除咖啡因可以采用三种流程，如图 7-35 所示。

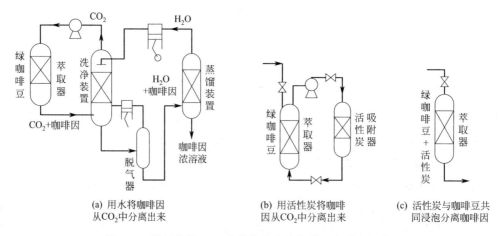

(a) 用水将咖啡因从 CO_2 中分离出来　　(b) 用活性炭将咖啡因从 CO_2 中分离出来　　(c) 活性炭与咖啡豆共同浸泡分离咖啡因

图 7-35　用超临界 CO_2 流体萃取法从咖啡豆中脱出咖啡因

第一种流程：经浸泡过的生咖啡豆置于萃取釜中，其间不断有二氧化碳循环通过，温度为 70～90℃，压力为 16～20MPa，$\rho=0.4\sim0.65\text{g/cm}^3$。于是咖啡豆中的咖啡因便逐渐扩散至超临界二氧化碳流体中，气体中的咖啡因再用水除去，二氧化碳循环使用。经 10h 处理后，咖啡因的含量可从原先的 0.7%～3% 降低至 0.02%，低于规定值 0.08%。每处理 1kg 的咖啡豆需要 3～5L 洗涤水。

第二种流程：它与第一种的不同之处在于用活性炭取代水以除去二氧化碳中的咖啡因。

第三种流程：直接将咖啡豆与活性炭放在同一萃取釜中。活性炭颗粒大小恰好能使它充填在咖啡豆之间的空隙中。这种流程对设备空间的利用率最为经济，每 1kg 活性炭可以处理 3kg 的咖啡豆。二氧化碳的压力为 22MPa，温度为 90℃。这时，咖啡因可以直接经超临界二氧化碳流体转入活性炭中，无需气体循环。经 5h 处理后咖啡因便可降至要求值，然后用振动筛将咖啡豆与活性炭分开。

（3）茶叶脱咖啡因

首先将待萃取的正品茶叶置于萃取器，用不含水的超临界二氧化碳流体在萃取压力40MPa、温度45℃，分离压力6.5MPa、温度45℃的条件下通过一回路，循环萃取茶叶，在这个条件下大部分芳香物质被萃取出来，收集在分离器1中；然后通过阀门切换，接通与第二个分离器连通的回路。在第二个回路中，超临界二氧化碳流体先通过储罐再进入萃取器，继续萃取原茶叶。在压力25MPa、温度50℃的条件下，含水的超临界二氧化碳流体仅溶解咖啡因，在分离器2中得到浅黄色粉末，其咖啡因纯度为95％～97％；最后切换到第三回路，用压力为30MPa、温度40℃的超临界二氧化碳流体带出分离器1中的芳香物质，进入萃取器，在压力4.5MPa、温度10℃的状态下，其携带的芳香物质释放出来被茶叶吸收，恢复茶叶原有的特殊香味。用该项技术，茶叶仅失去了咖啡因，保留了原香、原味和原状。超临界二氧化碳流体萃取的种种优势使人们能巧妙地将预萃香气、脱咖啡因、还原香气三步串联在一起，用同一套装置完成复杂的技术流程，如图7-36所示。

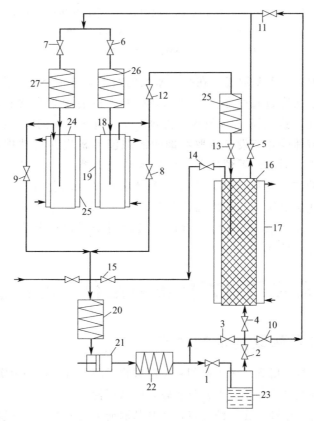

图7-36 用超临界CO_2流体萃取法从茶叶中脱咖啡因的流程

1～15—阀门；16—萃取器；17,19,25—夹套；18—分离器1；
20,22,26,27—热交换器；21—压缩机；23—水储罐；24—分离器2

（4）从啤酒花中提取有效成分

采用超临界二氧化碳流体萃取法生产啤酒花浸膏时，首先把啤酒花磨成粉末状，使之更易与超临界二氧化碳流体接触，然后装入萃取釜，密封后通入超临界二氧化碳流体，达到萃取要求后，经节流降压，萃出物随二氧化碳流体一起被送至分离釜，得到黄绿色产品。图7-37为超临界二氧化碳流体萃取啤酒花的生产装置流程示意。

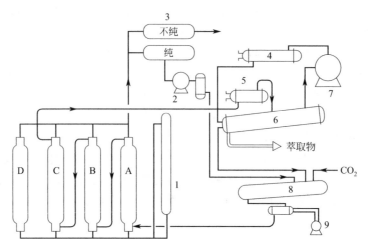

图 7-37　超临界 CO_2 流体萃取啤酒花的生产装置流程示意

1—传送罐；2,7—压缩机；3,8—CO_2 气罐；
4—后冷却器；5—预热器；6—热交换器；9—深冷器

在该生产装置中有 4 个萃取釜，在每个萃取周期中总有一个釜是轮空的。生产时，超临界二氧化碳流体依次穿过每个釜中的啤酒花碎片，然后含萃取物的超临界二氧化碳流体即混合物节流降压，进入预热器预热，再进入下一个热交换器，在该热交换器中，混合物中的二氧化碳流体受热蒸发，萃取物即啤酒花浸膏析出并自动排出。蒸发的二氧化碳流体经再压缩，进入后冷却器预冷，之后进入热交换器与上述混合物进行间壁式热交换，管内为再压缩的二氧化碳流体，管外为含萃取物的二氧化碳流体混合物。冷凝后的二氧化碳流入二氧化碳储罐，经深冷器冷却后再返回到萃取釜。从传送罐来的二氧化碳流体可被送往任何一个萃取釜。另外，有两个气罐用于暂存整个装置系统的纯二氧化碳流体和不纯的二氧化碳流体。

7.5　超临界萃取技术的优点及存在的问题

▌7.5.1　超临界萃取技术的优点

超临界流体萃取技术既利用了萃取剂和被萃取物质间的分子亲和力实现分离，又利用了混合物中各组分的挥发度的差别，因此具有较好的选择性。

超临界流体具有一个独一无二的优点，即其萃取能力近似与流体密度成正比，而密度很容易通过变温、变压进行调节。一种超临界流体萃取剂可以通过极性调节适应不同的处理对象，无需像传统萃取那样针对不同的萃取对象挑选不同的萃取剂。

高沸点物质往往能大量地、有选择性地溶于超临界流体，由于超临界流体萃取操作条件一般比较温和，因此特别适合于分离受热易分解的热敏性物质。

超临界流体大多数是低分子量的气体，分离比较容易，基本上不会残留在被萃取物中，因此超临界流体萃取工艺中萃取溶剂回收简单。通常溶剂萃取后萃取剂需用蒸馏法进行回收，同时得到产品，这样一来，不仅能耗大，过程较为复杂，而且产品中常有不同程度的溶剂残留，热敏性物质还会发生一定程度的变性。而采用超临界流体回收溶剂只需小幅调温、调压即可实现溶剂回收，回收流程非常简单，不会导致产品变性，无溶剂残留。如果采用等压萃取，通过微调温度回收溶剂、得到产品，还可以进一步降低能耗。而一般的分离方法容易引起热敏性物质的组分分解，往往需要特殊的工艺路线。

各国政府的污染控制法规的更加严格，使得高污染、高能耗的分离方法的应用受到了限制，而超临界流体萃取技术正好能有效地解决这个问题。当使用二氧化碳作超临界萃取剂时，会带来更多的优点。超临界二氧化碳流体萃取的操作温度接近室温，故萃取时无需大量供热以维持体系的温度，这就节省了大量的能量。对于天然产物进行萃取时，由于操作温度接近产物生长环境的温度，加上二氧化碳的惰性保护作用、无毒、萃取后无有害物质残留，因而可以最大程度地保证产品的天然品质。同时，因为二氧化碳不燃烧，所以无需像通常的溶剂萃取那样要使用防爆设备。

7.5.2 超临界萃取技术存在的问题

超临界流体萃取技术目前已经取得了相当大的进展，在工业上也已经有不少成功的例子，但至今仍未获得当初预想的大规模推广应用。这主要是因为该技术仍处于成长阶段，远未完善，还存在以下问题。

(1) 相平衡及传递研究不充分

目前有关超临界流体萃取的物性数据仍然很少，同时也缺乏能正确推算超临界流体萃取过程的基本热力学模型。由于人们对近临界点的压缩流体的行为不甚了解，目前的一些推算多为半定量性质，传递性质的研究则更少。没有这些基本数据和理论，过程设计和经济概算就十分困难，严重阻碍了超临界流体萃取过程的开发。

(2) 高压设备和泵

工业生产中，高压操作是不可避免的，如何解决由于高压带来的一些不利因素，使得该技术可以可靠、安全地生产是非常重要的。超临界流体萃取需在相当高的压力下操作，压缩设备的投资比较大，在高压下操作，还会引起附加的费用。某些超临界流体萃取过程要求同时在高温和高压的条件下进行，设备和管道的材质要求更高，加工费用也更大，用泵输送近临界区的带压力梯度的高压流体也有较大的困难。如果所选的萃取剂有腐蚀性，还需选用高级钢材，进一步提高了投资费用。此外，超临界流体萃取在连续化上还存在工艺设备方面的困难，而间歇生产又远不如连续生产经济。

为了使超临界流体萃取的工业化取得突破性进展，必须进行以下工作。

① 高压下复杂相平衡及流体传递性质的研究。

② 从工艺设备的角度降低能耗，如对加热和冷却过程进行结合、降压时回收能量。

③ 加强高压连续化萃取装置的研究。

参 考 文 献

[1] 廖传华，米展，周玲，等 . 物理法水处理过程与设备 [M] . 北京：化学工业出版社，2016.

[2] 石鑫光，廖传华，陈海军，等 . 超临界 CO_2 萃取洋葱精油的试验研究 [J] . 中国调味品，2016，41 (3)：11～16.

[3] 潘兆平，付复华，谢秋涛，等 . 响应面法优化紫苏籽油超临界萃取工艺 [J] . 中国食品学报，2015，15 (5)：

113～119.

[4] 李跃金，胡晋昭．超临界萃取花椒中主要成分 [J]．食品研究与开发，2015，36（11）：50～53.

[5] 王亚男，季晓敏，黄健，等．CO₂超临界萃取技术对金枪鱼油挥发性成分的分析 [J]．中国粮油学报，2015，30（6）：74～78.

[6] 郭晓宇．响应面法优化超临界萃取大蒜油工艺研究 [J]．食品研究与开发，2015，22：47～50.

[7] 许艳萍，梁鹏，陈丽娇，等．超临界萃取鱼卵鱼油及其脂肪酸组成的研究 [J]．食品科技，2015，40（10）：270～274.

[8] 贾宇生．CO₂超临界萃取过程压力控制技术研究 [D]．长春：长春工业大学，2015.

[9] 梁芯如．超临界萃取工艺参数优化及其控制方法研究 [D]．长春：长春工业大学，2015.

[10] 石鑫光，廖传华，陈海军，等．超临界流体萃取技术在洋葱精油高效提取中的应用 [J]．食品工业，2014，35（1）：256～259.

[11] 石鑫光，廖传华，陈海军，等．洋葱精油提取技术的研究进展 [J]．中国调味品，2014，39（7）：126～129.

[12] 陈立钢，廖立霞．分离科学与技术 [M]．北京：科学出版社，2014.

[13] 祝洪艳，林海成，王国丽，等．五味子超临界萃取部位化学成分研究 [J]．中药材，2014，37（11）：2016～2018.

[14] 李跃金，汪林林．超临界萃取花生中主要成分的研究 [J]．应用化工，2014，43（8）：1381～1383.

[15] 晏荣军，林溪，胡佳扬，等．螺旋藻有效成分超临界萃取与分离研究 [J]．广西植物，2014，34（3）：414～418.

[16] 张郁松．花椒风味物质超临界萃取与有机溶剂萃取的比较 [J]．中国调味品，2014，39（2）：22～25.

[17] 蔡兴东．乙醇夹带剂在超临界萃取中草药活性成分中的应用 [J]．湖北农业科学，2014，53（6）：1245～1248.

[18] 郭丹．连续化超临界萃取酯交换耦合制备生物柴油过程研究 [D]．大连：大连理工大学，2014.

[19] 李跃金，刘凤菊，李丹．超临界萃取肉桂中主要成分的研究 [J]．应用化工，2013，42（11）：1975～1977.

[20] 李维．萘超临界萃取工艺与萘油绿色分离研究 [D]．武汉：武汉科技大学，2013.

[21] 伊文雄．超临界萃取油茶中多种活性成分的研究 [D]．天津：天津大学，2013.

[22] 孙建伟．二氧化碳超临界萃取技术在蛋黄粉、石榴籽实际生产中的应用 [D]．长春：吉林大学，2013.

[23] 徐东彦，叶庆国，陶旭梅．Separation Engineering [M]．北京：化学工业出版社，2012.

[24] 孙国峰，李凤飞，杨文江，等．花椒有效成分的 CO₂超临界萃取工艺 [J]．食品与生物技术学报，2011，30（6）：899～904.

[25] 董金善，袁士豪，顾伯勤，等．高压超临界萃取装置的模糊 PID 控制方法 [J]．控制工程，2011，18（2）：228～231.

[26] 方向，朱跃钊，凌祥，等．玫瑰精油超临界二氧化碳萃取的试验研究 [J]．林产化学与工业，2010，30（3）：83～87.

[27] 瞿先中，王宏伟，程雷平．超临界萃取烟草精油条件的优化 [J]．安徽农业科学，2010，38（5）：20448～20450.

[28] 廖传华，黄振仁．超临界流体与食品深加工 [M]．北京：中国石化出版社，2007.

[29] 廖传华，秦瑜．超临界流体成套装置设计 [M]．北京：中国石化出版社，2007.

[30] 廖传华，周勇军．超临界流体技术及其过程强化 [M]．北京：中国石化出版社，2007.

[31] 廖传华，史勇春．超临界流体与中药制备 [M]．北京：中国石化出版社，2007.

[32] 李会旗，柴本银，廖传华．超临界 CO₂萃取传质过程的物理强化技术 [J]．机电信息，2007，35：19～22.

[33] 廖传华，黄振仁．超临界 CO₂流体萃取装置的污染分析与控制 [J]．香料香精化妆品，2006，3：24～27.

[34] 廖传华，黄振仁．超临界 CO₂萃取技术与中药现代化 [J]．中成药，2006，28（1）：110～114.

[35] 廖传华，黄振仁．超临界二氧化碳流体萃取技术——成套装置及其设计 [M]．北京：化学工业出版社，2005.

[36] 陈华荣，董金善，廖传华．超临界流体萃取釜快开结构的 CAD 系统开发 [J]．粮油加工与食品机械，2005，5：66～68.

[37] 廖传华，郝晋华，黄振仁．超临界 CO₂萃取设备设计 [J]．粮油加工与食品机械，2004，7：58～59.

[38] 廖传华，李磊，黄振仁．超声场对超临界 CO₂流体萃取过程的强化 [J]．粮油加工与食品机械，2004，10：61～63.

[39] 廖传华，黄振仁．夹带剂对超临界 CO₂萃取过程的影响 [J]．香料香精化妆品，2004，1：34～37.

[40] 廖传华，黄振仁．超临界二氧化碳流体萃取技术——工艺开发及其应用 [M]．北京：化学工业出版社，2004.

[41] 廖传华，黄振仁. 超临界 CO_2 萃取技术在中草药开发中的应用进展 [J]. 精细化工，2003，20 (2)：109～114.

[42] 廖传华，黄振仁，王栋. 超临界 CO_2 萃取 β-胡萝卜素的过程模拟研究 [J]. 精细化工，2003，20 (3)：146～150.

[43] 廖传华，黄振仁. 超临界 CO_2 萃取螺旋藻的实验研究 [J]. 中成药，2003，25 (2)：96～99.

[44] 廖传华，周玲，顾海明，等. 超临界 CO_2 萃取 β-胡萝卜素的实验研究（Ⅰ）[J]. 精细化工，2002，19 (6)：365～366.

[45] 赵汝傅，管国锋. 化工原理 [M]. 南京：东南大学出版社，2001.

[46] 张镜澄. 超临界流体萃取 [M]. 北京：化学工业出版社，2000.

[47] 朱自强. 超临界流体技术 [M]. 北京：化学工业出版社，2000.

[48] 陈维枢. 超临界流体萃取的原理和应用 [M]. 北京：化学工业出版社，1998.

第**8**章

吸　附

固体表面的分子或原子因受力不均衡而具有剩余的表面能，当某些物质碰撞固体表面时，受到这些不平衡力的吸引而停留在固体表面上，这就是吸附。吸附是分离和纯化气体与液体混合物的重要单元操作之一，在化工、炼油、轻工、食品及环保等领域应用广泛。

8.1　吸附现象与吸附剂

▶ 8.1.1　吸附现象

当气体或液体与某些固体接触时，在固体的表面上，气体或液体分子会不同程度地变浓变稠，这种固体表面对流体分子的吸着现象称为吸附，其中的固体物质称为吸附剂，而被吸附的物质称为吸附质。

为什么固体具有把气体或液体分子吸附到自己表面上来的能力呢？这是由于固体表面上的质点亦和液体的表面一样，处于力场不平衡状态，表面上具有过剩的能量即表面能。这种不平衡的力场由于吸附质的吸附而得到一定程度的补偿，从而降低了表面能（表面自由焓），因此固体表面可以自动地吸附那些能够降低其表面自由焓的物质。吸附过程所放出的热量，称为该物质在此固体表面上的吸附热。

在水处理中，吸附法主要用于脱除水中的微量污染物，应用范围包括脱色、除臭味、脱除重金属、各种可溶性有机物、放射性元素等。在处理流程中，吸附法可作为离子交换、膜分离等方法的预处理，以去除有机物、胶体物及余氯等；也可作为二级处理后的深度处理手段，以保证回用水的质量。

利用吸附法进行水处理，具有适用范围广、处理效果好、可回收有用物料、吸附剂可重复使用等特点，但对进水的预处理要求较高，运转费用较高，系统庞大，操作较麻烦。

▶ 8.1.2　吸附的分类

溶质从水中移向固体颗粒表面，发生吸附，是水、溶质和固体颗粒三者相互作用的结果。引起吸附的主要原因在于溶质对水的疏水特性和溶质对固体颗粒的高度亲合力。溶质的溶解程度是确定第一种原因的重要因素。溶质的溶解度越大，则向表面运动的可能性越小。相反，溶质的憎水性越大，向吸附界面移动的可能性越大。吸附作用的第二种原因主要由溶质与吸附剂之间的静电引力、范德华力或化学键力所引起。与此相对应，可将吸附分为三种基本类型。

(1) 交换吸附

交换吸附是指溶质（液体）的离子由于静电引力作用聚集在吸附剂表面的带电点上，并置换出原先固定在这些带电点上的其他离子。通常离子交换属于此范围。影响交换吸附的重要因素是离子电荷数和水合半径的大小。

(2) 物理吸附

物理吸附是指溶质（气体或液体分子）与吸附剂之间由于分子间力（也称"范德华力"）而产生的吸附，它是一种可逆过程。当固体表面分子与气体或液体分子间的引力大于气体或液体内部的分子间力时，气体或液体分子则吸着在固体表面上。物理吸附的特点是没有选择性，吸附质并不固定在吸附剂表面的特定位置上，而多少能在界面范围内自由移动，因而其吸附的牢固程度不如化学吸附。

从分子运动论的观点来看，这些吸附于固体表面上的分子由于分子运动，也会从固体表面上脱离而逸入气体或液体中去，其本身并不发生任何化学变化。当温度升高时，气体（或液体）分子的动能增加，分子将不易滞留在固体表面上，而越来越多地逸入气体（或液体）中去，这就是所谓的脱附。这种吸附—脱附的可逆现象在物理吸附中均存在。工业上利用这种现象，通过改变操作条件，使吸附质脱附，达到吸附剂再生并回收吸附物质或分离的目的。

物理吸附主要发生在低温状态下，过程的放热量较少，约 42kJ/mol 或更少，可以是单分子层或多分子层吸附。影响物理吸附的主要因素是吸附剂的比表面积和细孔分布。

(3) 化学吸附

化学吸附是指溶质与吸附剂发生化学反应，形成牢固的吸附化学键和表面络合物，吸附质分子不能在表面自由移动，因此化学吸附结合牢固，再生较困难，必须在高温下才能脱附，脱附下来的可能还是原吸附质，也可能是新的物质。化学吸附往往是不可逆的，例如：镍催化剂的吸附氢，被吸附的气体往往需要在很高的温度下才能逸出，且所释出的气体往往已经发生了化学变化，不具有原来的性质。

化学吸附的作用力是吸附质与吸附剂分子间的化学结合力。这种化学键结合力比物理吸附的分子间力要大得多，其热效应亦远大于物理吸附热，与化学反应的热效应相近，84～420kJ/mol。

化学吸附的选择较强，即一种吸附剂只对某种或几种物质有吸附作用，一般为单分子层吸附。通常需要一定的活化能，在低温时，吸附速率很小。这种吸附与吸附剂的表面化学性质和吸附质的化学性质有密切的关系。

物理吸附后再生容易，且能回收吸附质；而化学吸附往往是不可逆的。利用化学吸附处理毒性很强的污染物更安全。

物理吸附和化学吸附虽然在本质上有区别，但在实际的吸附过程中往往同时存在，有时难以明确区分。例如某些物质分子在物理吸附后，其化学键被拉长，甚至拉长到改变这个分子的化学性质。物理吸附和化学吸附在一定条件下也可以互相转化。同一种物质，可能在较低温度下进行物理吸附，而在较高温度下经历的往往是化学吸附，也可能同时发生两种吸附，如氧气为木炭所吸附的情况。

8.2 吸附平衡和吸附速率

在一定条件下，当流体与吸附剂接触时，流体中的吸附质将被吸附剂吸附。在吸附的同时，也存在解吸。随着吸附质在吸附剂表面数量的增加，解吸速率也逐渐加快，当吸附速率和解吸速率相当时，从宏观上看，吸附量不再增加就达到了吸附平衡。此时吸附剂对吸附质的吸附量称为平衡吸附量，流体中的吸附质的浓度称为平衡浓度。平衡吸附量与平衡浓度之间的关系即为吸附平衡关系。该平衡关系决定了吸附过程的方向和极限。当流体与吸附剂接触时，若流体中的吸附质浓度高于其平衡浓度，则吸附质被吸附；反之，若流体中吸附质的浓度低于其平衡浓度时，则已被吸附在吸附剂上的吸附质将解吸。因此，吸附平衡关系是吸附过程的依据，通常用吸附等温线或吸附等温式表示。

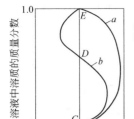

图 8-1 浓溶液中溶质表观吸附量

8.2.1 吸附平衡

液相吸附的机理相对比较复杂，溶液中溶质为电解质与溶质为非电解质的吸附机理不同。影响吸附机理的因素除了温度、浓度和吸附剂的结构性能外，溶质和溶剂的性质对其吸附等温线的形状都有影响。

对于浓溶液的吸附可以用图 8-1 来讨论。如果溶质始终是被优先吸附的，则得 a 曲线，溶质表观吸附量随溶质浓度增加而增大，到一定程度又回到 E 点。因为溶液全是溶质时，吸附剂的加入就不会有浓度变化；如果溶质和溶剂两者被吸附的质量分数相当，则出现 b 曲线所示的 S 形曲线。从 C 到 D 的范围内，溶质比溶剂优先吸附，在 D 点两者被吸附的量相等，表观吸附量降为零。从 D 到 E 的范围，溶剂被吸附的程度增大，所以溶液中溶质浓度反因吸附剂的加入而增大，溶质表观吸附量为负值。

8.2.2 吸附速率

（1）吸附过程

通常吸附质被吸附剂吸附的过程分以下三步。

① 吸附质从流体主体通过吸附剂颗粒周围的滞流膜层以分子扩散与对流扩散的形式传递到吸附剂颗粒的外表面，称为外扩散过程。

② 吸附质从吸附剂颗粒的外表面通过颗粒上的微孔扩散进入颗粒内部，到达颗粒的内部表面，称为内扩散过程。

③ 在吸附剂的内表面上吸附质被吸附剂吸附，称为表面吸附过程；解吸时则逆向进行。

以上三个步骤中的任一步骤都将不同程度地影响吸附总速率，总吸附速率是综合结果，它主要受速率最慢的步骤控制。

对于物理吸附，吸附剂表面上的吸附往往进行很快，几乎是瞬间完成的，故它的影响可以忽略不计。所以，决定吸附过程的总速率是内扩散过程和外扩散过程。

（2）吸附的传质速率方程

1）外扩散速率方程

吸附质从流体主体到吸附剂表面的传质速率方程可表示为：

$$\frac{\mathrm{d}q}{\mathrm{d}\tau} = k_{\mathrm{o}}\alpha_{\mathrm{p}}(c - c_i) \tag{8-1}$$

式中　q——单位质量吸附剂所吸附的吸附质的量，kg(吸附质)/kg(吸附剂)；

　　　τ——时间，s；

　　　$\dfrac{\mathrm{d}q}{\mathrm{d}\tau}$——吸附速率的数学表达式，kg(吸附质)/kg(吸附剂)；

　　　α_{p}——吸附剂的比表面积，m²/kg；

　　　c——吸附质在流体相中的平均质量浓度，kg/m³；

　　　c_i——吸附质在吸附剂外表面处的流体中的质量浓度，kg/m³；

　　　k_{o}——外扩散过程的传质系数，m/s，与流体的性质、颗粒的几何特性、两相接触的流动状况以及吸附时的温度、压力等操作条件有关。

2）内扩散速率方程

吸附质由吸附剂的外表面通过颗粒微孔向吸附剂内表面扩散的过程与吸附剂颗粒的微孔结构有关，而且吸附质在微孔中的扩散分为沿微孔的截面扩散和沿微孔的表面扩散两种形式。前者可根据孔径大小又分为三种情况：当孔径远远大于吸附质分子运动的平均自由程时，其扩散为分子扩散；当孔径远远小于分子运动的平均自由程时，其扩散过程为纽特逊扩散；而孔径大小不均匀时，上述两种扩散均起作用，称为过渡扩散。由上述分析可知，内扩散机理是很复杂的，通常将内扩散过程简单地处理成从外表面向颗粒内的传质过程，其传质速率方程可表示为：

$$\frac{\mathrm{d}q}{\mathrm{d}\tau} = k_i\alpha_{\mathrm{p}}(q_i - q) \tag{8-2}$$

式中　k_i——内扩散过程的传质系数，kg/(m²·s)；

　　　q_i——单位质量吸附剂外表面处吸附质的质量，kg(吸附质)/kg(吸附剂)；

　　　q——单位质量吸附剂上吸附质的平均质量，kg(吸附质)/kg(吸附剂)。

k_i 与吸附剂微孔结构特性、吸附质的性质以及吸附过程的操作条件有关，可由实验测定。

（3）总吸附速率方程

由于吸附剂外表面处的浓度 c_i、q_i 无法测定，若吸附过程为稳态，则总吸附速率方程可表示为：

$$\frac{\mathrm{d}q}{\mathrm{d}\tau} = K_{\mathrm{a}}\alpha_{\mathrm{p}}(c - c^*) \tag{8-3}$$

$$\frac{\mathrm{d}q}{\mathrm{d}\tau} = K_i\alpha_{\mathrm{p}}(q^* - q) \tag{8-4}$$

式中　c^*——与被吸附剂吸附的吸附质含量成平衡的流体中的吸附质的质量浓度，kg/m³；

　　　q^*——与流体中吸附质浓度成平衡的吸附剂上的吸附质的含量，kg(吸附质)/kg(吸附剂)；

　　　K_{a}——以 Δc（$= c - c^*$）为总传质推动力的总传质系数，m/s；

K_i——以 $\Delta q(=q^* - q)$ 为总传质推动力的总传质系数，m/s。

若在操作的浓度范围内吸附平衡线为直线关系，即 $q^* = mc$ 和 $q_i = mc_i$，则由式(8-1)～式(8-4) 可得：

$$\frac{1}{K_a} = \frac{1}{k_o} + \frac{1}{mk_i} \tag{8-5}$$

$$\frac{1}{K_i} = \frac{m}{k_o} + \frac{1}{k_i} \tag{8-6}$$

可见，吸附过程的总阻力为外扩散和内扩散阻力之和。若外扩散阻力远大于内扩散阻力，由式(8-5) 可知 $K_a \approx k_o$，称为外扩散控制过程；若外扩散阻力远小于内扩散阻力，由式(8-6) 可知 $K_i \approx k_i$，称为内扩散控制过程。

8.2.3 吸附速率的测定

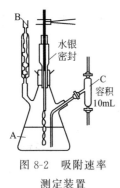

图 8-2 吸附速率
测定装置

图 8-2 所示为吸附速率测定装置。将一定量的 200 目以下的吸附剂加入反应瓶 A 中，一边搅拌一边从 B 处注入被吸附溶液，经过一段时间接触后，每隔一定时间取一次悬浮液送入 C 内，使吸附剂与溶液立即分离，测定液相溶质浓度，求出吸附量和去除率，从而确定吸附速率。取样时要搅拌 A，使溶液均匀，吸附剂保持悬浮状态。对粒状吸附剂，由于内扩散速率随粒径变化，因而其吸附速率有较大差别。在设计吸附装置时，除测定平衡吸附量外，还必须采用静态试验及通水试验测定吸附速率。也可以将其粉碎成粉状吸附剂，通过测定粉状吸附剂的吸附速率，大致了解粒状吸附剂的吸附速率。

8.3 吸附容量与吸附等温线

吸附过程中，固、液两相经过充分的接触后，最终达到吸附与脱附的动态平衡。达到平衡时，单位吸附剂所吸附的物质的数量称为吸附质的吸附容量。

8.3.1 吸附容量

对一定的吸附体系，吸附剂的吸附容量是吸附质浓度和温度的函数。为了确定吸附剂对某种物质的吸附能力，需进行吸附试验，一般用静态烧杯试验确定：取一定量的实际水样于烧杯中，加入不同质量的吸附质，搅拌吸附，待吸附平衡后，分离吸附剂，测定滤过液中吸附质的平衡浓度，计算吸附容量。

由吸附试验计算吸附剂吸附容量的公式为：

$$q = \frac{V(C_0 - C_e)}{m} \tag{8-7}$$

式中　q——吸附容量，mg/(mg 吸附剂)；

　V——液体体积，L；

　C_0——初始浓度，mg/L；

　C_e——平衡浓度，mg/L；

　m——吸附剂量，mg。

显然，吸附容量越大，单位吸附剂的处理能力也越大，吸附周期越长，运行管理费用越省。

吸附等温试验是判断吸附剂吸附能力的强弱、进行吸附剂选择的重要试验。在根据吸附容量试验求解吸附等温公式时应该先做吸附等温线原始形式图，由曲线形式确定所用表达式的形式，切忌直接采用某种表达式。此外，对于实际水样，与原水浓度 C_0 相对应的吸附容量需用外推法求得（因为试验时，只要加入吸附剂，平衡浓度就要低于原始浓度，无法得到平衡浓度与原水浓度相同的点。当然，对于配水试验则无此问题）。

活性炭的吸附容量试验主要用于两种情况：一是设计中进行不同活性炭型号的性能比较与选择；一是用来计算粉末活性炭的投加量或颗粒活性炭床的穿透时间。

对于饮用水颗粒活性炭吸附处理，因活性炭对水中各组分的吸附容量不同，并且存在各种吸附质之间的竞争吸附、排代现象、生物分解等作用，对于活性炭深度处理的长期正常使用，一般不用吸附容量来计算活性炭的使用周期，而是根据出水水质直接确定活性炭的使用周期。颗粒活性炭滤床的使用周期为 $1 \sim 2$ 年，与原水被污染的程度和处理后水质的控制指标有关。

▶8.3.2　吸附等温线

将吸附容量 q 与相应的平衡浓度 C_e 作图，可得吸附等温线。根据试验，可将吸附等温线归纳为如图 8-3 所示的五种类型。

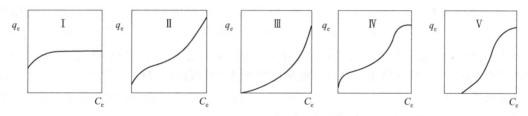

图 8-3　物理吸附的五种吸附等温线

Ⅰ型的特征是吸附量有一极限值，可以理解为吸附剂的所有表面都发生单分子层吸附，达到饱和时，吸附量趋于定值；Ⅱ型是非常普通的物理吸附，相当于多分子层吸附，吸附质的极限值对应于物质的溶解度；Ⅲ型相当少见，其特征是吸附热等于或小于纯吸附质的溶解热；Ⅳ型及Ⅴ型反映了毛细管冷凝现象和孔容的限制，由于在达到饱和浓度之前吸附就达到平衡，因而显出滞后效应。

描述吸附等温线的数学表达式称为吸附等温式。根据吸附等温线的不同形式，可以分别用三种吸附等温线的数学公式表达。

（1）朗格缪尔吸附等温式

朗格缪尔（Langmuir）假设吸附剂表面均一，各处的吸附能相同；吸附是单分子层的，当吸附剂表面为吸附质饱和时，其吸附量达到最大值；在吸附剂表面上的各个吸附点间没有吸附质转移运动；当运动达到动态平衡时，吸附和脱附速率相等。平衡吸附浓度 q 与液相平衡浓度 C_e 的数学表达式如下：

$$q = \frac{bq^0 C_e}{1 + bC_e} \tag{8-8}$$

式中　q^0——最大吸附容量，mg/(mg 炭)；

b——与吸附能有关的常数。

为方便计算，将式(8-8)取倒数，可得到两种线性表达式：

$$\frac{1}{q}=\frac{1}{q^0}+\frac{1}{bq^0}\frac{1}{C_e} \tag{8-9}$$

$$\frac{C_e}{q}=\frac{1}{q^0}C_e+\frac{1}{bq^0} \tag{8-10}$$

根据吸附实验数据，按式(8-9)以$\frac{1}{C_e}$为横坐标，以$\frac{1}{q}$为纵坐标作图［见图 8-4(a)］用直线方程$\frac{1}{q}=\frac{1}{q^0}+\frac{1}{bq^0}\frac{1}{C_e}$求取参数$b$和$q^0$的值。式(8-9)适用于$C_e$值小于 1 的情况，而式(8-10)适用于$C_e$值较大的情况，因为这样便于作图。

由式(8-8)可见，当吸附量很少时，即当bC_e远小于 1 时，$q=q^0bC_e$，即q与C_e成正比，等温线近似于一直线。当吸附量很大时，即当bC_e远大于 1 时，$q=q^0$，即平衡吸附量接近于定值，等温线趋向水平。

朗格缪尔（Langmuir）模型适合于描述图 8-3 中的第 I 型等温线。但要指出的是，推导该模型的基本假定并不是严格正确的，它只能解释单分子层吸附（化学吸附）的情况。尽管如此，朗格缪尔（Langmuir）等温式仍是一个重要的吸附等温式，它的推导第一次对吸附机理做了形象的描述，为以后的吸附模型的建立奠定了基础。

（2）BET 等温式

BET 吸附等温线是 Branaue、Emmett 和 Teller 三人提出的，因此合称为 BET 吸附等温线。与 Langmuir 的单分子吸附模型不同，BET 模型假定在原先被吸附的分子上面仍可吸附另外的分子，即发生多分子层吸附；而且不一定等第一层吸满后再吸附第二层；对每一单层都用 Langmuir 模型描述；第一层吸附是靠吸附剂与吸附质间的分子引力，而第二层以后是靠吸附质分子间的引力，这两类引力不同，因此它们的吸附热也不同。总吸附量等于各层吸附量之和。由此导出的二常数 BET 等温式为：

$$q=\frac{Bq^0C_e}{(C_s-C_e)\left[1+(B-1)\dfrac{C_e}{C_s}\right]} \tag{8-11}$$

式中　C_s——吸附质的饱和浓度；

　　　B——系数，与吸附剂和吸附质之间的相互作用有关。

对式(8-11)取倒数，可得到直线方程

$$\frac{C_e}{q(C_s-C_e)}=\frac{1}{Bq^0}+\frac{B-1}{Bq^0}\frac{C_e}{C_s} \tag{8-12}$$

根据实验数据，以$\frac{C_e}{C_s}$为横坐标，以$\frac{C_e}{q(C_s-C_e)}$为纵坐标作图［见图 8-4(b)］，可求得参数q^0和B。作图时需要知道饱和浓度C_s，如果有足够的数据按图 8-3 作图得到准确的C_s值时，可以通过一次作图即得出直线来。当C_s未知时，则需通过假设不同的C_s值作图数次才能得到直线。当C_s的估计值偏低，则画成一条向上弯转的曲线；如C_s的估计值偏高，则试验数据为向下弯转的曲线。只有估计值正确时，才能得到一条直线，再从图中截距和斜率求得B和q^0。

BET 等温式类型的吸附特性是：该公式是多层吸附理论公式，曲线中间有拐点，当平衡浓度趋近饱和浓度时，q 趋近无穷大，此时已达到饱和浓度，吸附质发生结晶或析出，因此"吸附"的概念已失去其原有含义。此类型的吸附在水处理这种稀溶液情况下不会遇到。

BET 模型适用于图 8-3 中的各种类型的吸附等温线。当平衡浓度很低时，C_s 远大于 C_e，并令 $B/C_s = b$，BET 模型可简化为 Langmuir 等温式。

（3）弗兰德里希等温式

弗兰德里希（Freundlich）吸附等温线的形式如图 8-3 中的 Ⅲ 型所示，其数学表达式是：

$$q = KC_e^{\frac{1}{n}} \tag{8-13}$$

式中　K——Freundlich 吸附系数；

n——系数，通常大于 1。

弗兰德里希吸附等温线公式(8-13)虽然是经验公式，但与实验数据颇为吻合。水处理中常遇到的是低浓度下的吸附，很少出现单层吸附饱和或多层吸附饱和的情况，因此弗兰德里希吸附等温线公式在水处理中应用最广泛。将该等温线公式(8-13)两边取对数，可得：

$$\lg q = \lg K + \frac{1}{n}\lg C_e \tag{8-14}$$

根据实验数据，以 $\lg C_e$ 为横坐标，以 $\lg q_e$ 为纵坐标作图〔如图 8-4(c)〕，其斜率等于 $\frac{1}{n}$，截距等于 $\lg K$。一般认为，$\frac{1}{n}$ 值介于 0.1~0.5，则易于吸附，$\frac{1}{n} > 2$ 时难以吸附。利用 K 和 $\frac{1}{n}$ 两个常数，可以比较不同吸附剂的特性。

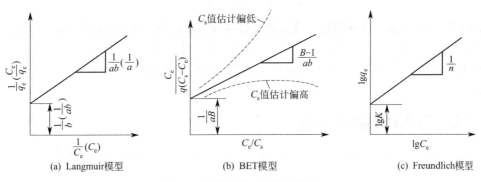

(a) Langmuir模型　　　　　　(b) BET模型　　　　　　(c) Freundlich模型

图 8-4　吸附等温式常数图解法

Freundlich 式在一般的浓度范围内与 Langmuir 式比较接近，但在高浓度时不像后者那样趋于一定值；在低浓度时，也不会还原为直线关系。

应当指出的是，上述吸附等温式仅适用于单组分吸附体系；对于一组吸附试验数据，究竟采用哪一公式整理并求出相应的常数来，只能运用数学的方式来选择。通过作图，选用能画出最好的直线的那一个公式，但也有可能出现几个公式都能应用的情况，此时宜选用形式最为简单的公式。

（4）多组分体系的吸附等温式

多组分体系的吸附和单组分吸附相比较，又增加了吸附质之间的相互作用，所以问题更为复杂。此时，计算吸附容量时可用两类方法。

① 用 COD 或 TOC 综合表示溶解于废水中的有机物浓度，其吸附等温式可用单组分吸

附等温式表示，但吸附等温线可能呈曲线或折线，如图 8-5 所示。

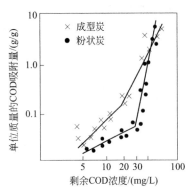

图 8-5　COD 吸附等温线

② 假定吸附剂表面均一，混合溶液中的各种溶质在吸附位置上发生竞争吸附，被吸附的分子之间的相互作用可忽略不计。如果各种溶质以单组分体系的形式进行吸附，则其吸附量可用 Langmuir 竞争吸附模型来计算。一般在 m 组分体系吸附中，组分 i 的吸附量为：

$$q_i = \frac{q_i^0 b_i C_i}{1 + \sum_{j=1}^{m} b_j C_j} \tag{8-15}$$

式中　q_i^0，b——均由单组分体系的吸附试验测出。

用活性炭吸附十二烷基苯磺酸酯（DBS）和硝基氯苯双组分体系进行试验，结果与式(8-15)吻合。

研究指出，吸附处理多组分废水时，实测的吸附量往往与按式(8-15)的计算值不符。如用活性炭吸附安息香酸的吸附量略小于计算值，而 DBS 的吸附量比计算值大。考虑到还有其他一些导致选择性吸附的因素的存在，人们又提出了局部竞争吸附模型。

对二组分吸附体系，当 $q_i^0 > q_j^0$ 时，优先吸附 i 组分，竞争吸附在 q_j^0 部位上发生，而在 $q_i^0 - q_j^0$ 部位上发生选择性吸附，则有：

$$q_i = \frac{(q_i^0 - q_j^0) b_i C_i}{1 + b_i C_i} + \frac{q_j^0 b_i C_i}{1 + b_i C_i + b_j C_j} \tag{8-16}$$

$$q_j = \frac{q_j^0 b_j C_j}{1 + b_i C_i + b_j C_j} \tag{8-17}$$

式(8-16)中的第一项描述优先被吸附的那部分溶质，第二项描述以 Langmuir 式与第二种溶质 j 竞争吸附的部分。式(8-17)则代表了溶质 j 的竞争吸附量。实验证实，对硝基苯酚和阴离子型苯磺酸等双组分体系吸附的实测平衡吸附量和按式(8-16)与式(8-17)的计算值吻合。

8.3.3　吸附的影响因素

影响吸附的因素是多方面的，吸附剂结构、吸附质性质、吸附过程的操作条件等都影响吸附效果。认识和了解这些因素，对选择合适的吸附剂，控制最佳的操作条件都是重要的。

（1）吸附剂结构

1）比表面积

单位重量吸附剂的表面积称为比表面积。吸附剂的粒径越小，或是微孔越发达，其比表面积越大。吸附剂的比表面积越大，则吸附能力越强。图 8-6 表明，苯酚的吸附量与吸附剂的比表面积成正比关系，而且斜率很大。当然，对于一定的吸附质，增大比表面积的效果是有限的。对于大分子吸附质，比表面积过大的效果反而不好，微孔提供的表面积不起作用。

2）孔结构

吸附剂的孔结构如图 8-7 所示。吸附剂内孔的大小和分布对吸附性能影响很大。孔径太大，比表面积小，吸附能力差；孔径太小，则不利于吸附质扩散，并对直径较大的分子起屏蔽作用。吸附剂中内孔一般是不规则的，孔径范围为 $10^{-4} \sim 0.1\mu m$，通常将孔半径大于 $0.1\mu m$ 的称为大孔，$2 \times 10^{-3} \sim 0.1\mu m$ 的称为过渡孔，而小于 $2 \times 10^{-3}\mu m$ 的称为为微孔。

大孔的表面对吸附能贡献不大，仅提供吸附质和溶剂的扩散通道。过渡孔吸附较大分子溶质，并帮助小分子溶质通向微孔。大部分吸附表面积由微孔提供，因此吸附量主要受微孔支配。采用不同的原料和活化工艺制备的吸附剂，其孔径分布是不同的。再生情况也影响孔的结构。分子筛因其孔径分布十分均匀，而对某些特定大小的分子具有很高的选择吸附性。

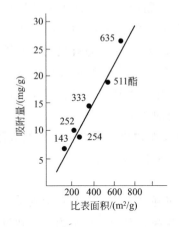

图 8-6 不同比表面积吸附剂对苯酚的吸附
（苯酚浓度为 100mg/L；图中数码代表以 m²/g 为
单位的树脂；511 是丙烯酸类树脂）

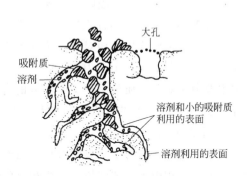

图 8-7 活性炭细孔分布及作用图

3）表面化学性质

吸附剂在制造过程中会形成一定量的不均匀表面氧化物，其成分和数量随原料和活化工艺不同而异。一般把表面氧化物分成酸性的和碱性的两大类，并按这种分类来解释其吸附作用。经常指的酸性氧化物基团有羧基、酚羟基、醌型羰基、正内酯基、荧光型内酯基、羧酸酐基及环式过氧基等，其中羧酸基、内酯基及酚羟基被多次报道为主要酸性氧化物，对碱金属氢氧化物有很好的吸附能力。酸性氧化物在低温（<500℃）活化时形成。对于碱性氧化物的说法尚有分歧，有的认为是如氧萘的结构，有的则认为类似吡喃酮的结构。碱性氧化物在高温（800～1000℃）活化时形成，在溶液中吸附酸性物。

表面氧化物成为选择性的吸附中心，使吸附剂具有类似化学吸附的能力，一般说来，有助于对极性分子的吸附，削弱对非极性分子的吸附。

（2）吸附质的性质

对于一定的吸附剂，由于吸附质性质的差异，吸附效果也不一样。影响吸附性能的吸附质的性质主要包括以下几方面。

1）吸附质的化学性状

吸附质的极性越强，则被非极性吸附剂吸附的性能越差。例如，苯是非极性有机物，很容易被活性炭吸附；苯酚的结构与苯相似，也可以被活性炭吸附，但因羟基使分子的极性增大，被活性炭吸附的性能要弱于苯。有机物能否被吸附还与有机物的官能团有关，即与这些化合物和活性炭之间亲合力的大小有关。

2）分子量的大小

通常有机物在水中的溶解度随着链长的增长而减小，而活性炭的吸附容量却随着有机物在水中溶解度的减少而增加，也即吸附量随有机物分子量的增大而增加。如活性炭对有机酸的吸附量按甲酸<乙酸<丙酸<丁酸的次序而增加。

3）吸附质的分子大小

即吸附质分子大小与活性炭吸附孔的匹配问题。研究表明，对于液相吸附，活性炭中起吸附作用的孔直径（D）与吸附质分子直径（d）之比的最佳吸附范围在 $D/d=1.7\sim6$。$D=1.7d$ 的孔是活性炭中对该吸附质起作用的最小的孔，如 D/d 再小，则体系的能量增加，呈斥力；$D/d=1.7\sim3$ 时，吸附孔内只能吸附一个吸附质分子，这个分子四周都受到它与炭表面的范德华力的作用，吸附紧密；$D/d>3$ 以后，随着 D/d 的不断增加，吸附质分子趋于单面受力状态，吸附力也随之降低。相对分子质量为 1000 的有机物，其平均分子直径约为 1.3nm。由于活性炭的主要吸附表面积集中在孔径<4nm 的微孔区，可以推断被活性炭吸附的主要物质的相对分子质量小于 1000。对饮用水处理的实际测定发现，活性炭主要去除相对分子质量小于 1000 的物质，最大去除区间的相对分子质量为 $500\sim1000$（饮用水水源中相对分子质量小于 500 部分的有机物主要为极性物质，不易被活性炭吸附），相对分子质量大于 3000 的有机物基本上不被去除，这与上述分析相吻合。

4）平衡浓度

对于以物理吸附为主的吸附过程，由于物理吸附是可逆吸附，因此存在吸附动平衡，一般情况下，液相中平衡浓度越高，固相上的吸附容量也越高。对于单层吸附（如通过化学键合作用），当表面吸附位全部被占据时，存在最大吸附容量。如是多层吸附，随着液相吸附质浓度的增高，吸附容量还可以继续增加。

（3）操作条件

1）温度

在吸附过程中，体系的总能量将下降，属于放热过程，因此随温度升高，吸附容量下降。温度对气相吸附影响较大，因此气相吸附确定吸附剂的吸附性能需在等温条件下测定（此为吸附等温线名称的由来）。对于液相吸附，温度的影响较小，通常在室温下测定，吸附过程中水温一般不会发生显著变化。

2）pH 值

溶液的 pH 值影响到溶质的存在状态（分子、离子、络合物），也影响到吸附剂表面的电荷特性和化学特性，进而影响到吸附效果。

3）接触时间

在吸附操作中，应保证吸附剂与吸附质有足够的接触时间。流速过大，吸附未达到平衡，饱和吸附量小；流速过小，虽能提高一些处理效果，但设备的生产能力减小。一般接触时间为 $0.5\sim1.0$h。

▶ 8.3.4 吸附剂的选择

吸附剂是流体吸附分离过程得以实现的基础。广义而言，一切固体物质都具有吸附能力，但是只有多孔物质或磨得极细的物质由于具有很大的比表面积，才能作为吸附剂。在实际工业应用中采用的吸附剂应具备以下性质：①大的比表面积和多孔结构，从而增大吸附容量，工业上常用的吸附剂的比表面积约为 $300\sim1200\text{m}^2/\text{g}$；②足够的机械强度和耐磨性；③高选择性，以达到流体的分离净化目的；④稳定的物理性质和化学性质，容易再生；⑤制备简单，成本低廉，容易获得。一般工业吸附剂难以同时满足这几个方面的要求，因此，应根据不同的场合选型。

8.3.5 吸附剂的再生

吸附剂在达到饱和吸附后，必须进行脱附再生，才能重复使用。脱附是吸附的逆过程，即在吸附剂结构不变或者变化极小的情况下，用某种方法将吸附质从吸附剂孔隙中除去，恢复它的吸附能力。通过再生使用，可以降低处理成本，减少废渣排放，同时回收吸附质。

目前吸附剂的再生方法有加热再生、药剂再生、化学氧化再生、湿式氧化再生、生物再生等。再生方法的分类如表 8-1 所列。在选择再生方法时，主要考虑三方面的因素：吸附质的理化性质；吸附机理；吸附质的回收价值。

表 8-1 吸附剂再生方法分类

种 类		处理温度/℃	主要条件
加热再生	加热脱附	100～200	水蒸气、惰性气体
	高温加热再生	750～950	水蒸气、燃烧气体、CO_2
	炭化再生	400～500	
药剂再生	无机药剂	常温～80	HCl、H_2SO_4、NaOH、氧化剂
	有机药剂（萃取）	常温～80	有机溶剂（苯、丙酮、甲醇等）
生物再生		常温	好气菌、厌气菌
湿式氧化分解		180～220，加压	O_2、空气、氧化剂
电解氧化		常温	O_2

（1）加热再生

即用外部加热方法改变吸附平衡关系，达到脱附和分解的目的。根据饱和吸附剂在惰性气体中的热重曲线（TGA），又将其分为三种类型：a. 易脱附型。简单的低分子烃类化合物和芳香族有机物即属于这种类型，由于沸点较低，一般加热到 300℃ 即可脱附。b. 热分解脱附型。即在加热过程中易分解成低分子有机物，其中一部分挥发脱附，另一部分经炭化残留在吸附剂微孔中，如聚乙二醇（PEG）等。c. 难脱附型。在加热过程中重量变化慢且少，有大量的炭化物残留在微孔中，如酚、木质素、萘酚等。

对于吸附了浓度较高的 a 型污染物的饱和炭，可采用低温加热再生法，温度控制在 100～200℃，以水蒸气作载气，直接在吸附柱中再生，脱附后的蒸汽经冷却后可回收利用。

热再生法的方式有燃气或燃油加热式、放电加热式、远红外加热式等。其中燃气或燃油加热式适合于大中型炭再生设备，放电加热式和远红外加热式只适合于小型炭再生设备。

目前用于加热再生的炉型有立式多段炉、转炉、立式移动床炉、流化床炉以及电加热再生炉等。因为它们的构造、材质、燃烧方式及最适再生规模都不相同，所以选用时应考虑具体情况。

1）立式多段炉

立式多段再生炉的结构示意如图 8-8 所示。外壳用钢板焊制成圆筒形，内衬耐火砖。炉内分 4～8 段，各段有 2～4 个搅拌耙，中心轴带动搅拌耙旋转。该再生炉的工作方式是：失效活性炭由炉顶连续加入，由炉内旋转的耙式推移器将炭逐渐向下层推送，由上至下共 6 层。失效炭在炉内依次经历三个阶段：在第 1～3 层进行干燥，停留时间约 5min，温度约 700℃；在第

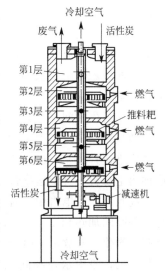

图 8-8 立式多段活性炭再生炉

4层焙烧，停留时间15min，温度约800℃；在第5层和第6层活化，停留时间10min，温度850～900℃。干燥、焙烧与活化阶段所需的能量采用燃烧轻油或丙烷直接加热的方式供给。这种炉型占地面积小，炉内有效面积大，炭在炉内停留时间短，再生炭质量均匀，燃烧损失一般在5％以下，适合于大规模活性炭再生，但操作要求严格，结构较复杂，炉内一些转动部件要求使用耐高温材料。

2）回转式再生炉

回转式再生炉为一卧式转筒，从进料端（高）到出料端（低）炉体略有倾斜，炭在炉内的停留时间靠倾斜度及炉体的转速来控制。在炉体活化区设有水蒸气进口，进料端设有尾气排出口。转炉有内热式、外热式以及内热外热并用三种型式。内热式回转炉的再生损失大，炉体内衬耐火材料即可；外热式回转炉的再生损失小，但炉体需用耐高温不锈钢制造。

图8-9所示为一卧式回转再生炉的结构示意，有一段或二段式两种结构。二段炉的干燥阶段在炉内直接燃气加热（或用活化段炉体热空气回收作干燥热源）；活化段采用外热式炉筒；为断绝空气，采用水蒸气活化，活化温度达800～950℃。再生时间一般控制在3～4h。

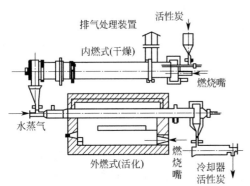

图8-9　卧式回转再生炉结构示意

回转再生炉设备简单，操作容易，但占地面积大，热效率低，适用于较小规模（3t/d以下）的再生。

3）电加热再生装置

电加热再生包括直接电流加热再生、微波再生和高频脉冲放电再生。

直接电流加热再生是将直流电直接通入饱和炭中，利用活性炭的导电性及自身电阻和炭粒间的接触电阻，将电能变成热能，利用焦耳热使活性炭温度升高。达到再生温度时，再通入水蒸气进行活化。这种加热再生装置具有设备简单、占地面积小、操作管理方便、能耗低（1.5～1.9kW·h/kg C）等优点，但当活性炭被油等不良导体包裹或累积较多无机盐时，要首先进行酸洗或水洗预处理。

图8-10所示为直接通电加热式再生装置的结构示意。炉二端系石墨电极，电极间有失效炭通过。利用活性炭的导电性及炭自身的电阻、炭粒间的接触电阻使炭温度上升。活性炭在炉内自上至下移动，完成干燥、焙烧（400℃）、活化（850℃）等过程，也可以在炉外干燥后进再生炉。再生时间一般为15～30min。

微波再生是用频率为900～4000MHz的微波照射饱和炭，使活性炭温度迅速升高至500～550℃，保温20min，即可达到再生要求。用这种再生装置，升温速率快，再生效率高、炭的损失少。

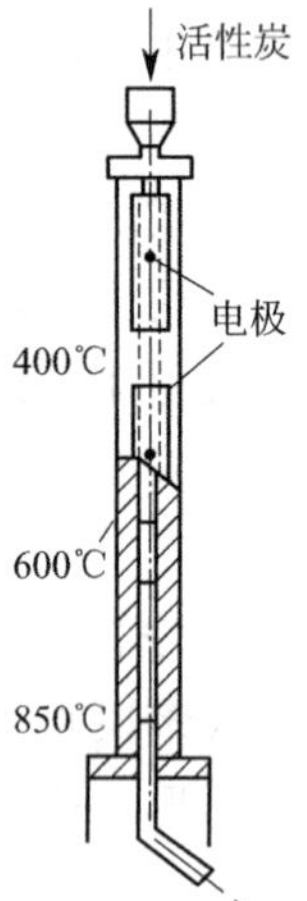

高频脉冲放电再生装置是利用高频脉冲放电，将饱和炭微孔中的有机物瞬间加热到1000℃以上（而活性炭本身的温度并不高），使其分解、炭化。与放电同时产生的紫外线、臭氧和游离基对有机物产生氧化作用，吸附水在瞬间成为过热水蒸气，也与炭进行水煤气反应。据报道，这种再生装置具有再生效率高（吸附能力的恢复率达98％）、

图8-10　直接通电加热式再生装置结构示意

电耗低（0.3～0.4kW·h/kg C）、炭损失小于 2%、停留时间短等优点，而且由于不需通入水蒸气，因此操作方便。

4）流化床式再生装置

图 8-11 所示为一流化床式再生装置的结构示意。通过燃烧重油或煤气产生的高温气体通过炉隔层或由炉底与水蒸气一起通入炉内，使活性炭在炉内呈流化状态。活性炭自上而下流动，依次完成干燥、焙烧和活性阶段。活化温度控制在 800～950℃。再生时间一般为 6～13h。该装置可由一段或多段组成，具有占地面积小，操作方便等优点，但炉内温度与水蒸气流量的调节比较困难。

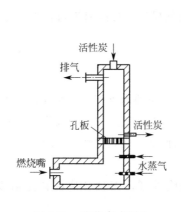

图 8-11 流化床式再生
装置结构示意

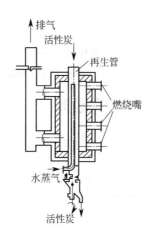

图 8-12 移动床式再
生装置结构示意

5）移动床式再生装置

图 8-12 所示为移动床式再生装置的结构示意。该装置采用外燃式间接加热的方式，通过外层燃烧煤气向内层提供热量，燃气入口温度为 1000℃，与活性炭换热后出口温度为 70～80℃。活性炭在内层由上至下连续移动，依次完成干燥（停留时间 1～1.5h）、焙烧（停留时间 1～1.5h）、活化（停留时间 18～30h）与冷却（停留时间 2～2.5h）等过程。由于这种装置所需的活化时间较长，活化效率低，因此现已很少使用。

颗粒炭和粉状炭也可用湿式氧化过程在高温高压下再生。

（2）药剂再生

在饱和吸附剂中加入适当的溶剂，可以改变体系的亲水-憎水平衡，改变吸附剂与吸附质之间的分子引力，改变介质的介电常数，从而使原来的吸附崩解，吸附质离开吸附剂进入溶剂中，达到再生和回收的目的。常用的有机溶剂有苯、丙酮、甲醇、乙醇、异丙醇、卤代烷等。对于能电离的物质最好以分子形式吸附，以离子形式脱附，即酸性物质宜在酸里吸附，在碱里脱附；碱性物质在碱里吸附，在酸里脱附。

溶剂及酸碱用量应尽量节约，控制 2～4 倍吸附剂体积为宜。脱附速率一般比吸附速率慢一倍以上。药剂再生时吸附剂损失较小，再生可以在吸附塔中进行，无需另设再生装置，而且有利于回收有用物质。缺点是再生效率低，再生不易完全。

经过反复再生的吸附剂，除了机械损失外，其吸附容量也会有一定的损失，这是因为灰分堵塞小孔或杂质除不尽，使有效吸附表面积和孔容减少。

8.4 吸附工艺与设计

在设计吸附工艺和装置时，应首先确定采用何种吸附剂，选择何种吸附和再生操作方式以及水的预处理和后处理措施。一般需通过静态和动态试验来确定处理效果、吸附容量、设计参数和技术经济指标。

吸附操作分间歇和连续两种。前者是将吸附剂（多用粉状炭）间歇投入待处理的溶液或气体中，经一定时间达到吸附平衡后，用沉淀或过滤的方法进行固液分离。连续式吸附操作是废水不断地流进吸附床，与吸附剂接触，当污染物浓度降至处理要求时，排出吸附柱。按照吸附剂的充填方式，又可分为固定床、移动床和流化床三种。

还有一些吸附操作不单独作为一个过程，而是与其他操作过程同时进行，如在生物曝气池中投加活性炭粉，吸附和氧化作用同时进行。

8.4.1 间歇吸附

间歇吸附反应池有两种类型：一种是搅拌池型，即在整个池内进行快速搅拌，使吸附剂与待处理溶液充分混合；另一种是泥渣接触型。运行时池内可保持较高浓度的吸附剂，对原液浓度和流量变化的缓冲作用大，不需要频繁地调整吸附剂的投量，并能得到稳定的处理效果。

(1) 多级平流吸附

如图 8-13 所示，原水经过 n 级搅拌反应池得到吸附处理，而且各池都补充新吸附剂。当废水量小时可在一个池中完成多级平流吸附。

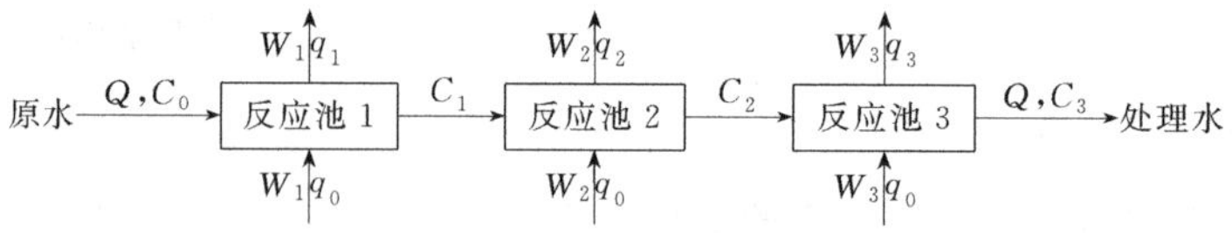

图 8-13 多级平流吸附示意

第 i 级的物料衡算式为：

$$W_i(q_i - q_0) = Q(C_{i-1} - C_i) \tag{8-18}$$

式中　W_i——供应第 i 级的吸附剂量，kg/h；

　　　Q——废水流量，m^3/h；

　q_0，q_i——新吸附剂和离开第 i 级吸附剂的吸附量，kg/kg；

C_{i-1}，C_i——第 i 级进水和出水的浓度，kg/m^3。

若 $q_0 = 0$，则式(8-18)可变为：

$$W_i q_i = Q(C_{i-1} - C_i) \tag{8-19}$$

若已知吸附平衡关系 $q_i = f(C_i)$，则可与式(8-19)联立，逐级计算出最小投炭量 W_i。

按图 8-13 和式(8-19)可得：

$$C_1 = C_0 - q_1 \frac{W_1}{Q} \tag{8-20}$$

$$C_2 = C_1 - q_2 \frac{W_2}{Q} = C_0 - q_1 \frac{W_1}{Q} C_1 - q_2 \frac{W_2}{Q} \tag{8-21}$$

同理，经 n 级吸附后：

$$C_n = C_{n-1} - q_n \frac{W_n}{Q} \tag{8-22}$$

当各级投炭量相同时，即 $W_1 = W_2 = \cdots = W_n = W$，则：

$$C_2 = C_0 - \frac{W}{Q}(q_1 + q_2) \tag{8-23}$$

$$C_n = C_0 - \frac{W}{Q}\sum_{i=1}^{n} q_i \tag{8-24}$$

若令 q_m 为各级吸附量的平均值，则：

$$C_n = C_0 - \frac{W}{Q}nq_m \tag{8-25}$$

由此可得将 C_0 降至 C_n 所需的吸附级数 n 和吸附剂总量 G：

$$n = \frac{Q(C_0 - C_n)}{Wq_m} \tag{8-26}$$

$$G = nW = \frac{Q(C_0 - C_n)}{q_m} \tag{8-27}$$

如果溶液浓度很低，$q_i = K'C_i$，则上述计算式可简化为：

$$C_n = C_0 \left(\frac{Q}{Q + K'W}\right)^n \tag{8-28}$$

$$n = \frac{\lg C_0 - \lg C_n}{\lg(Q + K'W) - \lg Q} \tag{8-29}$$

$$G = n\frac{Q}{K'}(\sqrt[n]{C_0/C_n} - 1) \tag{8-30}$$

由式(8-25) 和式(8-28) 可知，吸附级数越多，出水 C_n 越小，但吸附剂总量增加，而且操作复杂，一般以 2～3 级为宜。

(2) 多级逆流吸附

由吸附平衡关系知，吸附剂的吸附量与溶质浓度呈平衡，溶质浓度越高，平衡吸附量就越大。因此，为了使出水中的杂质最少，应使新鲜吸附剂与之接触；为了充分利用吸附剂的吸附能力，又应使接近饱和的吸附剂与高浓度进水接触。利用这一原理的吸附操作即是多级逆流吸附，如图 8-14 所示。

图 8-14　逆流多级吸附示意

经 n 级逆流吸附的总物料衡算式为：

$$W(q_1 - q_n + 1) = Q(C_0 - C_n) \tag{8-31}$$

对二级逆流吸附，设各级吸附等温式可用 Freundlich 式表示，即 $q_i = KC_i^{1/n}$；且 $q_3 = 0$，则可得：

$$\frac{C_0}{C_1} - 1 = \left(\frac{C_1}{C_2}\right)^{1/n}\left(\frac{C_1}{C_2} - 1\right) \tag{8-32}$$

若给定原水浓度 C_0，处理水浓度 C_2 及吸附等温线的常数 $\frac{1}{n}$，则由式(8-32) 可求出 C_1；再代入吸附等温式可求得各级吸附量，利用这些数据由式(8-31) 可求出最小投炭量

W。计算结果表明，达到同样的处理效果，逆流吸附比平流吸附少用吸附剂。

对 n 级逆流吸附，如果 $q_i = K'C_i$，则有以下近似公式：

$$C_n = C_0 \frac{K'\frac{W}{Q} - 1}{\left(K'\frac{W}{Q}\right)^{n+1} - 1} \tag{8-33}$$

$$n = \frac{\lg\left[C_0\left(K'\frac{W}{Q} - 1\right) + C_n\right] - \lg\left(C_n K'\frac{W}{Q}\right)}{\lg\left(K'\frac{W}{Q}\right)} \tag{8-34}$$

8.4.2　固定床吸附

在水处理工程中常用的固定床吸附装置的构造如图 8-15 所示。吸附剂填充在装置内，吸附时固定不动，水流穿过吸附剂层。根据水流方向可分为升流式和降流式两种。利用降流式固定床吸附，出水水质较好，但水力损失较大，特别在处理含悬浮物较多的污水时，为防止炭层堵塞，需定期进行反冲洗，有时还需在吸附剂层上部设表面冲洗设备；在升流式固定床中，水流由下而上流动。这种床型水力损失增加较慢，运行时间较降流式长。当水力损失增大后，可适当提高进水流速，使充填层稍有膨胀（不混层），就可以达到自清的目的。但当进水流量波动较大或操作不当时，易流失吸附剂，处理效果也不好。升流式固定床吸附塔的构造与降流式基本相同，仅省去表面冲洗设备。吸附装置通常用钢板焊制，并做防腐处理。

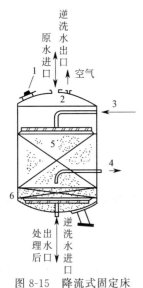

图 8-15　降流式固定床
型吸附塔构造示意

1—检查孔；2—整流板；
3—表洗水进口；4—饱和
炭出口；5—活性炭；6—垫层

根据处理水量、原水水质及处理要求，固定床可分为单床和多床系统，一般单床使用较少，仅在处理规模很小时采用。多床又有并联与串联两种，前者适于大规模处理，出水要求较低，后者适于处理流量较小，出水要求较高的场合。

（1）穿透曲线

当原水连续通过吸附剂层时，运行初期出水中溶质几乎为零。随着时间的推移，上层吸附剂达到饱和，床层中发挥吸附作用的区域向下移动。吸附区前面的床层尚未起作用，出水中溶质浓度仍然很低。

当吸附区前沿下移至吸附剂层底端时，出水浓度开始超过规定值，此时称床层穿透。以后出水浓度迅速增加，当吸附区后端面下移到床层底端时，整个床层接近饱和，出水浓度接近进水浓度，此时称床层耗竭。将出水浓度随时间变化作图，得到的曲线称为穿透曲线，如图 8-16 所示。

吸附床的设计及运行方式的选择在很大程度上取决于穿透曲线。由穿透曲线可以了解床层吸附负荷的分布、穿透点和耗竭点。穿透曲线越陡，表明吸附速率越快，吸附区越短。理想的穿透曲线是一条垂直线，实际的穿透曲线是由吸附平衡线和操作线决定的，大多呈 S 形。影响穿透曲线形状的因素很多，通常进水浓度越高，水流速度越小，穿透曲线越陡；对球形吸附剂，粒度越小，床层直径与颗粒直径之比越大，穿透曲线越陡。对同一吸附质，采用不同的吸附剂，其穿透曲线形状也不同。随着吸附剂再生次数增加，其吸附性能有所变化，穿透曲线渐趋平缓。

对单床吸附系统，由穿透曲线可知，当床层达到穿透点时（对应的吸附量为动活性），必须停止进水，进行再生；对多床串联系统，当床层达到耗竭点时（对应的吸附量为饱和吸附量），也需进行再生。显然，在相同条件下，动活性＜饱和吸附量＜静活性（平衡吸附量）。

（2）穿透曲线的计算

穿透曲线计算包括确定穿透曲线方程、吸附区厚度和移动速度、穿透时间等。为此，在吸附床中任取单位截面积厚度为 dZ 的微元层做物料衡算，如图 8-17 所示。

设水流的空塔速度为 u，流经 Z 段面的溶质浓度为 C，床层密度为 ρ_b，空隙率为 ε，则在时间 dt 内，流入与流出该微元的吸附质变化量应等于吸附剂的吸附量与孔隙中的溶质质量之和，即：

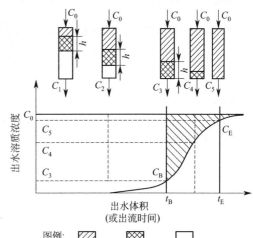

图 8-16　固定床穿透曲线

$$-\frac{\partial(uC)}{\partial Z}=\rho_b\frac{\partial q}{\partial t}+\varepsilon\frac{\partial C}{\partial t} \tag{8-35}$$

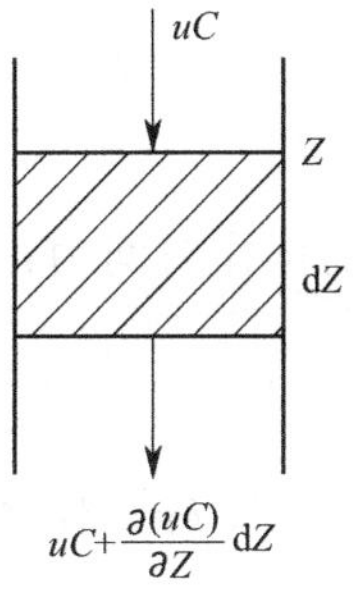

因为 $q=f(C)$ 表示吸附等温线，而流动相浓度 C 又是吸附时间 t 和床层位置 Z 的函数，故有：

$$\frac{\partial q}{\partial t}=\frac{dq}{dC}\frac{\partial C}{\partial t} \tag{8-36}$$

将式(8-36) 代入式(8-35)，可得：

$$u\frac{\partial C}{\partial Z}+\left(\varepsilon+\rho_b\frac{dq}{dC}\right)\frac{\partial C}{\partial t}=0 \tag{8-37}$$

设在时间 dt 内，吸附区从 Z 段面下移至 $Z+dZ$ 段面，流动相中溶质浓度为常数 C，则 $\left(\dfrac{\partial Z}{\partial t}\right)_c$ 表示吸附区的推移速率 v_a。根据偏微分性质：

图 8-17　固定床物料衡算图

$$v_a=\left(\frac{\partial Z}{\partial t}\right)_c=-\left(\frac{\partial C}{\partial t}\right)_Z\bigg/\left(\frac{\partial C}{\partial Z}\right)_t \tag{8-38}$$

将式(8-37) 代入式(8-38)，整理得：

$$v_a=\frac{u}{\varepsilon+\rho_b\left(\dfrac{dq}{dC}\right)} \tag{8-39}$$

由上式可见，对于不同的浓度 C，吸附区有不同的推移速度；对 u 和 ε 为定值的床层来说，吸附区推移速度取决于 $\dfrac{dq}{dC}$，即取决于吸附等温线的变化率。对上凸形吸附等温线，$\dfrac{dq}{dC}$ 随 C 增大而减小，吸附区高浓度一端推移速度比低浓度一端快，从而使吸附区在推移过程中逐渐变短，即发生吸附区的"缩短"现象。相反，对下凹形吸附等温线，则发生吸附区"延长"现象。显然，为提高床层的利用率，吸附区缩短是有利的，但从传质速率分析，在吸附区上端吸附量高，浓度梯度小，传质速率亦小；吸附区下端吸附量低，浓度梯度大，传质速率也大，导致吸附区在推移过程中逐渐变宽。上述两个倾向的作用结果，使吸附区厚度和穿透曲线形状在推移过程中基本保持不变。

因此，在实际操作中，式(8-39)中的$\dfrac{\mathrm{d}q}{\mathrm{d}C}$可看作定值，设为$A_1$，即：

$$\frac{\mathrm{d}q}{\mathrm{d}C}=A_1 \tag{8-40}$$

积分可得：

$$q=A_1C+A_2 \tag{8-41}$$

其边界条件为$C=0$，$q=0$；$C=C_0$，$q=q_0$。由此可得操作线方程为：

$$q=\frac{q_0}{C_0}C \tag{8-42}$$

或

$$\frac{\mathrm{d}q}{\mathrm{d}C}=\frac{q_0}{C_0} \tag{8-43}$$

将式(8-43)代入式(8-39)，并由$\varepsilon\ll\rho_b\dfrac{q_0}{C_0}$简化得：

$$v_a=\frac{u}{\varepsilon+\rho_b\dfrac{q_0}{C_0}}=\frac{uC_0}{\rho_b q_0} \tag{8-44}$$

若引入总传质系数k_f，则填充层内的吸附速率可表示为：

$$\rho_b\frac{\mathrm{d}q}{\mathrm{d}t}=k_f\alpha_V(C-C^*) \tag{8-45}$$

式中 C^*——与吸附量成平衡的浓度。

将式(8-43)代入式(8-45)，并积分，求出出水浓度从C_B增至C_E所需的操作时间为：

$$t_E-t_B=\frac{\rho_b q_0}{k_f\alpha_V C_0}\int_{C_B}^{C_E}\frac{\mathrm{d}C}{C-C^*} \tag{8-46}$$

t_E-t_B相当于推移一个吸附区所需要的时间。而吸附区的厚度Z_a可用v_a与t_E-t_B的乘积表示，即

$$Z_a=v_a(t_E-t_B)=\frac{u}{k_f\alpha_V}\int_{C_B}^{C_E}\frac{\mathrm{d}C}{C-C^*} \tag{8-47}$$

式中，$\dfrac{u}{k_f\alpha_V}$称为传质单元高度，具有长度量纲；积分项称为传质单元数（N_{0f}），其值由吸附等温线与操作线图解积分得出。当吸附等温式可用 Langmuir 或 Freundlich 表示时，传质单元数可分别用式(8-48)和式(8-49)计算。

$$N_{0f}=\frac{2+bC_0}{bC_0}\ln\frac{C_E}{C_B} \tag{8-48}$$

$$N_{0f}=\ln\frac{C_E}{C_B}+\frac{1}{n-1}\ln\frac{1-(C_B/C_0)^{n-1}}{1-(C_E/C_0)^{n-1}} \tag{8-49}$$

根据式(8-46)，可写出穿透开始后的时间t与出水浓度C的关系：

$$t-t_B=\frac{\rho_b q_0}{k_f\alpha_V C_0}\int_{C_B}^{C}\frac{\mathrm{d}C}{C-C^*} \tag{8-50}$$

只要知道$k_f\alpha_V$和吸附平衡关系，便可由式(8-50)求出任意时间t和出水浓度C的关系，以此作图，即可得到穿透曲线。

通常穿透曲线为 S 形，且以 $\frac{C}{C_0}=0.5$ 为对称中心。假定从起始到 $\frac{C}{C_0}=0.5$ 的时间为 $t_{1/2}$，床层厚度为 Z，则有

$$Z=v_a t_{1/2} \approx \frac{uC_0}{\rho_b q_0} t_{1/2} \tag{8-51}$$

以 $t_{1/2}$ 代替式(8-50) 中的 t，并加以整理得床层穿透的时间为：

$$t_B=\frac{\rho_b q_0}{uC_0}\left(Z-\frac{u}{k_f \alpha_V}\int_{C_B}^{\frac{1}{2}C_0}\frac{dC}{C-C^*}\right)=\frac{\rho_b q_0}{uC_0}\left(Z-\frac{1}{2}Z_a\right) \tag{8-52}$$

根据穿透曲线，可计算吸附区的饱和程度，通常用剩余吸附容量分率 f 表示，其值为穿透曲线上部阴影部分的面积（见图 8-17）与整个吸附区面积之比，即：

$$f=\frac{\int_{t_B}^{t_E}(C_0-C)dt}{C_0(t_E-t_B)} \tag{8-53}$$

根据处理水量、水质及处理后水质的要求，固定床可分为单塔和多塔，多塔可以串联或并联使用，如图 8-18 所示。

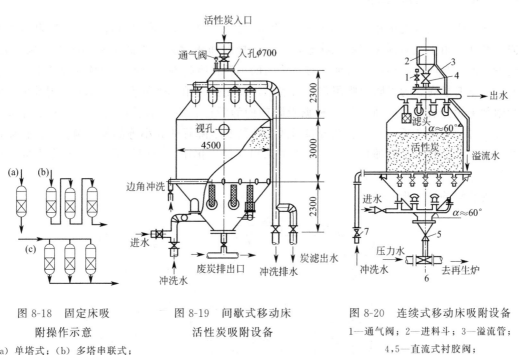

图 8-18　固定床吸
附操作示意
（a）单塔式；（b）多塔串联式；
（c）多塔并联式

图 8-19　间歇式移动床
活性炭吸附设备

图 8-20　连续式移动床吸附设备
1—通气阀；2—进料斗；3—溢流管；
4,5—直流式衬胶阀；
6—水射器；7—截止阀

8.4.3　移动床吸附

图 8-19 为移动床构造图。原水从下而上流过吸附层，吸附剂由上而下间歇或连续移动。间歇式移动床（见图 8-19）处理规模大时，每天从塔底定时卸炭 1~2 次，每次卸炭量为塔内总炭量的 5%~10%；连续移动床（见图 8-20），即饱和吸附剂连续卸出，同时新吸附剂连续从顶部补入。理论上连续移动床厚度只需一个吸附区的厚度。直径较大的吸附塔的进出水口采用井筒式滤网。

移动床较固定床能充分利用床层吸附容量，出水水质良好，且水力损失较小。由于原水从塔底进入，水中夹带的悬浮物随饱和炭排出，因而不需要反冲洗设备，对原水预处理要求较低，操作管理方便。目前较大规模废水处理时多采用这种操作方式。

移动床吸附装置与固定床吸附装置特点的比较见表 8-2。

表 8-2　固定床与移动床吸附装置的特点比较

比　较　项　目		固定床	移动床
设计条件	空塔体积流速/(L/h)	约 2.0	约 5.0
	空塔线速率/(m/h)	5～10	10～30
吸附过程	吸附容量/(kg COD/kg C)	0.2～0.25	较前者低
	活性炭耗量　必要量	多	少
	活性炭耗量　损失量	少	少
再生过程	排炭方式	间歇式	可间歇也可连续
	再生损失	少	少
	再生炉运转率	低	高
处理费		处理规模大时高	处理规模大时低

8.4.4　流化床吸附

流化床吸附装置的构造示意如图 8-21 所示。原水由底部升流式通过床层，吸附剂由上部向下移动。由于吸附剂保持流化状态，与水的接触面积增大，因此设备小而生产能力大，基建费用低。与固定床相比，可使用粒度均匀的小颗粒吸附剂，对原水的预处理要求低，但对操作控制要求高。为了防止吸附剂全塔混层，以充分利用其吸附容量并保证处理效果，塔内吸附剂采用分层流化。所需层数根据吸附剂的静活性、原水水质水量、出水要求等来决定。分隔每层的多孔板的孔径、孔分布形式、孔数及下降管的大小等都是影响多层流化床运转的因素。目前日本在石油化工废水处理中采用这种流化床，使用粒径为 1mm 左右的球形活性炭。

吸附装置的设计步骤如下。

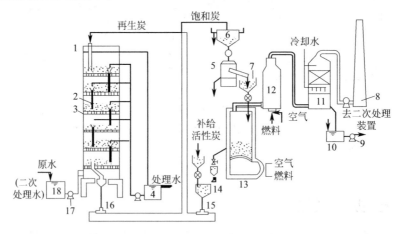

图 8-21　粉状炭流化床及再生系统

1—吸附塔；2—溢流管；3—穿孔板；4—处理水槽；5—脱水机；6—饱和炭贮槽；7—饱和炭供给槽；
8—烟囱；9—排水泵；10—废水槽；11—气体冷却器；12—脱臭炉；13—再生炉；
14—再生炭冷却槽；15,16—水射器；17—原水泵；18—原水槽

① 选定吸附操作方式及吸附装置的型式。

② 参考经验数据，选择最佳空塔流速（v_L 或 v_s）。

③ 根据吸附柱实验，求得动态吸附容量 q 及通水倍数 n（单位重量吸附剂所能处理的水的重量）。

④ 根据水流速度和出水要求，选择最适吸附剂层高 H（或接触时间 t）。

⑤ 选择吸附装置的个数 N 及使用方式。

⑥ 计算装置总面积 F 和单个装置的面积 f

$$F = Q/v_s \tag{8-54}$$

$$f = F/N \tag{8-55}$$

⑦ 计算再生规模，即每天需再生的饱和炭量 W

$$W = \sum Q/n \tag{8-56}$$

工程中有关数据的确定，应按水质、吸附剂品种及实验决定。

8.4.5 液相移动床吸附

图 8-22 为液相移动床吸附塔的原理图。假设待分离的混合液中只有 A 和 B 两个组分，选择合适的吸附剂和液体脱附剂 D，使 A、B、D 三种物质在吸附剂上的吸附能力为 D＞A＞B。固体吸附剂在塔内自上而下移动，到塔底出去后自下而上流动，与液态物料逆流接触。吸附塔有固定的四个物料的进出口，将塔分为四个作用不同的区域。

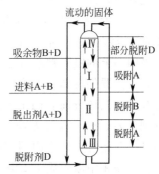

图 8-22 液相移动床吸附分离操作示意

(1) I区——A 吸附区

来自 IV 区的吸附剂中所含的 B 被液体混合物中的 A 置换，同时 A 将吸附剂上已吸附的部分脱附剂 D 也置换出来，在此区顶部排出由原料中的组分 B 和脱附剂 D 组成的吸余液（B+D），其中一部分循环向上进入 IV 区，一部分作为产品侧线排出。

(2) II区——B 脱附区

来自 I 区的含（A+B+D）的吸附剂，与此区底部上升的（A+D）的液体逆流接触，因 A 比 B 易被吸附，故 B 被置换出来随液体向上，下降的吸附剂中只含有（A+D）。

(3) III区——A 脱附区

脱附剂 D 从 III 区底部进入塔内，与此区顶部下降的含有（A+D）的吸附剂逆流接触，因 D 比 A 易被吸附，故 D 把 A 完全置换出来，从该区顶部排出吸余液（A+D）。含有 D 的吸附剂由底部抽到塔顶循环。

(4) IV区——D 部分脱附区

从 IV 顶部下降的只含有 D 的吸附剂与来自 I 区的液体（B+D）逆流接触，根据吸附平衡关系，大部分 B 组分被吸附剂吸附，而吸附剂上的 D 被部分置换出来。此时吸附剂上只有（B+D）进入 I 区，从此区顶部出去的液体中基本上是 D，去塔底循环。

将吸取液（A+D）进行精馏操作可分别得到 A、D，吸余液（B+D）也可用精馏操作进行分离。

将上述过程改变一下，固体吸附剂床层固定不动，而通过旋转阀控制将相应的溶液进出

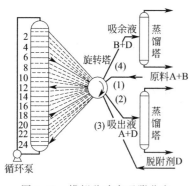

图 8-23 模拟移动床吸附分离

口连续地向上移动，这种操作与料液进出口不动、固体吸附剂自上而下流动的结果是一样的，这就是模拟移动床，如图 8-23 所示，塔上一般开 24 个等距离的口，同接一个 24 通旋转阀上，在同一时间旋转阀接通四个口，其余均封闭。图 8-23 中的 6、12、18、24 四个口分别接通吸余液（B+D）出口、原料液（A+B）进口、吸取液（A+D）出口、脱附剂 D 出口，经一定时间后，旋转阀向前旋转，则进出口又变为 5、11、17、23，依次类推，当进出口升到 1 后又转回到 24，循环操作。

模拟移动床的优点是可连续操作，吸附剂用量少，仅为固定床的 4%。但要选择合适的脱附剂，对转换物料方向的旋转阀要求高。

8.4.6 参数泵

参数泵是利用两组分在流体相与吸附剂相间分配不同的性质，循环变更热力学参数（如温度、压力等），使组分交替地吸附、脱附，同时配合流体上下交替的同步流动，使两组分分别在吸附柱的上下两端浓集，从而实现两组分的分离。

图 8-24 是以温度为变更参数的参数泵原理图。吸附器内装有吸附剂，进料为含组分 A、B 的混合液。对于所选用的吸附剂，A 为强吸附质，B 为弱吸附质（认为它不被吸附）。A 在吸附剂上的吸附常数只是温度的函数。吸附器的顶端与底端各与一个泵（包括贮槽）相连，吸附器外夹套与温度调节系统相连接。参数泵每一循环分前后两个半周期，吸附床温度分别为 t_1、t_2，流动方向分别为上流和下流。当循环开始时，床层内两相在较高的温度下平衡，流动相中吸附质 A 的浓度与底部贮槽内的溶液的浓度相同。第一个循环的前半周期，床层温度保持在 t_1，流体由底部泵输送自下而上流动。因为在此半周期内，床层温度等于循环开始前的温度，所以吸附质 A 既不在吸附剂上吸附，也不从吸附剂上脱附出来，这样从床层顶端流入到顶端贮槽内的溶液浓度就等于在循环

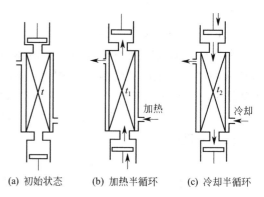

(a) 初始状态 　(b) 加热半循环 　(c) 冷却半循环

图 8-24 参数泵工作原理示意

开始之前贮于底部贮槽内的溶液浓度。到这半个周期终了，改变流体流动方向，同时改变床层温度为较低的温度，开始后半个周期，流体由顶部泵输送由上而下流动。由于吸附剂在低温下的吸附容量大于它在高温下的吸附容量，因此，吸附质 A 由流体相向固体吸附剂相转移，吸附剂相上的 A 的浓度增加，相应地在流体相中 A 的浓度降低，这样从床层底端流入到底部贮槽内的溶液 A 的浓度低于原来在此槽内的溶液浓度，到这时半个周期终了，接着开始第二个循环。前半个周期，在较高床层温度的条件下，A 由固体吸附剂相向流体相转移，这样从床层顶端流入到顶端贮槽内的溶液 A 的浓度要高于在第一个循环前半个周期收集到的溶液的浓度。如此循环往复，组分 A 在顶部贮槽内不断增浓，相应的组分 B 在底部贮槽内不断增浓。总的结果是由于温度和流体流向的交替同步变化，使组分 A 流向柱顶，组分 B 流向柱底，如同一个泵推动它们分别做定向流动。

参数泵的优点是可以达到很高的分离程度，例如用参数泵分离甲苯、正庚烷混合物时，两贮槽中甲苯的浓度比超过 10^5。参数泵目前尚处于实验研究阶段，理论研究已比较成熟，实际应用有很多技术上的困难。它比较适用于处理量较小和难分离的混合物的分离。

参 考 文 献

[1] 廖传华，米展，周玲，等．物理法水处理过程与设备 [M]．北京：化学工业出版社，2016．

[2] 陈立钢，廖立霞．分离科学与技术 [M]．北京：科学出版社，2014．

[3] 董玉良，高晓慧，孙娅婷，等．铁锰复合氧化物吸附作用研究进展 [J]．矿物学报，2015，35（3）：288～292．

[4] 李旭，计梦，陶佳慧，等．黑土对 DOM 的吸附作用及其影响因素 [J]．江苏农业科学，2015，43（8）：366～369．

[5] 张敬华，贺丽，王佳慧．化学改性麦壳对孔雀绿的吸附作用 [J]．化学通报，2015，28（12）：1145～1149．

[6] 王菁姣．生物炭对重金属的吸附作用及腐殖酸的影响 [D]．北京：中国地质大学，2015．

[7] 方巧．改性沸石对水中氮磷和染料的吸附作用 [D]．上海：上海海洋大学，2015．

[8] 窦彦涵．丝瓜络的改性及其对吸附作用的影响 [D]．青岛：青岛大学，2015．

[9] 张宏，蒋菊，刘燕梅，等．油菜秸秆髓芯对水中铜离子吸附作用及其机理 [J]．环境工程学报，2015，9（12）：5865～5873．

[10] 纪开吉．介孔氧化硅吸附剂对咪唑基离子液体的吸附作用研究 [D]．哈尔滨：哈尔滨师范大学，2015．

[11] 仝冬丽．固定化载体玉米芯对土壤中芘的吸附作用 [D]．北京：中国科学院大学，2015．

[12] 郑雯婧．改性活性炭对水中硝酸盐和磷酸盐的吸附作用研究 [J]．上海：上海海洋大学，2015．

[13] 陈垣，韩融，王洪涛，等．污泥基生物炭对重金属的吸附作用 [J]．清华大学学报（自然科学版），2014，54（8）：1062～1067．

[14] 吉凡，王帅，王开爽，等．黑土和黑钙土对 Cu^{2+} 的吸附作用及影响因素 [J]．吉林农业大学学报，2014，36（4）：447～453．

[15] 孙权．玉米秸秆生物炭的制备及对锶的吸附作用 [D]．绵阳：西南科技大学，2014．

[16] 曾梦玲．铁锰氧化物对金霉素的吸附作用机理研究 [D]．武汉：中国地质大学（武汉），2014．

[17] 吴艳萍，张仕仪，施一姗，等．天然沸石对大肠杆菌 k8 的吸附作用研究 [J]．非金属矿，2013，36（5）：39～40．

[18] 詹艳慧，林建伟．羟基磷灰石对水中刚果红的吸附作用研究 [J]．环境科学，2013，34（8）：3143～3150．

[19] 杨彩虹，王换玲，尚静，等．二元体系中水铁矿对 Cd（Ⅱ）和 Zn（Ⅱ）的吸附作用 [J]．环境化学，2013，1：1924～1930．

[20] 陈慧娟，张敬华，何珍珍．麦壳吸附剂的制备及对水中苯酚的吸附作用 [J]．化工新型材料，2013，41（2）：149～151．

[21] 梁语燕，李元慈，董岁明．煤炉渣对污水中磷离子吸附作用研究 [J]．应用化工，2013，42（10）：1870～1871．

[22] 张敬华，崔运启，高利，等．改性麦壳对水中苯酚的生物吸附作用 [J]．化学通报，2013，26（8）：753～757．

[23] 张敬华，陈慧娟．改性麦壳对结晶紫的吸附作用研究 [J]．化工新型材料，2013，41（7）：107～109．

[24] 任晓惠．改性蒙脱石对砷的吸附作用 [D]．广州：华南理工大学，2013．

[25] 杨信坤，岳闪闪，王丹利，等．有机改性膨润土对氧化乐果的吸附作用 [J]．信阳师范学院学报（自然科学版），2013，26（4）：548～550，595．

[26] 矫娜，王东升，段晋明，等．改性硅藻土对三种有机染料的吸附作用研究 [J]．环境科学学报，2012，32（6）：1364～1369．

[27] 佟雪娇，李九玉，袁金华，等．稻草炭对溶液中 Cu（Ⅱ）的吸附作用 [J]．环境化学，2012，31（1）：64～68．

[28] 徐东彦，叶庆国，陶旭梅．Separation Engineering [M]．北京：化学工业出版社，2012．

[29] 中国石油和化学工业联合会，中国化工经济技术发展中心编．石油和化工设备选型指南 [M]．北京：中国财富出版社，2012．

[30] 罗川南．分离科学基础 [M]．北京：科学出版社，2012．

[31] 赵德明．分离工程 [M]．杭州：浙江大学出版社，2011．

[32] 张顺泽，刘丽华．分离工程 [M]．徐州：中国石业大学出版社，2011.

[33] 赵雪娜，孙晓慰，郭洪飞，等．酸化吹脱去除重碳酸盐对电吸附设备性能的影响 [J]．工业水处理，2009，29 (1)：23～26.

[34] 赵雪娜，孙晓慰，郭洪飞，等．重碳酸盐碱度对电吸附设备除盐性能影响的研究 [J]．环境工程学报，2008，2 (5)：647～652.

[35] 廖传华，柴本银，黄振仁．分离过程与设备 [M]．北京：中国石化出版社，2008.

[36] 袁惠新．分离过程与设备 [M]．北京：化学工业出版社，2008.

[37] ［美］ D. Seader，［美］Ernest J. Henley．分离过程原理 [M]．上海：华东理工大学出版社，2007.

[38] 宋业林，宋襄翎．水处理设备实用手册 [M]．北京：中国石化出版社，2004.

[39] 杨春晖，郭亚军主编．精细化工过程与设备 [M]．哈尔滨：哈尔滨工业大学出版社，2002.

[40] 周立雪，周波主编．传质与分离技术 [M]．北京：化学工业出版社，2002.

[41] 唐受印，戴友芝．水处理工程师手册 [M]．北京：化学工业出版社，2001.

[42] 贾绍义，柴诚敬．化工传质与分离过程 [M]．北京：化学工业出版社，2001.

[43] 赵汝傅，管国锋．化工原理 [M]．南京：东南大学出版社，2001.

[44] 陈常贵，柴诚敬，姚玉英．化工原理（下册）[M]．天津：天津大学出版社，1999.

第**9**章

干　燥

干燥是利用热能除去固体物料中的湿分（水或其他溶剂）的单元操作。干燥操作广泛应用于过程工业生产中。通常，各种固体产品的含湿量都有一定的要求，以便于储存、运输、加工和使用。

因为采用气化除去湿分的方法能量消耗大，如有可能，在生产中湿物料都是先用沉降、过滤或离心分离等机械方法去湿，然后再干燥。例如，硫酸铵结晶在离心分离后约含水分30％，经干燥后得到含水量约为 0.1％的产品。有些物料也可以在液态或糊状下进入干燥器，如尿醛树脂溶液在浓度为 60％时，通过喷雾干燥器可得到含水量低于 0.4％的树脂。产品类型不同，要求干燥后的含水量也不一样。

干燥操作可按不同的方法分类，例如：按操作压强的不同可分为常压干燥和真空干燥。真空干燥适宜于处理热敏性、易氧化或要求产品含湿量很低的物料。按操作方式可分为连续式和间歇式干燥。工业生产中多以前者为主。连续式干燥的特点是生产能力大、产品质量均匀、热效率高及劳动条件好。间歇式干燥则适用于小批量、多品种或要求干燥时间较长的物料的干燥。按传热方式可分为传导干燥、对流干燥、辐射干燥和介电干燥以及由上述两种或三种方式组成的联合干燥。

目前，过程工业生产中广泛使用的是对流干燥。它是利用热气体与湿物料作相对运动，气体的热量传递给湿物料，使湿物料的湿分汽化扩散到气体中被带走。对流干燥操作实质上是动量传递、热量传递和质量传递同时进行的传递过程，热气体称为干燥介质，它是载热体，又是载湿体。常用的干燥是以热空气为干燥介质，以水分为被除去的湿分的对流干燥过程，高温干燥时也可采用烟道气。

干燥进行的必要条件是物料表面的水气（或其他蒸气）的压强必须大于干燥介质中水气（或其他蒸气）的分压。两者的压差越大，干燥进行得越快，所以干燥操作应及时地将气化的水气带走，以便保持一定的传质（气化）推动力。若压差为零，则无净的物质（水气）传递，干燥操作也就停止了。由此可见，干燥是传热和传质相结合的过程，干燥速率同时由传热速率和传质速率所支配。

9.1 湿空气性质和湿度图

含有湿分的空气称为湿空气，在去除水分的对流干燥过程中，含有水蒸气的湿空气是常用的干燥介质。湿空气除去水分的能力与它的性质有关。表示湿空气性质的状态参数（如湿度、温度、焓、比热容和比容等），对于干燥过程的物料衡算和热量衡算以及干燥的速率均有重要意义。

9.1.1 湿空气的性质

通常干燥是在常压或减压下进行的，因此，可把这种状态下的湿空气作为理想气体来处理。在干燥过程中，湿空气中的水气含量在不断变化，但其中干空气的质量不变，为了计算方便，一般都以单位质量的干空气作为计算基准。

（1）湿度 H

又称湿含量或绝对湿度，为湿空气中所含水蒸气的质量与干空气质量之比。

$$H = \frac{M_v n_v}{M_a n_a} = \frac{18 n_v}{29 n_a} = 0.622 \frac{n_v}{n_a} \tag{9-1}$$

式中　H——绝对湿度；

　　　M_a——干空气的摩尔质量，kg/kmol；

　　　M_v——水蒸气的摩尔质量，kg/kmol；

　　　n_a——湿空气中干空气的物质的量，kmol；

　　　n_v——湿空气中水蒸气的物质的量，kmol。

对理想气体混合物，各组分的物质的量之比等于其分压比，于是

$$H = 0.622 \frac{p_v}{p_t - p_v} \tag{9-2}$$

式中　p_v——水蒸气的分压，Pa；

　　　p_t——湿空气的总压，Pa。

由式(9-2)可知：当湿空气的总压一定时，湿度可由水蒸气的分压决定。若湿空气中水蒸气的分压等于该温度下水的饱和蒸汽压 p_s，此时的湿度称为饱和湿度，以 H_s 表示，显然

$$H_s = 0.622 \frac{p_s}{p_t - p_s} \tag{9-3}$$

式中　H_s——饱和湿度；

　　　p_s——同一温度下水的饱和蒸汽压，Pa。

由于水的饱和蒸汽压只与温度有关，所以饱和湿度是湿空气总压和温度的函数。

（2）相对湿度 φ

当总压一定时，湿空气中水蒸气分压 p_v 与同温度下水的饱和蒸汽压 p_s 之比的百分数，称为相对湿度。

$$\varphi = \frac{p_v}{p_s} \times 100\% \qquad (p_s \leqslant p_t) \tag{9-4}$$

$$\varphi = \frac{p_v}{p_t} \times 100\% \qquad (p_s > p_t) \tag{9-5}$$

相对湿度表明了湿空气的不饱和程度。$\varphi = 1$（或 100%），表明空气已被水蒸气饱和，不能再吸收水气，已无干燥能力。φ 越小，即 p_v 与 p_s 差距越大，表示湿空气偏离饱和程度越远，干燥能力越大。从式(9-3)中还可看出，对水蒸气分压相同而温度不同的湿空气，若温度越高，则 p_s 值越大，φ 值越小，干燥能力越强。可见，H 只表示湿空气中水蒸气的绝对含量，而 φ 值才反映出湿空气吸收水气的能力。

将式(9-5)代入式(9-2)中，可得

$$H_s = 0.622 \frac{\varphi p_s}{p_t - \varphi p_s} \tag{9-6}$$

由于 p_s 只决定于温度 T，所以总压一定时，式(9-6)表明了 H、φ 和 T 三者间的函数关系。

(3) 湿比容 ν_H

湿比容 ν_H 指单位质量干空气和所带的 H kg 水蒸气的体积之和，在压力为 1.013×10^5 Pa 时：

$$\nu_H = \frac{22.4}{29} \times \frac{T}{273.15} + \frac{22.4}{18} \times \frac{T}{273.15} H$$

$$= (0.773 + 1.244H) \frac{T}{273.15} \quad \text{m}^3/\text{kg} \tag{9-7}$$

式中　ν_H——湿比容，m^3/kg；

　　　T——体系温度，K。

(4) 湿比热容 c_H

湿比热容是指将 1kg 干空气和所带的 H kg 的水蒸气的温度升高 1℃所需的热量。在常压下：

$$c_H = c_a + c_v H = 1.01 + 1.88H \quad \text{kJ}/(\text{kg} \cdot \text{K}) \tag{9-8}$$

式中　c_H——湿比热容，$\text{kJ}/(\text{kg} \cdot \text{K})$；

　　　c_a——干空气的比热容，其值约为 $1.01\text{kJ}/(\text{kg} \cdot \text{K})$；

　　　c_v——水蒸气的比热容，其值约为 $1.88\text{kJ}/(\text{kg} \cdot \text{K})$。

(5) 焓 I

焓是单位质量干空气的焓及其所带的 H kg 水蒸气的焓之和。通常以干空气与液态水在 273.15K 时的焓等于零为计算基准，故：

$$I = c_a(T - 273.15) + [r_0 + c_v(T - 273.15)]H$$

$$= (1.01 + 1.88H)(T - 273.15) + 2490H \quad \text{kJ/kg} \tag{9-9}$$

式中　I——焓，kJ/kg；

　　　r_0——273.15K 时水蒸气的汽化潜热，其值为 2490kJ/kg。

(6) 绝热饱和温度 T_{as}

不饱和气体在与外界绝热条件下和大量的液体接触，若时间足够长，使传热、传质趋于平衡，则最终气体被液体蒸气所饱和，气体与液体温度相等，此过程称为绝热饱和过程，最终两者达到的平衡温度称为绝热饱和温度。

图 9-1 表示这样的气-液系统在上述条件下的平衡过程。在一绝热良好的增湿塔中，湿

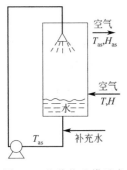

图 9-1 绝热饱和塔示意

度 H 和温度 T 的不饱和空气由塔底引入，水由塔底经循环泵送往塔顶，喷淋而下，气、液在逆流接触中，水分汽化进入空气。由于所需汽化潜热只能取自空气的显热，于是气体不断地冷却和增湿。塔启动后，经历一不稳定阶段，全塔循环水将稳定在一平衡温度。若塔足够高，使得气、液有充足的接触时间，气体到塔顶后与液体趋于平衡，湿度达到饱和湿度 H_{as}，温度与水温相同，即为绝热饱和温度 T_{as}。塔内底部的湿度差和温度差最大，顶部为零。除非进口气体是饱和湿空气，否则，绝热饱和温度总是低于气体进口温度，即 $T_{as} < T$。由于循环水不断汽化至空气中，所以必须向塔内补充一部分温度为 T_{as} 的水。

在稳态下对全塔作热量衡算，以单位质量的干空气为基准，可得气体放出的显热＝液体汽化潜热，即

$$c_H(T - T_{as}) = (H_{as} - H)r_{as} \tag{9-10}$$

或

$$T_{as} = T - \frac{r_{as}}{c_H}(H_{as} - H) \tag{9-11}$$

式中　r_{as}——温度为 T_{as} 时水的汽化潜热，kJ/kg；

　　　H_{as}——温度为 T_{as} 时空气的饱和湿度。

因 r_{as}、H_{as} 决定于 T_{as}，因此，式(9-11) 表明，空气的绝热饱和温度 T_{as} 是空气湿度 H 和温度 T 的状态函数，是湿空气的状态参数，也是湿空气的性质。当 T、T_{as} 已知时，可用上式来确定空气的湿度 H。

还需指出：在绝热条件下，空气放出的显热全部变为水分汽化的潜热返回气体中，对 1kg 干空气来说，水分汽化的量等于其湿度差 $H_{as}-H$。由于这些水分汽化时，除潜热外，还将温度为 T_{as} 的显热也带至气体中，所以，绝热饱和过程终了时，气体的焓比原来增加了 $4.187(T_{as}-273.15)(H_{as}-H)$。不过，此值和气体的焓相比很小，可忽略不计，故绝热饱和过程又可当作等焓过程来处理。

（7）干、湿球温度

如图 9-2 所示，用水润湿纱布包裹在温度计的感温球的外部，即成为一湿球温度计。将它置于一定温度和湿度的流动空气中，达到稳定状态时所测得的温度称为空气的湿球温度，以 T_w 表示。若空气是不饱和的，则 $T_w < T$，T 为该空气的温度，相对于湿球温度而言，又称为空气的干球温度。

图 9-2　湿球温度计

湿球温度为空气与湿纱布之间的传热、传质过程达到稳态时的温度。当不饱和空气流过湿纱布表面时，由于湿纱布表面的饱和蒸汽压大于空气中的水蒸气分压，在湿纱布表面和气体间存在着湿度差，这一湿度差使湿纱布表面的水分汽化并被气流带走，水分汽化所需潜热，首先取自湿纱布的显热，使其表面降温，于是在湿纱布表面与气流之间又形成了温度差，这一温度差将引起空气向湿纱布传递热量。当空气传入的热量恰好等于汽化消耗的潜热时，湿纱布表面将达到一稳态温度，即湿球温度。

达到稳态时，空气向湿纱布的传热速率为：

$$q = \alpha A(T - T_w) \tag{9-12}$$

式中　q——空气与湿纱布间的传热速率，kJ/s；

　　　α——气流与湿纱布之间的传热膜系数，kJ/(m^2·s·K)；

　　　A——传热面积，m^2；

　　　T——干球温度，K；

　　　T_w——湿球温度，K。

与此同时，湿纱布中水分汽化为水蒸气并向空气传递，其传质速率为：

$$W = k_H(H_w - H)A \tag{9-13}$$

式中　W——传质速率，kg/s；

　　　H_w——湿纱布表面湿度，即温度为 T_w 时湿空气的饱和湿度；

　　　k_H——以湿度为推动力的气膜传质系数，kg/(m^2·s)；

　　　H——空气湿度。

达到稳态时，空气传入的显热等于水的汽化潜热，于是

$$q = W r_w \tag{9-14}$$

式中　r_w——温度在 T_w 时水的汽化潜热，kJ/kg。

联解以上三式，可得

$$T_w = T - \frac{k_H r_w}{\alpha}(H_w - H) \tag{9-15}$$

实验表明，k_H 及 α 都与空气流速的 0.8 次幂成正比，一般在气速为 $3.8 \sim 10.2$m/s 的范围内，比值 α/k_H 近似为一常数。对水蒸气与空气系统，$\alpha/k_H = 0.96 \sim 1.005$。由式 (9-15) 可知，$r_w$、$H_w$ 只决定于 T_w，于是当 α/k_H 为常数时，T_w 为湿空气的温度 T 和湿度 H 的函数。当 T 和 H 一定时，T_w 必为定值，反之，当测得湿空气的 T、T_w 后，即可求得空气的湿度 H。

（8）露点 T_d

空气在湿度 H 不变，亦即蒸汽压 p_v 不变的情况下，冷却达到饱和状态时的温度称为露点。由于此时 $\varphi = 1$，依式(9-2) 可得

$$H = 0.622\frac{p_d}{p_t - p_d} \tag{9-16}$$

式中　p_d——露点 T_d 时的饱和蒸汽压，也就是该空气在初始状态下的水蒸气分压 p_v。

由式(9-16) 可得：

$$p_d = \frac{H p_t}{0.622 + H} \tag{9-17}$$

由此式可知，如湿含量 H 和总压 p_t 一定时，则其相应的饱和温度——露点 T_d 也就确定了。反之，由露点和总压 p_t 可求得含湿量 H。

◗ 9.1.2　湿空气各温度之间的关系

比较式(9-11) 和式(9-15) 可以看出，如果 $c_H = \alpha/k_H$，则 $T_{as} = T_w$。对于空气和水系统，$\alpha/k_H = 0.96 \sim 1.005$，在湿含量 H 不大的情况下（一般干燥过程 $H < 0.01$），$c_H = 1.01 + 1.88H = 1.01 \sim 1.03$。由此可知，对于空气和水的系统，湿球温度可视为绝热饱和温度。但对其他物系，$\alpha/k_H = 1.5 \sim 2$，与 c_H 相差很大，例如对空气和甲苯系统，$\alpha/k_H = 1.8c_H$。此时，湿球温度高于绝热饱和温度。

在绝热条件下，用湿空气干燥湿物料的过程中，气体温度的变化是趋向于绝热饱和温度 T_{as} 的。如果湿物料足够润湿，则其表面温度也就是湿空气的绝热饱和温度 T_{as}，亦即湿球温度 T_w，因而这两个温度在干燥器的计算中有着极为重要的实用意义。湿球温度容易测定，这就给干燥过程的计算和控制带来了较大的方便。

综上所述，绝热饱和温度与湿球温度的相同之处在于：对于空气和水系统，它们在数值上是相等的，都与 T 和 H 有关。但 T_{as} 和 T_w 在本质上是截然不同的，即：

① T_{as} 是由热平衡得出的，是空气的热力学性质；T_w 则取决于气、液两相间的动力学因素——传递速率。

② T_{as} 是大量水与空气接触，最终达到两相平衡时的温度，过程中气体的温度和湿度都是变化的；T_w 是少量的水与大量的连续气流接触，传热传质达到稳态时的温度，过程中气体的温度和湿度是不变的。

③ 绝热饱和过程中，气、液间的传递推动力是由大变小，最终趋近于零；测量湿球温度时，气、液间的传递推动力不变。

湿空气的四个温度参数：干球温度 T、绝热饱和温度 T_{as}、湿球温度 T_w、露点 T_d 都可用来确定空气的状态。状态一定的空气，它们之间的关系是：不饱和空气 $T > T_{as} = T_w > T_d$；饱和空气 $T = T_{as} = T_w = T_d$。

9.1.3 湿空气的湿度图

依据相律，双组分、单相的湿空气在总压一定的情况下，独立变量应为 2。因此，只要知道湿空气的任意两个独立的性质参数，湿空气的状态即可确定，并可由这两个参数计算求得其他性质参数。通常为了便于计算，可将空气的各种性质标绘在湿度图中，由已知的两个参数直接读出其他参数。湿度图有多种形式，温湿图是常用的一种。如图 9-3 所示，该图是

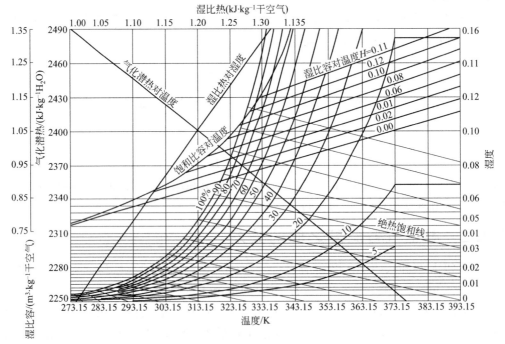

图 9-3　湿空气的温度-湿度图（总压 0.1MPa）

以温度 T 为横坐标，以湿度 H 为纵坐标，并在总压 $1.013 \times 10^5 \, \text{Pa}$ 下绘制的。图内主要有以下曲线族和曲线。

(1) 等温度线（等 T 线）

等温线为一系列平行于纵轴的直线。

(2) 等湿度线（等 H 线）

等湿线为一系列平行于横轴的直线。

(3) 等相对湿度线（等 φ 线）

由式(9-6)得

$$H_s = 0.622 \frac{\varphi p_s}{p_t - \varphi p_s} \tag{9-18}$$

可知，当总压一定时，如果 φ 为某一固定值，因 p_s 仅与温度有关，故此时任取一 T 值，即可求得相应的 H 值，将若干个（T，H）点连接起来，即为一条等 φ 线。对不同的 φ 值，可以得出一系列 φ 曲线。$\varphi = 1$（或 100%）的等 φ 线，作为饱和空气线。在湿度图中，饱和线以下为不饱和空气区，区内任一点都表示为一定状态的不饱和空气，皆可作为干燥介质；饱和线上方为过饱和区，任一点都代表饱和空气和液体水的混合物，显然它不能作为干燥介质。

(4) 绝热饱和（冷却）线

由式(9-10)得

$$\frac{H_{as} - H}{T_{as} - T} = -\frac{c_H}{r_{as}} \tag{9-19}$$

对于确定的 T_{as} 值，H_{as} 也为一已知数，而 $c_H = 1.01 + 1.88H$，于是式(9-19)变成了湿度与温度的关系式，任取一 H 值，可求得相应的 T 值，将若干个（T，H）点连接起来，可得到等 T_{as} 线，即为绝热饱和线（或称绝热冷却线）。对于空气—水系统，T_{as} 线也是等湿球温度线。由于在 H 很低时，c_H 随 H 的变化很小，绝热冷却线可近似地认为是一条斜率为 $-c_H/T_{as}$、并通过（T，H）和（T_{as}，H_{as}）的直线。因此对空气—水系统，在绝热饱和过程中，空气状态大体上沿直线变化。

(5) 湿比热容线

按定义 $c_H = 1.01 + 1.88H$，湿比热容 c_H 是湿度 H 的直线函数，在图 9-3 的左侧绘制出了 c_H-H 线。

(6) 比容线

干空气比容 $\left(v_a = 0.733 \times \dfrac{T}{273.15} \right)$ 为一直线，在图 9-3 中以 v_a 为纵坐标绘出了 v_a-T 线，$v_{Hs} = (0.773 + 1.244 \times H_s) \times \dfrac{T}{273.15}$，式中的 $H_s = 0.622 \dfrac{p_s}{p_t - p_s}$，由温度 T 可求得对应的饱和蒸汽压 p_s，代入上式即可求得饱和比容 v_{Hs}，因此，v_{Hs}-T 线为决定于 T 和 H_s 的一曲线。对不同湿度 H 下的比容，又可绘出干比容与饱和比容线之间的一系列直线。

▶9.1.4　湿度图的应用

(1) 求湿空气的性质参数

湿度图中的任何一点都代表某一确定的湿空气性质和状态，只要依据任意两个独立性质参数，即可在 T-H 图中找到代表该空气状态的相应点，于是其他性质参数便可由该点查得。

（2）湿空气变化过程的图示

1）加热和冷却

不饱和空气在间壁式换热器中的加热或冷却是一个湿度不变（等湿度）的过程。图 9-4（a）所示由 A 到 B 表示加热过程；图 9-4（b）表示冷却过程。冷却先是沿等 H 线降温，如果继续冷却，使温度下降至露点 T_d，则空气达到饱和。再继续降温，则有冷凝水析出，然后湿空气沿饱和线减湿降温。

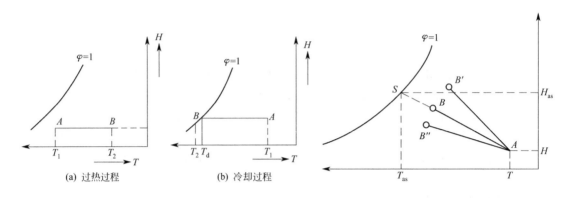

图 9-4　加热冷却过程　　　　　　　图 9-5　绝热、非绝热增湿过程

2）绝热饱和过程

湿空气与水或湿物料的接触传递系统中，若为绝热过程，则如图 9-5 所示，空气将沿着绝热冷却线 AB 增湿降温。如前所述，若忽略蒸发水分在初始状态下的显热，绝热饱和过程可近似认为是一个等焓过程。

3）非绝热的增湿过程

在实际干燥中，空气的增湿降温过程大多不是等焓的，如有热量补充，则焓值增加，如图 9-5 中 AB' 所示的过程；如有热损失，则焓值降低，如图 9-5 中 AB'' 所示的过程。

9.2　干燥过程的物料衡算与热量衡算

用热空气作为干燥介质的对流干燥器，主要由空气预热器和对流干燥器所组成，图 9-6 为其流程示意图。干燥器的计算包括两部分内容：其一是静力学部分，通过物料衡算和热量衡算，确定湿物料的水分蒸发量、空气用量及热消耗量；其二为动力学部分，通过传递速率计算，确定干燥时间和设备尺寸。

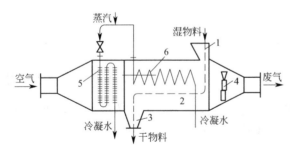

图 9-6　空气干燥器的操作情况

1—进料口；2—干燥室；3—卸料口；4—抽风机；
5—空气预热器；6—补充加热器

9.2.1　物料衡算

（1）湿物料的含水量

湿物料中的含水量一般有两种方法表示，即湿基含水量 ω 和干基含水量 X。

以 ω 表示湿基含水量，其定义为：

$$\omega = \frac{湿物料中水分质量}{湿物料总质量} \tag{9-20}$$

以 X 表示干基含水量，其定义为：

$$X = \frac{湿物物中水分质量}{湿物料中绝干物料质量} \tag{9-21}$$

它们之间的换算关系为

$$X = \frac{\omega}{1-\omega} \tag{9-22}$$

或

$$\omega = \frac{X}{1+X} \tag{9-23}$$

在计算中用干基比较方便，但习惯上常采用湿基表示。

（2）湿物料的水分蒸发量

若以 G_1、G_2 表示干燥前后湿物料的质量流量，以 G_0 表示绝干物料的质量流量，单位为 kg/s，则蒸发水量为：

$$W = G_1 - G_2 \tag{9-24}$$

或

$$W = G_0(X_1 - X_2) = G_1 \omega_1 - G_2 \omega_2 \tag{9-25}$$

因为：

$$G_0 = G_1(1-\omega_1) = G_2(1-\omega_2) \tag{9-26}$$

所以：

$$W = G_1 \frac{\omega_1 - \omega_2}{1-\omega_2} = G_2 \frac{\omega_1 - \omega_2}{1-\omega_1} \tag{9-27}$$

（3）空气用量

对图 9-7 所示的连续干燥器作物料衡算，有

$$G_0 X_1 + L H_1 = G_0 X_2 + L H_2 \tag{9-28}$$

式中　L——干空气流量，kg/s；

H_1——空气进干燥器时的湿度；

H_2——空气出干燥器时的湿度。

由式(9-25)、式(9-28) 可得：

$$W = G_0(X_1 - X_2) = L(H_2 - H_1) \tag{9-29}$$

于是得到干空气的用量：

$$L = \frac{W}{H_2 - H_1} \tag{9-30}$$

将上式两端除以 W，得：

$$l = \frac{L}{W} = \frac{1}{H_2 - H_1} \tag{9-31}$$

l 称为干空气的消耗量，即每蒸发 1kg 水分所消耗的干空气量。

⊞9.2.2 干燥器热能消耗分析

(1) 热量衡算

通过对干燥器进行热量衡算，可确定干燥过程的热能消耗及热能在各种消耗项目中的分配情况，如图 9-7 所示的连续过程，温度为 T_0、湿度为 H_0、焓为 I_0 的新鲜空气，流量为 L kg/s，经预热后的状态为 T_1、$H_1(=H_0)$、I_1，进入干燥器与湿物料接触，增湿降温，离开干燥器时的状态为 T_2、H_2、I_2。固体物料进、出口的流量为 G_1、G_2，单位为 kg/s；温度为 θ_1、θ_2，含水量为 X_1、X_2。预热器加入

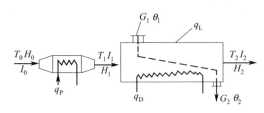

图 9-7　干燥器物料衡算与热量衡算

热量的速率为 q_p，干燥器内补充加入热量为 q_D，热损失速率为 q_L。干燥过程中干燥器的热量收支情况见表 9-1。

表 9-1　干燥器热量收支情况

输入热量	输出热量
1. 湿物料带入热量 　干产品带入：$G_2 c_m(\theta_1-273.15)$ 　蒸发水分带入：$W c_m(\theta_1-273.15)$	1. 干产品带出热量 　$G_2 c_m(\theta_2-273.15)$
2. 空气带入热量 　$LI_1=L[(1.01+1.88H_1)(T_1-273.15)+r_0 H_1]$	2. 空气带出 　$LI_2=L[(1.01+1.88H_2)(T_2-273.15)+r_0 H_2]$
3. 干燥器内补充加入热量：q_D	3. 干燥器热损失：q_L

预热器和干燥器的衡算如下。

① 预热器的耗热量 q_p 为：

$$q_p = L(I_1-I_0) = L(1.01+1.88H)(T_1-T_0) \tag{9-32}$$

② 干燥器热量衡算。干燥器的热量收支情况如表 9-1 所列。表内：

$$c_m = (1-\omega_2)c_s + \omega_2 c_w \tag{9-33}$$

式中　c_s——绝干物料的比热，kJ/(kg·K)；

　　　c_w——水的比热，kJ/(kg·K)。

列衡算式：

$$G_2 c_m(\theta_1-273.15) + W c_w(\theta_1-273.15) + LI_1 + q_D = G_2 c_m(\theta_2-273.15) + LI_2 + q_L$$

$$\tag{9-34}$$

令

$$q_1 = G_2 c_m(\theta_2-\theta_1) \tag{9-35}$$

则式(9-34)可整理为：

$$L(I_1-I_2) = q_1 + q_L - q_D - W c_w(\theta_1-273.15) \tag{9-36}$$

式(9-36)表示了干燥器中气体进出口的焓差与各项热量收支的关系。

(2) 理想干燥过程

在干燥器操作中，若：a. 设备无热损失，$q_L=0$；b. 不加入补充热量，$q_D=0$；c. 物料足够润湿，温度保持为空气的湿球温度 T_w，即 $\theta_2=\theta_1=T_w$，则 $q_1=0$。于是，由式(9-36)可得：

$$L(I_1-I_2) = W c_w(\theta_1-273.15) \tag{9-37}$$

由于显热 $Wc_w(\theta_1-273.15)$ 与空气的焓值相比要小得多，常可以忽略，于是 $I_2 \approx I_1$。这表明，空气在干燥中经历的过程为等焓过程，亦即近似为一绝热饱和过程。这一干燥过程，常称为理想干燥过程。

对于理想干燥过程，由于空气的状态沿绝热冷却线变化，故可利用图解法在湿度图中迅速求得空气在干燥器出口处的状态参数。若已知 T_2，亦可利用 $I_2 \approx I_1$ 的表达式求 H_2。

（3）非理想干燥过程

当干燥器有显著的热损失或有补充加热时，干燥过程是非理想的。在这种情况下，空气状态不是沿绝热饱和线变化的，其出口状态参数、空气用量及热耗量可由物料衡算和热量衡算关系式求得。

空气在干燥器出口处的焓可写作：

$$LI_2 = L[(1.01+1.88H_1)(T_2-273.15)+r_0H_1]+Wi_2 \tag{9-38}$$

并令：

$$q_2 = W[i_2-c_w(\theta_1-273.15)] \tag{9-39}$$

式中，q_2 表示将温度为 θ_1 的水分蒸发并升温到 T_2 所需的热量；i_2 为 T_2 时水蒸气的焓，kJ/kg，于是结合式（9-30）、式（9-36）、式（9-38）和式（9-39）可得：

$$\frac{H_2-H_1}{T_1-T_2} = \frac{W(1.01+1.88H_1)}{q_1+q_2+q_L-q_D} \tag{9-40}$$

或

$$\frac{H_2-H_1}{T_1-T_2} = \frac{W(1.01+1.88H_1)}{G_2c_m(\theta_2-\theta_1)+W[i_2-c_w(\theta_1-273.15)]+q_L-q_D} \tag{9-41}$$

上式中：$H_1=H_0$ 决定于大气状态，T_1 由经验选定；W 为干燥蒸发水量，由式（9-27）求得；G_2、c_m、c_w、θ_1 决定于原始物料与产品，皆为已知数；q_2 与 T_2 有关，由经验确定。热损失 q_L 可取经验值或按传热公式估算。所剩三个未知量 T_2、H_2 及 q_D，需先选定两个而后求得第三个。例如选定 T_2、H_2，可求得干燥所需补充热量 q_D。除厢式干燥器外，大多数干燥器不加补充热量，$q_D=0$。这时，一般是依据工艺条件确定，然后由上式求得 H_2。当 H_2 确定后，可由式（9-30）和式（9-32）求得空气用量 L 及预热器加热量 q_p。

9.3 干燥速率和干燥时间

干燥设备的尺寸必须由平衡和速率两方面的关系确定。要确定干燥设备的尺寸，首先通过讨论湿空气和湿物料的平衡关系来研究湿物料与干燥介质之间传热和传质的速率，进而确定干燥所需的时间及干燥设备的容积。

▶ 9.3.1 干燥推动力

当湿物料与一定温度、一定湿度的空气接触时，气、固相间将发生水分的传递。传递方向将视湿物料的含水量大小而定，含水量高时湿物料将被干燥；含水量低时则将吸收水分。若气、固相间有足够长时间的接触，使水分的传递达到平衡，则固体物料的含水量最终保持某一定值。这个含水量称为该物料在这一空气状态下的平衡含水量。此时，湿物料表面的蒸汽压称为该含水量下的平衡蒸汽压。

（1）平衡曲线

湿物料平衡含水量的大小与两种因素有关。一种是物料本身的性质，即物料结构和水分在物料中的结合情况；另一种是空气的状态，亦即干燥介质的湿度、温度等条件。湿物料的平衡含水量通常都针对某种湿物料，通过实验来测定。

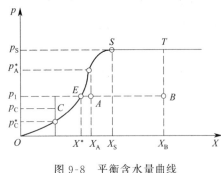

图 9-8　平衡含水量曲线

1）p_t-X^*（或 p_t^*-X）线

图 9-8 所示的曲线，表示一定温度下水分在气、固相间达到平衡时，湿空气中的水气分压与湿物料的平衡含水量 X^* 之间的关系，亦即湿物料的含水量 X 与平衡蒸汽压 p_t^* 之间的关系，称为平衡曲线。它表明：对绝干物料，其平衡蒸汽压为零，亦即与绝干物料相平衡的空气为干空气；湿物料含水量增加，与之相平衡的湿空气的水气分压也增加，如曲线 OS 所示。当湿物料含水量达到或超过某一定值（图中 X_S）后，湿润的物料将像纯水一样，其平衡蒸汽压为该温度下水的饱和蒸汽压 p_S，与其相平衡的湿空气为该温度下的饱和湿空气，因而曲线在 S 点以后为一水平线 ST。

2）φ-X 线

同一种类物料的 p_t-X^* 平衡曲线和温度有关，然而，如果用相对湿度 $\varphi = p_t/p_S$ 对 X 作图，则同种物料在不同温度下的平衡曲线变化不大，因而在工程计算中缺少数据时，常可忽略温度的影响，采用 φ-X 曲线。

（2）物料中所含水分的性质

1）自由水分与平衡水分

如图 9-8 所示，当含水量为 X_B 的湿物料与一定温度、水气分压为 p_1 的湿空气接触时，由于 X_B 大于相平衡的平衡含水量 X^*，故该湿物料将被干燥，所能干燥的极限含水量为 X^*，湿物料中大于平衡含水量、有可能被该湿空气干燥的这部分水分就称为自由水分；而等于或小于平衡含水量，无法用相应空气干燥的那部分水分则为平衡水分。平衡含水量是区分自由水分和平衡水分的依据，也是计算干燥时间的重要参数，常通过实验求得。

2）结合水分与非结合水分

固体中存留的水分依据固、液间相互作用的强弱，又可简单地分为结合水和非结合水。结合水包括湿物料中存在于细胞壁内的和毛细管内的水分，固、液间结合力较强；非结合水分包括湿物料表面上的附着水分和大孔隙中的水分，结合力较弱。因而，结合水所产生的蒸汽压小于同温度下纯水的蒸汽压，而非结合水则可产生同温度下与纯水相同的蒸汽压。如图 9-8 所示，凡湿物料的含水量小于 X_S 的那部分水分为结合水，因为 $X < X_S$ 时，其蒸汽压都小于同温度下纯水的饱和蒸汽压。含水量超过 X_S 的那部分水分为非结合水，因为 $X > X_S$ 时，湿物料中的水分产生饱和蒸汽压。

综上所述，平衡水分与自由水分，结合水分与非结合水分是两种概念不同的区分方法，非结合水分是在干燥中容易除去的水分，而结合水较难除去。是结合水还是非结合水决定于固体物料的性质，与空气状态无关。自由水分是在干燥中可以除去的水分，而平衡水分是不能除去的，自由水分和平衡水分除与物料有关，还决定于空气的状态。

也可依据某一 φ 值下的平衡含水量 X^*，在 φ-X 图中，将湿物料的水分表示为自由水分和平衡水分。

依据曲线 $\varphi=100\%$ 的交点处的 X_S 值，还可将湿物料的水分表示为结合水和非结合水。以某种腈纶纤维为例，其 $\varphi\text{-}X$ 平衡曲线如图 9-9 所示，曲线在 $\varphi=100\%$ 时的平衡含水量为 $X=0.057$。对于含水量为 $X=0.08$ 的样品来说，除含有 0.057 的结合水外，还含有非结合水 0.023。如将此样品置于 $\varphi=40\%$ 的空气中干燥，则其平衡水分为 0.009，自由水分为 0.071。

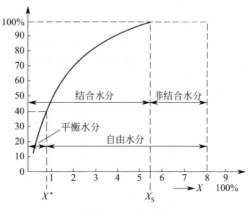

图 9-9　水分种类

（3）干燥推动力

只有当湿物料的平衡蒸汽压 p^* 大于空气的水蒸气分压 p_v 时，才会发生湿物料的干燥过程。此时，气、固两相之间的传质推动力可由水气的分压差 p^*-p_v 表示。如图 9-8 所示，设在一定的温度下用水气分压为 p_{v1} 的湿空气干燥含水量分别为 X_A 和 X_B 的湿物料，则其干燥推动力分别为 $p_A^*-p_{v1}$ 和 $p_B^*-p_{v1}$，式中 p_A^* 和 p_B^* 表示湿物料的含水量为 X_A、X_B 时的平衡蒸汽压（由于 $X_B>X_S$，$p_B^*>p_S$）。反之，当空气中水蒸气分压高于平衡值时，湿物料将发生"反潮"（吸湿）现象。如 C 点的情况即是如此，$p_{v1}-p_C^*$ 为吸湿推动力。

干燥推动力更为常用的是湿度差，以 H^*-H 来表示，其中 H 为空气的湿度，H^* 为与湿物料含水量 X 相对应的平衡湿度，其值可利用式(9-2)由平衡分压 p^* 换算求得。特别是当物料足够润湿时，由于 p^* 等于湿物料温度下亦即湿空气的湿球温度 T_w 下水的饱和蒸汽压 p_S，此时的 H^* 等于 T_w 下湿空气的饱和湿度 H_w，故推动力又常以 $H_w\text{-}H$ 表示。

干燥过程的实质是传热、传质同时存在的过程，除上述以分压差和湿度差表示推动力外，有时也以气、固间的温度差 ΔT 来表示干燥推动力。

9.3.2　干燥速率

干燥生产过程的设计，通常需计算所需干燥器的尺寸及完成一定的干燥任务所需的干燥时间，这都决定于干燥速率。湿分由湿物料内部向干燥介质传递的过程是一个复杂的物理过程，它的快慢，亦即干燥速率，不仅决定于湿物料的性质：包括物料结构、与水分结合形式、块度、料层的薄厚等；而且也决定于干燥介质的条件：包括温度、湿度、速率及流动的状态。目前对干燥速率的机理了解得还很不充分，因而在大多数情况下，必须用实验的方法测定物料的干燥速率。

（1）恒速干燥

目前，干燥速率的测定实验大多在恒定干燥条件下进行。所谓恒定干燥条件是指干燥过程中空气湿度、温度、速率以及与湿物料的接触状态都不变。因为在这种条件下进行干燥，才能直接地分析物料本身的干燥特性。这种条件可在实验室中以大量空气和少量湿物料接触的情况下完成。当然，在干燥过程中湿物料的含水量和其他参数都处在变化之中。

（2）稳态与非稳态干燥

干燥生产可以是连续生产，也可以是间歇操作。连续操作为稳态干燥过程，湿物料的加入和干产品的排出是连续进行的，设备中各点的操作参数不随时间改变。间歇操作是非稳态的，湿物料一次成批加入，干燥完后一次排出，即使在恒定干燥条件下，干燥介质的性质参数维持不变，但湿物料的温度、湿含量、质量等参数是随时间改变的。在以下干燥速率的讨论中，以间歇操作为主，并在此基础上，进而解决连续操作的速率问题。

（3）干燥速率曲线

在恒定干燥条件下进行干燥试验，一般都是间歇操作。实验所得数据，以时间 τ 对干基含水量 X 作图，可得图 9-10 所示的干燥曲线。由此图通过计算得图 9-11 所示的干燥速率曲线，图中横坐标为干基含水量，纵坐标为干燥速率 R。

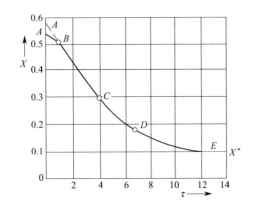

图 9-10　干燥曲线　　　　　　　图 9-11　典型的干燥速率曲线

$$R = -\frac{G_C \mathrm{d}X}{A \mathrm{d}T} \tag{9-42}$$

式中　R——干燥速率，$\mathrm{kg/(m^2 \cdot s)}$；

　　　G_C——绝干物料质量，kg；

　　　A——干燥面积，$\mathrm{m^2}$。

在图 9-10 和图 9-11 中，A 点代表时间为零时的情况，AB 为湿物料不稳定的加热过程，一般该过程的时间很短，在分析干燥过程中常可忽略。从 B 点开始湿物料温度稳定在某一定值，即为空气的湿球温度，BC 段内干燥速率保持恒定，称为恒速干燥阶段。C 点以后，随着物料含水量的减少，干燥速率下降，CDE 段称为降速干燥阶段，C 点称为临界点。该点对应的含水量称为临界含水量，以 X_C 表示。E 点的干燥速率为零，X^* 即为干燥条件下的平衡含水量。

1）恒速干燥阶段

在这一阶段，物料整个表面都有非结合水形成的水膜，因物料内部水分含量充足，水分由内部向表面转移的速率高，足以保持表面上的润湿，干燥过程类似于纯液态表面的汽化。这一阶段的干燥速率主要决定于干燥介质的性质和流动情况，与物料性质和水分在物料内部的存在形式及运动情况无关，由水分在固体表面的汽化速率所控制。这一阶段的干燥过程与湿球温度计的机理是相同的，因而物料表面温度保持为空气的湿球温度 T_w，物料表面气膜的空气湿度为 T_w 下的饱和湿度 H。

2）临界含水量

由恒速转为降速时，湿物料的含水量为临界含水量。由临界点开始，水分由内部向表面迁移的速率开始小于表面蒸发速率，湿物料表面上的水不足以保持表面的润湿，表面上开始出现干点。如果湿物料最初的含水量低于临界含水量，则干燥过程不存在恒速阶段。

临界含水量与湿物料的性质及干燥条件有关，不同的湿物料，由于其结构和块度不同而具有不同的临界含水量。同时，由于干燥介质的相对湿度、温度及流速的不同，也极大地影响了湿物料的临界含水量。一般当物料的块度增大、干燥速率增大时，临界含水量将会增大。在干燥设备的计算中，其值一般由实验确定。

3）降速干燥阶段

物料含水量降至临界含水量之后，便转入降速干燥阶段。这时，水分由物料内部向表面迁移的速率低于物料表面的汽化速率，润湿表面开始出现白点，并逐渐变干，随着温度的逐渐上升，物料含水量逐渐减少，水分在内部的迁移速率逐渐下降，干燥速率越来越低。这时，干燥速率主要取决于水分在物料内部的迁移速率。不同类型的物料，其结构不同，水分在内部迁移的机理也不同，降速阶段速率曲线形状也不同。某些湿物料干燥时，干燥曲线的降速段中有一转折点 D，把降速阶段分为第一降速阶段和第二降速阶段。D 点称为第二临界点，如图 9-12 所示。但另一些湿物料在干燥时则不出现转折点，整个降速段形成了一个平滑曲线，如图 9-13 所示。

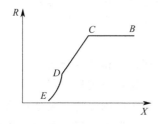

图 9-12　多孔性陶制平板的干燥速率曲线　　　图 9-13　非多孔性黏土板的干燥速率曲线

▶ 9.3.3　湿分在湿物料中的传递机理

（1）湿物料的分类

依据湿物料在干燥时所显示的不同的特性，可将湿物料分为两种类型：a. 多孔性物料，如催化剂颗粒，砂子等；b. 非多孔性物料，如肥皂、糨糊、骨胶等。在多孔性物料中，水分存在于物料内部大小不同的细孔和通道中，湿分移动主要靠毛细管作用力。这类物料的临界含水量较低，降速段一般分为两个阶段。非多孔性物料中的结合水与固相形成了单相溶液，湿分靠物料内部存在的湿分差以扩散的方式进行迁移。这种物料的干燥曲线的特点是：恒速阶段短、临界含水量较高，降速段为一平滑曲线。大多数固体的干燥是介于多孔性和非多孔性物料之间的，如木材、纸张、织物等，在降速阶段的前期，水分的移动靠毛细管作用力，而后期，水分移动是以扩散方式进行的，故降速段的干燥曲线也分为两段。

（2）液相扩散理论

液相扩散理论认为在降速干燥阶段中，湿物料内部的水分分布不均，形成了浓度梯度，使水分由含水量高的物料内部向含水量低的表面扩散，然后水分在表面蒸发，再进入干燥介质。扩散过程是很慢的，相比之下，表面蒸发速率要快得多，在物料表面上气膜的扩散阻力可以忽略不计，所以表面的含水量趋近于空气的平衡湿度，干燥速率完全取决于物料内部的扩散速率。此时，除了空气的湿度影响表面上的平衡值外，干燥介质的条件对干燥速率已无影响。非多孔性湿物料的降速干燥过程较符合扩散理论，如黏土的干燥，图 9-13 所示为黏土平板的干燥速率曲线。

（3）毛细管理论

毛细管理论认为水分在多孔性物料中的移动主要依靠毛细管力。多孔性物料具有复杂的网状结构和孔道，这是由被固体包围的空穴相互沟通所形成的。孔道截面变化很大，物料表面有大小不同的孔道开口，当湿物料表面水分被蒸发后，在每个开口处形成了液面。由于表面张力，在较细的孔道中产生了毛细管力，与湿物料表面垂直的分力就成为水分由内部向表面移动的推动力。毛细管力的大小决定于液面的曲率，曲率是管内径的函数。管径越小，毛细管力越大，于是可通过小孔抽吸出大空穴中的水分，空气则进入排液后的空穴。只要由物料内部向表面补充足够的水分以保持表面润湿，干燥速率是恒定的。到达临界点时，大空穴中的水已被逐渐耗干，表面液体水开始退入固体内，湿物料表面上的凸出点暴露了，虽然表面上润湿处的蒸发强度仍保持不变，但有效传质面积减少了，于是基于总表面积的干燥速率下降。随着干表面分率的增加，干燥速率继续下降，这就是多孔性物料的第一降速阶段：在第一降速阶段中，水分蒸发的机理与恒速段是相同的，蒸发区仍处在湿物料表面上，或者在表面临近处，水在孔隙中是连续相，进入的空气在物料中为分散相，影响蒸发的因素与恒速阶段基本相同，只是有效面积随含水量比例而下降，因而在第一降速干燥阶段中，干燥曲线一般为一直线，如图 9-12 中的 *CD* 段。

当水分进一步被蒸干，空穴被空气占据的分率增加，使得气相变为连续相。水分只存在于孤立的小缝隙内形成分散相，于是达到了第二临界点，干燥速率突然下降，曲线形成了第二转折点。此时，蒸发区在物料内部，水蒸气向外传递和热量向内传递都需通过固体层，以扩散和传导的方式进行，物料表面温度上升到干燥介质的干球温度，形成了向内传导的温度梯度。这一阶段的干燥过程又符合扩散模型，使第二降速阶段的干燥曲线形成了上凹的曲线。

9.3.4 干燥时间

（1）恒定条件下的干燥时间

1）恒速干燥阶段

对式（9-42）积分：

$$\tau_1 = \int_0^{\tau_1} \mathrm{d}\tau = -\frac{G_\mathrm{C}}{A} \int_{X_1}^{X_\mathrm{C}} \frac{\mathrm{d}X}{R} = \frac{G_\mathrm{C}}{AR}(X_1 - X_\mathrm{C}) \tag{9-43}$$

式中　τ_1——恒速阶段所需的干燥时间，s；

　　　X_1——干燥开始时的干基含水量。

在恒速干燥阶段中，固体物料的表面非常润湿，物料表面的状况与湿球温度计湿纱布表面的状况相似，因此当物料在恒定的干燥条件下进行干燥时，物料表面的温度 θ 等于该空气的湿球温度 T_w（假设湿物料受辐射传热的影响可忽略不计），而当 T_w 为定值时，物料表面湿空气的湿度也为定值。由于物料表面和空气间的传热、传质过程与湿球温度计的湿纱布和空气间的热、质传递过程基本相同，于是当以湿度差为推动力时干燥速率可表示为：

$$R = k_\mathrm{H}(H_\mathrm{w} - H) \tag{9-44}$$

式中　k_H——传质系数，kg/(m²·s)。

当以温度差为推动力时，则为：

$$R = \frac{\alpha}{r_w}(T - T_w) \tag{9-45}$$

式中　α——传热膜系数，$kJ/(m^2 \cdot s \cdot K)$；

　　　r_w——水分在温度 T_w 下的汽化潜热，kJ/kg。

传质系数 k_H 和传热膜系数 α 可由试验求得，下述经验式可作为参考。

在常用的温度和流速条件下，对于静止的物料层，当空气平行流过物料表面时，传热膜系数可按下式计算：

$$\alpha = 0.024(u\rho)^{0.8} \tag{9-46}$$

式中　α——传热膜系数，$J/(m^2 \cdot s \cdot K)$。

上式适用的范围是：空气的质量流速 $u\rho$ 在 $0.68 \sim 8.14 kg/(m^2 \cdot s)$ 之间，温度在 $318 \sim 423K$ 之间。

当空气垂直流过固体表面时，可采用下式：

$$\alpha = 1.17(u\rho)^{0.37} \tag{9-47}$$

上式适用于 $u\rho$ 为 $1.08 \sim 5.42 kg/(m^2 \cdot s)$。

将式(9-44) 或式(9-45) 代入式(9-43)，可得：

$$\tau_1 = \frac{G_C(X_1 - X_C)}{A k_H(H_w - H)} \tag{9-48}$$

或

$$\tau_1 = \frac{G_C(X_1 - X_C)r_w}{A\alpha(T - T_w)} \tag{9-49}$$

2）降速阶段干燥时间

① 积分法。

利用式(9-42) 在临界含水量 X_C 与干产品含水量 X_2 之间进行积分，可得降速阶段的干燥时间 τ_2：

$$\tau_2 = \frac{G_C}{A}\int_{X_2}^{X_C}\frac{dX}{R} \tag{9-50}$$

此时，积分式中的 R 为变量，若干燥曲线已知，可用图解积分法求解：将 $1/R$ 对应的 X 值进行标绘，求得 $X_2 \sim X_C$ 之间的面积，再由式(9-50) 求得时间 τ_2。

② 近似法。

当降速阶段的速率曲线近似地以临界 C 点与平衡含水量 E 点的连线替代降速段曲线时，则 R 与 $X-X^*$ 成正比，计算可简化为：

$$R = -\frac{G_C dX}{A d\tau} = K_x(X - X^*) \tag{9-51}$$

式中　K_x——近似直线的斜率。

于是

$$K_x = \frac{R}{X - X^*} = \frac{R_C}{X_C - X^*} \tag{9-52}$$

式中　R_C——临界点速率，亦即恒速阶段的速率。

将 K_x 代入式(9-51) 中，得：

$$-\frac{G_C \mathrm{d}X}{A\,\mathrm{d}\tau}=R_C\frac{X-X^*}{X_C-X^*} \tag{9-53}$$

积分并整理，降速干燥时间为：

$$\tau_2=\frac{G_C(X_C-X^*)}{R_C A}\ln\frac{X_C-X^*}{X_2-X^*} \tag{9-54}$$

对多孔性物料，符合毛细管理论的干燥过程适宜采用此法。

③ 扩散理论方法。

对非多孔性湿物料的降速干燥时间，可按扩散理论求解。干燥时，水分在湿物料中的扩散为一非稳态过程。对于厚度为 l 的平板，当侧面和底面绝热，干燥只在表面上进行时，可得如下积分解：

$$\frac{X_\tau-X^*}{X_C-X^*}=\frac{8}{\pi^2}\left[\mathrm{e}^{-D_L\tau\left(\frac{\pi}{2l}\right)^2}+\frac{1}{9}\mathrm{e}^{-9D_L\tau\left(\frac{\pi}{2l}\right)^2}+\frac{1}{25}\mathrm{e}^{-25D_L\tau\left(\frac{\pi}{2l}\right)^2}+\cdots\right] \tag{9-55}$$

式中　D_L——液体扩散系数，$\mathrm{m^2/s}$；

　　　τ——干燥时间，s；

　　　X_τ——干燥 τ 时间后的平均含水量；

　　　X_C——临界含水量（或第二降速阶段开始时的含水量）；

　　　X^*——平衡含水量；

　　　l——单面干燥时湿物料的厚度，如平板两面同时干燥，l 应为板厚的 1/2（即单向扩散距离）。

在干燥时间较长的情况下，式(9-55) 中第一项后即可忽略，于是得：

$$\frac{X_\tau-X^*}{X_C-X^*}=\frac{8}{\pi^2}\mathrm{e}^{-D_L\tau\left(\frac{\pi}{2l}\right)^2} \tag{9-56}$$

由此式可解出最终含水量为 X_2 所需的降速干燥时间为：

$$\tau_2=\frac{4l^2}{\pi^2 D_L}\ln\frac{8(X_C-X^*)}{\pi^2(X_2-X^*)} \tag{9-57}$$

以上积分中假定 D_L 为常数，但 D_L 是随含水量和温度而变化的，含水量越大，温度越高，D_L 越大，计算时应采用实验所得的平均值。

3）总干燥时间

总干燥时间为：

$$\tau=\tau_1+\tau_2 \tag{9-58}$$

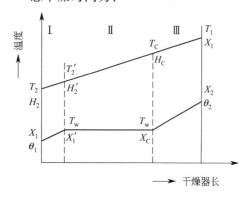

图 9-14　连续逆流干燥器
的温度分布曲线

（2）干燥条件变动情况下的干燥时间

在实际操作中，干燥条件并不是恒定的。随着干燥过程的进行，气体温度逐渐降低，湿度增加。但在大型的连续生产的干燥作业中，就设备中的某一截面而论，干燥情况是恒定的，而沿流动方向的各垂直截面之间则互不相同，于是对整个干燥过程，可先列微分方程求解。用图 9-14 表示连续逆流干燥器中物料与空气的温度沿流程分布情况。干燥器中可划分为三个区：Ⅰ区为预热区，在该区中物料被加热至湿球温度，但实际蒸发水分量很少，在温度不是很高的干燥器中，可忽略不计。Ⅱ区为干燥的第一阶段，气体温度由 T_C 降至 T_2'，若干燥器是绝热的，则空气在Ⅱ区内经历绝热饱和过程，湿物料则保持空气的湿球温度 T_w 不变，物料在恒温下进行表面蒸发，气体的质量流速不变，因而传质系数和传热系数皆为常数。但因空气状态的变化，推动力 H_w-H 和 T-T_w 是变量，干燥速率是逐渐改变的。Ⅲ区为干燥的第二阶段，相当于恒定干燥条件下的降速阶段，进行不饱和表面干燥和结合水的汽化。各段的干燥时间可分别计算如下。

1) 第一阶段

在这一阶段中，任一截面都可写出传递速率关系：

$$R = k_H(H_w - H) = \frac{\alpha}{r_w}(T - T_w) \tag{9-59}$$

设干燥器内的任一微元距离内，空气与湿物料逆流接触的时间为 $d\tau$，相应湿度和水分含量的变化为 dH 和 dX，则：

$$G_C dX = L dH \tag{9-60}$$

将上两式代入干燥速率的定义式(9-42)，并以湿度差表示水分传递的推动力时，可得：

$$d\tau = -\frac{L dH}{Ak_H(H_w - H)} \tag{9-61}$$

若干燥第一阶段为绝热冷却过程，则 k_H 和 H_w 均为常数，则式(9-61)积分得：

$$\tau_1 = \frac{L}{Ak_H}\ln\frac{H_w - H_C}{H_w - H_2} \tag{9-62}$$

式中，H_C 可通过物料衡算按下式求得：

$$H_C = H_1 + \frac{G_C}{L}(X_C - X_2) \tag{9-63}$$

2) 第二阶段

在此阶段内物料的含水量皆在临界含水量以下，设干燥速率与自由水分的关系仍可用式(9-51)表示，则有：

$$R = R_C\frac{X - X^*}{X_C - X^*} = k_H(H_w - H)\frac{X - X^*}{X_C - X^*} \tag{9-64}$$

将上式代入式(9-42)，积分可得：

$$\tau_2 = \int_0^{\tau_2} d\tau = -\frac{G_C(X_C - X^*)}{Ak_H}\int_{X_2}^{X_C}\frac{dX}{(H_w - H)(X - X^*)} \tag{9-65}$$

由式(9-60)可得到：

$$dX = \frac{L}{G_C}dH \tag{9-66}$$

在干燥器中，第二阶段的任一截面和物料出口之间作水分衡算，可得

$$X = X_2 + \frac{L}{G_C}(H - H_1) \tag{9-67}$$

将式(9-66)和式(9-67)代入式(9-65)，得：

$$\tau_2 = \frac{L(X_C - X^*)}{Ak_H}\int_{H_1}^{H_C}\frac{dH}{(H_w - H)\left[\frac{L}{G_C}(H - H_1) + X_2 - X^*\right]} \tag{9-68}$$

如空气的状态变化可视为绝热冷却过程，则 H_w 为常数，上式积分整理后可得：

$$\tau_2 = \frac{L(X_C - X^*)}{Ak_H} \frac{1}{\frac{L}{G_C}(H - H_1) + X_2 - X} \ln \frac{(H_w - H_1)(X_C - X^*)}{(H_w - H_C)(X_2 - X^*)} \qquad (9\text{-}69)$$

若将式(9-42)的干燥速率以式(9-45) $R = \dfrac{\alpha}{r_w}(T - T_w)$ 表示，通过类似的推导，可得出以温度差作为推动力计算 τ_1 和 τ_2 的关系式。

总干燥时间 τ 为 τ_1 与 τ_2 之和，

$$\tau = \tau_1 + \tau_2 \qquad (9\text{-}70)$$

9.4　干燥器

为适应物料的多样性和产品规格的不同要求，就需要各种类型的干燥器。要处理的湿物料的形态和性能是多种多样的。例如，从形态上，可能是块、颗粒、粉末、纤维状，也可能是溶液、悬浮液或膏状物料；从物性上，由于物料内部结构以及与水分结合强度的不同，其性能差异也很大（机械强度、黏结性、热敏性以及减湿过程中的变形和收缩性能等）。此外，各种产品对最终含水量、堆积密度等质量的要求也各不相同。为满足生产中多种多样的要求，工业用的干燥器有数百种之多。

9.4.1　干燥器的分类

干燥操作是过程工业生产中的一项重要单元操作，在化工、医药、轻工、农产品加工等方面均有广泛的应用。

干燥机的分类方法通常有多种形式，每种干燥机根据操作方式、结构原理、加热方式、物料的运动形式、传热原理、干燥室的压力等都有不同的分类方法。根据操作方式可分为连续式和间歇式 2 种；按操作压力的不同可分为常压干燥和真空干燥。按传热方式，可分为传导干燥、对流干燥、辐射干燥和介电加热干燥等，其间又可分为直接加热式和间接加热式；按结构原理可分为厢式、隧道式、滚筒式、塔式、盘式等。如此多的分类形式，使得非干燥专业的技术人员在实际运用中对怎样选择、应用干燥技术与干燥机感到无从下手。如何能将这些分类方法与本专业的加工工艺有机结合起来并能对实际工作起到一定的指导作用，使干燥技术能更好地为更多领域服务是一个值得研究的问题。

由于干燥器种类很多，干燥技术的应用领域很广，一种使其能涵盖所有的干燥机和应用领域的综合分类是不可能的，只能就应用较成熟的干燥机进行大致的分类。首先根据操作方式，将干燥机分成间歇式和连续式 2 种干燥机，再根据加工方式、传热原理和干燥室的压力等进一步分类，最后按结构分类。干燥器的分类列于表 9-2。

表 9-2　干燥机械的分类

间接厢式	平行流、穿气流、真空
物料移动型	隧道、穿气流带式、喷流式、立式移动床
搅拌型	圆筒或槽形搅拌(真空或非真空)、多层圆盘
回转干燥器	通用型平行流转窑、带水蒸气加热管转窑、穿流式回转干燥器
物料悬浮态干燥器	喷雾干燥器
	流化床干燥器:内加热,载体,搅式
	气流、旋流、强化(闪蒸)
其他特殊类型	红外干燥器、高频干燥器、冷冻干燥器、微波干燥器、有机过热蒸汽干燥机

9.4.2 常用干燥器的工作原理及特点

(1) 厢式、隧道式干燥器

厢式干燥器的结构如图 9-15 所示，多层长方形浅盘叠置在框架上，湿物料在浅盘中的厚度为 10～30mm，一般浅盘面积为 $0.3～1m^2$，新鲜空气由风机抽入。经加热后沿挡板均匀地进入各层之间，平行流过湿物料表面。气速应使物料不被气流带走。气流常用的范围为 1～10m/s。盘内湿物料的干燥强度决定于物料结构和厚度以及介质条件。如染料在空气介质为 50～90℃时，蒸发强度是 $3.1 \times 10^{-5}～3 \times 10^{-4} kg/(m^2 \cdot s)$。

厢式干燥器的优点是：构造简单、设备投资少、多种湿物料均适用，尤其是小批量的膏状或颗粒状珍贵物料，如染料、药品等的干燥。其缺点是：热利用率低、劳动强度大、产品质量不均匀。厢式干燥器为典型的间歇式常压干燥设备。如将浅盘框架置于轨道小车上，使其成为隧道式干燥器，即可进行连续或半连续操作，如图 9-16 所示。对隧道式干燥机，小车是缓慢地在隧道中运动，通常隧道被分为几个区，在隧道内热空气掠过物料，使物料加热，废气通过一个或几个风扇排出。隧道内容积大，湿物料停留时间长，适用于处理量大、干燥时间长的物料，如木材、肥皂、陶瓷等的干燥。如果采用帆布、橡胶或金属丝制成的传送带来运输物料，又称为带式干燥器。

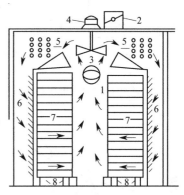

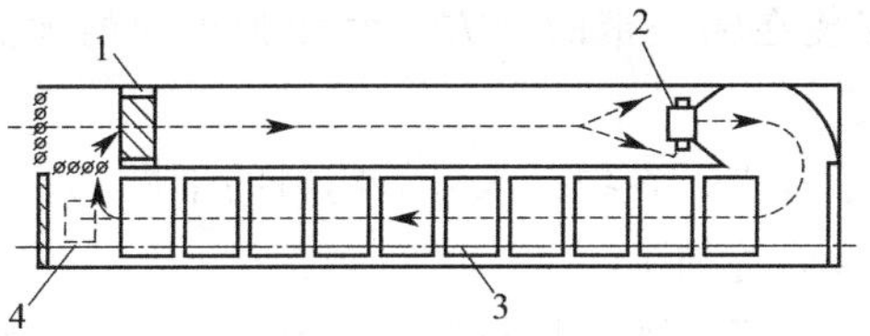

图 9-15　厢式干燥器
1—空气入口；2—空气出口；3—风扇；
4—电动机；5—加热器；6—挡板；
7—盘架；8—移动轮

图 9-16　隧道式干燥器
1—加热器；2—风扇；
3—装料车；4—排气口

厢式干燥器也可在减压下操作，成为厢式真空干燥器。将加热蒸汽通入浅盘夹套层进行间接加热，湿物料蒸发出的水蒸气由真空泵抽出。在高真空下，如果将干燥箱冷却到 0℃ 以下，水在固体冰的形态下升华后除去即为冷冻干燥。真空干燥和冷冻干燥适用于处理热敏性和易氧化燃烧的物料，如药品、食品、维生素等。

厢式干燥器中加热器的安排有两种方法，图 9-17(a) 为单级加热，图 9-17(b) 为多级加热。空气在干燥器中的变化过程可表示在湿度图中，图 9-18 中折线 ABC 表示单级加热过程，在这种情况下，进入干燥器的气体温度很高，这不仅影响物料的质量，而且要用压力很高的蒸汽来预热空气。折线 $AB_1C_1B_2C_2B_3C$ 表示三级加热过程。显然，多级加热方法的干燥速率比较均匀。如果在两种方法下空气的初、终状态相同（A、C 两点重合），则所需空气量相同。

在厢式干燥器中，也常采用废气循环法，将部分废气返回到预热器入口，以调节干燥器入口处空气的湿度，降低温度，增加气流速度。它的优点是：a. 可灵活准确地控制干燥介质的温度、湿度；b. 干燥推动力比较均匀；c. 增加气流速度，使得传热（传质）系数增大；d. 减少热损失，但干燥速率常有所减小。

采用部分废气循环时，空气状态变化如图 9-19 所示，点 A 表示新鲜空气，点 C 表示废气，AC 连线上的点 M 表示混合后的气体，点 M 的位置可由物料和热量衡算或由杠杆定理

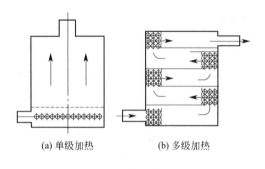

(a) 单级加热　　　　　(b) 多级加热

图 9-17　干燥中加热管的安排法

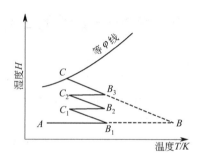

图 9-18　具有中间加热的干燥过程

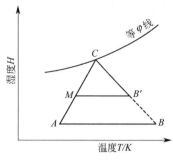

图 9-19　具有废气循环的干燥过程

确定，点 M 越靠近点 C，则表示混合气中废气量越大。混合气沿等湿线加热到点 B'，即为进入干燥器的空气状态。在相同的初、终状态下，废气循环时的新鲜干空气用量仍不变。

（2）带式干燥器

这类干燥器一般都是连续、常压工作，由若干个独立单元段组成，每个单元段包括循环风机、加热装置和单独或公用的进排气系统。一般带式干燥器有上吹风和下吹风的不同结构。输送带常用穿孔或不穿孔的不锈钢薄板制成，由于物料随输送带同步移动，干燥介质穿过干燥物料层时，物料中水分汽化的强度大体相同，故物料具有基本相同的干燥时间。这非常适用于物料的色泽变化和湿含量均匀至关重要的干燥过程。

带式干燥器的另一优点是可以将微波发生器安装在输送带的上方，而作为单独的加热源，又可以将微波发生器作为对流干燥的辅助热源。

带式干燥器有一层和多层型式，该机一般适用于玉米、谷物、水果等物料的干燥。如果采用微波加热时，还可用于小食品的干燥、烘焙、烧烤等加工。

带式干燥器的特点是：物料的色泽变化和湿含量指标一致；物料形状不易受到损坏；结构简单，使用方便；干燥介质的质量、温度、湿度和排气的循环量等可根据工艺的需要实施单元控制；占地面积大，运行时噪声较大，产品的复水性较差，不适于黏性物料的干燥。

（3）搅拌盘式干燥器

该类干燥器是一种高效节能的干燥设备，其主要结构是空心加热盘和安装于其上的起搅拌和排料作用的耙臂及耙叶等部件。空心加热盘是干燥器的主要部件，分大小两种，在机器内部呈交错排列，物料由机器上部的喂入口喂入后，依靠重力，物料在盘上作由内向外和由外向内的迂回运动，即物料由第一层的内圆落下后，再从第二层的外缘落下，依次循环，直至排出机外。加热盘的内部通以加热蒸汽、热水或导热油来作为加热介质。故加热盘实际是一个压力容器。为了提高加热介质在空心盘中的扰流作用，强化传热效率，及增加空心盘的刚度，提高承载能力，在加热盘的内部都焊有折流板或短管。

搅拌盘式干燥器的特点是热效率高，能耗低、干燥时间短；可调控性好；产品干燥均匀，质量好；被干燥物料的破损少；对环境无污染；无振动，低噪声；设备直立安装，占地面积小。

（4）转筒式干燥器

转筒式干燥器的主要部件为一个与水平略呈倾斜的旋转圆筒，可制成连续和批式两种型式。一般应用于耐高温物料的干燥，湿物料从一端的上部喂入，经过圆筒的内部时，与通过筒内的热风或加热壁面进行有效接触而被干燥。干燥后的产品从另一端的下部输出。通常，转筒式干燥机的体积相对较大，在干燥过程中，物料借助于圆筒的缓慢转动，在重力的作用下，物料从较高的一端向较低的一端移动，筒体内一侧内壁装有抄板，把物料不断的抄起、洒下，使之和热风进行有效的接触，以达到增加干燥速率的目的。圆筒旋转一周，物料被升举一次，靠这种反复升落和自身质量，湿物料沿圆筒长度方向流动，干燥后在圆筒较低一端导出；二是在筒体的中心部分设有一气体分配器，而筒体内无抄板。加热的干燥介质是通过气体分配器，将热风通过多根垂直插入于物料中的小风管，使热风吹入螺旋线移动的物料中，物料与热风充分的接触，达到干燥的目的。

图 9-20 所示为一个逆流操作的转筒干燥器。图 9-21 所示为几种常用的抄板形式。

转筒式干燥器的干燥介质可采用热空气、烟道气或其他可利用的热气体，转筒干燥器的加热方式有直接加热和间接加热两种。对于直接加热，介质与湿物料直接接触。对于耐高温以及对少量污染无其影响的产品，也可采用烟道气直接加热。采用间接加热时，在靠近转筒内壁装有单排或双排加热蒸汽列管，通过管壁加热湿物料，筒内通过少量空气带出水蒸气，空气在出口处接近于饱和。加热列管也起抄板的作用，升扬物料。间接加热干燥器常用于食盐、食糖等食品的干燥，可保持食品的洁净。

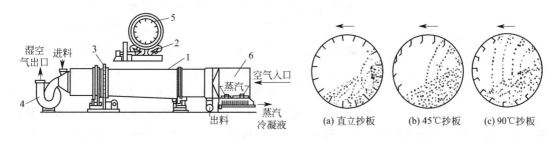

图 9-20　热空气直接加热的逆流操作转筒干燥器　　　　　　图 9-21　常用的抄板类型
1—圆筒；2—支架；3—驱动齿轮；4—风机；
5—抄板；6—蒸汽加热

干燥介质在转筒内可与湿物料逆流或并流流动。在逆流操作时，产品含水量降到较低值。在物料进口处，湿的固体还可起到降低气体粉尘携带量的作用。但逆流时，产品在卸料处的温度过高，在湿物料的加料处传热推动力太小，使湿物料的预热段增大。在并流操作中，气体在入口处降温快，对热敏性物料的干燥有利，物料升温快，不易粘壁，产品卸料温度较低，易于贮藏和包装。

在直接加热干燥器中，气体的质量流速决定于固体粉尘形成的情况。对于粒径 1mm 左右的物料，一般取气速 0.3～1m/s；粒径 5mm 左右的物料，气速应在 3m/s 以下；当用空气作为介质时，入口气温一般在 120～175℃，利用炉内烟道气时，一般取 540～800℃。

转筒式干燥器是处理物料量较大的一种干燥器，工业上采用的转筒直径为 1～3m，长度与直径比通常为 4～10，转筒长度有时可达 30m。倾斜度与长度有关，其范围为 0.5°～6°，转速一般为 1～8r/min，湿物料在筒内的填充系数可达 0.1～0.2，转筒干燥器的体积蒸发强度在 0.0015～0.01kg·m^{-3}·s^{-1} 范围内。

对于连续式来说，物料从一端进入，干燥后的物料从另一端输出。对于批式干燥机，物料从转筒的顶部喂入，关闭喂入口，通上热源，转筒开始旋转，直到物料完全干时，停止转动，卸下物料。批式干燥机适用于负压操作，可对易氧化和氧化褐变物料进行干燥。

转筒式干燥机的特点是生产能力大，可连续操作；结构简单，操作方便，故障少，维修费用低；适应范围广，对于附着性颗粒物料也能干燥；易清扫，不易产生物料间的污染。但该机设备较大，一次性投资多，由于摩擦和碰撞的作用，加工后的产品破损较大。

（5）气流式干燥器

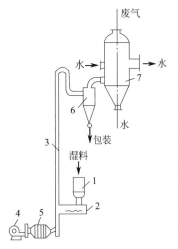

图 9-22 所示为气流式干燥器的简单操作流程，它的主要设备是直立圆筒形的干燥管，热空气（或烟道气）进入干燥管底部，将加料器连续送入的湿物料吹散，并悬浮在其中。介质速度应大于湿物料最大颗粒的沉降速度，于是在干燥器内形成一个气、固间进行传热、传质的气力输送床。一般物料在干燥管中的停留时间 0.5～3s，干燥后的物料随气流进入旋风分离器。产品由下部收集，湿空气经袋式过滤器（或湿法、电除尘等）收回粉尘后排出。

气流干燥器适宜于处理含非结合水及结块不严重又不怕磨损的粒状物料。对黏性和膏状物料，采用干燥介质返混的方法和适宜的加料装置（如螺旋式加料器等）也可正常操作。

气流式干燥器的优点是：a. 气固间传递表面积大、体积传递系数高、干燥速率大。一般体积蒸发强度可达 0.003～0.06kg/(m³·s)；b. 接触时间短，气、固并流操作，可以采用高温介质，对热敏性物料的干燥尤为适宜；c. 由于干燥伴随着气力输送，减少了产品的输送装置；d. 装备相对简单，占地面积小，运动部件少，易于维修，成本费用低。但这种干燥器必须配有高效能的粉尘收集装置，否则尾气携带的粉尘将造成很大的浪费和对环境的污染。尤其对有毒物质，不宜采用这种干燥方法。

图 9-22　气流干燥器流程
1—加料器；2—螺旋加料器；3—干燥管；4—风机；5—预热器；6—旋风分离器；7—湿式除尘器

为了适应较宽粒度范围湿物料的干燥和增大干燥强度，气流管的结构有多种变形，图 9-23 为两段式，第一段扩大部分可对颗粒分级，大颗粒物料通过侧线星形加料器再进入第二段，以免将第二段的底部堵塞。图 9-24 为变径管式或称脉冲式，可使物料在气流中不断地改变相对运动速度，以增大传递系数，提高干燥速率。

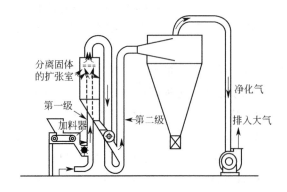

图 9-23　两段式气流干燥器

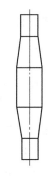

图 9-24　脉冲式气流干燥管一段

(6) 流化床干燥器

流化床干燥器是流态化原理在干燥中的应用，干燥时，颗粒在热气流中上下翻动，彼此碰撞和混合，气、固间进行传热、传质，以达到干燥的目的。图 9-25 所示为一简单的流化床干燥器。

在流化床干燥器内，湿物料由床层的一侧加入，由另一侧导出。热气流由下方通过多孔分布板均匀地吹入床层，进行干燥后，由顶部导出，经旋风分离器回收其中夹带的粉尘后排出。流化床干燥大多数是连续操作过程。连续操作时，颗粒在床层内的平均停留时间如下。

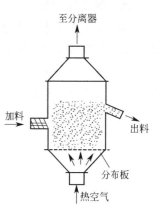

图 9-25　单层圆筒沸腾床干燥器

$$\tau = \frac{床内固体量}{加料速率} \tag{9-71}$$

一般，蒸发表面水分时，τ 为 0.5～2min，如果水分干燥包括内部扩散时，τ 为 15～30min。由于床层中颗粒的不规则运动，引起返混和"短路"现象，因此每个颗粒的停留时间是不相同的，这会使产品质量不均匀，为此可采用如图 9-26 和图 9-27 所示的卧式多室流化床干燥器和多层流化床干燥器。

在多层流化床中，湿物料逐层下落至最下层连续排出。在卧式多室流化床中设有若干块纵向挡板，挡板与分布板之间有间距，物料逐室通过，不致完全混合。各室的气体温度和流量也可以分别调节，以利于热量的充分利用，适应湿物料对气温的要求。一般在最后一室吹入冷风，使产品冷却后便于包装和贮藏。

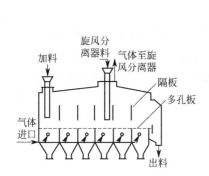

图 9-26　卧式多室流化床干燥器

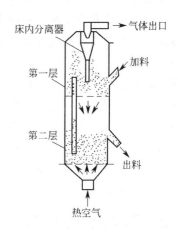

图 9-27　多层流化床干燥器

流化床干燥器与其他干燥器相比：单位体积内的传递表面积大，颗粒间充分搅混，几乎消除了表面上静止的气膜，使两相间密切接触，因此传质、传热效率很高；由于气体可迅速降温，可采用更高的气体入口温度；物料停留时间短，特别有利于热敏性物料的干燥；设备简单，无运动部件，维修费用低；操作控制容易。但这种干燥器对要求降速干燥时间长的物料，虽可采用多级式或多室式，但仍可因"短路"和返混现象的存在而影响产品的质量；对某些泥浆状的湿粉粒物料，尾气带走的粉尘损失大，气体通过分布板及旋风分离器的压力降和操作费用较高。

（7）喷雾干燥器

在喷雾干燥器中，将液态物料通过喷雾器分散成细小的液滴，在热气流中自由沉降并迅速蒸发，最后被干燥为固体颗粒与气流分离。喷雾干燥流程中的主要设备包括：直立圆筒式喷雾干燥室、雾化器、介质加热器、输送设备及气、固分离设备。热气流与液滴可以并流、逆流或混合流的方式进行接触。图 9-28 为常用的喷雾干燥流程。

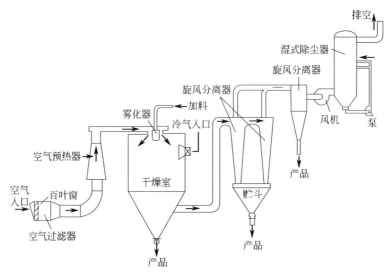

图 9-28　喷雾干燥流程

喷雾干燥操作中，热空气与喷雾液滴都由干燥器顶部加入，气流作螺旋形流动并旋转下降，液滴在接触干燥室内壁前已完成干燥过程，大颗粒收集到干燥器底部后排出，细粉随气体进入旋风分离器分出。废气在排空前经湿法洗涤塔（或其他除尘器），以提高回收率，并防止污染。

喷雾干燥广泛应用于化工、轻工、医药、染料、塑料及食品等过程工业生产中，特别适用于颗粒产品，如奶粉、医药等。它具有如下优点：在高温介质中，干燥过程极快，而且颗粒表面温度仍接近于湿球温度，非常适宜于处理热敏性物料；处理物料种类广泛，如溶液、悬浮液、浆状料液；喷雾干燥可直接获得干燥成品，可省去蒸发、结晶、过滤、粉碎等多种工序；能得到速溶性的粉末和空心细颗料；过程易于连续化、自动化。这种干燥器的缺点是占用空间多，成本及能耗皆较高。

▶9.4.3　其他干燥方法

（1）红外线干燥器

利用红外线辐射源发出波长为 $(0.72 \sim 1000) \times 10^{-6}$ m 的红外线投射于被干燥的物体上，物体吸收而转变为热，使湿分汽化。因红外线穿透到物料深层内部比较困难，所以它主要用于薄层物料的干燥，如油漆、油墨等。目前常用的红外线辐射源有两种：一种是红外线灯，钨丝通电后，在 2200℃ 下工作，可辐射 $(0.6 \sim 3) \times 10^{-6}$ m 的红外线；另外一种辐射源是利用煤气和空气的混合气体在薄金属板或多孔陶瓷板的板面上进行无焰燃烧，板面温度达到 400~500℃ 时放射红外线。这种干燥器设备简单、操作方便，干燥速率快、无污染，但能耗大，只限于薄层物料的干燥。

(2) 冷冻干燥

某些食品、药物和生物制品不能在中等温度下干燥，就需要有用冷冻干燥，冷冻的湿物料置于真空室内，水分从固态直接升华为水蒸气，用真空泵抽走。它的突出特点是：水分升华时仍保持物料的结构，不会破坏干燥后留下的多孔结构。这就使得重新水化的产品仍可保持它原来的结构形式和香味。一般冷冻干燥是在压力低于27Pa和温度低于−10℃下进行。冷冻干燥的特点是干燥速率慢、费用高。

(3) 介电干燥

将湿物料（应为绝缘体或不良导体）置于交变电场中，由于电介质分子的交替变形，吸收电能并转化为热能，使物料升温，水分汽化，水蒸气向外转移，与其他干燥过程的原理一样。水的介电常数比其他物质都高，因而物料内部含水量高的部分，吸收的能量也高。即使对于大块物料，水含量高，具有很长的降速阶段，也可使含水量降到最低值，得到质量均匀的产品。此法的缺点是设备成本和操作费用较高。

(4) 真空远红外技术

真空远红外技术是基于很多物质对波长在 $3\sim15\mu m$ 范围内的红外辐射有很强的吸收带的原理。在干燥时，由于产品的水分含量高，远红外线使物料深处的水分产生剧烈振动升温而汽化，加之干燥室内处于负压状态，此时产品的内压大于外压，在压差和湿度梯度作用下加速了外扩散，脱水速率上升，含水率下降。此技术不但可以更充分利用热能，而且产品的质量也有显著的提高。

近年来，远红外技术在农产品干燥领域的应用和研究发展很快，现已广泛应用于大豆、刀豆、蘑菇、腐竹、茶叶、洋葱等的干燥。其结果都表明，远红外干燥时，水分迁移机制以蒸汽为主，内、外扩散的动力较大，可以在不使产品过热的情况下达到比其他传热方法大得多的能流密度，再辅之以较优的干燥参数组合，可以使干燥效率和干燥质量得到很大的提高。此外，研究人员还发现了干燥中影响产品质量的主要因素有温度、真空度、物料厚度等。

(5) 微波技术

微波技术是一种利用物料内部水分对微波的吸收特性，被吸收的微波能转化为热能使内部水分转化为蒸汽而达到要求的含水量。微波是一种频率在 $300\sim300000MHz$ 的高频电磁波，具有极强的穿透性，可使物料内外同时受热，从而使物料内外温度迅速上升，而且干燥后的产品能基本保持原有形状，可以避免一般加热干燥过程由于内外加热不匀而引起的品质下降，并可充分保持新鲜农副产品原有的营养成分。利用微波加热，无升温过程，停机时只需切断电源，不存在"余热"现象，便于实现自动控制。由于应用微波加热效率高，80%～90%的微波能可转化为热能，加热时间短，比传统方式快10～20倍，加热均匀，食品中的营养成分几乎不被破坏，所以利用微波对农副产品和食品进行加热加工，在世界许多国家已普遍采用，如微波干燥、微波熏烤、热烫、蒸煮、解冻、消毒、杀菌、烹饪等。采用微波对蔬菜、粮食等农副产品进行干燥加工是目前微波技术在农副产品深加工中的主要应用。

(6) 超临界干燥

超临界二氧化碳萃取干燥有一个显著特点就是在干燥的过程中，即脱除水或其他溶剂的过程中，不存在因毛细管表面张力作用而导致的微观结构的改变（如孔道的塌陷等），因为超临界条件下不存在表面张力，因此可以得到粒径很小、分布均匀的颗粒。这一特点在超细药物的制备方面将大有作用。它的另一特点是干燥温度低，因此不破坏任何有效成分。

超临界流体干燥技术是利用超临界流体的特殊性质而开发的一种新型的干燥方法，该方法具有如下优点。

① 可以在温和的温度条件下进行，故特别适用于热敏性物料的干燥。

② 能够有效溶解而抽提大分子量、高沸点的难挥发性物质。

③ 通过改变操作条件可以很容易地把有机溶剂从固体物料中脱去。

近几年来，超临界流体干燥法作为一种新型的干燥技术，发展较快，迄今为止，已有多项成功的工业化生产的实例，如凝胶状物料的干燥、抗生素类物质等医药品的干燥，以及食品和医药品原料中菌体的处理等。但由于超临界流体干燥一般在较高压力下进行，所涉及的体系也较复杂，因此在逐级放大过程中，需要做大量的工艺和相平衡方面的研究，才能为工业规模生产的优化设计提供可靠的依据，而做这些实验的成本一般比较高，这限制了该技术的推广应用。为了解决这一问题，建立合适的理论模型以便预测物质在超临界流体相中的平衡浓度，减少实验工作量，可缩短放大周期，节约资金，但进行一些工艺实验也是非常必要的。为此，国内外近几年来均在开展超临界流体干燥的工艺实验和干燥机理两方面的深入研究。

9.5　干燥设备的选型

因干燥设备也有多种型式和不同工艺流程，所以也存在方案的选择问题。主要根据具体物料的物理化学性质及生物学性质、生产工艺等特点进行选择，满足干燥产品质量要求，符合安全、环境保护和节能的要求。在选择干燥方法时务必满足下列要求。

① 所得产品必须满足一定的质量指标，如化学成分的稳定性、卫生标准、含水率等。

② 必须保证最低的单位耗能量（即每蒸发 1kg 水所消耗的热量或能量），特别要重视所选择干燥方法的经济性。

③ 干燥装置达到高强度化，使装置的尺寸越小越好，降低设备的投资。

④ 在保证产品合格情况下强化干燥过程，干燥装置尽可能实现自动化，这样才有可能实现整个生产流程的自动化。

⑤ 要注意被干燥物料的价格及单位时间处理的物料量。例如，在干燥少量贵重物料时，对于选择合理干燥方法和干燥装置的结构，单位耗热量及耗能量并不重要，主要应注意产品的收率。

⑥ 要考虑当地的生产条件。物料在干燥前后流程中的处理情况，以及有毒物料、化学腐蚀性物料，会析出有毒或易爆物质物料的干燥特点。在选择干燥方法时，务必保证干燥装置的可靠工作，车间内清洁生产，装置的检测及维护方便等要求。

干燥设备的操作性能必须适应被干燥物料的特性，因此，干燥设备的选型要综合考虑上述因素，应根据被干燥物料的性状等要求合理选择干燥设备。

（1）加工工艺对干燥设备的要求

应针对产品加工工艺的要求来选择干燥设备。初步选择的首要因素应该是：确定加工工艺对干燥工艺的要求型式，即间歇式加工还是连续式加工；产品在加工中所要求的生产率以及今后发展对生产率的要求；物料在干燥工序前后的状态；干燥机的安装，包括空间和可利用的高度、可利用的能量、现行法律环境因素的限制。

（2）加工工艺对干燥工艺的要求

物料的脱水量和加热温度及加热时间应根据后续加工所要求获得的理化指标而得到相应的控制，因此在考虑整体加工工艺时，确定干燥工艺是至关重要的。需要注意的问题是：物料的物性，包括从干燥设备中喂入和输出以及在干燥设备中的特性等；干燥物性，包括初始含水率和临界含水率、允许的最高物料温度和期望的干燥时间；干燥产品的特殊要求，包括卫生要求、理化成分的保持量、最终含水率、物料形状与尺寸和容积密度；易氧化物料、褐变物料和色泽变化等；产品的损失。

（3）干燥设备的选择

为了缩小干燥设备的选择范围，根据加工工艺对干燥设备和干燥工艺的要求，可从以下几个方面进行干燥设备的初选。

1）物料特性

① 物料形态：被干燥的湿物料除液态、浆状外，尚有卫生瓷器、高压绝缘陶瓷、树木以及粉状、片状、纤维状、长带状等各种形态的物料。物料形态是考虑干燥器类型的一大前提。

② 物料的物理性能：通常包括密度、堆积密度、含水率、粒度分布状况、熔点、软化点、黏附性、融变性等。物料的黏附性往往对干燥过程中进、出料的顺利运行具有很大影响，融变性往往直接决定干燥器的类型。

③ 物料的热敏性能：是考虑干燥过程中物料温度的上限，也是确定热风（热源）温度的先决条件，物料受热以后的变质、分解、氧化等现象，都是直接影响产品质量的大问题。

④ 物料与水分结合状态：不少情况下，几种形态相同的不同物料，它们的干燥特性却差异很大，这主要是由于物料内部保存的水分的性质有亲水性和非亲水性之分的缘故。反之，若同一物料形态改变，则其干燥特性也会有很大变化，这主要因为水分的结合状态的变化决定了水分失去的难易，从而决定物料在干燥器中的停留时间，这就对选型提出了要求。

2）对产品品质的要求

① 产品外观形态，如染料、乳制品及化工中间体，要求产品呈空心颗粒，可以防止粉尘飞扬，改善操作环境，同时在水中可以速溶，分散性好，这就要求选择喷雾造粒技术；如砂糖或糖精钠结晶体，要求保持晶形棱角而不失光泽，这就可以选择立式涡轮干燥器或振动式浮动床干燥器。

② 产品终点水分的含量和干燥均匀性。

③ 产品品质及卫生规格。如对特殊食品的香味保存和医药产品的灭菌处理等特殊要求。

大多数的干燥设备都可以干燥颗粒物料，只有少数干燥设备适合于干燥浆状或薄片状物料，因此当物料形状一经确定，便可以排除一部分干燥设备，但在选型时还应考虑原料的多样性或加工后的处理要求。

大部分干燥的原料和产品具有相似的形状，当原料和产品形状不同时应特别注意，此时应慎重考虑。另外，产品的特性和要求对选型也有很大的影响。

3）地理环境及能源状况

地理环境及建设场地的考虑，如高湿或干旱地区对干燥的物料有较大影响。从环保出发，要考虑到后处理的可能性和必要性。

能源状况：能源状况是影响投资规模及操作成本的首要问题，是选型不可忽视的问题。

4）操作运行方式

按操作运行方式可将干燥设备分成间歇式和连续式。间歇式干燥设备以小型为主，工作时劳动强度较大，仅适宜于对低生产率、长滞留时间的物料干燥，否则应选用连续流动式干燥机。某些情况下可选用半连续式干燥设备。

5）加热方式

对连续式干燥设备，当物料所含成分不一样时，由于不同物料有不同的操作工艺条件，在干燥机选择时应注意防止气味间的交叉污染。

热源的选择是一个很复杂的问题，目前所用的主要加热方式是对流和接触加热，辐射和介电也有所采用，另外还有组合加热方式。

对流干燥设备一般采用高风量，传热速率高，因此干燥速率快，但排气的热损失较大，有害气体和灰尘的排放量也较高，如果环境污染绝对禁止时应采用接触式干燥方法。如果对物料温度有严格要求，最好采用真空式传导干燥，否则最好用对流干燥。

其他加热方式有其特殊性，可用于特殊干燥方式。高温或低温辐射加热经常结合对流加热进行干燥，这种方式可以强化内部传递过程，加速干燥过程，但是能耗偏大，成本较高。

6）生产能力

干燥设备的生产能力对选型有重要的影响。大多数对流干燥设备均可以处理大量的固体物料，而且结构紧凑，占地面积小。接触式干燥设备的生产能力不可能太大，水分蒸发率也不能过高，这是因为受到结构的限制，不能保证足够大的传热面积。但滚筒式干燥和水平搅拌式干燥设备是个例外，其传热面积较大。

7）其他

物料特殊性，如毒性、流变性、表面易结壳硬化或收缩或开裂等性能，必须按实际情况进行特殊处理；产品的商用价值情况；被干燥物料的机械预脱水的手段及初含水率的波动情况。

以上干燥机的选择均是对单一干燥技术与设备的分析和选择，对一些特殊的物料，物料在干燥过程中有时干燥速率或物料流动特性会发生较大的变化，在加工中，可根据不同的工艺情况，选用两种或两种以上的干燥技术或两种类型不同的干燥设备组合使用来保证产品质量。例如流化床与气流干燥组合使用，或者在临界水分以上采用一种干燥工艺而临界水分以下采用另一种干燥工艺，也可以在同一干燥设备内采用多级干燥，各级采用不同的风温和风速以适应物料特性的变化。

干燥设备的选择除了以上技术因素外，经济因素也是一个不可忽视的重要因素，因此在选择干燥技术和干燥设备时，应以满足物料工艺技术要求为准则，不可追求无谓的高指标，以免造成投资浪费和加工成本的提高。

表9-3列出了被干燥物料的形态与选择干燥设备类型的推荐意见。表中将被干燥物料分成10类：液体、浆状物、膏糊状物、粉粒状物、块状物、短纤维物、片状物、具有一定形状物、长幅状物、冷冻物。其中前4类和最后1类物料干燥后呈粉粒状，其余物料干燥后形态不变。

表 9-3　干燥设备选型表

加热型式	生产方式		干燥器型式	液体	浆状物	膏糊状	粉粒状	块状	短纤维	片状	成型物	长幅式涂敷液	冷冻物
热风加热	间歇式	箱式	平行流	×	△	√	√	√	√	√	√	×	×
			穿流式	×	×	×	√	√	√	√	√	×	×
			真空	△	△	△	√	√	○	√	○	×	×
	连续式	带式	单层平行流(隧道)	×	×	△	△	√	△	√	√	×	×
			多层平行流(隧道)	×	×	√	√	√	△	√	△	×	×
			穿气流(隧道)	×	×	√	√	√	△	√	△	×	×
		喷雾	压力式	√	√	△	○	×	×	×	×	×	×
			离心式(机械)	√	√	△	○	×	×	×	×	×	×
			气流式	√	√	△	○	×	×	×	×	×	×
		气流	直管	×	×	△	√	△	△	△	×	×	×
			多级直管	×	×	△	√	△	△	△	×	×	×
			脉冲	×	×	△	√	△	△	△	×	×	×
			套管	×	×	△	√	△	△	△	×	×	×
			旋风	×	×	△	√	△	△	△	×	×	×
		沸腾床	圆筒立式单层	×	×	×	√	√	△	△	×	×	×
			圆筒立式多层	×	×	×	√	√	△	△	×	×	×
			卧式多室	×	×	×	√	√	△	×	×	×	×
			卧式内热	×	×	×	√	√	△	×	×	×	×
			带搅拌	×	×	△	√	√	△	×	×	×	×
			振动式	×	×	×	√	√	△	△	×	×	×
			媒体(惰性粒子)	△	△	√	×	×	△	△	×	×	×
			强化沸腾干燥(闪蒸)	×	×	△	√	△	△	△	×	×	×
			立式通风移动床	×	×	×	√	△	△	×	×	×	×
			喷动床	×	×	×	√	√	×	×	×	×	×
		回转式	平行流回转窑	×	×	×	√	√	△	√	×	×	×
			带内蒸汽管回转窑	×	×	×	√	√	△	√	×	×	×
			穿流式回转干燥器	×	×	×	√	√	△	√	×	×	×
			多层圆盘干燥器	×	×	△	√	√	△	△	×	×	×
			立式涡轮干燥器	×	×	△	√	√	△	△	×	×	×
			槽形搅拌干燥器	×	×	△	√	√	△	△	×	×	×
			喷嘴喷射流干燥	×	×	×	×	×	×	×	○	×	×
	间歇式	真空	耙式	×	×	△	√	△	△	√	×	×	×
			双锥回转	×	×	△	√	△	△	√	×	×	×
			圆筒搅拌	×	×	△	√	△	△	√	×	×	×
间歇加热	连续		内热板式搅拌	×	△	△	√	△	△	△	×	×	×
			空心桨叶干燥器	×		√				×	×	×	×
		滚筒	单滚筒	√	√	√	×	×	×	×	×	×	×
			双滚筒	√	√	√	×	×	×	×	×	×	×
			多圆筒	×	√	√	×	×	×	×	×	×	×
组合型			空心桨叶—气流	×	△	△	√	△	○	×	×	×	×
			喷雾—流化床	√	△	△	×	×	×	×	×	×	×
			滚筒—气流	△	√	√	×	×	×	×	×	×	×
			滚筒—耙式	△	√	√	×	×	×	×	×	×	×
冷冻			冷冻干燥器	○	○	○	○	×	×	×	×	×	√
辐射			红外线	○	○	○	○	○	○	√	√	△	
			远红外线	○	○	○	○	○	○	√	√	△	
其他			高频	○	○	○	○	○	○	√	√	△	△
			微波	○	○	○	○	○	○	√	√	√	√

注：√—适合；△—具有适当条件时也可适用；○—经济许可时；×—不适用。

9.6 超临界流体干燥技术

虽然传统意义上的干燥是指从加工物料和其他物品中排除湿分的过程，但"干燥"一词也包括从固体中除掉有机液体（例如苯、醇类等有机物）的过程。超临界流体干燥技术就是针对某些化工产品生产过程中的特殊要求而提出的。

超临界流体是一种温度和压力处于临界点以上的无气液相界面区别而兼有液体性质和气体性质的物质相态。超临界流体的密度接近于普通液体，比相应常压气体要大 $100 \sim 1000$ 倍，它的黏度接近于普通气体，约为相应液体的 $10^{-2} \sim 10^{-1}$ 倍，其自扩散系数为普通液体的 $10 \sim 100$ 倍。正是由于超临界流体的这些特性，使它比通常液体和气体都具有独特的应用。

超临界流体具有特殊的溶解度，易调变的密度，较低的黏度和较高的传质速率，作为溶剂和干燥介质显示出独特的优点和实用价值。1931 年 Kistler 首次开创性地采用超临界流体干燥技术（supercritical fluid drying，简称 SCFD）在不破坏凝胶网络框架结构的情况下，将凝胶中的分散相抽掉，制得具有很高比表面和孔体积及较低堆密度、折光指数和热导率的块状气凝胶（aerogel monolith）或粉体，并预言了其在催化剂、催化剂载体、绝缘材料、玻璃和陶瓷等诸多方面的潜在应用，但由于制备周期长及设备和一些技术上的困难，在随后的几十年内一直未引起人们足够的重视。1968 年 Nicolaon 和 Teichner 直接采用有机醇盐制备醇凝胶（alcogel），大大缩短了超临界流体干燥过程的周期；1985 年 Tewari 使用 CO_2 作为超临界流体介质，使超临界温度大为降低，提高了设备的安全可靠性，才使超临界流体干燥技术迅速地向实用化阶段迈进。目前，SiO_2 块状气凝胶已成功地用作高能物理实验中的粒子检测器，并生产出具有热绝缘性和太阳能收集作用的夹层窗，尤其引人注目的是气凝胶粉体作为催化剂或其载体已广泛用于许多催化反应体系。块状气凝胶或粉体作为玻璃和陶瓷的前驱体亦显示出诱人的应用前景。此外，超临界流体干燥技术可有效克服使凝胶粒子聚集的表面张力效应，所制得的气凝胶粉体常常是由超细粒子组成，因此，许多研究者把注意力集中在应用超临界流体制备超细粉体的可行性及具体工艺与技术的研究，取得了一些很有实用价值的研究成果，开发了一些颇具应用前景的新的工艺与技术，为超细粉体，特别是热敏性（如炸药）、生物活性（或生物药品）和催化活性粉体的制备提供了一条新途径，也为超临界流体的应用开辟了一个新领域。

▶ 9.6.1 超临界流体干燥过程的机理

9.6.1.1 分子聚集理论

任何物质在气态和液态时均存在分子聚集现象，分子的这种聚集行为是分子间作用力，即范德华力（包括定向力、诱导力和色散力）的作用所致。任何物质体系都是由大小不同的分子聚集所组成。物质分子的聚集程度不仅与分子大小、形状及结构特性有关，而且随物质体系所处的状态（温度、压力、组成和外场力等）而变化。

分子聚集的明显结果便是实际分子数（包括单体分子、双聚体分子和多聚体分子）减少而表观分子量增加，可用聚集参数 j 来描述分子聚集行为：

$$j = N/N_0 \tag{9-72}$$

式中　N——1mol 物质体系中的实际分子数；

N_0——1mol 物质体系中的 Avogadro 数。

相应地，可将通用气体常数做如下修正：

$$R' = Nk = \frac{N}{N_0} N_0 k = jR \tag{9-73}$$

式中　k——Boltzman 常数；

　　　R——通用气体常数。

应用统计热力学法对物质分子聚集反应过程进行分析，可导出如下方程：

$$j = 1 - cp/RT \tag{9-74}$$

$$c = (1 - j_c)(RT_c/p_c)\exp\left[(T_c/T - 1) + \frac{3C^*}{2}\ln\frac{T_c}{t}\right] \tag{9-75}$$

式中　j_c——临界状态下的分子聚集参数；

　　　T_c——临界温度；

　　　p_c——临界压力；

　$3C^*$——单体分子形成聚集体分子所失去的外自由度数。

有了分子聚集参数，即可用它来修正现有的一些状态方程，如范德华方程可表示为：

$$p = \frac{jRT}{V-b} - \frac{a}{V^2} \tag{9-76}$$

将式(9-74) 代入式(9-76)，即可得如下形式的方程

$$p = \frac{RT}{V+c-b} - \frac{a}{V(V+c-b)} + \frac{ab}{V^2(V+c-b)} \tag{9-77}$$

上述方程称为分子聚集型状态方程，可用它来描述超临界流体的行为，并可计算有机物质在超临界流体中的溶解度等。

9.6.1.2　超临界流体的溶解能力和溶解度的计算

超临界流体干燥法是利用超临界流体具有很强溶解能力这一特性把固体物料中的有机溶剂提取出来，从而达到干燥目的的。一定量的超临界流体究竟能提取多少有机溶剂，可用溶解度 y_2 来表示。计算 y_2 的热力学公式为：

$$y_2 = \frac{p_2^0}{p} = \frac{\phi_2^0}{\phi_2} \tag{9-78}$$

式中　p——系统总压；

　　　p_2^0——纯有机溶剂的饱和蒸汽压；

　　　ϕ_2^0——有机溶剂的逸度系数；

　　　ϕ_2——有机溶剂的分逸度系数。

ϕ_2^0 可用下列热力学公式进行计算：

$$\ln\phi_i^0 = \frac{1}{RT}\int_{p_0}^{p}\left(V - \frac{RT}{p}\right)dp \tag{9-79}$$

ϕ_2 可用下列热力学公式进行计算

$$\ln\phi_i = \frac{1}{RT}\int_{V_t}^{\infty}\left[\left(\frac{\partial p}{\partial n_i}\right)_{T,V_i,n_j} - \frac{RT}{V_t}\right]dV_t - \ln Z \tag{9-80}$$

式中　V_t——混合物的总体积；

　　　Z——混合物的压缩因子，$Z = pV_t/RT$。

公式(9-80)中的被积函数可用分子聚集的状态方程来计算，因此溶解度 y_2 就可用公式计算。经分析，y_2 的大小主要取决于分逸度系数 ϕ_2。

9.6.1.3 气液相变关系

任何一种气体都有一个特定温度，在此温度以上，不论多大压力都不能使气体液化，这个温度称为临界温度。使该气体在临界温度下液化所需的压力叫做临界压力。例如在很高温度和低压下，二氧化碳只能以气相存在，其 p-V 关系可以很好地用波义耳定律表示。在比较接近临界温度的各温度（但仍然高于临界温度）下，由于它与理想气体行为有偏差，各条 p-V 关系曲线不再遵守波义耳定律，但气体的体积仍然随着压力的增大而减小。在临界温度以下的各条 p-V 关系曲线均由三部分组成：只有气体存在、液体与气体两相平衡共存、只有液体存在。温度越接近临界温度，气液两相平衡部分越短。在临界温度时，液体开始和终了在同一点上，该点所对应的压力即为临界压力。在临界条件下，气液界面消失，表面张力不复存在，这是因为液体的表面张力与温度有如下关系：

$$\sigma = \gamma_0(1 - T/T_c) \tag{9-81}$$

式中　σ——液体的表面张力；

γ_0——与分子间引力有关的液体特性常数；

T——体系的温度；

T_c——临界温度。

根据式(9-81)可知，在临界温度下，液体表面张力趋于零。

9.6.1.4 固体凝胶的干燥过程分析

凝胶网络结构中存在着大量的液体溶剂，液体在凝胶网络毛细孔中形成弯月面，产生的附加压力为 $\Delta P = 2\gamma/r$。随着毛细管孔隙的减小，附加压力可以很大。凝胶毛细管的孔隙尺寸一般在 $1 \sim 100$nm，如凝胶毛细管孔隙的半径为 20nm，当其中充满着乙醇液体时，理论计算所承受的压力为 22.5atm（1atm = 101325Pa）（乙醇 $\gamma = 22.75$dyn/cm，密度 $\rho = 0.7893$g/cm^3），因此，强烈的毛细管收缩力会使粒子进一步接触、挤压、聚集和收缩。考虑到两个理想的充满液体的邻近孔（$r_1 > r_2$），当液体蒸发到有弯月面出现时，不等的毛细管力产生不同的应力，$\sigma_1 < \sigma_2$，当应力差 $\sigma_1 - \sigma_2$ 超过 σ_{th}/β 时（σ_{th} 为凝聚理论应力，β 为应力聚集因子），凝胶塌陷破裂就会发生。这样，最终干燥成为干硬多孔的物质称为干凝胶。因此采用常规的干燥过程很难阻止凝胶的收缩与碎裂，最终只能得到碎裂的、干硬的多孔干凝胶。要保持凝胶结构或得到块状凝胶，通常认为可采取以下六个办法：a. 增强凝胶的机械强度；b. 增大凝胶的孔径；c. 减小液相的表面张力；d. 使凝胶表面疏水；e. 采用使气液界面消失的超临界流体干燥技术；f. 采用冷冻干燥法蒸发溶剂。a～d 只能在一定程度上保持凝胶结构，冷冻干燥法可避免气-液界面，但在溶剂的冷冻点处会产生破坏凝胶结构的不连续密度过渡区，且在低温下溶剂从凝胶中升华是一个慢的传质过程。目前普遍认为消除液体表面张力对凝胶破坏作用的最有效方法是在超临界流体条件下驱除凝胶孔隙中的液体。超临界流体兼具气体性质和液体性质，气-液界面消失，表面张力不复存在，此时凝胶孔隙中就不存在毛细管附加压力，因此超临界流体条件下的干燥就可以保持凝胶原先的网络结构，防止纳米粒子的团聚和凝并。

▶ 9.6.2 超临界流体干燥工艺与设备

超临界流体干燥的单元操作由 S. S. 基勒首先提出，其唯一的目的是制备气凝胶。他认识到，胶黏性凝胶龟裂和在蒸发干燥时稠化是由于液体表面张力对干燥物料孔壁面的作用结果所致。如果气-液相界面不出现的话，那么凝胶不会产生开裂，但它们不会被干燥，除非液体被转变成蒸汽而由干气体来取代。

有三种方法能把液体转变成蒸汽：蒸发，升华和超临界流体转变。蒸发由于表面张力问题，必须排除。升华或冷冻干燥要求液体首先转变为冻结固体，虽然液体→固体→气体路线避开了液-气界面，但它在冻结点上将产生一种密度不连续变化，这可能破坏了胶体的网络组织结构。再者，传质速率在低温条件下是非常低的。而溶剂的超临界分离则避开了不连续的相转变，通过实现液体→流体→气体转变，该转变不与饱和线相交。

由溶胶-凝胶过程得到的醇凝胶固态骨架周围存在着大量溶剂（包括醇类、少量水和催化剂），超临界干燥工艺是目前获得气凝胶的最好方法。超临界流体干燥一般经过四个步骤：首先将含凝胶样品的溶剂置入高压釜中，通过升温、加压至临界点以上的超临界状态，其次是在超临界状态达到平衡或稳定，再就是蒸汽在恒温下释放，最后降至室温。此过程干燥介质最常用的是具有较低临界温度和压力的 $C_1 \sim C_4$ 醇及 CO_2。目前也有用丙酮作为干燥介质的。

超临界流体干燥在保持凝胶的纳米多孔结构方面具有重要的作用。一般常用的干燥技术，如常温干燥、烘烤干燥等在干燥过程中常常不可避免地造成物料团聚，由此产生材料基础粒子变粗、比表面急剧下降以及孔隙大量减少等结果，这对于纳米材料的获得以及高比表面材料的制备极其不利。另外，在普通干燥情况下，由于凝胶网络间溶剂的凹液面的表面张力会形成强烈的毛细管作用，导致凝胶体积大幅度收缩而开裂，从而破坏凝胶的网状结构。超临界流体干燥技术是在干燥介质的临界温度和临界压力条件下进行的干燥，使干燥过程中溶剂的表面张力不复存在，可以避免物料在干燥过程中的收缩和碎裂，从而保持物料原有的结构与状态，防止初级纳米粒子的团聚和凝并，这对于各种纳米材料的制备极具意义。

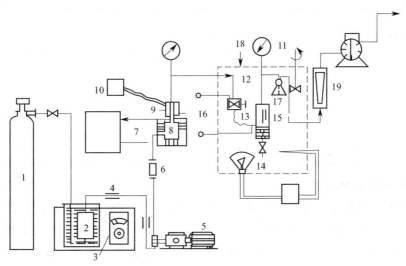

图 9-29　超临界流体干燥工艺实验装置

1—CO_2 气瓶；2—液罐；3—低温浴；4—绝热石棉绳；5—高压泵；6—高压过滤器；7—恒温水浴；
8—干燥器；9—加热套；10—控温仪；11—压力表；12—膨胀阀；13—电热丝；14—加热器；
15—分离器；16—调压器；17—锥形瓶；18—空气浴；19—流量计

图 9-29 是一台用于实验研究超临界流体干燥工艺过程的小型实验装置。CO_2 从高压储罐出来后，经过低温浴进行冷却，变成液态 CO_2，再经高压泵进行压缩，使之变成超临界流体而进入干燥器，并与其中的含有机溶剂的固体物料接触，固体物料中的有机溶剂即溶于超临界 CO_2 中，也即固体物料脱溶而干燥。将含有有机溶剂的 CO_2 通过节流阀进行节流膨胀过程，压力降到低压，喷入分离器，此时溶剂在 CO_2 中的溶解度降低，从而自 CO_2 中析出汇集于分离器底部，可以进行回收。CO_2 则从分离器顶部引出，通过流量计记录其累积流量和瞬时流量，最后将 CO_2 排空。干燥器的温度由冷却夹套和恒温水浴来维持其温度恒定，整个分离系统置于一个有机玻璃罩内，其中空气浴是由电加热器、热敏电阻搅拌器与数字式温度显示控制仪组成的一个反馈系统控制来保持恒温的。

该装置的关键部分是温度和压力的控制。温度控制通过电炉和控温器实现，气体钢瓶通过减压法调节输入干燥器的压力，根据干燥介质的特定临界参数，调节超临界流体干燥装置中所需要控制的温度和压力。目前最常用的干燥介质是甲醇、乙醇和二氧化碳三种。由于甲醇、乙醇易燃易爆，故大规模制备时仍采用二氧化碳。

9.6.3 超临界流体干燥过程的影响因素

（1）超临界压力的影响

研究表明，在保证达到超临界流体条件下，压力越低越好。这是因为随着压力的增大，流体的密度增加，引起传质速率的减慢，不利于溶剂的驱除，使干燥效率下降，表面积下降。当达不到超临界条件时，溶剂的溶解能力大大下降，并与固体颗粒产生表面张力，脱除溶剂时，容易发生凝胶结构的破坏，导致表面积及孔体积的减小。一些实例的计算结果如表 9-4 所示。

表 9-4　氧化物气凝胶比表面积受超临界压力的影响（其他条件不变）

氧化物名称	氧化铝			氧化锆			氧化钼		
压力/MPa	7.0	9.0	11.0	7.5	9.0	11.5	14	11.5	10
比表面积/(m²/g)	556	500	439	331	311	259	22	19	17

（2）加热速率的影响

加热速率不会影响产物的最终性质，但由于加热速率低时，凝胶受热时间长，易发生水热变化，颗粒长大，表面积有所下降。这方面的例子如表 9-5 所列。

表 9-5　氧化物气凝胶比表面积受加热速率的影响

氧化物名称	氧化铝			氧化钼		
加热速率/(K/h)	62	93	140	62	93	140
比表面积/(m²/g)	487	503	505	11	18.6	19.1

（3）超临界温度的影响

在达到超临界条件下，温度的影响是两个方面的：一方面，温度越高，流体的密度越小，有利于水的驱除，提高表面积；另一方面，温度越高，易发生水热变化，颗粒长大，表面积有所下降。这两方面的综合因素，导致出现一个最佳温度。实例如表 9-6 所列。

表 9-6　氧化物气凝胶比表面积受温度的影响

氧化物名称	氧化铝		
温度/K	533	553	573
比表面积/(m²/g)	521	549	426

9.6.4　超临界流体干燥过程的热力学计算

根据热力学原理，超临界流体的 P-V-T 性质是可用状态方程来计算的。目前国内外常用的状态方程为 SRK 方程和 PR 方程，但效果不太理想。文献应用 Exp-Wilson 方程对乙醇 P-V-T 性质进行的计算表明，其效果良好。

Exp-Wilson 方程形式为：

$$P = \frac{RT}{V-b} - \frac{\alpha a}{V(V+mb)} \tag{9-82}$$

$$m = 15.55 - 50Z_c \tag{9-83}$$

应用临界态特性，即 $\left(\frac{\partial P}{\partial V}\right)_{TC} = \left(\frac{\partial^2 P}{\partial V^2}\right)_{TC} = 0$ 和状态方程(9-82)，可得：

$$\beta_c = \frac{b}{V_c} \tag{9-84}$$

$$(m\beta_c + 1) = (m+1)^{1/3} \tag{9-85}$$

$$\xi_c = \frac{1}{3+(m-1)\beta_c} \tag{9-86}$$

式中　ξ_c——理论临界压缩因子。

通过式(9-83)、式(9-84) 和式(9-85)，即可确定方程常数 a 和 b。

$$a = \frac{\zeta_c^2 (RT_c)^2}{\beta_c \ P_c} \tag{9-87}$$

$$b = \xi_c \beta_c \frac{RT_c}{P_c} \tag{9-88}$$

方程(9-82) 中的温度函数 α 为：

$$\alpha = T_r [1 + K(T_r^{-1} - 1)] \tag{9-89}$$

式中　T_r——对比温度，$T_r = T/T_c$；

　　　K——与 Z_c 有关的经验参数，

$$K = 10.885 - 35Z_c \tag{9-90}$$

9.6.5　超临界流体干燥技术的应用

近几年来，超临界流体干燥法作为一种新型的干燥技术，发展较快，迄今为止，已有多项成功的工业化生产实例，如凝胶状物料的干燥、抗生素等医药品的干燥，以及食品和医药品原料中菌体的处理等。但由于超临界流体干燥一般在较高压力下进行，所涉及的体系也较复杂，因此在逐级放大过程中，需要做大量的工艺和相平衡方面的研究，才能为工业规模生产的优化设计提供可靠的依据，而做这些实验的成本一般比较高，这就限制了该技术的推广应用。为了解决这一问题，建立合适的理论模型以便预测物质在超临界流体相中的平衡浓度，减少实验工作量，可缩短放大周期，节约资金，但进行一些工艺实验也是非常必要的。为此，国内外均在开展超临界流体干燥的工艺实验和干燥机理两方面的深入研究。

气凝胶是一种多孔性合成材料，它是由多孔的小颗粒为固体基体，其中渗透了不凝气（如空气）所构成。它是一种具有多种特殊性能和广阔应用前景的新型材料，已用在声阻抗耦合材料、催化剂和催化剂载体、气体过滤材料、高效隔热材料、复合材料和无机超细粒子等。二氧化硅（硅石）凝胶是被最广泛研究的一种凝胶，这是由于制造容易而且主要试料易获得，其最早的实际应用之一是作为在冷冻贮藏罐和真空设备中的绝缘粉状填料。近年来，为了各种不同的目的，已经有了各种形式的凝胶。由于这种物料是疏松多孔性的（一种含敞口孔的毛细体系），因此它曾被研究作为一种催化剂支承物，在石油催化裂化过程中把催化活性金属渗透在材料中供气相反应使用。

实践表明，采用超临界流体干燥技术可使凝胶被干燥而不致产生开裂。超临界干燥的研究揭示了气凝胶的物理性质：它们是一种胶状物料，由于液态湿空气被气体（通常是空气）取代而得到的固体构架结构。气凝胶具有一系列的重要性质：由小的孔隙尺寸（平均为2～20nm）和大的孔隙容积形成的高孔隙率（0.90～0.97），因此具有大的比表面积（可达700m^2/g）、较低的密度（70～250kg/m^3）、低的热导率 [0.012～0.02W/(m·K)]、高的声阻抗 [104～105kg/(m^2·s)] 等。用超临界CO_2干燥获得的聚合物-碱气凝胶催化剂应用于催化过程时，可提高催化活性和选择性，改变孔隙结构，从而达到较高的大孔和中介孔的比例，还可提高热稳定性极限。

在应用天然溶剂的超临界干燥中，无机凝胶按如下方法合成，即在干燥之前用醇充满孔隙，这通常是对某一选定元素（Si、Al、Zn、Ti、V 等）的醇盐利用化学计量配制的水量进行水解反应，经冷凝和陈化以后的孔隙液体最后成为醇和一定量的水所组成的混合物。此时可通过在高于其热力学临界点的条件下蒸发孔隙液体，从而消除导致凝胶细微结构破坏的表面张力。这需要在一个高压釜内在超临界温度以上对醇饱和的凝胶加热（与此同时压力必须升高至其临界值），然后在保持临界温度以上的情况下将高压釜缓慢地抽真空，最后即可获得所需的产品。

近年来，人们在探索SCFD法在超细粉粒合成中的应用。用湿法合成超细微粒，溶剂气化时微粒间的毛细管力会产生很大的微粒团聚倾向，使合成粉粒的形状与尺寸难以满足要求。用SCFD法萃取溶剂，不存在气液界面，抑制了由毛细管力引起的团聚倾向，可获得理想的超细粉末。

▶9.6.6 控制技术及注意点

超临界CO_2流体干燥技术制备气凝胶的过程为：将醇凝胶置于超临界流体干燥的高压容器中，通过控温器将其温度降低。打开二氧化碳钢瓶的减压阀，从高压容器上部通入二氧化碳，随着二氧化碳气体的不断通入，二氧化碳达到液-气两相平衡，其中下层是液态二氧化碳，此时凝胶中的乙醇溶剂可逐步被液态二氧化碳完全所取代。然后，以一定的速率升温，液体二氧化碳开始逐渐膨胀，压力首先达到临界压力，继续升温，通过释放少量二氧化碳，保持压力不变，最终达到预先所选择的临界温度，即达到临界状态。在临界状态下保持一定时间，使凝胶孔隙中液体全部转化为临界液体，然后在保持临界温度不变的情况下，通过排泄阀缓慢释放出干燥介质二氧化碳流体，直至达到常压为止。在二氧化碳流体释放过程中，体系点沿着临界等温线变化，临界流体不会逆转为液体，因而可在无液体表面张力的条件下将凝胶分散相驱除，当温度降至室温时，即制得气凝胶。

超临界流体干燥操作过程中应注意以下几点。

① 用干燥介质（液态二氧化碳）替换凝胶中乙醇溶剂的速率必须足够缓慢，以保证凝胶中乙醇溶液被液态二氧化碳完全取代。

② 凝胶中的液体达到临界状态需要一个稳定过程，以使各部分都达到临界条件，因此必须在临界状态下保持一定时间。

③ 在保持临界温度不变的条件下缓慢释放出流体，使体系点沿着临界等温线变化，以防止临界流体逆转为液体。

④ 在溶剂交换和超临界干燥过程中往往会有易燃、有毒溶剂的蒸气释放出来，因此要注意安全问题。

参 考 文 献

[1] 廖传华，米展，周玲，等．物理法水处理过程与设备［M］．北京：化学工业出版社，2016．

[2] 李晋达．电厂燃煤低温干燥机理研究［D］．北京：华北电力大学，2015．

[3] 张进．海藻酸盐凝胶低温干燥机理及数值模拟［D］．贵阳：贵州大学，2015．

[4] 刘春山．远红外对流组合谷物干燥机理与试验研究［D］．长春：吉林大学，2015．

[5] 陈立钢，廖立霞．分离科学与技术［M］．北京：科学出版社，2014．

[6] 刘意．市政污泥旋流喷动流动床废热干燥机理研究［D］．广州：华南理工大学，2014．

[7] 陈登宇．干燥和烘焙预处理在制备高品质生物质原料的基础研究［D］．合肥：中国科学技术大学，2013．

[8] 肖志锋．过热蒸汽流化床干燥机理及其数值模拟［M］．北京：经济科学出版社，2013．

[9] 徐东彦，叶庆国，陶旭梅．Separation Engineering［M］．北京：化学工业出版社，2012．

[10] 中国石油和化学工业联合会，中国化工经济技术发展中心编．石油和化工设备选型指南［M］．北京：中国财富出版社，2012．

[11] 罗川南．分离科学基础［M］．北京：科学出版社，2012．

[12] 王秀军，张守玉，彭定茂，等．多孔介质干燥机理在褐煤热力脱水中的应用［J］．煤炭转化，2011，34（1）：82～86．

[13] 方静雨．污泥干燥机理试验研究［D］．杭州：浙江大学，2011．

[14] 赵德明．分离工程［M］．杭州：浙江大学出版社，2011．

[15] 张顺泽，刘丽华．分离工程［M］．徐州：中国矿业大学出版社，2011．

[16] 廖传华，柴本银，黄振仁．分离过程与设备［M］．北京：中国石化出版社，2008．

[17] 袁惠新．分离过程与设备［M］．北京：化学工业出版社，2008．

[18] ［美］ D. Seader，［美］Ernest J. Henley．分离过程原理［M］．上海：华东理工大学出版社，2007．

[19] 曹恒武，田振山，刘广文．干燥技术及其工业应用［M］．北京：中国石化出版社，2003．

[20] 贾绍义，柴诚敬．化工传质与分离过程［M］．北京：化学工业出版社，2001．

[21] 赵汝傅，管国锋．化工原理［M］．南京：东南大学出版社，2001．

[22] 肖志锋，乐建波，吴南星．陶瓷制浆喷雾干燥三维 DPM 数值模拟［J］．人工晶体学报，2015，44（6）：1690～1696．

[23] 刘殿宇．喷雾干燥出粉形式及粉尘的输送［J］．化工设计，2015，25（6）：32～33．

[24] 王江，李小东，王晶禹，等．喷雾干燥法中溶剂对 RDX 颗粒形貌和性能的影响［J］．含能材料，2015，23（3）：238～242．

[25] 赵华庆．基于价值工程法的压力喷雾干燥系统改进研究［D］．昆明：云南大学，2015．

[26] 杨少华，海刚，杨巍，等．喷雾干燥技术研究进展和展望［J］．低碳世界，2015，8：300～301．

[27] 马川川，张丽丽．气流式喷雾干燥过程的计算流体力学模拟［J］．中国粉体技术，2014，20（5）：15～18．

[28] 杨兴富．单粒径喷雾干燥过程 CFD 模拟计算［D］．厦门：厦门大学，2014．

[29] 李三华，张甲宝．压力式喷雾干燥器的应用［J］．中国非金属矿工业导刊，2014，（1）：41～42．

[30] 张敏．气流式喷雾干燥过程三维数值模拟［D］．济南：齐鲁工业大学，2013．

[31] 陈鑫，郑柏存，沈军．喷雾干燥条件对 VAE 聚合物粉体粒径影响［J］．高校化学工程学报，2013，27（3）：77～79．

[32] 杨嘉宁，赵立杰，王优杰，等．计算流体力学在喷雾干燥中的应用［J］．中国医药工业杂志，2013，44（7）：729～733．

[33] 郭静，李浩莹．纳米喷雾干燥技术在药物研究中的应用进展［J］．中国医药工业杂志，2013，44（4）：399～403．

[34] 杨浩，蔡源源，唐敏，等．喷雾干燥技术及其应用［J］．河南大学学报（医学版），2013，32（1）：71～74．

[35] M. Piakowski, I Zbicinski, 朱曙光, 等. 火焰喷雾干燥 [J]. 干燥技术与设备, 2013, 11 (3)：30～37.

[36] 弓志青, 祝清俊, 王文亮, 等. 计算流体力学在喷雾干燥中的应用进展 [J]. 粮油食品科技, 2012, 20 (1)：19～21.

[37] 王喜忠. 白炭黑的喷雾干燥现状及节能措施 [J]. 无机盐工业, 2011, 43 (2)：1～3.

[38] 王丽娟, 王明力, 高晓明, 等. 喷雾干燥技术在固体饮料中的研究现状 [J]. 贵州农业科技, 2010, 38 (1)：155～157.

[39] 周学永, 高建保. 喷雾干燥粘壁的原因与解决途径 [J]. 应用化工, 2007, 36 (6)：599～602.

[40] 廖传华. 喷雾干燥轨迹法设计程序的编制和应用 [D]. 杭州：浙江大学, 1997.

[41] 卜海龙, 秦家峰, 张锡兵. 沸腾干燥技术与卧式沸腾干燥机在制药行业的应用 [J]. 机电信息, 2015, 14：8～11.

[42] 刘洁, 刘辉, 王立文. 新版 GMP 下沸腾干燥机的控制系统设计 [J]. 机电信息, 2015, 14：16～18.

[43] 马运龙. 流化干燥床在无水硫酸钠生产中的应用 [J]. 盐业与化工, 2013, 42 (3)：32～34.

[44] 杨少鹏, 郑世红, 高红梅. PVC 沸腾流化干燥系统的优化 [J]. 河南化工, 2013, 30 (1)：42～43.

[45] 王桂业, 陈亚军, 李文杰. 卧式沸腾干燥床在 PVC 生产中的应用 [J]. 聚氯乙烯, 2013, 41 (12)：30～32.

[46] 李长水, 张瑞成. 流化沸腾床风量模糊自整定 PID 控制设计及仿真 [J]. 中国科技信息, 2012, 15：98～99.

[47] 谢敏, 曾亚森, 郭晓艳. 喷雾流化干燥气液流动特性数值模拟 [J]. 暨南大学学报（自然科学与医学版）, 2012, 33 (3)：316～322.

[48] 袁璐锟. 循环流化床中 C 类颗粒流化干燥过程研究 [D]. 杭州：浙江工业大学, 2011.

[49] 段德武, 赵世建. 箱式沸腾干燥床进料系统改造 [J]. 机电信息, 2011, 8：39～40.

[50] 秦学. 沸腾干燥机在制药行业应用的改进建议 [J]. 机电信息, 2010, 14：29～31.

[51] 陈聪文. 氯化铵沸腾干燥系统的工程计算 [J]. 纯碱工业, 2009, 4：25～30.

[52] 陈聪文. 大型氯化铵沸腾干燥系统 [J]. 纯碱工业, 2009, 3：18～23.

[53] 潘芹, 楚可嘉. 浅谈沸腾干燥的防爆安全性 [J]. 煤化工, 2008, 36 (3)：37～38.

[54] 谢丽芳. 脉动流化干燥过程研究 [D]. 杭州：浙江工业大学, 2007.

[55] 刘巍. 惰性粒子流化干燥研究及气体分布板结构优化 [D]. 南京：东南大学, 2007.

[56] 童景山. 流态化干燥工艺与设备 [M]. 北京：科学出版社, 1996.

[57] 张志军, 张世伟, 唐学军. 连续真空干燥 [M]. 北京：科学出版社, 2015.

[58] 王鑫, 车刚, 万霖. 智能低温红外真空干燥机的设计与试验 [J]. 农业工程学报, 2015, A2：277～284.

[59] 李瑜, 李娜, 侯春燕, 等. 冬瓜真空干燥特性及其品质变化 [J]. 食品与发酵工业, 2015, 41 (9)：108～112.

[60] 张江宁, 张宝林, 丁卫英, 等. 响应面法优化红枣片真空干燥工艺 [J]. 食品工业, 2015, 36 (4)：154～158.

[61] 郭正南. 黄秋葵微波真空干燥技术的研究 [D]. 福州：福建农林学报, 2015.

[62] 仇红娟. 真空干燥对稻谷特性及其干后品质的影响及控制 [D]. 南京：南京财经大学, 2015.

[63] 申江, 张现红, 胡开永. 菠菜低温真空干燥实验研究 [J]. 食品工业科技, 2014, 35 (5)：269～272.

[64] 王萌. 真空干燥箱故障修理 [J]. 分析仪器, 2014, 2：124～125.

[65] 张玉先, 刘云宏, 苗帅, 等. 地黄真空干燥实验研究 [J]. 食品工业科技, 2014, 35 (24)：290～293.

[66] 张秦权, 文怀兴, 许牡丹, 等. 猕猴桃切片真空干燥设备及工艺的研究 [J]. 真空科学与技术学报, 2013, 33 (1)：1～4.

[67] 王宵, 高瑞清, 李晓玲. 木材柔性真空干燥技术的发展与应用 [J]. 木材工业, 2013, 27 (2)：38～41.

[68] 宋春芳, 覃永红, 陈希, 等. 玫瑰花的微波真空干燥试验 [J]. 农业工程学报, 2011, 27 (4)：389～392.

[69] 黄艳, 黄建立, 郑宝东. 银耳微波真空干燥特性及动力学模型 [J]. 农业工程学报, 2010, 26 (4)：362～367.

[70] 徐成海, 张世伟, 关奎之. 真空干燥 [M]. 北京：化学工业出版社, 2004.

[71] 罗瑞明. 冷冻干燥技术原理及应用研究新进展 [M]. 北京：科学出版社, 2015.

[72] 单宇. 具有初始孔隙物料冷冻干燥过程的模拟与验证 [D]. 大连：大连理工大学, 2015.

[73] 李俊奇, 李保国. 药品真空冷冻过程监控技术研究进展 [J]. 化工进展, 2015, 34 (8)：3128～3132.

[74] 赵延强, 王维, 潘艳秋, 等. 具有初始孔隙的多孔物料冷冻干燥 [J]. 化工学报, 2015, 66 (2)：504～511.

[75] 杨智, 李代禧, 张燕, 等. 冷冻干燥过程中重要参数塌陷温度的研究 [J]. 应用化工, 2014, 43 (5)：962～965.

[76] 王维, 陈墨, 王威, 等. 初始非饱和多孔物料对冷冻干燥影响理论分析 [J]. 大连理工大学学报, 2014, 54 (1)：6～12.

[77] 王威. 非饱和多孔物料冷冻干燥数值验证和实验比较 [D]. 大连：大连理工大学，2014.

[78] 于凯. 初始非饱和多孔介质冷冻干燥过程的实验研究 [D]. 大连：大连理工大学，2016.

[79] 于凯，王维，潘艳秋，等. 初始非饱和多孔物料对冷冻干燥过程的影响 [J]. 化工学报，2013，64（9）：3110～3116.

[80] 邓国栋，刘宏英，牛建林，等. 超细 RDX 的真空冷冻干燥技术 [J]. 爆破器材，2013，42（3）：16～20.

[81] 陈墨. 初始非饱和液体物料冷冻干燥过程的数值分析 [D]. 大连：大连理工大学，2012.

[82] 左建国，李维仲，翁林崇. 冷冻干燥参数对塌陷温度的影响分析 [J]. 农业机械学报，2011，42（2）：126～129.

[83] 华泽钊. 冷冻干燥新技术 [M]. 北京：科学出版社，2006.

[84] 赵鹤皋. 冷冻干燥技术与设备 [M]. 武汉：华中科技大学出版社，2005.

[85] 胡勇刚，赵谋明. 响应面法优化超临界干燥制备紫草色素脂质体 [J]. 食品科学，2016，41（1）：255～261.

[86] 龚圣，程杏安，周新华，等. 纳米锑掺杂氧化锡制备中超临界 CO_2 干燥的工艺优化及动力学 [J]. 化工学报，2015，66（6）：1593～1599.

[87] 孟繁梅，吕惠生，张敏华，等. 超临界流体干燥技术制备液相色谱填料基质多孔硅球 [J]. 化工学报，2015，66（6）：2313～2320.

[88] 杨儒，张广延，李敏，等. 超临界干燥制备纳米 SiO_2 粉体及其性质 [J]. 硅酸盐学报，2015，33（3）：281～286.

[89] 苏铁柱，袁东平，洪燕珍，等. 新型超临界干燥及其应用 [C]. 第十届全国超临界流体技术学术及应用研讨会暨第三届海峡两岸超临界流体技术研讨会，广州，2015.

[90] 谢亚强，张登，洪燕珍，等. 沉淀法结合超临界干燥制备 ZrO_2 [C]. 第十届全国超临界流体技术学术及应用研讨会暨第三届海峡两岸超临界流体技术研讨会，广州，2015.

[91] 袁东平. 两种新型超临界干燥技术制备多孔材料 [D]. 厦门：厦门大学，2014.

[92] 江旭东. 超临界干燥技术原理及其在饱水木质文物中的应用 [J]. 江汉考古，2014，2：107～111.

[93] 谢慧财，杨儒，秦杰，等. 超临界流体干燥技术制备 Nd：YAG 纳米粉体及透明陶瓷 [J]. 北京化工大学学报（自然科学版），2013，40（6）：56～61.

[94] 向柏霖，刘跃进，吴星. 超临界干燥及煅烧对白炭黑性能的影响 [J]. 广州化工，2013，41（10）：44～47.

[95] 冷映丽，沈晓冬，崔升，等. SiO_2 气凝胶超临界干燥工艺参数的优化 [J]. 精细化工，2008，25（3）：209～211.

[96] 王涛，黄佳. 气凝胶制备的关键：超临界干燥 [C]. 第九届全国超临界流体技术学术及应用研讨会，遵义，2012.

[97] 郑文芝，陈姚，于欣伟，等. CO_2 超临界干燥制备 SiO_2 气凝胶及其表征 [J]. 广州大学学报（自然科学版），2010，9（6）：77～81.

[98] 孙太林，宋泽耀，潘江波，等. 超临界干燥装置中关键设备的设计与开发 [C]. 第八届超临界流体技术学术及应用研讨会暨第一届海峡两岸超临界流体技术研讨会，杭州，2010.

[99] 韩泽明，余志欢，管晶晶，等. 超临界干燥制备疏水型二氧化硅气凝胶 [J]. 广东化工，2009，36（1）：15～17.

[100] 王宝和，于才渊，王喜忠. 纳米多孔材料的超临界干燥新技术 [J]. 化学工程，2005，32（2）：13～17.

[101] 廖传华，黄振仁. 超临界 CO_2 流体萃取技术——工艺开发及其应用 [M]. 北京：化学工业出版社，2004.

[102] 叶钏，郭可勇，潘海波，等. 超临界干燥制备的纳米 TiO_2 对光催化降解甲基橙的影响 [J]. 福州大学学报（自然科学版），2003，31（2）：243～246.

[103] 李文翠，郭树才. 超临界流体干燥法制备炭气凝胶 [J]. 炭素技术，2002，3：7～9.

[104] 陈龙武，甘礼华，徐子颉. 块状 TiO_2 气凝胶的制备及其表征 [J]. 高等学校化学学报，2001，22（11）：1916～1918.

[105] 李冀辉，胡劲松. 有机气凝胶研究进展（Ⅰ）——有机气凝胶发现、制备与分析 [J]. 河北师范大学学报（自然科学版），2001，25（3）：374～380.

[106] 李冀辉，胡劲松. 有机气凝胶研究进展（Ⅱ）——有机气凝胶的特性与应用 [J]. 河北师范大学学报（自然科学版），2001，25（4）：506～511.

[107] 刘秀然，李轩科，沈士强. 溶胶—凝胶超临界干燥法制备纳米氧化镍气凝胶 [J]. 武汉科技大学学报（自然科学版），2001，24（2）：155～156.

[108] 张立德. 纳米材料和纳米结构 [M]. 北京：科学出版社，2001.

第10章

过 滤

过滤是以某种多孔物质为介质来处理悬浮液，在外力作用下，悬浮液中的液体通过介质的孔道，而固体颗粒被截留下来，从而实现固、液分离的一种操作。过滤操作所处理的悬浮液称为滤浆，所用的多孔物质称为过滤介质，通过介质孔道的液体称为滤液，被截留的物质称为滤饼或滤渣。图 10-1 为过滤操作示意。

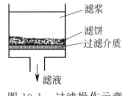

图 10-1 过滤操作示意

赖以实现过滤操作的外力可以是重力或惯性离心力，但在过程工业中应用最多的还是多孔物质上、下游两侧的压强差。

用沉降法处理悬浮液，需要较长时间，而且沉渣中的液体含量较高。过滤操作则可使悬浮液得到迅速分离，滤渣中的液体含量也较低。但若被处理的悬浮液比较稀薄而且其中固体颗粒较易沉降，则应先在增稠器中进行沉降，然后将沉渣送至过滤机，以提高经济效益。过滤属于机械分离操作，与蒸发、干燥等非机械的分离操作相比，其能量消耗较低。

10.1 过滤的基本原理及其应用

在给水处理中，过滤一般是指以石英砂等粒状颗粒的滤层截留水中的悬浮杂质，从而使水获得澄清的工艺过程。过滤通常置于沉淀池或澄清池之后，是保证净化水质的一个不可缺少的关键环节。滤池的进水浊度一般在 10NTU 以上，经过滤后的出水浊度可以降到小于1NTU，满足饮用水标准。过滤的功效不仅在于进一步降低水的浊度，水中的有机物、细菌乃至病毒等也将随水的浊度降低而被部分去除。随着废水资源化需求的日益提高，过滤在废水处理中也得到了广泛应用。在废水处理中，过滤主要用于深度处理或再生处理，以进一步去除二级处理出水中残留的少量悬浮物。

▶10.1.1 过滤的分类

根据过滤的原理，各项过滤技术可以分成两大类：表层过滤和深层过滤。

表层过滤，有时也叫饼层过滤，其特点是固体颗粒呈饼层状沉积于过滤介质的上游一侧，适用于处理固相含量稍高（固相体积分率约在1％以上）的悬浮液。表层过滤的颗粒去除机理是机械筛除，过滤介质按其孔径大小对过滤液体中的颗粒进行截留分离。这种按机械筛除机理工作的设备通常称为过滤机械，常用的有：脱水机（真空过滤机、带式压滤机、板框压滤机）、微滤机、各种膜分离技术（微滤、超滤、纳滤、反渗透）等。

深层过滤的特点是固体颗粒的沉积发生在较厚的粒状过滤介质床层内部，其颗粒去除的主要机理是接触凝聚，悬浮液中的颗粒直径小于床层孔道直径，当颗粒随流体在床层内的曲折孔道穿过时与滤料颗粒进行了接触凝聚，颗粒附着在滤料颗粒上而被去除。这种过滤适用于悬浮液中颗粒其小且含量其微（固相体积分率在1％以下）的场合，例如，自来水厂里用很厚的石英砂作为过滤介质来实现水的净化。

按深层过滤机理工作的设备称为滤池，工程上也称其为过滤设备（与前述的过滤机械相对应，两者的最大区别是过滤设备属于静设备，而过滤机械属于动设备）。当然，在滤池中滤料层的表面对大颗粒也有机械筛除作用，但这不是深层过滤的主要工作机理。因此，滤池的工作机理是接触凝聚和机械筛除，其中以接触凝聚为主要机理。

10.1.2　过滤的要素

一个完整的快滤池的组成要素包括：滤料、滤饼和助滤剂。

（1）滤料

滤料也叫过滤介质，是滤饼的支承物，应具有足够的机械强度和尽可能小的流动阻力。过滤介质中的微细孔道的直径稍大于一部分悬浮颗粒的直径，所以过滤之初会有一些细小颗粒穿过介质而使滤液浑浊，此种滤液应送回滤浆槽重新处理。过滤开始后，颗粒会在孔道中迅速地发生"架桥现象"，如图10-2所示，使得尺寸小于孔道直径的细小颗粒被拦住，滤饼开始生成，滤液也变得澄清，此时过滤才能有效地进行。可见，在饼层过滤中，真正发挥分离作用的主要是滤饼层，而不是过滤介质。

工业上常用的过滤介质主要有以下几类。

① 织物介质：又称滤布，包括由棉、毛、丝、麻等天然纤维及各种合成纤维制成的织物，以及由玻璃丝等织成的网。织物介质在过程工业中应用最为广泛。

② 粒状介质：包括细砂、木炭、硅藻土等细小坚硬的颗粒状物质，多用于深层过滤。

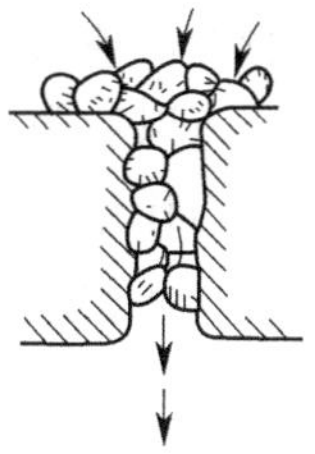

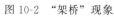

图10-2　"架桥"现象

③ 多孔固体介质：是具有很多微细孔道的固体材料，如多孔陶瓷、多孔塑料和多孔金属制成的管或板。此类介质耐腐蚀，孔道细微，适用于处理只含少量细小颗粒的腐蚀性悬浮液及其他特殊场合。

（2）滤饼

滤饼是由被截留下来的颗粒垒积而成的固定床层，滤饼的厚度与流动阻力随着过滤的进行逐渐增加。构成滤饼的颗粒如果是不易变形的坚硬固体，如硅藻土坯、碳酸钙等，当滤饼两侧的压强差增大时，颗粒的形状和颗粒间的空隙都没有显著变化，单位厚度床层的流体阻力可以认为恒定，这种滤饼称为不可压缩性滤饼。反之，如果滤饼是由某些氢氧化物之类的胶体物质所构成，则当两侧压强差增大时，颗粒的形状和颗粒间的空隙有显著的改变，单位厚度滤饼的流动阻力增大，这种滤饼称为可压缩性滤饼。

（3）助滤剂

对于可压缩性滤饼，当过滤压强差增大时，颗粒间的孔道变窄，有时因颗粒过于细密而将通道堵塞。逢此情况可将质地坚硬而能形成疏松床层的某种固体颗粒预先涂于过滤介质上，或混入悬浮液中，以形成较为疏松的滤饼，使滤液得以畅流。这种预涂或预混的粒状物质称为助滤剂。对助滤剂的基本要求如下。

① 能够形成多孔床层，以使滤饼有良好的渗透性和较小的流动阻力。

② 具有化学稳定性，不与悬浮液发生化学反应，也不溶解于溶液之中。

③ 在过滤操作的压差范围内，具有不可压缩性，以保持较高的空隙率。

10.1.3 快速过滤的机理

根据过滤速度的不同，过滤操作可分为两大类：慢速过滤（又称表面滤膜过滤）和快速过滤（又称深层过滤）。慢速过滤的滤速通常低于 10m/d，它是利用在砂层表面自然形成的滤膜去除溶液中的悬浮物杂质和胶体。由于慢速过滤的生产效率低，并且设备占地面积大，目前已很少采用，基本上都被快速过滤技术所取代。快速过滤是把滤速提高到 10m/d 以上，使溶液快速通过砂等粒状颗粒滤层，在滤层内部发生固体颗粒的沉积，从而去除溶液中的悬浮物杂质。

在快速过滤过程中，水中悬浮杂质在滤层内部被去除的主要机理涉及两个方面：一是迁移机理，即被水流挟带的杂质颗粒如何脱离水流流线而向滤料颗粒表面接近或接触；二是黏附机理，即当杂质颗粒与滤料表面接触或接近时，依靠哪些力的作用使得它们黏附于滤料表面。

（1）迁移机理

在过滤过程中，滤层空隙中的水流一般处于层流状态。随着水流流线移动的杂质颗粒之所以会脱离流线而趋向滤料颗粒表面，主要是受拦截、沉淀、惯性、扩散和水动力等作用力的影响，如图 10-3 所示。颗粒尺寸较大时，处于流线中的杂质颗粒会直接被滤料颗粒所拦截；颗粒沉速较大时会在重力作用下脱离流线，在滤料颗粒表面产生沉淀；颗粒具有较大惯性时也可以脱离流线与滤料表面接触；颗粒较小、布朗运动较剧烈时会扩散至滤料颗粒表面；水力作用是由于在滤料颗粒表面附近存在速度梯度，非球体颗粒在速度梯度作用下，会产生转动而脱离流线与滤料表面接触。

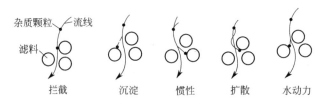

图 10-3　过滤过程中颗粒迁移机理示意图

对于上述迁移机理，目前只能定性描述，其相对作用大小尚无法定量估算。虽然也有某些数学模型，但还不能解决实际问题。在实际的过滤过程中，几种机理可能同时存在，也可能只有其中某些机理起作用。

（2）黏附机理

当水中的杂质颗粒迁移到滤料表面上时，是否能黏附于滤料表面或滤料表面上原先黏附的杂质颗粒上主要取决于它们之间的物理化学作用力。这些作用力包括范德华引力、静电斥力以及某些化学键和某些特殊的化学吸附力等。此外，絮凝颗粒的架桥作用也会存在。黏附过程与澄清过程中的泥渣所起的黏附作用基本类似，不同的是滤料为固定介质，效果更好。因此，黏附作用主要受滤料和水中杂质颗粒的表面物理化学性质的影响。未经脱稳的杂质颗粒，过滤效果很差。不过，在过滤过程中，特别是过滤后期，当滤层中的空隙逐渐减小时，表层滤料的筛滤作用也不能完全排除，但这种现象并不希望发生。

在杂质颗粒与滤料表面发生黏附的同时，还存在由于空隙中水流剪力的作用而导致杂质颗粒从滤料表面上脱落的趋势。黏附力和水流剪力的相对大小决定了杂质颗粒黏附和脱落的程度。过滤初期，滤料较干净，滤层内的空隙率较高，空隙流速较小，水流剪力较小，因而黏附作用占优势。随着过滤时间的延长，滤层中杂质逐渐增多，空隙率逐渐减小，水流剪力逐渐增大，导致黏附在最外层的杂质颗粒首先脱落下来，或者被水流挟带的后续杂质不再继续黏附，促使杂质颗粒向下层推移，从而使下层滤料的截留作用渐次得到发挥。

10.2 过滤的基本方程式及操作方式

10.2.1 过滤基本方程式

(1) 滤液的流动

滤饼是由被截留的颗粒垒积而成的固定床层，颗粒之间存在网络的空隙，滤液从中流过。这样的固定床层可视为一个截面形状复杂多变而空隙截面维持恒定的流通管道。流道的当量直径可依照非圆形管道当量直径的定义。非圆形管道当量直径 d_e 为：

$$d_e = 4 \times 水力半径 = 4 \times \frac{管道截面积}{润湿周边长} \tag{10-1}$$

故颗粒床层的当量直径为：

$$d_e \propto \frac{流道截面积 \times 流道长度}{润湿周边长 \times 流道长度} \tag{10-2}$$

则：

$$d_e \propto \frac{流道容积}{流道表面积} \tag{10-3}$$

取面积为 $1m^2$、厚度为 $1m$ 的滤饼进行考虑，即：

$$床层体积 = 1 \times 1 = 1m^3 \tag{10-4}$$

$$流道容积（即空隙体积）= 1 \times \varepsilon = \varepsilon\ m^3 \tag{10-5}$$

ε 为床层空隙率。若忽略床层中因颗粒相互接触而彼此覆盖的表面积，则

$$流道表面积 = 颗粒体积 \times 颗粒比表面 = 1 \times (1-\varepsilon)S_v\ m^2 \tag{10-6}$$

式中 S_v——颗粒比表面积，m^{-1}。

所以床层的当量直径为：

$$d_e \propto \frac{\varepsilon}{(1-\varepsilon)S_v} \tag{10-7}$$

式中 d_e——床层流道的当量直径，m。

由于构成滤饼的固体颗粒通常很小，颗粒间孔隙十分细微，流体流速颇低，而液、固之

间的接触面积很大，故流动为黏性摩擦力所控制，常属于滞流流型。因此，可以仿照圆管内滞流流动的泊谡叶公式来描述滤液通过滤饼的流动。泊谡叶公式为：

$$u = \frac{d^2(\Delta p)}{32\mu L} \tag{10-8}$$

式中　u——圆管内滞流流体的平均流速，m/s；

　　　d——管道内径，m；

　　　L——管道长度，m；

　　　Δp——流体通过管道时产生的压强降，Pa；

　　　μ——流体黏度，Pa·s。

依照上式，可以写出滤液通过滤饼床层的流速与压强降的关系：

$$u_1 = \frac{d^2(\Delta p_c)}{32\mu L} \tag{10-9}$$

式中　u_1——滤液在床层孔道中的流速，m/s；

　　　L——床层厚度，m；

　　　Δp_c——流体流过滤饼床层产生的压强降，Pa；

　　　μ——滤液黏度，Pa·s。

在与过滤介质相垂直的方向上，床层空隙中的滤液流速 u_1 与按整个床层截面积计算的滤液平均流速 u 之间的关系为：

$$u_1 = \frac{u}{\varepsilon} \tag{10-10}$$

将式(10-7) 和式(10-9) 代入式(10-10)，并写成等式，得：

$$u = \frac{1}{K'} \frac{\varepsilon^3}{S_v^2(1-\varepsilon)^2} \left(\frac{\Delta p_c}{\mu L}\right) \tag{10-11}$$

式(10-11) 中的比例常数 K' 与滤饼的空隙率、粒子形状、排列与粒度范围诸因素有关。对于颗粒床层内的滞流流动，K' 值可取为 5，于是：

$$u = \frac{\varepsilon^3}{5S_v^2(1-\varepsilon)^2} \left(\frac{\Delta p_c}{\mu L}\right) \tag{10-12}$$

（2）过滤速度与过滤速率

式(10-12) 中的 u 为单位时间通过单位过滤面积的滤液体积，称为过滤速度，单位为 m/s。通常将单位时间获得的滤液体积称为过滤速率，单位为 m³/s。过滤速度是单位过滤面积上的过滤速率，应防止将两者混淆。若过滤进程中其他因素维持不变，由于滤饼厚度不断增加而使过滤速率逐渐变小。任一瞬间的过滤速度应写成如下形式。

$$u = \frac{dV}{Ad\tau} = \frac{\varepsilon^3}{5S_v^2(1-\varepsilon)^2} \left(\frac{\Delta p_c}{\mu L}\right) \tag{10-13}$$

而过滤速率为：

$$\frac{dV}{d\tau} = \frac{\varepsilon^3}{5S_v^2(1-\varepsilon)^2} \left(\frac{A\Delta p_c}{\mu L}\right) \tag{10-14}$$

式中　V——滤液量，m³；

　　　τ——过滤时间，s。

（3）滤饼的阻力

对于不可压缩性滤饼，式(10-14) 中的空隙率 ε 可视为常数，颗粒的形状、尺寸也不改变，因而比表面积 S_v 亦为常数。$\dfrac{\varepsilon^3}{5S_v^2(1-\varepsilon)^2}$ 反映了颗粒的特性，其值随物料而不同。若 r 代表其倒数，则式(10-14)可写成：

$$\frac{dV}{Ad\tau}=\frac{\Delta p_c}{\mu rL}=\frac{\Delta p_c}{\mu R} \tag{10-15}$$

式中　r——滤饼的比阻，m^{-2}。

R——滤饼阻力，m^{-1}。

r 的计算式为

$$r=\frac{5S_v^2(1-\varepsilon)^2}{\varepsilon^3} \tag{10-16}$$

R 的计算式为

$$R=rL \tag{10-17}$$

式(10-15)表明，当滤饼不可压缩时，任一瞬间单位面积上的过滤速率与滤饼上、下游两侧的压强差成正比，而与当时的滤饼厚度成反比，并与滤液黏度成反比。还可以看出，过滤速率也可表示成推动力与阻力之比的形式：过滤推动力，即促成滤液流动的因素，是压强差 Δp_c；而单位面积上的过滤阻力便是 μrL，其中又包括两方面的因素：滤液本身的黏性 μ 与滤饼阻力 rL。

比阻 r 是单位厚度滤饼的阻力，它在数值上等于黏度为 $1Pa \cdot s$ 的滤液以 $1m/s$ 的平均流速通过厚度为 $1m$ 的滤饼层时所产生的压强降。比阻反映了颗粒形状、尺寸及床层空隙率对滤液流动的影响。床层空隙率 ε 越小及颗粒比表面 S_v 越大，则床层越致密，对流体流动的阻滞作用也越大。

（4）过滤介质的阻力

饼层过滤中，过滤介质的阻力一般都比较小，但有时却不能忽略，尤其在过滤初始阶段滤饼尚薄期间。过滤介质的阻力当然也与其厚度和本身的致密程度有关，通常把过滤介质的阻力视为常数，仿照式(10-15)可以写出滤液穿过过滤介质的速度关系式：

$$\frac{dV}{Ad\tau}=\frac{\Delta p_m}{\mu R_m} \tag{10-18}$$

式中　Δp_m——过滤介质上、下游两侧的压强差，Pa；

R_m——过滤介质的阻力，m^{-1}。

由于很难划定过滤介质与滤饼之间的分界面，更难测定分界面处的压强，因而过滤介质的阻力与最初所形成的滤饼层的阻力往往是无法分开的，所以过滤操作中总是把过滤介质与滤饼联合起来考虑。滤液通过这两个多孔层的过滤速率表达式为

滤饼层：

$$\frac{dV}{Ad\tau}=\frac{\Delta p_c}{\mu R} \tag{10-19}$$

滤布层：

$$\frac{dV}{Ad\tau}=\frac{\Delta p_m}{\mu R_m} \tag{10-20}$$

通常，滤饼与滤布的面积相同，所以两层中的过滤速率相等，即

$$\frac{dV}{A\,d\tau}=\frac{\Delta p_c+\Delta p_m}{\mu(R+R_m)}=\frac{\Delta p}{\mu(R+R_m)} \tag{10-21}$$

式中　$\Delta p=\Delta p_c+\Delta p_m$，代表滤饼与滤布两侧的总压强降，称为过滤压强差。

在实际过滤设备上，一侧常处于大气压下，此时 Δp 就是另一侧表压的绝对值，所以 Δp 也称为过滤的表压强。式(10-21) 表明，可用滤液通过串联的滤饼与滤布的总压强降来表示过滤推动力，用两层的阻力之和来表示总阻力。

为方便起见，设想以一层厚度为 L_e 的滤饼来代替滤布，而过程仍能完全按照原来的速率进行，那么，这层设想中的滤饼就应当具有与滤布相同的阻力，即 $rL_e=R_m$。

于是，式(10-21) 可写成：

$$\frac{dV}{A\,d\tau}=\frac{\Delta p}{\mu(rL+rL_e)}=\frac{\Delta p}{\mu r(L+L_e)} \tag{10-22}$$

式中　L_e——过滤介质的当量滤饼厚度，或称虚拟滤饼厚度，m。

在一定的操作条件下，以一定介质过滤一定悬浮液时，L_e 为定值；但同一介质在不同的过滤操作中，L_e 值不同。

若每获得 $1m^3$ 滤液所形成的滤饼体积为 $v\,m^3$，则在任一瞬间的滤饼厚度与当时已经获得的滤液体积之间的关系应为 $LA=vV$，则：

$$L=\frac{vV}{A} \tag{10-23}$$

式中　v——滤饼体积与相应的滤液体积之比。

同时，如生成厚度为 L_e 的滤饼所应获得的滤液体积以 V_e 表示，则

$$L_e=\frac{vV_e}{A} \tag{10-24}$$

式中　V_e——过滤介质的当量滤液体积或称虚拟滤液体积，m^3。

在一定操作条件下，以一定介质过滤一定的悬浮液时，V_e 为定值；但同一介质在不同的过滤操作中，V_e 值不同。

将式(10-23) 和式(10-24) 代入式(10-22)，可得：

$$\frac{dV}{A\,d\tau}=\frac{\Delta p}{\mu rv\left(\dfrac{V+V_e}{A}\right)} \tag{10-25}$$

或

$$\frac{dV}{d\tau}=\frac{A^2\Delta p}{\mu rv(V+V_e)} \tag{10-26}$$

式(10-26) 是过滤速率与各有关因素间的一般关系式。

可压缩滤饼的情况比较复杂，它的比阻是两侧压强的函数。考虑到滤饼的压缩性，可借用下面的经验公式来粗略估算压强差增大时比阻的变化，即：

$$r=r'(\Delta p)^s \tag{10-27}$$

式中　r'——单位压强差下滤饼的比阻，m^{-2}；

　　Δp——过滤压强差，Pa；

　　s——滤饼的压缩性指标，一般情况下，$s=0\sim1$，对于不可压缩滤饼，$s=0$。

在一定压强差范围内，上式对大多数可压缩滤饼适用。

将式(10-27) 代入式(10-26)，得：

$$\frac{dV}{d\tau} = \frac{A^2 \Delta p^{1-s}}{\mu r' v (V + V_e)} \tag{10-28}$$

上式称为过滤基本方程式，表示过滤进程中任一瞬间的过滤速率与各有关因素之间的关系，是进行过滤计算的基本依据。该式适用于可压缩性滤饼及不可压缩性滤饼。对于不可压缩滤饼，因 $s=0$，故上式简化为式(10-26)。

应用过滤基本方程式作过滤计算时，还需针对过程进行的具体方式对上式进行积分。

10.2.2 过程的操作方式

一般来说，过滤操作有恒压，恒速及先恒速、后恒压三种方式。

(1) 恒压过滤

若过滤操作是在恒定压强下进行的，称为恒压过滤，恒压过滤是最常见的过滤方式。连续过滤机上进行的过滤都是恒压过滤，间歇过滤机上进行的过滤也多为恒压过滤。恒压过滤时，滤饼不断变厚，导致阻力逐渐增加，但推动力恒定，因而过滤速率逐渐变小。

对于一定的悬浮液，若 μ、r' 及 v 皆可视为常数，令：

$$k = \frac{1}{\mu r' v} \tag{10-29}$$

式中 k——过滤物料特性的常数。

将式(10-29)代入式(10-28)，得：

$$\frac{dV}{d\tau} = \frac{k A^2 \Delta p^{1-s}}{V + V_e} \tag{10-30}$$

恒压过滤时，压强差 Δp 不变，k、A、S、V_e 又都是常数，故上式的积分形式为：

$$\int (V + V_e) dV = k A^2 \Delta p^{1-s} \int d\tau \tag{10-31}$$

如前所述，与过滤介质阻力相对应的虚拟滤液体积为 V_e（常数），假定获得体积为 V_e 的滤液所需的过滤时间为 τ，则积分的边界条件为：

过滤时间 $0 \rightarrow \tau_e$，$\tau_e \rightarrow \tau + \tau_e$

滤液体积 $0 \rightarrow V_e$，$V_e \rightarrow V + V_e$

此处过滤时间是指虚拟的过滤时间（τ_e）与实际过滤时间（τ）之和；滤液体积是指虚拟滤液体积（V_e）与实际滤液体积（V）之和，于是可写出：

$$\int_0^{V_e} (V + V_e) d(V + V_e) = k A^2 \Delta p^{1-s} \int_0^{\tau_e} d(\tau + \tau_e) \tag{10-32}$$

及

$$\int_{V_e}^{V+V_e} (V + V_e) d(V + V_e) = k A^2 \Delta p^{1-s} \int_{\tau_e}^{\tau+\tau_e} d(\tau + \tau_e) \tag{10-33}$$

分别积分式(10-32)和式(10-33)，并令：

$$K = 2k \Delta p^{1-s} \tag{10-34}$$

得到：

$$V_e^2 = K A^2 \tau_e \tag{10-35}$$

及

$$V^2 + 2V_e V = K A^2 \tau \tag{10-36}$$

上两式相加，可得：

$$(V+V_e)^2 = KA^2(\tau+\tau_e) \tag{10-37}$$

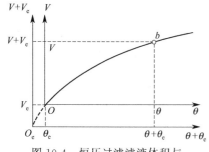

图 10-4　恒压过滤滤液体积与
过滤时间的关系曲线

上式称为恒压过滤方程式，它表明恒压过滤时滤液体积与过滤时间的关系为一抛物线方程，如图 10-4 所示。图中曲线的 Ob 段表示实际过滤时间 τ 与实际滤液体积 V 之间的关系，而 O_eO 段则表示与介质阻力相对应的虚拟过滤时间 τ_e 与虚拟滤液体积 V_e 之间的关系。

当过滤介质阻力可以忽略时，$V_e=0$，$\tau_e=0$，则式(10-37) 可简化为：

$$V^2 = KA^2\tau \tag{10-38}$$

又令

$$q = \frac{V}{A}$$

及

$$q_e = \frac{V_e}{A}$$

则式(10-35)、式(10-36)、式(10-37) 可分别写成如下形式，即：

$$q_e^2 = K\tau_e \tag{10-39}$$

$$q^2 + 2q_e q = K\tau \tag{10-40}$$

$$(q+q_e)^2 = K(\tau+\tau_e) \tag{10-41}$$

式(10-41) 亦称恒压过滤方程式。

恒压过滤方程式(10-41) 中的 K 是由物料特性及过滤压强差所决定的常数，称为滤饼常数，其单位为 m^2/s；τ_e 与 q 是反映过滤介质阻力大小的常数，均称为介质常数，其单位分别为 s 及 m，三者总称为过滤常数。

当介质阻力可以忽略时，$q_e=0$，$\tau_e=0$，则式(10-41) 可简化为：

$$q^2 = K\tau \tag{10-42}$$

（2）恒速过滤与先恒速后恒压的过滤

过滤机械（如板框式压滤机）内部空间的容积是一定的，当料浆充满此空间后，供料的体积流量就等于滤液流出的体积流量，即过滤速率。所以，当用排量固定的正位移泵向过滤机供料而未打开支路阀时，过滤速率便是恒定的。这种过滤方式称为恒速过滤。

恒速过滤时的过滤速率为：

$$\frac{dV}{d\tau} = \frac{V}{\tau} = 常数 \tag{10-43}$$

若过滤面积以 A 表示，过滤速度为：

$$\frac{dV}{Ad\tau} = \frac{dq}{d\tau} = u_R = 常数 \tag{10-44}$$

所以：

$$q = u_R\tau \tag{10-45}$$

或写成：

$$V = Au_R\tau \tag{10-46}$$

式中　u_R——恒速阶段的过滤速度，m/s。

上式表明，恒速过滤时 V 与 τ 的关系是一条通过原点的直线。

对于不可压缩滤饼，根据过滤基本方程式(10-28) 及式(10-44) 可以写出：

$$\frac{dq}{d\tau}=\frac{\Delta p}{\mu r v q+\mu R_{\mathrm{m}}}=u_{\mathrm{R}}=\text{常数} \tag{10-47}$$

式中，过滤介质阻力 R_{m} 为常数，μ、r、v、u_{R} 亦为常数，仅 Δp 及 q 随时间 τ 而变化，又因：

$$q=u_{\mathrm{R}}\tau \tag{10-45}$$

则得：

$$\Delta p=\mu r v u_{\mathrm{R}}^{2}\tau+\mu u_{\mathrm{R}}R_{\mathrm{m}} \tag{10-48}$$

或写成：

$$\Delta p=a\tau+b \tag{10-49}$$

式中　$a=\mu r v u_{\mathrm{R}}^{2}$；

　　　　$b=\mu u_{\mathrm{R}}R_{\mathrm{m}}$。

式(10-49) 表明，在滤饼不可压缩情况下进行恒速过滤时，其过滤压强差应与过滤时间成直线关系。

由于过滤压强差随过滤时间呈直线增长，所以实际上几乎没有把恒速方式进行到底的过滤操作，通常只是在过滤开始阶段以较低的恒定速率操作，以免滤液混浊或滤布堵塞。当表压升至给定数值后，便采用恒压操作。这种先恒速、后恒压的过滤装置如图 10-5 所示。

由于采用正位移泵，过滤初期维持恒定速率，泵出口表压强逐渐升高。经过 τ_{R} 时间后，获得体积为 V_{R} 的滤液，若此时表压强恰已升至能使支路阀自动开启的给定数值，则开始有部分料浆返回泵的入口，进入压滤机的料浆流量逐渐减小，而压滤机入口表压强维持恒定。这后一阶段的操作即为恒压过滤。

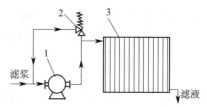

图 10-5　先恒速、后恒压的过滤装置
1—正位移泵；2—支路阀；3—压滤机

对于恒压阶段的 V-τ 关系，仍可用过滤基本方程式(10-30) 求得，即：

$$\frac{dV}{d\tau}=\frac{kA^{2}\Delta p^{1-s}}{V+V_{\mathrm{e}}} \tag{10-50}$$

若令 V_{R}、τ_{R} 分别代表升压阶段终了瞬间的滤液体积及过滤时间，则上式的积分形式为：

$$\int_{V_{\mathrm{R}}}^{V}(V+V_{\mathrm{e}})dV=kA^{2}\Delta p^{1-s}\int_{\tau_{\mathrm{R}}}^{\tau}d\tau \tag{10-51}$$

积分并将式(10-34) 代入，得：

$$(V^{2}-V_{\mathrm{R}}^{2})+2V_{\mathrm{e}}(V-V_{\mathrm{R}})=KA^{2}(\tau-\tau_{\mathrm{R}}) \tag{10-52}$$

此式即为恒压阶段的过滤方程，式中，$V-V_{\mathrm{R}}$、$\tau-\tau_{\mathrm{R}}$ 分别代表转入恒压操作后所获得的滤液体积及所经历的过滤时间。

将式(10-52) 中各项除以 $(V-V_{\mathrm{R}})$，得：

$$(V+V_{\mathrm{R}})+2V_{\mathrm{e}}=KA^{2}\frac{\tau-\tau_{\mathrm{R}}}{V-V_{\mathrm{R}}} \tag{10-53}$$

或

$$\frac{\tau-\tau_{\mathrm{R}}}{V-V_{\mathrm{R}}}=\frac{1}{KA^{2}}(V+V_{\mathrm{R}})+\frac{2V_{\mathrm{e}}}{KA^{2}}=\frac{1}{KA^{2}}V+\frac{V_{\mathrm{R}}+2V_{\mathrm{e}}}{KA^{2}} \tag{10-54}$$

式中　K，A，V_{R}，V_{e}——常数。

由式(10-54)可知,恒压阶段的过滤时间对所得滤液体积之比 $\dfrac{\tau-\tau_R}{V-V_R}$ 与总滤液体积 V 成直线关系。

（3）过滤常数的测定

前述过滤方程中的过滤常数 K、V_e 及 τ_e 都可由实验测定,或采用已有的生产数据计算。过滤常数的测定,一般应对规定的悬浮液在恒压条件下进行。

首先将式(10-40)微分,得:

$$\frac{\mathrm{d}\tau}{\mathrm{d}q}=\frac{1}{K}q+\frac{2}{K}q_e \tag{10-55}$$

为便于根据测定的数据计算过滤常数,上式左端的 $\dfrac{\mathrm{d}\tau}{\mathrm{d}q}$ 可用增量比 $\dfrac{\Delta\tau}{\Delta q}$ 代替,即:

$$\frac{\Delta\tau}{\Delta q}=\frac{1}{K}q+\frac{2}{K}q_e \tag{10-56}$$

从该式可知,若以 $\dfrac{\Delta\tau}{\Delta q}$ 对 q 作图,可得一直线,其斜率为 $\dfrac{1}{K}$,截距为 $\dfrac{2}{K}q_e$。这样可先测出不同时刻 τ 的单位面积的累积滤液量 q,然后以 $\dfrac{\Delta\tau}{\Delta q}$ 为纵坐标,q 为横坐标作图,即可求出 K、q_e 或 V_e。再利用式(10-41)便可求得 τ_e。但必须注意,K 与操作压力差有关,故上述求出的 K 值仅适用于过滤压力差与实验压力差相同的生产中。若实际操作压力差与实验不同,则对于不可压缩滤饼,依式(10-26)可得下述关系:

$$\frac{K_1}{K_2}=\frac{\Delta p_1}{\Delta p_2} \tag{10-57}$$

式中　K_1——过滤压差为 Δp_1 时的过滤常数;

　　　K_2——过滤压差为 Δp_2 时的过滤常数。

对于不可压缩性滤饼:

$$K=\frac{2\Delta p^{1-s}}{\mu r v} \tag{10-58}$$

将该式取对数,则有:

$$\lg K=\lg\frac{2}{\mu r v}+(1-s)\lg\Delta p \tag{10-59}$$

由该式可知,若在不同的压力差下进行过滤实验,以 $\lg K$ 对 $\lg\Delta p$ 作图可得一直线,该直线的斜率为 $1-s$,截距为 $\lg\dfrac{2}{\mu r v}$。从而可求得滤饼的压缩指数和单位压力差下滤饼的比阻 r_0,然后利用式(10-59)即可求得任意压差下的过滤常数 K。

10.3　表层过滤及过滤机

表层过滤,有时也叫饼层过滤,其特点是固体颗粒呈饼层状沉积于过滤介质的上游一侧,适用于处理固相含量稍高（固相体积分率约在1%以上）的悬浮液。表层过滤的颗粒去除机理是机械筛除,过滤介质按其孔径大小对过滤液体中的颗粒进行截留分离。这种按机械筛除机理工作的水处理设备有:硅藻土预涂层过滤、污泥脱水机（真空过滤机、带式压滤机、板框压滤机）、微滤机、各种膜分离技术（微滤、超滤、纳滤、反渗透）等。

▶10.3.1 过滤机

过滤悬浮液的设备可按其操作方式分为两类：间歇过滤机与连续过滤机。间歇过滤机早为工业所使用，它的构造一般比较简单，可在较高压强下操作，目前常见的间歇过滤机有压滤机和叶滤机等。连续过滤机出现较晚，且多采用真空操作，常见的有转筒真空过滤机、圆盘真空过滤机等。

(1) 板框压滤机

板框压滤机属于间歇式加压过滤机，由压紧装置、机架和滤框及其他附属装置等部件组成，滤板和滤框交替叠合架在两根平行的支撑梁上，所有滤板两侧都具有和滤框形状相同的密封面，滤布夹在滤板、滤框密封面之间，成为密封的垫片。其结构如图 10-6 所示。板和框都用支耳架在一对横梁上，可用压紧装置压紧或拉开。

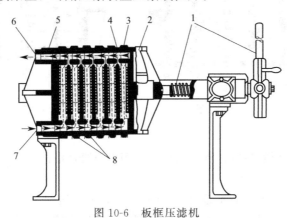

图 10-6　板框压滤机

1—压紧装置；2—可动头；3—滤框；4—滤板；

5—固定头；6—滤液出口；7—滤浆进口；8—滤布

板和框多做成正方形，其构造如图 10-7 所示。板、框的角端均开有小孔，装合并压紧后即构成供滤浆或洗水流通的孔道。框的两侧覆以滤布，空框与滤布围成了容纳滤浆及滤饼的空间。滤板的作用有两个：一是支撑滤布，二是提供滤液流出的通道。为此，板面上制成各种凹凸纹路，凸者起支撑滤布的作用，凹者形成滤液流道。滤板又分为洗涤板与非洗涤板两种，其结构与作用有所不同。为了组装时易于辨别，常在板、框外侧铸有小钮或其他标志，如图 10-7 所示，故有时洗涤板又称三钮板，非洗涤板又称一钮板，而滤框则带二钮。装合时即按钮数以 1—2—3—2—1—2—… 的顺序排列板与框。所需框数由生产能力及滤浆浓度等因素决定。每台板框压滤机有一定的总框数，最多的可达 60 个，当所需框数不多时，可取一盲板插入，以切断滤浆流通的孔道，后面的板和框即失去作用。

过滤时，悬浮液在指定的压强下经滤浆通道由滤框角端的暗孔进入框内，如图 10-8(a)所示，滤液分别穿过两侧滤布，再沿邻板板面流至滤液出口排出，固体则被截留于框内。待滤饼充满全框后，即停止过滤。

若滤饼需要洗涤时，则将洗水压入洗水通道，并经由洗涤板角端的暗孔进入板面与滤布之间。此时应关闭洗涤板下部的滤液出口，洗水便在压强差推动下横穿一层滤布及整个滤框厚度的滤饼，然后再横穿另一层滤布，最后由非洗涤板下部的滤液出口排出，如图 10-8(b)所示。这样安排的目的在于提高洗涤效果，减少洗水将滤饼冲出裂缝而造成短路的可能。

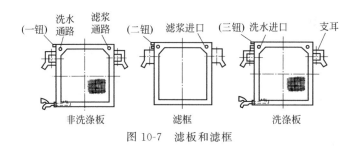

图 10-7 滤板和滤框

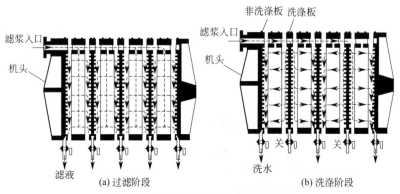

图 10-8 板框压滤机内液体流动路径

洗涤结束后，旋开压紧装置并将板框拉开，卸出滤饼，清洗滤布，整理板、框，重新装合，进行另一个操作循环。

板框压滤机的操作表压一般不超过 $8×10^5$ Pa，有个别达到 $15×10^5$ Pa 者。滤板和滤框可用多种金属材料或木材制成，并可使用塑料涂层，以适应滤浆性质及机械强度等方面的要求。滤液的排出方式有明流和暗流之分。若滤液经由每块滤板底部小直管直接排出，则称为明流。明流便于观察各块滤板工作是否正常，如见到某板出口滤液浑浊，即可关闭该处旋塞，以免影响全部滤液的质量。若滤液不宜曝露于空气之中，则需将各板流出的滤液汇集于总管后送走，称为暗流。暗流在构造上比较简单，因为省去了许多排出阀。压紧装置的驱动有手动与机动两种。我国已编有板框压滤机产品的系列标准及规定代号。

板框压滤机结构简单、制造方便、附属设备少、单位过滤面积占地较小、过滤面积较大、操作压强高、对各种物料性质的适应能力强，过滤面积的选择范围宽，滤饼含湿率低，固相回收率高，是所有加压过滤机中结构最简单、应用最广泛的一种机型，广泛应用于化工、轻工、制药、冶金、石油和环保等领域。但因为间歇操作，生产效率低、劳动强度大；滤饼密实而且变形，洗涤不完全；由于排渣和洗涤易发生对滤布的磨损，滤布的使用寿命短。目前国内虽已出现自动操作的板框压滤机，但使用不多。

（2）加压叶滤机

加压叶滤机是将一组并联的滤叶按一定方式（垂直或水平）装入密闭的滤筒内，当滤浆在压力作用下进入滤筒后，滤液通过滤叶从管道排出，而固相颗粒被截留在滤叶表面，图10-9所示的加压叶滤机由许多不同宽度的长方形滤叶装合而成。滤叶由金属多孔板或金属网制造，内部具有空间，外罩滤布。滤叶安装在能承受内压的密闭机壳内。过滤时滤液用泵压送到机壳内，滤液穿过滤布进入叶内，汇集至总管后排出机外，颗粒则积于滤布外侧形成滤饼。滤饼的厚度通常为 2～35mm，视滤浆性质和操作情况而定。若滤饼需要洗涤，则于过滤完毕后通入洗水，洗水的路径与滤液的相同。洗涤后打开机壳上盖，拔出滤叶卸除滤饼，或在壳内对滤叶加以清洗。

加压叶滤机按外形可分为立式和卧式两种，这两种机型按照滤叶布置形式又可分为垂直滤叶式和水平滤叶式。加压叶滤机的优点是灵活性大，操作稳定，可密闭操作，改善了操作条件，当被处理物料为汽化物、有味、有毒物质时密封性能好；采用冲洗或吹除方法卸除滤饼时劳动强度低，过滤速度大，洗涤效果好。缺点是为了防止滤饼固结或下落，必须精心操作；滤饼湿含量大；过滤过程中，在竖直方向上有粒度分级现象；造价较高，更换滤布（尤其是对于圆形滤叶）比较麻烦。

由于叶滤机是采用加压过滤，过滤推动力较大，一般可用于过滤浓度较大、较黏而不易分离的悬浮液；也适用于悬浮液固相含量虽少（少于1%），但只需要液相而废弃固相的情况。由于其

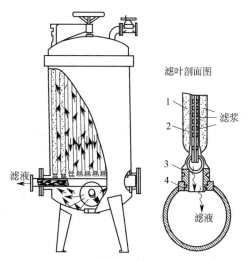

图 10-9 加压叶滤机
1—滤饼；2—滤布；3—拔出装置；4—橡胶圈

滤叶等过滤部件均采用不锈钢材料制造，因此常用于啤酒、果汁、饮料、植物油等的净化、硫黄净化以及制药、精细化工和某些加工业等对分离设备的卫生条件要求较高的生产。又由于槽体容易实现保温或加热，可用于过滤操作要求在较高温度下进行的情况。该机种密封性能好，适用于易挥发液体的过滤。对于要求滤液澄清度高的过滤，一般均采用预敷层过滤。

（3）筒式压滤机

筒式压滤机是以滤芯作为过滤介质，利用加压作用使液固分离的一种过滤器。筒式压滤机按滤芯型式又分为纤维填充滤芯型、绕线滤芯型、金属烧结滤芯型、滤布套筒型、折叠式滤芯型和微孔滤芯型等多种类型。各种不同的滤芯配置在过滤管中，加上壳体组成各种滤芯型筒式压滤机。筒式压滤机的结构主要由过滤装置（滤芯）、聚流装置、卸料装置和壳体等组成。

筒式压滤机适用于对液体有某种特定要求的场合，如饮料业、燃油业、电镀业等。由于可以配置不同材质的滤芯，可以耐腐蚀而被广泛应用于国防、冶金、化工、轻工、制药、矿山、电镀、食品等工业生产以及环保行业中的工业污水处理以及气体净化等。

筒式压滤机使用的滤芯，主要用于固体颗粒在 $0.5\sim10\mu m$ 的物料或者虽大于 $0.5\mu m$ 但颗粒非刚性、易变形、颗粒之间或者颗粒与过滤介质之间黏度大的难过滤物料。

（4）旋叶压滤机

旋叶压滤机是应用动态过滤技术的一种过滤机。这种机型的过滤原理和传统的滤饼过滤不同，在压力、离心力、流体曳力或其他外力推动下，料浆与过滤面成平行的或旋转的剪切运动，过滤面上不积存或只积存少量滤饼，基本上或完全摆脱了滤饼束缚的一种过滤操作。

旋叶压滤机由机架、若干组滤板、旋叶及其传动系统和控制系统等组成。旋叶的转速根据物料特性可以调节。滤板表面覆有过滤介质。滤板和旋叶组成一个滤室。旋叶压滤机的特点是用于连续、密闭、高温等操作的场合，过滤速率高，滤饼含湿量低，同时可避免板框压滤机操作过程中频繁开框、出渣、洗涤过滤介质、合框、压紧滤板等繁重的体力劳动。但由于被浓缩的悬浮液需要绕过旋叶和滤板这样长的通道流动，因此限制了临界浓度值的提高。

旋叶压滤机多用于高黏度、可压缩与高分散的难过滤物料的过滤，如染料、颜料、金属氧化物、金属氢氧化物、碱金属、合成材料等各化学工业过程，各种废料处理中的过滤和增浓。

（5）厢式压滤机

厢式压滤机与板框压滤机相比，工作原理相同，外表相似，主要区别是厢式压滤机的滤室由两块相同的滤板组合而成。自动厢式压滤机按滤板的安装方式可分为卧式和立式；按操作方式可分为全自动操作和半自动操作；按有无挤压装置分为隔膜挤压型和无隔膜挤压型；按滤布的安装方式又可分为滤布固定式和滤布可移动式，移动式又分为单块滤布移动式和滤布全行走式；按滤液排出方式分为明流式和暗流式。

由于厢式压滤机的结构特点，卸料只需将滤板分开就可实现，比板框式方便，因此厢式压滤机容易实现自动操作，更适合于处理黏性大、颗粒小、渣量多等过滤难度较大的场合，被广泛用于化工、冶金、矿山、医药、食品、煤炭、水泥、废水处理等行业。相对于板框压滤机而言，由于厢式压滤机仅由滤板组成，减少了密封面，增加了密封的可靠性。但滤布由于依赖滤布凹室引起变形，容易磨损和折裂，使用寿命短。滤饼受凹室限制，不能太厚，洗涤效果不如板框式过滤机。

（6）锥盘压榨过滤机

锥盘压榨过滤机属于连续压榨过滤机，其结构是两个锥形过滤圆盘的顶点用中心销连接在一起，锥盘盘面上开有许多孔，锥盘的轴心线互相倾斜，两个锥盘以相同转速转动。物料在两圆锥盘的最大间隙处加入，随着圆锥的旋转，间隔逐渐变小而受到压榨，物料在间隔最小处受到压榨力最大，物料脱水后成为滤饼，并随着间隔的再次增大而由刮刀卸除。

锥盘压榨过滤机的特点是：生产能力大、耗能少；对物料的压榨力大，出渣含湿量低；物料在锥盘面上几乎没有摩擦，不易破损，不易堵网；适应的物料较广。

（7）转筒真空过滤机

转筒真空过滤机是一种连续操作的过滤机械，广泛应用于工业生产。如图10-10所示，设备的主体是一个能转动的水平圆筒，其表面有一层金属网，网上覆盖滤布，筒的下部浸入滤浆中。圆筒沿周向分隔成若干扇形格，每格都有单独的孔道通至分配头上。圆筒转动时，凭借分配头的作用使这些孔道依次分别与真空管和压缩空气管相通，因而在回转一周的过程中每个扇形格表面即可顺序进行过滤、洗涤、吸干、吹松、卸饼等项操作。

分配头由紧密贴合着的转动盘与固定盘构成，转动盘随着筒体一起旋转，固定盘内侧各凹槽分别与各种不同作用的管道相通，如图10-11所示，当扇形格1开始浸入滤浆内时，转动盘上相应的小孔便与固定盘上的凹槽f相对，从而与真空管道连通，吸走滤液。图上扇形格1~7所处的位置称为过滤区。扇形格转出滤浆槽后，仍与凹槽f相通，继续吸干残留在滤饼中的滤液。扇形格8~10所处的位置称为吸干区。扇形格转至12的位置时，洗涤水喷洒于滤饼上，此时扇形格与固定盘上的凹槽g相通，以另一真空管道吸走洗水。扇形格12、13所处的位置称为洗涤区。扇形格11对应于固定盘上凹槽f与g之间，不与任何管道相连通，该位置称为不工作区。当扇形格由一区转入另一区时，因有不工作区的存在，方使各操作区不致相互串通。扇形格14的位置为吸干区，15为不工作区。扇形格16、17与固定凹槽h相通，再与压缩空气管道相连，压缩空气从内向外穿过滤布而将滤饼吹松，随后由刮刀将滤饼卸除。扇形格16、17的位置称为吹松区及卸料区，18为不工作区。如此连续运转，整个转筒表面上便构成了连续的过滤操作。转筒过滤机的操作关键在于分配头，它使每个扇形格通过不同部位时依次进行过滤、吸干、洗涤、再吸干、吹松、卸料等几个步骤。

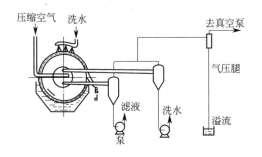

图 10-10 转筒真空过滤机装置示意

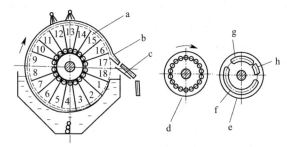

图 10-11 转筒及分配头的结构

a—转筒；b—滤饼；c—割刀；d—转动盘；e—固定盘；
f—吸走滤液的真空凹槽；g—吸走洗水的真空凹槽；
h—通入压缩空气的凹槽

转筒的过滤面积一般为 $5\sim40m^2$，浸没部分占总面积的 $30\%\sim40\%$。转速可在一定范围内调整，通常为 $0.1\sim3r/min$。滤饼厚度一般保持在 40mm 以内，对难于过滤的胶质物料，厚度可小于 10mm 以下。转筒过滤机所得滤饼中的液体含量很少低于 10%，常可达 30% 左右。

转筒真空过滤机能连续地自动操作，节省人力，生产能力强，特别适宜于处理量大而容易过滤的料浆，但附属设备较多，投资费用高，过滤面积不大。此外，由于它是真空操作，因而过滤推动力有限，尤其不能过滤温度较高（饱和蒸汽压高）的滤浆。对较难过滤的物料适应能力较差，滤饼的洗涤也不充分。

（8）圆盘过滤机

1）圆盘真空过滤机

圆盘真空过滤机的组成是将圆盘装在一根水平空心主轴上，每个圆盘又分成若干个小扇形过滤叶片，每个扇形叶片即构成一个过滤室。圆盘真空过滤机根据拥有的圆盘数，可分为单盘式和多盘式两种。

圆盘真空过滤机的优点是过滤面积大，单位过滤面积造价低，设备可大型化；占地面积小，能耗小，滤布更换方便。缺点是由于过滤面为立式，滤饼厚薄不均，易龟裂，不易洗涤，薄层滤饼卸料困难，滤布磨损快，且易堵塞。

圆盘真空过滤机不适合处理非黏性物料，适合处理沉降速度不高、易过滤的物料，如用于选矿工业、煤炭工作、冶金工业、造纸行业等。

2）圆盘加压过滤机

圆盘加压过滤机是一种装在压力容器内的圆盘过滤机，通过具有一定压力的空气使滤布上产生过滤所必要的压差，滤扇内部通过控制头与气水分离器连通，而后者与大气相通。

圆盘加压过滤机的优点是连续作业，处理量大，降低了脱水的成本，脱水效果好，特别是过滤空间密封，符合环保要求。

在圆盘加压过滤机中通入蒸汽是解决黏性细小的物料在常温下难过滤、效率低的一种方法，并且可节省干燥费用。圆盘加压过滤机主要用在煤炭、金属精矿矿浆和原矿矿浆的过滤。

（9）陶瓷圆盘真空过滤机

陶瓷圆盘真空过滤机外形与圆盘真空过滤机类似，但是用亲水的陶瓷烧结氧化铝制成陶瓷过滤板，取代了传统的滤片和滤布。主要应用于化工、制药、重要有色金属、煤炭、矿物工业和废水处理等行业。

陶瓷圆盘真空过滤机的优点是：过滤效果好，滤饼水分低，滤液清澈透明；处理能力大，自动化程度高；采用无滤布过滤，无滤布损耗。

（10）转台真空过滤机

转台真空过滤机实际上是一个由若干个扇形滤室组成的旋转圆形转台，滤室上部配有滤板、滤网、滤布，圆环形过滤面的下面是由若干径向垂直隔板分隔成的许多彼此独立的扇形滤室，滤室下部有出液管，与错气盘连接。

转台真空过滤机的优点是结构简单，生产能力大，操作成本低；洗涤效果好，洗涤液可与滤液分开。缺点是占地面积大，由于采用螺旋卸料，有残余滤饼层，滤布磨损大，滤布易堵塞。

转台真空过滤机适用于要求洗涤效果好和含有密度大的粗颗粒的滤浆，也可以过滤含密度小的悬浮颗粒和滤浆，应用于磷酸、钛白粉、氧化、无机盐、精细化工、冶金、选矿、环保等工业领域。

（11）翻盘式真空过滤机

翻盘（或翻斗）式真空过滤机包括滤盘、分配阀、转盘、导轨、挡轮、传动结构等。旋转的环形过滤面由一组扇形滤斗组成，由驱动装置带动进行回转运动，在排渣和冲洗滤布时，滤盘借助翻盘曲线导轨进行翻转和复位。在工作区域内滤盘仅作水平旋转。

这种过滤机的主要优点是连续地完成加料、过滤、洗涤滤饼、翻盘排渣、冲洗滤布、滤布吸干、滤盘复位等操作；卸料完整，不损伤滤布并且滤布的再生效果好；可进行多级逆流洗涤，滤饼的洗涤效果好；生产能力大。缺点是占地面积大，转动部件多，维护费用高。

翻盘式真空过滤机可过滤黏稠的物料，适应性强，适用于分离含固量的质量分数大于15%～35%、密度较大易分离且滤饼要进行充分洗涤的料浆，广泛应用于萃取磷酸生产中料浆的过滤以及化工、轻工和有色金属等行业。

（12）带式过滤机

1）带式真空过滤机

带式真空过滤机又称水平带式真空过滤机，是以循环移动的环形滤带作为过滤介质，利用真空设备提供的负压和重力作用使液固快速分离的一种连续式过滤机。图10-12所示是用于污泥脱水的带式真空过滤机的工作原理图。转鼓分成几个部分，通过选轮阀产生真空吸力，过滤操作在下面三个区内进行，即泥饼形成区、泥饼脱水区和泥饼排除区。

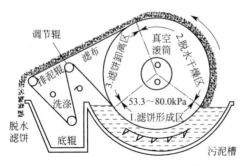

图 10-12　带式真空过滤机工作原理

水平带式真空过滤机按其结构原理分为移动室型、固定室型、间歇运动型和连续移动盘型。

固定室型带式真空过滤机采用一条橡胶脱液带作为支承带，滤布放在脱液带上，脱液带上开有相当密的、成对设置的沟槽，沟槽中开有贯穿孔。脱液带本身的强度足以支承真空吸力，因此滤布本身不受力，滤布的寿命较长。

移动室型带式真空过滤机是真空盒随水平滤带一起移动，且过滤、洗涤、下料、卸料等操作同时进行。

间歇运动型带式过滤机是靠一个连续的循环运行的过滤带，在过滤带上连续或批量加入料浆，在真空吸力的作用下，在过滤带的下部抽走滤液，在过滤带上形成滤饼，然后对滤饼进行洗涤、挤压或空气干燥。

连续移动盘型带式真空过滤机是将原来整体式真空滤盘改为由很多可以分合的小滤盘组成，小滤盘联结成一个环形带，滤盘可以和滤布一起向前移动。

带式真空过滤机的特点是水平过滤面，上面加料，过滤效率高，洗涤效果好，滤饼厚度可调，滤布可正反两面同时洗涤，操作灵活，维修费用低。适用于过滤含粗颗粒的高浓度滤浆以及滤饼需要多次洗涤的物料，如分离铁精矿、精煤粉、纸浆、石膏、青霉素和污水处理等，被广泛应用于冶金、矿山、石油、化工、煤炭、造纸、电力、制药以及环保等工业领域。

2）带式压榨过滤机

带式压榨过滤机是将固—液悬浮液加到两条无端的滤带之间，滤带缠绕在一系列顺序排列、大小不等的辊轮上，借助压榨辊的压力挤压出悬浮液中的液体。依据压榨脱水阶段的不同，主要分为普通（DY）型、压滤段隔膜挤压（DYG）型、压滤段高压带压榨（DVD）型、相对压榨（DYX）型及真空预脱水（DYZ）型。带压榨辊的压榨方式共分两种，即相对辊式和水平辊式。相对辊式是借助作用于辊间的压力脱水，具有接触面积小、压榨力大、压榨时间短的特点；水平辊式是利用滤带张力对辊子曲面施加压力，具有接触面宽、压力小、压榨时间长的特点。目前带式压榨过滤机中水平辊式用得最多。图 10-13 所示是用于污泥脱水的带式压滤机结构示意。

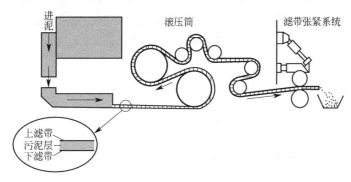

图 10-13　带式压滤机结构

带式压榨过滤机的优点是：结构简单，操作简便、稳定，处理量大，能耗少，噪声低，自动化程度高，可以连续作业，易于维护，广泛应用于冶金、矿山、化工、造纸、印刷、制革、酿造、煤炭、制糖等行业的废水产生的各类污泥的脱水，尤其在冶金污泥和尾煤的脱水。缺点是滤带会因为悬浮液在滤带上分布不均匀而引起滤带在运行过程中张紧力不均匀，造成跑偏故障，调校较困难。

▶10.3.2　过滤机的生产能力

（1）滤饼的洗涤

洗涤滤饼的目的在于回收滞留在颗粒缝隙间的滤液，或净化构成滤饼的颗粒。由于洗水里不含固相，故洗涤过程中滤饼厚度不变，因而，在恒定的压强差推动下洗水的体积流量不会改变。洗水的流量称为洗涤速率，以$\left(\dfrac{dV}{d\tau}\right)_{W}$表示。若每次过滤终了时以体积为$V_{W}$的洗水洗涤滤饼，则所需洗涤时间为：

$$\tau_{W}=\dfrac{V_{W}}{\left(\dfrac{dV}{d\tau}\right)_{W}} \tag{10-60}$$

式中　V_{W}——洗水用量，m^3；

　　　τ_{W}——洗涤时间，s。

影响洗涤速率的因素可根据过滤基本方程式来分析，即：

$$\dfrac{dV}{d\tau}=\dfrac{A\Delta p^{1-s}}{\mu r_0(L+L_e)} \tag{10-61}$$

对于一定的悬浮液，r_0为常数。若洗涤压强差与过滤终了时的压强差相同，并假定洗水黏度与滤液黏度相近，则洗涤速率$\left(\dfrac{dV}{d\tau}\right)_{W}$与过滤终了时的过滤速率$\left(\dfrac{dV}{d\tau}\right)_{E}$有一定的关系，这个关系取决于过滤设备上采用的洗涤方式。

叶滤机等所采用的是简单洗涤法，洗水与过滤终了时的滤液流过的路径基本相同，故：

$$(L+L_e)_W=(L+L_e)_E \tag{10-62}$$

式中下标E表示过滤终了。洗涤面积与过滤面积相同，故洗涤速率约等于过滤终了时的过滤速率，即：

$$\left(\dfrac{dV}{d\tau}\right)_{W}=\left(\dfrac{dV}{d\tau}\right)_{E} \tag{10-63}$$

板框压滤机采用的是横穿洗涤法，洗水横穿两层滤布和整个滤框厚度的滤饼，流径长度约为过滤终了时滤液流动路径的2倍，而供洗水流通的面积仅为过滤面积的一半，即：

$$(L+L_e)_W=2(L+L_e)_E \tag{10-64}$$

$$A_W=\dfrac{1}{2}A \tag{10-65}$$

将以上关系代入过滤基本方程式，可得：

$$\left(\dfrac{dV}{d\tau}\right)_{W}=\dfrac{1}{4}\left(\dfrac{dV}{d\tau}\right)_{E} \tag{10-66}$$

即板框压滤机上的洗涤速率约为过滤终了时过滤速率的1/4。

当洗水黏度、洗水表压与滤液黏度、过滤压强差有明显差异时，所需洗涤时间可按下式进行校正，即：

$$\tau'_{W}=\tau_{W}\left(\dfrac{\mu_{W}}{\mu}\right)\left(\dfrac{\Delta p}{\Delta p_{W}}\right) \tag{10-67}$$

式中　τ'_{W}——校正后的洗涤时间，s；

　　　τ_{W}——未经校正的洗涤时间，s；

　　　μ_{W}——洗水黏度，$Pa\cdot s$；

　　　μ——滤液黏度，$Pa\cdot s$；

　　　Δp——过滤终了时刻的压强差，Pa；

　　Δp_{W}——洗涤压强差，Pa。

（2）过滤机的生产能力

过滤机的生产能力通常是指单位时间内获得的滤液体积，少数情况下，也有按滤饼的产量或滤饼中固相物质的产量来计算。

1）间歇过滤机的生产能力

间歇过滤机的特点是在整个过滤机上依次进行过滤、卸渣、清理、装合等步骤的循环操作。在每一循环周期中，全部过滤面积只有部分时间在进行过滤，而过滤之外的各步操作所占用的时间也必须计入生产时间内。因此在计算生产能力时，应以整个操作周期为基准。操作周期为：

$$T = \tau + \tau_{\mathrm{W}} + \tau_{\mathrm{D}} \tag{10-68}$$

式中　T——一个操作循环的时间，即操作周期，s；

　　　τ——一个操作循环内的过滤时间，s；

　　　τ_{W}——一个操作循环内的洗涤时间，s；

　　　τ_{D}——一个操作循环内的卸渣、清理、装合等辅助操作所需时间，s。

则生产能力的计算式为：

$$Q = \frac{3600V}{T} = \frac{3600V}{\tau + \tau_{\mathrm{W}} + \tau_{\mathrm{D}}} \tag{10-69}$$

式中　V——一个操作循环内所获得的滤液体积，m^3；

　　　Q——生产能力，m^3/h。

2）连续过滤机的生产能力

以转筒真空过滤机为例，连续过滤机的特点是过滤、洗涤、卸饼等操作在转筒表面的不同区域内同时进行，任何时刻总有一部分表面浸没在滤浆中进行过滤，任何一块表面在转筒回转一周过程中都只有部分时间进行过滤操作。

转筒表面浸入滤浆中的分数称为浸没度，以 ϕ 表示，即：

$$\phi = \frac{浸没角度}{360°} \tag{10-70}$$

因转筒以匀速运转，故浸没度 ϕ 就是转筒表面任何一小块过滤面积每次浸入滤浆中的时间（即过滤时间）τ 与转筒回转一周所用时间 T 的比值。若转筒转速为 $n\,\mathrm{r/min}$，则转筒回转一周所用的时间为

$$T = \frac{60}{n} \tag{10-71}$$

在此时间内，整个转筒表面上任何一小块过滤面积所经历的过滤时间均为 $\tau = \phi T = \dfrac{60\phi}{n}$。

所以，从生产能力的角度来看，一台总过滤面积为 A、浸没度为 ϕ、转速为 $n\,\mathrm{r/min}$ 的连续式转筒真空过滤机，与一台在同样条件下操作过滤面积为 A、操作周期为 $T = \dfrac{60}{n}$、每次过滤时间为 $\tau = \dfrac{60\phi}{n}$ 的间歇式板框压滤机是等效的。因而，可以完全依照前面所述的间歇式过滤机生产能力的计算方法来解决连续式过滤机生产能力的计算问题。

根据恒压过滤方程式(10-37)

$$(V + V_{\mathrm{e}})^2 = KA^2(\tau + \tau_{\mathrm{e}})$$

可知转筒每转一周所得的滤液体积为：

$$V = \sqrt{KA^2(\tau + \tau_{\mathrm{e}})} - V_{\mathrm{e}} = \sqrt{KA^2\left(\frac{60\phi}{n} + \tau_{\mathrm{e}}\right)} - V_{\mathrm{e}} \tag{10-72}$$

则每小时所得滤液体积，即生产能力为：

$$Q = 60nV = 60\left[\sqrt{KA^2(60\phi n + \tau_e n^2)} - V_e n\right] \tag{10-73}$$

当滤布阻力可以忽略时，$\tau_e = 0$，$V_e = 0$，则上式简化为：

$$Q = 60n\sqrt{KA^2\frac{60\phi}{n}} = 465A\sqrt{Kn\phi} \tag{10-74}$$

可见，连续过滤机的转速越高，生产能力就越强。但若旋转过快，每一周期中的过滤时间便缩至很短，使滤饼太薄，难于卸除，也不利于洗涤，且使功率消耗增大。合适的转速需经实验决定。

10.3.3　过滤机的选型

常用的过滤机类型及它们的特点和典型使用场合列表于 10-1。

表 10-1　过滤机类型及适用范围

过滤方式	机型	适用滤浆特性			适用范围及注意事项
连续式真空过滤机	转鼓过滤机 ①带卸料式	浓度% 2~65	过滤速度 低。5min内需在鼓面上形成>3mm均匀滤饼	滤饼厚度/mm	广泛应用于化工、冶金、矿山、环保、水处理等部门； 固体颗粒在滤浆槽内几乎不能悬浮的滤浆； 滤饼通气性太好，滤饼在转鼓上易脱落的滤浆不适宜； 滤饼洗涤效果不如水平式过滤机
	②刮刀卸料式	50~60	中、低，滤饼不黏	>5~6	
	③辊卸料式	5~40	低，滤饼有黏性	0.5~2	
	④绳索卸料式	5~60	中、低	1.6~5	
	⑤顶部加料式	10~70	快	12~20	用于结晶性化工产品过滤
	⑥内滤面	颗粒细、沉降快，1min内形成15~20mm厚的滤饼			用于采矿、冶金、滤饼易脱落场合
	⑦预涂层	<2	稀薄滤浆		适用稀薄滤浆澄清，不宜用于获得滤饼的场合； 适用于糊状、胶质等稀薄滤浆和细微颗粒易堵塞过滤介质的难过滤滤浆
	圆盘过滤机 ①垂直型	快，1min内形成15~20mm厚的滤饼层			用于矿石、微煤粉、水泥原料，滤饼不能洗涤
	②水平型	30~50	快	12~20	广泛用于磷酸工业，适用于颗粒粗的滤浆能进行多级逆流洗涤
	水平台型过滤机	快，1min内超过20mm厚的滤饼			用于磷酸工业，适用于固体颗粒密度小于液体密度的滤浆，滤饼洗涤效果不理想
	水平带式过滤机	5~70	快	4~5	用于磷酸工业、铝、各种无机化学工业、石膏及纸浆等行业，适用于固体颗粒大，洗涤效果好
间歇式真空过滤机	叶型过滤机	适用于各种滤浆			生产规模不能太大
连续加压过滤	转鼓过滤机垂直回转圆盘过滤机	适用各种浓度、高黏性滤浆			各种化工、石油化工，处理能力大，适用于挥发性物质过滤
	预涂层转鼓过滤机	稀薄滤浆			适用于难处理滤浆的澄清过滤
间歇式加压过滤机	板框型及凹板型压滤机	适用于各种滤浆			用于食品、冶金、颜料和染料、采矿、石油化工、医药、化工
	加压叶型过滤机	适用于各种滤浆			用于大规模过滤和澄清过滤，后者要有预涂层
重力式过滤	砂层过滤机	适于 PPM 程度的极稀薄滤浆			用于饮用水、工业用水的澄清过滤、废水和下水的处理、溢流水过滤

过滤机选型要考虑滤浆的过滤特性、滤浆物性和生产规模等因素。

（1）滤浆的过滤特性

滤浆按过滤性能分为良好、中等、差、稀薄和极稀薄五类，与滤饼的过滤速度、滤饼孔隙率、固体颗粒沉降速度和固相浓度等因素有关。

① 过滤性良好的滤浆：能在几秒钟内形成 50mm 以上厚度的滤饼，即使在滤浆槽里有搅拌器都无法维持悬浮状态。大规模处理可采用内部给料式或顶部给料式转鼓真空过滤机。若滤饼不能保持在转鼓的过滤面上或滤饼需充分洗涤的，则采用水平型真空过滤机。处理量不大时可用间歇操作的水平加压过滤机。

② 过滤性中等的滤浆：能在 30s 内形成 50mm 厚度的滤饼的滤浆，这种滤浆在搅拌器作用下能维持悬浮状态。固体浓度为 10%～20%（体积），能在转鼓上形成稳定的滤饼。大规模过滤可采用格式转鼓真空过滤机。滤饼需洗涤的，选水平移动带式过滤机；不需洗涤的可选垂直回转圆盘过滤机。小规模生产采用间歇操作的加压过滤机。

③ 过滤性差的滤浆：在 500mmHg 真空度下，5min 内最多只能形成 3mm 厚的滤饼。固相浓度为 1%～10%（体积）。在单位时间内形成的滤饼较薄，很难从过滤机上连续排除滤饼。在大规模过滤时宜选用格式转鼓真空过滤机、垂直回转圆盘真空过滤机。小规模生产用间歇操作的加压过滤机。若滤饼需充分洗涤可选用真空叶滤机、立式板框压滤机。

④ 稀薄滤浆：固相浓度在 5%（体积）以下，形成滤饼在 1mm/min 以下。大规模生产可采用预涂层过滤机或过滤面积较大的间歇操作加压过滤机。小规模生产选用叶滤机。

⑤ 极稀薄滤浆：含固率低于 0.1%（体积），一般无法形成滤饼，主要起澄清作用。颗粒尺寸大于 5μm 时选水平盘形加压过滤机。滤液黏度低时可选预涂层过滤机。滤液黏度低且颗粒尺寸小于 5μm 时应选带有预涂层的间歇操作加压过滤机。黏度高、颗粒尺寸小于 5μm 时可选用带有预涂层的板框压滤机。

（2）滤浆物性

滤浆物性主要是指黏度、蒸汽压、腐蚀性、溶解度和颗粒直径等。滤浆黏度高、过滤阻力大，要选加压过滤机。温度高时蒸汽压高，宜选用加压过滤机，不宜用真空过滤机。当物料易燃、有毒或挥发性强时，要选密封性好的加压过滤机，以确保安全。

（3）生产规模

大规模生产时选用连续式过滤机，小规模生产选间歇式过滤机。

参 考 文 献

[1] 廖传华，米展，周玲，等．物理法水处理过程与设备 [M]．北京：化学工业出版社，2016．
[2] 姚卓飞．高温陶瓷过滤器的设计与数值模拟研究 [D]．北京：华北电力大学，2015．
[3] 孔雪林．圆台形筛网过滤器的试验研究 [D]．唐山：华北理工大学，2015．
[4] 王少龙，柳亚斌，王瑞山，等．二氧化锗离心过滤工艺研究 [J]．稀有金属材料与工程，2015，44（8）：1994～1998．
[5] 李小虎，张有忱，李好义，等．多孔介质模型的纤维过滤器优化模拟 [J]．膜科学与技术，2015，35（1）：23～27．
[6] 项蓉，严微微，苏中地．生物过滤器中非均匀流动的数值研究 [J]．物理学报，2014，63（16）：273～279．
[7] 冷亚军，陆青，梁昌勇．协同过滤推荐技术综述 [J]．模式识别与人工智能，2014，27（8）：720～734．
[8] 陈立钢，廖立霞．分离科学与技术 [M]．北京：科学出版社，2014．
[9] 中国石油和化学工业联合会，中国化工经济技术发展中心编．石油和化工设备选型指南 [M]．北京：中国财富出版社，2012．
[10] 徐东彦，叶庆国，陶旭梅．Separation Engineering [M]．北京：化学工业出版社，2012．
[11] 罗川南．分离科学基础 [M]．北京：科学出版社，2012．
[12] 骆秀萍，刘焕芳，宗全利，等．自清洗网式过滤器排污流量的计算 [J]．排灌机械工程学报，2012，30（5）：

588～591.

[13] 刘焕芳，刘飞，谷趁趁，等．自清洗网式过滤器水力性能试验［J］．排灌机械工程学报，2012，30（2）：144～147.

[14] 赵德明．分离工程［M］．杭州：浙江大学出版社，2011.

[15] 张顺泽，刘丽华．分离工程［M］．徐州：中国石油大学出版社，2011.

[16] 廖传华，柴本银，黄振仁．分离过程与设备［M］．北京：中国石化出版社，2008.

[17] 袁惠新．分离过程与设备［M］．北京：化学工业出版社，2008.

[18] ［美］ D. Seader，［美］ Ernest J. Henley. 分离过程原理［M］．上海：华东理工大学出版社，2007.

[19] 宋业林，宋襄翎．水处理设备实用手册［M］．北京：中国石化出版社，2004.

[20] 杨春晖，郭亚军主编．精细化工过程与设备［M］．哈尔滨：哈尔滨工业大学出版社，2002.

[21] 周立雪，周波主编．传质与分离技术［M］．北京：化学工业出版社，2002.

[22] 唐受印，戴友芝．水处理工程师手册［M］．北京：化学工业出版社，2001.

[23] 贾绍义，柴诚敬．化工传质与分离过程［M］．北京：化学工业出版社，2001.

[24] 仲崇军．基于板框压滤机的污泥深度脱水工艺优化［J］．中国市政工程，2015，4：40～41.

[25] 刘永权．板框压滤机在净水处理装置的应用［J］．节能环保2015，1：262～263.

[26] 李玉新．废泥浆处理中新型板框压滤机的应用［J］．工程技术，2015，49：75～77.

[27] 屈萍红．浅谈板框压滤机运行中常见问题及解决措施［J］．铜业工程，2015，5：33～37.

[28] 章良艺．板框压滤机脱水系统在福州西北水厂排泥处理项目的应用［J］．低碳世界，2015，15：84～86.

[29] 吴彬，玄立宝．隔膜板框压滤机在酸浴反洗中的应用［J］．科技创新与应用，2015，10：56～57.

[30] 黎海云．隔膜式板框压滤机在污泥处理系统的应用［J］．造纸科学与技术，2014，33（6）：138～139，127.

[31] 耿亚梅．新型动态扫流板框压滤机过滤过程研究［D］．天津：天津大学，2013.

[32] 许金泉，程文，耿震．隔膜式板框压滤机在污泥深度脱水中的应用［J］．给水排水，2013，39（3）：87～90.

[33] 曹昊翔，祝爽，成鹏，等．卧式加压叶滤机的滤布清洗装置［P］．ZL201420069057.9，2014-11-01.

[34] 牟晓红．全自动自清洁立式叶滤机机械系统的开发研制［D］．济南：山东大学，2008.

[35] 张建林，甘业华．EYCZL加压叶滤机在油脂行业的应用［J］．四川粮油科技，2000，7（1）：8～14.

[36] 肖承明．加压叶滤机的技术发展［J］．过滤与分离，1995，5（4）：8～10.

[37] 徐灿奇．全自动缸筒式压滤机［P］．CN201620576770.5，2016-06-16.

[38] 姜义发．快速压滤机在铁尾矿和铁精矿脱水中的应用［J］．甘肃科技，2014，30（2）：35～37.

[39] 田国平．筒式压滤机多室集液腔端盖［P］．ZL201310655934.4，2013-12-09.

[40] 何宁川．筒型缝隙式连续压滤机［P］．ZL201220242616.6，2012-05-28.

[41] 巩冠群．细精煤筒式压滤脱水作用机理研究［D］．徐州：中国矿业大学，2011.

[42] 茅志才，王平．一种筒式压滤机［P］．201110075519.9，2011-03-09.

[43] 沈自根．一种可连续作业的螺杆筒式压滤机［P］．ZL200910037001.2，2009-01-24.

[44] 孙明文．在筒式压滤机中滤饼二维恒压压榨脱水的理论研究［J］．机械设计与制造，2003，3：90～92.

[45] 唐永宜，吴耀辉．一种动态错流旋叶滤机压滤装置［P］．ZL201410292495.X，2014-06-20.

[46] 齐兆亮．动态过滤技术处理油田污水的实验研究及分析［J］．东方企业文化，2011，24：77～79.

[47] 金吉．邻氨基甲酸铜的动态过滤性能研究［D］．天津：天津大学，2009.

[48] 楼文君，李桂水，徐飞．用动态旋叶压滤机澄清菠萝汁的实验研究［J］．过滤与分离，2006，16（1）：29～32.

[49] 谭蔚，石建明，朱企新，等．动态旋叶压滤机滤室内流体径向速度的研究［J］．高校化学工程学报，2006，20（2）：208～212.

[50] 张国栋．降低厢式压滤机浸出物损失率的主要措施［J］．啤酒科技，2015，2：37～41.

[51] 曾庆浪．关于厢式压滤机技术改造策略研究［J］．科技与企业，2014，3：256～257.

[52] 朱诚，袁钧，史进，等．厢式压滤机污泥脱水系统的优化控制［J］．上海第二工业大学学报，2014，31（2）：121～124.

[53] 吴鹏云．厢式压滤机存在的问题及改进措施［J］．矿山机械，2013，41（3）：140～142.

[54] 王立成．厢式压滤机常见故障分析与解决方法［J］．中国科技博览，2013，4：30～31.

[55] 丁兴江．关于厢式压滤机机架设计的探讨［J］．流体机械，2012，40（9）：43～45，75.

［56］周志根．厢式压滤机典型液压系统的设计、改进与对比分析［J］．液压与传动，2012，1：68～72.

［57］陆新，赵翠萍，周明康．厢式压滤机液压系统的模糊故障诊断研究［J］．液压与气动，2011，8：118～120.

［58］朱良红，郑炳孝．厢式压滤机液压系统工作原理及故障排除［J］．矿山机械，2009，37（4）：49～50.

［59］田冠雄，张忻民．一种垃圾处理过程中的多级螺旋压榨机［P］．ZL201420034656.0，2014-01-21.

［60］邓仁强．圆盘压榨过滤机的国产化研制及其应用［J］．机械，2009，36（9）：25～27.

［61］李林明．YZA1200-N锥盘压榨过滤机设计研究［D］．成都：四川大学，2005.

［62］李林明，方善如，张剑鸣，等．提取纸浆黑液的高效、节能设备［J］．过滤与分离，2004，14（1）：42～44.

［63］李林明，方善如，张剑鸣，等．提取纸浆黑液的锥盘压榨过滤机［J］．中国造纸，2004，23（7）：66～67.

［64］王开厦，冯家迪，何卫平．智能陶瓷过滤机［P］．ZL201510057369.0，2015-02-04.

［65］田汪洋．一种转鼓真空过滤机的清理结构［P］．ZL201420636794.6，2014-10-30.

［66］刘爱平，谢文刚．一种双轮真空过滤机［P］．ZL201320570921.2，2013-09-05.

［67］丁斯华，刘兰花．圆盘真空过滤机在黑山铁矿一选的应用［J］．承钢技术，1999，1：1～3.

［68］田野，刘友，袁腾，等．盘式过滤机在司家营铁矿的应用和改进［J］．矿山机械，2015，1：143～144.

［69］魏宪忠．盘式过滤机的安装施工技术［J］．建材发展导向，2014，12（7）：270～271.

［70］齐双飞，杜艳清，王葵军，等．新型盘式过滤机在弓长岭选矿厂的工业试验［J］．现代矿业，2014，30（2）：182～184.

［71］陈方健，吴华珍，张明．翻盘式过滤机在磷石膏水洗净化中的应用［J］．磷肥与复肥，2013，28（2）：59～60.

［72］张国联．GL&V多圆盘过滤机［J］．江苏造纸，2013，4：36～39.

［73］江化民，吴清，赵崇德．多圆盘过滤机主轴托辊的结构设计［J］．轻工机械，2013，31（5）：97～100.

［74］吴清，江化民，陈志勇，等．采用多圆盘过滤机回收卫生纸机白水［J］．中国造纸，2013，32（12）：70～72.

［75］马潇，耿晔．移动盘式过滤机在碳分玛瑙填料生产中的应用［J］．中国材料科技与设备，2013，2：70～71.

［76］王月洁，陈振，张林涛，等．国产多圆盘过滤机的发展现状与生产实践［J］．中国造纸，2012，31（7）：45～51.

［77］刘忠江．加压盘式过虑机的结构特点和应用［J］．中国科技纵横，2012，5：127～129.

［78］张云川．翻盘式过滤机存在的问题与更新改造［J］．云南化工，2012，39（1）：56～59，66.

［79］李卫芹，王月洁，陈安江，等．国产压力盘式过滤机的应用［J］．中国造纸，2011，30（2）：41～44.

［80］危志斌，张瑞杰．大型纸机通过多圆盘过滤机回收白水［J］．中华纸业，2011，32（24）：70～72.

［81］赵黎，陈安江．圆盘过滤机回收白水的效果、工艺特点及注意事项［J］．纸和造纸，2010，29（4）：4～8.

［82］俞章法．盘式过滤机在赤泥分离上的应用研究［J］．矿山机械，2009，37（9）：92～95.

［83］李明芹，陈全兵，王海涛，等．压力盘式过滤机的研制开发［J］．中华纸业，2008，29（12）：58～61.

［84］倪波，文泽军．带式压滤机传动系统建模与滤带滑移分析［J］．湖南科技大学学报（自然科学版），2015，30（2）：40～46.

［85］倪波．带式压滤机传动系统动态特性分析与结构参数优化［D］．湘潭：湖南科技大学，2014.

［86］何亦农，潘添，周异，等．一种带式压滤机辊筒［P］．ZL201220672726.7，2012-12-14.

［87］余志华，罗朝斌．一种改进的带式过滤机挤压辊筒［P］．ZL201220609852.7，2012-11-19.

［88］邓秀泉．一种带式压滤机加强型辊筒［P］．ZL201220031292.0，2012-01-10.

第**11**章

膜分离技术

膜分离是借助一种特殊制造的、具有选择透过性的薄膜，通过在膜两侧施加一种或多种推动力，利用流体中各组分对膜的渗透速率的差异而使原料中的某组分选择性地优先透过膜，从而达到混合物分离和产物提取、浓缩、纯化等目的的单元操作。膜分离过程一般不发生相变，与有相变的平衡分离方法相比能耗低，属于速率分离过程。多数膜分离过程在常温下进行，特别适用于热敏性物料的分离。此外，它操作方便，设备结构紧凑，维护费用低。由于具有上述特点，近 20 年来，膜分离技术已经在各个领域得到了很大发展，成为一类新兴的化工单元操作。

11.1 膜分离过程

膜是指分隔两相界面的一个具有选择透过性的屏障，它的形态很多，有固态和液态、均相和非均相、对称和非对称、带电和不带电等之分。一般膜很薄，其厚度可以从几微米到几毫米。所有不同形式的膜均具有一个共同的特点，即渗透性或半渗透性。

⊞ 11.1.1 几种主要的膜分离过程

膜分离的过程有多种，不同的分离过程所采用的膜及施加的推动力不同。依据膜分离的推动力和传递机理，可将膜分离过程进行分类，具体见表 11-1。

表 11-1 几种主要的膜分离过程

过程	推动力	传递机理	透过组分	截留组分	膜类型
微滤（MF）	压力差 0~100kPa	颗粒大小、形状	溶液、微粒（$0.02 \sim 10\mu m$）	悬浮物（胶体、细菌）、粒径较大的微粒	多孔膜
超滤（UF）	压力差 100~1000kPa	分子特性、形状、大小	溶剂、少量小分子溶质	大分子溶质	非对称性膜
反渗透（RO）	压力差 1000~10000kPa	溶剂的扩散传递	溶剂、中性小分子	悬浮物、大分子、离子	非对称性膜或复合膜

过程	推动力	传递机理	透过组分	截留组分	膜类型
渗析（D）	浓度差	溶剂的扩散传递	小分子溶质	大分子和悬浮物	非对称性膜、离子交换膜
电渗析（ED）	电位差	电解质离子的选择传质	电解质离子	非电解质、大分子物质	离子交换膜
气体分离（GP）	压力差 1000～10000 kPa 浓度（分压差）	气体和蒸汽的扩散渗透	易渗气体或蒸汽	难渗气体或蒸汽	均匀膜、复合膜、非对称性膜
渗透气化（PV）	分压差	选择传递（物性差异）	膜内易溶解组分或易挥发组分	不易溶解组分或较大、较难挥发物	均匀膜、复合膜、非对称性膜
液膜分离（LM）	化学反应和扩散传递	促进传递和溶解扩散传递	杂质（电解质离子）	溶剂、非电解质离子	液膜

用膜分离时，使原料中的溶质透过膜的现象一般叫渗析；使溶剂透过膜的现象叫渗透。水处理中膜分离法通常是指采用特殊固膜的电渗析法、超滤、微滤、纳滤及反渗透等技术，其共同优点是在常温下可分离污染物，且不耗热能，不发生相变化，设备简单，易于操作。

溶质或溶剂透过膜的推动力是电动势、浓度差或压力差。微滤、超滤、纳滤和反渗透都是以压力差为推动力的膜分离过程。当在膜两侧施加一定的压差时，混合液中的一部分溶剂及小于膜孔径的组分透过膜，而微粒、大分子、盐等被截留下来，从而达到分离的目的。这四种膜分离过程的主要区别在于被分离物质的大小和所采用膜的结构和性能不同。微滤的分离范围为 $0.05\sim10\mu m$，压力差为 $0.015\sim0.2MPa$；超滤的分离范围为 $0.001\sim0.05\mu m$，压力差为 $0.1\sim1\,MPa$；反渗透常用于截留溶液中的盐或其他小分子物质，压力差与溶液中的溶质浓度有关，一般在 $2\sim10\,MPa$；纳滤介于反渗透和超滤之间，脱盐率及操作压力通常比反渗透低，一般用于分离溶液中相对分子质量为几百至几千的物质。

电渗析是指在电场力作用下，溶液中的反离子发生定向迁移并通过膜，以去除溶液中离子的一种膜分离过程，所采用的膜为荷电的离子交换膜。目前电渗析已经大规模用于苦咸水脱盐、纯净水制备等，也可以用于有机酸的分离与纯化。膜电解与电渗析的传递机理相同，但膜电解存在电极反应，主要用于食盐电解生产氢氧化钠及氯气等。

渗透气化与蒸汽渗透的基本原理是利用被分离混合物中某组分有优先选择性透过膜的特点，使进料侧的优先组分透过膜，并在膜下游侧气化去除。渗透气化和蒸汽渗透过程的区别仅在于进料的相态不同，前者为液相进料，后者为气相进料。这两种膜分离技术还在开发之中。

▶ 11.1.2　膜分离过程的特点

与传统的分离技术相比，膜分离技术具有以下特点。

① 在膜分离过程中，不发生相变，能量转化效率高。

② 一般不需要投加其他物质，不改变分离物质的性质，并节省原材料和化学药品。

③ 膜分离过程中，分离和浓缩同时进行，可回收有价值的物质。

④ 可在一般温度下操作，不会破坏对热敏感和对热不稳定的物质，并且不消耗热能。

⑤ 膜分离法适应性强，操作及维护方便，易于实现自动化控制，运行稳定。

因此，膜分离技术除大规模用于海水淡化、苦咸水淡化、纯水生产外，在城市生活饮用水净化、城市污水处理与利用以及各种工业废水处理与回收利用等领域也逐渐得到了推广和应用。

11.1.3 膜分离的表征参数

膜分离的特征或效率通常用两个参数来表征：渗透性和选择性。

(1) 渗透性

渗透性也称为通量或渗透速率，表示单位时间通过单位膜面积的渗透物的通量，可以用体积通量表示，单位为 $m^3/(m^2 \cdot s)$。当渗透物为水时，称为水通量。根据密度和摩尔质量也可以把体积通量转换成质量通量和摩尔通量，单位分别为 $kg/(m^2 \cdot s)$ 和 $kmol/(m^2 \cdot s)$。渗透性反映了膜的效率（即生产能力）。

压力推动型的几种膜过程的水通量和压力范围见表11-2。水通量与过滤压力的大小有关，可在一定的压力下通过清水过滤试验测得。

表 11-2　压力推动型膜过程的水通量及压力范围

膜过程	压力范围/10^3Pa	通量范围/[L/(m² · h)]	膜过程	压力范围/10^3Pa	通量范围/[L/(m² · h)]
微滤	0.1~0.2	>50	纳滤	10~20	1.4~12
超滤	1.0~10.0	10~50	反渗透	20~200	0.05~1.4

(2) 选择性

膜分离的选择性是指在混合物的分离过程中膜将各组分分离开来的能力，对于不同的膜分离过程和分离对象，其选择性可用不同的方法表示。

对于溶液脱盐或脱除微粒、高分子物质等情况，可用截留率 β 表示。微粒或溶质等被部分或全部截留下来，而水分子可以自由地通过膜，截留率 β 的定义如下：

$$\beta = \frac{C_F - C_P}{C_F} \tag{11-1}$$

式中　C_F，C_P——膜过滤原水和出水中物质的量的浓度。

11.1.4 膜材料与分离膜

膜是膜分离过程的核心，根据膜的分离机理、性质、形状、结构等的不同，膜有不同的分类方法。

按分离机理：主要有反应膜、离子交换膜、渗透膜等。

按膜的性质：主要有天然膜（生物膜）和合成膜（有机膜和无机膜）。

按膜的形状：有平板膜、管式膜和中空纤维膜。

按膜的结构：有对称膜、非对称膜和复合膜。

按分离膜的材料不同可将其分为聚合物膜和无机物膜两大类。

(1) 聚合物膜

目前，聚合物膜在分离用膜中占主导地位。聚合物膜由天然或合成聚合物制成。天然聚合物包括橡胶、纤维素等；合成聚合物可由相应的单体经缩合或加合反应制得，亦可由两种不同单体共聚而得。按照聚合物的分子结构形态可将其分为：a. 具有长的线链结构如线状聚乙烯；b. 具有支链结构如聚丁二烯；c. 具有高交联度的三维结构如酚醛缩合物；d. 具有中等交联结构，如丁基橡胶。线链状聚合物随温度升高变软，并溶于有机溶剂，这类聚合物称为热塑性（thermoplastic）聚合物，而高交联聚合物随温度升高不会明显地变软，几乎不溶于多数有机溶剂，这类聚合物称为热固性（thermosetting）聚合物。

聚合物膜种类很多。按照聚合物膜的结构与作用特点，可将其分为致密膜、微孔膜、非对称膜、复合膜与离子交换膜五类。

① 致密膜。致密膜又称均质膜，是一种均匀致密的薄膜，物质通过这类膜主要是靠分子扩散。

② 微孔膜。微孔膜内含有相互交联的孔道，这些孔道曲曲折折，膜孔大小分布范围宽，一般为 $0.01\sim20\mu m$，膜厚 $50\sim250\mu m$。对于小分子物质，微孔膜的渗透性高，但选择性低。然而，当原料混合物中一些物质的分子尺寸大于膜的平均孔径，而另一些分子小于膜的平均孔径时，则用微孔膜可以实现这两类分子的分离。另有一种核径迹微孔膜，它是以 $10\sim15\mu m$ 的致密塑料薄膜为原料，先用反应堆产生的裂变碎片轰击，穿透薄膜而产生损伤的径迹，然后在一定温度下用化学试剂侵蚀而成一定尺寸的孔。核径迹膜的特点是孔直而短，孔径分布均匀，但开孔率低。

③ 非对称膜。非对称膜的特点是膜的断面不对称，故称非对称膜。它由同种材料制成的表面活性层与支撑层两层组成。膜的分离作用主要取决于表面活性层。由于表面活性层很薄（通常仅 $0.1\sim1.5\mu m$），故对分离小分子物质而言，该膜层不但渗透性高，而且分离的选择性好。大孔支撑层呈多孔状，仅起支撑作用，其厚度一般为 $50\sim250\mu m$，它决定了膜的机械强度。

④ 复合膜。是由在非对称膜表面加一层 $0.2\sim15\mu m$ 的致密活性层构成。膜的分离作用亦取决于这层致密活性层。与非对称膜相比，复合膜的致密活性层可根据不同需要选择多种材料。

⑤ 离子交换膜。是一种膜状的离子交换树脂，由基膜和活性基团构成。按膜中所含活性基团的种类可分为阳离子交换膜、阴离子交换膜和特殊离子交换膜。膜多为致密膜，厚度在 $200\mu m$ 左右。

（2）无机物膜

膜材料的选择是膜分离的关键。聚合物通常在较低温度下使用（最高不超过 200℃），而且要求待分离的原料流体不与膜发生化学反应。当在较高温度下或原料为化学活性混合物时，采用无机膜较好。无机膜具有热稳定性能、机械性能和化学稳定性均较好，使用寿命长，污染少，易于清洗，孔径分布均匀等优点，缺点是易破碎，成型性差，造价高。

无机膜的发展大大拓宽了膜分离的应用领域。目前，无机膜的增长速率远快于聚合物膜。此外，无机材料还可以和聚合物制成杂合膜，该类膜有时能综合无机膜与聚合物膜的优点而具有良好的性能。

11.1.5 膜组件

将膜、固定膜的支撑材料、间隔物或外壳等以某种形式组装成的一个单元设备，称为膜分离器，又被称为膜组件。

工业上应用的各种膜可以做成如图 11-1 所示的各种形状：平板膜片、圆管式膜和中空纤维膜。典型平板膜片的长宽各为 1m，厚度为 $200\mu m$，致密活性层厚度一般为 $50\sim500nm$。管式膜通常做成直径 $0.5\sim5.0cm$、长约 6m 的圆管，其致密活性层可以在管外侧面，亦可在管内侧面，并用玻璃纤维、多孔金属或其他适宜的多孔材料作为膜的支撑体。具有很小直径的中空纤维膜的典型尺寸为：内径 $100\sim200\mu m$，纤维长约 1m，致密活性层厚 $0.1\sim1.0\mu m$。中空纤维膜能够提供很大的单位体积的膜表面积。

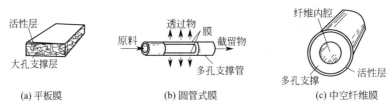

图 11-1　几种常用的膜

膜组件的结构与型式取决于膜的形状。由上述各种膜制成的膜组件主要有板框式、圆管式、螺纹卷式、中空纤维式等型式。

（1）板框式

板框式膜组件是膜分离史上最早问世的一种膜组件形式，其外观很像普通的板框式压滤机。板框式膜组件所用的板膜的横截面可以做成圆形的、方形的，也可以是矩形的。图11-2所示为系紧螺栓式板框式膜组件。多孔支撑板的两侧表面有孔隙，其内腔有供透过液流通的通道，支撑板的表面和膜经黏结密封构成板膜。

（2）螺旋卷式

螺旋卷式（简称卷式）膜组件在结构上与螺旋板式换热器类似，如图11-3所示。在两片膜中夹入一层多孔支撑材料，将两片膜的三个边密封而黏结成膜袋，另一个开放的边沿与一根多孔的透过液收集管连接。在膜袋外部的原料液侧再垫一层网眼型间隔材料（隔网），即膜-多孔支撑体-原料液侧隔网依次叠合，绕中心管紧密地卷在一起，形成一个膜卷，再装进圆柱形压力容器内，构成一个螺旋卷式膜组件。使用时，原料液沿着与中心管平行的方向在隔网中流动，与膜接触，透过膜的透过液则沿着螺旋方向在膜袋内的多孔支撑体中流动，最后汇集到中心管而被导出。浓缩液由压力容器的另一端引出。

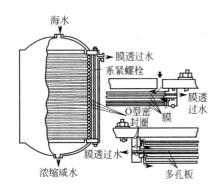

图 11-2　板框式膜器

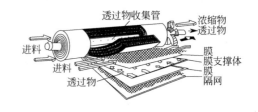

图 11-3　螺旋卷式膜器

螺旋卷式膜组件的优点是结构紧凑、单位体积内的有效膜面积大，透液量大，设备费用低。缺点是易堵塞，不易清洗，换膜困难，膜组件的制作工艺和技术复杂，不宜在高压下操作。

（3）圆管式

圆管式膜组件的结构类似管壳式换热器，如图11-4所示。其结构主要是把膜和多孔支撑体均制成管状，使两者装在一起，管状膜可以在管内侧，也可在管外侧。再将一定数量的这种膜管以一定方式联成一体而组成。

管式膜组件的优点是原料液流动状态好，流速易控制；膜容易清洗和更换；能够处理含有悬浮液的、黏度高的，或者能够析出固体等易堵塞液体通道的料液。缺点是设备投资和操作费用高，单位体积的过滤面积较小。

（4）中空纤维式

中空纤维式膜组件的结构类似管壳式换热器，如图 11-5 所示。中空纤维膜组件的组装是把大量（有时是几十万或更多）的中空纤维膜装入圆筒耐压容器内。通常纤维束的一端封住，另一端固定在用环氧树脂浇铸成的管板上。使用时，加压的原料由膜件的一端进入壳侧，在向另一端流动的同时，渗透组分经纤维管壁进入管内通道，经管板放出，截留物在容器的另一端排掉。

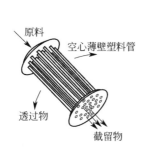

图 11-4 圆管式膜器

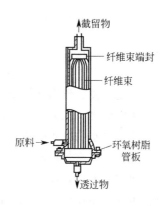

图 11-5 中空纤维式膜器

中空纤维式膜组件的优点是设备单位体积内的膜面积大，不需要支撑材料，寿命可长达5 年，设备投资低。缺点是膜组件的制作技术复杂，管板制造也较困难，易堵塞，不易清洗。

各种膜组件的综合性能比较见表 11-3。

表 11-3　各种膜组件的综合性能比较

组件型式	管式	板框式	螺旋卷式	中空纤维式
组件结构	简单	非常复杂	复杂	简单
装填密度/(m²/m³)	30～328	30～500	200～800	500～3000
相对成本	高	高	低	低
水流湍动性	好	中	差	差
膜清洗难易	易	易	难	较易
对预处理要求	低	较低	较高	低
能耗	高	中	低	低

11.2　反渗透与纳滤

反渗透是利用反渗透膜选择性地只透过溶剂（通常是水）的性质，对溶液施加压力克服溶剂的渗透压，使溶剂从溶液中分离出来的单元操作。反渗透属于以压力差为推动力的膜分离技术，其操作压差一般为 1.5～10MPa，截留组分为 $(1～10) \times 10^{-10}$ m 的小分子物质。目前，随着超低压反渗透膜的开发，已可在小于 1MPa 的压力下进行部分脱盐、水的软化和选择性分离等，反渗透的应用领域已从早期的海水脱盐和苦咸水淡化发展到化工、食品、制药、造纸等各个工业部门。

▶ 11.2.1　反渗透现象和渗透压

在温度一定的条件下，若将一种溶液与组成这种溶液的溶剂放在一起，最终的结果是溶液总会自动地稀释，直到整个体系的浓度均匀一致为止。如果将溶液和溶剂用半透膜隔开，并且这种膜只能透过溶剂分子而不能透过溶质分子，则溶剂将从纯溶剂侧透过膜到溶液侧，这就是渗透现象，如图 11-6(a) 所示。

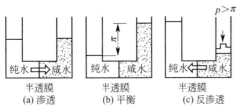

图 11-6　反渗透原理示意图

渗透现象是一种自发过程，但要有半透膜才能表现出来。根据热力学原理，溶液中水的化学势可以用下式计算：

$$\mu = \mu^o + RT\ln x + V_w p \tag{11-2}$$

式中　μ——指定温度、压力下溶液中水的化学势；

μ^o——指定温度、压力下纯水的标准化学势；

x——溶液中水的摩尔分数；

R——摩尔气体常数，$R = 8.314\text{J}/(\text{mol·K})$；

T——热力学温度，K；

V_w——水的摩尔体积，m^3/mol；

p——压力，Pa。

由于 x 小于 1，$\ln x$ 为负值，故 $\mu^o > \mu$，亦即纯水的化学势高于盐水中水的化学势，因此，水分子向化学势低的盐水侧渗透。渗透的结果是使溶液侧的液柱上升，直到系统达到动态平衡，溶剂才不再流入溶液侧，此时溶液上升高度产生的压力 $\rho g h$ 即为溶液的渗透压，以 π 表示，如图 11-6(b) 所示。若在溶液侧加大压力，$p > \pi$，则溶剂在膜内的传递现象将发生逆转，即溶剂将从溶液侧透过膜向溶剂侧流动，使溶液增浓，这就是反渗透现象，如图 11-6(c) 所示。

渗透压是区别溶液与纯水性质之间差别的一种标志，可用下式进行计算：

$$\pi = \varphi CRT \tag{11-3}$$

式中　π——溶液的渗透压，Pa；

C——溶液的浓度，mol/m^3；

T——热力学温度，K；

φ——范特霍夫系数，对于海水，φ 约等于 1.8。

如半透膜两侧为不同浓度的溶液，则渗透的趋势为该二溶液渗透压之差，稀溶液内的水分子将渗入到较浓溶液中。

反渗透常用致密膜、非对称膜和复合膜。反渗透不能达到溶剂和溶质的完全分离，所以反渗透的产品一个是几乎纯溶剂的透过液，另一个是原料的浓缩液。

▶ 11.2.2　反渗透原理

反渗透（RO）是利用反渗透膜选择性地只允许溶剂（通常是水）透过而截留离子物质的性质，以膜两侧静压差为推动力，克服溶剂的渗透压，使溶剂通过反渗透膜而实现溶剂和溶质分离的膜过程。反渗透的选择透过性与组分在膜中的溶解、吸附和扩散有关，因此除与膜孔的大小、结构有关外，还与膜的物化性质有密切关系，即与组分和膜之间的相互作用密切相关。所以，在反渗透分离过程中化学因素（即膜及其表面特性）起主导作用。

目前一般认为，溶解-扩散理论能较好地解释反渗透膜的传递过程。根据该模型，水的渗透体积通量的计算式如下：

$$J_W = K_W(\Delta p - \Delta \pi) \tag{11-4}$$

式中　J_W——水的体积通量，$m^3/(m^2 \cdot s)$；

　　　Δp——膜两侧的压力差，Pa；

　　　$\Delta \pi$——溶液渗透压差，Pa；

　　　K_W——水的渗透系数，是溶解度和扩散系数的函数。

对于反渗透过程，为 $6 \times 10^{-4} \sim 3 \times 10^{-2} \, m^3/(m^2 \cdot h \cdot MPa)$；对于纳滤过程，为 $0.03 \sim 0.2 \, m^3/(m^2 \cdot h \cdot MPa)$。

$$K_W = \frac{D_{Wm} C_W V_W}{RT\delta} \tag{11-5}$$

式中　D_{Wm}——溶剂在膜中的扩散系数，m^2/s；

　　　C_W——溶剂在膜中的溶解度，m^3/m^3；

　　　V_W——溶剂的摩尔体积，m^3/mol；

　　　δ——膜厚，m；

溶质的扩散通量可近似地表示为：

$$J_s = D_m \frac{dC_m}{dz} \tag{11-6}$$

式中　J_s——溶质的摩尔通量，$kmol/(m^2 \cdot s)$；

　　　D_m——溶质在膜中的扩散系数，m^2/s；

　　　C_m——溶质在膜中的浓度，$kmol/m^3$。

由于膜中溶质的浓度 C_m 无法测定，因此通常用溶质在膜和液相主体之间的分配系数 k_s 与膜外溶液的浓度来表示，假设膜两侧的 k_s 值相等，于是上式可以表示为：

$$J_s = D_m k_s \frac{C_F - C_P}{\delta} K_s (C_F - C_P) \tag{11-7}$$

式中　k_s——溶质在膜和液相主体之间的分配系数；

　　　C_F, C_P——膜上游溶液中和透过液中溶质的浓度，$kmol/m^3$；

　　　K_s——溶质的渗透系数，m/s。

对于以 NaCl 作溶质的反渗透过程，K_s 值的范围是 $10^3 \sim 5 \times 10^4 \, m/h$，截留性能好的膜 K_s 值较低。对于纳滤膜，不同盐的截留率有很大差别，如对 NaCl 的截留率可在 $5\% \sim 95\%$ 之间变化。溶质渗透系数 K_s 是扩散系数 D_{Wm} 和分配系数 k_s 的函数。

通常情况下，只有当膜内浓度与膜厚度呈线性关系时，式(11-7) 才成立。经验表明，溶解-扩散模型适用于溶质浓度低于 15% 的膜传递过程。在许多场合下膜内浓度场是非线性的，特别是在溶液浓度较高且对膜具有较高溶胀度的情况下，模型的误差较大。

从式(11-4) 可以看出，水通量随着压力升高呈线性增加。而从式(11-7) 可以看出，溶质通量几乎不受压差的影响，只取决于膜两侧的浓度差。

11.2.3 影响反渗透的因素

反渗透过程必须满足两个条件：a.有一种选择性高的透过膜；b.操作压力必须高于溶液的渗透压。在实际反渗透过程中，膜两边的静压差还必须克服透过膜的阻力。

由于膜的选择透过性因素，在反渗透过程中，溶剂从高压侧透过膜到低压侧，大部分溶质被截留，溶质在膜表面附近积累，造成由膜表面到溶液主体之间的具有浓度梯度的边界层，它将引起溶质从膜表面通过边界层向溶液主体扩散，这种现象称为浓差极化。

根据反渗透基本方程式可分析出浓差极化对反渗透过程产生下列不良影响。

① 由于浓差极化，膜表面处溶质浓度升高，使溶液的渗透压升高，当操作压差一定时，反渗透过程的有效推动力下降，导致溶剂的渗透通量下降。

② 由于浓差极化，膜表面处溶质的浓度升高，使溶质通过膜孔的传质推动力增大，溶质的渗透通量升高，截留率降低，这说明浓差极化现象的存在对溶剂渗透量的增加提出了限制。

③ 膜表面处溶质的浓度高于溶解度时，在膜表面上将形成沉淀，会堵塞膜孔并减少溶剂的渗透通量。

④ 会导致膜分离性能的改变。

⑤ 出现膜污染。膜污染严重时，几乎等于在膜表面又形成一层二次薄膜，会导致反渗透膜透过性能的大幅度下降，甚至完全消失。

减轻浓差极化的有效途径是提高传质系数，采用的措施有：提高料液流速、增强料液的湍动程度、提高操作温度、对膜表面进行定期清洗和采用性能好的膜材料等。

11.2.4 纳滤原理

纳滤（NF）是介于反渗透与超滤之间的一种压力驱动型膜分离技术，适用于分离相对分子质量为数百的有机小分子，并对离子具有选择截留性：一价离子可以大量地渗透过纳滤膜（但并非无阻挡），而多价离子具有很高的截留率。因此，纳滤膜对离子的渗透性主要取决于离子的价态。

对阴离子，纳滤膜的截留率按以下顺序上升：NO_3^-、Cl^-、OH^-、SO_4^{2-}、CO_3^{2-}；

对阳离子，纳滤膜的截留率按以下顺序上升：H^+、Na^+、K^+、Ca^{2+}、Mg^{2+}、Cu^{2+}。

纳滤膜对离子截留的选择性主要与纳滤膜的荷电有关。纳滤膜过程与反渗透膜过程类似，其传质机理与反渗透膜相似，属于溶解-扩散模型。但由于大部分纳滤膜为荷电膜，其对无机盐的分离行为不仅受化学势控制，同时也受电势梯度的影响，其传质机理还在深入研究中。

由于部分无机盐能透过纳滤膜，因此，纳滤膜的渗透压远比反渗透膜低，相应的操作压力也比反渗透的操作压力低，通常在 $0.15\sim1.0$MPa 之间。

11.2.5 反渗透膜与膜组件

（1）反渗透膜

膜材料是制造各种优质反渗透膜和纳滤膜的基础，膜材料包括各种高分子材料和无机材料。目前在工业中应用的反渗透膜材料主要有醋酸纤维素（CA）、聚酰胺（PA）以及复合膜。

CA 膜的厚度为 $100\sim200\mu m$，具有不对称结构：其表面层致密，厚度为 $0.25\sim1\mu m$，与除盐作用有关。其下紧接着是一层较厚的多孔海绵层，支撑着表面层，称为支撑层。表面层含水率约为 12%，支撑层含水率约为 60%。表面层的细孔在 10nm 以下，而支撑层的细孔多数在 100nm 以上。图 11-7 是非对称 CA 膜的纵断面模型。CA 膜是目前研究和使用最多的一种反渗透膜，具有透水率高、对大多数水溶性组分的渗透性低、成膜性能良好的特点。

PA 膜在 20 世纪 70 年代以前主要以脂肪族聚酰胺膜为主，这些膜的透水性能都较差，目前使用最多的是芳香聚酰胺膜。

复合膜是近年来开发的一种新型反渗透膜，它是由薄且密的复合层与高孔隙率的基膜复合而成的。通常是先制造多孔支撑膜，然后再设法在其表面形成一层非常薄的致密皮层，这两层的材料一般是不同的高聚物。复合层可选用不同的材质来改变膜表层的亲合性。复合膜的膜通量在相同条件下一般比非对称膜高 $50\%\sim60\%$。按照制膜方法的不同，复合膜分为三种类型：Ⅰ型是在聚砜支撑层上涂膜或压上超薄膜（见图 11-8）；Ⅱ型由厚度为 $10\sim30nm$ 的超薄层和凝胶组成；Ⅲ型由交联重合体生产的超薄膜层和渗入超薄膜材料的支撑层组成。复合膜的种类很多，包括交联芳香族聚酰胺复合膜、丙烯-烷基聚酰胺和缩合尿素复合膜、聚哌嗪酰胺复合膜等。

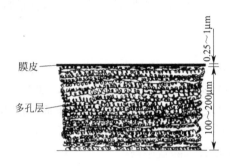
图 11-7 非对称 CA 膜纵断面模型

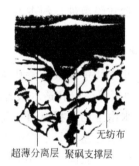
图 11-8 Ⅰ型复合膜纵断面模型

根据适用范围，目前工业应用的反渗透膜可分为三类：高压反渗透膜、低压反渗透膜和超低压反渗透膜。

1）高压反渗透膜

这类膜的主要用途之一是海水淡化。目前应用的高压反渗透膜主要有 5 种：三醋酸纤维素中空纤维膜、直链全芳烃聚酰胺中空纤维膜、交联全芳烃聚酰胺型薄层复合膜（卷式）、芳基-烷基聚醚脲型薄层复合膜（卷式）及交联聚醚薄层复合膜。这些膜的性质如图 11-9 所示。

2）低压反渗透膜

通常在 $1.4\sim2.0$ MPa 的压力下进行操作，主要用于苦咸水脱盐。与高压反渗透膜相比，设备费和操作费较少，对某些有机和无机溶质有较高的选择分离能力。低压反渗透膜多为复合膜，其皮层材质为芳香聚酰胺、聚乙烯醇等。图 11-10 所示为几种已工业化应用的商品低压反渗透膜的性能。

3）超低压反渗透膜

超低压反渗透膜又称为疏松型反渗透膜或纳滤膜，其操作压力通常在 1.0MPa 以上。它对单价离子和相对分子质量小于 300 的小分子的截留率较低，对二价离子和相对分子质量大于 300 的有机小分子的截留率较高。目前商品纳滤膜多为薄层复合膜和不对称合金膜。图 11-11 所示为某些商品纳滤膜的性质。

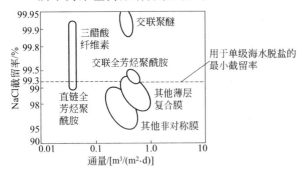

图 11-9　高压反渗透膜的分离性能

（在压力为 6.5MPa，温度 25℃下进行海水脱盐）

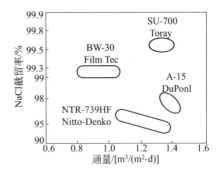

图 11-10　几种商品低压反渗透膜的分离性能

（料液含 NaCl 1500mg/L；操作条件：

压力 1.5MPa，温度 25℃）

（2）反渗透膜组件

反渗透膜组件的型式有多种，包括管式、板框式、中空纤维式和螺旋卷式。工业应用最多的是螺旋卷式膜组件，约占 90%，其次为中空纤维膜组件，板框式和管式膜组件的应用相对较少。

1）板式（板框式）

板式由几十块承压板、微孔透水板和膜重叠组成，承压板外两侧盖透水板，再贴膜，每 2 张膜四周用聚氨酯胶和透水板外环黏合，外环用 O 形密封圈，用长螺栓固定，如图 11-12 所示。高压水由上而下折流通过每块板，净化水由每块膜中透水板引出。装置牢固，能承受高压，但水流状态差，易形成浓差极化，设备费用大。近年制成的聚醚薄型承压板，强度极高，采用复合膜，膜间距仅 6mm，装置紧凑，产水量大，除盐率高。

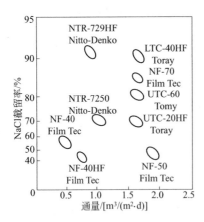

图 11-11　几种商品超低反渗透膜的分离性能

（料液含 NaCl 500mg/L；操作条件：

压力 0.75MPa，温度 25℃）

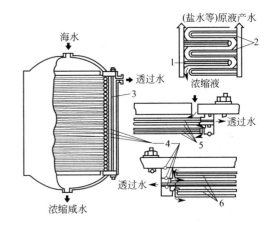

图 11-12　耐压板框构造型膜组件

1—承压板；2，5—膜；3—紧固螺栓；

4—环形垫圈；6—多孔板

2）管式

管式把膜衬在耐压微孔管内壁或将制膜浆液直接涂刷在管外壁。有单管式和管束式、内压式和外压式多种。耐压管径一般为 $0.6\sim2.5cm$，常用多孔性玻璃纤维环氧树脂增强管、陶瓷管、不锈钢管等。管式膜组件的水力条件好，但单位体积中膜面积小。图 11-13（a）为内压管式反渗透器除盐示意。

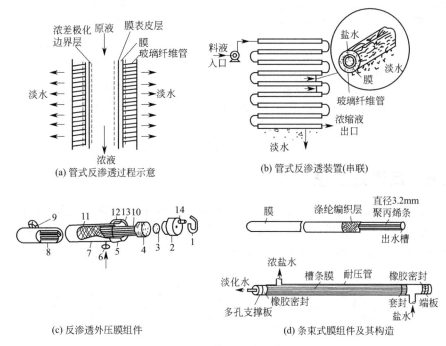

(a) 管式反渗透过程示意

(b) 管式反渗透装置(串联)

(c) 反渗透外压膜组件

(d) 条束式膜组件及其构造

图 11-13　管式反渗透装置

1—孔用挡圈；2—集水密封环；3—聚氯乙烯烧结板；4—锥形多孔橡胶塞；5—密封管接头；6—进水口；7—壳体；8—橡胶笔胆；9—出水口；10—膜元件；11—网套；12—O 型密封圈；13—挡圈槽；14—淡水出口

3）卷式

在 2 层膜中间衬 1 层透水隔网，把这 2 层膜的 3 边用黏合剂密封，将另一开口与一根多孔集水管密封连接，再在下面铺 1 层多孔透水隔网供原水通过，最后以集水管为轴将膜叶螺旋卷紧而成，如图 11-14 所示。膜叶越多，卷式组件的直径越大，单位体积中膜面积也越

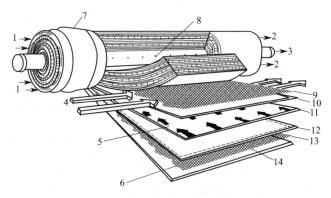

图 11-14　螺旋卷式膜组件

1—原水；2—废弃液；3—渗透水出口；4—原水流向；5—渗透水流向；6—保护层；7—组件与外壳间的密封；8—收集渗透水的多孔管；9，13—隔网；10，12—膜；11—渗透水的收集系统；14—连续两层膜的缝线

大。卷式膜组件的主要优点有：a. 单位体积中膜的表面积大；b. 安装和更换容易，结构紧凑。但卷式膜同时也存在如下缺点：a. 不适合料液含悬浮物高的情况；b. 料液流动路线短；c. 再循环浓缩困难。

4）中空纤维式

中空纤维式是一种细如发丝的空心纤维管，外径 $50 \sim 100 \mu m$，内径为 $25 \sim 42 \mu m$，将几十万根这种中空纤维弯成 U 形装入耐压容器中，纤维开口端固定在圆板上用环氧树脂密封，就成为中空纤维式反渗透器，其结构如图11-15所示。

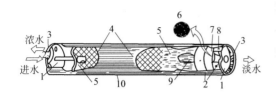

图 11-15　中空纤维式膜组件结构示意

1—端板；2—O 型密封环；3—弹簧（咬紧）夹环；

4—导流网；5—中空纤维膜；6—中空纤维断面放大；

7—环氧树脂管板；8—多孔支撑板；9—进水分配多孔管；

10—外壳

11.2.6　反渗透工艺流程

在整个反渗透处理系统中，除了反渗透器和高压泵等主体设备外，为了保证膜性能稳定，防止膜表面结垢和水流道堵塞等，除了设置合理的预处理装置外，还需配置必要的附加设备如 pH 调节、消毒和微孔过滤等。一级反渗透工艺基本流程如图 11-16 所示。

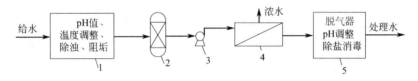

图 11-16　反渗透工艺基本流程

1—预处理；2—保安过滤器；3—高压泵；4—反渗透装置；5—后处理

预处理系统依原水水质设计。为了防止膜表面产生碳酸钙结垢并控制水解，一般都要对原水的 pH 值进行调整，可加 H_2SO_4 或 HCl，国内大都加 HCl。用 pH 计控制实现自动加酸。

铁锰及管道锈蚀物可用凝聚过滤除去，为防止空气进入系统增加铁的氧化，系统应严密，也可加还原剂（如 Na_2SO_3）除氧和余氯。

细菌、藻类及其分泌物易使膜表面产生软垢，可加氯（0.5mg/L）抑制，对不耐氯的膜可加臭氧等。超滤法可作为反渗透的前处理以除去油、胶体、微生物、有机物等。

井水中存在的 H_2S 如被氧化成硫黄会污染膜表面，可用过滤预处理除去。

在反渗透装置前一般都装设 $5 \sim 20 \mu m$ 的过滤器（或称保安过滤器），用以阻截粒径＞ $20 \mu m$ 的颗粒。

进水需要加温时，可在微孔过滤器前设置加热器，并配备必要的仪表对水温进行控制。给水加热温度通常考虑为 25℃。

为防止水垢在膜表面上析出，除加酸外，也可加石灰进行软化或加阻垢剂，如六偏磷酸钠，以提高成垢盐的溶度积。通常阻垢剂的加注量是 $5 \sim 20mg/L$。

经反渗透处理后的水质有三个特点：a. 阴离子多于阳离子；b. 形成以 Na^+、Cl^-、HCO_3^- 为主要成分的水；c. 具有腐蚀倾向。因此，通常设除气塔脱除 CO_2 或加碱调整 pH 值，采用混床或复床-混床组合除盐。

高压泵可以采用多级离心泵或往复泵，管式和小型反渗透装置常采用往复泵，此时为了防止压力脉动，需设稳压装置。高压泵宜设置旁路调节阀门以便调节供水量。为了防止高压泵启动时膜组件受到高压给水的突然冲击，在高压水出口阀门上装控制阀门开启速度的装置，使阀门能徐徐开启（通常控制在2~3min）。

在实际生产中，可以通过膜组件的不同配置方式来满足对溶液分离的不同要求，而且膜组件的合理排列组合对膜组件的使用寿命也有很大影响。如果排列组合不合理，则将造成某一段内的膜组件的溶剂通量过大或过小，不能充分发挥作用，或使膜组件污染速度加快，膜组件频繁清洗和更换，造成经济损失。

根据料液的情况、分离要求以及所有膜器一次分离的分离效率高低等的不同，反渗透过程可以采用不同的工艺过程，下面简要介绍几种常见的工艺流程。

（1）一级一段连续式

图11-17所示为典型的一级一段连续式工艺流程。料液一次通过膜组件即为浓缩液而排出。这种方式透过液的回收率不高，在工业中较少应用。

（2）一级一段循环式

一级一段循环式如图11-18所示。为提高透过液的回收率，将部分浓缩液返回进料贮槽与原有的料液混合后，再次通过膜组件进行分离。这种方式可提高透过液的回收率，但因为浓缩液中溶质的浓度比原料液要高，使透过液的质量有所下降。

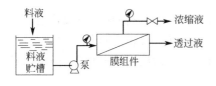

图11-17 一级一段连续式

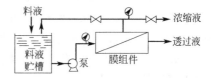

图11-18 一级一段循环式

（3）一级多段连续式

图11-19所示为最简单的一级多段连续式流程，将第一段的浓缩液作为第二段的进料液，再把第二段的浓缩液作为下一段的进料液，而各段的透过液连续排出。这种方式的透过液回收率高，浓缩液的量较少，但其溶质浓度较高，同时可以增加产水量。膜组件逐渐减少是为了保持一定流速以减轻膜表面浓差极化现象。

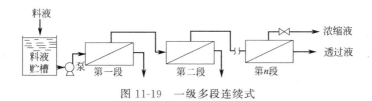

图11-19 一级多段连续式

在反渗透的应用中，还采用多级多段连续式和循环式工艺流程，操作方式与上述三种工艺流程相似。

（4）两级一段式

图11-20所示为两级一段式反渗透工艺流程。当海水脱盐要求把NaCl从35000mg/L降至500mg/L时，要求脱盐率达98.6%。如一级反渗透达不到要求，可分两级进行，即在第一级先除去90%的NaCl，再在第二级从第一

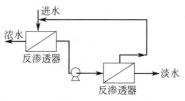

图11-20 两级一段反渗透工艺流程

级出水中去除 89% 的 NaCl，即可达到要求。

（5）多级多段式

多级多段式如图 11-21 所示，以第一级的淡水作为第二级的进水，后一级的浓水回收作为前一级的进水，目的是提高出水质量。一般需设中间贮水箱和高压水泵。

（6）多段反渗透-离子交换组合

三段反渗透-离子交换组合如图 11-22 所示，对第一段的浓水用离子交换软化，防止第二段膜面结垢，第二、三段用高压膜组件，以满足对高浓度水除盐的反渗透压力需要。该组合适用于水源缺乏，即使原水含盐量较高，也要求较高的水回收率的场合。

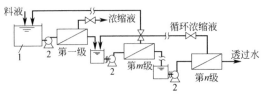

图 11-21　多级多段循环式
1—料液贮槽；2—高压泵

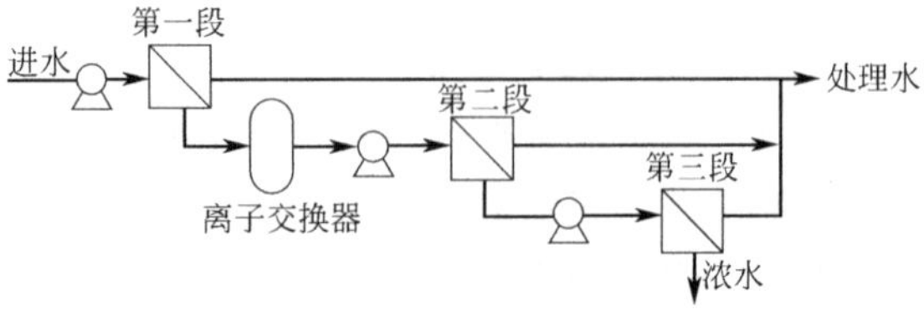

图 11-22　三段反渗透-离子交换组合

（7）国外常用的反渗透除盐系统

① 海水或苦咸水→预处理→必要的水质调整→精密过滤器→高压泵→反渗透装置（海水级或苦咸水级膜组件）→贮水箱（产水的含盐量 500mg/L，经消毒可作为饮用水）。

② 井水→砂过滤器→必要的水质调整→除 CO_2 器→精密过滤器→高压泵→反渗透装置（苦咸水级膜组件）→混床。

③ 城市自来水→预处理→必要的水质调整→精密过滤器→高压泵→反渗装置→阳离子交换柱→除 CO_2 器→阴离子交换柱→紫外线杀菌→混床→后处理系统（制取高纯水）。

11.2.7　工艺设计

进行反渗透系统的设计计算，必段掌握进水水质、各组分的浓度、渗透压、温度及 pH 值等原始资料，反渗透工艺如是以制取淡水为目的，则应掌握淡化水水量，淡化水水质以及水回用率等有关数据。如果工艺是以浓缩有用物质为目的，则应掌握工艺允许的淡化水水质及其浓缩倍数。

（1）水与溶质的通量

反渗透过程中，水和溶质透过膜的通量可根据上面介绍的溶解-扩散机理模型，分别由式(11-8) 和式(11-9) 给出，即

$$J_w = K_w(\Delta p - \Delta \pi) \tag{11-8}$$

$$J_s = K_s \Delta C \tag{11-9}$$

由上式可知，在给定条件下，透过膜的水通量与压力差成正比，而透过膜的溶质通量则主要与分子扩散有关，因而只与浓度差成正比。因此，提高反渗透的操作压力不仅使淡化水通量增加，而且可以降低淡化水的溶质浓度。而且，在操作压力不变的情况下，增大进水的溶质浓度将使溶质通量增大，但由于原水渗透压增加，将使水通量减少。

（2）脱盐率

反渗透的脱盐率（或对溶质的截留率）可由下式计算：

$$\beta = \frac{C_F - C_P}{C_F} \tag{11-10}$$

脱盐率亦可用水透过系数 K_W 和溶质透过系数 K_s 的比值来表示。反渗透过程中的物料衡算关系为：

$$Q_F C_F = (Q_F - Q_P)C_C + Q_P C_P \tag{11-11}$$

式中 Q_F——进水流量；

       Q_P——淡化水流量；

       C_F——进水中的含盐量；

       C_C——浓水中的含盐量；

       C_P——淡化水中的含盐量。

膜进水侧的含盐量平均浓度 C_a 可表示为：

$$C_a = \frac{Q_F C_F + (Q_F - Q_P)C_C}{Q_F + (Q_F - Q_P)} \tag{11-12}$$

脱盐率可写成：

$$\beta = \frac{C_a - C_P}{C_a} \tag{11-13}$$

或

$$\frac{C_p}{C_a} = 1 - \beta \tag{11-14}$$

由于 $J_s = J_W C_P$，故：

$$\beta = 1 - \frac{J_s}{J_W C_a} = 1 - \frac{K_s \Delta C}{K_W (\Delta p - \Delta \pi) C_a} \tag{11-15}$$

由式(11-15)可知，膜材料的水透过系数 K_W 和溶质透过系数 K_s 直接影响脱盐率。如果要实现高的脱盐率，系数 K_W 应尽可能大，而 K_s 尽可能地小，即膜材料必须对溶剂的亲合力高，而对溶质的亲合力低。因此，在反渗透过程中，膜材料的选择十分重要，这与微滤和超滤有明显区别。

对于大多数反渗透膜，其对氯化钠的截留率大于 98%，某些甚至高达 99.5%。

(3) 水回收率

在反渗透过程中，由于受溶液渗透压、黏度等的影响，原料液不可能全部成为透过液，因此透过液的体积总是小于原料液的体积。通常把透过液与原料液体积之比称为水回收率，可由下式计算得到：

$$\gamma = \frac{Q_P}{Q_F} \tag{11-16}$$

一般情况下，海水淡化的回收率在 $30\% \sim 40\%$，纯水制备在 $70\% \sim 80\%$。

▶ 11.2.8   反渗透膜的污染及其防治

(1) 反渗透膜的污染试验

SDI（silt density index）为淤泥密度指数，亦称污染指数（fouling index，FI）。SDI 通常用于表征反渗透过滤水中胶体和颗粒物的含量，是反映反渗透等膜分离过程稳定运行与否的重要指标。SDI 的测定装置如图 11-23 所示，测量池底部设置孔径为 $0.45\mu m$ 的微滤膜，施加的压力在 $0.2MPa$ 左右。

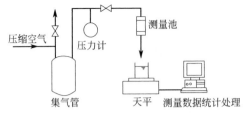

图 11-23　测定 SDI 值的试验装置

SDI 的计算式为：

$$\mathrm{SDI}=\left(1-\frac{t_0}{t_T}\right)\times\frac{100}{T} \tag{11-17}$$

式中　t_0——初始时收集 500mL 水样所需的时间，s；

t_T——经过 T 时间后收集 500mL 水样所需的时间，s；

T——过滤时间，min，可取 5min、10min 或 15min。

一般地，反渗透和纳滤对原水的 SDI 值要求小于 5。

（2）反渗透膜污染

反渗透膜污染可分为两大类：一类是可逆膜污染——浓差极化；另一类是不可逆膜污染，由膜表面的电性及吸附引起或由膜表面孔隙的机械堵塞而引起。

浓差极化是在反渗透运行过程中，膜表面由于水分不断渗透，溶液浓度升高，与主体料液之间产生的浓度差。浓差极化会使膜表面渗透压增加，导致产水量和脱盐率下降。为了克服浓差极化，提高料液流速（或加强循环），保持料液处于湍流状态，或者尽可能采用薄层流动来防止膜表面的浓度上升，都是有效的。

不可逆污染由溶解的盐类、悬浮固体及微生物等引起，主要包括：无机物的沉积（结垢）；有机分子的吸附（有机污染）；颗粒物的沉积（胶体污染）；微生物的黏附及生长（生物污染）。

（3）膜污染的防治

1）预处理

预处理的主要目的是：a. 去除超量的悬浮固体、胶体物质以降低浊度；b. 调节并控制进料液的电导率、总含盐率、pH 值等，以防止难溶盐的沉淀；c. 防止铁、锰等金属氧化物的沉淀等；d. 去除乳化油等类似的有机物质；e. 去除引起生物滋生的有机物和营养物质等。

预处理的主要方法有：a. 采用混凝、沉淀、过滤等措施，去除原水中的浊度和悬浮固体；b. 采用超滤/微滤膜进行反渗透膜的预处理；c. 加阻垢剂防止结垢；d. 采用生物处理或活性炭吸附等方法去除水中的有机物；e. 利用紫外线照射或原水中加氯或酸，以防止微生物滋生等。

图 11-24 是某反渗透海水淡化工程的预处理系统，采用了多种方法的组合，以尽可能地抑制反渗透膜污染的发生。

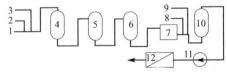

图 11-24　某反渗透海水淡化工程的预处理系统

1—海水；2—加氯；3—混凝剂；4—一级过滤器；5—活性炭过滤器；6—二级过滤器；7—水箱；
8—加酸调 pH 值；9—加六偏磷酸钠阻垢剂；10—微米过滤器；11—高压泵；12—反渗透器

2）膜清洗

膜在使用过程中，无论日常操作如何严格，膜污染总会发生。经长期运行，膜污染严重时，就需要对其进行清洗。通过清洗，清除膜面上的污染物，是反渗透运行操作的重要内容。常用的清洗方法有物理清洗和化学清洗。

① 物理清洗。

用淡化水也可以用原水冲洗。在低压下以高速流冲洗膜面，以清除膜面上的污垢。在管式膜组件中，可用海绵球清洗膜面。

② 化学清洗。

酸清洗：使用的酸包括硝酸（HNO_3）、磷酸（H_3PO_4）、柠檬酸等。可以单独使用，也可以联合使用。

碱清洗：加碱（NaOH）和络合剂（EDTA）清洗。

酶洗涤剂：含有酶的洗涤剂对去除有机物，特别是蛋白质、多糖类、油脂等污染物十分有效。

11.2.9 反渗透和纳滤技术的应用

反渗透技术和纳滤技术的大规模应用领域主要有海水淡化、苦咸水净化、纯水制备、生活用水处理以及工业废水处理与有用物质的回收等。

(1) 海水淡化

水是人类赖以生存的不可缺少的重要物质，然而地球上的水大约97%是不能直接饮用的海水，只有3%是能够直接饮用的淡水，其中70%被南极、北极的冰河和万年雪山所固定，而且随着工农业生产的迅速发展，淡水资源的紧缺日趋严重，促使许多国家投入大量资金研究海水和苦咸水淡化技术。已采用的淡化技术有蒸发法和膜法（反渗透、电渗析）。与蒸发法相比，膜法淡化技术有投资费用少、能耗低、占地面积少、建造周期短、操作方便、易于自动控制、启动运行快等优点。

海水含盐量达3.5%NaCl，相应的渗透压为2.5MPa，用于海水淡化的反渗透一般为高压反渗透，操作压力在5MPa以上，一般为7~10MPa。

一般饮用水要求的含盐量低于500mg/L，若用反渗透对海水进行淡化，采用一级脱盐，水的回收率为50%时，要求的脱盐率为99%以上。因此，在采用一级反渗透进行海水淡化时，必须采用脱盐率在99%以上的反渗透膜。由于操作压力高，要求膜具有足够的强度和膜组件耐高压。

除一级脱盐工艺外，也可以采用二级脱盐工艺。无论是在第一级还是在第二级，膜的脱盐率只要在90%~95%即可，而运行压力在5~7MPa就足够了。二级脱盐工艺的运行可靠性高，对附属设备的要求大大低于一级脱盐工艺。

海水淡化是反渗透膜的最大应用领域。随着反渗透膜性能的提高，能耗在逐年降低，在提高淡水回收率的同时淡水水质也有所提高，如表11-4所列。

表11-4 不同年代反渗透海水淡化回收率、最大压力、淡水水质及能耗

年代	20世纪80年代	20世纪90年代	21世纪
淡水回收率/%	25	40~50	55~65
最大压力/MPa	6.9	8.25	9.7
淡水水质(TDS)/(mg/L)	500	300	<200
能耗/(kW·h/m³)	12	5.5	4.6

目前，世界上最大的反渗透海水淡化厂设在沙特阿拉伯的捷达市（Jeddah）。

图 11-25 所示为该海水淡化的工艺流程。取自红海表面下 9m 深处的海水，经拦污栅和带式移动筛脱除较大的碎屑、浮游生物等，进入海水蓄水池，池内加次氯酸钠灭菌，氯化灭菌后的海水在进入双介质过滤器前还要加入絮凝剂 $FeCl_3$ 以加强过滤效果。双介质过滤器的上面为无烟煤，下面为石英砂。从双介质过滤器出来的过滤水进入中间贮槽；在用泵送入微保安过滤器前，先加入 H_2SO_4 调节 pH 值，以防止结垢和膜降解，经过微保安过滤器之后脱除了大于 $10\mu m$ 的粒子。水在进入高压泵之前，采用间歇法加亚硫酸氢钠脱氯，然后进入反渗透膜组件，一般采用二级反渗透淡化操作。膜组件的材料为三醋酸纤维素，膜设备为中空纤维素膜器。产品最后加次氯酸钙和石灰水灭菌，调节 pH 值，以防止送水管道腐蚀。

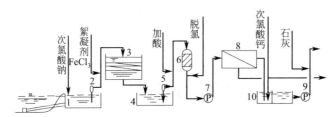

图 11-25 沙特 Jeddah 市反渗透工艺流程

1—海水蓄水池；2—海水原水泵；3—双介质过滤器；4—过滤水贮槽；5—过滤水泵；
6—微保安过滤器；7—高压泵；8—反渗透组件；9—产水泵；10—产水槽

该工程项目分为二期建设，一期工程于 1989 年 4 月投入运行，产水能力为 $56800m^3/d$，是当时世界上最大的反渗透海水淡化工厂。二期工程于 1994 年 3 月投入运行，产水能力仍然是 $56800m^3/d$。海水总溶解性固体（TDS）为 43300mg/L，总硬度为 7500mg/L。反渗透膜组件采用 TOYOBO Hollosep 生产的中空纤维膜组件，材料为三醋酸纤维素。设计水回收率为 35%，运行操作压力为 6~7MPa，脱盐级数一级，脱盐率为 99.2%~99.7%，能耗为 $8.2kW\cdot h/(m^3$水$)$（无能量回收）。该厂原水、产水组成及基本操作条件见表 11-5。

表 11-5 Jeddah 厂原水、产水组成及基本操作条件（1995 年）　　　　单位：mg/L

项目	海水	RO 进水	RO 产水	项目	海水	RO 进水	RO 产水
压力/MPa	—	5.68	3.5	Cl^-	22300	22300	72
流量/(m^3/h)	7600	6770	2370	SO_4^{2-}	3300		
温度/℃	29	29	29	Ca^{2+}	490		
pH 值	8.16	6.6	7.0	Mg^{2+}	1530		
电导率/(μS/cm)	59500	59500	265	Ba^{2+}	0.01		
TDS	43000	43000	145	Sr^{2+}	5.9		
SDI	4.68	2.98		Mn^{2+}	<2.5		
余氯		0.2	0.2	总 Fe	<0.01	<0.01	
总硬度（以 $CaCO_3$ 计）	7520	—	28				

20 世纪末，日本冲绳海水淡化中心是日本最大的海水淡化厂，其 $40000m^3/d$ 的反渗透系统由 8 套 $5000m^3/d$ 系统构成，共安装 3024 支 8in（1in＝25.4mm）芳香族聚酰胺卷式复合膜，采用一级反渗透工艺。随着季节不同，给水温度在 20~30℃ 之间变化，通过调节操作压力（范围为 6~6.5MPa）使系统回收率保持在 40%，反渗透产水的含盐量小于 300mg/L。

1997 年，我国第一个反渗透海水淡化工程（规模为 $500m^3/d$）在嵊山建成；1999 年大连长海县建成了规模为 $1000m^3/d$ 的反渗透海水淡化工程；2003 年在山东石岛建成规模为 $5000m^3/d$ 的反渗透海水淡化工程；2006 年在浙江玉环建成规模为 $35000m^3/d$ 的反渗透海水淡化工程；截止 2010 年底，建成的反渗透海水淡化工程的总产水能力超过 $90×10^4 m^3/d$，其中天津北疆电厂的规模达到 $20×10^4 m^3/d$，达到国际领先水平。

浙江玉环的海水淡化工程采用"超滤＋两级反渗透"模式，其中，超滤系统的水回收率≥90％；一级反渗透系统的水回收率＞45％，新膜组件的总脱盐率（三年内）≥99.3％；二级反渗透系统的水回收率≥85％，新膜组件的总脱盐率（三年内）≥98％。电耗约为 3.3 $kW·h/m^3$ 水。

（2）苦咸水淡化

苦咸水一般是指含盐量在 $1000～5000mg/L$ 的湖水、河水和地下水，其渗透压力为 $0.1～0.3MPa$。通常可采用低压反渗透进行脱盐，操作压力一般为 $2～3MPa$。

日本鹿儿岛钢铁厂于 1971 年建成了世界上第一个大型反渗透脱盐工厂（处理苦咸水），生产能力为 $17240m^3/d$，用于为该厂的自备电厂提供工业用水。原水系湖水，含盐量高，其中有机物、微生物、藻类繁多。反渗透系统采用三段串联方式，每段又并列有不同数量的膜组件。膜组件采用卷式 CA 膜，操作压力为 3MPa，水回收率大于 84％，脱盐率 95％。该苦咸水淡化工厂运行期间的水质变化如表 11-6 所列。

表 11-6　日本鹿儿岛钢铁厂苦碱水淡化工厂运行期间水质分析数据

项目	海水	RO 进水	RO 产水	项目	海水	RO 进水	RO 产水
浊度/NTU	7	—	—	Cl^-/(mg/L)	468	1890	20.3
pH 值	7.3	6.2	6.2	SO_4^{2-}/(mg/L)	64.4	295	2.2
电导率/(μS/cm)	1530	5710	77	SiO_2/(mg/L)	17.5	58.5	0.6
碱度(以 $CaCO_3$ 计)/(mg/L)	52.7	199.0	8.4	TDS/(mg/L)	920	3680	34.5
Na^+/(mg/L)	230	880.2	13.8	总硬度(以 $CaCO_3$ 计)/(mg/L)	176	697	<1
K^+/(mg/L)	14.6	51.0	0.1				

2000 年，我国在黄骅建成了规模为 $1.8×10^4 m^3/d$ 的亚海水反渗透淡化工程。之后相继在甘肃定西、广东理文纸业和东莞建成了规模为 $1×10^4 m^3/d$ 的苦咸水淡化工程、$2.5×10^4 m^3/d$ 的高浓度地表水脱盐工程和 $10×10^4 m^3/d$ 的亚海水反渗透淡化工程。

（3）饮用水净化

饮用水净化是反渗透和纳滤膜最大的应用领域之一，主要用于去除水中的微量有机物和进行水的软化。

1987 年在美国建成世界上第一座纳滤厂，产水能力为 $10×10^4 m^3/d$；1999 年在法国巴黎建成了首座产水能力达 $34×10^4 m^3/d$ 的膜法饮用水厂，其中纳滤工艺产水 $14×10^4 m^3/d$。2004 年，我国在浙江慈溪航丰自来水厂建立了规模为 $2×10^4 m^3/d$ 的反渗透净水装置，该厂以受到一定污染的四灶浦水库的水为水源，净水工艺流程为：原水→生物接触氧化→混凝→沉淀→滤池过滤→超滤→反渗透→反渗透出水与滤池出水勾兑→用户。水厂总处理能力约为 $5×10^4 m^3/d$，反渗透处理能力约为 $2×10^4 m^3/d$，水回收率为 75％，脱盐率 97％，进水压力约为 1.4MPa。

（4）超纯水及纯净水的生产

所谓超纯水和纯净水是指水中所含杂质包括悬浮固体、溶解固体、可溶性气体、挥发物质及微生物、细菌等极微。不同用途的纯水对这些杂质的含量有不同的要求。

反渗透技术已被普遍用于电子工业纯水及医药工业等无菌纯水的制备系统中。半导体工业所用的高纯水，以往主要采用化学凝集、过滤、离子交换树脂等制备方法，这些方法的最大缺点是流程复杂，再生离子交换树脂的酸碱用量较大，成本较高。现在采用反渗透法与离子交换法相结合过程生产的纯水，其流程简单，成本低廉，水质优良，纯水中杂质含量已接近理论纯水值。

超纯水生产的典型工艺流程如图 11-26 所示，原水首先通过过滤装置除去悬浮物及胶体，加入杀菌剂次氯酸钠防止微生物生长，然后经过反渗透和离子交换设备除去其中大部分杂质，最后经紫外线处理将纯水中微量的有机物氧化分解成离子，再由离子交换器脱除，反渗透膜的终端过滤后得到超纯水送入用水点。用水点使用过的水已混入杂质，需经废水回收系统处理后才能排入河里或送回超纯水制造系统循环使用。

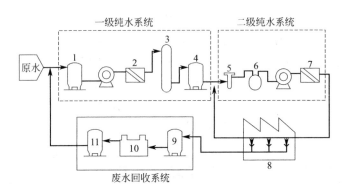

图 11-26 超纯水生产的典型工艺流程

1—过滤装置；2—反渗透膜装置；3—脱氯装置；4，9—离子交换装置；

5—紫外线杀菌装置；6—非再生型混床离子交换器；7—RO膜装置（UF膜装置）；

8—用水点；10—紫外线氧化装置；11—活性炭过滤装置

(5) 废水的再生利用

由于水资源的短缺，以反渗透为核心的集成膜工艺在我国城市污水以及电力、钢铁、石化、印染等工业的废水处理与回用领域中得到了越来越广泛的应用，已建成多项规模达 10000m³/d 以上的实际工程，成为膜法水资源再利用的技术发展趋势。

在石化行业中，已建成的反渗透废水回用工程有：2002 年新乡 12000m³/d 规模的化纤废水回用工程，其出水作为锅炉补给水和化工生产用水；2004 年四川泸天化 6720m³/d 规模的废水回用工程，其出水作为锅炉补给水和工艺用水；2004 年燕山石化"超滤（2.65×10^4m³/d）＋反渗透（1.9×10^4m³/d）"双膜回用工程（见图 11-27），其反渗透出水作为锅炉补给水；2005 年大庆炼化 12000m³/d 规模的炼油、石化废水回用工程等。

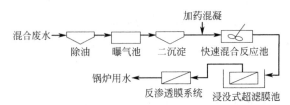

图 11-27 燕山石化双膜回用工程工艺流程

(6) 工业废水处理与有用物回收

1) 重金属工业废水的处理

反渗透膜可以用于含重金属工业废水的处理，主要用于重金属离子的去除和贵重金属的浓缩和回收，渗透水也可以重复使用。例如用于镀镍废水处理，可使镍的回收率大于99%；用于镀铬废水的处理，铬的去除率可达93%～97%。

图11-28所示为某厂利用反渗透进行镀镍废水处理的工艺流程。反渗透操作压力为3.0MPa，进料的镍浓度为2000～6000mg/L，反渗透膜对Ni^{2+}的去除率为97.7%，系统对镍的回收率在99.0%以上。反渗透浓缩液可以达到进入镀槽的计算浓度（10g/L）。反渗透出水可用于漂洗，废水不外排，实现了闭路循环。

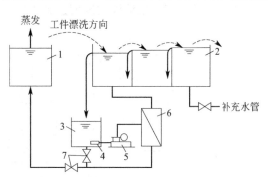

图11-28 反渗透法处理镀镍漂洗水工艺流程
1—镀镍槽；2—三个逆流漂洗槽；3—储存槽；
4—过滤器；5—高压泵；6—反渗透装置；7—控制阀

纳滤膜可用于制药、染料、石化、造纸、纺织以及食品等行业，进行脱盐、浓缩和提取有用物质。

2) 含油废水的处理

含油和脱脂废水的来源十分广泛，如石油炼制厂及油田含油废水；海洋船舶中的含油废水；金属表面处理前的含油废水等。废水中的油通常以浮油、分散油和乳化油三种状态存在，其中乳化油可采用反渗透和超滤技术相结合的方法除去，流程如图11-29所示。

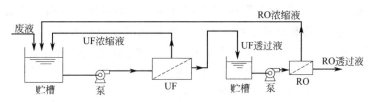

图11-29 用反渗透和超滤结合处理乳化油废水

(7) 其他行业的应用

1) 食品工业中的应用

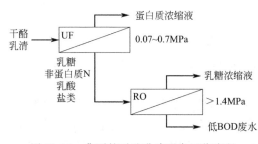

图11-30 典型的干酪乳清蛋白回收流程

反渗透技术在乳品加工中的应用是与超滤技术结合进行乳清蛋白的回收，其工艺流程如图11-30所示（图中的BOD为生化需氧量，是一种间接表示水被有机污染物污染程度的指标）。把原乳分离出干酪蛋白，剩余的是干酪乳清，它含有7%的固形物，0.7%的蛋白质，5%的乳糖以及少量灰分、乳酸等。先采用超滤技术分离出蛋白质浓缩液，再用反渗透设备将乳糖与其他杂质分离。这种方法与传统工艺相比，可以节约大量能量，乳清蛋白的质量明显提高，而且同时还能获得多种乳制品。

反渗透技术还应用于水果和蔬菜汁的浓缩，枫树糖液的预浓缩等过程。

2）制药工业中的应用

反渗透技术在制药工业中的典型应用是链霉素的浓缩。链霉素是灰色链霉菌产生的碱性物质，它是氨基糖苷类抗生素。在链霉素的提取精制过程中，传统的真空蒸发浓缩方法对热敏性的链霉素很不利，而且能耗较大。采用反渗透取代传统的真空蒸发，可提高链霉素的回收率和浓缩液的透光度，还降低了能耗。其工艺流程如图 11-31 所示，原料液经二级过滤器处理，打入料液贮槽，由供料泵、往复泵对料液增压。经过冷却的料液进入板式反渗透膜组件，料液中的小分子物质透过膜，透过液经流量计计量后排放，链霉素被膜截留返回料液贮槽。如此循环，直至浓缩液的浓度达到指标。

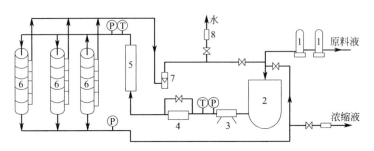

图 11-31　反渗透浓缩链霉素工艺流程

1—过滤器；2—料液贮槽；3—供料泵；4—往复泵；5—冷却塔；6—板式反渗透组件；7—流量计；8—观察镜

11.3　超滤与微滤

超滤和微滤都是在压差推动力作用下进行的筛孔分离过程，一般用来分离分子量大于 500 的溶质、胶体、悬浮物和高分子物质。从把物质从溶液中分离出来的过程来看，反渗透和超滤、微滤基本上是一样的。因孔径大小不同，反渗透既能去除离子物质，又能去除许多有机物，而超滤和微滤只能去除较大粒径的分子和颗粒。大分子物质在中等浓度时渗透压不大，所以超滤和微滤能在较低的压差条件下工作。

▶11.3.1　超滤与微滤的分离原理

超滤技术应用的历史不长，只是近 30 年才在工业上大规模地应用，但因其具有独特的优点，使之成为当今世界分离技术领域中一种重要的单元操作，广泛用于化工、医药、食品、轻工、机械、电子、环保等过程工业部门。

超滤过程的基本原理如图 11-32 所示。在以静压差为推动力的作用下，原料液中的溶剂和小于超滤膜孔的小分子溶质将透过膜成为滤出液或透过液，而大分子物质被膜截留，使它们在滤剩液中的浓度增大。

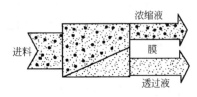

图 11-32　超滤基本原理示意

微滤（MF）和超滤（UF）均属于压力驱动型膜过程，从原理上没有本质的差别，其区别主要是膜孔径大小不一样，过滤操作压差范围不同。超滤所用的膜为非对称性膜，膜孔径为 1～20nm，分离范围为 1nm～0.05μm，操作压力一般为 0.3～1.0MPa，主要去除水中分子量 500 以上的中大分子和胶体微粒，如蛋白质、多糖、颜料等；

微滤膜的分离范围在 $0.05 \sim 10 \mu m$，操作压力为 $0.1 \sim 0.3 MPa$，主要去除水中的胶体和悬浮微粒，如细菌、油类等。就分离范围而言，超滤和微滤填补了反渗透、纳滤与普通过滤之间的空隙。

超滤和微滤对大分子物质、胶体和悬浮微粒等的去除机理主要如下。

① 膜表面的机械截留作用（筛分）。

② 膜表面及微孔的吸附作用（一次吸附）。

③ 在膜孔中停留而被去除（堵塞）。

在上述机理中，一般认为以筛分作用为主。

11.3.2 超滤膜与微滤膜

(1) 膜材料及其结构

超滤膜和微滤膜可分为有机膜和无机膜，制作方法与反渗透膜相比，相对容易些。

超滤膜多数为不对称膜，由一层极薄（$0.1 \sim 1 \mu m$）的致密表皮层和一层较厚（$160 \sim 220 \mu m$）的具有海绵状或指状结构的多孔层组成。前者起筛分作用，后者起支撑作用。膜孔径在分离过程中不是唯一决定因素，膜表面的化学性质也很重要。实际上超滤过程可能同时存在 3 种情形：a. 溶质在膜表面及微孔壁上吸附；b. 粒径略小于膜孔的溶质在孔中停留，引起阻塞；c. 粒径大于膜孔的溶质被膜表面机械截留。

常用的有机超滤膜材料有醋酸纤维素（CA、CTA）、聚砜（PS、PSA）、聚丙烯腈(PAN)、聚氯乙烯（PVC）、聚乙烯醇（PVA）、聚烯烃、聚酯、聚酰胺、聚酰亚胺、聚碳酸酯、聚甲基丙烯酸甲酯，改性聚苯醚等。商品以截留分子量大小划分，一般有 6000、10000、20000、30000、50000 和 800006 种规格。

微滤膜多数为对称结构，厚度 $10 \sim 150 \mu m$ 不等，其中最常见的是曲孔型，类似于内有相连孔隙的网状海绵；另一种是毛细管型，膜孔呈圆筒状垂直贯通膜面，该类膜的孔隙率<5%，但厚度仅为曲孔型的 1/5。也有不对称的微孔膜，膜孔呈截头圆锥体状贯通膜面，过滤时原水在孔径小的膜面流过。微滤膜材料有 CN—CA、PAN、CA—CTA、PSA、尼龙等，商品约有十几种 400 多个规格。

无机膜多以金属、金属氧化物、陶瓷、多孔玻璃等为材料。与有机膜相比，无机膜具有热稳定性好、耐化学侵蚀、寿命长等优点，近年来受到了越来越多的关注。但其缺点是易碎、价格较高。

(2) 孔径特征

超滤膜通常以截留相对分子质量（molecular weight cut off，MWCO）来表示膜的孔径特征。利用超滤膜，通过测定具有相似化学结构的不同相对分子质量的一系列化合物的截留率所得的曲线称为截留相对分子质量曲线，如图 11-33 所示。超滤膜的截留相对分子质量指截留率达到 90% 的相对分子质量。大于该相对分子质量的物质几乎全部被膜所截留。在截留相对分子质量附近截留相对分子质量曲线越陡，则膜的截留性能越好。超滤膜的截留相对分子质量可以从 1000 到 100 万。图 11-33 中的曲线所示的数字即为该型号超滤膜的截留相对分子质量数值。如图 11-33 中标有 1000 的曲线，纵坐标上截留率为 90% 时，横坐标上相应的相对分子质量约等于 1000，故该超滤膜的截留相对分子质量为 1000。

微滤膜的微孔直径处于微米范围，而膜的孔径分布则呈现宽窄不同的谱图。微滤膜用标称孔径来表征，即在孔径分布中以最大值出现的微孔直径。图 11-34 表示了一种商品微滤膜的孔径分布曲线，其标称孔径约为 $0.1\mu m$。

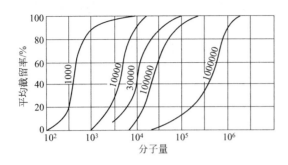

图 11-33　各种不同截留相对分子质量的超滤膜　　　　图 11-34　一种商品微滤膜的孔径分布

（3）性能

超滤膜和微滤膜的基本性能包括孔隙率、孔结构、表面特性、机械强度和化学稳定性等，其中孔结构和表面特性对使用过程中的渗透流率、分离性能和膜污染具有很大影响，膜的耐压性、耐温性、耐生物降解性等在某些工业应用中也非常重要。

表征超滤膜性能的参数主要有透水速率、截留率和截留分子量范围。

1）透水速率 $[cm^3/(cm^2 \cdot s)]$

$$J_W = \frac{Q}{At} \qquad (11-18)$$

式中　Q——t 时间内透过水量，cm^3；

　　　A——透过水的有效膜面积，cm^2；

　　　t——过滤时间，s。

在纯水和大分子稀溶液中，膜的透过量与压差 Δp 成正比，可用下式表示：

$$J_W = \frac{\Delta p}{R_m} \qquad (11-19)$$

式中　J_W——透过膜的纯水通量，$cm^3/(cm^2 \cdot s)$；

　　　Δp——膜两侧的压力差，MPa；

　　　R_m——膜阻力，$s \cdot MPa/cm$。

2）溶质截留率（%）

$$\beta = \frac{C_F - C_P}{C_F} \qquad (11-20)$$

式中　C_F，C_P——膜过滤原水和出水中物质的量的浓度，mg/L。

（4）过滤特性

超滤膜和微滤膜同是多孔膜，虽然前者孔径较小，后者孔径较大，但前者的工作周期比后者长得多。这是因为微滤是一种静态过程，随过滤时间的延长，膜面上截留沉积不溶物，引起水流阻力增大，透过速率下降，直至微孔全被堵塞，如图 11-35 所示。

超滤过程是一种动态过程，在超滤进行时，由泵提供推动力，在膜表面产生两个分力，一个是垂直于膜面的法向力，使水分子透过膜面，另一个是与膜面平行的切向力，把膜面截留物冲掉。因此，在超滤膜表面不易产生浓差极化和结垢，透水速率衰减缓慢，运行周期相对较长。一般当超滤膜透水速率下降时，只要减低膜面的法向应力，增加切向流速，进行短时间（3~5min）冲洗即可恢复，如图 11-36 所示。

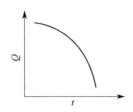

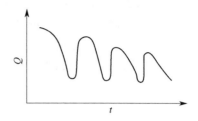

图 11-35　微滤时间与流量的关系　　　　图 11-36　超滤时间与流量关系

（5）浓差极化与凝胶层阻力

对于超滤过程，被膜所截留的通常为大分子物质、胶体等，大分子溶液的渗透压较小，由浓度变化引起的渗透压变化对分离过程的影响不大，可以不予考虑，但超滤过程中的浓差极化对通量的影响十分明显。因此，浓差极化现象是超滤过程中必须予以考虑的一个重要问题。

超滤过程中的浓差极化现象及传递模型如图 11-37 所示。在超滤分离过程中，当含有不同大小分子的混合液流动通过膜面时，在压力差的作用下，混合液中小于膜孔的组分透过膜，而大于膜孔的组分被截留。这些被截留的组分在紧邻膜表面形成浓度边界层，使边界层中的溶质浓度大大高于主体溶液中的浓度，形成由膜表面到主体溶液之间的浓度差。浓度差的存在导致紧靠膜面的溶质反向扩散到主体溶液中，这就是超滤过程中的浓差极化现象。当这种扩散的溶质通量与随着溶剂到达膜表面的溶质通量相等时，即达到动态平衡。由于浓差极化，膜表面处溶质浓度高，会导致溶质截留率的下降和渗透通量的下降。当膜表面处溶质浓度达到饱和时，在膜表面形成凝胶层，使溶质截留率增大，但渗透率显著减小。

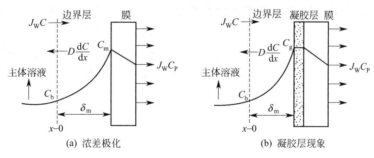

图 11-37　超滤过程中的浓差极化和凝胶层形成现象

如图 11-37(a) 所示，达到稳态时超滤膜的物料平衡式为：

$$J_WC_P = J_WC - D\frac{dC}{dx} \tag{11-21}$$

式中　J_WC_P——从边界层透过膜的溶质通量，$kmol/(m^2 \cdot s)$；

　　　J_WC——对流传质进入边界层的溶质通量，$kmol/(m^2 \cdot s)$；

　　　D——溶质在溶液中的扩散系数，m^2/s。

根据边界条件：$x=0$，$C=C_b$；$x=\delta_m$，$C=C_m$，积分式（11-21）可得：

$$J_W = \frac{D}{\delta_m}\ln\frac{C_m - C_P}{C_b - C_P} \tag{11-22}$$

式中 C_b——主体溶液中的溶质浓度，$kmol/m^3$；

C_m——膜表面的溶质浓度，$kmol/m^3$；

C_P——膜透过液中的溶质浓度，$kmol/m^3$；

δ_m——膜的边界层厚度，m。

由于 C_P 的值很小，式(11-22)可简化为：

$$J_W = K \ln \frac{C_m}{C_b} \qquad (11\text{-}23)$$

式中 K——传质系数，$K = \dfrac{D}{\delta_m}$；

C_m/C_b——浓差极化比，其值越大，浓差极化现象越严重。

在超滤过程中，由于被截留的溶质大多数为胶体和大分子物质，这些物质在溶液中的扩散系数很小，溶质向主体溶液中的反向扩散速率远比渗透速率低，因此在超滤过程中，浓差极化比较严重。当胶体或大分子溶质在膜表面上的浓度超过其在溶液中的溶解度时，便会在膜表面形成凝胶层，如图11-37(b)所示，此时的浓度称为凝胶浓度 C_g。式(11-23)则相应地改写成：

$$J_W = K \ln \frac{C_g}{C_b} \qquad (11\text{-}24)$$

当膜面上凝胶层一旦形成后，膜表面上的凝胶层溶质浓度和主体溶液溶质浓度之间的梯度达到了最大值。若再增加超滤压差，则凝胶层厚度增加而使凝胶层阻力增加，所增加的压力为增厚的凝胶层所抵消，致使实际渗透速率没有明显增加。因此，一旦凝胶层形成后，渗透速率就与超滤压差无关。

图11-38表示超滤膜过滤分离含乳化油废水时，过滤水通量和操作压差之间的关系。当乳化油浓度为0.1%时，水通量与操作压差成正比。当乳化油浓度为1.2%时，增加操作压力对提高水通量的作用已减弱，浓差极化开始起控制作用。当乳化油浓度增加到7.3%时，水通量基本不随操作压差的增加而增加，表明凝胶层已开始形成。

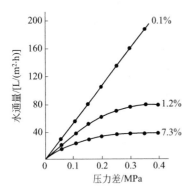

图 11-38　超滤膜过滤含乳化油废水时水通量与操作压差的关系

对于有凝胶层存在的超滤过程，常用阻力表示，若忽略溶液的渗透压，膜材料阻力为 R_m、浓差极化层阻力为 R_p 及凝胶层阻力为 R_g，则有

$$J_W = \frac{\Delta p}{\mu(R_m + R_p + R_g)} \qquad (11\text{-}25)$$

由于 R_g 远大于 R_p，则：

$$J_W = \frac{\Delta p}{\mu(R_m + R_g)} \qquad (11\text{-}26)$$

凝胶层阻力 R_g 可近似表示为：

$$R_g = \lambda V_p \Delta p \qquad (11\text{-}27)$$

将式(11-27)代入式(11-26)，可得

$$J_W = \frac{\Delta p}{\mu(R_m + \lambda V_p \Delta p)} \qquad (11\text{-}28)$$

式中 V_p——透过水的累积体积，m^3；

λ——比例系数。

式(11-28)表示在凝胶层存在的情况下超滤过程的 J_W-Δp 函数关系式。

在超滤过程中，一旦膜分离投入运行，浓差极化现象是不可避免的，但是可逆的。

11.3.3 超滤的操作方式

超滤的操作方式可分为重过滤和错流过滤两大类。

（1）重过滤

重过滤是将料液置于膜的上游，溶剂和小于膜孔的溶质在压力的驱动下透过膜，大于膜孔的颗粒则被膜截留。过滤压差可通过在原料侧加压或在透过膜侧抽真空产生。

重过滤可分为间歇式重过滤（见图 11-39）和连续式重过滤（见图 11-40）。

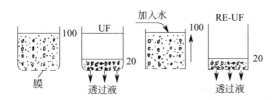

图 11-39　超滤膜的间歇式重过滤操作

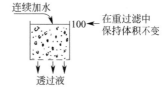

图 11-40　超滤膜的连续式重过滤操作

重过滤的特点是设备简单、小型，能耗低，可克服高浓度料液渗透流率低的缺点，能更好地去除渗透组分，通常用于蛋白质、酶之类大分子的提纯。但浓差极化和膜污染严重，尤其是在间歇操作中，要求膜对大分子的截留率高。

（2）错流过滤

错流过滤是指料液在泵的推动下平行于膜面流动，料液流经膜面时产生的剪切力可把膜面上滞留的颗粒带走，从而使污染层保持在一个较薄的稳定水平。根据操作方式，错流过滤也分为间歇式错流过程和连续式错流过滤两类。

1）间歇式错流过滤

根据过滤过程中物料是否循环，间歇式错流过程分为截留液全循环式错流过程（见图 11-41）和截留液部分循环（见图 11-42）两种。

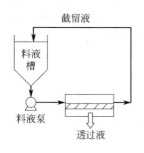

图 11-41　截留液全循环的
间歇式错流过滤

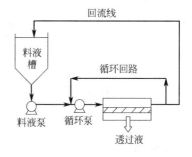

图 11-42　截留液部分循环
的间歇错流过滤

间歇式错流过滤具有操作简单、浓缩速率快、所需膜面积小等优点，通常被实验室和小型中试厂采用。但全循环时泵的能耗高，采用部分循环可适当降低能耗。

2）连续式错流过滤

连续式错流过滤是指料液连续加入料液槽，透过液连续排走的超滤操作方式。连续式错流过滤可分为无循环式单级连续错流过滤（见图 11-43）、截留液部分循环式单级连续错流过滤（见图 11-44）和多级错流过滤（见图 11-45）三种操作方式。

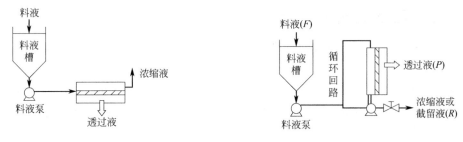

图 11-43　无循环式单级连续错流过滤　　　　图 11-44　截留液部分循环
式单级连续错流过滤

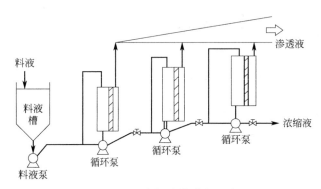

图 11-45　多级连续错流过滤

　　无循环式单级连续错流过滤由于渗透液通量低，浓缩比低，因此所需膜面积较大，组分在系统中的停留时间短。这种操作方式在反渗透中普遍采用，但在超滤中应用不多，仅在中空纤维生物反应器、水处理等方面有应用。

　　截留液部分循环式连续错流过滤和多级连续错流过滤在大规模生产中被普遍采用，特别在食品工业领域中应用更为广泛。但单级操作始终在高浓度下进行，渗透流率低。增加级数可提高效率，这是因为除最后一级在高浓度下操作、渗透流率最低外，其他各级的操作浓度均较低、渗透流率相应较大。多级操作所需总膜面积小于单级操作，接近于间歇操作，而停留时间、滞留时间、所需贮槽均少于相应的间歇操作。

▶ 11.3.4　微滤的操作方式

　　微滤的操作方式可分为死端过滤和错流过滤两大类，如图 11-46 所示。

（1）死端过滤

　　死端过滤也叫无流动过滤，原料液置于膜的上游，溶剂和小于膜孔的溶质在压力的驱动下透过膜，大于膜孔的颗粒则被膜截留。过滤压差可通过在原料侧加压或在透过膜侧抽真空产生。在这种操作中，随着时间的增长，被截留的颗粒将在膜的表面逐渐累积，形成污染层，使过滤阻力增大，在操作压力不变的情况下，膜渗透流率将下降，如图 11-46(a) 所示。因此，死端过滤是间歇式的，必须周期性地停下来清洗膜表面的污染层或更换膜。死端过滤操作简便易行，适于实验室等小规模的场合。固含量低于 0.1% 的物料通常采用死端过滤；固含量在 0.1%～0.5% 的料液则需要进行预处理。而对固含量高于 0.5% 的料液，由于采用死端过滤操作时的浓差极化和膜污染严重，通常采用错流过滤操作。

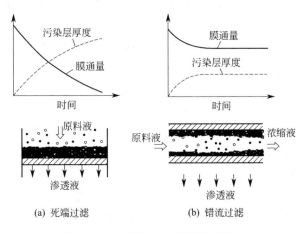

图 11-46　死端过滤和错流过滤示意

（2）错流过滤

微滤膜的错流过滤与超滤膜的错流过滤类似。与死端过滤不同的是，料液在泵的推动下平行于膜面流动，料液流经膜面时产生的剪切力可把膜面上滞留的颗粒带走，从而使污染层保持在一个较薄的稳定水平。因此，一旦污染层达到稳定，膜通量就将在较长一段时间内保持在相对高的水平，如图 11-46（b）所示。

近年来，错流过滤发展很快，在许多领域有替代死端过滤的趋势。

11.3.5　影响渗透通量的因素

（1）操作压力

压差是超滤过程的推动力，对渗透通量产生决定性的影响。一般情况下，在压差较小的范围内，渗透通量随压差增长较快；当压差较大时，随压差的增加，渗透通量增长逐渐减慢，且当膜表面形成凝胶层时，渗透通量趋于定值不再随压差而变化，此时的渗透通量称为临界渗透通量。实际超滤过程的操作压力应接近临界渗透通量时的压差，若压差过高不仅无益而且有害。

（2）料液流速

浓差极化是超滤过程不可避免的现象，为了提高渗透通量，必须使极化边界层尽可能小。目前，超滤过程采用错流操作，即加料错流流过膜表面，可消除一部分极化边界层。为了进一步减薄边界层厚度，提高传质系数，可增加料液的流速和湍动程度，这种方法与单纯提高流速相比可节约能量，降低料液对膜的压力。实现料液湍动的方法有在流道内附加带状助湍流器、脉冲流动等。

（3）温度

料液温度升高，黏度降低，有利于增大流体流速和湍动程度，减轻浓差极化，提高传质系数，提高渗透增量。但温度上升会使料液中某些组分的溶解度降低，增加膜污染，使渗透通量下降，如乳清中的钙盐；有些物质会因温度的升高而变形，如蛋白质。因此，大多数超滤应用的温度范围为 30～60℃。牛奶、大豆体系的料液，最高超滤温度不超过 55～60℃。

（4）截留液浓度

随着超滤过程的进行，截留液浓度不断增加，极化边界层增厚，容易形成凝胶层，会导致渗透通量的降低。因此，对不同体系的截留液浓度均有允许最大值。如颜料和分散染料体系，最大截留液浓度为 $30\% \sim 50\%$，多糖和低聚糖体系，最大截留液浓度为 $1\% \sim 10\%$ 等。

11.3.6 超滤技术的应用

超滤和微滤近年来发展迅速，是所有膜过程中应用最广泛的。以超滤膜和微滤膜为核心的膜集成技术的主要应用领域包括城市污水回用、饮用水净化、家用净水器、反渗透的预处理、工业废水处理与有用物质回收等。

（1）城市污水回用

城市污水经二级处理后，尚残存部分污染物，包括浊度、微生物、有机物、磷等。采用超滤和微滤膜过程可以将这些残存的污染物不同程度地去除，使其达到工业用水、景观用水、市政及生活杂用等水质的要求。

北京清河污水处理厂采用图 11-47 所示的膜法再生回用工艺，设计规模为 $8 \times 10^4 \mathrm{m}^3/\mathrm{d}$，其中 $6 \times 10^4 \mathrm{m}^3/\mathrm{d}$ 作为奥林匹克景观水体的补充水，$2 \times 10^4 \mathrm{m}^3/\mathrm{d}$ 为海淀区和朝阳区部分区域提供市政杂用水。该厂以清河污水处理厂二沉池出水为水源，经超滤膜过滤-活性炭吸附后，向用户供水。该工程于 2006 年投入运行。

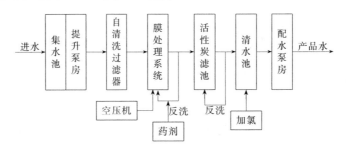

图 11-47 清河膜法再生水厂工艺流程

城市污水回用还可以采用膜-生物反应器（membrane bioreactor，MBR）技术。MBR是将膜分离装置和生物反应器结合而成的一种新型污水处理与回用工艺。MBR 由于具有污染物去除效率高、出水水质良好、占地面积小等优点，在污水资源化领域具有良好的应用前景，日益受到各国水处理技术研究者的关注。一般来说，MBR 中使用的膜通常是微滤或超滤膜，类型有平板式、中空纤维式等。

我国已建设的日处理万立方米以上的城市污水处理 MBR 回用工程有：北京密云污水处理厂 MBR 回用工程（设计规模 $4.5 \times 10^4 \mathrm{m}^3/\mathrm{d}$，2006 年）、北京怀柔庙城污水处理厂 MBR回用工程（设计规模 $3.5 \times 10^4 \mathrm{m}^3/\mathrm{d}$，2007 年）、北京北小河污水处理厂 MBR 回用工程等（设计规模 $6 \times 10^4 \mathrm{m}^3/\mathrm{d}$，2008 年）。

（2）饮用水净化

超滤、微滤膜和其他水处理技术相结合，如混凝-膜分离、活性炭吸附-膜分离、臭氧氧化-膜分离等组合工艺，可以强化去除微污染水源水中的多种污染物。

日本在 20 世纪 90 年代中期开始了大规模应用膜分离技术生产饮用水，已建成了 30 多座膜处理系统。新加坡在中试基础上于 2003 年成功设计并建立了 $27.3 \times 10^4 \mathrm{m}^3/\mathrm{d}$ 的超滤水厂。

（3）超滤家用净水器

由于城市输水管路的老化与高层的二次供水的问题，饮用水的二次污染问题日益严重，采用家用净水器进行饮用水的再净化是保障饮水安全的手段之一。

超滤家用净水器能有效截留浊度、大分子有机物及细菌等有害杂质，优势突出，拥有较大的市场。

（4）矿泉水的制造

矿泉水的水源必须是地下水，而这种水在地下流动时会溶入某些无机盐。采用超滤和微滤组合工艺可以制造合乎饮用水标准的矿泉水，其工艺流程如图11-48所示。

图 11-48　超滤和微滤组合制造矿泉水的工艺流程

（5）反渗透的预处理

在海水淡化、工业废水再利用中，与反渗透膜组合，作为反渗透膜的预处理。

（6）工业废水处理与有用物质回收

用于含油废水、造纸废水、电泳涂漆废水、印染废水、染料废水、洗毛废水等的处理，可去除悬浮物、油类，并可回收纤维、油脂、染料、颜料、羊毛脂等有用物质。

1）回收电泳涂漆废水中的涂料

世界各国的汽车工业几乎都采用电泳涂漆技术给汽车车身上底漆，该技术也被用在机电工业、钢制家具、军事工业等部门。在金属电泳涂漆过程中，带电荷的金属物件浸入一个装有带相反电荷涂料的池内。由于异电相吸，涂料便能在金属表面形成一层均匀的涂层，金属物件从池中捞出并用水洗除随带的涂料，因而产生电泳漆废水。可采用超滤技术将废水中的高分子涂料及颜料颗粒截留下来，而让无机盐、水及溶剂穿过超滤膜除去，浓缩液再回到电泳漆贮槽循环使用，透过液用于淋洗新上漆的物件。流程如图11-49所示。

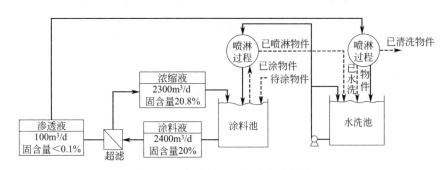

图 11-49　超滤处理电泳漆废水的流程

2）纺织工业废水的处理

① 聚乙烯醇（PVA）退浆水的回收。

纺织工业中为了增加纱线强度，织布前要把纱线上浆，印染前洗去上浆剂，称为退浆。上浆剂多为聚乙烯醇（PVA），而且用量很大。用超滤技术处理退浆水，不仅能消除对环境的污染，还可回收价格较贵的聚乙烯醇，处理的水还可以在生产中循环使用。

② 染色废水中染料的回收。

印染厂悬浮扎染、还原蒸箱在生产中排出较多的还原染料，既污染又浪费。采用超滤技术，使用聚砜和聚砜酰胺超滤膜，不需加酸中和及降温即可处理印染废水。

③ 羊毛清洗废水中回收羊毛脂。

毛纺工业中，原毛在一系列的加工之前，必须将黏附于其上的油脂（俗称羊毛脂或羊毛蜡）及污垢洗涤，否则会影响纺织性能和染色性能。羊毛清洗废水中的 COD（化学需氧量，是一种间接表示水被有机污染物污染程度的指标）、脂含量及总固体含量都远远超出工业废水的排放标准。采用超滤技术处理洗毛废水，洗毛废水可以浓缩 10～20 倍；羊毛脂的截留率达 90%以上；总固体的截留率大于 80%；COD 的去除率大于 85%，而且在透过液中加入少量洗涤剂还可以用于洗涤羊毛，效果良好。

图 11-50 所示为北京某毛纺厂采用超滤法处理羊毛精制废水的工艺流程。主要包括预处理、超滤（UF）浓缩、离心（CF）分离和水回用四部分。超滤装置采用聚砜酰胺外压管式膜组件。超滤浓缩液循环到一定浓度时，由泵送入离心机。超滤透过液进入水回用系统或生化处理系统，经处理后排放。羊毛清洗废水中 COD 浓度高达 20～50g/L，羊毛脂含量为 5～25g/L，总溶解性固体（TDS）含量为 10～80g/L。运行中超滤膜的 COD 截留率为 90%～95%，羊毛脂的截留率为 98%～99%。再经离心法回收，羊毛脂的回收率>70%，高于常规离心法的回收率（30%左右）。

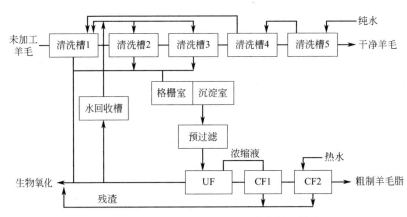

图 11-50　用超滤-离心法处理洗毛废水的工艺流程

(7) 山楂加工

山楂是我国特有的水果，其中果胶含量较高，色素热稳定性差，用传统方法加工果汁有一定难度。目前，可先应用超滤技术对果汁和果胶进行分离、提纯，并对果胶做进一步浓缩，最后应用反渗透技术对果汁进行浓缩。用该工艺生产的山楂果汁色泽鲜艳、果香浓郁，其品质远远高于传统工艺制品。工艺流程如图 11-51 所示。

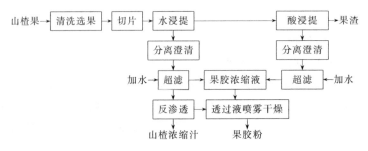

图 11-51　山楂加工工艺流程

（8）制药工业中除热源的应用

热源又称内霉素，产生于革兰氏阳性细菌的细胞外壁，亦即细菌尸体的碎片。它是一种脂多糖物质，简称 LPS，其分子量一般为 1 万～25 万，在水溶液中形成的缔合体分子量可为 50 万～100 万，如有微量热源混入药剂中注入人体血液系统，会导致发热，甚至引起死亡。注射用药液除热源，使之符合药典的检测规定，是医药工业中的基本生产环节。目前除热源的方法有蒸馏法、吸附法、膜分离法，其中超滤法除热源作为一种新工艺、新技术已在制药业推广使用。

（9）酶制剂的生产

酶是一种具有高度催化活性的特殊蛋白质，相对分子质量在 1 万～10 万之间。采用超滤技术处理粗酶液，低分子物质和盐与水一起透过膜除去，而酶得到浓缩和精制。目前超滤已用于细菌蛋白酶、葡萄糖酶、凝乳酶、果胶酶、胰蛋白酶、葡萄糖氧化酶、肝素等的分离。与传统的盐析沉淀和真空浓缩等方法相比，采用超滤法可提高酶的收率，防止酶失活，而且可简化提取工艺，降低操作成本。图 11-52 所示为糖化酶超滤浓缩流程，糖化酶发酵液加 2% 酸性白土处理，经板框压滤，除去培养基等杂质，澄清的滤液由过滤器压入循环槽进行超滤浓缩。透过液由超滤器上端排出，循环液中糖化酶被超滤膜截留返回循环液贮槽循环操作，直至达到要求的浓缩倍数。

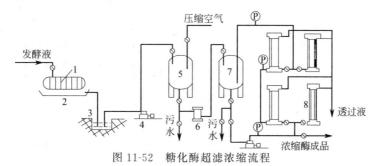

图 11-52　糖化酶超滤浓缩流程

1—板框压滤机；2—压滤液汇集槽；3—地池；4—离心泵；5—酶液贮槽；
6—泡沫塑料过滤器；7—循环液贮槽；8—超滤器

11.4　电渗析

电渗析是在直流电场作用下，利用荷电离子（即阴、阳离子）交换膜对溶液中阴、阳离子的选择透过性（与膜电荷相反的离子透过膜，相同的离子则被膜截留），而从水溶液和其他不带电组分中分离带电离子的过程。电渗析技术是 20 世纪 50 年代发展起来的一种膜分离技术，它具有以下优点。

① 能量消耗少，不发生相变，只用电能来迁移水中已解离的离子。

② 电渗析器主要由渗析器、离子交换膜和直流正负电极组成，设备结构简单，操作方便。

③ 离子交换膜不需要像离子交换树脂那样失效后用大量酸碱再生，可连续使用。

▶ 11.4.1　电渗析的原理

（1）基本原理

电渗析技术是利用离子交换膜的选择透过性而达到分离的目的。离子交换膜是一种由高分子材料制成的具有离子交换基团的薄膜，其所以具有选择透过性，主要是由于膜上的孔隙和膜上离子基团的作用。膜上孔隙是指在膜的高分子之间有足够大的孔隙，以容纳离子的进出。膜上离子基团是指在膜的高分子链上，连接着一些可以发生解离作用的活性基团。凡是在高分子链上连接的是酸性活性基团（例如—SO_3H）的膜，称为阳膜；凡是在高分子链中连接的是碱性活性基团〔例如—$N(CH_3)OH$〕的膜，称为阴膜。它们在水溶液中进行如下解离：

$$R—SO_3H \longrightarrow R—SO_3^- + H^+ \tag{11-29}$$
$$R—N(CH_3)_3OH \longrightarrow R—N^+(CH_3)_3 + OH^- \tag{11-30}$$

产生的反离子（如 H^+、OH^-）进入水溶液，从而使阳膜上留下带负电荷的固定基团，构成强烈的负电场，阴膜上留下带正电荷的固定基团，构成强烈的正电场。在外加电场的作用下，根据异性电荷相吸的原理，溶液中带正电荷的阳离子就可被阳膜吸引、传递而通过微孔进入膜的另一侧，同时带负电荷的阴离子受到排斥；溶液中带负电荷的阴离子就可被阴膜吸引而传递透过，同时阳离子受到排斥，如图 11-53 所示。这就是离子交换膜具有选择透过性的主要原因。可见，离子交换膜并不是起离子交换作用，而是起离子选择透过的作用，更确切地说，应称为"离子选择性透过膜"。

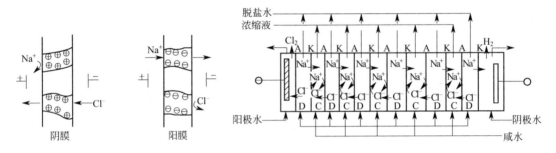

图 11-53　离子交换膜功能示意　　　　　图 11-54　电渗析原理示意

电渗析的基本原理如图 11-54 所示。在两块正负电极板之间交替地平行排列着阴膜和阳膜，阳极侧用阴膜 A 开始，阴极侧则用阳膜 L 终止。如图共有六对膜构成 6 个 D 室和 5 个 C 室。当 D 室和 C 室都通入待分离的溶液（咸水或海水）时，加上直流电压后，在直流电场的作用下，溶液中带正电荷的阳离子（如 Na^+）向阴极方向迁移，溶液中带负电荷的阴离子（如 Cl^-）向阳极迁移。由于离子交换膜具有上述的离子选择透过性能，使 D 室中的阴、阳离子能够通过相应的膜进入邻室 C；而 C 室中的阴、阳离子不能由此迁移而出。结果，D 室中的离子减少，起到脱盐的作用，称为淡化室，其出水为淡水；C 室中的离子增加，起到盐分浓缩的作用，称为浓缩室，其出水为浓水。

进入淡化室的含盐水，在两端电极接通直流电源后，即开始电渗析过程，水中阳离子不断透过阳膜向阴极方向迁移，阴离子不断透过阴膜向阳极方向迁移，其结果是，含盐水逐渐变成淡化水。对于进入浓缩室的含盐水，阳离子在向阴极方向迁移中不能透过阴膜，阴离子在向阳极方向迁移中不能透过阳膜，而由邻近的淡化室迁移透过的离子使浓缩室内的离子浓度不断增加，形成了浓盐水。这样，在电渗析器中就形成了淡水和浓水两个系统。将浓缩的盐水和淡水分别引出即达到了溶液分离的目的。

可见，电渗析过程脱除溶液中离子的基本条件为：a. 在直流电场作用下，使溶液中的阴、阳离子定向迁移；b. 离子交换膜的选择透过的性质。其特点是只能将电解质从溶液中分离出去，不能去除有机物等。

（2）电极反应和电极电位

电极反应是指存在于溶液中的离子在电极表面或溶液界面上得到或失掉电子而产生的氧化、还原反应。以食盐水溶液的电渗析过程为例，阴极发生的还原反应为

$$H_2O \longrightarrow H^+ + OH^- \tag{11-31}$$

$$2H^+ + 2e \longrightarrow H_2 \uparrow \tag{11-32}$$

$$Na^+ + OH^- = NaOH \tag{11-33}$$

阳极发生的氧化反应为

$$H_2O \longrightarrow H^+ + OH^- \tag{11-34}$$

$$2OH^- - 2e \longrightarrow H_2O + 1/2O_2 \uparrow \tag{11-35}$$

$$Cl^- - 2e \longrightarrow 1/2Cl_2 \uparrow \tag{11-36}$$

$$Cl^- + H^+ = HCl \tag{11-37}$$

其结果是在阳极室 OH^- 减少，极水呈酸性，并产生氧气、氯气等腐蚀性气体，因此，应选用耐腐蚀的阳极材料；阴极室 H^+ 减少，极水呈碱性，若极水中含有 Ca^{2+}、Mg^{2+}、HCO_3^- 等离子，便会产生 $CaCO_3$、$Mg(OH)_2$ 等沉淀物而结集在阳极上形成水垢，同时有氢气放出。因此，要不断向极室通入极水，以便不断排出电极反应产物，保证电渗析器的正常运行。

在电渗析过程中，消耗的电能主要用于克服电流通过溶液和膜时所受到的阻力以及电极反应的发生。电渗析运行时，进水分别不断流经浓缩室、淡化室和极室。淡化室出水即为淡化水，浓缩室出水即为浓盐水。对于给水处理，需要的是淡水，浓水则废弃排走；对于工业废水处理，浓水可用于回收有用物质，淡水或者无害化后排放，或者重复利用。

（3）电渗析中的传递过程

电渗析的特点是只能将电解质从溶液中分离出去，不能去除有机物。电渗析器在进行工作的过程中可发生如下七个物理化学过程。

1）反离子迁移过程

阳膜上的固定基团带负电荷，阴膜上的基团带正电荷。与固定基团所带电荷相反的离子被吸引并透过膜的现象称为反离子迁移。例如：淡化室中的阳离子（如 Na^+）穿过阳膜，阴离子（如 Cl^-）穿过阴膜进入浓缩室就是反离子迁移过程，电渗析器即借此过程进行海水的除盐。

2）同性离子迁移

与膜上固定基团带相同电荷的离子穿过膜的现象称为同性离子迁移。由于交换膜的选择透过性不可能达到100%，因此，也存在着少量与膜上固定基团带相同电荷的离子穿过膜的现象。这种迁移与反离子迁移相比，数量虽少，但降低了除盐效率。随着浓缩室盐浓度的增大，这种同性离子迁移的影响加大。

3）电解质的浓差扩散

由于浓缩室与淡化室的浓度差，产生了电解质由浓缩室向淡化室的扩散过程，扩散速率随浓度差的增高而增加，这一过程虽不消耗电能，但能使淡化室含盐量增高，影响淡水的质量。

4）水的渗透过程

由于电渗析过程的进行，浓缩室的含盐量要比淡化室高。从另一角度讲，相当于淡化室

中水的浓度高于浓缩室中水的浓度，于是产生淡化室中的水向浓缩室渗透，浓差越大，水的渗透量越大，这一过程的发生使淡水产量降低。

5）水的电渗透

相反和相同电荷离子实际上都是以水合离子形式存在的，在迁移过程中都会携带一定数量的水分子迁移，这就是水的电渗透。随着淡化室溶液浓度的降低，水的电渗透量会急剧增加。

6）压差渗透过程

由于淡化室与浓缩室的压力不同，造成高压侧溶液向低压侧渗漏。这种情况称为压差渗透。因此，电渗析操作时应保持两侧压力基本平衡。

7）水的电离

电渗析器运行时，由于操作条件控制不良（如电流密度和液体流速不匹配）而造成极化现象，电解质离子未能及时补充到膜的表面，而使淡化室中的水解离成 H^+、OH^-，在直流电场的作用下，分别穿过阴膜和阳膜进入浓缩室。此过程的发生将使电渗析器的耗电量增加，淡水产量降低。

总之，电渗析器在运行时，同时发生着多种复杂过程，其中反离子迁移是电渗析除盐的主要过程，其余几个过程均是电渗析的次要过程。但这些次要过程会影响和干扰电渗析的主要过程。同性离子迁移和电解质浓差扩散与主过程相反，因此影响除盐效果；水的渗透、电渗透和压差渗透会影响淡化室的产水量，也会影响浓缩效果；水的电离会使耗电量增加，导致浓缩室极化结垢，从而影响电渗析器的正常运行。因此，必须选择优质的离子交换膜和最佳的操作条件，以便抑制或改善这些不良因素的影响。

▶ 11.4.2 离子交换膜及其作用机理

（1）离子交换膜的种类

离子交换膜是电渗析器的重要组成部分。

1）按选择透过性能分类

主要分为阳离子交换膜和阴离子交换膜，即阳膜和阴膜。阳膜膜体中含有带负电的酸性活性基团，这些活性基团主要有磺酸基（—SO_3H）、磷酸基（—PO_3H_2）、膦酸基（—OPO_3H）、羧酸基（—$COOH$）、酚基（—C_6H_4OH）等，在水中电离后，呈负电性。阴膜膜体中含有带正电荷的碱性活性基团。这些活性基团主要有季氨基 ［—$N(CH_3)_3OH^-$］、伯氨基（—NH_2）、仲氨基（—NHR）、叔氨基（—NR_2）等，在水中电离后，呈正电性。

2）按膜体结构分类

可分为异相膜、均相膜、半均相膜三种。

异相膜是将离子交换树脂磨成粉末，加入黏合剂（如聚苯乙烯等），滚压在纤维网（如尼龙网、涤纶网等）上，也有直接滚压成膜的。由这种方式形成的膜，其化学结构是不连续的。这类膜制造容易，价格便宜，但一般选择性较差，膜电阻较大。

均相膜是将离子交换树脂的母体材料作为成膜高分子材料制成连续的膜状物，然后在其上嵌接活性基团而制成。膜中离子交换活性基团与成膜高分子材料发生化学结合，其组成完全均匀。这类膜具有优良的电化学性能和物理性能，是离子交换膜的主要发展方向。

半均相膜是将成膜高分子材料与离子交换活性基团均匀组合而成的，但它们之间并没有形成化学结合。半均相膜的外观、结构和性能都介于异相膜和均相膜之间。

3）按材料性质分类

可分为有机离子交换膜和无机离子交换膜。目前使用最多的磺酸型阳离子交换膜和季铵型阴离子交换膜都属于有机离子交换膜。无机离子交换膜是用无机材料制成的，如磷酸锆和矾酸铝，是在特殊场合使用的新型膜。

（2）离子交换膜的选择透过性

离子交换膜是电渗析器的关键部件，其性能的优劣直接影响到应用的成败，特别是大规模的工业应用对离子交换膜的要求更高，一般应具备下列条件：a. 选择透过性良好；b. 膜电阻小；c. 较好的化学稳定性；d. 较高的机械强度和良好的尺寸稳定性；e. 较低的扩散性能；f. 制造工艺简单、价格便宜等。其中选择透过性是衡量膜性能的主要指标，因为它直接影响电渗析器的电流效率和脱盐效果。

选择透过性要求阳膜只允许阳离子通过，阴膜只允许阴离子通过。但实际上离子交换膜的选择透过性并不是那么理想，因为总是有少量的同性离子（即与膜上的固定活性基团电荷符号相同的离子）同时透过。因此，实际应用中的离子交换膜的选择透过率均不可能达到100％。以阳膜为例，阳膜对阳离子的选择透过率可由下式表示：

$$P_+ = \frac{\bar{t}_+ - t_+}{1 - t_+} \times 100\% \tag{11-38}$$

式中　P_+——阳膜对阳离子的选择透过率，％；

　　　t_+——阳离子在溶液中的迁移数，指通电时阳离子所迁移的电量与所有离子迁移的总电量的比值；

　　　$\bar{t}_+$——阳离子在阳膜内的迁移数，理想膜的$\bar{t}_+$值应等1。

式(11-38)的分子表示在实际膜的条件下，阳离子在阳膜内和在溶液内的迁移数之差，分母表示在理想膜的情况下，阳离子在阳膜内和在溶液中的迁移数之差，其比值即为实际阳膜对阳离子的选择透过率。

一般要求实用的离子交换膜对同性离子的选择透过率大于90％，对反离子的迁移透过率小于10％，并希望在高浓度的电解液中仍具有良好的选择透过性。P_+值越接近于100％，表示膜的选择透过性越好。

（3）离子交换膜的选择性透过机理

电渗析离子交换膜在化学性质上和离子交换树脂很相似，都是由某种聚合物构成的，均含有由可交换离子组成的活性基团，但离子交换树脂在达到交换平衡时，树脂就会失效，需要通过再生使树脂恢复离子交换性能。而离子交换膜在使用期内无所谓失效，也不需要再生。

以阳离子交换膜为例，离子交换膜的选择性透过机理如下。

如图11-55所示，阳离子交换膜中含有很高浓度的带负电荷的固定离子（如磺酸根离子）。这种固定离子与聚合物膜基相结合，由于电中性原因，会被在周围流动的反离子所平衡。由于静电互斥的作用，膜中的固定离子将阻止其他相同电荷的离子进入膜内。因此，在电渗析过程中，只有反离子才可能在电场的作用下渗透通过膜。如同在金属晶格中的电子一样，这些反离子在膜中可以自由移动。而在膜内可移动的同电荷离子的浓度则很低。这种效应称为道南（Donnan）效应，离子交换膜的离子选择透过

图11-55　离子交换膜的选择性透过机理

性就是以这种效应为基础。但这种道南排斥效应只有当膜中的固定离子浓度高于周围溶液中的离子浓度时才有效。

11.4.3 浓差极化与极限电流密度

(1) 浓差极化

浓差极化是电渗析过程中普遍存在的现象。图 11-56 为 NaCl 溶液在电渗析中的迁移过程。

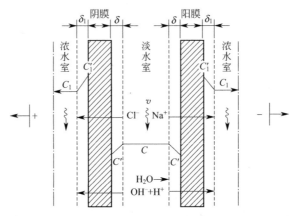

图 11-56　电渗析过程中的浓差极化

在直流电场的作用下，水中阴离子（Cl^-）、阳离子（Na^+）在膜间分别向阳极和阴极进行定向迁移，透过阳膜和阴膜，并各自传递着一定数量的电荷。电渗析器中电流的传导是靠正负离子的运动来完成的。Na^+ 和 Cl^- 在溶液中的迁移数可近似认为是 0.5。以阴膜为例，根据离子交换膜的选择性，阴膜只允许 Cl^- 透过，因此，Cl^- 在阴膜内的迁移数要大于其在溶液中的迁移数。为维持正常的电流传导，必然要动用膜边界层的 Cl^- 以补充此差数。这样就造成边界层和主流层之间出现浓度差（$C-C'$）。当电流密度增大到一定程度时，膜内的离子迁移被强化，使膜边界层内 Cl^- 浓度 C' 趋于零，造成边界层内离子的"真空"情况，此时，边界层内的水分子就会被电解成 H^+ 和 OH^-，OH^- 将参与迁移，承担传递电流的任务，以补充 Cl^- 的不足。这种现象即为浓差极化现象。使 C' 趋于零时的电流密度称为极限电流密度。

极化现象发生时，由水电解出来的 H^+ 和 OH^- 也受电场作用分别穿过阳膜和阴膜，使阳膜的浓缩室侧 pH 值升高，而产生 $CaCO_3$、$Mg(OH)_2$ 等沉淀物，这些沉淀物附着在膜表面，或渗入膜内，容易堵塞通道，使膜电阻增大，降低了有效膜面积。

极化时一部分电流消耗在与脱盐无关的 OH^- 迁移上，使电流效率下降，两者都将导致电耗上升。另外，水的 pH 值变化及沉淀的产生，使膜容易老化，缩短膜的使用寿命。

(2) 极限电流密度的确定

电渗析的极限电流密度 i_{lim} 与电渗析隔板流水道中的水流速度、离子的平均浓度有关，其关系式可用下式表示：

$$i_{lim} = K_p C v^n \tag{11-39}$$

式中　v——淡水隔板流水道中的水流速度，cm/s；

　　　C——淡室中水的对数平均离子浓度，mmol/L；

K_p——水力特性系数，$K_p = \dfrac{FD}{1000(\overline{t}_+ - t_+)k}$，其中 D 为膜扩散系数（cm^2/s）；F 为

法拉第常数，等于 $96500C/mol$；系数 k 与隔板形式及厚度等因素有关。

式(11-39) 表示了极限电流密度与流速、浓度之间的关系。由此可知：a. 当水质条件不变时，即 C 值不变时，如果淡化室流速改变，极限电流密度应随之作正向变化。b. 当处理水量不变时，即 v 不变时，如果净化水质变化，工作电流密度也应随之调整；对一台多级串联电渗析器，当处理水量一定时，各级净水的浓度依次降低，各级的极限电流密度也是依次降低的；c. 当其他条件不变时，不能靠提高工作电流密度或降低水流速度来提高水质，否则，必然使工作电流密度超过极限电流密度，电渗析出现极化。

测定极限电流密度的方法有：电流-电压曲线法、电流-溶液 pH 值法和电阻-电流倒数法等，其中第一方法最常用，这种方法较灵敏可靠，测定方法是：a. 在进水浓度稳定的条件下，固定浓、淡水和极室水的流量与进口压力；b. 逐次提高操作压力，待工作稳定后，测定与其相应的电流值；c. 以膜对电压对电流密度作图，并从曲线两端分别通过各试验点作直线，如图 11-57 所示，从两直线交点 P 引垂线交曲线于 C，点 C 的电流密度和膜对电压即为极限电流密度和与其相对应的膜对电压。

在每一个流速 v 下，可得出相应的 i_{lim} 和淡化室中水的对数平均离子浓度 C 值。再用图解法即可确定公式(11-39) 中的 K_p 和 n 值。

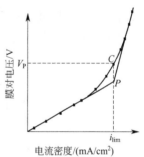

图 11-57　极限电流密度的确定

极限电流密度是电渗析器工作电流密度的上限。在实际操作中，工作电流密度还有一个下限。因为实际使用的膜不能完全防止浓水层中离子向淡水层反电渗析方向扩散，离子的这种扩散，随浓水层及淡水层浓差的增大而增加。因此，电渗析所消耗的电能实际有一部分是消耗于补偿这种扩散造成的损失，假如实际工作电流密度小到仅能补偿这种损失，电渗析作用即停止了。这个电流密度就是最小电流密度，其值随浓、淡水层浓度差的增大而增大。电渗析的工作电流密度只能在极限电流密度和最小电流密度之间选择，取电流效率最高的电流密度作工作电流密度，一般为极限电流密度的 $70\% \sim 90\%$。

（3）防止极化与结垢的措施

电渗析发生浓差极化时，会产生以下不利现象。

① 使部分电能消耗在水的电离过程，降低了电流效率。

② 阴膜的淡化室中离解出的 OH^- 通过阴膜进入浓缩室，使浓缩室的 pH 增大，产生 $CaCO_3$ 和 $Mg(OH)_2$ 等沉淀，在阴膜的浓缩室侧结垢，从而使膜电阻增大，耗电量增加，出水水质降低，膜的使用期限缩短。

③ 极化严重时，淡化室呈酸性。

目前防止或消除极化和结垢的主要措施如下。

① 控制操作电流在极限电流的 $70\% \sim 90\%$ 以下运行，以避免极化现象的发生，减缓水垢的生成。

② 定时倒换电极，使浓、淡室亦随之相应变换，这样，阴膜两侧表面上的水垢，溶解与沉积相互交替，处于不稳定状态，如图 11-58 所示。

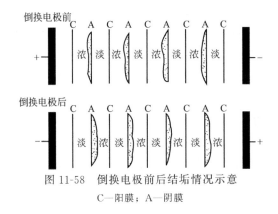

图 11-58 倒换电极前后结垢情况示意

C—阳膜；A—阴膜

③ 定期酸洗，使用浓度为 $1\%\sim1.5\%$ 的盐酸溶液在电渗析器内循环清洗以消除结垢，酸洗周期从每周一次到每月一次，视实际情况而定。

11.4.4 电渗析器的构造与组成

(1) 电渗析器的构造

电渗析器包括压板、电极托板、电极、极框、阳膜、阴膜、隔板甲、隔板乙等部件，将这些部件按一定顺序组装并压紧，其组成及排列如图 11-59 所示。整个结构本体可分为膜堆、极区和紧固装置三部分，附属设备包括各种料液槽、直流电源、水泵和进水预处理设备等。

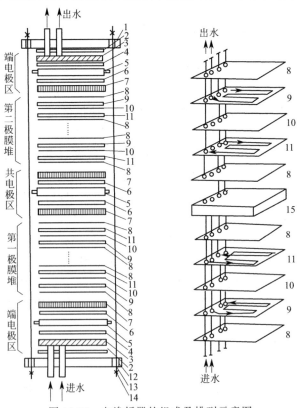

图 11-59 电渗析器的组成及排列示意图

1—上压板；2—垫板甲；3—电极托板；4—垫板乙；5—石墨电极；6—垫板丙；7—极框；8—阳膜；
9—隔板甲；10—阴膜；11—隔板乙；12—下压板；13—螺杆；14—螺母；15—共电极区

1）膜堆

膜堆是电渗析器除盐的主要部件，主要由交替排列的阴、阳离子交换膜和交替排列的浓、淡室隔板组成。一对阴、阳膜和一对浓、淡水隔板交替排列，称为膜对，即为最基本的脱盐单元。电极（包括中间电极）之间有若干组膜对堆叠在一起即为膜堆。组装前需要对膜进行预处理，首先将膜放入操作溶液中浸泡 24～48h，然后才能剪裁打孔。膜的尺寸大小应比隔板周边小 1mm，比隔板水孔大 1mm。电渗析停运时，应在电渗析器中充满溶液，以防膜变质发霉或干燥破裂。

2）隔板

隔板用于隔开阴、阳膜，上有配水孔、布水槽、流水道以及搅动水流用的隔网。聚氯乙烯、聚丙烯、合成橡胶等都是常见的隔板材料，隔板厚度一般为 0.5～2.0mm，且均匀平整。为了支撑膜和加强搅拌作用，使液体产生紊流，在大部分隔板的流道中均粘贴或热压上一定形式的隔网。常用隔网有鱼鳞网、编织网、冲模网等。浓、淡水隔板由于连接配水孔与流水道的布水槽的位置有所不同而区分为隔板甲和隔板乙，如图 11-60 所示，分别构成相应的浓缩室和淡化室。

按水流方式的不同，隔板可分为有回路隔板和无回路隔板两种。前者依靠弯曲而细长的通道达到以较小流量提高平均流速的效果，除盐率高；后者是使液流沿整个膜面流过，流程短，产水量大。

按隔板的作用不同，又可将隔板分为浓、淡室隔板、极框和倒向隔板三种。浓室隔板和淡室隔板结构完全一样，只是在组装时放置的方向不同，使进出水孔位置不一样。极框是供极水流通的隔板，放在电极和膜之间。由于电极反应产生气体和沉淀物必须尽快地排除，避免阻挡水流和增大电阻，所以极框的流程短，厚度大（7～10mm）。倒向隔板形状与浓、淡室隔板相同，只是缺少一个过水孔，其作用是截断水流迫使水流改变方向，以增加处理流程长度，提高废水脱盐率。

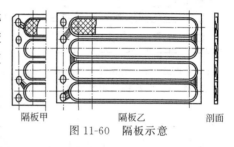

图 11-60　隔板示意

隔板应有尽可能大的通电面积（即有效的除盐面积）。隔板材料应当有良好的化学稳定性，耐酸碱和氧化剂的腐蚀，耐一定温度，绝缘性能好，并且有一定的刚度和弹性，不易变形。如用于制取生活饮用水、食品及医药用水时，材质应无毒性。

3）极区

电极区由电极、极框、电极托板、橡胶垫板等组成，用以供给直流电，通入及引出极水，排出电极反应产物，保证电渗析器的正常工作。

电极设在膜堆两端，连接直流电源，提高电渗析的推动力。通电后在电极处会发生电极反应，阳极处产生新生态氧和氯，溶液呈酸性；阴极处产生氢，溶液呈碱性，并易产生污垢。因此要求电极的化学和电化学稳定性好，耐腐蚀，导电性能好，过电位低，分解电压小，机械强度高，价格适宜。我国常用的电极材料有石墨、钛涂钌和不锈钢，既可作阳极又可作阴极。

极框用于防止膜贴到电极上，保证极室水流畅通；电极托板用来承托电极并连接进、出水管。

4）紧固装置

紧固装置用来把整个极区与膜堆均匀夹紧，使电渗析器在压力下运行时不致漏水。常用的压紧装置有两种：一是钢板和槽钢组合型，用螺栓锁紧，一种是铸铁压板用螺杆或液压锁紧。压紧时受力应确保均匀。

5）配套设备

为防止极室电极反应产物对膜的腐蚀和污染，常在极室与膜堆之间加设一保护室，由一保护膜（一般用阳膜）和一块保护框组成。另外，膜堆两侧还应配备导水板，多采用电极框兼作，将浓淡水和极水引入和导出电渗析器。

直流电可通过整流器或直流电机供应，国内大都用整流器。考虑到原水水质的变化和调整的灵活性，整流器应选用从 0 起的无级调压硅整流器或可控硅整流器。选用可控硅整流器时，其额定电压和电流宜比电渗析器的工作电流和电压大 1 倍左右。多级并联供电时，总电压应选取最大的计算极间电压值；多级串联组装的电渗析器，最好每级由各自的整流器分别供电，以便可随时调整设备的工作参数，使之在最佳状态下工作。

电渗析的配套设备还包括水泵、水箱、电流表、电压表、压力表、流量计、电导仪等。

（2）电渗析器的组装

电渗析器的组装方式有几种，如图 11-61 所示。一对正、负电极之间的膜堆称为一级，

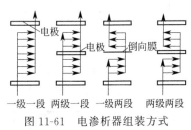

图 11-61 电渗析器组装方式

具有同一水流方向的并联膜堆称为一段。在一台装置中，膜的对数（阴、阳膜各 1 张称为一对）可在 120 对以上。一台电渗析器分为几级的原因在于降低两个电极间的电压，分为几段的原因是为了使几个段串联起来，加长水的流程长度。对多段串联的电渗析系统，又可分为等电流密度或等水流速度两种组装形式。前者各段隔板数不同，沿淡水流动方向，隔板数按极限电流密度公式规律递减，而后者的每段隔板数相等。

安装方式有立式(隔板和膜竖立）和卧式(隔板和膜平放）两种。有回路隔板的电渗析器都是卧式的，无回路隔板大多数是立式安装的。一般认为立式的电渗析器具有水流流动和压力都比较均匀，容易排除隔板中气体等优点。但卧式组装方便，占地面积小，对于高含盐量来说电流密度比立式安装的要低些。对于高矿化度的水则应采用立式安装，水流方向自下而上，以便于排气。为防止设备停止运行时内部形成负压，应在适当位置安装真空破坏装置。

11.4.5　电渗析的工艺流程

电渗析器本体的脱盐系统有直流式、循环式和部分循环式 3 种，如图 11-62 所示。直流式可以连续制水，多台串联或并联，管道简单，不需要淡水循环泵和淡水箱，但对原水含盐量变化的适应性稍差，全部膜对不能在同一最佳工况下运行。循环式为间歇运行，对原水变化的适应性强，适用于规模不大，除盐率要求较高的场合，但需设循环泵和水箱。部分循环式常用多台串联，可用不同型号的设备来适应不同的水质水量，它综合了直流式和循环式的特点，但管路复杂。

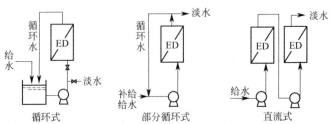

图 11-62 电渗析器本体的三种工艺系统示意

为了减轻电渗析器的浓差极化，电流密度不能很高，水的流速不能太低，故原水流过淡化室一次能够除去的离子数量是有限的，因此，电渗析操作时常采用多级连续流程和循环流程。

图 11-63 所示为三级连续操作流程，三个电渗析器串联使用，含盐原水依次通过各组淡化室淡化，此种操作可达到较高的脱盐率。

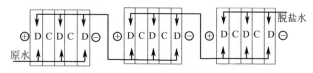

图 11-63　三级连续操作流程

图 11-64 所示为间歇循环操作流程。含盐原水一次加入循环槽，用泵送入电渗析器进行脱盐淡化，从电渗析器流出的淡化液流回循环槽，然后再用泵送入电渗析器淡化室，直到脱盐率达到要求为止。

除上述工艺流程外，电渗析还常与其他设备组合，用以满足不同水处理的要求。用得较多的有以下 4 种系统。

(1) 原水→预处理→电渗析→除盐水

(2) 原水→预处理→电渗析→消毒→除盐水

(3) 原水→预处理→软化→电渗析→除盐水

(4) 原水→预处理→电渗析→离子交换→纯水或高纯水

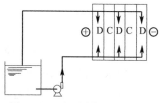

图 11-64　间歇循环操作流程

在这 4 种系统中，(1) 是制取工业用脱盐水和初级纯水的最简单流程；(2) 用于由海水、苦咸水制取饮用水或从自来水制取食品、饮料用水；(3) 适用于高硬度、高硫酸盐水或低硬度苦咸水；(4) 是将电渗析与离子交换结合，充分利用了电渗析适于处理高盐浓度水，而离子交换适于处理较低盐浓度水的特点，先用电渗析脱盐 $80\% \sim 90\%$，再用离子交换处理（也可在淡水室填充离子交换树脂），这样既可保证出水质量，又使系统运行稳定，耗酸减少，适于各种原水。

▶11.4.6　电渗析器的工艺参数

(1) 流速

每台电渗析器都要有一定的额定流速范围。如果水流速度过低，进水中的悬浮物将在隔板中沉积，造成阻力损失增大，局部产生死角，使配水不均匀，这样容易发生局部极化；流速过大将容易使电渗析器产生漏水和变形，水力停留时间缩短，出水水质下降。流速大小主要取决于隔板形式。无回路隔板的流程短，水流速度一般较低，而有回路隔板流程长，水流速度可采用较高的数值。对有回路的填网式隔板：当厚度＞1mm 时，取 $10 \sim 15$cm/s；当厚度≤1mm 时，取 $5 \sim 15$cm/s。对冲模式隔板：有回路的取 $15 \sim 20$cm/s，无回路的取 $10 \sim 15$cm/s。

(2) 工作电流

工作电流应根据极限电流（含盐水浓度和流速因素）、原水水质和温度等情况来选择。如原水为碳酸盐型水质，则可选较高的工作电流。原水含盐量高，可以选用较大的电流密度。温度升高，水中离子迁移速度增大，工作电流也可以提高。实践证明，水温在 40℃ 以内每升高 1℃，脱盐率大约提高 1%。因此，有条件时可利用废热适当提高水温。一般电渗析器的进水温度应在 5～40℃ 范围内。

（3）浓水循环的浓缩倍率 *B*

应用电渗析淡化水，要排除一部分浓水和极水，如果极水和浓水全部由原水供给，就增加了前处理设备的负荷和水处理费用，一般采用减小浓水流量、浓水另作它用、从浓水中回收淡水和浓水循环等方法来提高原水的利用率。浓水循环后水电阻降低，耗电量减少，但设备增加，操作管理麻烦，尤其是随着浓缩程度的增高，带来了沉淀结垢、效率降低等问题。国内一般在循环水中加阻垢剂或酸，控制浓水 pH＝3～6 。

浓水循环工艺的关键是正确控制浓缩倍率 *B*，即浓水浓度与原水浓度之比：

$$B = 1 + \frac{Qf_N}{q} \tag{11-40}$$

式中　Q——淡水产量，m^3/h；

　　　q——浓水排放量，m^3/h；

　　　f_N——电渗析出盐率，%。

$$f_N = \frac{C_F - C_p}{C_F} \times 100\% \tag{11-41}$$

式中　C_F，C_p——膜过滤原水和出水中物质的量的浓度，mg/L。

影响浓缩倍率的因素很多，如原水含盐量、水的离子组分、pH 值以及离子交换膜的性能等。由式(11-40)可以看出，可通过改变给水的补充量控制浓缩倍率。盐含量、硬度、碱度较高的原水，浓缩倍率要控制得低一些，国内有些厂的浓缩倍率为 4～5，水的利用率 75%～85%。

▌ 11.4.7　电渗析的工艺设计与计算

计算内容包括根据原水水质和所要求的淡水含盐量及淡水量，确定电渗析器的台数、膜对数、段数、级数、总供水量、水头损失、电流电压值等。

（1）电流效率与电能效率

电渗析用于水的淡化时，一个淡化室（相当于一对膜）实际去除的盐量 m_1(g) 为：

$$m_1 = q(C_F - C_p)tM_B/1000 \tag{11-42}$$

式中　q——一个淡化室的出水量，m^3/s；

　　　C_F——进水的含盐量，计算时以当量粒子作为基本单元，$mmol/L$；

　　　C_p——出水的含盐量，计算时以当量粒子作为基本单元，$mmol/L$；

　　　t——通电时间，s；

　　　M_B——物质的摩尔质量，以当量粒子作为基本单元，g/mol。

根据法拉第定律，应析出的盐量 m_2(g) 为：

$$m_2 = ItM_B/F \tag{11-43}$$

式中　F——法拉第常数，等于 96500C/mol；

　　　I——电流强度，A。

电渗析器的电流效率等于一个淡化室实际去除的盐量与应析出的盐量之比，即：

$$\eta = \frac{实际去除的盐量}{理论去除的盐量} \times 100\% = \frac{q(C_F - C_p)F}{1000I} \times 100\% \tag{11-44}$$

电能效率是衡量电能利用程度的一个指标，可定义为整台电渗析器脱盐所需的理论耗电量与实际耗电量的比值，即：

$$电能效率 = \frac{理论耗电量}{实际耗电量} \tag{11-45}$$

目前电渗析器的实际耗电量比理论耗电量要大得多，因此电能效率较低。

（2）工作电压

两个电极之间的工作电压等于：

$$V = V_e + \Sigma V_s \tag{11-46}$$

式中　V_e——每对电极的极区电压，约 $15 \sim 20V$；

　　　V_s——膜对电压之和（包括隔板水层电压和膜电压），每一膜对电压为 $2 \sim 4V$，其值与膜性能和原水的含盐量有关。

如膜对数很多，可增加串联的电渗析器的级数，以降低电极的电压总需要量。

单位体积淡水产量所消耗的电能 W $[kW \cdot h/(m^3 水)]$ 可按下式计算：

$$W = \frac{VI}{Q} \times 10^{-3} \tag{11-47}$$

式中　Q——电渗析器的淡水总产量，m^3/h；

　　　V——电渗析器的工作电压，V。

（3）总流程长度

电渗析总流程长度，即在给定条件下需要的脱盐流程长度。对于一级一段或多级一段组装的电渗析器，脱盐总流程长度也就是隔板的流水道总长度。

设隔板厚度为 $d(cm)$，流水道宽度为 $b(cm)$，流水道长度为 $l(cm)$，膜的有效面积为 $bl(cm^2)$，则平均电流密度 (mA/cm^2) 等于：

$$i = \frac{1000I}{bl} \tag{11-48}$$

一个淡室的流量 (L/s) 可表示成：

$$q = \frac{dbv}{1000} \tag{11-49}$$

式中　v——隔板流水道中的水流速度，cm/s。

将式(11-48) 和式(11-49) 代入式(11-44)，可得出所需要的脱盐流程长度（cm）为：

$$l = \frac{vdF(C_F - C_p)}{i\eta 1000} \tag{11-50}$$

（4）膜对数

电渗析器并联膜对数为：

$$n = 278 \frac{Q}{dbv} \tag{11-51}$$

式中　Q——电渗析器的淡水总产量，m^3/h；

　　　278——单位换算系数。

▶ 11.4.8　电渗析技术的应用

电渗析技术的最早应用是在 20 世纪 50 年代用于苦咸水淡化，60 年代应用于浓缩海水脱盐，70 年代以来，电渗析技术已发展成为大规模的化工单元操作。

电渗析所需能量与受处理水的盐浓度成正比，所以不太适合于处理海水及高浓度废水。苦咸水（盐浓度＜10g/L）的除盐是电渗析最主要的用途，可作为离子交换制纯水的预处理过程，以提高离子交换柱的生产能力，延长交换周期，在某些地区已成为饮用水的主要生产方法。

（1）苦咸水脱盐制淡水

苦咸水脱盐制淡水是电渗析最早且至今仍是最重要的应用领域。图 11-65 所示是美国韦伯斯特市的电渗析脱盐生产淡水的工艺流程。该厂建于 1961 年，日产淡水 1000m³ 以上，供应该市 2500 余市民的用水。从井里取出的地下咸水，首先送入原水贮槽，加入高锰酸钾溶液，被氧化的铁和锰盐经过锰沸石过滤器过滤。滤液分两部分：一部分作为脱盐液从第一电渗析器顺序通过四个电渗析器，脱盐达到饮用水标准。得到的淡水再经脱二氧化碳，使 pH 值在 7～8 之间，通入氯气消毒，最后送入淡水贮槽。这样的淡水就可以直接送到用水的地方；另一部分滤液作为浓缩液，送入浓缩液贮槽，用泵将浓缩液并列地送入四个电渗析器。除第一个电渗析器出来的浓缩液废弃外，其余浓缩液再流回浓缩液贮槽，在浓缩液贮槽和电极液贮槽中加入硫酸，以防止浓缩室及电极室中水垢的析出。

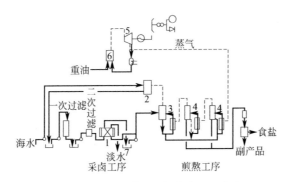

图 11-65　电渗析脱盐生产淡水的工艺流程

1—渗析槽；2—冷凝器；3—浓缩罐；4—结晶罐；5—涡轮机；6—锅炉；7—浓液槽

（2）海水浓缩制造食盐

电渗析法制盐与以往的盐田法制盐不同，它是利用电力使海水中的氯化钠浓缩，与盐田法比较具有以下优点：a. 不受自然条件的影响，一年四季均可生产；b. 占地面积小；c. 节省劳动力；d. 基建投资少；e. 卤水的纯度和浓度均高；f. 易于实现自动化，维修简便。图 11-66 为电渗析法制盐的工艺流程。实际上电渗析法应用于采卤工序。

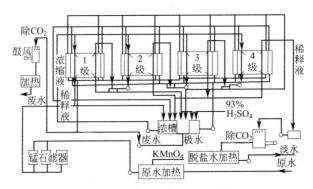

图 11-66　电渗析法制盐的工艺流程

（3）纯净水的生产

纯净水的水质高于生活饮用水，必须将生活饮用水经过除盐、灭菌、消毒等处理后才能制得合格的饮用纯净水。采用电渗析操作的目的是促进水的软化和除盐，其工艺流程如图11-67所示。

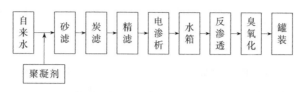

图 11-67　ED-RO 制造纯净水流程框图

（4）工业废水处理

利用电渗析技术浓缩和脱盐的原理能够有效地浓缩工业废水中的金属盐（包括放射性物质）、无机酸、碱及有机电解质等，使污水变清洁，同时又可以回收有用物质，所以这一方法在废水处理中的应用已日益受到人们的重视。如从冶金、机械、化工等工厂排出的大量酸性废水中回收酸和金属；从碱法造纸废液中回收烧碱和木质素；从合成纤维工业废水中回收硫酸盐；从电镀废液中回收铬、铜、镍、锌、镉等有害的金属离子。

图 11-68 所示是用电渗析从酸洗废液中回收硫酸和铁时的工艺流程。回收时，在正、负极之间放置阴膜，阴极室进酸洗废液（含 H_2SO_4、$FeSO_4$），阳极室进稀硫酸，通直流电后，利用电极反应生成的 H^+ 与透过阴膜的 SO_4^{2-} 结合成纯净的 H_2SO_4；阴极板上则可回收纯铁。如阴膜两侧都进酸洗废液，则得不到纯净的 H_2SO_4。

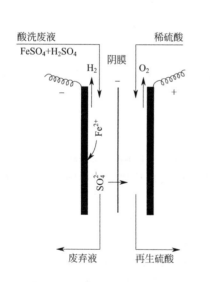
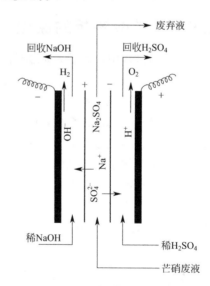

图 11-68　利用电渗析法从酸洗废液中回收酸和铁　　图 11-69　利用电渗析法从芒硝废液中回收酸和碱

图 11-69 所示是从芒硝（Na_2SO_4）废液中回收 H_2SO_4 和 NaOH 的电渗析示意。阳极室进稀 H_2SO_4，阴极室进稀 NaOH，阴、阳膜之间进芒硝废液。在阳极室，H^+ 与透过阴膜的 SO_4^{2-} 结合成纯净的 H_2SO_4；在阴极室，OH^- 与透过阳膜的 Na^+ 结合成纯净的 NaOH。

在处理工业废水时，要注意酸、碱或强氧化剂以及有机物等对膜的侵害和污染作用，这往往是限制电渗析法使用的瓶颈。

（5）在食品工业中的应用

随着性能更为优良的新型离子交换膜的出现，电渗析在食品、医药和化工等过程工业领域都有广阔的应用前景。

1）牛乳、乳清的脱盐

为使牛奶的主要成分接近于人奶以用作婴儿食品，必须减少牛奶中无机盐的含量，可采用电渗析法，既经济又可以进行大规模生产。

2）果汁的去酸

用柑橘和葡萄等水果制成的果汁常常由于存在过量的柠檬酸而显得太酸，采用电渗析法可将其除去，既保持了天然果汁的滋味，也可提高果汁的质量。

3）食品添加剂的制备

原料、过程与设备、食品添加剂是制约现代食品工业发展的三大要素，而其中的食品添加剂是三大要素中最为活跃和积极的要素。电渗析法在食品添加剂工业中的应用有：从甘氨酸和氯化铵混合液中分离甘氨酸；由海带浸泡液中提取甘露醇时除盐；从胱氨酸的盐酸溶液中提取 L-半胱氨等。

11.5 扩散渗析

扩散渗析是指利用离子交换膜将浓度不同的进料液和接受液隔开，溶质从浓度高的一侧透过膜而扩散到浓度低的一侧，当膜两侧的浓度达到平衡时，渗析过程即停止进行。浓度差是渗析的唯一动力。在渗析过程中进料液和接受液一般是逆向流动的。

11.5.1 扩散渗析的原理

在扩散渗析过程中，离子 i 通过膜的通量为：

$$J_i = K_i \Delta C_i \tag{11-52}$$

式中　J_i——离子的渗透通量，$mol/(m^2 \cdot s)$；

K_i——离子 i 的渗透系数，m/s；

ΔC_i——膜两侧的浓度差，mol/m^3。

扩散渗析主要用于酸、碱的回收。在碱性条件下，可使用阳离子交换膜（阳膜）从盐溶液中回收烧碱；在酸性条件下，可使用阴离子交换膜（阴膜）从盐溶液中回收酸。扩散渗析用于酸、碱回收，不消耗能量，回收率可达 $70\% \sim 90\%$，但不能将它们浓缩。

图 11-70 所示是从 H_2SO_4、$FeSO_4$ 溶液中回收废酸的扩散渗析示意。回收酸需采用阴膜，阴膜带正电，允许 SO_4^{2-} 通过。在浓度差的推动下，原液室中的 SO_4^{2-} 向回收室的水中扩散渗析。除本身带电外，离子交换膜孔道具有一定大小，因此还有"分子筛"的作用。当 SO_4^{2-} 向回收室迁移时，也会夹带 H^+ 及 Fe^{2+} 过去，但因为 H^+ 小于 Fe^{2+}，H^+ 随 SO_4^{2-} 渗析过去，而大部分 Fe^{2+} 被阻挡。同时回收室中 OH^- 浓度比原液室中的高，通过阴膜进入原液室，与原液室中的

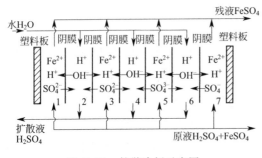

图 11-70　扩散渗析示意图

H^+ 离子结合成水。结果从回收室流出的是硫酸，从原液室流出的是 $FeSO_4$ 残液。用扩散渗析法回收硫酸，只有原废水中硫酸浓度大于 10％时才有实用价值。

▶11.5.2 扩散渗析的应用

扩散渗析具有设备简单、投资少、基本不耗电等优点，可用于：a. 从冶金工业的金属处理液中回收硫酸（H_2SO_4）或盐酸（HCl）；b. 从浓硫酸法木材糖化液中回收硫酸；c. 从黏胶纤维工业的碎木浆处理液中回收氢氧化钠（NaOH）；d. 从离子交换树脂装置的再生废液中回收酸、碱等。目前在工业上应用较多的是钢铁酸洗废液的回收处理。钢铁酸洗废液一般含 10％左右的硫酸和 12％～22％的硫酸亚铁（$FeSO_4$）。

图 11-71 是某五金厂采用扩散渗析法从酸洗钢材废液中回收硫酸的工艺流程。原废酸液含硫酸 60～80g/L，硫酸亚铁 150～200g/L。经扩散渗析法处理后，酸回收率达 70％，回收的酸液含硫酸 42～56g/L，硫酸亚铁<15g/L。全部设备投资可在两年内由回收的硫酸和硫酸亚铁的收入偿还。

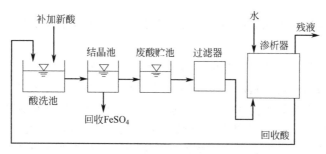

图 11-71　扩散渗析回收硫酸的工艺流程

11.6　液膜分离

液膜是一层很薄的表面活性剂，它能够把两个组成不同而又互溶的溶液隔开，通过渗透分离一种或者一类物质。液膜液与被分隔液体的互溶度极小。

▶11.6.1 液膜及其类型

液膜按其组成和膜的类型可分为：

$$
液膜
\begin{cases}
水膜(O/W) \begin{cases}
乳状液型 \begin{cases} 含添加剂的液膜 \\ 不含添加剂的液膜 \end{cases} \\
单滴型 \begin{cases} 含添加剂的液膜 \\ 不含添加剂的液膜 \end{cases}
\end{cases} \\
油膜(W/O) \begin{cases}
乳状液型 \begin{cases} 含流动载体液膜 \\ 不含流动载体液膜 \end{cases} \\
隔膜型 \begin{cases} 含流动载体液膜 \\ 不含流动载体液膜 \end{cases}
\end{cases}
\end{cases}
$$

膜相液通常由液膜溶剂和表面活性剂所组成。其中一类加流动载体，另一类不加流动载体。

液膜溶剂是膜相液的基体物物质，占膜总量的 90％以上，具有一定的黏度，保持成膜所需的机械强度，以防膜破裂。当原料液为水溶液时，用有机溶剂作液膜，当原料液为有机溶剂时,用水作液膜。

表面活性剂起乳化作用,它含有亲水基团和疏水基团,表面活性剂的分子定向排列在相界面上,用以增强液膜。两种基团的相对含量用亲水亲油平衡值(HLB)表示,HLB 越大,则表面活性剂的亲水性越强,一般 HLB 为 3～6 的表面活性剂用于油膜,易形成油包水型乳液;HLB 为 8～15 的表面活性剂用于水膜,易形成水包油型乳液。稳定剂可以提高膜相液的黏度,促进液膜的稳定性。

流动载体是运载溶质穿过液膜的物质,能与被分离的溶质发生化学反应,负责指定溶质或离子的选择性迁移,对分离指定溶质或离子的选择性和通量起决定性作用,因此,它是研制液膜的关键。流动载体分为离子型和非离子型。离子型载体通过离子交换方式与溶质离子结合,在膜中迁移;非离子型载体与原料液中的金属离子、阴离子形成络合物,以中性盐的形式在液膜中迁移。

水膜型的液膜适宜于分离有机化合物的混合物,而油膜型的液膜则用于从无机或有机化合物的水溶液中分离出无机和有机物。含流动载体的液膜具有更高的选择性,能从复杂的体系中分离出所需要的成分。

液膜按其构型和操作方式的不同可分为支撑型液膜、单滴型液膜和乳状液型液膜三类。

(1) 支撑型液膜

支撑型液膜也称隔膜型液膜,是由溶解了载体的膜相液在表面张力作用下,依靠聚合凝胶层中的化学反应或带电荷材料的静电作用,浸在多孔支撑体的微孔内而制成,如图 11-72 所示。由于将液膜浸在多孔支撑体上,可以承受较大的压力,且具有更高的选择性。支撑液膜的性能与支撑体材料、厚度及微孔直径的大小关系极为密切。通常孔径越小,液膜越稳定,但孔径过小将使空隙率下降,从而降低透过速率。支撑液膜使用的寿命只有几个小时至几个月,不能满足工业化应用要求,需采取适当措施提高其稳定性。

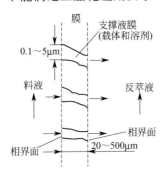

图 11-72 支撑型液膜示意

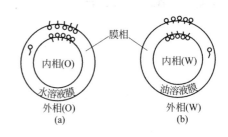

图 11-73 单滴型液膜示意

(2) 单滴型液膜

单滴型的液膜是由水溶液和表面活性剂组成的,整个液膜为一个较大的球面薄层,如图 11-73 所示。这种单滴液膜很不稳定,寿命较短。

(3) 乳状液型液膜

支撑型液膜和单滴型液膜都很不稳定,寿命较短,无法实现工业化应用,目前实际应用较多的是乳状液型液膜。乳状液型液膜是一层很薄的液体,首先将两种互不相溶的液体制成乳状液,然后再将乳状液分散在第三相(连续相)而形成。如果分隔的两个溶液为水溶液时,则液膜采用油型的,简称 W/O/W 型;如果分隔的两个液体为有机相时,则液膜采用水型，简称 O/W/O。油型液膜由油膜溶液构成，油膜溶液是由表面活性剂、有机溶剂及流动载体组成的，膜相溶液与水和水溶性试剂组成的内相水溶液在高速搅拌下形成油包水型与水不相溶的小珠粒，内部包裹着许多微细的含有水溶性试剂的小水滴，再把此珠粒分散在另一相（如欲处理的废水）即外相中，就形成了一种油包水再水包油的薄层膜结构。原料液中的渗透物就穿过两水相之间的这一薄层的油膜进行选择性迁移，如图 11-74 所示。

W/O/W 型乳状液膜组成一般为：表面活性剂 1%～3%；流动载体 1%～2%；其余 90% 以上的为有机溶剂。油包水型的乳状液膜液滴直径为 0.1～0.3mm，液滴内微小水滴的直径一般为 1μm。油膜的厚度在 5～100μm 之间，一般为 10μm。

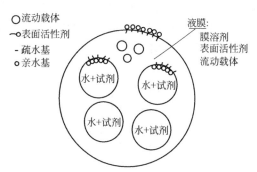

图 11-74　乳状液型液膜示意

与固体膜相比，液膜具有膜薄、比表面积大、物质渗透快、分离效率高等优点，可以有多方面的应用。在废水处理中，可以应用液膜除去工业废水中的有毒阳离子如铬、镉、镍、汞等及阴离子 CN^-、F^- 等，使废水净化回用，还可回收其中有用的物质。用液膜法处理含酚废水，效果很好，已推广应用。液膜还能包裹细菌及其营养物，让细菌吸食废水中的有机污染物，并可保护细菌免受毒物危害。液膜对工业废水的净化程度很高，可使有毒物质浓度降至 1mg/L 以下，而且成本低，是一种有效的污染控制技术。

▶11.6.2　液膜分离的传质机理

液膜分离过程可分为从原料液到膜相液和从膜相液到接受液两步萃取过程。而萃取过程又可分为物理萃取和化学萃取。因此，液膜分离的传质机理有下列四种类型。

（1）选择性渗透

液膜不含载体。这种液膜分离是靠待分离的不同组分在膜相液中的溶解度和扩散系数的不同导致透过膜的速率不同来实现分离的，如图 11-75 所示。原料液中的 A、B 组分，由于 A 易溶于膜，而 B 难溶于膜，因此，A 透过膜的速率大于 B，经过一定时间后，在接受液中的 A 的浓度大于 B，原料液侧的 B 的浓度大于 A，从而实现 A、B 的分离。但当分离过程进行到液膜两侧被迁移的溶质浓度相等时，输送便自行停止，因此，它不能产生浓缩效果。

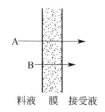

图 11-75　选择性渗透

图 11-76　内相有化学反应

（2）内相有化学反应

液膜不含载体。内相的接受液中含有试剂 R，它能与原料液中迁移的溶质 A 发生不可逆的化学反应，并生成一种不能逆扩散透过膜的新产物 P，从而使渗透物 A 在内相接受液中的浓度为零，直至 R 被反应完全为止，如图 11-76 所示。因此，保持了 A 在内、外相中的最大浓度差，促进了 A 的传递；相反，由于 B 不能与 R 反应，即使它也能渗透进入内相，但很快就达到了渗透停止的浓度，从而实现 A 与 B 的分离目的。

（3）偶合同向迁移

膜相液中含有非离子型载体 S，它与料液中的阴离子选择性络合的同时，又与阳离子络合成离子对而一起迁移，称为同向迁移，如图 11-77 所示。载体 S 在外相界面上与原料中的阳离子 M^+ 和阴离子 X^- 生成中性络合物 MX·S。此络合物不溶于外相而易溶于膜相，并以浓度差为推动力在膜内向内相界面扩散。在内相界面上，由于内相液浓度低，络合物解络，释放出溶质离子 M^+ 和 X^-。解络后的载体 S 留在膜相内，以扩散方式返回外相界面。

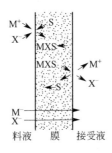

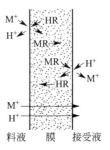

图 11-77　偶合同向迁移　　　　　　　图 11-78　偶合逆向迁移

（4）偶合逆向迁移

它是指膜相液中含有离子型载体时溶质的迁移过程，如图 11-78 所示。用酸性萃取剂 HR 作为金属离子 M^+ 的载体，在外相界面上发生 M^+ 与 H^+ 的交换，生成的 MR 进入膜相，并向内相界面扩散，而交换下来的 M^+ 进入内相。由于 M^+ 在膜内溶解度极低，故不能返回。整个传递过程的结果是 M^+ 从外相经膜进入内相，H^+ 则从内相经膜进入外相，M^+ 的迁移引起了 H^+ 的逆向迁移，所以称为逆向迁移。

▶ 11.6.3　流动载体

对于含流动载体的液膜，关键在于找到合适的流动载体。流动载体按其电性可以分类如下：

$$流动载体\begin{cases}带电载体\begin{cases}正电性载体\begin{cases}选择性载体\\非选择性载体\end{cases}\\负电性载体\begin{cases}选择性载体\\非选择性载体\end{cases}\end{cases}\\中性载体\end{cases}$$

带电流动载体本身具有电荷，其性质类似于液态离子交换剂，因此也有阳离子型（如念珠菌素）和阴离子型（如四价烷基胺）。这类载体选择的是离子。念珠菌素对阳离子的迁移具有选择性，而胆烷酸是非选择性的。

中性流动载体本身不具有电荷，迁移的是中性盐，主要有胺类和大环多元醚两种。胺类的作用原理与溶剂萃取类似，其使用量不大，一般为 2%～3%，过多则对膜的稳定性有破坏作用，因为在油膜中的胺类与在水相中的酸或者金属络合阴离子进行交换时，是以铵盐的形式存在的，属离子型化合物。它在水中的溶解度大，亲水性强，是水包油（O/W）型表面活性剂，对形成油包水（W/O）型液膜不利，从而影响分离效果。大环多元醚对同一种阳离子能够引起其透过膜的通量变化达 3 个数量级，极大地提高了渗透性；对不同的阳离子具有高度选择络合能力。使用大环多元醚作流动载体，能够分离任何两种具有不同半径的阳离子；采用具有合乎要求的中心腔半径的大环多元醚，能够有效地分离任何稍有差别的阳离子。

选择流动载体必须遵循以下原则。

① 载体必须能与待分离组分进行可逆化学反应，且反应强度应适当，没有副反应。对带电载体，与待分离组分形成络合物的键能在 10～50kJ/mol 为宜，键能小于 10kJ/mol 时，络合物不太稳定，促进传递效果不明显；键能大于 50kJ/mol 时，形成的络合物太稳定，解络困难。对中性载体，无因次反应平衡常数 K 在 1～10 内为宜。

② 载体应能溶解于膜相溶剂，溶解度越大，促进传递的效果越好。一般选用和膜溶剂化学性质相近的物质作载体，也可通过化学修饰，在载体分子上接上—OH 或—SO_3H 等亲水性基团，从而提高在水中的溶解度。另外，载体在膜中必须是稳定的，不易流失。

③ 载体和络合物在膜中有适宜的迁移性。

选择流动载体的方法通常与选择萃取剂的方法相似，用于溶剂萃取的萃取剂一般均可用作液膜分离过程中的流动载体。

▶ 11.6.4 液膜分离流程

液膜分离装置根据液膜类型的不同而分为支撑型液膜设备和乳状液型液膜设备两类。乳状液型液膜的分离操作过程主要分为四个阶段：液膜制备、接触分离、沉降澄清、破乳等工序。

(1) 乳状液膜的制备

在制乳器内，首先在膜相（油或水）中加入所需的表面活性剂、流动载体和其他膜增强添加剂，与待包封的内相试剂混合后，采用高速搅拌、超声波乳化等方法制备乳状液，根据需要可制成油包水型（W/O）或水包油型（O/W）。

(2) 接触分离

将制备好的乳状液在适度搅拌下加入到待处理废水中，形成油包水再水包油（W/O/W）型的较大的乳状液珠粒，废水中待分离溶质便通过中间液膜层的选择性迁移作用透过膜进入到乳状液滴的内相。液膜法处理废水的方式可采用间歇式和连续式。间歇式的液膜处理是以乳状液与待处理的废水在搅拌釜内进行，连续式的液膜分离可采用塔式和混合沉降槽式的装置。分离塔有搅拌塔、转盘塔等。当迁移达到一定程度后，经澄清实现乳状液与料液的分相，将富集了待分离溶质的乳状液收集起来作后处理。

(3) 液膜回收

为了将使用过的乳状液膜回收，需要进行破乳，分出膜相用于循环制乳，分出内相以便回收有用物质。破乳的方法很多，如沉降、加热、超声、化学、离心、过滤、静电等，其中静电破乳更为经济有效。静电破乳是借电场的作用使膜削弱或破坏。把乳液置于常压或高压电场中，则液珠在电场作用下极化带电，并在电场中运动，在介质阻力的作用下发生变形，使膜各处受力不均而被削弱，甚至破坏。高压静电破乳是一种高效的破乳手段。

图 11-79 所示为乳状液型液膜分离水溶液的连续式装置流程。首先在制乳器内配制好乳状液，再在适当的搅拌条件下，将乳状液作为分散相从萃取塔底部进入，原料液作为连续相从顶部进入，两液体于温和的搅拌条件下在塔内充分接触进行传质，外水相中的溶质通过液

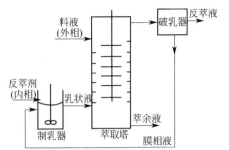

图 11-79　用乳状液型液膜分离水溶液的装置

膜进入内水相富集。萃取结束后，借助重力分层除去萃余液，乳状液从塔顶出来进入破乳器，破碎分离成单独的膜相液和内相液，膜相液返回制乳器循环使用，内相液中富集了被分离组分作为反萃取液引出，并回收有用组分。

◆ 11.6.5　液膜分离技术的应用

液膜分离技术由于具有良好的选择性和定向性，分离效率很高，而且能达到浓缩、净化和分离的目的，因此广泛用于化工、食品、制药、环保、湿法冶金和生物制品等过程工业中。

（1）烃类混合物的分离

液膜分离技术已成功用于分离苯、正己烷、甲烷-庚烷、庚烷-己烯等混合物系。如在分离芳烃与烷烃混合物时，芳烃易溶于膜，烷烃难溶于膜，因而芳烃在膜内的浓度梯度大，渗透速率高；烷烃在膜内的浓度梯度小，渗透速率低，于是实现了混合烃的分离。

（2）从铀矿浸出液中提取铀

在铀矿的硫酸浸出液中含有万分之几至千分之几以 $UO_2(SO_4)_3^{4-}$ 的形式存在的铀。此外，还含有 Fe^{2+}、Fe^{3+}、VO_3^- 和 MoO_4^{2-} 等。所用液膜为支撑液膜的铀分离的工艺流程如图 11-80 所示，将原料中的 VO_3^- 还原成 V^{4+}，然后送进液膜分离器，铀将与载体络合被传输到回收相，而钒则残留在原料相中被分开。当铀和钼分离时，向原料液中添加 NaCl 来阻挠铀同载体的络合，从而抑制被膜相萃取。

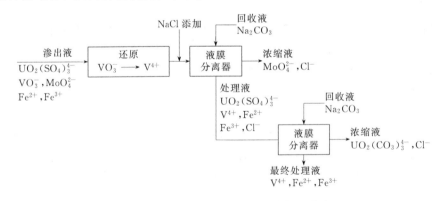

图 11-80　由铀矿硫酸浸出液分离铀的工艺流程

（3）含酚废水的处理

含酚废水产生于焦化、石油炼制、合成树脂、化工、制药等工业部门，采用液膜分离技术处理含酚废水具有效率高、流程简单等优点。采用油包水型乳状液膜，以 NaOH 水溶液作为内相，中性油作为膜相。典型的传质机理为内相有化学反应的过程。其具体操作为通过搅拌将含 NaOH 约 $0.8\%\sim1.0\%$ 的水溶液混入到一种脱蜡石油中间馏分（S100N）中，两者的质量比为 $1\sim2$。在 S100N 中含有表面活性剂 Span80（失水山梨糖醇油酸单酯）约 2%，这样就形成了直径为 $10^{-4}\sim10^{-3}$cm 大小的乳状液微滴，然后将此乳状液搅拌混合到含酚废水中（废水与乳状液质量比为 $2\sim5$），使乳状液在废水中分散良好，成为由单个稳定的乳状液悬浮在水相中的体系。搅拌一定时间后，取出废水相分析其中的含酚浓度，若已达到所需的浓度要求后，停止搅拌，则乳状液小珠迅速凝聚形成乳状液层，如果此液层比水相轻，则有机相将浮到水面与废水相分开。然后再采取破乳方法使上浮乳状液的有机相与水相分离，则可使含有表面活性剂的有机相再返回使用。

（4）液膜法氨基酸的生成与分离

采用将酶固定在内水相中的乳化液膜所作的酶反应器可进行氨基酸的生成与分离。如图11-81 所示是用乳化液膜法氨基酸生成和透过机制示意图。在内水相中含有作为酶的亮氨酸脱氢酶（LEUDH）、甲酸脱氢酶以及被用作辅酶的 NADH。液膜相的载体是甲基三烷基氯化铵。外水相的甲酸根和 α-酮异己酸作为阴离子同载体形成络合物被带入内水相，NH_3 则溶解于液膜相，向内水相透过。在内水相经酶反应生成的 L-氨基酸作为阴离子和以 HCO_3^- 形式存在的 CO_2 借助载体被输送到外水相。此时，辅酶 NADH 将被连续再生。经测定，由 $40mol/m^3$ 的 α-酮异己酸大约可生成 $30mol/m^3$ 的 L-氨基酸。

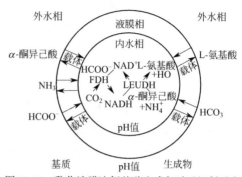

图 11-81　乳化液膜法氨基酸生成与透过机制示意

11.7　气体膜分离

气体膜分离是指在压力差为推动力的作用下，利用气体混合物中各组分在气体分离膜中渗透速率的不同而使各组分分离的过程。气体膜分离过程的关键是膜材料。理想的气体分离膜材料应该同时具有良好的分离性能、优良的热和化学稳定性、较高的机械强度。通常的气体分离用膜可分为多孔膜和非多孔膜（均质膜）两类，它们各由无机物和有机高分子材料制成。无机膜包括陶瓷膜、玻璃膜、金属膜和分子筛膜；有机膜材料包括橡胶态聚合物和玻璃态聚合物。气体膜分离技术的特点是：分离操作无相变化，不用加入分离剂，是一种节能的气体分离方法，它广泛应用于提取或浓缩各种混合气体中的有用成分，具有广阔的应用前景。

11.7.1　气体膜分离的原理

（1）基本原理

均质膜无论是无机材料还是高分子材料都具有渗透性，而且很多是耐热、耐压和抗化学侵蚀的。其渗透机理可由溶解-扩散模型来说明，如图 11-82 所示。首先是气体与膜接触，如图 11-82(a) 所示，接着是气体在膜的表面溶解（称为溶解过程），如图 11-82(b) 所示；其次是因气体溶解产生的浓度梯度使气体在膜中向前扩散（称为扩散过程）；随后气体就达到膜的另一侧，此时过程一直处于非稳定状态，如图 11-82(c) 所示，一直到膜中气体的浓度梯度沿膜厚度方向变成直线时才达到稳定状态，如图 11-82(d) 所示。从这个阶段开始，气体由膜的另一侧脱附出去，其速率恒定。所以，气体透过均质膜的过程为溶解、扩散、脱附三个步骤。

稳定状态下，气体混合物透过膜时，假设一种气体组分通过膜的渗透不受另一种同时透过膜的组分渗透的影响，这是一种理想情况。此时，各组分的渗透通量可表示为：

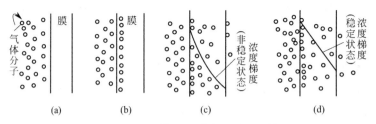

图 11-82　气体对均质膜的渗透机制

$$J_i = \frac{D_i S_i}{\delta}(p_{1i} - p_{2i}) = \frac{Q_i}{\delta}(p_{1i} - p_{2i}) \tag{11-53}$$

式中　　J_i——混合气体（标准状态）中组分 i 的渗透通量，$m^3/(m^2 \cdot s)$；

　　　　D_i——组分 i 的扩散系数，m^2/s；

　　　　S_i——组分 i 的溶解度系数（标准状态），$m^3/(m \cdot s \cdot Pa)$；

　　　　Q_i——组分 i 通过膜的渗透率（标准状态），$m^3/(m \cdot s \cdot Pa)$；

　　　　δ——膜的厚度，m；

p_{1i}，p_{2i}——膜高压侧与低压侧组分的分压，Pa。

膜对混合气体的分离效果可用分离系数表示，它标志着膜的分离选择性能，可由下式表示：

$$\alpha_{ij} = \left(\frac{p_{2i}}{p_{2j}}\right) \Big/ \left(\frac{p_{1i}}{p_{1j}}\right) \tag{11-54}$$

式中　　p_{1i}，p_{2i}——组分 i 在高压侧与低压侧气体中的分压，Pa；

　　　　p_{1j}，p_{2j}——组分 j 在高压侧与低压侧气体中的分压，Pa。

（2）影响渗透通量与分离系数的因素

1）压力

气体膜分离的推动力为膜两侧的压力差，由式(11-53)可知，压差增大，气体中各组分的渗透通量也随之升高，但实际操作压差受能耗、膜强度、设备制造费用等条件的限制，需要综合考虑才能确定。

2）膜的厚度

由式(11-53)可知，膜的致密活性层的厚度减小，渗透通量增大。减小膜厚度的方法是采用复合膜，此种膜是在非对称膜表面加一层超薄的致密活性层，降低致密活性层的厚度，可使渗透通量提高。

3）膜材料

气体分离用膜多采用高分子材料制成，气体通过高分子膜的渗透程度取决于高分子是"橡胶态"还是"玻璃态"。橡胶态聚合物具有高度的链迁移性和对透过物溶解的快速响应性。可以看到，气体与橡胶之间形成溶解平衡的过程在时间上要比扩散过程快得多，因此，橡胶态膜比玻璃态膜渗透性能好，如氧在硅橡胶中的渗透性要比在玻璃态的聚丙烯腈中大几百万倍。但其普遍缺点是它在高压差下容易变形膨胀；而玻璃态膜的选择性较好。气体分离用高分子膜的选定通常是在选择性与渗透性之间采取"折中"的方法，这样既可提高渗透通量又可增大分离系数。

4）温度

温度对气体在高分子膜中的溶解度与扩散系数均有影响，一般来说，温度升高，溶解度减小，而扩散系数增大。但比较而言，温度对扩散系数的影响更大，所以，渗透通量随温度的升高而增大。

11.7.2　气体膜分离流程及设备

气体膜分离流程可分为单级的、多级的。当过程的分离系数不高时，原料气的浓度低或要求产品较纯时，单级膜分离不能满足工艺要求，因此，采用多级膜分离，即将若干膜器串联使用，组成级联。常用的气体膜分离级联有以下三种类型。

（1）简单级联

简单级联流程如图 11-83 所示，每一级的渗透气作为下一级的进料气，每级分别排出渗余气，物料在级间无循环，进料气量逐级下降，末级的渗透气是级联的产品。

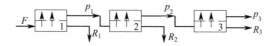

图 11-83　简单级联流程

（2）精馏级联

精馏级联的流程如图 11-84 所示，每一级的渗透气作为下一级的进料气，将末级的渗透气作为级联的易渗产品，其余各级的渗余气入前一级的进料气中，还将部分易渗产品作为回流返回本级的进料气中，整个级联只有两种产品。其优点是易渗产品的产量与纯度比简单级联有所提高。

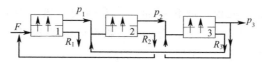

图 11-84　精馏级联流程

（3）提馏级联

提馏级联的流程如图 11-85 所示，每一级的渗余气作为下一级的进料气，将末级的渗余气作为级联的产品，第一级的渗透气作为级联的易渗产品，其余各级的渗透气并入前一级的进料气中。整个级联只有两种产品，其优点是难渗产品的产量与纯度比简单级联有所提高。

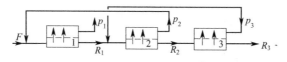

图 11-85　提馏级联流程

11.7.3　气体膜分离技术的应用

自 1980 年以来，利用聚合物致密膜分离工业气体的方法急剧增长，广泛用于膜法提氢；膜法富氧、富氮；有机蒸气回收；天然气脱湿、提氢、脱二氧化碳和脱硫化氢等。

（1）氢气的回收

膜法进行气体的分离最早用于氢气的回收。典型的例子是从合成氨弛放气中回收氢气。

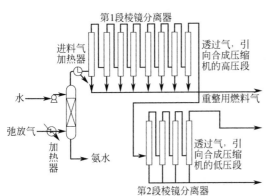
图 11-86　合成氨弛放气回收氢气的典型流程

在合成氨生产过程中，每天将有大量氢气被混在弛放气中白白地烧掉，如果不加以回收，将会造成很大的浪费。图 11-86 所示为美国 Monsanto 公司建成的合成氨弛放气回收氢气的典型流程。合成氨弛放气首先进入水清洗塔除去或回收其中夹带的氨气，从而避免氨对膜性能的影响。经过预处理的气体进入第一组渗透器，透过膜的气体作为高压氢气回收，渗余气流经第二级渗透器中，渗透气体作为低压氢气回收。渗余气体中氢气含量较少，作为废气燃烧，两段回收的氢气循环使用。

（2）氮氧分离

空气中含氮 79%，含氧 21%。选用易于透过 O_2 的膜，在透过侧得到富集的 O_2，其浓度为 30%～40%；另一侧得到富集的氮气，其浓度可达 95%。膜法富氮与深冷和变压吸附法相比具有成本低、操作灵活、安全、设备轻便、体积小等优点。

（3）脱除合成天然气中的 CO_2 制备城市煤气

合成天然气（液化石油气或石脑油精制气体）是城市煤气的主要来源之一。由于天然气中的 CO_2 的含量（摩尔分数）为 18%～21%，如此高的 CO_2 浓度会降低天然气的热值和燃烧速率，因此，需将合成天然气中的 CO_2 含量（摩尔分数）降至 2.5%～3.0%。图 11-87 所示为膜法制备城市煤气的工艺流程。液化石油气或石脑油在热交换器中加热至 300～400℃，通入脱硫塔，在镍-钼催化剂的作用下，含硫化合物反应生成 H_2S，用 ZnO 吸附 H_2S，脱硫后的气体在管道内与水蒸气混合，在加热炉中加热至 550℃，进入甲烷转化器合成甲烷。合成天然气经热交换器降温到 40～50℃进入一级膜分离器，渗余气富含甲烷，输入城市煤气管道，透过气中含有少量甲烷，经压缩机加压进入二级膜分离器，透过气可作为加热炉或蒸汽锅炉的燃料，剩余气体回流，重新输入一级膜分离器。

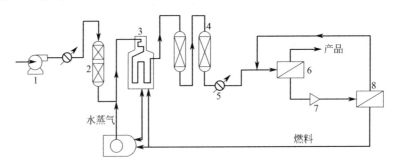
图 11-87　合成天然气制备煤气的工艺流程
1—泵；2—脱硫塔；3—加热炉；4—甲烷转化器；5—热交换器；6—一级膜分离器；7—压缩机；8—二级膜分离器

（4）有机废气的回收

在许多石油化工、制药、油漆涂料、半导体等工业中，每天都有大量的有机废气向大气中散发。废气中挥发性的有机物（简称VOCs）大多具有毒性，部分已被列为致癌物。VOCs的处理方法有两类：破坏性消除法和回收法。膜分离法作为一种有前途的回收法比其他方法都经济可行。图11-88为膜法与冷凝法结合的流程。经压缩后的有机废气进入冷凝器，气体中的一部分VOCs被冷凝下来，冷凝液可以再利用，而未凝气体进入膜组件中，其中VOCs在压力差的推动下透过膜，渗余气为脱除VOCs的气体，可以直接放空；透过气中富含有机蒸气，该气体循环至压缩机的进口。由于VOCs的循环，回路中VOCs浓度迅速上升，当进入冷凝器的压缩气体达到VOCs的凝结浓度时，VOCs又被冷凝下来。

（5）天然气的脱水干燥

天然气中的饱和水蒸气在输送过程中会凝结、冻结而堵塞管道。膜法脱水是新近推出的技术，该分离过程设备简单、投资低、装卸容易、操作方便，具有巨大的发展潜力。图11-89为天然气膜法脱水的工艺流程。从井口出来的天然气经过预热、节流、集气后，

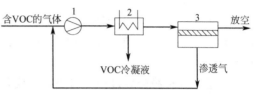

图 11-88　膜法与冷凝法结合回收有机废气流程
1—压缩机；2—冷凝器；3—膜组件

进入膜法脱水工段。在此工段，天然气首先进行前处理，目的是脱除其中的固体物质、液态水及液态烃等，然后经后换热器，气体温度升高到5～10℃，使气体远离露点，避免水蒸气在膜内冷凝。最后，气体进入中空纤维膜组件的壳程，水蒸气在压力差推动下透过膜而进入管程，渗透气即可以直接排入，也可以经过处理后回收再利用，脱除了水分后的干燥气体作为产品气输入天然气管道。

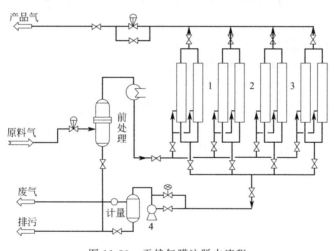

图 11-89　天然气膜法脱水流程
1～3—膜组件；4—真空机组

11.8　膜分离技术的发展趋势

膜分离过程作为一门新型的高效分离、浓缩提纯及净化技术，已成为解决当代能源、资源和环境污染问题的重要高新技术及可持续发展技术的基础。膜分离技术的发展趋势可由以下两个方面说明。

⯈ 11.8.1　技术上的发展趋势

从技术上看，虽然膜分离已经获得了巨大的进展，但多数膜分离过程还处在探索和发展阶段，具体可概括为下列四点。

(1) 新的膜材料和膜工艺的研究开发

为了进一步提高膜分离技术的经济效益，增加竞争能力，扩大应用范围，要求降低膜成本，提高膜性能，具有更好的耐热、耐压、耐酸、耐碱、耐有机溶剂、抗污染、易清洗等，这些要求推动了膜材料和膜工艺的研究开发。

1) 高聚物膜

在今后相当长的一段时间内，高聚物仍将是分离膜的主要材料。其发展趋势是开发新型高性能的高聚物膜材料，加强研究使膜皮层"超薄"和"活化"的技术，具体包括四个方面。

① 适合各种膜分离过程的需要，合成各种分子结构的新型高聚物膜并定量地研究膜材料的分子结构与膜的分离性能之间的关系。

② 开发新型高聚物膜的另一种途径是制造出高聚物"合金"膜材料，将两种或两种以上已有的高聚物混合起来作为膜材料。这样，此分离膜就会具有两种或两种以上高聚物的功能特性。这种制膜方法比合成法更经济、更迅速。

③ 对制成的高聚物膜进行表面改性，针对不同的分离过程引入不同的活化基团，使膜表面达到"活化"。

④高性能的膜材料确定后，同样重要的是要找到一个能使其形成合适形态结构的制膜工艺。进一步开发出制造超薄、高度均匀、无缺陷的非对称膜皮层的工艺。

2) 无机膜

由于存在不可塑、受冲击易破碎、成型差以及价格较贵等缺点，一直发展较慢。无机膜今后的发展方向是研究新材料和新的制膜工艺。

3) 生物膜

与高聚物膜在分子结构上存在巨大差异。高聚物膜是以长链状大分子为基础；生物膜的基本组成为脂质、蛋白质和少量烃类化合物。生物膜具有最好的天然传递性能，具有高选择性、高渗透性的特点。但近几年来研究的生物膜都不稳定，寿命很短，今后的发展趋势是制造出真正能在工业上实际应用的生物膜。

(2) 开发集成膜过程和杂化过程

所谓"集成"是指几种膜分离过程组合来用。"杂化"是指将膜分离过程与其他分离技术组合起来使用。原因是：单一的膜分离技术有它的局限性，不是什么条件下都适用的。在处理一些复杂的分离过程时，为了获得最佳的效益，应考虑采用集成膜过程或杂化过程。近年来膜技术与其他技术的联合应用已得到了一定的发展，如：反渗透与超滤技术联合浓缩牛奶；膜法与吸附法联合将空气分离成氧气和氮气；反渗透与蒸发技术联合浓缩 $2\%CuSO_4$ 水溶液等。

(3) 开发膜分离与传统分离技术相结合的新型膜分离过程

将两种分离技术结合开发出新的膜分离过程，使之具有原来两种技术的优势，并克服原分离方法的某些缺点。例如：膜蒸馏是一种膜技术与蒸发过程相结合的新型膜分离过程，它可以在常压和 $50\sim60℃$ 下操作，而避免了反渗透的高压操作和蒸发的高温操作；又如膜萃取是将膜分离技术与液-液萃取技术相结合的一种新型膜分离技术；亲和膜分离是膜分离与色谱技术相结合的一种新型膜分离过程；促进传递是膜技术与抽提过程相结合的新型膜分离过程；液膜电渗析是电渗析技术与液膜分离技术相结合的新型膜分离技术等。这些新型膜分离过程除个别的过程已有小型商品装置外，绝大多数尚处在实验室或中试阶段，都有一些关键技术需要突破和完善。

（4）开发膜分离与反应过程相结合的膜反应过程

膜反应过程中被采用的膜反应器主要有惰性膜反应器和催化膜反应器两种类型。膜材料有有机膜和无机膜两种。惰性膜反应器是在进料侧含有催化剂，利用惰性膜在反应过程中对产物的选择透过性，不断从反应区移走产物，促使正反应过程的进行；催化膜反应器是指膜既具有催化性又具有选择透过性，可让反应物从膜的一侧或两侧进入反应器，与膜接触发生反应并分离出产物。膜反应器与一般反应器相比，具有如下优点：a. 对受平衡限制的反应，膜反应器能够移动化学平衡，大大提高反应的转化率；b. 膜反应器可能较大地提高反应的选择性；c. 可在较低温度下进行反应；d. 有可能使反应物净化、化学反应及产物分离等几个操作过程在一个膜反应器内进行，节省整个过程的投资费用。目前，膜反应过程的研究、开发和应用虽已取得一定的进展，但是，膜反应过程本身具有的特性以及由此而产生的巨大应用潜力还远没有被开发出来。

▶11.8.2　应用上的发展趋势

目前，虽然膜分离技术已经在许多领域得到应用，但是在各行各业的应用还有很多方面有待开发。例如：膜技术在人工器官中的应用、在传感器上的应用、在生物反应器上的应用等。即使是比较成熟的应用领域（如食品工业）也能开发出新的应用。表 11-7 为在食品工业中膜技术有可能应用的范围。

表 11-7　膜技术在食品工业中可能应用的范围

膜过程	范围	应用
反渗透	粮食磨坊	浓缩废水中的溶解物和处理水的再利用
反渗透与超滤结合	油脂	从植物中抽提油的溶剂用膜法回收
超滤与反渗透结合	水果和蔬菜	果汁在运输和再配置以前进行分馏和浓缩
反渗透或超滤	乳品	在运输和制成产品前在牛奶生产现场对牛奶进行加工

总之，膜技术的前景十分广阔，但需要通过不懈的努力才能使之迅速成长起来。

参　考　文　献

[1]　廖传华，米展，周玲，等 . 物理法水处理过程与设备 ［M］. 北京：化学工业出版社，2016.

[2]　陈立钢，廖立霞 . 分离科学与技术 ［M］. 北京：科学出版社，2014.

[3]　徐东彦，叶庆国，陶旭梅 . Separation Engineering ［M］. 北京：化学工业出版社，2012.

[4]　中国石油和化学工业联合会，中国化工经济技术发展中心编 . 石油和化工设备选型指南 ［M］. 北京：中国财富出版社，2012.

[5]　罗川南 . 分离科学基础 ［M］. 北京：科学出版社，2012.

[6]　赵德明 . 分离工程 ［M］. 杭州：浙江大学出版社，2011.

[7]　张顺泽，刘丽华 . 分离工程 ［M］. 徐州：中国石油大学出版社，2011.

[8]　廖传华，柴本银，黄振仁 . 分离过程与设备 ［M］. 北京：中国石化出版社，2008.

[9]　袁惠新 . 分离过程与设备 ［M］. 北京：化学工业出版社，2008.

[10]　陈观文，徐平 . 分离膜应用与工程安全 ［M］. 北京：国防工业出版社，2007.

[11] [美] D. Seader，[美] Ernest J. Henley. 分离过程原理 [M]. 上海：华东理工大学出版社，2007.

[12] 周勇军，廖传华，黄振仁. 膜法油气回收过程的工艺模拟. 石油与天然气化工，2005，34（3）：149～151.

[13] 宋业林，宋襄翎. 水处理设备实用手册 [M]. 北京：中国石化出版社，2004.

[14] 李旭祥. 分离膜制备与应用 [M]. 北京：化学工业出版社，2004.

[15] 杨春晖，郭亚军主编. 精细化工过程与设备 [M]. 哈尔滨：哈尔滨工业大学出版社，2002.

[16] 周立雪，周波主编. 传质与分离技术 [M]. 北京：化学工业出版社，2002.

[17] 唐受印，戴友芝. 水处理工程师手册 [M]. 北京：化学工业出版社，2001.

[18] 王湛. 膜分离技术基础. 北京：化学工业出版社，2000.

[19] 刘茉娥. 膜分离技术应用手册. 北京：化学工业出版社，2001.

[20] 郑领英，王学松. 膜技术. 北京：化学工业出版社，2000.

[21] 谢文州，郦和生. 反渗透膜有机污染的控制方法 [J]. 工业水处理，2015，35（9）：7～10.

[22] 雷淳正，姜周曙，丁强，等. 海水淡化系统反渗透膜故障诊断研究 [J]. 工业控制计算机，2015，28（1）：100～102.

[23] 梁松苗，蔡忠奇，胡利杰，等. 高性能海水淡化反渗透膜的制备及其性能研究 [J]. 水处理技术，2015，41（3）：58～63.

[24] 金焱. 国产高性能海水反渗透膜研究和应用进展 [C]. 2015 年亚太脱盐技术国际论坛，中国北京，2015.

[25] 樊苑. 反渗透膜法在中东沙特某海水淡化项目上的应用 [J]. 水处理技术，2015，41（2）：124～126.

[26] 于冰，连祎琛，丛海林，等. 海水淡化反渗透膜的研究进展 [J]. 化工新型材料，2014，42（12）：1～3.

[27] 徐建国，尹华. 海水淡化反渗透膜技术的最新进展及其应用 [J]. 膜科学与技术，2014，34（2）：99～105.

[28] 刘卫东，郑小钢. 影响海水反渗透膜在线清洗效果的因素分析 [J]. 科技传播，2014，12：124～125.

[29] 杨峰，周尚寅，潘巧丽，等. 海水淡化反渗透膜的制备及研究 [J]. 水处理技术，2013，39（11）：60～62.

[30] 谈述战，郭金明，刘毅，等. 国内外海水反渗透膜技术发展现状 [J]. 中国塑料，2013，27（5）：6～11.

[31] 王亮梅，杨峰，周尚寅，等. 海水淡化反渗透膜的后处理研究 [J]. 水处理技术，2013，39（8）：83～84.

[32] 宋跃飞. 集成膜法海水淡化过程中纳滤——反渗透膜面结垢趋势预测及防垢研究 [D]. 青岛：中国海洋大学，2013.

[33] 仲惟雷，梁宏书，李燕，等. 国产反渗透膜在电厂大型海水淡化项目中的应用 [J]. 工业水处理，2012，32（11）：90～92.

[34] 李希鹏，胡晓宇，张宇峰，等. 纳滤膜制备方法的研究 [J]. 化工新型材料，2015，43（7）：227～229.

[35] 李洪懿，翟丁，周勇，等. 纳米聚苯胺改性聚哌嗪酰胺纳滤膜的制备 [J]. 化工学报，2015，1：142～148.

[36] 刘文超，李俊俊，陈涛，等. 一种化学稳定纳滤膜的制备与表征 [J]. 水处理技术，2015，41（9）：72～74.

[37] 彭颖. 聚酰胺复合纳滤膜的制备及其应用 [D]. 天津：天津科技大学，2015.

[38] 王韬，王枢，王毅，等. 卷式纳滤膜分离糖盐混合溶液 [J]. 水处理技术，2015，41（1）：107～111.

[39] 杨秀丽. 层层自组装复合纳滤膜的研究 [D]. 天津：河北工业大学，2015.

[40] 吴永红，谷裕，肖大君，等. 聚丙烯腈基纳滤膜脱盐性能的研究 [J]. 应用化工，2015，5：890～892.

[41] 俞昌朝，储月霞，沈江南，等. 纳米碳管改性聚哌嗪酰胺复合纳滤膜的制备 [J]. 高校化学工程学报，2014，1：84～91.

[42] 张奇峰，李胜海，王屯钰，等. 反渗透和纳滤膜的研制与应用 [J]. 中国工程科学，2014，16（12）：17～23.

[43] 李祥，张忠国，任晓晶，等. 纳滤膜材料研究进展 [J]. 化工进展，2014，33（5）：1210～1218.

[44] 许振良，汤永健，周秉武，等. 纳滤膜功能层构筑及其应用 [J]. 水处理技术，2015，41（12）：3～9.

[45] 张浩勋，泰国胜，张秋楠，等. 染料脱盐纳滤膜分离性能表征 [J]. 郑州大学学报（工学版），2015，36（3）：73～76.

[46] 高复生，高从堦，高学理，等. 一种新型共混复合纳滤膜的制备及性能研究 [J]. 高校化学工程学报，2014，28（3）：671～675.

[47] 朱奇，李魁，洪昱斌，等. 中空纤维复合纳滤膜的制备与表征以及醇的影响 [J]. 功能材料，2014，45（24）：24019～24024.

[48] 曹绪论芝，平郑骅，李本刚，等. 新型亲水性复合纳滤膜的研究 [J]. 功能材料，2013，44（11）：1612～1215.

[49] 陈雪，谷景华. 无机纳滤膜的应用 [J]. 膜科学与技术，2013，33（3）：77～79.

[50] 张逸明. PENTAIR 超滤膜及其产品在石油化工水处理中的应用 [C]. 2012 全国石油和化工企业水处理与零排放新技术研讨会，兰州，2012.

［51］程小飞，章麦明，薛松，等．超滤膜分离纯化珊瑚藻溴过氧化物酶［J］．中国生物工程杂志，2011，3：171～173.

［52］曹桐生，张静，孟雪征，等．水温对细菌在超滤膜出水中生长的影响［C］．工程和商业管理国际学术会议中心，中国武汉，2011.

［53］梁爽，李星宰，刘艳玲，等．浸没式超滤膜-粉末炭工艺处理含溴水研究［C］．第二届 IWA 中国水环境嗅味问题及控制技术国际研讨会暨第五届"黄河杯"城镇饮用水安全保障技术交流会，济南，2011.

［54］王雨田，张守海，蹇锡高．PVP 对共聚醚砜中空纤维超滤膜的影响［C］．2011 年高分子学术论文报告会，大连，2011.

［55］吴月利，陈墨蕴，刘卫东，等．紫外光照接枝丙烯酸对聚氯乙烯（PVC）超滤膜的改性研究［C］．2011 年高分子学术论文报告会，大连，2011.

［56］张鹏．超滤膜分离浓缩 β-葡聚糖实验研究［J］．甘肃科技，2010，26（18）：17～19.

［57］郭春禹．印钞废液再生工程中超滤膜的污染与清洗［C］．2008 年新膜过程研究及应用研讨会，北京，2008.

［58］张立卿．水处理中耐污染超滤膜制备研究进展［C］．2008 年新膜过程研究与应用研讨会，北京，2008.

［59］韩俊南．新型 PPES 中空纤维超滤膜的研制［C］．第六届全国膜与膜过程学术报告会，天津，2008.

［60］杨座国，姚婷．相转化法制超滤膜凝胶过程研究［C］．上海市化学化工学会 2008 年度学术年会，中国上海，2008.

［61］喻林萍，刘新利，张惠斌，等．金属及金属合金微滤膜的研究进展［J］．粉末冶金材料科学与工程，2015，20（5）：670～674.

［62］董秉直，杜嘉丹，林洁．混凝预处理缓解微滤膜污染的效果与机理研究［J］．给水排水，2015，14（1）：115～118.

［63］常启兵，何宝辉，汪永清，等．外压式薄壁支撑体堇青石微滤膜的制备与表征［J］．中国陶瓷，2015，15（10）：18～22.

［64］陈梅．管式复合微滤膜的制备及其性能表征［D］．广州：华南理工大学，2015.

［65］曲鹏．微滤膜浓缩胶清橡胶的工艺及其性能［D］．海口：海南大学，2015.

［66］王锦，罗东平，曹成高．铁盐预混凝对微滤膜污染的影响［J］．北京工业大学学报，2014，40（10）：1547～1553.

［67］宋亚丽，董秉直，高乃云，等．预氧化/混凝/微滤膜联用处理微污染水中试［J］．中国给水排水，2014，30（3）：52～55.

［68］尹晓琴．Al_2O_3 陶瓷微滤膜涂膜液的制备与优化［D］．广州：华南理工大学，2014.

［69］张倩．MBR 微滤膜的污染机理及化学清洗研究［D］．北京：北京工业大学，2014.

［70］杨学贵，王琳，张亚宁．MBR 微滤膜在污水处理厂的清洗维护实践［J］．中国给水排水，2013，29（16）：101～104.

［71］张艳萍，潘献辉，王旭亮，等．中空纤维微滤膜孔径检测方法研究［J］．膜科学与技术，2013，33（3）：77～79.

［72］庞维亮，孙祥超，冯丽霞，等．微滤膜预处理系统存在的问题分析及对策［J］．中国给水排水，2013，29（18）：151～153.

［73］侯维敏，于云，胡学兵，等．Al_2O_3 微滤膜的超疏水改性研究［J］．无机材料学报，2013，28（8）：864～868.

［74］闻娟娟，范益群．无缺陷氧化铝微滤膜的制备研究［J］．膜科学与技术，2013，33（5）：19～24.

［75］佐田俊胜．离子交换膜：制备、表征、改性和应用［J］．分析化学，2015，10：1544～1547.

［76］潘杰峰．静电纺丝技术制备离子交换膜［D］．合肥：中国科学技术大学，2015.

［77］李彦，徐铜文．全钒液流电池用离子交换膜的研究进展［J］．化工学报，2015，66（9）：3296～3304.

［78］赵玉彬，王树博，赵阳，等．降冰片烯类季铵型阴离子交换膜的制备［J］．化工学报，2015，66（C1）：338～342.

［79］张学敏，王三友，周键，等．阴离子交换膜改性研究进展［J］．水处理技术，2015，41（8）：26～30.

［80］李键．单价选择性阳离子交换膜的制备和表征［D］．杭州：浙江工业大学，2015.

［81］崔梦冰．新型阳离子交换膜的制备、表征及应用［D］．合肥：中国科学技术大学，2015.

［82］王凯凯．低电阻导相阳离子交换膜的制备与表征［D］．青岛：中国海洋大学，2015.

［83］李庆．新型碱性阴离子交换膜的制备与表征［D］．合肥：中国科学技术大学，2015.

［84］郭东杰，李亚琦，刘瑞，等．聚合物离子交换膜的电导率优化及电致响应研究［J］．功能材料，2015，46（22）：22103～22107.

［85］李键，徐燕青，阮慧敏，等．单价选择性阴离子交换膜的研究进展［J］．膜科学与技术，2015，35（3）：113～120.

［86］王柳婵．用于阴离子交换膜的季胺化聚芳醚的制备与性能研究［D］．广州：华南理工大学，2014.

［87］杨墨．改性聚醚砜离子交换膜吸附磷酸盐的研究［D］．秦皇岛：燕山大学，2014.

[88] 陈世洋，施周，李学瑞，等．阴离子交换膜分离饮用水中 Cr（VI）的研究 [J]．膜科学与技术，2014，34（1）：96～100.

[89] 汪耀明，吴亮，徐铜文．新型通用离子交换膜的研究与实践 [J]．中国工程科学，2014，16（12）：76～86.

[90] 黄雪红，宋勋，谢文梅，等．ATRP 法制备侧链型聚醚醚酮阴离子交换膜 [J]．高分子学报，2014，（9）：1212～1218.

[91] 张亚辉，肖连生．扩散渗析回收含铜退镀液中的硝酸 [J]．膜科学与技术，2015，35（3）：70～75.

[92] 陈明，徐慧，蔡忠萍，等．某矿山酸性废水酸洗扩散渗析的研究 [J]．工业安全与环保，2015，41（11）：26～28.

[93] 刘露．ATRP 法制备离子交换膜应用于扩散渗析和电渗析 [D]．合肥：合肥工业大学，2015.

[94] 张鲜苗，李志刚，李师超．扩散渗析在石墨行业废酸回收中的应用 [C]．第四届中国石墨产业发展研讨会暨 2015 年石墨专业委员会年会，宁波，2015.

[95] 娄玉峰，于录迎．扩散渗析膜分离技术在氧化钨生产中的应用研究 [C]．2015 年中国——欧盟膜技术研究与应用研讨会，中国威海，2015.

[96] 侯晓川，杨润德，李贺．扩散渗析法从镍钼矿冶炼烟尘提取硒废液中分离酸的研究 [J]．稀有金属与硬质合金，2014，42（3）：15～18.

[97] 马堂文，毕琴，王利超，等．扩散渗析法从含铬废酸中分离硫酸和 Cr（VI）离子 [J]．水处理技术，2014，40（9）：18～21.

[98] 张旭．扩散渗析的理论与应用研究 [D]．合肥：中国科学技术大学，2014.

[99] 刘亚飞，李传润，徐铜文．扩散渗析总传质系数计算式的推导与探讨 [J]．膜科学与技术，2013，33（2）：75～79.

[100] 刘亚飞．卷式扩散渗析的模型构建、组件优化及其应用 [D]．合肥：中国科学技术大学，2013.

[101] 顾晶晶．基于 PVA 的杂化阳离子交换膜：膜制备及扩散渗析应用研究 [D]．合肥：合肥工业大学，2013.

[102] 朱茂森．扩散渗析——电渗析法处理钢铁厂酸洗废水的研究 [D]．沈阳：东北大学，2011.

[103] 肖新乐．有机：无机杂化离子膜的制备及其燃料电池、扩散渗析应用性能研究 [D]．合肥：合肥工业大学，2011.

[104] 李兴彬，魏昶，邓志敢，等．扩散渗析法在湿法冶金中的应用 [J]．中国有色金属学报，2008，18（E1）：88～91.

[105] 胡耀强，鲍文，何飞，等．乳状液膜分离过程中的结构演变 [J]．应用化工，2015，44（7）：1237～1241.

[106] 张牡丹，张丽娟，刘关，等．液膜分离技术及其应用研究进展 [J]．化学世界，2015，58（18）：506～512.

[107] 李兴扬，高豹，叶贤伟．乳状液膜分离富集废水中的苯酚 [J]．精细化工，2015，32（6）：674～678.

[108] 吴艾璟，彭黔荣，杨敏，等．液膜分离技术在消除废水中重金属的研究进展 [J]．化工新型材料，2015，43（3）：222～224.

[109] 于玉夺．双载体乳化液膜分离浓盐水中的钙镁离子 [D]．大连：大连理工大学，2015.

[110] 杜三旺，刘文风．乳状液膜分离技术在中国的应用研究进展 [J]．当代化工，2015，44（1）：101～04.

[111] 孙创，冯权莉，王学谦，等．液膜分离技术在废水处理中的应用与展望 [J]．化工新型材料，2014，42（6）：210～212.

[112] 刘振，秦伟，常庆辉．离子液体支撑液膜分离 H_2/CO_2 混合气体 [J]．太阳能学报，2014，8：1556～1560.

[113] 常庆辉．利用离子液体支撑液膜分离混合气体 [D]．洛阳：河南科技大学，2013.

[114] 段永超，伍艳辉，于世昆，等．离子液体支撑液膜分离 CO_2 [J]．化学进展，2012，24（7）：1405～1412.

[115] 陈园园，商静芬，欧阳丽，等．反萃分散组合液膜分离提取氨基酸 [J]．应用化学，2012，29（6）：697～704.

[116] 朱山东．流动载体对乳状液膜分离效果的影响 [D]．武汉：中南民族大学，2012.

[117] 李亚欣，愈杰，马少玲，等．功能化离子液体支撑液膜分离 CO_2 的促进传递机理 [J]．化工进展，2011，30（A2）：139～142.

[118] 周宁，程边，胡筱敏，等．应用液膜分离技术从百草枯生产废水中回收氰化物 [J]．环境工程，2011，29（1）：12～4.

[119] 孙志娟，张心亚，黄洪，等．乳状液膜分离技术的发展与应用 [J]．现代化工，2006，26（9）：63～67.

[120] 侯丹丹，刘大欢，阳庆元，等．金属-有机骨架材料在气体膜分离中的研究进展 [J]．化工进展，2015，34（8）：2907～2915.

[121] 张元夫，阮雪华，陈博，等．气体膜分离过程模拟中 2 种平均推动力模型的准确性验证 [J]．计算机与应用化学，2015，32（12）：1448～1452.

[122] 李志光，高艳．气体膜分离技术在聚烯烃工业应用的技术经济性分析 [J]．石油和化工设备，2015，18（11）：

71～75.

[123] 徐徜徉.气体分离膜及其应用进展［J］.气体分离，2015，3：17～18.

[124] 章龙江，汤林，党延斋.气体分离膜及其组合技术在石油化工领域中的应用［D］.北京：石油工业出版社，2015.

[125] 于冰，刘小晃，从海林，等.聚合物气体分离膜改性及应用进展［J］.化工新型材料，2015，43（5）：210～232.

[126] 韦晔.新型纤维基气体分离膜的设计、制备与性能［D］.北京：中国科学院大学，2015.

[127] 全帅.CO_2捕集用高性能PEO基气体分离膜的制备及性能研究［D］.哈尔滨：哈尔滨工业大学，2015.

[128] 石川.聚酰亚胺二氧化碳气体分离膜的制备及改性研究［D］.南京：南京工业大学，2015.

[129] 阮雪华，嬴晓明，代岩，等.气体膜分离技术用于石油化工节能降耗的研究进展（上）［J］.石油化工，2015，44（7）：785～790.

[130] 阮雪华，嬴晓明，代岩，等.气体膜分离技术用于石油化工节能降耗的研究进展（下）［J］.石油化工，2015，44（8）：905～911.

[131] 阮雪华.气体膜分离及其梯级耦合流程的设计与优化［D］.大连：大连理工大学，2014.

[132] 李媛媛.高性能气体分离膜研制及H_2分离性能研究［D］.唐山：河北联合大学，2014.

[133] 刘然.新型气体分离膜研制及CO_2分离性能研究［D］.唐山：河北联合大学，2014.

[134] 毛鸿超.聚酰亚胺气体分离膜的制备与性能研究［D］.北京：中国科学院大学，2014.

[135] 于云武.基于聚芳醚的气体分离膜的制备与性能研究［D］.长春：吉林大学，2014.

[136] 孟兆伟，张锋镝，任少科，等.气体分离膜的发展历程［J］.低温与特，2014，32（5）：1～4.

[137] 段璎.酸性气体分离膜的研究现状及进展［J］.江西化工，2014，2：12～5.

[138] 李丽.微孔氧化锆基气体分离膜的制备及其水热稳定性能研究［D］.南京：南京工业大学，2013.

[139] 刘小晃.聚合物中空纤维超滤膜和气体分离膜的改性研究［D］.青岛：青岛大学，2013.

[140] 孙成珍，张锋，柳海，等.多孔石墨烯气体分离膜分子渗透机理［J］.化工学报，2014，65（8）：3026～3031.

[141] 高玉安.气体膜分离技术在甲醇吹除气提取天然气中的应用［C］.2014中国煤炭深加工产业发展论坛，北京，2014.

[142] 张瑞，王红志，帅菁.面向气体分离膜应用的多孔陶瓷基体研究［J］.现代化工，2013，33（7）：81～84.

[143] 边海，刘然，高会元，等.有机-无机杂化气体分离膜研究［J］.化学工程师，2013，27（10）：45～46.

[144] 马卫星.气体膜分离技术的应用与发展前景［J］.中国石油和化工标准与质量，2013，33（57）：84～87.

[145] 王朝宏，杨建平.气体膜分离技术在联醇中的应用［J］.广州化工，2013，41（5）：217～219.

[146] 郭文泰，徐徜徉，单世东.气体膜分离技术在合成氨生产中的综合应用［J］.化工技术与开发，2013，42（3）：77～79.

[147] 凌长杰.气体膜分离［J］.科技创新导报，2012，9（1）：34～37.

[148] 谭婷婷，展侠，冯旭东，等.高分子基气体分离膜材料研究进展［J］.化工新型材料，2012，40（10）：4～5.

[149] 赵永红，曹义鸣，唐国栋，等.聚氧化乙烯气体分离膜的发展［J］.膜科学与技术，2011，31（3）：18～24.

[150] 张丽.纳米填充气体分离膜制备的研究［D］.上海：上海应用技术学院，2011.

[151] 孙翀，李洁，孙丽艳，等.气体膜分离混合气中二氧化碳的研究进展［J］.现代化工，2011，31（A1）：19～23.

[152] 曹明.气体膜分离技术及应用［J］.广州化工，2011，39（17）：30～31.

[153] 陈勇.气体膜分离技术与应用［M］.北京：化学工业出版社，2008.

[154] 张文秀，李贝贝，蔡培，等.气体膜分离数学模型建立及软件开发［J］.计算机与应用化学，2008，25（2）：137～140.

[155] 苏小明，王景平，邓祥，等.聚苯胺气体分离膜研究进展［J］.膜科学与技术，2006，36（4）：66～70.

[156] 刘丽，邓麦村，袁权.气体分离膜研究和应用新进展［J］.现代化工，2000，20（1）：17～22.

第12章

结　晶

固体物质以晶体状态从溶液、熔融混合物或蒸汽中析出的过程称为结晶。结晶是获得纯净固态物质的重要方法之一。结晶是从过饱和溶液中结晶析出具有结晶性的固体污染物的过程。

在过程工业中，许多产品及中间产品都是以晶体形态出现的，因此许多过程中都包含着结晶这一单元操作。与其他分离过程比较，结晶过程的主要特点是：能从杂质含量很多的溶液或多组分熔融态混合物中获得非常纯净的晶体产品；对于许多其他方法难以分离的混合物系如共沸物系、同分异构体物系以及热敏性物系等，采用结晶分离往往更为有效；此外，结晶操作能耗低，对设备材质要求不高，一般亦很少有"三废"排放。

结晶过程可分为溶液结晶、熔融结晶、升华结晶及沉淀结晶四大类，其中溶液结晶是过程工业中最常采用的结晶方法。

12.1　结晶的基本原理

晶体是内部结构中的质点元素（原子、离子或分子）作三维有序排列的固态物质，晶体中任一宏观质点的物理性质和化学组成以及晶格结构都相同，这种特征称为晶体的均匀性。当物质在不同的条件下结晶时，其所成晶体的大小、形状、颜色等可能不同。例如，因结晶温度的不同，碘化汞的晶体可以是黄色或红色；NaCl 从纯水溶液中结晶时，为立方晶体，但若水溶液中含有少许尿素，则 NaCl 形成八面体的结晶。

晶体的外形称为晶形。同一种物质的不同晶形，仅能在一定的温度和外界压力范围内保持稳定。当条件变化时，将发生晶形的转变，同时伴随着热效应发生。此外，每一种晶形都具有特定的溶解度和蒸汽压。

在结晶过程中，利用物质的不同溶解度和不同的晶形，创造相应的结晶条件，可使固体物质极其纯净地从原溶液中结晶出来。

溶质从溶液中结晶出来，要经历两个步骤：首先要产生微观的晶粒作为结晶的核心，这个核心称为晶核。然后晶核长大，成为宏观的晶体，这个过程称为晶体成长。无论是成核过程还是晶体成长过程，都必须以浓度差即溶液的过饱和度作为推动力。溶液的过饱和度的大小直接影响成核和晶体成长过程的快慢，而这两个过程的快慢又影响着晶体产品的粒度分布。因此，过饱和度是结晶过程中一个极其重要的参数。

溶液在结晶器中结晶出来的晶体和剩余的溶液所构成的悬浮物称为晶浆，去除晶体后所剩的溶液称为母液。结晶过程中，含有杂质的母液会以表面黏附或晶间包藏的方式夹带在固体产品中。工业上通常在对晶浆进行固液分离以后，再用适当的溶剂对固体进行洗涤，以尽量除去由于黏附和包藏母液所带来的杂质。

此外，若物质结晶时有水合作用，则所得晶体中含有一定数量的溶剂（水）分子，称为结晶水。结晶水的含量不仅影响晶体的形状，也影响晶体的性质。例如，无水硫酸铜（$CuSO_4$）在240℃以上结晶时，是白色的三棱形针状晶体；但在寻常温度下结晶时，则是含5个结晶水的大颗粒蓝色晶体水合物（$CuSO_4 \cdot 5H_2O$）。晶体水合物具有一定的蒸汽压。

按照结晶过程中过饱和度形成的方式，可将溶液结晶分为两大类：移除部分溶剂的结晶和不移除溶剂的结晶。

此外，也可按照操作是否连续，将结晶操作分为间歇式和连续式，或按有无搅拌装置分为搅拌式和无搅拌式等。

12.2 结晶过程的相平衡

▶ 12.2.1 相平衡与溶解度

任何固体物质与其溶液相接触时，如溶液尚未饱和，则固体溶解；如溶液已过饱和，则该物质在溶液中的逾量部分迟早将会析出。但如溶液恰好达到饱和，则固体的溶解与析出的速率相等，净结果是既无溶解也无析出。此时固体与其溶液已达相平衡。

固体与其溶液间的这种相平衡关系，通常可用固体在溶剂中的溶解度来表示。物质的溶解度与其化学性质、溶剂的性质及温度有关。一定物质在一定溶剂中的溶解度主要随温度变化，而随压力的变化很小，常可忽略不计。因此溶解度的数据通常用溶解度对温度所标绘的曲线来表示。

溶解度的大小通常采用1（或100）份质量的溶剂中溶解多少份质量的无水溶质来表示。图12-1示出了若干无机物在水中的溶解度曲线。

由图12-1可见，固体物质的溶解度曲线有三种类型：第一类是曲线比较陡，表明这些物质的溶解度随温度升高而明显增大，如 $NaNO_3$、KNO_3 等；第二类是曲线比较平坦，表明溶解度受温度的影响并不显著，如 $NaCl$、$KClO_4$ 等；第三类是溶解度曲线有折点（变态点），它表示其组成有所改变，例如，$Na_2SO_4 \cdot 10H_2O$ 转变为 Na_2SO_4（变态点温度

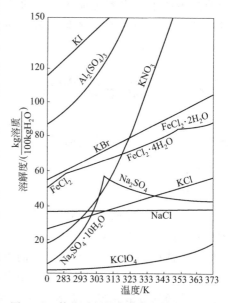

图 12-1 某些无机盐在水中的溶解度曲线

为32.4℃）。这类物质的溶解度可随温度的升高反而减小，例如，Na_2SO_4。

溶解度曲线对结晶操作具有很重要的指导意义。对于溶解度曲线随温度变化敏感的物

质，可选用变温方法结晶分离；对于溶解度曲线随温度变化缓慢的物质，可用移除一部分溶剂的方法结晶分离。

12.2.2　溶液的过饱和与介稳区

溶液饱和时溶质不能析出。溶质浓度超过该条件下的溶解度时，该溶液称为过饱和溶液。过饱和溶液达到一定浓度时会有溶质析出，开始形成新的固相时，过饱和浓度和温度的关系可用过饱和曲线描述，如图 12-2 所示。图中 AB 线为溶解度曲线，CD 线为过饱和曲线，与溶解度曲线大致平行。AB 曲线以下的区域为稳定区，在此区域溶液尚未达到饱和，因而没有结晶的可能。AB 曲线以上是过饱和区，此区又可分为两个部分：AB 线和 CD 线之间的区域称为介稳区，在此区域内不会自发地产生晶核，但如果溶液中加入晶体，则能诱导结晶进行，这种加入的晶体称为晶种；CD 线以上是不稳区，在此区域内能自发地产生晶核。

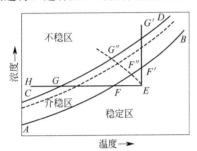

图 12-2　溶液的过饱和与超溶解度曲线

从图 12-2 可知，将初始状态为 E 点的洁净溶液冷却至 F 点，溶液刚好达到饱和，但没有结晶析出；当由点 F 继续冷却至 G 点，溶液经过介稳区，虽已处于过饱和状态，但仍不能自发地产生晶核（不加晶种的情况下）；当冷却超过 G 点进入不稳区后，溶液才能自发地产生晶核。另外，也可以采用在恒温的条件下蒸发溶剂的方法，使溶液达到过饱和，如图 12-2 中 EF'G'所示。或者采用冷却与蒸发相结合的方法，如图 12 -2中 EF''G''所示，可以完成溶液的结晶过程。

过饱和度和介稳区的概念，对工业结晶操作具有重要的意义。例如，在结晶过程中，若将溶液的状态控制在介稳区且在较低的过饱和度内，则在较长时间内只能有少量的晶核产生，主要是加入晶种的长大，于是可得到粒度大而均匀的结晶产品。反之，将溶液状态控制在不稳区且在较高的过饱和度内，则将有大量晶核产生，于是所得产品中晶粒必然很小。

12.3　结晶动力学

12.3.1　晶核的形成

晶核是过饱和溶液中初始生成的微小晶粒，是晶体成长过程必不可少的核心。晶核形成过程的机理可能是，在成核之初，溶液中快速运动的溶质元素（原子、离子或分子）相互碰撞首先结合成线体单元。当线体单元增长到一定限度后成为晶胚。晶胚极不稳定，有可能继续长大，亦可能重新分解为线体单元或单一元素。当晶胚进一步长大即成为稳定的晶核。晶核的大小估计在数十纳米至几微米的范围。

在没有晶体存在的过饱和溶液中自发产生晶核的过程称为初级成核。前曾指出，在介稳区内，洁净的过饱和溶液还不能自发地产生晶核。只有进入不稳区后，晶核才能自发地产生。这种在均相过饱和溶液中自发产生晶核的过程称为均相初级成核。如果溶液中混入外来固体杂质粒子，如空气中的灰尘或其他人为引入的固体粒子，则这些杂质粒子对初级成核有诱导作用。这种在非均相过饱和溶液（在此非均相指溶液中混入了固体杂质颗粒）自发产生晶核的过程称为非均相初级成核。

另外一种成核过程是在有晶体存在的过饱和溶液中进行的，称为二级成核或次级成核。在过饱和溶液成核之前加入晶种诱导晶核生成，或者在已有晶体析出的溶液中再进一步成核均属于二级成核。目前人们普遍认为二次成核的机理是接触成核和流体剪切成核。接触成核系指当晶体之间或晶体与其他固体物接触时，晶体表面的破碎成为新的晶核。在结晶器中晶体与搅拌桨叶、器壁或挡板之间的碰撞、晶体与晶体之间的碰撞都有可能产生接触成核。剪切成核指由于过饱和液体与正在成长的晶体之间的相对运动，在晶体表面产生的剪切力将附着于晶体之上的微粒子扫落，而成为新的晶核。

应予指出，初级成核的速率要比二级成核速率大得多，而且对过饱和度变化非常敏感，故其成核速率很难控制。因此，除了超细粒子制造外，一般结晶过程都要尽量避免发生初级成核，而应以二级成核作为晶核的主要来源。

12.3.2 晶体的成长

晶体成长系指过饱和溶液中的溶质质点在过饱和度推动力作用下，向晶核或加入的晶种运动并在其表面层层有序排列，使晶核或晶种微粒不断长大的过程。晶体的成长可用液相扩散理论描述。按此理论，晶体的成长过程有如下三个步骤。

（1）扩散过程

溶质质点以扩散方式由液相主体穿过靠近晶体表面的静止液层（边界层）转移至晶体表面。

（2）表面反应过程

到达晶体表面的溶质质点按一定排列方式嵌入晶面，使晶体长大并放出结晶热。

（3）传热过程

放出的结晶热传导至液相主体中。

上述过程可用图 12-3 示意。其中第 1 步扩散过程以浓度差作为推动力；第 2 步是溶质质点在晶体空间的晶格上按一定规则排列的过程。这好比是筑墙，不仅要向工地运砖，而且要把运到的砖按照规定图样一一垒砌，才能把墙筑成。至于第 3 步，由于大多数结晶物系的结晶放热量不大，对整个结晶过程的影响一般可忽略不计。因此，晶体的成长速率或是扩散控制，或是表面反应控制。如果扩散阻力与表面反应的阻力相当，则成长速率为双方控制。对于多数结晶物系，其扩散阻力小于表面反应阻力，因此晶体成长过程多为表面反应控制。

影响晶体成长速率的因素较多，主要包括晶粒的大小、结晶温度及杂质等。对于大多数物系，悬浮于过饱和溶液中的几何相似的同种晶粒都以相同的速率增长，即晶体的成长速率与原晶粒的初始粒度无关。但也有一些物系，晶体的成长速率与晶体的大小有关。晶粒越大，其成长速率越快。这可能是由于较大颗粒的晶体与其周围溶液的相对运动较快，从而使晶面附近的静液层减薄所致。

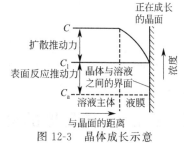

图 12-3　晶体成长示意

温度对晶体成长速率亦有较大的影响，一般低温结晶时是表面反应控制；高温时则为扩散控制；中等温度是两者控制。例如，NaCl 在水溶液中结晶时的成长速率在约 50℃ 以上为扩散控制，而在 50℃ 以下则为表面反应控制。

▶12.3.3 杂质对结晶过程的影响

许多物系，如果存在某些微量杂质（包括人为加入某些添加剂），质量浓度仅为 10^{-6} mg/L 量级或者更低，即可显著地影响结晶行为，其中包括对溶解度、介稳区宽度、晶体成核及成长速率、晶形及粒度分布的影响等。杂质对结晶行为的影响是复杂的，目前尚没有公认的普遍规律。在此，仅定性讨论其对晶核形成、晶体成长及对晶形的影响。

溶液中杂质的存在一般对晶核的形成有抑制作用。例如少量胶体物质、某些表面活性剂、痕量的杂质离子都不同程度地有这种作用。像胶体和表面活性剂这些高分子物质抑制晶核生成的机理可能是，它被吸附于晶胚表面上，从而抑制了晶胚成长为晶核；而离子的作用是破坏溶液中的液体结构，从而抑制成核过程。溶液中杂质对晶体成长速率的影响颇为复杂，有的杂质能抑制晶体的成长，有的能促进成长，有的杂质能在质量浓度（10^{-6} mg/L 的量级）极低下发生影响，有的却需要相当大的量才起作用。杂质影响晶体成长速率的途径也各不相同。有的是通过改变溶液的结构或溶液的平衡饱和浓度；有的是通过改变晶体与溶液界面处液层的特性而影响溶质质点嵌入晶面；有的是通过本身吸附在晶面上而发生阻挡作用，如果晶格类似，则杂质能嵌入晶体内部而产生影响等。

杂质对晶体形状的影响，对于工业结晶操作有重要意义。在结晶溶液中，杂质的存在或有意地加入某些物质，有时即使是痕量（$<1.0\times10^{-6}$ mg/L）就会有惊人的改变晶形的效果。这种物质称为晶形改变剂，常用的有无机离子、表面活性剂以及某些有机物等。

12.4 工业结晶方法与设备

▶12.4.1 结晶方法的分类

溶液结晶是指晶体从溶液中析出的过程。按照结晶过程中过饱和度形成的方式，可将溶液结晶分为两大类：移除部分溶剂的结晶和不移除溶剂的结晶。

（1）不移除溶剂的结晶法

此法亦称冷却结晶法，它基本上不去除溶剂，溶液的过饱和度系借助冷却获得，故适用于溶解度随温度降低而显著下降的物系，例如 KNO_3、$NaNO_3$、$MgSO_4$ 等。

（2）移除部分溶剂的结晶法

也称浓缩结晶法。按照具体操作的情况，此法又可分为蒸发结晶法和真空冷却结晶法。蒸发结晶是将溶剂部分汽化，使溶液达到过饱和而结晶。此法适用于溶解度随温度变化不大的物系或温度升高溶解度降低的物系，如氯化钠、无水硫酸钠等溶液；真空冷却结晶是使溶液在真空状态下绝热蒸发，一部分溶剂被除去，溶液则因为溶剂汽化带走了一部分潜热而降低了温度。此法实质上兼有蒸发结晶和冷却结晶共有的特点，适用于具有中等溶解度的物系如氯化钾、溴化钾等溶液。

▶12.4.2 结晶器的分类

根据结晶的方法，结晶设备也可分为浓缩结晶设备和冷却结晶设备等。

浓缩结晶设备是采用蒸发溶剂，使浓缩溶液进入过饱和区起晶（自然起晶或晶种起晶），并不断将溶剂蒸发，以维持溶液在一定的过饱和度进行育晶。结晶过程与蒸发过程同时进行。

冷却结晶设备是采用降温来使溶液进入过饱和区结晶（自然起晶或晶种起晶），并不断降温，以维持溶液一定的过饱和浓度进行育晶，常用于温度对溶解度影响比较大的物质结晶。结晶前先将溶液升温浓缩。

此外，也可按照操作是否连续，将结晶操作分为间歇式结晶设备和连续式结晶设备两种。间歇式结晶设备比较简单，结晶质量好，结晶收率高，操作控制也比较方便，但设备利用率低，操作的劳动强度较大。连续结晶设备比较复杂，结晶粒子比较细小，操作控制比较困难，消耗动力较多，若采用自动控制，则可得到广泛应用。按有无搅拌装置可分为搅拌式和无搅拌式等。

12.4.3 冷却结晶器的选型

冷却结晶器的特点是在结晶过程中不移除溶剂，只是通过降低溶液的温度而使溶质结晶析出。为了加快冷却速率，冷却结晶器的共同特点是带有搅拌装置。

(1) 搅拌釜式结晶器

搅拌釜式结晶器是在敞开的槽或结晶釜中安装搅拌器，如图 12-4 所示，使结晶器内温度比较均匀，得到的晶体虽小但粒度较均匀，可缩短冷却周期，提高生产能力。

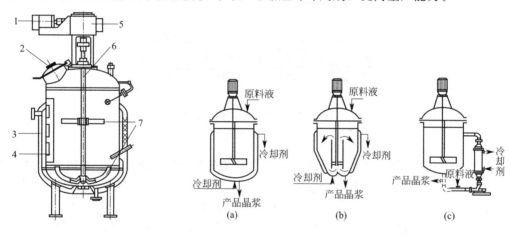

图 12-4 搅拌釜式结晶器

1—电动机；2—进料口；3—冷却夹套；
4—挡板；5—减速器；6—搅拌轴；7—搅拌器

图 12-5 间接换热釜式结晶器

搅拌釜式冷却结晶器的形式很多，目前应用较广的是图 12-5 所示的间接换热釜式结晶器。图 12-5(a) 和图 12-5(b) 为内循环式，其实质上就是一个普通的夹套式换热器，其中多数装有某种搅拌装置，以低速旋转，冷却结晶所需冷量由夹套内的冷却剂供给，换热面积较小，换热量也不大；图 12-5(c) 为外循环式，冷却结晶所需冷量由外部换热器的冷却剂供给，溶液用循环泵强制循环，所以传热系数大，而且还可以根据需要加大换热面积，但必须选用合适的循环泵，以避免悬浮晶体的磨损破碎。这两种结晶器可连续操作，亦可间歇操作。

间接换热釜式结晶器的结构简单，制造容易，但冷却表面易结垢而导致换热效率下降。为克服这一缺点，有时可采用直接接触式冷却结晶，即溶液直接与冷却介质相混合。常用的冷却介质为乙烯、氟利昂等惰性的液态烃。

搅拌器的形式很多，设计时应根据溶液流动的需要和功率消耗情况来选择。若当溶液较稀，加入晶种粒子较粗，运转过程中晶种悬浮，量较小而得出的结晶细小，收率较低，且槽底结晶沉积不均匀时，可将直叶改成倾斜，使溶液在搅拌时产生一个向上的运动，增加晶种的悬浮运动，减少晶种沉积，可使结晶粒子明显增大，提高收率。

搅拌釜式结晶器安装必须垂直，其偏差不应大于10mm，否则设备在操作时振动较大，也会影响搅拌器传动装置的垂直性、同心性和水平性，使传动功率增大，甚至不能转动。传动装置安装时必须保持转轴的垂直、同心和水平，在安装时应用水平仪进行检查，安装后要进行水压试验，不应有渗漏现象。

（2）长槽搅拌式连续结晶器

长槽搅拌式连续结晶器的结构如图12-6所示，其主体是一个敞口或闭式的长槽，底部半圆形。槽外装有水夹套，槽内则装有长螺距低转速螺带搅拌器。全槽常由2～3个单元组成。

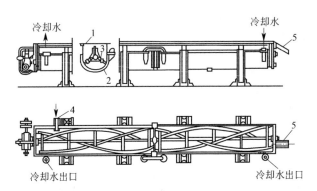

图 12-6　长槽搅拌式连续结晶器
1—结晶槽；2—水槽（冷却水夹套）；3—搅拌器；4，5—接管

长槽搅拌式连续结晶器的工作原理是：热而浓的溶液由结晶器的一端进入，并沿槽流动，夹套中的冷却水与之作逆流间接接触。由于冷却作用，若控制得当，溶液在进口处附近即开始产生晶核，这些晶核随着溶液的流动而长成晶体，最后由槽的另一端流出。

长槽搅拌式连续结晶器具有结构较简单，可节省地面和材料；可以连续操作，生产能力大，劳动强度低；产生的晶体粒度均匀，大小可调节等优点，适用于葡萄糖、谷氨酸钠等卫生条件较高、产量较大的结晶。

采用长槽搅拌式连续结晶器，当晶体颗粒比较小，容易沉积时，为了防止堵塞，排料阀要采用流线形直通式，同时加大出口，以减少阻力，必要时安装保温夹层，防止突然冷却而结晶。为防止搅拌轴的断裂，应安装保险装置，如保险联轴销等。遇结块堵塞、阻力增大时，保险销即折断，防止断轴、烧坏马达或减速装置等严重事故。其他如排气装置、管道等应适当加大或严格保温，以防止结晶的堵塞。

此外，还有许多其他类型的冷却结晶器，如摇篮式结晶器等。

12.4.4　浓缩结晶器的选型

浓缩结晶器的工作原理是通过移除部分溶剂而使溶质在溶剂中达到过饱和而析出。这类结晶器的共同特点是设有蒸发装置。这类结晶器亦有多种，这里只介绍最常用的几种形式。

（1）蒸发结晶器

蒸发结晶器与用于溶液浓缩的普通蒸发器在设备结构及操作上完全相同。在此种类型的设备（如结晶蒸发器、有晶体析出所用的强制循环蒸发器等）中，溶液被加热至沸点，蒸发浓缩达到过饱和而结晶。但应指出，用蒸发器浓缩溶液使其结晶时，由于是在减压下操作，故可维持较低的温度，使溶液产生较大的过饱和度，但对晶体的粒度难于控制。因此，遇到必须严格控制晶体粒度的场合，可先将溶液在蒸发器中浓缩至略低于饱和浓度，然后移送至另外的结晶器中完成结晶过程。

（2）真空冷却结晶器

真空冷却结晶器是将热的饱和溶液加入到与外界绝热的结晶器中，由于器内维持高真空，故其内部滞留的溶液的沸点低于加入溶液的温度。这样，当溶液进入结晶器后，经绝热闪蒸过程冷却到与器内压力相对应的平衡温度。

真空冷却结晶器可以间歇或连续操作。图 12-7 所示为一种连续式真空冷却结晶器，主要包括蒸发罐、冷凝器、循环管、进料循环泵、出料泵、蒸汽喷射泵等。热的原料液自进料口连续加入，晶浆（晶体与母液的悬混物）用泵连续排出，结晶器底部管路上的循环泵使溶液作强制循环流动，以促进溶液均匀混合，维持有利的结晶条件。蒸出的溶剂（气体）由器顶部逸出，至高位混合冷凝器中冷凝。双级式蒸汽喷射泵用于产生和维持结晶器内的真空。通常，真空结晶器内的操作温度都很低，所产生的溶剂蒸气不能在冷凝器中被水冷凝，此时可在冷凝器的前部装一蒸汽喷射泵，将溶剂蒸气压缩，以提高其冷凝温度。

真空结晶器结构简单，生产能力大，操作控制较容易，当处理腐蚀性溶液时，器内可加衬里或用耐腐蚀材料制造。由于溶液系绝热蒸发而冷却，无需传热面，因此可避免传热面上的腐蚀及结垢现象。其缺点是：必须

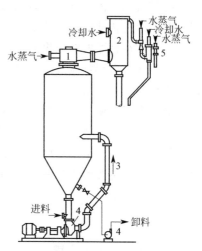

图 12-7　连续式真空冷却结晶器

1—蒸汽喷射泵；2—冷凝器；3—循环管；
4—泵；5—双级式蒸汽喷射泵

使用蒸汽，冷凝耗水量较大，操作费用较高；溶液的冷却极限受沸点升高的限制等。

（3）克里斯托（Krystal-Oslo）冷却结晶器

克里斯托冷却结晶器是一种母液循环式连续结晶器，可以进行冷却结晶和蒸发结晶两种操作，因此可将其分为冷却型、蒸发型和真空蒸发冷却型三种类型，它们之间的区别在于达到过饱和状态的方法不同。

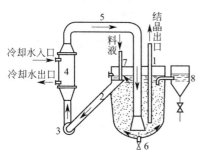

图 12-8　克里斯托分级结晶器

1—结晶器；2—循环管；3—循环泵；4—冷却器；
5—中心管；6—底阀；7—进料管；8—细晶消灭器

图 12-8 为克里斯托结晶器的结构示意，作为冷却结晶器时，其结构由悬浮室、冷却器、循环泵组成。冷却器一般为单程列管式冷却器。结晶器内的饱和溶液与少量处于未饱和状态的热原料液相混合，通过循环管进入冷却器达到轻度过饱和状态，经中心管从容器底部进入结晶室下方的晶体悬浮流化床内。在晶体悬浮流化床内，溶液中过饱和的溶质沉积在悬浮颗粒表面，使晶体长大。悬浮流化床对颗粒进行水力分级，大粒的晶体在底部，中等的在中

部，最小的在最上面。如果连续分批地取出晶浆，就能得到一定粒径而均匀的结晶产品。图12-8 中设备 8 是一个细晶消灭器，通过加热或用水溶解的方法将过多的晶核灭掉，以保证晶体的稳步生长。

如果以热室代替克里斯托冷却结晶器的冷却室，就构成了克里斯托蒸发结晶器。

克里斯托结晶器的主要缺点是溶质易沉积在传热表面上，操作比较麻烦。适用于氯化铵、醋酸钠、硫代硫酸钠、硝酸钾、硝酸银、硫酸铜、硫酸镁、硫酸镍等物料的结晶操作，但在操作中一定要注意使饱和度在介稳区内，以避免自发成核。

（4）DTB 型结晶器

DTB 型结晶器是具有导流筒及挡板的结晶器的简称。

图 12-9 是 DTB 型蒸发结晶器的结构示意。结晶器内设有导流筒和筒形挡板，下部接有淘析柱，在环形挡板外围还有一个沉降区。操作时热饱和料液连续加到循环管下部，与循环管内夹带有小晶体的母液混合后泵送至加热器。加热后的溶液在导流筒底部附近流入结晶器，并由缓慢转动的螺旋桨沿导流筒送至液面。溶液在液面蒸发冷却，达到过饱和状态，其中部分溶质在悬浮的颗粒表面沉积，使晶体长大。

在沉降区内大颗粒沉降，而小颗粒则随母液进入循环管并受热溶解。晶体于结晶器底部进入淘析柱。为使结晶产品的粒度尽量均匀，将沉降区的部分母液加到淘析柱底部，利用水力分级的作用，使小颗粒随液流返回结晶器，而结晶产品从淘析柱下部卸出。

DTB 型蒸发结晶器结合了早期结晶工艺与设备的特点，集内循环、外循环、晶体分级等功能于一体，能生产粒度达 $600\sim1200\mu m$ 的大粒结晶产品，器内不易结晶疤，已成为连续结晶器的最主要形式之一，可用于真空冷却法、直接接触冷冻法及反应法的结晶过程。

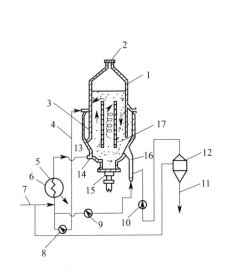

图 12-9　DTB 型蒸发结晶器

1—结晶器；2—蒸汽排出口；3—澄清区；4—热循环回路；
5—加热蒸汽供给管；6—加热器；7—加料管；8—循环液泵；
9—淘析泵；10—出料泵；11—产品流出管；12—离心分离机；
13—圆筒形挡板；14—螺旋桨；15—搅拌器；16—淘析柱；17—导流筒

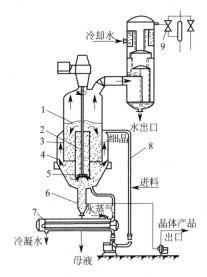

图 12-10　DTB 型真空结晶器

1—沸腾液面；2—导流筒；3—挡板；4—澄清区；
5—螺旋桨；6—淘析腿；7—加热器；8—循环管；
9—喷射真空泵

图 12-10 是 DTB 型真空结晶器的结构简图。结晶器内有一圆筒形挡板，中央有一导流筒。在其下端装置的螺旋桨式搅拌器的推动下，悬浮液在导流筒及导流筒与挡板之间的环形

通道内循环流动，形成良好的混合条件。圆筒形挡板将结晶器分为晶体成长区与澄清区。挡板与器壁间的环隙为澄清区，此区内搅拌的作用已基本上消除，使晶体得以从母液中沉降分离，只有过量的细晶才会随母液从澄清区的顶部排出器外加以消除，从而实现对晶核数量的控制。为了使产品粒度分布更均匀，有时在结晶器下部设有淘析腿。

DTB型真空结晶器属于典型的晶浆内循环结晶器。其特点是器内溶液的过饱和度较低，并且循环流动所需的压头很低，螺旋桨只需在低速下运转。此外，桨叶与晶体间的接触成核速率也很低，这也是该结晶器能够生产较大粒度晶体的原因之一。

▶12.4.5　使用与注意事项

上述几种连续结晶设备在设计和操作时应注意如下几点。

① 在设备内不能因长时间运转而形成结垢，若有结晶沉积，它将破坏设备的正常运转和影响结晶的质量。防止方法是在设备内或循环系统内的溶液流速要均匀，不要出现滞留死角。凡有溶液流过的管道均应有保温装置，防止局部降温而生成晶核沉积。管道和设备的内壁应加工平整光滑，以减少溶液滞留。对蒸发面的结晶、边沿积垢等现象，则应采用喷淋、湿水等办法使其溶解。

② 设备内各部位的溶液浓度应均匀，溶液浓度接近过饱和曲线的介稳区，使结晶速率加快。

③ 要避免促使晶核形成的刺激，如激烈的振动、剧烈的搅拌和高湍流的溶液循环。若必须采用搅拌时应尽量采用大直径低转速的搅拌器，降低循环流速，以保持晶种粒子的充分悬浮。

④ 连续结晶过程中，设备内同时具有各种大小粒子的晶体，欲获得规格一致的产品，则需要采用分级装置，通常为重力悬浮分级。

⑤ 及时清除影响结晶的杂质。连续结晶时料液不断加入，结晶产品不断排除，因而溶液中杂质将不断增加。杂质太多会影响结晶生长速率和产品质量。可采用离子交换法除去母液中的杂质，提高母液纯度后再回流。

⑥ 设备内溶液的循环速度要恰当，晶核密度要大，以保持较高的晶体长大速率。

12.5　结晶过程的产量计算

溶液结晶过程产量计算的基础是物料衡算和热量衡算。在结晶操作中，原料液中溶质的含量已知。对于大多数物系，结晶过程终了时母液与晶体达到了平衡状态，可由溶解度曲线查得母液中溶质的含量。对于结晶过程终了时仍有剩余过饱和度的物系，终了母液中溶质的含量需由实验测定。当原料液及母液中溶质的含量均为已知时，则可计算结晶过程的产量。

▶12.5.1　结晶过程的物料衡算

对于不形成水合物的结晶过程，列溶质的物料衡算方程，得：

$$WC_1 = G + (W - BW)C_2 \tag{12-1}$$

或写成

$$G = W[C_1 - (1 - B)C_2] \tag{12-2}$$

式中　W——原料液中溶剂量，kg 或 kg/h；

G——结晶产品的产量，kg 或 kg/h；

B——溶剂移除强度，即单位进料溶剂蒸发量，kg/kg 原料溶剂；

C_1，C_2——原料液与母液中溶质的含量，kg/kg(溶剂)。

对于形成水合物的结晶过程，其携带的溶剂不再存在于母液中。

对溶质作物料衡算，得：

$$WC_1 = \frac{G}{R} + W'C_2 \tag{12-3}$$

对溶剂作物料衡算，得：

$$W = BW + G\left(1 - \frac{1}{R}\right) + W' \tag{12-4}$$

整理得：

$$W' = (1-B)W - G\left(1 - \frac{1}{R}\right) \tag{12-5}$$

将式(12-5) 代入式(12-3) 中，得：

$$WC_1 = \frac{G}{R} + \left[(1-B)W - G\left(1 - \frac{1}{R}\right)\right]G_2 \tag{12-6}$$

整理得：

$$G = \frac{WR[C_1 - (1-B)C_2]}{1 - C_2(R-1)} \tag{12-7}$$

式中　R——溶质水合物摩尔质量与无溶剂溶质摩尔质量之比，无结晶水合作用时 $R=1$；

W'——母液中溶剂量，kg 或 kg/h。

▶ 12.5.2　物料衡算式的应用

(1) 不移除溶剂的冷却结晶

此时 $B=0$，故式(12-7) 变为：

$$G = \frac{WR(C_1 - C_2)}{1 - C_2(R-1)} \tag{12-8}$$

(2) 移除部分溶剂的结晶

1）蒸发结晶

在蒸发结晶器中，移出的溶剂量 W 若已预先规定，则可由式 (12-7) 求 G。反之，则可根据已知的结晶产量 G 求 W。

2）真空冷却结晶

此时溶剂蒸发量 B 为未知量，需通过热量衡算求出。由于真空冷却蒸发是溶液在绝热情况下闪蒸，故蒸发量取决于溶剂蒸发时需要的汽化热、溶质结晶时放出的结晶热以及溶液绝热冷却时放出的显热。对此过程进行热量衡算，得：

$$BWr_s = (W + WC_1)c_p(t_1 + t_2) + Gr_{cr} \tag{12-9}$$

将式(12-9) 与式(12-7) 联立求解，得：

$$B = \frac{R(C_1 - C_2)r_{cr} + (1+C_1)[1 - C_2(R-1)]c_p(t_1 - t_2)}{[1 - C_2(R-1)]r_s - RC_2 r_{cr}} \tag{12-10}$$

式中　r_{cr}——结晶热，即溶质在结晶过程中放出的潜热，J/kg；

r_s——溶剂汽化热，J/kg；

t_1、t_2——溶液的初始及最终温度，℃；

c_p——溶液的比热容，J/(kg·℃)。

12.6 其他结晶方法

工业上除了前面讨论的溶液结晶方法之外，有时还采用许多其他的结晶方法，如熔融结晶、升华结晶、沉淀结晶、喷射结晶、冰析结晶等。

熔融结晶是根据待分离物质之间的凝固点不同而实现物质结晶分离的过程。与溶液结晶过程比较，熔融结晶过程的特点参见表12-1。

表 12-1　溶液结晶与熔融结晶过程的比较

项目	溶液结晶	熔融结晶
原理	冷却或移除部分溶剂,使溶质从溶液中结晶出来	利用待分离组分凝固点的不同,使它们得以结晶分离
推动力	过饱和度,过冷度	过冷度
操作温度	取决于物系的溶解度特性	在结晶组分的熔点附近
过程的主要控制因素	传质及结晶速率	传热、传质及结晶速率
产品形态	呈一定分布的晶体颗粒	液体或固体
目的	分离、纯化、产品晶粒化	分离纯化
结晶器型式	釜式为主	塔式或釜式

熔融结晶过程多用于有机物的分离提纯，而专门用于冶金材料精制或高分子材料加工的熔炼过程也属于熔融结晶。

沉淀结晶包括反应结晶和盐析结晶两个过程。反应结晶过程产生过饱和度的方法是通过气体（或液体）与液体之间的化学反应，生成溶解度很小的产物。工业上通过反应结晶制取固体产品的例子很多，例如由硫酸及含氨焦炉气生产 $(NH_4)_2SO_4$，由盐水及窑炉气生产 $NaHCO_3$ 等。通常化学反应速率比较快，溶液容易进入不稳区而产生过多晶核，因此反应结晶所生产的晶体粒子一般较小。要制取足够大的固体粒子，必须将反应试剂高度稀释，并且反应结晶时间要充分的长。

盐析结晶过程是通过往溶液中加入某种物质来降低溶质在溶剂中的溶解度，使溶液达到过饱和。所加入的物质称为稀释剂或沉淀剂，它可以是固体、液体或气体。此法之所以称为盐析法，是因为 NaCl 是一种最常用的沉淀剂。一个典型的例子是从硫酸钠盐水中生产 $Na_2SO_4 \cdot 10H_2O$，通过向硫酸钠盐水中加入 NaCl 可降低 $Na_2SO_4 \cdot 10H_2O$ 的溶解度，从而提高 $Na_2SO_4 \cdot 10H_2O$ 的结晶产量。某些液体也常用作沉淀剂，例如，醇类和酮类可用于 KCl、NaCl 和其他溶质的盐析。

升华是物质不经过液态直接从固态变成气态的过程。其反过程气体物质直接凝结为固态的过程称为凝华。升华结晶过程常常包括上述两个步骤。通过这种方法可以将一个升华组分从含其他不升华组分的混合物中分离出来。例如碘、萘等常采用这种方法进行分离提纯。

喷射结晶类似于喷雾干燥过程，它是将很浓的溶液中的溶质或熔融体进行固化的一种方式。此法所得固体颗粒的大小和形状，在很大程度上取决于喷射口的大小和形状。

冰析结晶过程一般采用冷却方法，其特点是使溶剂结晶，而不是溶质结晶。冰析结晶的应用实例有海水脱盐制取淡水、果汁的浓缩等。

参 考 文 献

[1] 廖传华，米展，周玲，等.物理法水处理过程与设备［M］.北京：化学工业出版社，2016.

[2] J. W. Mullin. Crystalization［M］.北京：世界图书出版社公司北京公司，2015.

[3] 李云钊，宋兴福，孙玉柱，等.反应-萃取-结晶过程制备碳酸钙的晶型转变与结晶机理［J］.化工学报，2015，66（10）：4004～4015.

[4] 张春桃，王鑫，王海蓉，等.共结晶过程研究进展［J］.现代化工，2015，35（1）：63～66.

[5] 张杰.螺内酯结晶过程研究［D］.天津：天津大学，2015.

[6] 莫腾腾，宋宁，谢刚，等.高温下高纯二氧化硅的结晶过程研究［J］.轻金属，2015，4：49～52.

[7] 蹇守卫，孙孟琪，郅真真，等.K_2SO_4溶液对磷石膏中晶须生长及结晶过程的影响［J］.功能材料，46（24）：24043～24047.

[8] 陈坚，袁鹏，蔡思鑫，等.碳酸盐体系中pH对Cu^{2+}诱导结晶过程的影响［J］.环境科学研究，2015，28（1）：96～102.

[9] 尹璟.苯甘氨酸结晶过程研究［D］.北京：北京化工大学，2015.

[10] 王增苏.氯乙酸结晶过程控制的应用研究［D］.石家庄：河北科技大学，2015.

[11] 吕超.间歇结晶过程粒径分布的建模与控制［D］.北京：北京化工大学，2015.

[12] 陆海东.乙基香兰素结晶过程研究［D］.北京：北京化工大学，2015.

[13] 李娜.结晶过程多相流多尺度耦合模型的验证与应用［D］.天津：天津科技大学，2015.

[14] 王玲.混合二元酸加合结晶过程的相平衡研究［D］.扬州：扬州大学，2015.

[15] 杨冬兴.钛白废酸中碳酸亚铁结晶过程研究［D］.上海：华东理工大学，2015.

[16] 王慧慧.头孢呋辛钠反应及结晶过程研究［D］.天津：天津大学，2015.

[17] 刘帮禹.L-缬氨酸结晶过程研究［D］.武汉：武汉科技大学，2015.

[18] 钱媛媛.氯化锶冷却结晶过程研究［D］.上海：华东理工大学，2015.

[19] 谭文绘.L-丙酸溶液结晶过程研究［D］.上海：华东理工大学，2015.

[20] 武海丽.硫酸铵结晶过程及DP结晶器系统研究［D］.天津：天津大学，2015.

[21] 万林生，黄海，赵立夫，等.仲钨酸铵结晶过程掺铬工艺研究［J］.中国钨业，2015，30（1）：56～60.

[22] 王晓，姚晓莉，侯鉴峰，等.氧化石墨烯水悬浮液的非等温结晶过程［J］.浙江大学学报（工学版），2014，48（7）：1272～1277.

[23] 谢志平，孙登琼，秦亚楠，等.果糖结晶过程优化［J］.化工学报，2014，65（1）：251～257.

[24] 李国昌，王萍.结晶学教程［M］.北京：国防工业出版社，2014.

[25] 孙丛婷，薛冬峰.无机功能晶体材料的结晶过程研究［J］.中国科学（技术科学），2014，11：1123～1136.

[26] 李涛，宋兴福，汪瑾，等.碱式碳酸镁球的反应结晶过程［J］.化工学报，2013，64（2）：718～724.

[27] 夏少华，陈林银，孙丰瑞.扩散传质定律等温结晶积耗散最小化［J］.机械工程学报，2013，49（24）：175～182.

[28] 中国石油和化学工业联合会，中国化工经济技术发展中心编.石油和化工设备选型指南［M］.北京：中国财富出版社，2012.

[29] 祁敏佳，宋兴福，杨晨，等.微波对碱式碳酸镁结晶过程影响［J］.无机化学学报，2012，28（1）：1～7.

[30] 张晓键，黄霞.水与废水物化处理的原理与工艺［M］.北京：清华大学出版社，2011.

[31] 廖传华，柴本银，黄振仁.分离过程与设备［M］.北京：中国石化出版社，2008.

[32] 宋业林，宋襄翎.水处理设备实用手册［M］.北京：中国石化出版社，2004.

[33] 周立雪，周波主编.传质与分离技术［M］.北京：化学工业出版社，2002.

第**13**章

生物分离技术

生物分离是对发酵液、酶反应液或动植物细胞培养液进行分离和对生物产品进行纯化的过程，是生物技术转化为生产力所不可缺少的重要环节，生物分离技术的进步程度对于保持和提高各国在生物技术领域内的经济竞争力至关重要。为突出其在生物技术领域中的地位和作用，常称它为生物技术下游加工过程。

13.1　生物分离过程的特点

▶ 13.1.1　生物产品生产过程的特点

生物产品包括传统的生物技术产品（如用发酵生产的有机溶剂、氨基酸、有机酸、抗生素）和现代生物技术产品（如用重组 DNA 技术生产的医疗性多肽和蛋白质），它们与一般化学品的生产过程不同，具有自身的特点。

（1）发酵液或培养液是产物浓度很低的水溶液

除了少数特定的生化反应系统外，其他大多数生化反应过程都是以水作溶剂，而且由于受到物理特性和生产条件的限制，生物产品在溶剂中的浓度都很低，而杂质含量却很高。

（2）培养液是多组分的混合物

细胞的组成十分复杂，发酵产物也是一个复杂的多相系统，其中包括大分子量物质（如核酸、蛋白质、多糖）和小分子量的中间产物（如氨基酸、有机酸和碱）；既有可溶性物质，也有以胶体悬浮物和粒子形态存在的组分。

（3）生化产物的稳定性较差

生物活性物质通常很不稳定，会由于化学降解或微生物降解作用而失活。另外某些生化产物会因染菌而产生毒素和降解酶，从而引起新的杂质或导致产物失活。

（4）对最终产品的质量要求很高

由于许多生化产品属于医药、生物制剂或食品添加剂等精细产品，这些产品质量的优劣直接关系到人民的身体健康和生命安全，因此，必须达到药典、试剂标准和食品规范的要求。

由上可知，生物技术产品一般是从各种杂质的总含量远大于目标产物的混合物中开始进行制备的，只有经过分离与纯化等下游加工过程才能制得符合使用要求的高纯度产品。据各种资料统计，分离与纯化的费用要占产品总成本的 $40\%\sim80\%$。显然，开发新的生物分离技术是提高经济效益或减少投资的重要途径。

13.1.2　生物分离的一般步骤和单元操作

大多数生物技术下游加工过程可按生产过程的顺序分为四个步骤：a. 发酵液的预处理与液固分离，目的是除去不溶物；b. 初步纯化，目的是提取产物；c. 高度纯化，目的是精制产物；d. 应产物的最终用途和要求进行成品加工。其一般的工艺流程如图 13-1 所示。

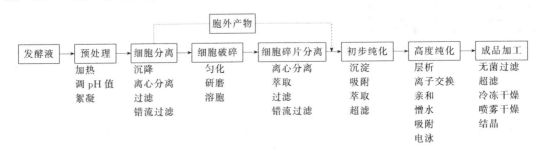

图 13-1　生物分离的一般步骤和单元操作

在生物产品的精制过程中，传统的方法例如精馏、蒸发很少采用，而是采用高效的新型分离技术，如纳滤膜过滤、泡沫分离、色层分离等。

13.2　泡沫分离

泡沫分离又称泡沫吸附分离技术，是以气泡为介质，以各组分之间的表面活性差异为依据，从而达到分离或浓缩目的的一种分离方法。20 世纪初，泡沫分离技术最早应用于矿物浮选，后来应用于回收工业废水中的表面活性剂。直到 20 世纪 70 年代，人们才开始将泡沫分离技术引入生物分离领域，如蛋白质与酶的分离纯化。目前，泡沫分离技术已在金属制造业和渔业中实现了工业化生产，在食品工业及生化领域中，泡沫分离技术多处于实验室研究阶段，已被用于蛋白质、多糖及生物活性物质等的分离提取。

13.2.1　泡沫分离的工作原理与特点

(1) 工作原理

泡沫分离技术是根据表面吸附的原理，通过向溶液中通入气体形成泡沫层，使泡沫层与液相主体分离，液相主体与泡沫层之间形成液面层，液面层上方是泡沫层，下方是液体，自底部通入的气体不断促使液相主体产生泡沫，使溶液中具有发泡性质的物质能够聚集在泡沫层内，直到液相主体不再产生泡沫为止。此时液相主体中含有的表面活性物质不再能形成稳定的泡沫层，从而可以达到浓缩表面活性物质或净化液相主体的目的。被浓缩的物质可以是表面活性物质，也可以是能与表面活性物质相结合的任何物质。

在分离过程中，首先利用待分离物质本身具有的表面活性或能与表面活性剂通过化学的、物理的力结合在一起，在鼓泡塔内被吸附于气泡表面，得以表面富集。然后借气泡上升带出溶液主体并进行收集，再用化学、热或机械的方法破坏泡沫，将溶质提取出来以达到净化主体溶液、浓缩待分离物质的目的。可见，塔的分离作用主要决定于组分在气液界面上吸附的选择性和程度，即各组分在溶液中表面活性的差异。

其次，在溶液中加入的表面活性剂的化学结构一般由非极性基团（亲油性）和极性基团（亲水性）两部分组成。溶入溶液后具有两个基本性质：a. 当气体在水溶液中发泡时，溶解在溶液中的表面活性剂分子立即在气泡表面排成亲油基指向气泡内、亲水基指向溶液呈单向分子排列，使气体与水的接触面减少，从而使表面张力按比例急剧下降。同时，气泡上多余的分子则在溶液内部形成分子状态的聚集体——胶束，并分布在液相主体内。此状态相当于图 13-2 中的曲线的斜线部分。b. 当溶液中表面活性剂的浓度超过形成胶束的临界浓度时，溶液的表面张力不再降低，此状态相当于曲线中的水平部分。但在相界面上由于上述定向排列的单分子层的作用而具有选择性定向吸附作用，会显著地改变原溶液的界面性质，造成各种界面作用。泡沫分离就是充分利用上述表面活性剂的界面作用而发展起来的一种新型分离方法。

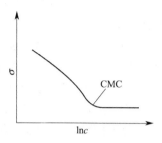

图 13-2　溶液浓度与表面张力的关系

（2）泡沫分离技术的特点

1）优点

① 与传统的低浓度产品分离方法相比，泡沫分离技术具有设备简单、易于操作的优点，更加适合于低浓度产品的分离。

② 泡沫分离技术分辨率高，对于组分之间表面活性差异大的物质，采用泡沫分离技术进行分离可以得到较高的富集比。

③ 泡沫分离技术无需使用大量的有机溶剂，如洗脱液和提取液等，成本低，环境污染小，有利于工业化生产。

2）缺点

表面活性物质大多数是高分子化合物，消耗量较大，同时比较难回收。此外，溶液中的表面活性物质浓度不易控制，泡沫塔内的返混现象会影响到分离效率。

▶13.2.2　泡沫分离技术的分类

（1）泡沫分离技术的分类

泡沫分离法的研究工作已开展了近一个世纪，它属于泡沫吸附分离技术，是根据在液体中通入气体将物质溶解或是分散，为使泡沫分离技术有更详细的分类，其分类方法如图 13-3 所示。

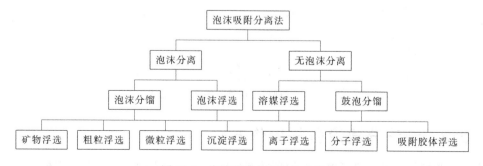

图 13-3　泡沫吸附分离法的分类

图 13-3 中的泡沫分离按分离对象是溶液还是含有固体物质的悬浮液、胶体溶液而分为泡沫分馏和泡沫浮选。泡沫分馏用于分离溶液物质，若溶液中的组分是表面活性剂，或能与某一类型的表面活性物质结合，当料液鼓泡时能进入液层上方的泡沫层而与液相主体分离；泡沫浮选适用于不溶性物质的分离，按被分离对象是分子还是胶体，以及颗粒的大小又可分为：a. 矿物浮选（用于矿石和脉石的分离）；b. 粗粒浮选和微粒浮选（用于共生矿中单质的分离，前者的粒子直径约为 $1\mu m \sim 1mm$）；c. 粒子浮选和分子浮选（用于分离非表面活性的离子或分子，需向体系中加入浮选捕集剂与分离组分形成难溶或不溶物，然后以浮渣形式将其除去）；d. 沉淀浮选（首先改变溶液的 pH 值或加入某种絮凝剂，使需脱除的粒子形成沉淀，再用浮选法将沉淀除去）；e. 吸附胶体浮选（以胶体粒子作为捕集剂，选择性地吸收所需分离的溶质，再用浮选法除去）。

无泡沫分离是指用鼓泡方法进行分离，但不一定形成泡沫层。可分为鼓泡分离（从塔设备底部通气鼓泡，表面活性物质被气泡富集并上升至塔顶和液相主体分离）和溶媒浮选（在溶液的顶部置有一种与其不互溶的溶剂，用它来萃取或富集由塔底鼓出的气泡所吸附的表面活性物质）。

此外，若根据气泡产生、气液接触及收集方式的不同，泡沫分离大致有五种类型：直流式、逆流式、射流式、涡流式和气液下沉式。

（2）泡沫分离的流程

泡沫分离的流程可分为间歇式、连续式两类。

1）间歇式泡沫分离过程

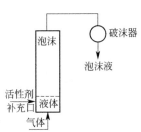

气体从塔底连续鼓入，形成的泡沫液从塔顶连续排出，原料液因不断形成泡沫而减少，可在塔的下部补充适当的表面活性剂，以弥补其在分离过程中的减少。流程如图 13-4 所示。

2）连续式泡沫分离过程

这种过程料液和表面活性剂连续加入塔内，泡沫液和残液连续从塔内排出。

按照原料液引入塔内的位置不同，可将连续泡沫分离为浓缩塔（或称精馏塔）、提馏塔和两者叠加的复合塔，可分别得到不同

图 13-4　间歇式泡沫分离

的分离效果。流程如图 13-5 所示。

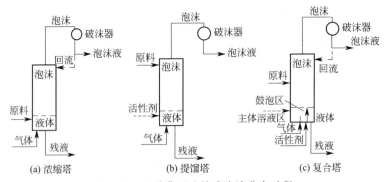

图 13-5　三种典型连续式泡沫分离过程

▶ 13.2.3　泡沫分离设备与操作方式

泡沫分离塔的基本装置可由一个简单的圆柱体表示，输入的液体由泵从进样口抽入分离

塔中，气体由底部进入经气体分布器均匀扩散，迅速形成许多形状、大小均一的气泡，气泡在上升过程中吸附并聚集溶质，到达液面时形成泡沫，泡沫不断形成直至形成泡沫层，泡沫层缓慢移动，最后被新产生的泡沫至泡沫液出口处推入泡沫收集器中，泡沫液可自然消泡亦可进行搅拌消泡。若需加快消泡速度，可加入适量消泡剂。待气泡不再产生时，经泡沫分离后的料液由出样口排出。

近年来，泡沫分离设备发展迅速，依据设备结构和操作方式的不同可分为简单泡沫塔和复杂泡沫塔。简单泡沫塔的操作方式包括批式操作、半批式操作、连续操作和半连续操作；复杂泡沫塔包括多级泡沫分离塔和带有内部构件的泡沫塔。

（1）简单泡沫塔

1）简单泡沫塔的特征和操作方式

液池位于泡沫层下方，泡沫层连续并且没有回流装置的泡沫分离设备称为简单泡沫塔。按照操作的连续性，简单泡沫塔可以在以下模式下运行。

① 批式操作　批式操作是一次性将待处理料液注入泡沫分离设备中，随后通入压缩气体鼓泡；当泡沫层达到所需高度后，立即切断供气，泡沫层在静止状态下进行排液；泡沫层持液率降低到某一水平后，再次通入压缩气体，新产生的泡沫层将排液完成的泡沫推出。如此反复，直到达到所需的收率。

批式操作允许泡沫在设备内长时间停留，排液可以充分进行，因此能够得到很低的持液率和很高的富集比。但是，由于鼓泡和排液都是间歇进行的，设备的有效运行时间缩短，降低了设备的利用率和处理能力。因此这种操作方式主要是实验室内用来研究静态泡沫排液规律，在实际工业化生产中并不多见。

② 半批式操作　半批式操作是指料液的加入是一次性的，而鼓泡是连续的。排液是在泡沫向上运动过程中同时进行的，排液时间由鼓泡气速和设备尺寸决定；持续鼓泡直到达到所需的收率后排放残液，一次操作完成。

半批式泡沫分离操作简单，设备利用率高，处理量大，是工业化生产中常用的操作方式，但该方式中鼓泡气速对泡沫排液有直接的影响，因此对气速要求比较苛刻。

③ 连续操作　在鼓泡过程中通过泵设备将料液连续注入分离设备内，同时排放残液。连续操作根据新鲜液注入的位置不同又可分为并流操作和逆流操作，前者是将新鲜料液直接加入到液池中，后者是将新鲜料液加入到泡沫层中。

连续操作具有和半批式操作相似的特征，也是工业化生产中常用的操作方式，但是当目标物质在气泡表面吸附较慢时，进料速率不可能很大，否则塔底排残液中的目标物质含量过高，影响收率；但如果进料速率太低，则失去了连续操作的意义。因此，连续操作多用于污水处理等领域，很少用于回收发酵液中昂贵的医药中间体等产物。

④ 半连续操作　半连续操作处于半批式操作和连续操作之间。新鲜的料液不断补充到液池中，连续鼓泡，但是塔底没有残液排出。半连续操作对工业化生产没有显著的意义，但是它可以弥补由鼓泡造成的液池液面降低，维持恒定的泡沫层高度和液池深度，减缓液池中原料液浓度的下降，在一定时间内提供稳定的操作条件，适合实验室中研究泡沫分离机理使用。

2）简单泡沫塔分离效果的影响因素

与其他分离方法类似，影响简单泡沫塔分离效果的因素可以分为溶液体系性质、设备结构和操作条件三类。其中溶液体系性质包括溶液的 pH 值、黏度、密度、表面活性剂浓度以及离子强度等；设备结构包括液池深度、泡沫层高度、气体分布器孔径、开孔率等；操作参数主要是气速、温度等。

（2）复杂泡沫塔

简单泡沫分离塔的分离效果受到目标物质在气泡表面吸附能力和泡沫排液能力的限制，而通过改变体系性质来改善目标物质的吸附能力需要考虑目标物质的承受能力，因此调节范围又受到限制。此外，许多操作条件对泡沫分离富集比和回收率的影响是相反的，优化起来相当困难。为了解决这些问题，人们设计了各种具有复杂结构的泡沫分离设备。

一般地，可将复杂泡沫分离塔分为多级操作泡沫塔和具有内部构件的泡沫塔两种，而带有回流操作的简单泡沫塔相当于是两级泡沫分离塔。

1）多级泡沫塔

多级泡沫分离的根本特征是将收集到的泡沫液再次进行鼓泡，其原理是通过提高主体液相中的吸附质浓度来增加其在气泡表面的吸附密度。按照 Langmuir 吸附等温线，在主体液相浓度较低的情况下，吸附质的表面吸附密度随其在主体液相中的浓度增加而增加。这样每经过一次破泡-鼓泡操作，泡沫液的浓度就得到一次提高。

多级泡沫分离设备按其结构可以分为结构紧密型和结构松散型两类。结构紧密型多级泡沫分离设备的分离单元之间结合紧密，通常有共用的管道等。结构松散型多级泡沫分离是将多个简单泡沫分离塔串联起来操作，泡沫浓缩液在各个单元之间流动。

① 结构紧密型多级泡沫塔　早在 1978 年，Leonard 和 Blaeyki 就设计了一种多级泡沫分离设备用来提高几种颜料的分离效果。这个设备各单元的液池水平排列，用挡板隔开，但是相邻两个单元之间的主体液相可以通过管道沟通。较低分离单元产生的泡沫在挡板的作用下直接混合到下一级的液相中去，运动方向总体上为水平。该设备没有消泡装置，只能用于泡沫稳定性较差的体系，如果泡沫稳定性太高，则会出现泡沫溢出现象。但这也是这种设备的优点之一：设备的泡沫层高度理论上为零，泡沫在各个单元的停留时间极短，即便是稳定性很差的泡沫也可以正常运行。该设备的另一个特点是可以允许大气速操作，但是由于不同的分离单元之间共用同一个气体分布器，因此不能单独调节各个单元的气速。

Darton 等设计了一种类似于精馏塔的结构紧密型多级泡沫分离塔。该设备带有机械消泡装置，克服了前面提到的设备只能用于泡沫稳定性较差体系的缺点。各个分离单元垂直排列，每一级都有独立的鼓泡装置，可以分别调节气速。各级之间没有返混，较高一级的主体液相完全来自于较低分离单元的泡沫液，因而效率较高。其缺点是需要额外的动力输入，并且机械消泡设备的效果在不同的体系下差别很大。同样，对这种设备来说，理论泡沫层高度为零，泡沫层排液作用没有得到充分利用。

② 结构松散型多级泡沫塔　结构松散型多级泡沫塔是将上一级残液作为下一级操作的料液。由于这种操作实际上是多个连续操作简单泡沫塔的串联，每个单元都可以用作简单泡沫塔，并可以独立调节，灵活性很高。其缺点是结构松散、体积大、能耗高。

还有一种和上述设备外观类似，但本质完全不同的结构松散型多级泡沫塔。在这种设备中，各个分离单元之间流动的不是泡沫浓缩液，而是主体液相。较高单元的主体液相来自于上一级分离后的残留液，随着分离级别的升高，泡沫浓缩液中吸附质的浓度非但不升高，反而降低。显然这种设备有利于回收率的提高，而不利于提高富集比。Morgan 和 Wiesmann 利用具有 4 个分离单元的该设备处理含有非离子表面活性剂的洗涤废水，获得了很高的去除率。如果用来回收发酵液中的昂贵产物，也有望得到较高的收率。

2）带有内部构件的泡沫塔

对于某些特定的体系，多级泡沫分离在一定程度上可以提高富集比和回收率。但是从Langmuir吸附等温线可知，当吸附接近饱和之后，吸附质在气液界面的吸附密度将不再随主体液相浓度提高而升高，而且主体液相中表面活性剂浓度升高会带来溶液流变特性的变化（如黏度增大），使泡沫层的排液速率减慢，富集比降低。对于蛋白质体系来说，多级泡沫分离涉及多次的破泡和鼓泡，由于失活变性造成目标物质收率降低的可能性也增大。鉴于这些问题，一些研究者开始研究通过在简单泡沫塔内添加构件来改善其性能。根据安装位置和作用方式的不同，泡沫塔内部构件可以分为液层构件和泡沫层构件。前者可以改变泡沫塔液池连续的液相以及作为分散相的气泡的流动状态，后者主要是通过改变泡沫层的几何结构来增强泡沫排液，降低出口持液率。与多级泡沫分离通过提高气泡表面吸附密度不同的是，泡沫塔内部构件主要是通过增强泡沫层排液，降低出口持液率来提高富集比的。

① 液层内部构件　Baudo、Kuze、Sugimoto等将一个套筒插入到简单泡沫塔的液池中，构造了一个类似于气升式反应器的设备来除去废水中的金属离子。在这种设备的套筒和塔壁之间的空隙可以形成环流，使小气泡不能离开液面到达泡沫层。这样，构成泡沫层的气泡都是持液能力较低的大气泡。这个设计考虑到了气泡大小对泡沫持液率的影响，却存在很多问题。首先，导筒内向上的液流会缩短气泡与主体液相的接触时间，不利于表面吸附的进行。其次，没有必要使用间接的方式来控制小气泡，通过增大气体分布器的孔径可以直接产生大气泡。

② 泡沫层内部构件　与液层构件相比，泡沫层内部构件能够直接作用于泡沫本身。Krugluakov和Khaskova在泡沫层中使用了一个覆盖有60目金属丝网的筒式过滤器，通过抽真空在丝网内侧产生负压，将泡沫中含有的间隙液吸出，进而降低泡沫的持液率。这种设备结构和操作都较复杂，在实验室中作为研究使用具有一定的意义，但是没有太多的实用价值。并且，作者并未说明该构件运行时，邻近丝网表面的气泡液膜会不会被破坏。

Tsubomizu、Horikoshi和Yamagiwa等在带回流泡沫分离塔的泡沫层内插入了四个筛板，称气泡经过筛板的小孔时其夹带的一部分间隙液会被刮蹭下来，使得通过筛板后的泡沫持液率降低，最终富集比提高。理论上讲，通过较高一层筛板向上的泡沫流量应该小于通过其下方筛板的泡沫流量。对进出这两层筛板之间空间的液体进行物料衡算可知，这个空间内必然有液体积累。但是作者称，系统达到稳定后筛板之上没有液体积累，因而这个问题还有待于进一步研究。另外，小孔的刮蹭作用是否对泡沫的持液率有影响并未得到理论上的证实。

除了上述具有内部构件的泡沫分离设备外，文献中还可以见到少量其他结构的泡沫分离设备，如对流螺旋泡沫分离塔等，但由于这些设备不具有普遍意义，因此不做详细介绍。

与简单泡沫塔相比，复杂泡沫塔在一定程度上突破了简单泡沫塔的局限性，是泡沫分离技术的发展趋势。其中多级泡沫分离的作用原理与简单泡沫塔相近，其研究和应用均较带有内部构件的泡沫分离设备广泛。相比之下，由于内部构件作用机理复杂，某些现象无法做出合理的解释，效果也难以保证。这些问题的解决，还有待于相关流体力学理论的进一步发展。

▶13.2.4　泡沫分离技术的应用

（1）泡沫分离技术在食品工业中的应用

1）细胞的分离

传统的细胞分离多采用离心和过滤法。2003年，Andrew等采用泡沫分离技术和光合反应器连接，成功分离了硅藻属的角毛藻。已有研究表明泡沫分离法可以从分离基质中分离出全细胞。采用月桂酸、硬脂酰胺或辛胺等作为表面活性剂，对初始细胞浓度为 7.2×10^8 个/cm^3 的大肠杆菌进行泡沫分离，结果用 1min 时间能除去 90% 的细胞，用 10min 时间就能除去 99% 的细胞。

此外，泡沫分离法还可用于酵母细胞、小球藻等的分离。酿成的啤酒，一般含有 20～40g/L 酵母，含水率达 75%，需进行酵母的分离。对于酵母浆的脱水，可使用许多方法，如浮选、分离、蒸发、干燥等。浮选法分离酵母较其他方法具有一系列的优点，如可大大减少分离塔的数目及总投资费用等。

2）蛋白质的分离

在分离蛋白质的过程中，表面活性差异小的蛋白质，吸附效果受到气-液界面吸附结构的影响，因此蛋白质表面活性的强度是考察泡沫分离效果的主要指标。

谭相传等研究了牛血清蛋白与酪蛋白在气-液界面的吸附，并发现酪蛋白对牛血清蛋白在气-液界面处的吸附有显著影响。此后，Hossain 等利用泡沫分离技术对 β-乳球蛋白和牛血清蛋白进行分离富集，结果得到 96%β-乳球蛋白和 83% 牛血清蛋白。Brown 等采用连续式泡沫分离技术从混合液中分离牛血清蛋白和酪蛋白，结果表明酪蛋白的回收率很高，而大部分的牛血清蛋白留在了溶液中。Saleh 等研究了利用泡沫分离法从乳铁传递蛋白、牛血清蛋白和 α-乳白蛋白 3 种蛋白混合液中分离出乳铁传递蛋白，在牛血清蛋白和 α-乳白蛋白的混合液中加入不同浓度的乳铁传递蛋白，并不断改变气速，优化了最佳工艺条件，结果表明，在最佳工艺条件下，87% 的乳铁传递蛋白留在溶液中，98% 的牛血清蛋白和 91% 的 α-乳白蛋白存在于泡沫夹带液中。由此可见，利用泡沫分离法可以有效地从 3 种蛋白质混合液中分离出乳铁传递蛋白。

Chen 等利用泡沫分离技术从牛奶中提取免疫球蛋白，考察了初始 pH 值、初始免疫球蛋白浓度、氮流量、柱的高度及发泡时间等因素对反应的影响，结果表明，采用泡沫分离方法可以有效地从牛奶中分离出免疫球蛋白。Liu 等从工业大豆废水中浓缩富集大豆蛋白，最佳工艺条件为：温度 50℃，pH 值为 5.0，空气流量为 100mL/min，装载液高度为 400mm，得到大豆蛋白富集比为 3.68。Li 等为了提高泡沫析水性，研发了一种新型的利用铁丝网进行整装填料的泡沫分离塔，利用铁丝网整体填料塔泡沫分离法对牛血清蛋白进行分离，通过研究填料对气泡大小、持液量、富集比和在不同条件下以牛血清蛋白水溶液作为一个参考物的有效收集率的影响，评价填料的作用，结果表明，填料可以加速气泡破裂、减少持液量、提高泡沫析水性和牛血清蛋白的富集比。研究表明，在积液量为 490mL、空气流速为 300mL/min、牛血清蛋白初始浓度为 0.10g/L、填料床高度为 300mm 和初始 pH 值为 6.2 的条件下，最佳的牛血清蛋白富集比为 21.78，是控制塔条件下富集比的 2.44 倍。

刘海彬等以桑叶为原料，采用泡沫分离法对桑叶蛋白进行分离，并分析了影响分离效果的主要因素，结果测得桑叶蛋白回收率为 92.50%、富集比为 7.63。由此可见，利用泡沫分离法对桑叶进行分离可得到含量较高的桑叶蛋白。与传统的桑叶蛋白分离方法如酸（碱）热法、有机溶剂法相比，泡沫分离法分离效果好，避免了加热导致蛋白质变性以及减少有机溶剂带来的环境污染等问题。李轩领等以亚麻蛋白浓度、NaCl 浓度、原料液 pH 值以及装液量为主要考察因素，用响应面法优化了从未脱胶亚麻籽饼粕中泡沫分离亚麻蛋白的工艺。在最佳工艺条件下，得到 95.8% 的亚麻蛋白质，而多糖的损失率仅为 6.7%。可见，采用泡沫分离技术可以从未脱胶亚麻籽饼粕中有效分离出亚麻蛋白。

3）酶的分离浓缩

蛋白质属于生物表面活性剂，包括极性和非极性基团，在溶液中可选择性地吸附于气-液界面，因此，从低浓度溶液中可泡沫分离出酶和蛋白质等物质，如从胆酸和胆酸钠混合物中分离胆酸、从非纯制剂中分离磷酸酶、从粗的人体胎盘匀浆中分离蛋白质、从胃蛋白酶和血管肽原酶的混合物中分离胃蛋白酶、从苹果组织中回收蛋白质络合物。

Linke 等研究了从发酵液中泡沫分离胞外脂肪酶，考察了通气时间、pH 值及气速等主要因素对回收率的影响，研究得出通气时间为 50min、pH 值为 7.0 及气速为 60mL/min 时，酶蛋白回收率为 95％。Mohan 等从啤酒中泡沫分离回收酵母和麦芽等，结果表明，分离酵母和麦芽所需的时间不同，而且低浓度时更加容易富集。Holmstr 从低浓度溶液中泡沫分离出淀粉酶，研究发现在等电点处鼓泡，泡沫夹带液中的淀粉酶活性是原溶液中的 4 倍。Lambert 等采用泡沫分离技术考察了 β-葡萄苷酶的 pH 值与表面张力之间的关系，研究表明，纤维素二糖酶和纤维素酶的最佳起泡 pH 值分别为 10.5 和 6～9。

Brown 等利用泡沫分离技术对牛血清蛋白与溶菌酶以及酪蛋白与溶菌酶的混合体系分别进行了分离纯化的研究，结果表明：溶菌酶不管与牛血清蛋白混合还是与酪蛋白混合，回收率都很低，但是由于溶菌酶可提高泡沫的稳定性，从而提高了牛血清蛋白与溶菌酶的回收率。Samita 等对牛血清蛋白与酪蛋白、牛血清蛋白与溶菌酶两种二元体系分别进行了研究，发现在牛血清蛋白与酪蛋白的蛋白质二元体系中酪蛋白在气-液界面处的吸附占了大部分的气-液界面，从而阻止了牛血清蛋白在气-液界面处的吸附，而在牛血清蛋白与溶菌酶的二元体系中，研究表明溶菌酶提高了牛血清蛋白的回收率，同时提高了泡沫的稳定性。针对这种现象，Noble 等也采用泡沫分离法分离牛血清蛋白与溶菌酶的二元体系，研究发现泡沫夹带液中存在少量的溶菌酶，提高了泡沫的稳定性，牛血清蛋白溶液在低浓度下本来不能产生稳定泡沫，但溶菌酶的存在使得其也能产生稳定的泡沫。这些研究表明，泡沫分离技术可以在较低的浓度下分离具有表面活性的蛋白质，为泡沫分离技术在蛋白质分离中的应用开辟了新的领域。

国内泡沫分离技术已应用在酶类物质分离中。范明等设计了泡沫分离装置，利用泡沫分离技术分离脂肪酶模拟液和实际生产生物柴油的水相脂肪酶溶液，对水相脂肪酶进行回收并富集，考察了通气速度、进料酶浓度及水相脂肪酶溶液中 pH 值等主要因素对分离效果的影响，当通气速度为 10L/h、进料酶浓度为 0.2g/L、pH 值为 6～9 时，蛋白和酶活回收率接近于 100％，富集比为 3.67。研究表明，初始脂肪酶浓度对泡沫分离的富集比和蛋白回收率有显著影响，pH 值对富集比、蛋白和酶活回收率无显著影响，而气速是影响蛋白回收率的一个重要因素，回收水相脂肪酶的过程中酶活性无损失。可见，泡沫分离是一个回收液体脂肪酶的有效方法。

4）糖的分离

糖一般存在于植物和微生物体内，可根据糖与蛋白或者其他物质的表面活性差异性，利用泡沫分离技术对糖进行分离提取。

Liu 等采用离心法从基隆产的甘薯块中分离提取可溶性糖和蛋白，得到的回收率分别为 4.8％和 33.8％，而采用泡沫分离法时，可溶性糖和蛋白的回收率分别为 98.8％和 74.1％。Sarachat 等采用泡沫分离法富集假单胞菌生产的鼠李糖脂，最佳工艺条件下得到鼠李糖脂 97％，富集比为 4。

李志洲等利用间歇式泡沫分离法从美味牛肝菌水提取物中分离牛肝菌多糖，考察了pH值、原料液浓度、空气流速、表面活性剂用量及浮选时间等主要因素对分离效果的影响，以回收率为指标评价分离的效果，并优化了分离牛肝菌多糖的工艺条件。在最佳工艺条件下，牛肝菌多糖的回收率为83.1%。国内关于食用菌多糖的提取一般利用水提醇析法，但是该法需要消耗大量的乙醇，操作周期长，能耗大，而泡沫分离法具有快速分离、设备简单、操作连续、不需高温高压及适合分离低浓度组分等优势，因此间歇式泡沫分离法是提取食用菌多糖的一种有效方法。

5）皂苷类有效成分的提取

皂苷包含亲水性的糖体和疏水性的皂苷元，具有良好的起泡性，是一种优良的天然非离子型表面活性成分，因此可采用泡沫分离法从天然植物中分离皂苷，泡沫分离法已广泛应用于大豆异黄酮苷元、人参皂苷、无患子皂苷、竹节参皂苷、文冠果果皮皂苷等有效成分的分离。

① 大豆异黄酮苷元的分离。

Liu等采用泡沫分离与酸解方法从大豆乳清废水中分离大豆异黄酮苷元，指出从工业大豆乳清废水中提取的异黄酮苷元主要以β-苷元的形式存在，并利用傅里叶变换红外光谱分析发现大豆异黄酮和大豆蛋白以复合物的形式存在。研究结果表明，利用泡沫分离技术可以从大豆乳清废水有效富集大豆异黄酮，分离出大豆异黄酮苷元和β-苷元。

② 无患子总皂苷的分离。

魏凤玉等分别采用间歇和连续泡沫分离法分离纯化无患子皂苷，利用正交试验，考察了原始料液浓度、气体流速、温度、pH值等因素对无患子皂苷回收率的影响，确定了泡沫分离最佳工艺条件。林清霞等采用泡沫分离技术分离纯化无患子皂苷，利用紫外分光光度计测定无患子皂苷含量，通过富集比、纯度及回收率判断分离纯化的效果，在进料浓度为2.0g/L、进料量为150mL、气速为32L/h、温度为30℃、pH值为4.3时，得到富集比为2.153，纯度与回收率分别为74.68%和79.19%。研究结果表明，无患子皂苷的回收率随着进料浓度的增大而减小，随着气速、进料量的增大而增大；富集比随着进料浓度、气速及进料量的增大而减少；pH值对富集比的影响较小；纯度随着进料浓度、气速的增大而降低，进料量、pH值对纯度的影响较小。

③ 竹节参总皂苷的分离。

竹节参的主要成分皂苷是一种优良的天然表面活性剂，而竹节参中的竹节参多糖、无机盐及氨基酸等是非表面活性剂，因此可根据表面活性的差异，采用泡沫分离技术对竹节参皂苷进行分离纯化。张海滨等考察了气泡大小、pH值、原料液温度及电解质物质的量浓度等主要因素对泡沫分离竹节参总皂苷的影响，以富集比、纯度比及回收率等为指标分析分离纯化的效果，得出最佳工艺条件为：气泡直径为0.4~0.5mm、pH值为5.5、温度为65℃、电解质NaCl浓度为0.015mol/L。在最佳工艺条件下，总皂苷富集比为2.1，纯度比为2.6，回收率为98.33%，能够得到较好的分离。张长城等研究了利用泡沫分离技术对竹节参中皂苷进行分离纯化的方法与条件，指出泡沫分离技术分离纯化竹节参皂苷具有产品回收率高、工艺简单、能耗低及不使用有机溶剂等优点，为竹节参皂苷的开发利用提供了技术支持。

④ 文冠果果皮皂苷的分离。

文冠果籽油是优质的食用油，含油率达35%~40%，同时可作为生物柴油的原料。文冠果果皮含有皂苷1.5%~2.4%，研究表明，文冠果果皮皂苷具有抗肿瘤、抗氧化及抗疲劳等功效。文冠果果皮皂苷的开发利用带来的附加价值可以有效地降低生物柴油的生产成本，在生产生物柴油的过程中需要处理大量的果皮，因此需要寻求一种简单可行、成本低、收率高以及对环境污染小的皂苷分离方法。吴伟杰等使用自制起泡装置，研究了泡沫分离技术分离文冠果果皮总皂苷的可行性及最佳工艺条件下。研究得出泡沫分离文冠果皂苷的最佳工艺条件为：气体流速为 2.5L/min，初始浓度为 2mg/mL，温度为 20℃，pH 值为 5，与泡沫分离人参、三七等皂苷的气体流速相比较，文冠果果皮的气体流速较低，这样可以更大限度地降低能耗、节约成本。同时，泡沫分离文冠果果皮皂苷可在室温条件下进行，降低了加热所需的能耗。此外，由于文冠果果皮皂苷的水溶液 pH 值在 5 左右，泡沫分离时无需调节 pH 值，在最佳工艺条件下，得到富集比为 3.05，回收率为 60.02%，纯度为 63.35%。研究表明，泡沫分离文冠果果皮皂苷可以达到较高的富集比、回收率和纯度，对于大力开发利用生物能源、综合利用文冠果以及降低生物柴油的成本有着重要的意义。

（2）泡沫分离技术在工业废水处理领域的应用

泡沫分离法在工业废水处理，特别是稀有金属的回收等方面应用效果显著。

Jones 等采用泡沫分离法在水溶液 pH 值为 11 的时候可以去除 95% 的镍离子；Jurkiewicz 等成功地将离子浮选法用在去除水溶液中镉离子和钙离子上；Qu 等采用泡沫分离法与单次胶束法相结合的工艺去除水溶液中的镉离子，分离效率很高。

Zhang 等研究获得了去除溶液中铜离子的最佳工艺，使铜离子的去除率达 97.2%。李志洲等采用连续式泡沫分离法分离废水中的铬离子，去除率可达 95.31%，浮选塔排出残液中铬离子的质量浓度低于 0.5mg/L，完全符合排放标准。

罗永妙等采用氯气—泡沫分离法处理水合肼生产废水，废水经氧化、分离处理后，NH_3-N、COD_{Cr} 含量大幅度削减，其去除率分别达到 94.35% 和 96.07%。

张建会等采用混凝沉淀-泡沫分离-吸附相结合的工艺，对马铃薯淀粉废水进行处理，总 COD 去除率达到 80.1%。

宋伟光等对水溶液中硫酸铜的去除进行了研究，$CuSO_4$ 的去除率达 97.2%，富集比达到 4.2。王烨等采用泡沫分离技术，对水溶液中微量硫酸铜及曙红 Y 的去除工艺进行了研究，Cu^{2+} 的去除率为 97.2%，富集比为 10.8；SO_4^{2-} 的去除率为 91.2%，富集比为 7.4；曙红 Y 的去除率为 95.1%，富集比为 8.5。

宋伟光等以十二烷基苯磺酸为表面活性物质，采用泡沫分离技术进行铁离子（Ⅲ）、铜离子（Ⅱ）及钠离子的去除，研究发现铁离子（Ⅲ）的去除率为 95.2%，富集比为 13.6；铜离子（Ⅱ）的去除率为 94.6%，富集比为 16.5；钠离子的去除率为 73.1%，富集比为 32.3。

13.3　色层分离技术

色层分离是一组相关分离方法的总称，又叫色谱法、层离法、层析法等。它的机理多种多样，但不管哪种方法都必须包括两个相：一相是固定相，通常为表面积很大的多孔性固体；另一相是流动相，为液体或气体。当流动相流过固定相时，由于物质在两相间的分配情况不同，易分配于固定相中的物质移动速度慢，易分配于流动相中的物质移动速度快，因而达到分离目的。

13.3.1 色层分离方法的分类

根据分类机理不同，色谱法可分为：a. 吸附色谱法（靠吸附力不同而分离）；b. 分配色谱法（靠物质在两液相间的分配系数不同而分离）；c. 离子交换色谱法（靠物质对离子交换树脂的化学亲和力不同而分离）。d. 凝胶色谱法（靠各物质的分子大小或形状不同而分离）。

根据固定相形状不同，可分为：柱色谱法、纸色谱法、薄层（板）色谱法、凝胶色谱法、旋转薄层色谱法等。

根据流动相的物态不同，可分为气相色谱法、液相色谱法。

根据实验技术不同，可分为迎头法、顶替法、洗脱分析法。迎头法是将混合物连续通过色谱柱，只有吸附力最弱的组分以纯粹状态最先自柱中流出，其他各组分都不能达到分离；顶替法是利用一种吸附力比各吸附组分都强的物质来洗脱，这种物质称为顶替剂，此法处理量较大，且各组分分层清楚，但层与层相连，故不易将各组分分离完全；洗脱分析法是先将混合物尽量浓缩，使体积缩小，引入色谱柱的上部，然后用纯粹的溶剂洗脱，洗脱溶剂可以是原来的溶解混合物的溶剂，也可以选用其他溶剂。此法能使各组分分层且分离完全，层与层间隔着一层溶剂。此法应用最广，而迎头法和顶替法则很少采用。

色谱法的优点是：分离效率高，设备简单，操作方便，条件温和，能适应各种不同要求的分离。其缺点是：处理量少，不能连续操作。但据报道，国外能利用计算机控制每次循环中的加料、展层、鉴定等操作。

13.3.2 基本原理

色层分离过程可以用洗脱分析法为例说明。

如图 13-6 所示，将欲分离的混合物从色谱柱的上部加入［见图 13-6(a)］，然后加入洗脱剂（流动相）冲洗［见图 13-6(b)］。若各组分和固定相不发生反应，则各组分都以流动相的速度向下移动，因而得不到分离。但实际上各组分的移动速度小于流动相的速度，若亲和力不等，则各组分的移动速度也不一样，因而能得到分离。图中各组分对固定相的亲和力的次序为白球分子○＞黑球分子●＞三角形分子。当继续加入洗脱剂时，如色谱系统选择适当且柱有足够长度，则各种组分逐渐分层［见图 13-6(c)～图 13-6(g)］，三角形分子跑在最前面，最先从柱中流出［见图 13-6(h)］，依次为黑球分子、白球分子，分别收集起来，再用其他方法提纯。其中加入洗脱剂而使各组分分层的操作称为展开，而展开后各组分的分布情况称为色谱图。

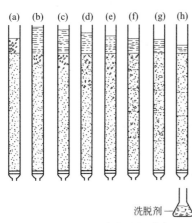

图 13-6 色层分离过程示意

总之，色层分离法的操作包括：固定相准备、加料（加样）、冲洗展层、分部收集、再生等步骤。溶质在两相中移动速度的差别是色谱法的基础，溶质在色谱柱中的移动可以用阻滞因数或洗脱容积来表征。两者都表示溶质分子在流动相方向的移动速度或在流动相中的停留时间。在一定的色谱系统中，各种物质有不同的阻滞因数或洗脱容积。改变固定相、流动相和操作条件，可使阻滞程度从完全阻滞到自由定向移动的很大范围内变化。假如溶质-固定相-移动相所组成的色谱能很快达到平衡，则阻滞因数或洗脱容积和分配系数有关。

（1）阻滞因数 R_f

阻滞因数是在色层分离系统中溶质的移动速度和一个理想标准物质（通常是和固定相没有亲和力的流动相，即 $K_D=0$ 的物质）的移动速度之比：

$$R_f = \frac{溶质的移动速度}{流动相在色层系统中的移动速度} = \frac{溶质移动的距离}{在同一时间内溶剂（前缘）的移动距离} \quad (13\text{-}1)$$

R_f 值大表示系统中溶质的移动速度快，反之，则慢。R_f 在 $0\sim1$ 之间变化。R_f 值与分配系数 K_D 有关，其数学式如下：

$$R_f = \frac{A_m}{A_m + K_D A_s} \quad (13\text{-}2)$$

式中　A_m——移动相的平均截面积；

　　　A_s——固定相的平均截面积。

可见，K_D 越大 R_f 越小，此外还与 A_m、A_s 有关，即与层析柱的安装、大小、长度有关。

（2）洗脱容积 V_e

在柱色层分离法中，使溶质从柱中流出时所通过的流动相体积，称为洗脱容积。

令层析柱的总长度为 L，设在 t 时间内流过的流动相的体积为 V，则流动相的体积速度为 V/t。则溶质从柱中流出所需要的时间为 $\dfrac{L(A_m + K_D A_s)}{V/t}$，于是此时流过的流动相体积为：

$$V_e = L(A_m + K_D A_s) = V_m + K_D V_s \quad (13\text{-}3)$$

式中　V_m——层析柱中移动相的总体积；

　　　V_s——层析柱中固定相的总体积。

（3）色谱法分离的理论塔板

塔板理论研究了溶质在柱中的分布和各组分的分离程度与柱高之间的关系。如果某段柱高中流出的液体（流动相）和其中固定相的平均浓度成平衡关系，称这样一段柱高为"理论塔板高度"。整个柱中有几个理论塔板高度，就等于几个理论板。

▶ 13.3.3　色层分离技术的应用

色谱法的应用主要有：成品和中间品的鉴定、成品的精制、制备产品三个方面。

（1）吸附色谱法精制丝裂霉素

丝裂霉素的发酵滤液用活性炭吸附，丙酮洗脱，蒸去丙酮的浓缩水溶液，用氯仿萃取。氯仿萃取液上氧化铝柱，先用氯仿冲洗，能部分分带，接着以氯仿-丙酮（3∶2）展开，约2h 后分出的色带中蓝紫色色带 d 为有效成分丝裂霉素 C。将柱推出，切取蓝紫色部分，用10%甲醇-氯仿洗脱，减压蒸干，在甲醇-苯中结晶，即可得到蓝紫色丝裂霉素 C 的结晶。

（2）纸色谱法提纯链霉素

链霉素的毒性和二链霉胺有关，因此在生产过程中考虑二链霉胺的存在有使用价值。利用纸色谱法，以正丁醇∶吡啶∶甲酸∶水为 15∶10∶3∶12 的溶剂系统，用下行法展开24h，可以将二链霉胺与链霉素分开，两者移动距离之比为 0.41。

（3）疏水作用色层分离法分离互换酶

兔子肌肉中含有 a 和 b 两种糖原磷化酶，可以采用配套疏水层析柱进行分离，酶 a 保留在 Seph-C$_1$ 柱上，可用 NaCl 梯度洗脱，而酶 b 完全吸附在 Seph-C$_4$ 或更高序列的柱上，可用 0.4mol/L 咪唑柠檬酸缓冲液洗脱，从而分开两种酶。

参 考 文 献

[1] 张哲, 吴兆亮, 龙延, 等. 垂直筛板构件强化 SDS 在泡沫分离液相吸附的研究 [J]. 高校化学工程学报, 2015, 29 (3): 538~543.

[2] 周生鹏, 唐奕, 廖学亮, 等. 胶原多肽基表面活性剂对染料废水的泡沫分离性能 [J]. 化工学报, 2015, 66 (11): 4493~4500.

[3] 李轩领, 张炜, 陈元涛, 等. 亚麻籽饼粕中亚麻蛋白的初步泡沫分离 [J]. 河南工业大学学报 (自然科学版), 2015, 36 (1): 55~61.

[4] 姜建星, 李瑞, 刘桂敏, 等. 螺旋内构件强化排液的泡沫分离塔内上升泡沫的流体力学 [J]. 河北工业大学学报, 2015, 44 (2): 75~80.

[5] 潘丽, 张守文, 谷克仁, 等. 泡沫分离技术在食品工业中的应用现状 [J]. 河南工业大学学报 (自然科学版), 2015, 36 (4): 120~124, 106.

[6] 张达. 泡沫分离与发酵耦合过程的强化 [M]. 石家庄: 河北工业大学, 2015.

[7] 陈亮. 枸杞中黄酮类化合物和多糖的泡沫分离研究 [D]. 西宁: 青海师范大学, 2015.

[8] 卢珂. 塔壁效应在泡沫分离过程中排液行为及应用研究 [D]. 石家庄: 河北工业大学, 2015.

[9] 胡滨, 朱海兰, 吴兆亮. 气体分布器孔径对泡沫分离过程影响的研究 [J]. 高校化学工程学报, 2014, 28 (2): 246~251.

[10] 陈亮, 张炜, 陈元涛, 等. 响应曲面法优化泡沫分离枸杞酸性多糖 [J]. 天然产物研究与开发, 2014, 26 (6): 926~931.

[11] 陈立钢, 廖立霞. 分离科学与技术 [M]. 北京: 科学出版社, 2014.

[12] 崔小颖. 发酵泡沫分离耦合工艺的初步研究 [D]. 石家庄: 河北工业大学, 2014.

[13] 张哲. 垂直筛板构件改善泡沫分离性能的机理研究 [D]. 石家庄: 河北工业大学, 2014.

[14] 李玲玲. 最低浓度表面活性的泡沫分离工艺 [D]. 石家庄: 河北工业大学, 2014.

[15] 张茜. S 型构件泡沫分离塔强化泡沫排液的机理与工艺研究 [D]. 石家庄: 河北工业大学, 2014.

[16] 王连杰. 液相折流板强化泡沫分离中吸附性能的研究 [D]. 石家庄: 河北工业大学, 2014.

[17] 朱海兰, 吴兆亮, 胡滨. 温度对泡沫分离过程影响的研究 [J]. 河北工业大学学报, 2013, 42 (2): 55~60.

[18] 张红秀. 泡沫分离蛋白质研究 [D]. 天津: 天津大学, 2013.

[19] 刘颖, 木泰华, 张红男, 等. 泡沫分离技术在食品及化工业中的应用现状 [J]. 食品工业科技, 2013, 34 (13): 354~358.

[20] 郭宏亮. 自动化浮选系统中泡沫分离的研究 [J]. 计算机仿真, 2013, 2: 422~425.

[21] 王静, 时美玲珑, 赵孝先, 等. 连续泡沫分离塔回收水溶液中钼 (Ⅵ) 的研究 [J]. 化学世界, 2013, 54 (4): 218~222.

[22] 赵艳丽, 张芳, 吴兆亮, 等. 不同 pH 下离子强度对泡沫分离乳清蛋白的影响 [J]. 河北工业大学学报, 2012, 41 (4): 40~45.

[23] 张星璨, 吴兆亮, 傅萍, 等. 泡沫分离水溶液中微量茶碱工艺研究 [J]. 河北工业大学学报, 2012, 4192): 36~40.

[24] 徐东彦, 叶庆国, 陶旭梅. Separation Engineering [M]. 北京: 化学工业出版社, 2012.

[25] 罗川南. 分离科学基础 [M]. 北京: 科学出版社, 2012.

[26] 赵德明. 分离工程 [M]. 杭州: 浙江大学出版社, 2011.

[27] 张顺泽, 刘丽华. 分离工程 [M]. 徐州: 中国石油大学出版社, 2011.

[28] 书殿杰, 李瑞, 吴兆亮, 等. 泡沫相部分水平泡沫分离塔强化分离牛血清蛋白的工艺研究 [J]. 高校化学工程学报, 2011, 25 (4): 597~602.

[29] 殷晨, 赵艳丽, 李雪良, 等. 泡沫分离设备及工艺的研究进展 [J]. 食品工业科技, 2010, 31 (8): 360~363.

[30] 孙瑞娉, 殷晨, 卢珂, 等. 两级泡沫分离废水中大豆蛋白的工艺 [J]. 农业工程学报, 2010, 26 (11): 374~378.

［31］ 王毅，冯辉霞，张婷，等．泡沫分离—Fenton 氧化处理炼油废水［J］．中国给水排水杂志，2010，26（4）：58～60.

［32］ 钱少瑜，李雪良，吴兆亮，等．泡沫分离过程中泡沫层总高度对持液率的影响［J］．高校化学工程学报，2009，23（3）：543～546.

［33］ 宋伟光，吴兆亮，卢珂，等．泡沫分离除去水溶液中微量硫酸铜［J］．高校化学工程学报，2009，23（6）：1069～1074.

［34］ 宋伟光，吴兆亮，卢珂，等．泡沫分离除去水溶液中微量硫酸根离子［J］．过程工程学报，2008，8（3）：489～493.

［35］ ［美］D. Seader，［美］Ernest J. Henley．分离过程原理［M］．上海：华东理工大学出版社，2007.

［36］ 李江航．99M0/99mTc 分离技术研究进展［J］．中国科技博览，2015，19：267～269.

［37］ 保国裕，蓝艳华．高值化产品——蔗糖制结晶果糖方法探讨［J］．甘蔗糖业，2015，2：49～53.

［38］ 高杰，叶钢，陈崧哲，等．高效废液除锶技术的研究进展［J］．原子能科学技术，2013，47（6）：911～919.

［39］ 任维萍．氧化铝色层分离——硫酸钡重量法测定镍钛合金中硫［J］．冶金标准化与质量，2011，49（5）：32～34.

［40］ 王桂良，孟仟祥，陈建兰，等．柱色层族组成分离方法对黄芪化学成分的研究［J］．甘肃科学学报，2007，19（2）：46～49.

［41］ 王桂良，李生英，陈明凯．柱色层族组成分离方法对黄芪中脂肪酸和脂肪酸酯的研究［J］．甘肃高师学报，2007，12（5）：42～45.

［42］ 梁小虎，张生栋，郭景儒，等．Pd（107）的 DMG 树脂色层分离［J］．中国原子能科学研究院年报，2006，241～243.

［43］ 王桂良，孟仟祥，房嬛，等．柱色层族组成分离方法对葡萄籽中有机成分的分析［J］．分析化学，2005，33（11）：1670～1672.

［44］ 钱扬保．色层分离提取丹参酮的生产工艺［J］．科技开发动态，2004，8：30～31.

［45］ 王瑞芳．色层分离树脂的合成及其分离性能的研究［D］．天津：南开大学，2004.

［46］ 施荣富，史作清，王春红，等．吸附树脂的色层吸附及其在甜菊甙分离纯化中的应用［J］．离子交换与吸附，2001，12（1）：23～30.